国外电子与电气工程技术丛书

无线数字通信

信号处理的视角

[美] 罗伯特·W. 希思（Robert W. Heath Jr.） 著
郭宇春 张立军 李磊 译

Introduction to Wireless Digital Communication

A Signal Processing Perspective

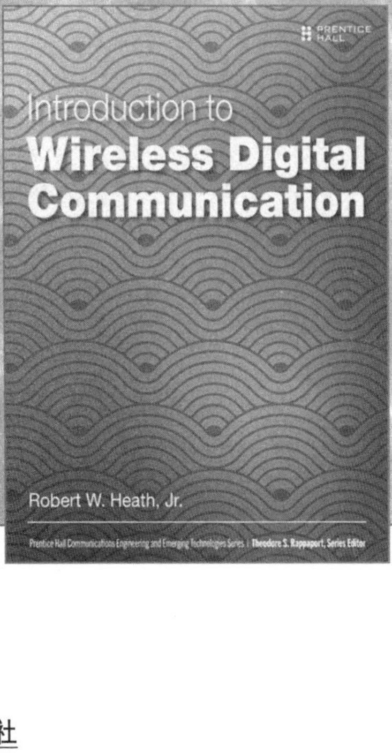

机械工业出版社
China Machine Press

图书在版编目（CIP）数据

无线数字通信：信号处理的视角 /（美）罗伯特·W. 希思（Robert W. Heath Jr.）著；郭宇春，张立军，李磊译．—北京：机械工业出版社，2019.6
（国外电子与电气工程技术丛书）
书名原文：Introduction to Wireless Digital Communication: A Signal Processing Perspective

ISBN 978-7-111-62942-9

I. 无… II. ①罗… ②郭… ③张… ④李… III. 数字信号处理－高等学校－教材 IV. TN911.72

中国版本图书馆 CIP 数据核字（2019）第 117577 号

本书版权登记号：图字　01-2017-7515

本书与其他无线数字通信教材的最大不同是采用信号处理视角，阐释原理时直接利用数字信号处理的表述方式，采用离散傅里叶变换进行分析。本书的另一个特色是，篇章结构采用分层递进方式，利于教师针对不同层面的教学对象进行内容取舍。第 1 章介绍无线通信和信号处理，并提供一些历史背景。第 2 章、第 3 章建立数字通信和信号处理的基本背景。第 4 章以信号处理的视角对调制和解调进行更深入的探讨。第 5 章详细介绍了无线环境下的接收机算法。第 6 章将第 4 章和第 5 章的概念推广到 MIMO 通信。教师可以根据课程设置的层次灵活选取内容。

出版发行：机械工业出版社（北京市西城区百万庄大街 22 号　邮政编码：100037）

责任编辑：冯秀泳	责任校对：殷　虹
印　　刷：北京市荣盛彩色印刷有限公司	版　　次：2019 年 7 月第 1 版第 1 次印刷
开　　本：185mm×260mm　1/16	印　　张：18.75
书　　号：ISBN 978-7-111-62942-9	定　　价：119.00 元

凡购本书，如有缺页、倒页、脱页，由本社发行部调换

客服热线：（010）88378991　88379833　　投稿热线：（010）88379604
购书热线：（010）68326294　　读者信箱：hzjsj@hzbook.com

出版者的话

文艺复兴以来，源远流长的科学精神和逐步形成的学术规范，使西方国家在自然科学的各个领域取得了垄断性的优势；也正是这样的优势，使美国在信息技术发展的六十多年间名家辈出、独领风骚。在商业化的进程中，美国的产业界与教育界越来越紧密地结合，信息学科中的许多泰山北斗同时身处科研和教学的最前线，由此而产生的经典科学著作，不仅擘划了研究的范畴，还揭示了学术的源变，既遵循学术规范，又自有学者个性，其价值并不会因年月的流逝而减退。

近年，在全球信息化大潮的推动下，我国的信息产业发展迅猛，对专业人才的需求日益迫切。这对我国教育界和出版界都既是机遇，也是挑战；而专业教材的建设在教育战略上显得举足轻重。在我国信息技术发展时间较短的现状下，美国等发达国家在其信息科学发展的几十年间积淀和发展的经典教材仍有许多值得借鉴之处。因此，引进一批国外优秀教材将对我国教育事业的发展起到积极的推动作用，也是与世界接轨、建设真正的世界一流大学的必由之路。

机械工业出版社华章公司较早意识到“出版要为教育服务”。自1998年开始，我们就将工作重点放在了遴选、移译国外优秀教材上。经过多年的不懈努力，我们与Pearson、McGraw-Hill、Elsevier、John Wiley & Sons、CRC、Springer等世界著名出版公司建立了良好的合作关系，从它们现有的数百种教材中甄选出Alan V. Oppenheim、Thomas L. Floyd、Charles K. Alexander、Behzad Razavi、John G. Proakis、Stephen Brown、Allan R. Hambley、Albert Malvino、Peter Wilson、H. Vincent Poor、Hassan K. Khalil、Gene F. Franklin、Rex Miller等大师名家的经典教材，以“国外电子与电气工程技术丛书”和“国外工业控制与智能制造丛书”为系列出版，供读者学习、研究及珍藏。这些书籍在读者中树立了良好的口碑，并被许多高校采用为正式教材和参考书籍。其影印版“经典原版书库”作为姊妹篇也越来越多被实施双语教学的学校所采用。

权威的作者、经典的教材、一流的译者、严格的审校、精细的编辑，这些因素使我们的图书有了质量的保证。随着电气与电子信息学科、自动化、人工智能等建设的不断完善和教材改革的逐渐深化，教育界对国外电气与电子信息类、控制类、智能制造类等相关教材的需求和应用都将步入一个新的阶段，我们的目标是尽善尽美，而反馈的意见正是我们达到这一终极目标的重要帮助。华章公司欢迎老师和读者对我们的工作提出建议或给予指正，我们的联系方法如下：

华章网站：www.hzbook.com

电子邮件：hzjsj@hzbook.com

联系电话：(010)88379604

联系地址：北京市西城区百万庄南街1号

邮政编码：100037

华章教育

译者序

无线通信不仅是一种基本的通信技术，也是互联网接入的主要方法，即设备连接互联网和连接彼此的手段。它不仅包含通信工程和电子技术领域工程师需要掌握运用的技术原理，也涉及网络应用其他领域的工程师需要理解的知识。对于无线通信技术的理解需要建立在对数字通信理论的理解之上，对于非通信专业的学生而言，往往没有相关的知识基础。本书提供了一种基于信号处理视角的学习无线通信的方法以及数字通信的基础知识的途径。

本书与其他无线数字通信教材的最大不同是：采用信号处理视角，阐释原理时直接利用数字信号处理的表述方式，采用离散傅里叶变换进行分析，而非一般教材做原理分析时采用的连续信号分析方式。采用数字信号处理(DSP)的视角源于离散时间可用于表示无线系统中连续传输和接收的信号的观察。

本书的另一个特色是，篇章结构采用分层递进方式，利于教师针对不同层面的教学对象进行内容取舍。第1章介绍无线通信和信号处理，并提供一些历史背景。第2章、第3章建立数字通信和信号处理的基本背景。第4章以信号处理的视角对调制和解调进行更深入的探讨。第5章详细介绍了无线环境下的接收机算法。第6章将第4章和第5章的概念推广到MIMO通信。教师可以根据课程设置的层次灵活选取内容。这种设计也是基于作者在得克萨斯大学奥斯汀分校的教学经验。作者所开设的本科和研究生课程即采用本书作为教材。对于本书在不同教学层面的使用及配套实验设置，作者的亲身实践提供了具体范例。

作者Robert W. Heath Jr. 具有丰富的工程实践经验和教学科研经验。他是德州仪器的注册专业工程师，自2002年起任教于得克萨斯大学奥斯汀分校电子与计算机工程系。他也是MIMO无线公司的总裁兼CEO。

我们很高兴承担了此书的翻译工作。本书第1、5章由郭宇春翻译，第2、3章由李磊翻译，第4、6章由张立军翻译。

我们相信本书能为国内通信工程、电子工程等专业的教师和学生提供有意义的参考，特别能为非通信类专业的教师和学生提供一个数字信号处理视角的无线通信教材。本书适合作为高年级本科生或一年级研究生学习无线数字通信系统原理的教材，开设1～2学期的课程；也适合为电子工程师以及非通信专业背景的工程师提供无线数字通信的参考。

译者

于北京交通大学

前　言

我写这本书的目的是使无线通信的原理更容易理解。无线通信是互联网接入的主要方法，即设备连接互联网和连接彼此的手段。尽管无线技术无处不在，但对于许多工程师来说，无线通信的原理仍然很模糊。主要原因似乎是无线通信的技术概念是建立在数字通信的基础之上的。然而，数字通信通常是在电气工程本科课程结束阶段才开始学习的，此时已没有时间安排无线通信课程。其他专业的学生，比如计算机科学或航空航天工程等相关领域的学生，对无线通信更是知之甚少，因为他们可能压根也没有学习过数字通信课程。因此，本书提供了学习无线通信以及数字通信的基础知识的方法。

在数字信号处理(DSP)的背景下学习无线通信，是本书的一个前提。DSP 方法的实用性源于以下事实：无线通信信号(至少理想情况下)是有限带宽的。利用奈奎斯特定理，可通过离散时间的采样值来表示带限连续时间信号。结果，离散时间可用于表示无线系统中的连续传输和接收的信号。利用该关系，像多径衰落和噪声这样的信道损耗，便可以用离散时间的等效来表示，从而为接收到的信号创建离散时间模型。在这种方式下，数字通信系统可以视为离散时间系统。

许多经典的信号处理函数可在数字通信系统的离散时间等效模型中发挥作用。多径无线信道可用线性时不变系统建模，与冲激响应的卷积作为信道的输出，而解卷积用于均衡信道影响。上采样、下采样和多速率特性适用于发射机脉冲整形和接收机匹配滤波的高效实现。快速傅里叶变换是两种重要的调制/解调技术的基础：正交频分复用和单载波频域均衡。线性估计和最小二乘是用于信道估计(估计未知滤波器响应)和均衡(发现反卷积滤波器)的算法的基础。用于估算噪声中未知正弦波参数的算法则用于载波频率偏移的估计。简而言之，信号处理一直是通信的一部分，因此，可以基于与信号处理的联系来学习数字通信。

第 1 章介绍无线通信和信号处理，并提供一些历史背景。该章的一个亮点是讨论无线通信的不同应用，包括广播无线电和电视、蜂窝通信、局域网、个人局域网、卫星系统、自组织网络、传感器网络乃至水下通信。对应用的回顾为本书的后续例题和习题提供了上下文联系，这些问题通常借鉴无线局域网、个人局域网或蜂窝通信系统的发展。

在接下来的两章中，讲述建立数字通信和信号处理的基本背景。从第 2 章的数字通信系统的典型框图开始，解释发射机和接收机的每个框图。包括源编码、加密、信道编码和调制的重要功能，并对无线信道进行讨论。该章的其余部分重点介绍这些功能的一部分，包括调制、解调和信道。为了提供适当的数学背景，在第 3 章中对信号处理的重要概念进行了概述，包括确知信号和随机信号、频带和多速率信号处理，以及线性估计。该章提供的数学工具可从从信号处理角度描述数字通信发射机和接收机操作。

根据已有的基本原理，在第 4 章中继续对调制和解调进行更深入的探讨。在该章中，不是对所有的调制方式都进行深入的研究，而是专注于用复脉冲幅度调制表述的方法。这通常足以涵盖商用无线系统中使用的大多数波形情况。解调过程是在加性高斯白噪声信道假设下进行的，包括脉冲成形、最大似然检测和符号错误概率。发射机和接收机的关键部分用多速率信号处理的概念来描述。该章以信号处理的视角介绍经典数字通信。

第 5 章详细介绍了无线环境下的接收机算法。描述了特定的损耗，包括符号定时偏移、帧定时偏移、载频偏移和频率选择信道。此外，还介绍几种用于减少损耗的方法，包括基于最小二乘估计来估计未知参数的算法，以及利用时域或频域均衡的策略。我关注的是尽可能以最简单的方式处理损耗的算法，为将来可能遇到的更高级的算法奠定基础。该章最后介绍大尺度和小尺度信道模型，并讨论信道的时间和频率选择性特征。该章的内容对于无线系统的设计与实现至关重要。

最后一章，即第 6 章，将第 4 章和第 5 章的概念推广到使用多个发射天线或多个接收天线的系统，通常称为 MIMO 通信。在该章中，定义了不同的 MIMO 操作模式，并对它们做了进一步的研究，包括接收机分集、发射机分集和空间复用。从本质上说，前面对信道的大多数表示，通过引入适当的矢量和矩阵符号，均可以推广到 MIMO 的情形，伴随而来的还有接收机算法中额外增加的复杂度。该章的大部分内容都集中在衰落信道模型上，但最后推广到了频率选择性信道。无线通信基础与目前广泛应用于商业无线系统的通信系统类型之间的重要联系，正是该章的主要内容。

我写本书是因为一门课程“无线通信研究”，这门课是得克萨斯大学奥斯汀分校(UT Austin)为高年级本科生和研究生新生开设的。该课程讲义部分以本书的草稿为基础。实验部分的讲义则采用了我编写的实验手册《Digital Wireless Communication：Physical Layer Exploration Lab Using the NI USRP》，该书由美国国家技术和科学出版社于 2012 年出版。该实验手册与 NI 提供的 USRP 硬件包配套发行。在实验室中，同学们实现了正交幅度调制和解调。他们必须处理一系列更复杂的缺陷，包括噪声、多径信道、符号定时偏移、帧定时偏移和载频偏移。该实验室提供了一种途径，让同学们看到了书中的概念如何在实际无线信号中发挥作用。对于自学者或者没有实验条件的学习者，我引入了几个计算机仿真实验，用于仿真通信中的关键部分。为了能够观察到概念与实际的关系，你们可以将书中的算法应用于声音信道，只需要扬声器和麦克风。我过去曾将该方法用于“近垂直入射高频天波”无线链路的原型机中，该机工作于业余无线电频段。

本书可根据实验条件的具体情况，以不同的方式使用。在初级本科课程中，讲授内容涵盖第 1～5 章，并在开始阶段花额外的时间讲解数学原理。对于高级本科课程，讲授内容涵盖全书。对于研究生课程，可通过一个额外的实践或研究项目来涵盖整本书。在得克萨斯大学奥斯汀分校，我为本科生和研究生教授的课程涵盖了全书以及上述实验手册中的前几个实验。研究生也要做一个实验项目。

强烈推荐这本教材作为独立学习素材，因为第 2 章和第 3 章对基础知识进行了全面的回顾。在学习第 4～6 章的主要内容之前，建议读者仔细回顾数学基础知识。为了消化书中的内容，建议读者亲自做一遍所有的例题，以帮助理解关键的思想。对于作业，建议选择部分习题。相信本书能够为深入研究无线通信奠定良好的基础。

随着无线通信技术不断融入我们的生活，无线技术也在不断地发展。希望本书能为无线领域提供一个新鲜的视角，并成为未来发展的起点。

> 在 informit.com 上注册账户，以方便下载[㊀]、更新和修正本书。在网址上输入产品 ISBN(9780134431796)并单击提交。完成此过程后，您将在“已注册产品”下找到任何可用的附加内容。

㊀ 读者是否下载成功，取决于“informit.com”这个网站及网络运营商，中文版出版时此网址依然有效。关于本书教辅资源，只有使用本书作为教材的教师才可以申请，需要的教师请联系机械工业出版社华章公司，电话 010-88378991，邮箱 wangguang@hzbook.com。——编辑注

致　谢

本书是作为我在得克萨斯大学奥斯汀分校所授的无线通信实验室课程 EE 371C/EE 371C/EE 387K-17 的一部分而编写的，与之配套的还有实验室手册《Digital Wireless Communication：Physical Layer Exploration Lab Using the NI USRP》，由美国国家技术和科学出版社出版。在课程和参考书开发期间，我的多名助教提供了宝贵的反馈意见，包括 Roopsha Samanta、Sachin Dasnurkar、Ketan Mandke、Hoojin Lee、Josh Harguess、Caleb Lo、Robert Grant、Ramya Bhagavatula、Omar El Ayache、Harish Ganapathy、Zheng Li、Tom Novlan、Preeti Kumari、Vutha Va、Jianhua Mo 和 Anum Anumali。所有助教管理实验、参与教学、收集反馈、提出建议和修订，包括例题和作业习题。数以百计的学生参与课程，就本书的各种草稿提出宝贵的意见。他们还提出了很多发人深省的问题，启迪了文稿的修订和内容的增补。在此要特别感谢 Bhavatharini Sridharan，在她的帮助之下，我的材料才得以出版成书。还要感谢 Kien T. Truong 帮助完成数字通信背景一章。衷心感谢我的所有研究生和助教的帮助。

还要感谢我的同事对于本书编写的支持。尤其是 Nuria González-Prelcic 教授，他仔细审阅了各章，提出了许多建议，并编辑了图片。她的倾力帮助弥足珍贵。感谢得克萨斯大学电子与计算机工程系为与本书有关的教学提供支持。还要感谢许多同事将我的课程推荐给他们的学生。在美国国家仪器（National Instruments，NI）的 Sam Shearman 和 Erik Luther 的鼓励和帮助下，本书才得以出版发行，尤其感谢他们同意出版配套的实验室手册。

支撑本书的课程受到多个团体的支持。NI 通过在得克萨斯大学成立 Truchard 无线实验室，使得课程得以开设。得克萨斯大学的许多团体，包括电子与计算机工程系以及 Cockrell 工程学院，派出助教帮助开发和维护课程资料。在实验室的工作启迪了我的研究。很衷心地对来自美国国家科学基金、DARPA、海军研究局、陆军研究实验室、华为、美国国家仪器、Samsung、半导体研究联盟、Freescale、Andrew、Intel、Cisco、Verizon、AT&T、CommScope、Mitsubishi 电子研究实验室、Nokia、Toyota ITC 以及 Crown Castle 的研究资助表示感谢。它们的资助使得我可以培养很多研究生来分享我的理论和实践感悟。

目 录

第1章 引言

1.1 无线通信简介

在过去的 100 年里，无线通信(wireless communication)已经进入我们生活的各个方面。无线通信比有线通信(wired communication)出现得更早，现在无线通信正在取代有线通信。语音就是一个无线系统的史前例子，尽管在语音之前还有手势，比如拍打胸部以示权威(黑猩猩仍然常用这个手势)。遗憾的是，语音能够有效传递的距离有限，因为人类的语声功率有限，而且功率的自然衰减随距离而增大。无线通信系统早期的工程尝试包括烟火信号、火炬信号、信号弹和鼓声信号。日光反照通信镜是这类系统中比较成功的一种，它利用小镜子反射太阳光来实现数字信号的传递。

现代意义的无线通信系统利用发送和接收电磁波实现通信。这个概念由 Maxwell 在理论上阐述，Hertz 于 1888 年在实际中实现[151]。早期对无线通信系统实现做出贡献的其他学者还有 Lodge、Bose 和 de Moura。

无线通信最早的例子用的是现在的数字通信(digital communication)。数字的英文 digital 一词源于拉丁语的 digitus，意思是手指或脚趾。数字通信是一种通过在一定时间内从一个集合中选择一种符号来传递信息的通信方式。例如，如果一次只伸出一根手指，那一只手一次可以传递 5 种符号中的一种。如果一次可以伸出两根手指，一只手一次可以传递 5×4=20 种符号中的一种。快速重复做出手势，可以连续送出多种符号。这就是数字通信的本质。

变化时间连续信号(或模拟信号)的参数，数字通信可以利用电磁波传输一系列二元信息或比特。19 世纪最常用的有线通信系统是电报系统，利用导线跨国甚至跨洋传送用 Morse 码表示的含有字母、数字、休止符和空格的数字报文消息(message)。Marconi 在 1896 年取得无线电报专利，无线电报通常被视为最早的无线(电磁)数字通信系统。1901 年 Marconi 发出第一封跨大西洋的 Morse 码电报报文[48]。无线数字通信的历史与无线本身一样悠久。

尽管人们对无线电报的兴趣并未减少，但直到 20 世纪 80 年代，模拟通信一直占据着主导地位，是无线通信中的主要调制方式。利用模拟通信，传递的信号参数随输入的连续时间信号而变化。早期模拟通信的例子是 19 世纪 70 年代发明的电话系统[55]，语声信号在送话器中转换成电信号，并且可以放大并在导线上传输。无线模拟通信系统早期的例子至今仍在使用，包括 AM(Amplitude Modulation，幅度调制，简称调幅)和 FM(Frequency Modulation，频率调制，简称调频)广播，还有老式的广播电视(television)。无线通信系统中一直广泛使用模拟通信，但是现在正在被数字通信取代。

数字通信现在能够取代模拟通信的主要原因是数字化数据的优势和半导体技术的发展。在计算机和计算机网络出现之前，数字化数据不普及。现在计算机上存储的或者通过互联网交换的东西都是数字的，包括电子邮件、语音电话、音乐流媒体、视频以及网页浏览等。集成电路的发展使得一定面积的半导体上能够容纳越来越多的晶体管，提高了数字信号处理的能力。虽然在数字通信中不是必需的，但是利用数字信号处理技术能够实现更好的发射机和接收机的算法。20世纪60年代，在有线电话骨干网中数字通信电路开始完全取代模拟电路，部分原因是远距离传输时数字信号的噪声抵抗能力强（与放大器相比，中继器对于噪声的敏感度低）。但是，直到20世纪80年代早期无线通信才发生相似的变化。其原因似乎是因为这个时期集成电路技术才发展到能够用于便携无线器件的程度。差不多同一时期，光盘(Compact Disc，CD)才开始取代磁带和黑胶唱片(vinyl records)。

现在数字通信已经是无线通信的基本技术了。实际上，差不多所有当代以及下一代的无线通信系统（实际上也包括所有研发中的标准）都利用数字通信技术。现在只要有用到有线介质的情况，都有提案要用无线方式取代有线方式。大量商业、军事和消费应用都采用无线数字通信。

1.2 无线系统

本节概述网络通信的常见应用，介绍有助于讨论实际无线应用的关键术语。讨论的问题包括无线广播、广播电视、蜂窝通信、无线局域网、个域通信、卫星通信、自组网络、传感器网络以及水下通信。随着讨论的进展将介绍关键概念以及与数字通信的联系。

1.2.1 无线广播

音乐广播是最早的无线通信应用之一。一种典型的无线广播或电视的系统体系结构如图1.1所示。直到最近，无线广播仍然是模拟的，利用20世纪20年代和20世纪40年代分别发明的技术采用通用的AM和FM波段发送信号[243]。调幅广播是利用幅度调制技术实现无线广播的技术，在20世纪前80年一直是主流无线广播技术。由于这种技术容易受到大气和电气干扰，调幅广播现在主要用于谈话和新闻节目的广播。20世纪70年代，无线广播，特别是音乐广播和公共广播，改为调频(FM)广播，采用频率调制提供高保真声音信号。

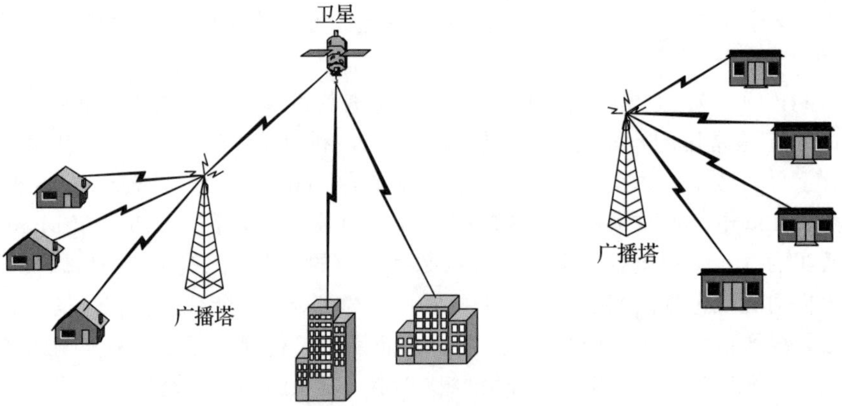

图1.1 在广播或电视网络中，采用地面上的广播或电视信号塔或空中的卫星广播信号

20世纪90年代，无线广播从模拟技术转向数字技术。1995年出现了数字音频广播(Digital Audio Broadcasting，DAB)标准，也称为Eureka 147[333]。欧洲和世界其他地区采用了DAB，在有些情况下与传统的AM和FM技术一同使用。数字音频广播采用一种称为编码正交频分复用(Coded Orthogonal Frequency-Division Multiplexing，COFDM)的数字调制技术，广播多个数字广播流[304]。COFDM是OFDM的一个特例，本书将专门讨论OFDM。

美国采用一种不同的数字方法，称为HD广播（一个商标名）。这种方法2002年获得联邦通信委员会(Federal Communications Commission，FCC)的批准，作为AM和FM数字广播系统，在发送现有模拟广播信号的同时发送数字广播信号[317,266]。HD广播采用一种专利传输技术，是一种能够利用现有FM广播电台信号之间的频率空隙的OFDM技术。美国2007年开始应用HD广播技术。采用数字编码与调制技术，能够通过卫星或地面站广播CD质量的立体声信号。除了能够提高音频信号质量之外，数字音频广播技术还有其他的业务优势：附加数据业务、多种音频信号源、点播音频业务。与现在的模拟调幅、调频广播类似，HD广播不要求服务费。现在大多数汽车出厂时就安装了HD广播接收机。因此，新车的车主可以马上收听HD音频广播，使用附加的数据服务[317]。

1.2.2 广播电视

无线广播之后出现的另一种最有名的无线应用就是广播电视。1936年英国和法国开始模拟电视广播，1939年美国开始模拟电视广播[233]。直到最近广播电视还在沿用20世纪50年代的几种模拟标准：根据美国国家电视系统委员会(National Television System Committee，NTSC)命名的NTSC在美国、加拿大等国家使用；欧洲和南亚采用的逐行倒相(Phase Alternating Line，PAL)；以及苏联和非洲部分国家采用的SECAM(SÉquentiel Couleur À Mémoire)。除了基本的质量限制以外，模拟电视系统本质上是严格定义在很窄的性能范围之内，没有什么可供选择的。而数字电视技术，能够提供更高信号质量(高清图像和高质量环绕立体声)以及多种业务形式。

20世纪90年代，数字视频广播(Digital Video Broadcasting，DVB)系列标准开始用于数字电视和高清数字电视[274-275]。美国以外的世界上大多数国家采用DVB标准。类似于DAB，DVB技术也采用OFDM数字调制技术。还有几种专为陆地、卫星、有线和手持应用设计的DVB改进技术[104]。

美国采用了一种不同的高清数字广播技术，产生的数字信号具有类似模拟NTSC信号的频谱。先进电视系统委员会(Advanced Television Systems Committee，ATSC)数字标准采用8-VSB(残余边带)调制，并且用一种特殊的栅格(trellis)编码器(栅格码调制在无线通信中少有的几种应用之一)[86,276,85]。ATSC系统要求采用定向天线限制多径程度，因为相比DVB标准中采用的OFDM调制，均衡相对困难。2009年模拟NTSC信号在美国使用了半个多世纪后被ATSC信号取代。

1.2.3 蜂窝通信网络

蜂窝通信(Cellular Communication)利用基站(base station)网络给大范围分布的移动用户提供通信。蜂窝(cell)这个术语指一个基站所覆盖的区域。基站选址需要保证这些蜂窝能够相互重叠，从而保证用户被网络覆盖，如图1.2所示。一个蜂窝簇(cell cluster)共享一组无线频率，在不同地理范围上重用，从而最大限度地利用无线频谱。蜂窝系统支持切换，随着移动用户的移动，通信链路从一个基站的区域转移到另一个基站的区域。基站之间通常采用有线网络，并由一些功能设备提供漫游和计费等服务。蜂窝网络通常与公用电话网络(用于电话业务的网络)和互联网络相连接。

第一代蜂窝通信器件采用模拟通信技术，特别是FM调制，用于移动用户与基站之间的无线链路。这些系统所用的技术是20世纪60年代设计的，在20世纪70年代后期和20世纪80年代早期部署使用[243,366,216]。采用模拟技术没有什么安全性(采用合适的无线装置可以监听电话)，能支持的数据速率也有限。很多类似的但不兼容的第一代系统差不多在同一时间投入使用，包括美国的先进移动电话系统(Advanced Mobile Phone System，AMPS)、斯堪的纳维亚使用的北欧移动电话(Nordic Mobile Telephony，NMT)、欧洲一些国家使用的全接入通信系统(Total Access Communication System，TACS)、法国采用的 Radiocom 2000、意大利的无线电电信移动集成(Radio Telefono Mobile Integrato，RTMI)，日本还有几种模拟标准。不同国家采用标准的数量之多造成国际漫游的困难。

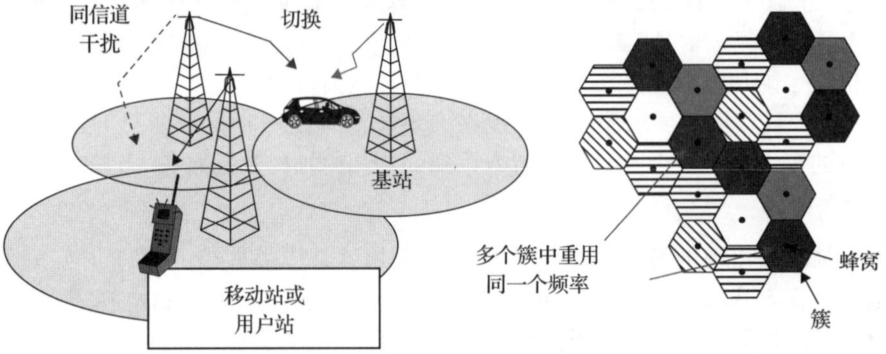

图 1.2　典型蜂窝系统。每个蜂窝有一个基站，服务于多个移动用户。回程网络将基站连接起来支持切换等功能。不同蜂窝簇重用频率

第二代及之后的蜂窝标准采用数字通信。第二代系统是在 20 世纪 80 年代设计的，在 20 世纪 90 年代应用的。最常用的标准有全球移动通信系统(Global System for Mobile Communications，GSM)[123,170]，IS-95(Interim Standard 1995，1995 暂行标准，也称为 TIA-EIA-95)[139,122]，还有组合标准 IS-54/IS-136(称为数字 AMPS)。GSM 是欧洲几个公司合作制定的欧洲电信标准局(European Telecommunications Standards Institute，ETSI)标准。最终在世界范围得到采纳，成为第一个实现全球漫游的标准。IS-95 标准是由高通(Qualcomm)公司制定的，并且采用了当时的一种多址接入新技术，称为码分多址(Code Division Multiple Access，CDMA)[137]，因此 IS-95 也称为 CDMA-1。IS-95 标准在美国、韩国和其他几个国家应用。IS-54/IS-136 标准的提出是为了提供向 AMPS 系统的数字化升级并且保持一定程度的向后兼容性。进入 21 世纪，逐渐被 GSM 和第三代技术所取代。第二代系统主要的改进是引入了数字技术、安全性、文字消息和数据服务(特别在后续的改进中)。

2000 年开始，第三代合作伙伴项目(3rd Generation Partnership Project，3GPP)和第三代合作伙伴项目 2(3rd Generation Partnership Project 2，3GPP2)提出了第三代(3G)蜂窝标准。3GPP 提出了基于 GSM 标准的通用移动通信系统(Universal Mobile Telecommunications System，UMTS)3G 标准[193,79]。这个标准采用类似的网络体系结构和高容量的数字传输技术。3GPP2 则以 cdmaOne 为基础演进出 CDMA2000 标准[364,97]。显然，UMTS 和 CDMA2000 都采用了 CDMA 技术。第三代标准相对于第二代标准的主要改进是更高的话音质量(能够支持更多的话音用户)、互联网宽带接入和高速数据。

第四代蜂窝标准是很多研发项目的目标，也有很多争议(甚至关于“四代”的定义)。最后，两种系统被官方认定为四代蜂窝系统。一个是 3GPP 长期演进-高级版(Long Term Evolution-Advanced，LTE-Advanced)的版本 10 及后续版本[93,253,299,16]。另一个是全球互通微波接入(Worldwide Interoperability for Microwave Access，WiMAX)，IEEE 802.16 m 标准的一个子集[194,12,98,260]。尽管 WiMAX 更早出现，3GPP LTE 成了事实上的 4G 标准。与三代系统主要区别是，四代系统是从零开始设计用以提供大范围的无线互联网接入能力的技术。3GPP LTE 是 3GPP 的演进技术，支持宽带信道和基于正交频分多址接入(orthogonal frequency-division multiple access，OFDMA)的物理层技术，给不同用户动态分配子载波。OFDMA 是正交频分复用(orthogonal frequency-division multiplexing，OFDM)的多址接入版本，将在第 5 章讨论。3GPP LTE Advanced 增加了其他新的能力，包括通过基站和手持终端

设置多天线对多输入多输出(Multiple Input Multiple Output，MIMO)通信提供更多支持，因此也能提供更高的数据速率。WiMAX 是基于 IEEE 802.16 标准的。本质上，WiMAX 论坛(一个行业论坛)定义了一个用以实现的功能子集，包括证书和测试功能，能够提供互通性。WiMAX 也采用 OFDMA，尽管早期的版本采用了一种基于 OFDM 的略有不同的接入技术。4 代系统采用 MIMO 通信，更充分地利用多个天线，第 6 章将讨论这个技术。4 代蜂窝系统承诺比以前的系统更高的数据速率，并且通过简化回程体系结构改进网络。

3GPP 已经开始对第 5 代蜂窝标准的研究。本书写作时，正在研究进一步提高吞吐量和质量，以及降低延迟和代价的各种技术。持续推进 MIMO 通信的极限也吸引了很多研究兴趣[321]。大规模 MIMO 系统在基站采用数百个天线，能够同时支持更多的用户[223,185,42]，全向 MIMO 系统利用水平和垂直波束，支持更多用户[238]。利用 30GHz 以上的频谱的毫米波 MIMO 系统也被考虑用于第 5 代蜂窝系统[268,262,269]。这些课题的研究都在进行[45,11]。

1.2.4 无线局域网

无线局域网(WLAN)是一种无线形式的以太网(Ethernet)，它最初的目标是从一个计算机向另一个计算机发送数据。无线局域网如图 1.3 所示。所有 WLAN 利用数字通信。WLAN 原始的目标是实现一个局域网；现在的应用中，WLAN 主要作为无线互联网接入的主要方法。与利用昂贵的授权频谱的蜂窝网络相比，WLAN 使用非授权频段，如美国的工业、科学和医学(Industrial，Scientific，and Medical，ISM)和非授权国家信息基础设施(Unlicensed National Information Infrastructure，U-NII)无线频段。这就意味着任何人可以用授权设备安装，但不能提供有保证的服务。WLAN 与蜂窝网络本质上不同。尽管二者都是用于无线互联网接入，但是 WLAN 主要用于有线网络的扩展，而非像蜂窝网络那样用于提供无缝广域覆盖。大多数 WLAN 如果实现了切换，也仅仅实现基础形式的切换。

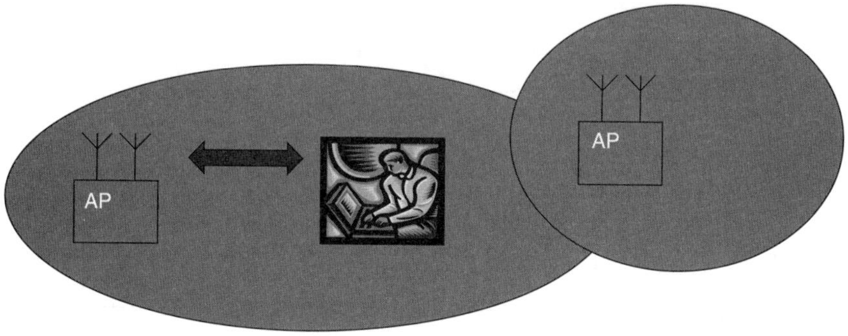

图 1.3 无线局域网。接入点(Access Point，AP)为客户端提高服务。与蜂窝系统不同，一般不支持切换

最常用的 WLAN 标准是由 IEEE 802.11 工作组制定的[279,290]。IEEE 802 工作组制定 LAN 和城域网(Metropolitan Area Network，MAN)标准，主要关注物理层(PHY)、媒体接入层(Media Access Control，MAC)和链路(link)层的无线链路协议，对应传统网络架构中的第一层和第二层[81]。IEEE 802.11 工作组负责 WLAN 标准。Wi-Fi 联盟(Wi-Fi Alliance)负责认证 IEEE 802.11 产品，保证其互通性(Wi-Fi 和 IEEE 802.11 往往可互换使用，虽然它们并不完全相同)。IEEE 802.11 不同的小组用不同的字母区分，例如 IEEE 802.11b，IEEE 802.11a，IEEE 802.11g，和 IEEE 802.11n。

最初的 IEEE 802.11 标准支持 2.4GHz ISM 频段的 0.5Mbps(每秒兆比特)数据速率，

有两种物理层接入技术可以选择，一种是跳频扩频，另一种是直接序列扩频。IEEE 802.11b 利用互补码键控调制技术扩展直接序列扩频模式，能够提供 11Mbps(原文是 11bps，有误。——译者注)数据速率。IEEE 802.11a 和 IEEE 802.11g 分别在 5.8GHz 和 2.4GHz 频段提供 54Mbps 数据速率，采用第 5 章将要讨论的 OFDM 调制技术。

IEEE 802.11n 是 IEEE 802.11g 和 IEEE 802.11a 的高吞吐量扩展版本，利用 MIMO 通信结合 OFDM 提供更高的数据速率[360,257]。MIMO 促使一些新调制技术(其中一些可以支持同时传输多个数据流，另一些保证更高可靠性)得以应用，第 6 章将予以讨论。IEEE 802.11 更高吞吐量的扩展版本有 IEEE 802.11ac 和 IEEE 802.11ad。由于标准扩展版本已经用完了采用 1 个字母的选择，开始使用两个字母。IEEE 802.11ac 关注 6GHz 以下的方案[29]，IEEE 802.11ad 关注更高频率，特别是 60GHz 未授权毫米波方案[258,268]。相比 IEEE 802.11n，IEEE 802.11ac 支持更先进的 MIMO 能力(最多 8 个天线)，以及几个用户同时与接入点通信的多用户 MIMO 通信能力。IEEE 802.11ad 是第一个毫米波 WLAN 方案，能够提供每秒吉比特(Gbps)峰值吞吐量。IEEE 802.11ay 是正在制定的下一代 WLAN 标准，支持多用户通信，目标数据速率为 100Gbps，目标传输距离为 300～500m。

1.2.5　个域网

个域网(Personal Area Network，PAN)是用于短距离通信的数字网络，主要指 10m 半径范围内替代有线技术的方案。图 1.4 给出了一个 PAN 的例子。无线个域网(Wireless PAN，WPAN)最合适的应用之一是连接用户个人空间中的设备，也就是，一个人携带的设备，比如键盘、耳机、显示器、音频/视频播放器、平板电脑或智能手机[353]。根据标准，PAN 可以视为围绕一个人的“个人可通信气泡”。所有 PAN 都采用数字通信。PAN 与 WLAN 在体系结构上有一个差别——PAN 采用即时自组织连接(ad hoc connection)的通信方式。这就意味着无须中心控制器(或接入点)的辅助，终端设备就可以形成自组织的对等网络。PAN 也采用非授权频段实现。

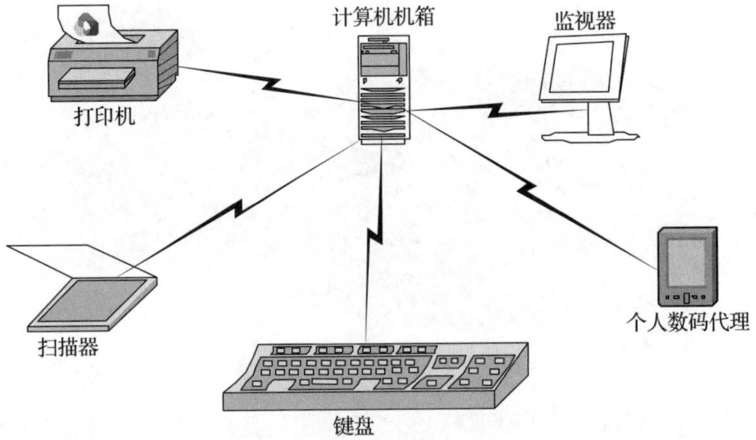

图 1.4　办公桌上的无线个域网。计算机通过无线链路连接所有其他设备，包括监视器、键盘、个人数码代理、扫描器和打印机。设备之间的典型距离为 10m

大多数 PAN 是 IEEE 802.15 工作组制定的[308]。蓝牙(Bluetooth)标准，也就是 IEEE 802.15.1a 以及后来的扩展版本，最常用于无线头戴式耳机与蜂窝电话、无线键盘和无线计算机鼠标的连接。另一个 PAN 标准是 IEEE 802.15.4，称为 ZigBee，用于低功率嵌入式应用，例如传感器网络、家用监视和自动控制以及工业控制[227]。IEEE 802.15.3c 是 802.15 的一个高数据速率的扩展版本，工作在毫米波非授权频段(57～64GHz)，但是没有

WirelessHD[356]成功，后者是由一个行业论坛开发的[268]。这些系统提供超过 2Gbps 的高速连接和无线视频显示器连接，例如无线高清多媒体接口(High-Definition Multimedia Interface，HDMI)。随着 IEEE 802.11ad 取代了很多 60GHz PAN 的功能，WLAN 与 PAN 的界限开始变得模糊。

1.2.6 卫星系统

卫星系统用空间收发机在远高于地球表面的高度上进行很大范围的远距离传输，如图 1.5 所示。可以作为陆地通信网络的替代方案，后者的基础设施位于地面上。通信卫星的思想源于科幻小说作家 Arthur C. Clarke 于 1945 年发表在《无线世界》(Wireless World)杂志上的一篇论文[74]。论文提出了在 35 800km 的静止地球卫星轨道上部署 3 颗卫星的轨道配置方案，以提供洲际通信服务。其他轨道，比如 500km 和 1700km 高度的近地轨道(Low Earth Orbit，LEO)和 5000km～10 000km 之间以及 20 000km 以上的中地球轨道(Medium Earth Orbit，MEO)也已投入使用[222]。轨道越高覆盖范围越大，也就是说，可以使用更少的卫星，但是要承受更大的传播延迟和自由空间衰耗的代价。直到 20 世纪 60 年代，卫星还用于观察和探测，并未实际用于通信。1958 年启动的 SCORE 项目是世界上第一个通信卫星，提供了成功的空间通信中继系统的实验。此后发射的通信卫星数量不断增长：1960—1970 年间发射了 150 颗卫星，1970—1980 年间发射了 450 颗卫星，1980—1990 年间发射了 650 颗卫星，1990—2000 年间发射 750 颗卫星[221]。

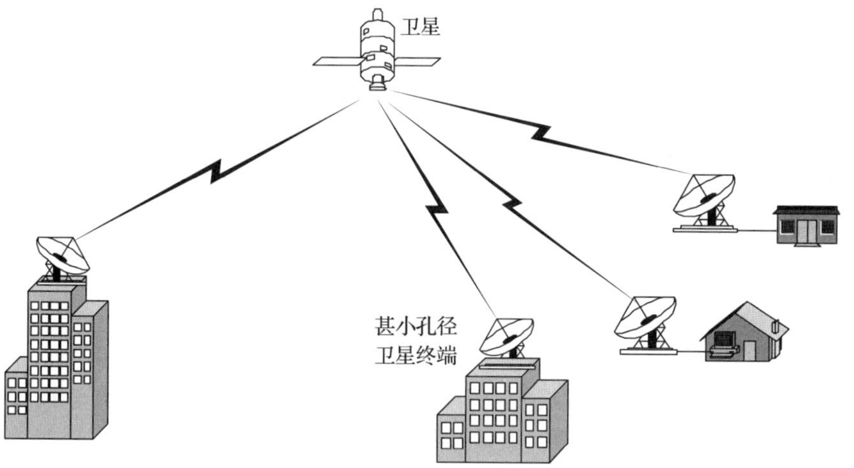

图 1.5 卫星系统组成。位于地球表面高空的卫星作为转发器，支持地面上的甚小孔径卫星终端(VSAT)进行点到点或点到多点传输

在通信中，卫星作为中继器，支持点到点和点到多点信号传输。通信卫星应用广泛，包括电话、电视广播、无线电广播和数据通信业务[94]。与其他系统相比，通信卫星系统的优势在于覆盖范围大，特别是能够覆盖地理上偏僻区域或者困难地形。例如，移动卫星服务主要为陆地移动用户、海事用户[180]以及航空用户[164]提供服务。

卫星提供远程(特别是洲际)点到点或中继电话以及移动电话服务。1965 年，Intelsat 发射了第一颗商用卫星，名为 Early Bird(晨鸟)，提供洲际固定电话服务。卫星通信系统采用数字通信技术提供全球移动电话服务[286]。第一个提高移动服务的 GEO 卫星 Marisat(海事卫星)，是在 1976 年发射进入轨道的。卫星系统的其他例子还包括 Iridium(铱星)，Inmarsat(海事卫星)和 Globalstar(全星)。由于在轨道上放置卫星的高成本及其低容量，卫星电话很昂贵。卫星电话在偏远区域和海事通信中很有用，在人口稠密地区其应用已经被蜂窝网络取代。

卫星市场的通信服务中75%是电视[221]。早期无线电视系统采用模拟调制并且需要大尺寸碟形接收天线。1989年发射了第一颗电视直播卫星TDF 1。现在大多数卫星电视节目是通过利用数字通信技术的直播卫星提供。用于电视广播应用的通信卫星系统包括美国的Galaxy和EchoStar卫星，欧洲的Astra和Eutelsat Hot Bird，印度的INSAT，还有日本的JSAT卫星。

卫星广播最新的一种应用是高保真无线电广播。过去20年，很多地区已经开展卫星广播[355]。卫星无线电广播提供高保真音频广播服务，用户采用常规的AM或FM广播收音机。现在已经广泛用于向用户的无线电收音机发送音频信号。类似基于Sirius和XMI技术[247,84]的SiriusXM[88]，卫星无线电系统采用数字通信技术向订购服务的用户进行数字音乐多播。在这些信号的卫星传输中还可以同时传输其他信息，例如交通或天气信息。

卫星系统最新的应用是数据通信。卫星系统提供各种数据通信服务，包括广播、多播和点到点单向或双向数据业务[105]。具体业务包括消息、寻呼、传真、从传感器网络收集数据，当然还有无线互联网接入。单向或双向通信业务通常由采用GEO卫星的甚小孔径卫星终端(Very Small Aperture Terminal，VSAT)网络[4,66,188]提供。VSAT网络适于由中心主机和大量地理散布系统构成的集中式网络。典型的例子包括具有中心总部和不同地点的分支机构的小型和中型企业。VSAT网络也可以用于在农村地区提供无线互联网接入。

高空平台(High-Altitude Platform，HAP)站是结合陆地和卫星通信系统的混合技术。HAP的应用包括无人飞艇和有人/无人飞机，在对流层之上大约17km或更高的平流层飞行[76,18,103]。卫星通信系统与卫星距离远、昂贵，对用户终端要求高，地面发射机覆盖范围有限，HAP站可以填补这些通信系统之间的鸿沟。在缺少蜂窝网络设施的地方，HAP系统也可以作为蜂窝系统的替代方案，提供电话和无线互联网接入。

1.2.7 无线自组织网络

自组织网络的特点是没有基础设施。蜂窝网络的用户通常与固定的基站通信，而自组织网络的用户相互通信，所有用户发送、接收并转发数据。自组织网络一个很重要的应用场景是应急通信(警务、搜索和救援)。例如飓风Katrina，海地地震或者菲律宾台风这样的灾难，会毁坏蜂窝网络基础设施。救援队的合作、与亲人的通信及协调救援物资运输都会受到设施毁坏的影响。移动自组织网络可以将一个智能手机变成既是发射塔也是手机。这样，就可以在灾难地区发送数据。在高度移动性、没有固定设备可用的军事环境中，自组织网络也很重要。未来的士兵可以使用可靠的、容易部署的、非中心的高速通信网络，发送高质量视频、图像、声音和位置数据，保证战斗中的信息优势。自组织网络有很多实际的应用。

自组织组网能力是大多数PAN的核心部分。例如，采用蓝牙技术，用一个设备作为主设备，其他设备作为主设备的从设备，可以把设备组成一个微微网络。主设备协调不同设备之间的通信。WLAN也支持设备之间通信的自组织能力，IEEE 802.11s标准中还有一个更为正式的网状(mesh)组网能力[61]。蜂窝网络开始支持设备之间(device-to-device)通信，设备可以直接交换数据，不需要通过基站[89,110]。尽管这不是完全的自组织即时通信，因为终端设备可能需要通过基站协调关键的网络功能，例如发现终端设备。

移动自组织网络一个最新的应用是车辆自组织网络(Vehicle Ad hoc NETwork，VANET)[329]。如图1.6所示，VANET涉及车辆到车辆通信和车辆到基础设施通信，是车辆互连和自动控制车辆的关键因素。VANET 与其他自组织网络的差别是顶层应用。安全性是 VANET 最重要的应用。例如，专用短程通信协议[41,232,177]允许车辆在前部碰撞警告等应用中交换位置和车辆信息。下一代联网车辆能够互相交换更多的信息。例如，在相邻车辆之间共享感知数据可以将一辆车的感知范围扩展到超过其视线范围[69]。这种数据可以融合起来形成对周边交通流量的鸟瞰图，能够帮助困难驾驶任务(例如超车和变换车道[234])中的自动驾驶车辆和人类司机。VANET，特别是毫米波频段的，一直是一个活跃的研究领域[337]。

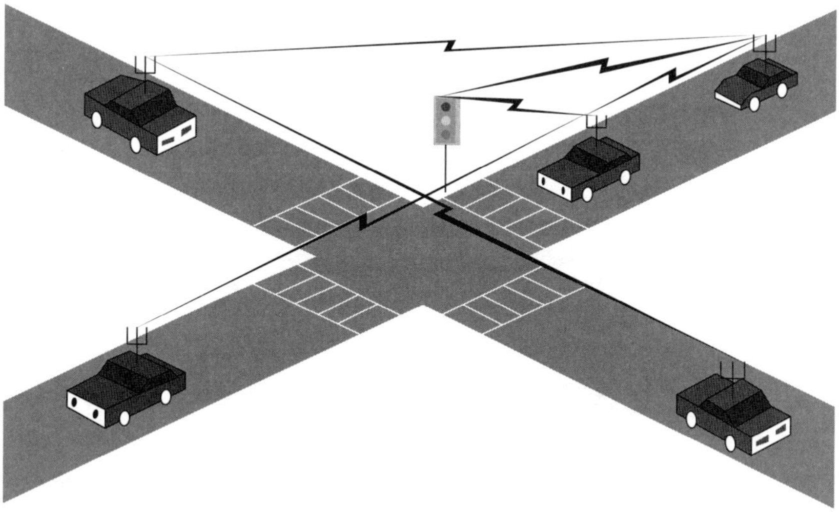

图 1.6　组成 VANET 的车辆能够与其他车辆或者基础设施在无线范围内通信，可以用于多种目的，例如碰撞避免

1.2.8　无线传感器网络

无线传感器网络是一种自组织形式的无线网络，无线连接传感器在适当的时间向某些特定节点转发信息。无线通信、信号处理和电子学的发展使得小尺寸的具有感知、数据处理和通信功能的低成本、低功率、多功能的传感器节点得以实现[7]。无线传感器网络设计中最重要的因素是有限容量电池导致的短网络生命周期[5]。

能源网络能够以传感器网络的方式提供另一种潜在的无线通信应用。电力网络采用有百年历史的技术，即电网用电表测量电量消耗量，但很少能及时读取。采用传感器能够实现智能电网，支持基于用量定价和分布式能源生产[58,293]。智能电网的很多属性能够通过无线电表实现。智能电网可以用不同的有线或无线通信技术实现。智能电网技术存在的挑战包括控制、学习和系统级问题。

射频识别(Radio Frequency IDdentification，RFID)是一种特殊的通信方式，用于制造、供应链管理、库存控制、个人财产追踪和远程医疗等应用[361,183,62]。RFID 系统包括用于标识物品和目标的 RFID 标签，以及 RFID 读取器。为了信息控制，读取器在射频范围内广播对标签的查询，标签应答存储的信息，一般采用广播查询为 RFID 电路和发射机供电[64]。由于不涉及主动发送信号，通信的耗电很低[5]。RFID 可以在传感器网络中作为传感器使用，也可以作为通信方法检测，比如一个地点是否存在某个 RFID 标签(或者贴了这个标签的物品)。RFID 已经由 EPCglobal 和国际标准化组织(International Organization for Standardization，ISO)标准化。典型 RFID 标签的无源设计使得它不同于其他常规通信系统。

1.2.9 水下通信

水下通信是无线通信的另一种小众应用。图 1.7 给出一些水下通信的应用。本章讨论的水下通信与其他通信方式的一个重要差异是水下通信往往涉及声波传播，而射频无线系统则通过电磁波传播。海水的含盐量导致其具有高导电性，导致电磁辐射的很大衰耗，因而电磁波在水中不能长距离传输。声波方法的局限主要是带宽很窄。一般来说，声波方法用于低速率长距离传输，而电磁波方法用于高速率短距离传输[168]。

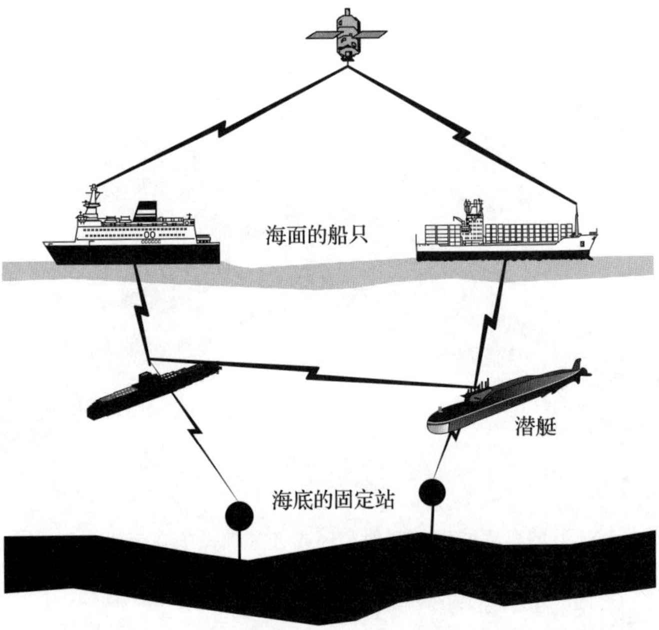

图 1.7　水下通信系统。潜艇能够与海底的固定站或者海面其他船只通信

现代水下通信系统采用数字传输[311,315,265]。从信号处理的角度而言，水下通信需要复杂的自适应的接收机技术[311]。原因是，相对而言，水下传播信道是变化的，并且呈现大量的多径。大多数射频无线系统的设计都具有一种块不变性，其中时间变化可以在短的处理间隔内被忽略。

由于信道的快速变化，这种假设可能不适用于水下通信。尽管在石油工业中有商业应用，例如水下无人驾驶舰船，但水下通信的主要应用可以在军事领域，例如船到船、船到岸和船到潜艇。水下通信是美国海军的增长型行业。潜艇和巴哈马的大西洋海底测试和评估中心(Atlantic Undersea Test and Evaluation Center，AUTEC)航程控制站之间的双向水下数字通信已经成功展示[144]。传感器网络也用于水下，进行海洋学数据采集、环境监测、探测以及战术监测[9]。本书要讨论的很多概念都可以用于水下通信系统，考虑传播信道可用性进行某些修正即可。

1.3 无线通信的信号处理

信号是描述物理或非物理变量随时间或空间变化的函数。信号通常由传感器采集并由转换器转换为适当的形式进行存储、处理或传输。例如，传声器包含一个振动膜来捕捉音频信号，还有一个传感器将该信号转换为电压信号。在无线通信系统中，典型的信号是用于通过无线信道将数据从发射机传输到接收机的电流和电磁场。除音频和通信信号之外，还有许多其他类型的信号：语音、图像、视频、医疗信号(如心电图)或测量股票价格演变的金融信号。信号处理是一个相对较新的工程学科，它研究如何处理信号来提取信息或根据特定目的改变信号特征。

虽然信号处理包括数字和模拟技术，但数字信号处理(DSP)主导了大多数应用场景。因此，要处理的模拟信号在操作之前被离散化和量化。例如，无线通信系统中，接收机必须对接收到的信号进行处理以去除噪声、消除干扰或消除由于通过无线信道传播造成的失真；在发送端，需要采用信号处理产生要发送的波形，将单位时间发送的信息范围或信息量最大化。目前的趋势是以数字方式执行所有这些操作，将模数转换器(ADC)或数模转换器(DAC)分别放置在尽可能靠近接收或发射天线的位置。图 1.8 显示了一个使用模拟和数字信号处理方法的基本通信系统的例子。

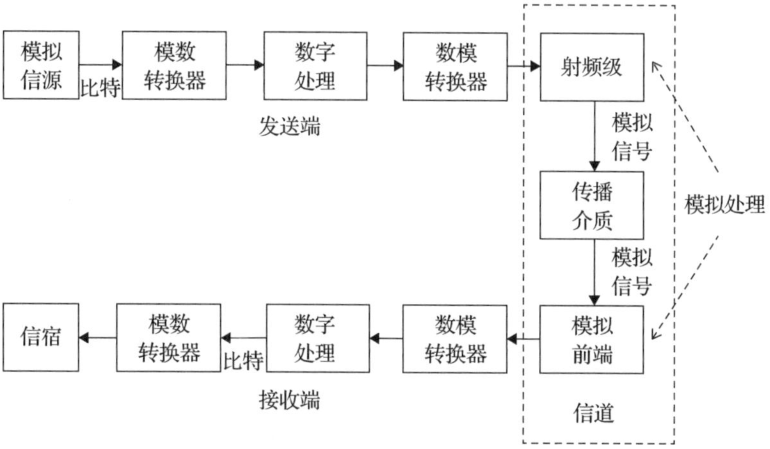

图 1.8　采用模拟和数字信号处理的数字通信系统基本框图

信号处理在其他领域有很多应用，例如：

- 语音和音频，用于说话人识别、文本到语音转换、语音识别、语音或音频压缩、噪声消除或室内均衡。
- 图像和视频，用于图像和视频压缩、降噪、图像增强、特征提取、运动补偿或目标跟踪。
- 医学，用于监测和分析生物信号。
- 基因组学，用于解释基因组信息。
- 财务，以预测为目的财务变量分析。
- 雷达，用于检测目标并估计它们的位置和速度。

信号处理是信号处理和应用数学交叉的一门学科。直到 20 世纪中叶它才成为一个独立的研究领域[239]。那时，诺伯特·维纳(Norbert Wiener)提出了一个信息源的随机过程模型。他还发明了维纳滤波器，该滤波器从观察到的噪声过程中提供未知过程的统计估计。克劳德·香农(Claude Shannon)于 1948 年撰写的标志性论文“通信的数学理论”[302]，通过从信号处理的角度分析基本的数字通信系统，使用维纳的思想建模信息信号，从而建立了通信理论的基础。哈里·奈奎斯特(Harry Nyquist)于 1928 年提出的采样定理，由香农于 1949 年在他的论文“噪声存在下的通信”中得到证明，它解决了连续信号的采样和重构问题，这是 DSP 的一个里程碑。然而，随后的几年中，模拟信号处理继续主导从雷达信号处理到音频工程的信号处理应用[239]。库利(Cooley)和杜克(Tukey)在 1965 年发表了一种用于快速实现傅里叶变换(现在称为 FFT)的算法，使卷积计算能够更有效地实现，导致 DSP 的爆炸式增长。当时，电话传输的语音编码是一个非常活跃的信号处理领域，这项研究开始受益于自适应算法，并促成了 DSP 的成功。从那时起，DSP 算法不断发展，性能越来越好，从中受益的应用范围越来越大。无线通信也不例外，通过增加 DSP 技术的复杂性，使得近年来许多通信系统的性能和数据速率的惊人增加成为可能。

信号处理方法从系统角度解决问题，包括系统中每个模块的输入和输出信号模型。不同的模块表示不同的处理阶段，可以用模拟设备或数字处理器中实现的数字算法来实现，如图 1.8 所示。在用于信号和系统的模拟组件的模型的复杂性和性能之间存在折中：更精确的模型为系统的仿真和实际评估提供了极好的工具，但它们增加了复杂性和仿真时间，并使问题的理论分析变得困难。使用随机过程理论和概率对信号进行统计表征，为携带信息的信号以及无线通信系统中出现的噪声和干扰信号提供了有用的模型。

信号处理理论还提供了使用微积分、线性代数和统计学概念的数学工具，将系统中的不同信号联系起来。第 3 章详细介绍了可用于无线通信系统设计和分析的基本信号处理成果。线性时不变系统广泛用于无线通信，对系统中的不同设备进行建模，例如滤波器或均衡器。通信系统的许多功能在频域中更好理解，因此傅里叶分析也是无线工程师的基本工具。数字通信系统也利用多速率理论成果，因为多速率滤波器可以有效实现数字发射机或接收机中执行的许多操作。最后，线性代数的基本成果是许多用于接收机不同任务的信号处理算法（例如信道均衡）的基础。

数字信号处理方法，对于无线通信，即所谓的软件定义无线电（Software-Defined Radio，SDR）概念，是有意义的，例如易于重新配置（软件下载）或同时接收不同通道和标准，如图 1.9 所示。然而，由于技术（非常高的采样频率）或成本（ADC 上功耗过高）的原因，将接收天线输出端的通信信号数字化可能并不可行。因此，在实际的通信系统中通常进行模拟信号处理与 DSP 之间的平衡，通常包含一个模拟级，用于对信号进行下变频，然后是数字级，如图 1.9 所示。本书后面的章节提供了几个使用这种方法的当前通信系统的功能框图示例。

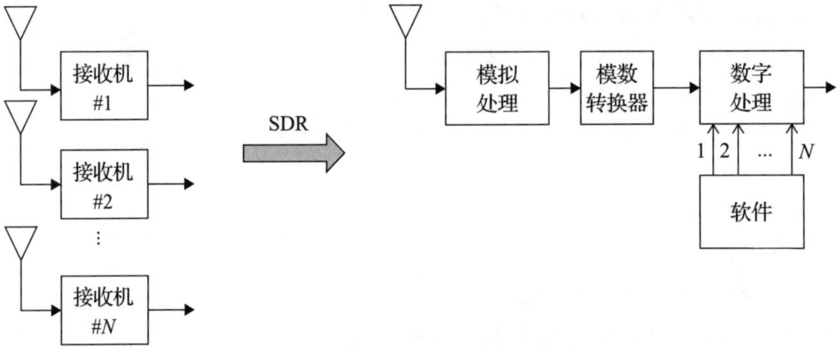

图 1.9　基于 SDR 概念的当前数字通信接收机。接收机可以使用单个硬件同时接收采用不同标准的通道

1.4　本书贡献

本书从信号处理角度介绍无线数字通信的基本原理。首先，它提供了理解无线数字通信所需的数学工具的基础。其次，它从信号处理的角度介绍数字通信的基本原理，重点介绍了最常见的调制方式，而不是通信系统的最一般的描述。第三，它描述了特定的接收机算法，包括同步、载波频率偏移估计、信道估计和均衡。本书可以与同时开发的实验室课程[147]一起使用，也可以独立使用。

目前已经有不少关于无线通信和数字通信相关主题的教科书。大多数其他的无线通信教科书都是针对通信的研究生的，建立在随机过程和数字通信的研究生课程基础上。不幸的是，本科生、其他领域的研究生和工程师可能没有学过这些教科书要求的典型的研究生先修课。有关数字通信的其他教科书针对的是一个或两个学期的研究生课程，试图以最常用的形式呈现数字通信。然而，本书关注的是数字通信的一个子集，称为复脉冲幅度调制，该调制在大多数商用无线系统中使用。此外，本书详细描述了重要的接收机信号处理算法，这是实现无线通信链路所需要的。虽然大多数概念是针对具有单个发射天线和单个接收天线的通信系统而提出的，但在本书最后将其扩展到 MIMO 通信系统，现在这些系统在实践中已广泛部署。

对于通信工程师来说，本书不仅提供了有关接收机算法的背景信息，如信道估计和同步(这在其他教科书中通常没有详细解释)，还提供了有关 MIMO 通信原理的易于理解的介绍。对于信号处理工程师来说，本书解释了如何从信号处理的角度理解通信链路。特别是，在数字信号处理基本原理的基础上建立输入-输出关系，因此整个系统可以用离散时间信号表示。本书提供了关于通信系统损伤及其模型的关键背景，以及对无线信道建模原理的易于理解的介绍。对于模拟信号、混合信号和电路设计人员，本书介绍了无线数字通信的数学原理。相比其他教科书，这些公式得以简化，并且本书给出的公式是可以直接实际应用的，并可用于无线通信链路的原型设计[147]。

本书内容是有意缩小范围的。本书并不试图提出一个包含每种可能的数字通信的框架。而是重点讨论复脉冲幅度调制系统。本书也不试图为所有不同的信道损伤提供最佳的接收机信号处理算法，而是重点讨论如何使用更简单的估计器，如实际中有效的线性最小二乘法。本书提供的基础是进一步在无线通信领域工作的绝佳平台。

1.5 本书框架

本书旨在让学生、研究人员和工程师在关键的物理层信号处理概念方面奠定坚实的基础。每章开始有一个引言，预先介绍各节内容，并以条目形式总结要点作为结束。为了帮助读者测试知识掌握程度，提供了很多示例和大量的作业习题。

本章作为无线通信的引言，不仅提供了大量应用的概述，还提供了关于信号处理的一些历史背景，并给出了使用信号处理来理解无线通信的例子。

第 2 章概述了数字通信。这个概述是围绕数字通信系统的典型框图建立的，为后续章节的展开提供背景知识。然后更详细地讨论该章的组成部分。首先概述无线信道引入的失真类型，包括加性噪声、干扰、路径损耗和多路径。无线信道的存在给接收机信号处理引入了许多挑战。然后简要概述信源编码和译码，并举例说明无损和有损编码。信源编码压缩数据，减少需要发送的比特数。接下来，对私有密钥和公开密钥加密提供了一些背景知识，用于保护无线链路免受窃听者的攻击。然后概述信道编码和译码。信道编码插入结构化冗余，译码器可以利用这种冗余纠正错误。该章最后介绍了调制和解调，包括基带和频带概念，并预览了不同信道损伤的影响。本书后续章节着重于调制和解调、纠正信道损伤、对信道进行建模以及扩展系统对多个天线的可见性。

第 3 章介绍在本书的后续部分中将要利用的信号处理基础知识。首先介绍相关的连续时间和离散时间信号的表示符号，以及线性时不变系统的背景知识、冲激响应和卷积。线性时不变系统用于建立多径无线信道。该章继续回顾了几个与概率和随机过程有关的重要概念，包括稳态性、遍历性和高斯随机过程。接下来，提供了连续时间和离散时间的傅里叶变换以及信号功率和带宽的知识，因为在时域和频域中考虑通信信号都是有用的。该章接着推导出复基带信号表示和复基带等效信道，这两个信号用于抽象出通信信号的载波频率。然后介绍了多速率信号处理概念，这些概念可以用于脉冲整形的数字实现。该章最后介绍线性代数关键概念的背景，特别是线性方程的最小二乘解。

第 4 章介绍复脉冲幅度调制的主要原理。首先介绍调制的主要特征，包括符号映射、星座图和已调信号带宽。然后介绍最基本的加性高斯白噪声损伤。为了最小化加性噪声的影响，定义了最佳脉冲整形设计问题，并采用奈奎斯特脉冲形式解决这个问题。假定使用这种脉冲形状，可以推导出最大似然符号检测器并分析符号错误的概率。本章的主题是对使用脉冲幅度调制进行数字通信的基本介绍，其中使用了完美的同步，并且只考虑最基本的加性噪声损伤。

第 5 章介绍了无线通信中引入的其他损伤。首先概述平坦衰落信道的符号同步和帧同步。涉及确定何时进行采样以及数据帧的开始位置。然后提出一个多传播路径的频率选择性影响的线性时不变模型。描述了几种缓解策略，包括线性均衡。由于频率选择性信道引入的失真随时间而变化，本章还介绍信道估计的方法。信道估计用于计算均衡器的系数。然后引入有利于均衡的几种调制策略：单载波频域均衡(Single-Carrier Frequency-Domain Equalization，SC-FDE)和 OFDM。然后针对单载波和 OFDM 系统讨论了特定信道估计和载波频率偏移校正算法。本章的大多数算法的设计思想都是先设计线性系统再确定最小二乘解。本章最后介绍了传播和衰落信道模型。这些统计模型广泛用于无线系统的设计和分析。提供了捕获数百倍波长范围的信道变化的大尺度模型，以及纳入了波长几分之一倍范围信道变化的小尺度模型。介绍了量化频率选择性和时间选择性的方法。本章最后描述了平坦和频率选择性信道的常用小尺度衰落信道模型。

第 6 章总结了本书，简要介绍了 MIMO 通信。在多个发射或接收天线的假设下，重新审视了本书讨论的关键概念。大部分结论都是围绕平坦衰落信道建立的，最终通过 MIMO-OFDM 扩展了频率选择性。该章首先介绍 SIMO(单输入多输出)、MISO(多输入单输出)和 MIMO 配置中多种天线的不同配置。然后介绍 SIMO 系统接收机分集的基础知识，包括天线选择和最大比组合，及其对矢量符号误差概率的影响。接下来，解释了一些在 MISO 通信系统中提取分集的方法，包括波束形成、有限反馈和空时编码。随后介绍了被称为空间复用的重要 MIMO 技术。还描述了其在预编码、有限反馈和信道估计上的扩展。最后概述了 MIMO-OFDM，将 MIMO 空间复用技术与 OFDM 系统易于均衡化的特征相结合。针对具有频率选择性信道的 MIMO 这一具有挑战性的情境，重新讨论了诸如均衡、预编码、信道估计和同步等重要概念。很多商业无线系统中采用了 MIMO 和 MIMO-OFDM.

本书中讨论的概念非常适合软件定义无线电的实际部署实现。作者同时开发了一个实验室手册[147]，该手册是作为 NI 公司通用软件无线电外设的一部分出售的。该实验手册包含了 7 个实验，涵盖了第 4 章和第 5 章的主要主题，以及一个探索差错控制编码优点的奖励实验。当然，这些概念可以用其他方式在实践中演示，甚至使用扬声器作为发射天线和麦克风作为接收天线。鼓励读者在可能的情况下进行算法、例题和习题的仿真实现。

1.6　符号和常用定义

在本书中，我们使用表 1.1 中的表示法，并为特定的定义分配表 1.2 中的变量符号。

表 1.1　本书通用表示法

*	卷积运算符
$\boldsymbol{a}$	加粗小写字母表示列矢量
$\boldsymbol{A}$	加粗大写字母表示矩阵

（续）

a，A	非加粗字母表示标量取值
$\|a\|$	标量 a 的大小
$\|\mathbf{a}\|$	矢量 $\mathbf{a}$ 的 2 -范数
$\|\mathbf{A}\|_F$	矩阵 $\mathbf{A}$ 的弗罗贝尼乌斯范数(Frobenius norm)
$\mathcal{A}$	手写体字母表示集合
$\|\mathcal{A}\|$	集合 $\mathcal{A}$ 的大小
$\mathbf{A}^{\mathrm{T}}$	矩阵的转置
$\mathbf{A}^*$	共轭转置
$\mathbf{A}^{\mathrm{c}}$	共轭
$\mathbf{A}^{1/2}$	矩阵平方根
$\mathbf{A}^{-1}$	矩阵的逆
$\mathbf{A}^{\dagger}$	摩尔-彭罗斯(Moore-Penrose)伪逆
$\mathbf{a}_i$	矢量 $\mathbf{a}$ 的第 i 项
$[\mathbf{A}]_{i,j}$	矩阵 $\mathbf{A}$ 的第 i 行第 j 列上的标量元素
$[\mathbf{A}]_{:,k}$	矩阵 $\mathbf{A}$ 的第 k 列
$[\mathbf{A}]_{:,k:m}$	矩阵 $\mathbf{A}$ 的第 k，$k+1$，…，m 列组成的子阵
$(\cdot)$	用于标识连续信号的序号
$a(t)$	连续标量信号在 t 点的取值
$\mathbf{a}(t)$	连续矢量信号在 t 点的取值
$\mathbf{A}(t)$	连续矩阵信号在 t 点的取值
$[\cdot]$	用于标识离散信号的序号
$a[n]$	离散标量信号在 n 点的取值
$\mathbf{a}[n]$	离散矢量信号在 n 点的取值
$\mathbf{A}[n]$	离散矩阵信号在 n 点的取值
$\mathbf{a}[k]$	频域子载波 k 上的离散矢量信号【原文误为 n。——译者注】
$\mathbf{A}[k]$	频域子载波 k 上的离散矩阵信号【原文误为 n。——译者注】
log	非另外声明时表示 $\log_{10}$
phase(·)	自变量的原理相位(principle phase)

表 1.2　本书的通用定义

E_{s}	信号能量
N_{o}	噪声能量
L	Channel order 信道阶次
$\{h[\ell]\}_{\ell=0}^{L}$	离散时间码间干扰(InterSymbol Interference，ISI)的($L+1$)抽头信道冲激响应
$h[k]=\sum_{\ell=0}^{L}h[\ell]\mathrm{e}^{-\mathrm{j}2\pi k\ell/N}$	频域信道传递函数
$(\cdot)_{\mathrm{p}}$	用于明确表示通带信号的表示法
$y[n]$	符号抽样接收信号
$s[n]$	缩放前的发送符号
$x[n]$	符号抽样的发送信号，往往是 $s[n]$缩放后的版本
N_{tr}	训练符号的个数
N_{t}	发送天线的个数，除了处理 MIMO 通信时，假设为 1
N_{r}	接收天线的个数，除了处理 MIMO 通信时，假设为 1

（续）

N_s	MIMO数据流的数量，通常等于 N_t，除非采用了预编码
$\mathbf{y}[n]$	符号抽样的接收信号，维度 $N_r \times 1$
$\mathbf{s}[n]$	发送符号矢量，维度 $N_s \times 1$
$\mathbf{x}[n]$	符号抽样的发送信号，维度 $N_t \times 1$，通过线性预编码与 $\mathbf{s}[n]$ 关联
$\boldsymbol{I}_N$	$N \times N$ 单位矩阵
$\mathbf{0}_{N,M}$	$N \times M$ 全零矩阵
$\mathbf{1}_{N,M}$	$N \times M$ 全一矩阵
j	虚数 $\mathrm{j} = \sqrt{-1}$
$\mathbb{E}[\cdot]$	期望运算符
$x \sim \mathcal{N}(m, \sigma^2)$	表示 x 是高斯随机变量时，均值为 m，方差为 σ^2
$x \sim \mathcal{N}_{\mathrm{C}}(m, \sigma^2)$	表示 x 是循环对称复高斯随机变量，复均值为 m，总方差为 σ^2，x 的实部和虚部相互独立，实部和虚部的方差分别为 $\sigma^2/2$
f_c	载波频率
c	光速

1.7　小结

- 无线通信有大量的应用，在传播环境、传输范围和基础技术上各不相同。
- 大多数主要的无线通信系统都使用数字通信。数字技术相对于模拟技术的优势包括适用于数字数据、对噪声的鲁棒性、更容易支持多种数据速率、多用户的能力以及更容易实现安全性。
- 数字信号处理与数字通信非常匹配。数字信号处理使用高质量可重现的数字组件。它还利用摩尔定律，从而导致更多计算并降低功耗和成本。
- 本书从信号处理角度介绍无线数字通信的基本原理。侧重于复脉冲幅度调制以及实现无线接收机时面临的最常见的挑战：加性噪声、频率选择性信道、符号同步、帧同步和载波频率偏移同步。

习题

1. **实际中的无线设备/网络**　这个问题需要对无线网络或无线设备的技术规范进行一些研究。
   (a) 从以下制造商中选三家制造商：诺基亚、三星、苹果、LG、华为、索尼、黑莓、摩托罗拉或你选择的其他厂家，对这三家制造商各选一款手机，描述每种手机支持的无线和蜂窝技术以及频段。
   (b) 至少说出你所在国家的三个移动服务提供商。它们的网络目前分别支持哪些蜂窝技术？
   (c) 这三家移动服务提供商中的哪一家收取数据费？其典型的用户(非企业)资费计划的收费是多少？你为什么认为一些提供商已经停止提供无限的数据计划？
2. **无线设备比较**　请填写下表中的三家公司生产的三种蜂窝设备：

制造商	设备#1	设备#2	设备#3
设备			
支持什么无线技术(即Wi-Fi、蜂窝等)			
支持哪种蜂窝标准			
使用哪个频段			
采用蜂窝网络支持的设备最大(标称)数据速率			
采用Wi-Fi网络支持的设备最大(标称)数据速率			
采用什么操作系统			

3. **可见光通信(Visible Light Communication，VLC)** 对VLC进行一些研究，VLC可以作为使用RF(射频)信号的无线通信的替代方案。本书未涉及这个主题，但是本书内容可用来理解其基本原理。请务必在答案中给出引用来源。注意：你应该寻找可靠的参考来源(例如，维基百科文章中可能存在错误，或者可能不完整)。
   (a) IEEE 802 LAN/MAN 标准委员会的哪一部分涉及VLC?
   (b) VLC的概念是什么?
   (c) 典型的VLC应用程序的带宽是多少?
   (d) 解释如何使用VLC进行安全的点对点通信。
   (e) 解释VLC如何用于室内基于位置的服务。
   (f) 解释为什么在飞机上VLC可能是首选的多媒体传送技术。
   (g) 解释VLC如何用于智能交通系统。
4. **传感器网络** 无线传感器网络等多种无线网络在制造业中有着重要的应用。通常归类为低速无线个人区域网络。本书未涉及这个主题，但是本书内容可用来理解其基本原理。请务必在答案中给出引用来源。注意：你应该寻找可靠的参考来源(例如，维基百科文章中可能存在错误，或者可能不完整)。
   (a) 什么是无线传感器网络?
   (b) 什么是IEEE 802.15.4?
   (c) 什么是ZigBee?
   (d) IEEE 802.15.4和ZigBee如何相关?
   (e) 在美国IEEE 802.15.4支持哪些通信频段?
   (f) IEEE 802.15.4规定的通信信道的带宽是多少？注意：这是以赫兹为单位的带宽，而不是数据速率。
   (g) IEEE 802.15.4设备的典型范围是什么?
   (h) 在IEEE 802.15.4设备中电池应该使用多长时间?
   (i) 如何用传感器网络监测公路桥梁?
5. **无线和知识产权** 无线通信行业一直饱受知识产权诉讼的困扰。确定一个最近感兴趣的案例并描述各方及其立场。对知识产权在无线通信中的作用，至少用半页篇幅描述你的看法。

第2章

数字通信概述

2.1 数字通信简介

通信是发射机将信息经信道送达接收机的过程。发射机生成的信号含有待发信息，在传播至接收机的过程中，信号会在信道环节遭受各种类型的失真。最后，接收机观察失真信号，并尝试恢复其中蕴含的信息。接收机对于发送信号的或者信道引入失真的边信息(side information)掌握得越多，越有利于恢复未知信息。

有两种重要的通信类别：模拟通信和数字通信。在模拟通信中，信源是连续时间信号，诸如对应于人类谈话的电压信号；而在数字通信中，信源是数字序列，通常是由0、1组合而成的二进制序列。数字序列可由模数转换器对连续时间信号进行采样后获得，也可由微处理器直接生成。尽管信息类型存在差异，模拟和数字通信系统都发送连续时间信号。模拟和数字通信广泛应用于商用无线系统，只不过，数字通信正在几乎每个新应用中不断地取代模拟通信。

数字通信之所以成为事实上的主要通信类别，原因有很多。其中一个就是，它非常适合传输那些在计算机、手机和平板中随处可见的数据。不仅如此，较之模拟系统，数字通信系统可以提供更好的通信质量、更高的安全等级、更强的抗噪性能、更低的功耗，且易于整合诸如语音、文本、视频等不同类型的信源。数字通信系统的主要部件皆由数字集成电路实现，基于摩尔定律，数字通信设备无论在成本上还是体积上都占尽优势。事实上，可能除了本地交换机到家庭的连接部分，公共交换电话网(Public Switched Telephone Network，PSTN)的主体部分都是数字的。尽管大部分数字通信系统依然使用专用集成电路(Application-Specific Integrated Circuit，ASIC)和现场可编程门阵列(Field Programmable Gate Array，FPGA)来完成主要处理工作，软件无线电的概念却使得数字通信系统易于重新配置。

本章简要介绍单一无线数字通信链路的主要构成，以期全面展示典型无线通信链路中的关键操作。首先，在2.2节中回顾经典的发射机和接收机系统框图。随后各节则会给出每个部件的输入、输出以及功能的详细介绍。2.3节介绍发送的信号遭受的各种损伤，包括噪声和码间干扰。随后，2.4节会涉及信源编码和译码的原理，包括无损和有损压缩。2.5节复习加密和解密，包括密钥和公钥加密。紧接着，在2.6节中介绍差错控制编码的主要思想，包括对分组码和卷积码的简要介绍。最后，2.7节概述调制和解调等概念。而本书的剩余部分主要集中在调制、解调以及应对信道造成的各种损伤等方面。

2.2 单一无线数字通信链路概述

本书着重讨论点到点无线数字通信链路，如图2.1所示。链路可分为三部分：发射机、信道和接收机。每个部分由数个功能模块组成。发射机对物理媒介上传输的数据比特流进行处理。信道代表物理媒介，噪声在此处叠加于所发送信号之上，引发信号失真。接收机尝试在接收到的信号中提取发送比特流。注意，发射机、传播信道和接收机并非严格按照上述内容划分物理界限。例如，在对信道进行数学建模时，还需要把所有模拟和前端效应包含在内，因为这也是发送信号所受失真的一部分。本节剩余部分依次总结每个模块的操作。

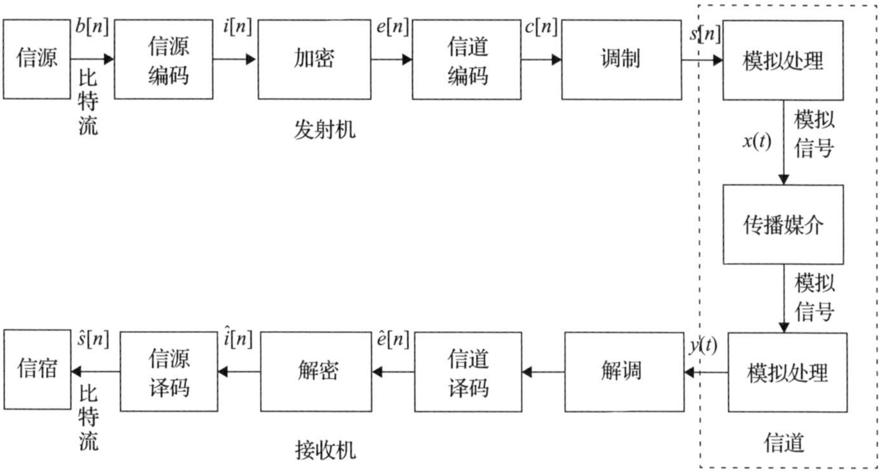

图 2.1　典型数字通信系统的构成

下面按照信息流从信源到信宿的流向依次详细介绍图 2.1 中的各个部件。第一个发射机模块进行信源编码(source encoding)。信源编码的目的是，在确保依然能够从编码后的比特序列中恢复信源输出的同时，将信源序列转换成比特率尽可能低的信息序列。为了便于解释，设某数字信源生成二进制序列$\{b[n]\}=\cdots$，$b[-1]$，$b[0]$，$b[1]$，…。数字信源可由模拟信源采样得到。信源编码器的输出为信息序列$\{i[n]\}$。从本质上讲，信源编码将信源尽可能地压缩，以减少需要发送的比特数量。

信源编码之后是加密(encryption)。加密的目的是搅乱数据，以增加非预期的第三方接收者获取数据的难度。加密通常是将信息序列$\{i[n]\}$进行无损转换，生成加密序列$e[n]=p(\{i[n]\})$。不同于信源编码，加密不会压缩数据，而是使数据对于非预期的第三方接收者而言显得杂乱不堪。

接下来的模块就是信道编码(channel coding)。信道编码也称为差错控制编码(error control coding)或者前向纠错(Forward Error Correction，FEC)，它以一种可控的方式向加密序列 $e[n]$中添加冗余，从而达到抵御信道干扰，提高总体吞吐量的目的，其输出记作$c[n]$。采用通常的编码记法，每 k 个输入比特，或者信息比特，需要额外添加 r 个比特的冗余，即总比特数为 $m=k+r$，编码效率为 k/m。冗余的添加有助于接收机检测甚至纠正错误，从而可以丢弃错误数据或请求重传。

信道编码之后，调制器(modulator)将编码比特序列 $c[n]$映射为信号。这里是基础发射机侧为通信侧进行数字信号处理(Digital Signal Processing，DSP)的分界点。通常，比特流首先成组地映射为符号序列 $s[n]$。在符号映射之后，调制器将数字符号转换成相应的模拟信号 $x(t)$，以便在物理链路上传输。整个过程包括将数字信号输入数模转换器、滤波以及转载至高频载波等步骤。符号发送速率为 R_s 符号/秒，即波特率；符号周期 $T_s=1/R_s$ 是相邻符号的时间间隔。

发射机产生的信号需要穿过传播媒介(称之为传播信道(propagation channel))才能抵达接收机，可能是无线电波之于无线环境，电流之于电话线，或者光信号之于光纤。传播信道存在诸如反射、透射、衍射以及散射等电磁传播效应。

接收机侧的第一个模块是模拟前端(Analog Front End，AFE)，至少包括用于抑制带外噪声的滤波器、用于定时的晶振，以及将数据转换为数字形态的模数转换器。此处可能还有诸如模拟增益控制和自动频率控制等其他模拟器件，也是数字通信中接收机侧开始数字信号处理的分界点。

如图 2.1 所示，模拟处理模块和传播媒介引入的噪声和失真集中在通信系统的信道环节。从建模的角度而言，信道的作用是接纳发送信号 $x(t)$并输出失真信号 $y(t)$。通常，信道作为数字通信系统的一部分，其特性由环境决定，不受系统设计者控制。

接收机侧的第一个数字通信模块是解调器(demodulator)。解调器利用接收信号的采样版本以及对信道的些许了解来推算发送符号。解调的过程包括均衡(equalization)、序列判决或者其他有助于对抗信道失真的高级算法。解调器可以得出关于发送比特或者符号的最优估计(称之为硬判决(hard decision))，或者只提供试探性的判决(称之为软判决(soft decision))。

解调器之后就是信道译码器(channel decoder)。译码器实质上是利用信道编码添加的冗余来消除因信道中的噪声和失真造成的解调器输出错误。译码器可以与解调器协同工作，从而提高系统性能，也能以硬判决或者软判决的形式简单处理解调器的输出。总之，解调器和译码器的效用就是在接收机侧观察加密信号，以得到尽可能最优的估计$\hat{e}[n]$。

在解调和判决之后，就要对解调器的输出进行解密(decryption)，其目的是对数据进行解扰，变成随后的接收机模块可以理解的形式。通常，解密与加密对应，进行的是逆转换 $p^{-1}(\cdot)$，从而生成与加密序列$\{\hat{e}[n]\}$相应的发送信息序列$\{\hat{i}[n]\}$。

框图中的最后一个模块就是信源译码器(source decoder)，它将数据再度还原成发送之前的样子，即$\hat{s}[n]=g(\hat{i}[n])$，这本质上是信源编码的逆操作。在信源译码之后，数据被递交至高层通信协议，这已经超出了本书的范畴。

接收机是发射机的逆过程。确切地说，接收机侧的每个模块尝试再生发射机侧相应模块的输入。如果这种尝试失败了，则称有错误发生。为了实现可靠的通信，必须尽量减少错误的发生(即低的误比特率(Bit Error Rate，BER))，同时还能在单位时间内发送尽可能多的比特(即高的信息率(information rate))。当然，必须在算法的性能和复杂度之间进行合理的折中才能达成上述目标。

本节勾勒了一幅关于典型无线数字通信链路操作的高级画卷，可以看作是无线数字通信系统的具体展现。例如，在接收机侧，操作整合通常会带来好处。在接下来的讨论中，乃至贯穿全书，均可认定，点到点无线数字通信系统由一个发射机、一个信道和一个接收机构成。当然，多个发射机和接收机的情形也是存在的，不过，这样的数字通信系统实际上更加复杂。庆幸的是，理解点到点无线系统是理解更加复杂系统的重要基础。

本章的下一节会更加详细地介绍图 2.1 中的各个功能模块。由于接收机侧的模块主要是发射机侧相应模块的逆过程，所以把无线信道作为首先讨论的内容，随后再介绍发射机/接收机对中的各个模块。整个讲述会提供每个功能对相关操作的一些具体范例及其实际应用示例。

2.3 无线信道

无线信道是数字无线通信系统区别于其他类型数字通信系统的主要部件。在有线通信系统中，信号从发射机经由诸如铜线或者光缆等物理连接导引至接收机。在无线通信系统中，发射机生成无线电信号，需要经由诸如蜂窝通信系统中的墙壁、建筑物和树木等更加开放的物理媒介进行传播。由于传播环境中物体的多样性，无线信道变化相对迅速，且不受无线通信系统设计者的控制。

无线信道集中了无线通信系统中影响信号传输的全部损伤，即噪声、路径损耗(path

loss)、阴影(shadowing)、多径衰落(multipath fading)、码间干扰(InterSymbol Interference, ISI)以及来自其他无线通信系统的外部干扰。这些损伤由传播媒介以及发射机/接收机中的模拟处理过程引入。本节简要介绍这些信道效应的概念，随后各章将提供有关无线信道效应的详细讨论和数学模型。

2.3.1　加性噪声

噪声是所有通信系统中都会出现的基础损伤。本质上，噪声这个术语指的是一种拥有很多波动的信号，通常用随机过程加以刻画。噪声源的种类有很多，也有很多方法可对噪声造成的损伤进行建模。香农在其 1948 年标志性的论文中第一次指出，噪声会限制数据传输中能够可靠识别的比特数量，从而导致对通信系统性能的根本局限。

无线通信系统中最常见的噪声类型是加性噪声(additive noise)。有两类加性噪声源几乎不可能被 AFE 的滤波器滤除，它们是热噪声(thermal noise)和量化噪声(quantization noise)。热噪声源自接收机的材料属性，或者更确切地说，是类似电阻、电线等耗散器件中电子的热运动。量化噪声则是，在将信号量化至有限的级别数(取决于 DAC 和 ADC 的精度)时 DAC 和 ADC 在模拟和数字表示之间进行转换产生的。

噪声叠加于期望信号之上，并试图模糊或者遮蔽信号。为了说明这一点，考虑一个仅存在一种加性噪声损伤的简单系统。令 $x(t)$表示发送信号，$y(t)$表示接收信号，而 $v(t)$表示相应的噪声。由于加性噪声的存在，接收信号可表示为

$$y(t)=x(t)+v(t) \tag{2.1}$$

为了设计通信系统，经常将噪声 $v(t)$ 建模成高斯随机过程(Gaussian random process)，第 3 章将详细介绍这种随机过程。在设计类似探测等接收机信号处理操作时，对于噪声分布的了解是十分重要的。

图 2.2 描述的是加性噪声的影响。加性噪声对系统性能的损伤程度通常用信号功率与噪声功率之比的形式表征，称为信噪比(Signal-to-Noise Ratio, SNR)。高信噪比通常意味着高质量的通信链路，而“高”的确切含义取决于特定系统的细节。

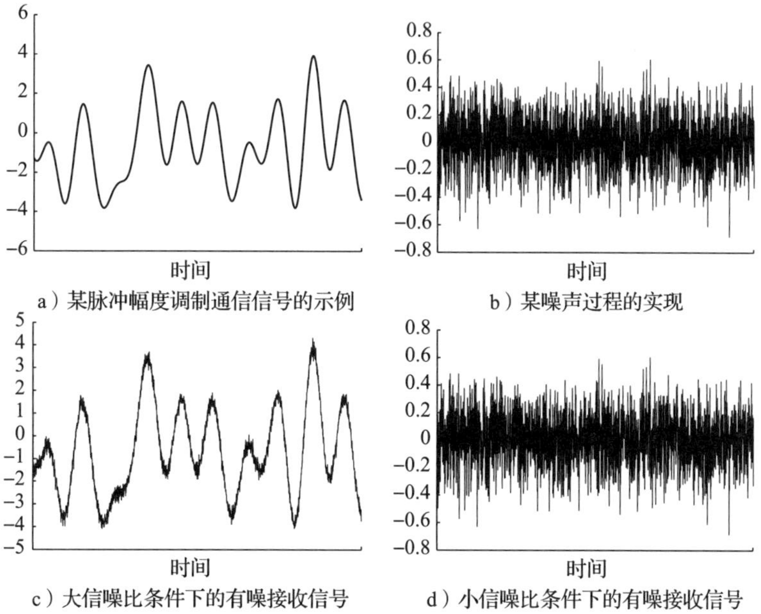

图　2.2

2.3.2 干扰

无线通信系统的有效频带是受限和匮乏的。因此，在类似第 1 章讨论的蜂窝通信系统中，用户通常共享同一带宽以提高频带利用率(spectral efficiency)。然而，如图 2.3 所示，此类共享会导致不同用户对之间信号的同道干扰(co-channel interference)。这意味着除了期望信号，接收机还会额外收到发往其他接收机的加性信号。这些信号可以建模成加性噪声，或者更加明确地建模成数字通信信号干扰。在类似蜂窝通信的许多系统中，外部干扰可能比噪声还要严重。所以，外部干扰就变成了限制因素，此类系统则被称为干扰受限(interference limited)，而非噪声受限(noise limited)。

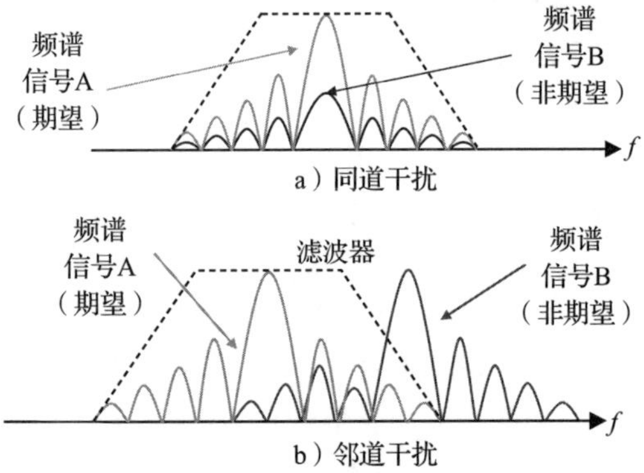

图 2.3 频域中的干扰

在无线通信系统中，还有许多其他类型的干扰源。邻道干扰(adjacent channel interference)源来临近频带非严格带宽受限的无线传输。当使用其他频带的发射机贴近接收机时，这种干扰是最为强烈的。此外，AFE 中的非线性(例如互调产物(intermodulation product))也会形成干扰。收音机模拟部分的设计通常满足某些标准，除非是在非常高的 SNR 条件下，否则不会成为性能限制因素。本书考虑的主要损伤集中在加性热噪声上，其他类型的干扰如果可以视为加性噪声，就能合并处理。

2.3.3 路径损耗

在从发射机经由物理媒介传播至接收机的过程中，信号功率(通常)按照传输距离(指数)衰减。这种由距离决定的损耗称为*路径损耗*(path loss)。某种路径损耗函数的示例如图 2.4 所示。

路径损耗模型的种类繁多。在自由空间中，假设接收天线的孔径随天线频率的升高而降低，则路径损耗与载频的平方成正比，这意味着载频越高，路径损耗越大。路径损耗还取决于发射机怎样“看到”接收机。确切地说，当发射机与接收机之间被障碍物阻隔(即所谓的无直射传播(Non-Line-Of-Sight(NLOS) propagation))时，随距离的衰减速率会变大；而当发射机与接收机处于直射传播(Line-Of-Sight (LOS) propagation)状态时，随距离的衰减速率会变小。在计算路径损耗时经常需要考虑诸如地形、植被、障碍物以及天线高度等因素。路径损耗甚至包含随机的部分(称之为阴影)，以刻画周围散乱的物体导致接收信号多变的问题。

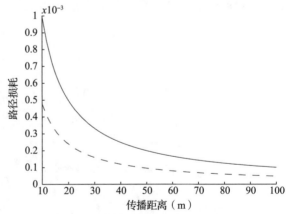

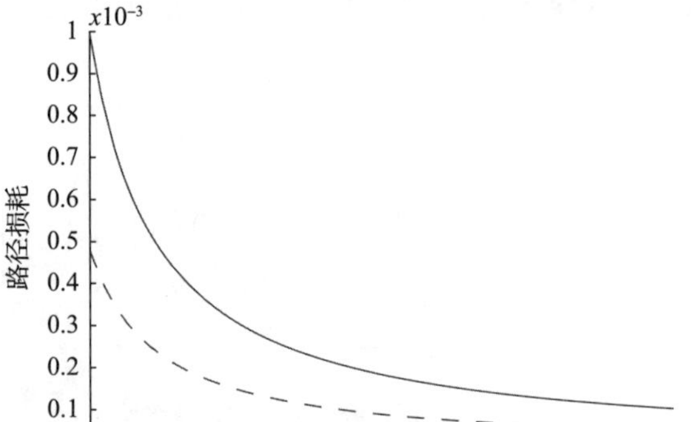

图 2.4 采用全向天线自由空间路径损耗模型，以接收功率与发送功率之比的形式测得的路径损耗(距离函数)。可前往第 5 章查阅关于此信道模型的更多细节

一个简单的路径损耗信号处理模型是为接收信号添加一个比例因子$\sqrt{G}$，其中的平方根是因为通常把路径损耗当作功率比值看待。修改式(2.1)，同时考虑路径损耗和加性噪

声，则接收信号可表示为

$$y(t)=\sqrt{G}x(t)+v(t) \tag{2.2}$$

路径损耗使得接收信号的幅度降低，从而导致更低的 SNR。

2.3.4 多径传播

无线电波利用衍射、反射和散射等机制在传播媒介中穿梭。除了上节介绍的功率损耗，这些现象还会导致信号沿多条路径传播至接收机。当发射机与接收机之间存在多条信号传播路径时，则称传播信道支持多径传播(multipath propagation)，而这会导致多径衰落(multipath fading)。(由于路径长度不同)这些路径的延迟不同，衰减亦不同，使得发送信号变得模糊(类似图像模糊的效果)。

多径传播效应有多种建模方法，主要差别在于信号带宽方面。简言之，如果信号带宽小于一个叫作相干带宽(coherence bandwidth)的量，则多径传播会造成类似式(2.2)中$\sqrt{G}$那样的附加乘性损伤，只不过多径传播被建模成随机过程，随时间变化；如果信号带宽很大，则通常将多径传播建模成发送信号与多径信道脉冲响应之间的卷积。第 5 章将进一步讲解这些模型，以及如何从中选取合适的模型。

为了阐明多径效应，不妨考虑一个拥有两条路径的传播信道。每条路径引入衰减 α 和延迟 τ。修改式(2.2)，同时考虑路径损耗、加性噪声以及两条路径，则接收信号可表示为

$$y(t)=\sqrt{G}\alpha_1 x(t-\tau_1)+\sqrt{G}\alpha_2 x(t-\tau_2)+v(t) \tag{2.3}$$

由于路径损耗可看作是本地平均量，因此两条路径的路径损耗$\sqrt{G}$相同；接收功率的差异主要体现在 α_1 和 α_2 之间的差异。多径造成的模糊导致了码间干扰，接收机必须采取措施加以缓解。

码间干扰是一种由多径传播以及模拟滤波引入的信号失真形式。码间干扰之名指的是信道失真已经高到使得相邻发送的符号在接收机处相互干扰的程度；也就是说，发送符号是在下个符号周期到达接收机。当数据以高速率发送时，应对这种损伤成为一项挑战，因为在这些情况下，符号时间很短，即使很小的延迟也会导致符号间干扰。码间干扰效应如图 2.5 所示。如图中展示的那样，通常利用眼图(eye diagram)来判断是否存在码间干扰。接收信号的多个样本重叠起来构成眼孔图样。发送信号的若干延迟和衰减版本混叠在一起接收，在眼图中表现为眼睛张开的程度降低且清晰度下降。正如第 5 章讨论的那样，均衡有助于码间干扰的缓解，联合检测(joint detection)也会有所帮助。

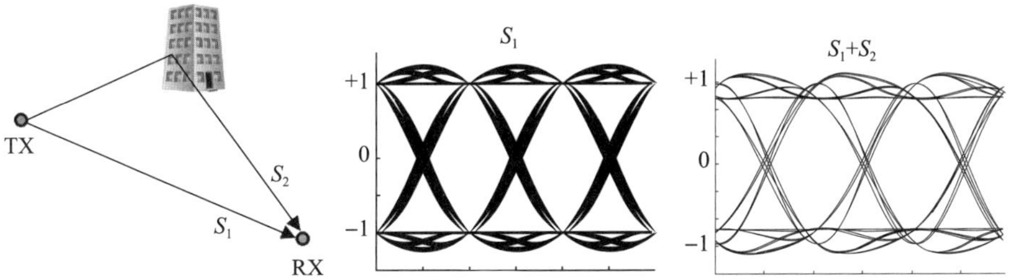

a）多径传播　　b）单径传播时的眼图　　c）多径传播时的眼图表现为ISI

图 2.5

2.4 信源编码与译码

数字通信系统的主要目标是传递信息。而信源，分为连续信源和离散信源，是这些信息的源头。连续信源是连续取值的信号，例如音乐、语音、黑胶唱片等。而离散信源的可能取值数目有限，通常是 2 的幂，且用二进制表示，例如计算机键盘生成的 7 比特

ASCII 码、英文字母以及计算机文档等。连续和离散信源都可以作为信息的源头出现在数字通信系统中。

所有信源必须由数字通信系统转换成可供传输的数字形式。为了节省存储和传输信息所需的资源，单位时间内应生成尽可能少的比特，重建过程中的些许失真也是允许的。信源编码的目的是生成冗余尽可能少的压缩序列。而信源译码则是完美地或者以合理的精度将压缩序列重建成最初的信源。

信源编码包括有损(lossy)和无损(lossless)压缩。在有损压缩中，为了减少待传比特数，一定程度的退化是允许的[35]。在无损压缩中，冗余被移除，但是经过编码算法的逆操作，信号保持完全一致[34,345]。例如，对于离散时间信源，如果 f 和 g 分别是信源编码和信源译码过程，那么 $\hat{s}[n]=g(i[n])=g(f(s[n]))$。对于有损压缩，$s[n]\simeq\hat{s}[n]$；而对于无损压缩，$s[n]=\hat{s}[n]$。有损编码和无损编码在数字通信系统中都有应用。

尽管信源编码和译码是信号处理和信息论中非常重要的话题，但并非无线数字通信系统物理层信号处理的核心部分。主要原因是，信源编码和译码通常在应用层完成。例如 Skype 通话中的视频压缩，这与诸如差错控制编码和调制等物理层任务相去甚远。因此，只在本节简要回顾一下信源编码的原理。类似信源-信道联合编码[78]的专门课题不在本书范围内。确切地说，本书假定理想信源编码已经完成，进而可将信源编码器的输出看作是独立同分布(Independent and Identically Distributed，IID)的二进制数据序列。

2.4.1 无损信源编码

无损信源编码(lossless source coding)，又称为无差错信源编码(zero-error source coding)，是一种能将信源完美恢复的毫无错误的信源编码。已经开发出很多无损信源编码，每一种码由若干码字组成。而每个码字可以拥有相同的比特数，例如表示计算机字符的 ASCII 码，将每个字符编成 7 比特。而在所谓的变长码(variable-length code)中，每个码字可以拥有不同的比特数。莫尔斯码(Morse code)就是一种经典的变长码，它把字母表示成不同长度的点、划序列。对于数据文件来说，即便 1 比特的错误也会造成文档毁坏，无损编码无疑是最理想的。

信源编码算法的效率与一个叫作熵(entropy)的量有关，它是信源的符号系统和概率描述的函数。香农指出，此信源熵恰恰就是为了能够在信源译码时从编码后的位串中唯一恢复原始信源信息，而在相应的信源编码时每个信源符号所需的最少比特数。对于离散信源，信源熵与最理想的无损数据压缩算法中码字的平均长度相对应。假设某信源以概率 p_1，p_2，…，p_m 从字母表中选取 m 个不同的元素，则该信源的熵定义为

$$H=-\sum_{i=1}^{m}p_i\log_2(p_i) \tag{2.4}$$

对于二进制信源这种特殊情形

$$H=-p_1\log_2(p_1)-p_2\log_2(p_2) \tag{2.5}$$

当所有符号等概率出现时，即对于 $i=1$，2，…，m，有 $p_i=1/m$，则离散信源的熵达到最大值。更为复杂的熵值计算由例 2.1 给出。

例 2.1 某离散信源使用四进制字母表 $\{a, b, c, d\}$ 生成信息序列，概率分别为 $\mathbb{P}(s=a)=1/8$，$\mathbb{P}(s=b)=1/8$，$\mathbb{P}(s=c)=1/2$，$\mathbb{P}(s=d)=1/8$。则该信源的熵为

$$H(s)=-\left(\frac{1}{8}\log_2\frac{1}{8}+\frac{1}{8}\log_2\frac{1}{8}+\frac{1}{4}\log_2\frac{1}{4}+\frac{1}{2}\log_2\frac{1}{2}\right) \tag{2.6}$$

$$=1.75 \tag{2.7}$$

这意味着对此信源进行编码的无损压缩算法需要至少 1.75 比特/字符。 ◀

无损信源编码算法有多种，其中有两种在实践中广为人知——霍夫曼码(Huffman code)和 ZIP(Lempel-Ziv code)码。霍夫曼码的典型输入是一个比特分组(通常是一个字节)，而输出是一个无前缀变长码字，且分组出现的概率越高，对应码字的长度越短。传真业务使用的就是霍夫曼码。ZIP 码是一种算术编码，不用事先分组就可将数据编码成一个码字。ZIP 码广泛应用于诸如 LZ77、Gzip、LZW 和 UNIX compress 等压缩软件中。例 2.2 给出了一个霍夫曼码的简单示例。

例 2.2 考虑例 2.1 中的离散信源。霍夫曼编码过程需要建立一棵树枝终止于字母表中相应字母的树。字母出现的概率作为权重被分配给其所属的树枝。拥有最低权重的两条树枝形成新的树枝，其权重等于两条原有树枝权重之和。上述步骤在新的树枝集合中重复进行，直到形成权重为 1 的树根。每个分叉点都打上二进制 1 或 0 的判决标签，以区分形成节点的两条树枝。从树根开始，沿着树状路径一路前行，直至树枝终点，就得到终点处字母对应的码字。整个过程如图 2.6 所示。

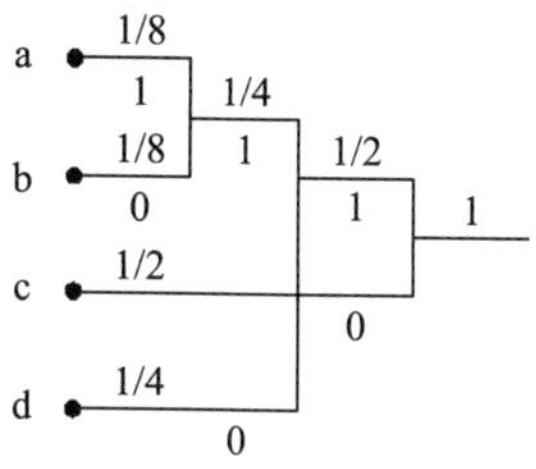

图 2.6 例 2.1 中离散信源的霍夫曼编码树

字母表中的字母与码字的映射关系如下：a 对应 111，b 对应 110，c 对应 0，d 对应 10。注意，概率较高的字母对应较短的码字。此外，码字的平均长度是 1.75 比特，正好等于信源熵 $H(s)$。◀

2.4.2 有损信源编码

对于有损信源编码这种编码类型，某些信息会在编码过程中丢失，使得信源不可能被完美重建。有损信源编码的目标是，以重建过程中的些许失真为代价，减少单位时间内表征信源所需的平均比特数。由于人类对失真有一定的容忍度，对于信息的终端接收者是人类的情形就可以采用有损信源编码。

量化(quantization)是有损信源编码在数字通信系统中最常见的应用形式。由于数字通信系统不能直接发送连续时间信号，信源编码通常包含采样(sampling)和量化过程，从而将连续时间信号转换为离散时间信号。采样和量化本质上是将连续时间信源转换为近似等价的数字信源，以便接下来进行编码。注意，这些步骤是有损信源编码的误差之源。总而言之，不可能由所得离散信源唯一和精确地重建最初的模拟信源。

采样操作以奈奎斯特(Nyquist)采样定理为理论基础，第 3 章将详细讨论此定理。定理指出，如果对连续时间带限信号(bandlimited continuous-time signal)进行采样的采样间隔足够小，就不会有信息损失，所得离散时间信号由连续取值的采样值组成，可完美重建最初的带限信号。采样不过是把连续时间信号转换为离散时间信号而已。

采样信号幅度的量化对可能的幅度级数做出限制，进而导致数据被压缩。例如，一个 B 位量化器可以将连续取值的采样值表示成 2^B 个可能的量化级中的某一个。量化级的选择旨在最小化诸如均方误差(mean squared error)等失真函数。例 2.3 给出了某 3 位量化器的示例。

例 2.3 考虑某 3 位均匀量化器。设信源(包含大部分能量)的动态范围是 −1～1，则区间[−1，1]被分割成等长的 $2^3=8$ 段。假定采样值被取整至包含它的段的最近一端，则每个采样值可由包含此采样值的段的上端对应的 3 位码字表示，如图 2.7 所示。例如，信号的某个采样值为 0.44，

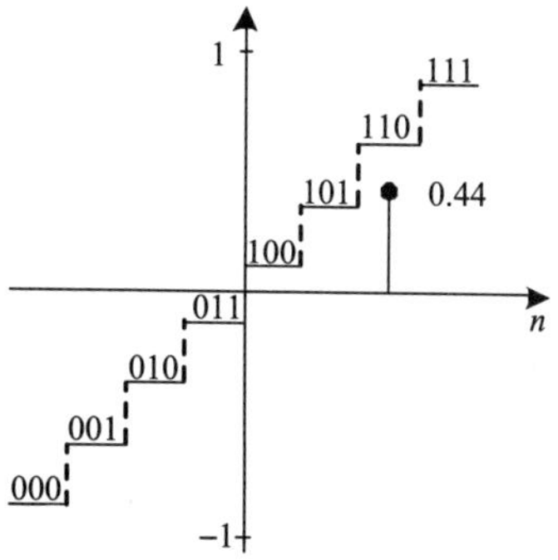

图 2.7 使用 3 位均匀量化器的脉冲编码调制示例

被量化成 0.375，紧接着编码成码字 101。0.44 与 0.375 之间的差值即为量化误差(quantization error)。大于 1 的采样值被映射为最大值，本例是 0.875，这将导致一种叫作削波(clipping)的失真。当信号采样值小于−1 时，也会发生相似的现象。◀

除量化之外还有几种类型的有损编码。在有损编码的其他应用中，编码器以二进制序列形式应用。例如，运动图像专家组(MPEG)定义了用于数字视频记录的各种压缩音频和视频编码标准，联合图像专家组(JPEG 和 JPEG2000)描述了广泛用于数码相机的有损静止图像压缩算法[190]。

2.5　加密与解密

保证信源发送的信息只为指定的接收者所理解是对通信系统的一种典型需求。然而，无线传播媒介的开放性不能提供有效的物理边界以阻止未经授权的用户获取发送消息。如果发送信息不受保护，未经授权的用户不仅可以从消息中攫取信息(窃听)，还可以插入虚假信息(欺骗)。而窃听和欺骗仅仅是不安全通信链路可能引发的部分后果。

本节重点讨论加密问题，这是提供安全以对抗窃听的一种方法。加密是对信源编码之后的比特流进一步进行编码(加密)，使其只能由指定的接收者译码(解密)。该方法允许敏感信息穿过公共网络而无须妥协保密。

加密及相应的解密算法有很多，本节着重探讨广泛应用于通信领域的加密。加密利用一种已知的算法和一个或一对密钥来转换数据。在密钥加密(secret-key encryption)中，作为一个对称加密的实例，单一的密钥既用于加密，也用于解密。而在公钥加密(public-key encryption)中，作为一个非对称加密的实例，要用到一对密钥：公钥用于加密，私钥用于解密。对于好的加密算法而言，窃听者即便已经获得整个加密算法，依然很难或者基本不可能求得密钥或者私钥。如何将密钥或者私钥告知接收者反倒成了内在的挑战；可以通过单独或者更加安全的方式将密钥发送给接收者。一个典型的密钥通信系统[303]如图 2.8 所示。

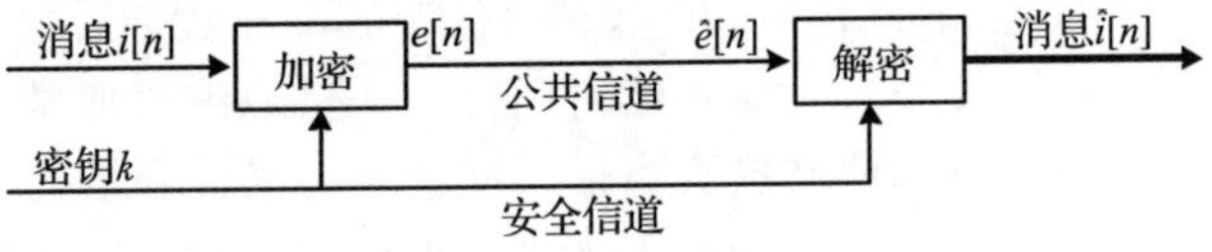

图 2.8　一个典型的密钥通信系统

下面介绍一个典型的系统。令 k_1 表示发射机侧加密时使用的密钥，令 k_2 表示接收机侧解密时使用的密钥。2.2 节介绍的加密数学模型应当修正为 $e[n]=p(i[n], k_1)$，其 $p(\cdot)$ 表示加密。在接收机侧，解密数据可以写作 $\hat{i}[n]=q(\hat{e}[n], k_2)$，其中 $q(\cdot)$ 表示相应的解密(例如解密算法)。对于公钥加密，k_1 和 k_2 彼此不同；k_1 可以是众人皆知，而 k_2 只有指定的接收机知道。对于密钥加密，$k_1=k_2$，且密钥要对公众保密。由于计算量相对较小，多数无线通信系统采用密钥加密。因此，本节的剩余部分集中介绍密钥加密。

密钥加密可分为两类：块加密和流加密[297]。块加密将输入数据分割成不相重叠的分组，并用密钥对分组数据逐个加密，以生成相同长度的加密数据分组。流加密则是先产生伪随机密钥比特流，然后与输入数据逐位异或(即 eXclusive OR 操作)。在无线通信系统中，由于流加密可以逐字，甚至是逐位处理数据，其加密速度通常要快于块加密，因此更适合诸如语音这种连续且时间敏感数据的传输[297]。此外，块解密输入的单一比特错误都会导致同一分组中其他比特解密出错，这就是所谓的误码扩散(error propagation)。流加密广泛应用于无线通信领域，包括 GSM、IEEE802.11 以及蓝牙，不过，随着与 3GPP 3G 和 4G 蜂窝标准的结合，块加密的应用也有所增加。

设计流加密的主要挑战在于伪随机密钥比特序列，或者密钥流(key stream)的生成。理想的密钥流要足够长(以挫败强力干扰)，且尽可能保持随机性。许多流加密依靠线性反馈移位寄存器(Linear Feedback Shift Register，LFSR)生成定长伪随机比特序列来作为密钥流[297]。要创建一个 LFSR，原则上要为一组长度为 n 的移位寄存器添加反馈环路，从而可以根据之前的 n 项计算新的一项，如图 2.9 所示。反馈环路通常表示为 n 次多项式，这确保反馈路径上的数学运算是线性的。每当需要一个比特时，移位寄存器中的所有比特右移一位，同时 LFSR 输出最低有效位(least significant bit)。理论上讲，n 位 LFSR 能够生成长度可达(2^n-1)的伪随机比特序列而不发生重复。基于 LFSR 的密钥流广泛应用于无线通信，包括 GSM 中的 A5/1 算法[54]、蓝牙中的 E0[44]、Wi-Fi 中的 RC4 和 AES 算法[297]，以及 3GPP 3G 和 4G 蜂窝标准[101]中的块加密 KASUMI。

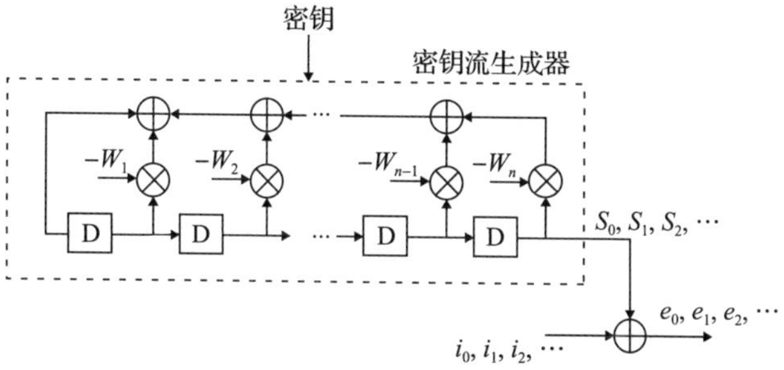

图 2.9　由线性反馈移位寄存器生成密钥流的流加密

2.6　信道编码与译码

信源译码和解密都需要无错误的输入数据。不幸的是，噪声和其他信道损伤将错误引入解调过程。应对错误的方法之一就是采用信道编码，也称为前向纠错或者差错控制编码。信道编码涉及一类旨在提高通信性能的技术，通过向发送信号添加冗余来提供对信道损伤影响的恢复能力。信道编码的基本思想是以一种可控的方式向信息比特序列添加某种冗余，此冗余可用于接收机侧的检错或者纠错。

检错赋予接收机请求重发的机会，通常作为上层无线链路协议的一部分来履行，也可用于通知上层：解密或者信源译码模块的输入出现错误，输出因而也可能存在错误。检错码与纠错码一起广泛用于指示译码序列是否存在错误。例 2.4 所述循环冗余校验(Cyclic Redundancy Check，CRC)就是应用最为广泛的检错码。

例 2.4　CRC 码对输入数据进行分组操作。若输入分组长度为 k，则输出长度为 n。CRC 的长度，即校验位数为 $n-k$，编码效率为 k/n。编制 CRC 需要将长度为 k 的二进制序列输入已经初始化为零且参数配置为 $n-k$ 个权重 w_1，w_2，…，w_{n-k} 的 LFSR，其操作如图 2.10 所示。乘法和加法都是二进制运算，D 表示一个存储单元。二进制数据随时钟输入 LFSR，存储单元中的数据随时钟输出。当整个分组全部进入 LFSR 时，留存在各存储单元中的比特构成了长度为 $n-k$ 的校验位，并与接收到的校验位进行比较，以判断是否有错误发生。CRC 码的检错比例可以达到 $1-2^{-(n-k)}$。◀

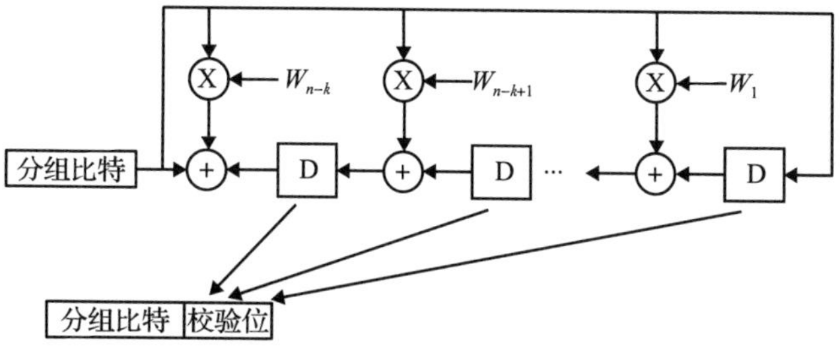

图 2.10　使用 LFSR 生成 CRC 的过程

只要错误不是太多，差错控制编码允许接收机重建无错误比特序列。一般来说，冗余比特数量越多，接收机能够纠正的错误越多。然而，通信资源是既定的，冗余比特越多意味着用于传输期望信息比特的资源越少，也就意味着越低的传输速率。因此，可靠性与数据传输速率之间存在折中，这取决于可获得的资源以及信道特性。例 2.5 给出的最简单的错误控制码——重复码(repetition code)很好地诠释了这种折中。例 2.5 中的重复码每输入 1 个比特就产生 3 个输出比特(即 1/3 率码)，只需要一个简单的大数判决译码器就可以纠正 1 位错误。重复码只是差错控制编码中的一个实例。本节还要回顾其他种类的差错控制编码，它们拥有更加精密的数学结构，因而比重复码更有效率。

例 2.5 考虑 1/3 率重复码，该码按照表 2.1 的映射编码。例如，如果待发送的比特序列是 010，则编码序列为 000111000。

表 2.1　1/3 率重复码的编码表

输入	输出
0	000
1	111

假设译码器采用大数译码准则(majority decoding rule)进行译码，这将导致表 2.2 中的译码映射。基于此译码表，如果仅有 1 位错误，则译码器输出正确发送比特。如果发生 2 位或者 3 位错误，则译码器会做出有利于错误发送的比特的判断，误码因此产生。

表 2.2　1/3 率重复码的大数译码

输入	输出
000	0
001	0
010	0
011	1
100	0
101	1
110	1
111	1

码的性能通常用误比特率来衡量。假设比特错误发生的概率为 p，而且是无记忆的，则 3 比特的码组发生 2 位或者 3 位错误的概率为 $1-(1-p)^3-3p(1-p)^2$。若 $p=0.01$，未编码的系统以 0.01 的概率遇见 1 个错误，也就是说，平均每 100 个比特中就会有 1 个比特出错。而编码后的系统，遇见 1 个错误的概率是 0.000 298，这意味着平均每 10 000 个比特才会有 3 个比特出错。◀

尽管重复码有纠错能力，但它并非最有效率的码。这就引出一个重要的话题，即如何量化一种信道编码的效率，以及如何设计编码以获得优良的性能。信道编码的效率通常用码率 k/n 表征，其中 k 是信息比特数目，n 是信息和冗余比特数目之和。大的码率意味着更少的冗余比特，通常会导致糟糕的误码性能。一种编码并非由其码率唯一指定，这是因为可能存在多种拥有相同码率的编码，但是具有不同的数学结构。编码理论广泛涉及差错控制编码的设计与分析。

信息论是编码的基础。1948 年，香农提出了信道容量(channel capacity)的概念，指的是在功率和带宽给定的条件下，以任意小的错误概率经由信道传输的最高信息速率[302]。信道容量可以表示成信道特性与所获资源的函数。令 C 表示信道容量，R 表示信息速率。信道容量结论的美感在于，对于任何噪声信道，只要速率 $R<C$，就会存在某种信道编码(及相应的译码)，使得数据得以可靠传输。换言之，只要码率(由 R 表示)小于信道容量(由 C 度量)，错误概率就可以如期望的那样小。此外，如果 $R>C$，就不存在某种信道编码，能够达到任意小的错误概率。要点在于 R 的取值存在一个上界(要知道，由于 $R=k/n$，R 增大意味着 $n-k$ 减小)，且此上界由 C 给定时的信道特性决定。基于香农的论文，大量工作投入到能够达到香农所述极限的信道编码的设计上。接下来，简要回顾差错控制编码的一些案例。

线性分组码(linear block code)也许是除简单重复码之外差错控制编码最悠久的形式。

此编码向分组数据添加冗余，从而生成更长的分组。分组码的操作对象通常是二进制数据，即在二元域(binary field)或者高阶有限域(higher-order finite field)中进行编码。高阶有限域中的编码具备纠正突发错误的能力，这是因为编码将一组比特当作域中的一个元素来处理。系统分组码(systematic block code)生成的码字包含原始输入数据以及附加校验信息。非系统码将输入数据转换成一个新的分组。例 2.6 阐述著名的汉明分组码(Hamming block code)。

各类分组码在无线通信中都有应用。Fire 码[108]，能纠突发错误的二进制循环码，用于 GSM 中的信令(signaling)和控制[91]。Reed-Solomon 码[272]在高阶有限域中进行编码，通常用于纠正多重突发错误。上述编码已经广泛应用于深空通信(deep-space communication)[114]，最近也为 WiMAX[244]和 IEEE 802.11ad[162]所采用。

例 2.6 本例介绍(7，4)汉明码，并解释其编码流程。(7，4)汉明码为 4 位信息分组添加 3 位校验/冗余，编制成 7 位分组[136]。此码可由码生成矩阵(generator matrix)表征，即

$$\boldsymbol{G}=\begin{bmatrix}1&0&0&0\\0&1&0&0\\0&0&1&0\\0&0&0&1\\1&1&0&1\\1&0&1&1\\0&1&1&1\end{bmatrix} \tag{2.8}$$

在接收 4 位输入矢量 $\boldsymbol{e}$ 后，生成 7 位输出矢量 $\boldsymbol{c}=\boldsymbol{Ge}$，其中乘法和加法均在二元域中进行。注意，通常都使用行矢量来描述此编码运算，但为了保持本书的一致性，此处用列矢量来进行讲解。码生成矩阵包含一个 4×4 的单位阵(identity matrix)，意味着这是一个系统码。

线性分组码的奇偶校验矩阵(parity check matrix)$\boldsymbol{H}$ 满足关系式 $\boldsymbol{H}^{\mathrm{T}}\boldsymbol{G}=\boldsymbol{0}$。对于上面的(7，4)汉明码，有

$$\boldsymbol{H}=\begin{bmatrix}1&1&0\\1&0&1\\0&1&1\\1&1&1\\1&0&0\\0&1&0\\0&0&1\end{bmatrix} \tag{2.9}$$

现在假定接收数据为$\hat{\boldsymbol{c}}=\boldsymbol{c}+\boldsymbol{v}$，其中 $\boldsymbol{v}$ 是二进制错误序列(全零意味着无错)。则

$$\boldsymbol{H}^{\mathrm{T}}\hat{\boldsymbol{c}}=\boldsymbol{H}^{\mathrm{T}}\boldsymbol{v} \tag{2.10}$$

如果 $\boldsymbol{H}^{\mathrm{T}}\hat{\boldsymbol{c}}$不为零，则接收数据没有通过校验。剩余的部分称为伴随式(syndrome)，信道译码器基于伴随式来寻找可纠正的错误式样(error pattern)。汉明码可以纠正 1 位错误，而其码率为 4/7，显然比完成相同任务的 1/3 率重复码效率更高。◀

应用于无线通信的信道编码的另一个主要门类是卷积码(convolutional code)。卷积码通常用三元组(k，n，K)表示，其中 k 和 n 的含义与分组码中的相同，而 K 是约束长度，由存储在编码移位寄存器中的 k 元组的级数定义，而卷积操作由编码移位寄存器完成。特别之处在于，(k，n，K)卷积码生成的 n 元组不仅是当前输入 k 元组的函数，还与之前($K-1$)组输入 k 元组有关系。K 也是卷积码编码器需要的存储单元数，在编码性能以及

随后的译码复杂度中扮演着关键角色。例 2.7 给出了一个卷积码的示例。

卷积码也可用于编制分组的数据。为了做到这一点，编码器的存储器需要初始化为已知的状态。通常初始化为零，则序列也是以零填充(分组被额外添加了 K 个零)，从而可以终止于零状态。或者，采用咬尾(tail biting)技术，存储器被初始化成分组的尾部。初始化的选择问题将在译码算法中进行解释。

例 2.7 本例讲解 IEEE 802.11a 采用的 64 状态 1/2 率卷积码的编码操作，如图 2.11 所示。编码器有一路输入比特流($k=1$)和两路输出比特流($n=2$)。移位寄存器拥有 6 个存储单元，对应 $2^6=64$ 个状态。反馈环路的设置由八进制数字 133_8 和 171_8 设定，相应的二进制表示为 001011011 和 001111001。两套输出比特按照如下编制

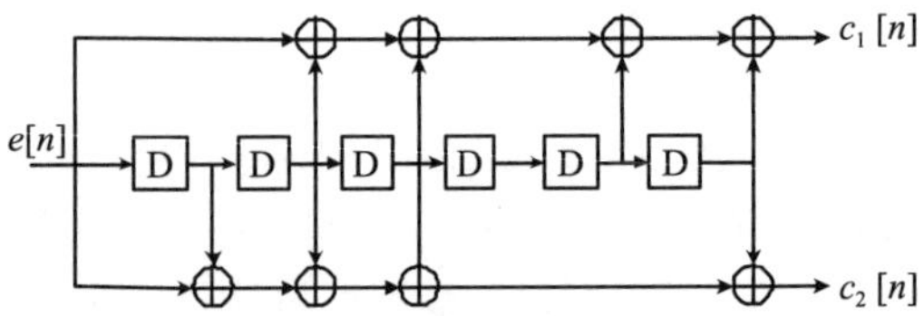

图 2.11　IEEE 802.11a 采用的 64 状态 1/2 率卷积码

$$c_1[n] = e[n] \oplus e[n-2] \oplus e[n-3] \oplus e[n-5] \oplus e[n-6] \tag{2.11}$$

$$c_2[n] = e[n] \oplus e[n-1] \oplus e[n-2] \oplus e[n-3] \oplus e[n-6] \tag{2.12}$$

其中$\oplus$代表 XOR 运算。将两路输出交织就得到编码比特序列，即 $c[2n]=c_1[n]$，$c[2n+1]=c_2[n]$。◀

卷积码的译码工作很有挑战性。最好的方法是基于某种测度(例如最大似然)寻找(某种意义上)最接近于观察错误序列的序列。借助卷积码的存储器，可以利用名为 Viterbi 算法的前向-后向递归方式进行译码[348]。算法的复杂度是状态数量的函数，这意味着约束长度的增加虽然能增强纠错能力，但也必须付出复杂度提升的代价。

卷积编码的过程通常伴随着位交织(bit interleaving)操作。原因在于，虽然卷积码纠正随机错误的能力很强，但却不擅长纠正突发错误。卷积码也可与分组码相结合，例如 Reed-Solomon 码之类的级联码(concatenated code)，从而获得良好的突发错误纠正能力。利用解调模块获得的软信息(soft information)可以进一步提升译码性能。此时，解调器的输出是一个表征$\hat{c}[n]$是 0 或者 1 的可能性的数值，而不像硬判决那样仅仅是一个二进制数。多数现代无线系统采用位交织和软译码(soft decoding)。

有交织的卷积码已经广泛应用于各类无线系统。GSM 采用约束长度 $K=5$ 的卷积码作为数据分组编码方案。IS-95 则采用约束长度 $K=9$ 的卷积码。IEEE 802.11a/g/n 采用约束长度 $K=7$ 的卷积码作为主要的信道编码，结合凿孔(puncturing)操作以获得不同的速率。3GPP 采用约束长度 $K=9$ 的卷积码。

以迭代软译码为基础，无线通信其他类型的编码应用也越来越普遍。Turbo 码[36]利用改进的迭代卷积编码结构，并辅以交织，只要分组长度足够长，在高斯信道中的性能就能接近香农限。Turbo 码已成为 3GPP 中的蜂窝标准。低密度奇偶校验(Low-Density Parity Check，LDPC)码[217,314]是一种具有特殊结构的线性分组码，配以高效的迭代译码器，也能获得近香农限的性能。IEEE 802.11ac 和 IEEE 802.11ad 就采用 LDPC 码[259]。最后，最近开发的极化码(polar code)[15]已经引起研究人员的兴趣，该码兼顾良好性能与低译码复杂度，将用于 5G 蜂窝系统中的控制信道。

对于任何通信系统而言，信道编码都是重要的组成部分。但是，本书的重点在于与调制和解调有关的信号处理方面。信道编码，就其自身而言，是个有趣的话题，且已成为许多教科书的题材[200,43,352]。庆幸的是，要构建无线电不一定非要成为编码专家。诸如 MATLAB 和 LabVIEW 等仿真软件都提供信道编译码器，其也可在 FPGA 或者 ASIC 上实现算法时，作为知识产权核(intellectual property core)而获得。

2.7　调制与解调

二进制数字或者比特仅仅是描述信息的抽象概念。在任何通信系统中，物理发送的信号必然是模拟和时间连续的。数字调制(digital modulation)是在发送一侧将信息比特序列转换为可经由无线信道传输的信号的过程。而数字解调(digital demodulation)则是在接收一侧从接收信号中提取信息比特的过程。本节简要介绍数字调制和解调。第 4 章探讨加性高斯白噪声(Additive White Gaussian Noise，AWGN)存在下的调制和解调基础。第 5 章详尽阐述为了应对损伤而扩展的接收算法。

数字通信系统中存在各式各样的调制方法。基于信号类型，调制可分为两类：基带调制(baseband modulation)和频带调制(passband modulation)。对于基带调制，信号是电脉冲；而对于频带调制，信号构筑于无线电频率的正弦载波之上。

2.7.1　基带调制

在基带调制中，信息比特由电脉冲表示。此处假定每个信息比特所需发送时长相同，均为一个比特时隙。基带调制的一种简单方式是，1 与有脉冲的比特时隙相对应，而 0 与无脉冲的比特时隙相对应。在接收机侧，只需要在每个比特时隙中做出脉冲存在与否的判定即可。实际上，存在多种脉冲图形。一般来说，为了提高正确检测脉冲的概率，脉冲应该尽可能宽，代价就是比特率的降低。或者，信号可以表示成两个(双极性)电平之间不断转变的序列。例如，高电平对应 1，而低电平对应 0。各备选脉冲图形应具备易于检测或者易于同步等优势。

例 2.8 考虑两个基带调制的例子：非归零(Non-Return-to-Zero，NRZ)码和 Manchester 码。对于 NRZ 码，用两个不同的非零电平 H 和 L 分别表示比特 1 和 0。然而，如果电平在一个比特时隙中保持不变，那么全 0 或者全 1 的长序列就会导致失步，这是因为没有电平转变可供划分比特边界。为了避免此情形的发生，Manchester 码采用两倍于比特率的电平转变。图 2.12 给出了某信息序列分别采用 NRZ 码和 Manchester 码后的已调信号。◀

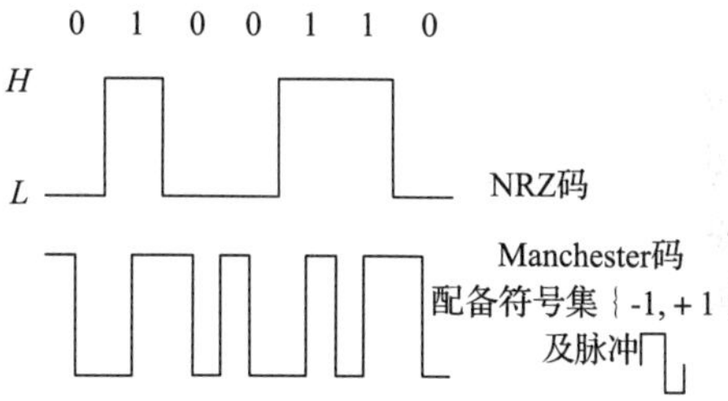

图 2.12　基带调制示例：NRZ 码和 Manchester 码

脉冲的特征大致包括幅度、位置和宽度。信息比特可对脉冲的这些特征进行调制，进而衍生出相应的调制方法，名为脉幅调制(Pulse-Amplitude Modulation，PAM)、脉位调制(Pulse-Position Modulation，PPM)和脉宽调制(Pulse-Duration Modulation，PDM)。本书的重点是复脉幅调制，包含两个步骤：第一步要把比特序列转换为符号序列，所有可能符号的集合称为信号星座图(singal constellation)；第二步基于符号序列和给定的脉冲成形(pulse-shaping)函数合成出已调信号。实符号最简化情形的整个调制过程如图 2.13 所示，这就是众所周知的称为 M 进制 PAM 的基带调制方法。

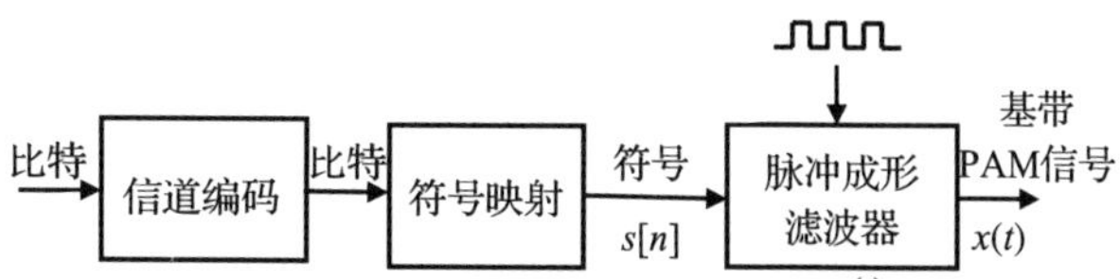

图 2.13　M 进制 PAM 信号生成框图

例 2.9 二进制脉幅调制后的基带接收信号可以写作

$$x(t)=\sum_{n}(-1)^{i[n]}g_{\text{tx}}(t-nT)+v(t) \tag{2.13}$$

其中 $i[n]$ 是二进制信息序列，$g_{tx}(t)$ 是发送脉冲形状，T 是符号持续时间，$v(t)$ 是加性噪声(通常建模成随机的)。在本例中，$i[n]=0$ 变成符号“1”，而 $i[n]=1$ 变成符号“-1”。◀

在 M 进制 PAM 中，M 个电平依次分配给信号星座图中的 M 个符号。一个标准的 M 进制 PAM 信号星座图 $\mathcal{C}$ 包含 M 个对称分布在原点两侧间隔为 d 的实数，即

$$\mathcal{C}_{\text{PAM}}=\left\{\frac{-d(M-1)}{2},\cdots,\frac{-d}{2},\frac{d}{2},\cdots,\frac{d(M-1)}{2}\right\} \tag{2.14}$$

其中 d 是归一化因子。图 2.14 给出了 8PAM 信号星座图中各符号的位置。M 进制实符号序列的 PAM 调制信号是成形滤波器的诸多单位时移与相应符号乘积之和，可以写成

$$x(t)=\sum_{k=1}^{M}s_k g_{\text{tx}}(t-kT) \tag{2.15}$$

其中 T 是相邻符号的间隔，而 s_k 是基于信息序列 $i[n]$ 从 $\mathcal{C}_{\text{PAM}}$ 中选取的第 k 个发送符号。

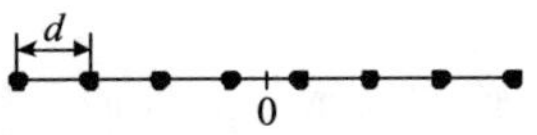

图 2.14　8PAM 信号星座图，d 是归一化因子

发射机输出的已调信号直接送入无线信道。由基带调制生成的基带信号是低效的，这是因为，通过与基带低频相对应的电磁场空间进行传输需要巨大的天线。因此，所有实际的无线系统都使用频带调制。

例 2.10 二进制相移键控(Binary Phase-Shift Keying，BPSK)是最简单的数字调制形式之一。令 $i[n]$ 表示输入比特序列，$s[n]$ 表示符号序列，$x(t)$ 表示连续时间已调信号。假设比特 0 生成 A，比特 1 生成 $-A$。

- 生成比特-符号映射表

解：

$i[n]$	$s[n]$
0	A
1	$-A$

- BPSK 是一种脉幅调制。令 $g_{tx}(t)$ 表示脉冲形状，并令

$$x(t)=\sum_{n=-\infty}^{\infty}s[n]g_{\text{tx}}(t-nT) \tag{2.16}$$

表示已调基带信号。当 $t\in[0,T]$ 时，脉冲 $g_{tx}(t)=1/\sqrt{T}$，而在其他时间，$g_{tx}(t)=0$。给定输入 $i[0]=1$，$i[1]=1$，$i[2]=0$，$i[3]=1$，且有 $A=3$ 和 $T=2$。绘制 $x(t)$ 在 $t\in[0,8]$ 时的图形。

解： 绘图参见图 2.15。◀

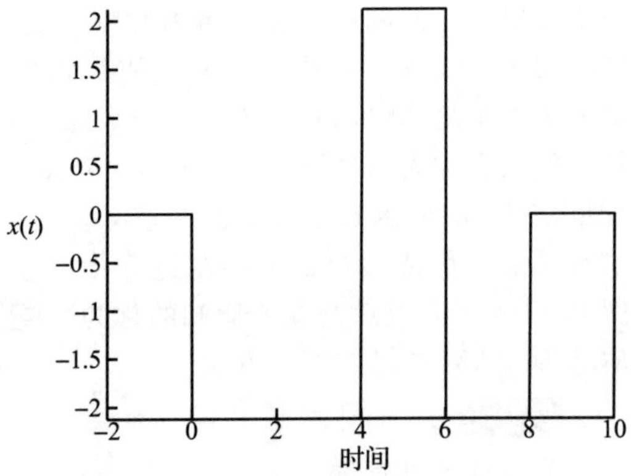

图 2.15　当发射脉冲成形滤波器是矩形函数时 BPSK 调制器的输出

2.7.2　频带调制

频带调制中使用的信号是射频载波(RF carrier)，即正弦波。正弦波的特征包括幅度、相位和频率。数字频带调制是使射频载

波的任何特征或者联合特征受待发信息比特控制的过程。通常，频带调制信号 $x_P(t)$ 可表示为

$$x_p(t) = A(t)\cos(2\pi f_c t + \phi(t)) \tag{2.17}$$

其中 $A(t)$ 是时变幅度，f_c 是单位为 Hz 的载波频率，$\phi(t)$ 是时变相位。几种最为常见的数字频带调制方式是幅移键控(Amplitude-Shift Keying，ASK)、相移键控(Phase-Shift Keying，PSK)、频移键控(Frequency-Shift Keying，FSK)，以及正交幅度调制(Quadrature-Amplitude Modulation，QAM)。

进行 ASK 调制时，只有载波的幅度随传输比特发生变化。ASK 信号星座图定义为不同幅度的电平：

$$\mathcal{C}_{ASK} = \{A_1, A_2, \cdots, A_M\} \tag{2.18}$$

因此，所得已调信号可写为

$$x_p(t) = A(t)\cos(2\pi f_c t + \phi_0) \tag{2.19}$$

其中 f_c 和 ϕ_0 是常数；T 是符号持续时间，且有

$$A(t) = \sum_{n=-\infty}^{\infty} s[n] g_{tx}(t - nT)$$

其中 $s[n]$ 来自 $\mathcal{C}_{ASK}$。简单 ASK 调制器的框图如图 2.16 所示。

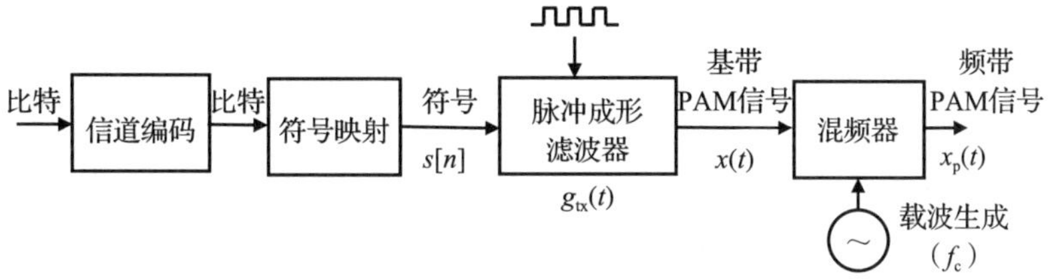

图 2.16　ASK 信号生成框图

PSK 调制只依靠载波相位的改变来传递信息，而载波幅度是保持不变的(可以假定载波幅度为 1)。已调信号表示为

$$x_p(t) = A\cos(2\pi f_c t + \phi(t)) \tag{2.20}$$

其中 $\phi(t)$ 受比特序列控制。正交相移键控(Quadrature Phase-Shift Keying，QPSK)和 8-PSK 是最广为人知的 PSK 调制。8-PSK 通常用于需要 3 位星座图的场景，例如，GSM 和 EDGE(GSM 增强数据速率演进)标准。

在 FSK 调制中，每个载频 f_k，$k=1, 2, \cdots, M$，与每个矢量符号一一对应。因此，FSK 波可以写为

$$x_p(t) = \cos(2\pi f_k t), \quad 0 \leqslant t \leqslant T \tag{2.21}$$

因此，此调制方法需要一系列彼此独立的载频。

最常用的频带调制方式是 M-QAM 调制。QAM 调制同时改变载波的幅度和相位，因此，它是 ASK 和 PSK 的复合调制。可以把 M-QAM 星座图看作是拥有复符号的二维星座图，或者是两个 $M/2$-QAM 星座图的笛卡儿(Cartesian)乘积。QAM 信号通常表示成所谓的 IQ 形式，即

$$\begin{aligned} x_p(t) = & \sum_{k=-\infty}^{\infty} \mathrm{Re}\{s[k]\} g_{tx}(t - kT)\cos(2\pi f_c t) \\ & - \sum_{k=-\infty}^{\infty} \mathrm{Im}\{s[k]\} g_{tx}(t - kT)\sin(2\pi f_c t) \qquad (2.22) \\ = & \ x_I(t)\cos(2\pi f_c t) - x_Q(t)\sin(2\pi f_c t) \qquad (2.23) \end{aligned}$$

其中，$x_I(t)$和$x_Q(t)$作为同相分量和正交分量，都是$M/2$-PAM信号。关于M-QAM的讨论将在第4章全面展开。

图2.17给出了QAM调制器的框图。M-QAM调制广泛应用于诸如IEEE 802.11和IEEE 802.16等实际的无线系统。

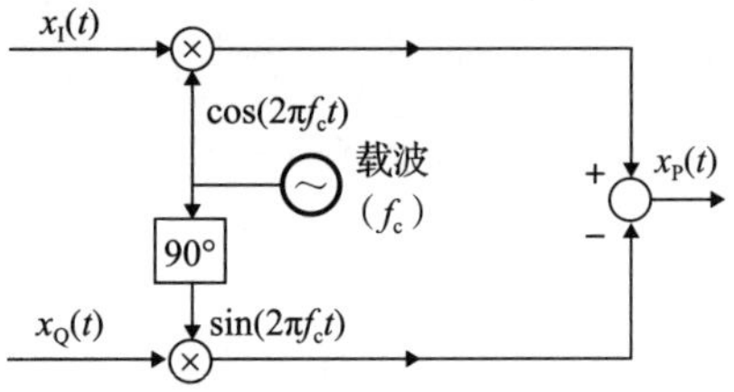

图2.17　QAM信号生成框图

例2.11 本例是例2.10的延续，考虑BPSK频带调制。BPSK频带信号写作

$$x_p(t)=x(t)\cos(2\pi f_c t) \tag{2.24}$$

其中，$x(t)$由式(2.16)定义。BPSK是M-QAM的简化版本，只有同相分量。由$x(t)$生成$x_p(t)$的过程称为上变频(upconversion)。

- 绘制$t\in[0,\ 8]$的$x_p(t)$图形，并解释结果。选择一个合理的f_c值，以方便解释所绘图形。

  解：采用较小的f_c值就能展现图2.18中急剧变化的定性行为。比特改变的时点正好是信号相位改变的时点。本质上，信息被编码进了余弦波的相位，而非幅度。注意，脉冲成形函数越复杂，幅度变动越频繁。

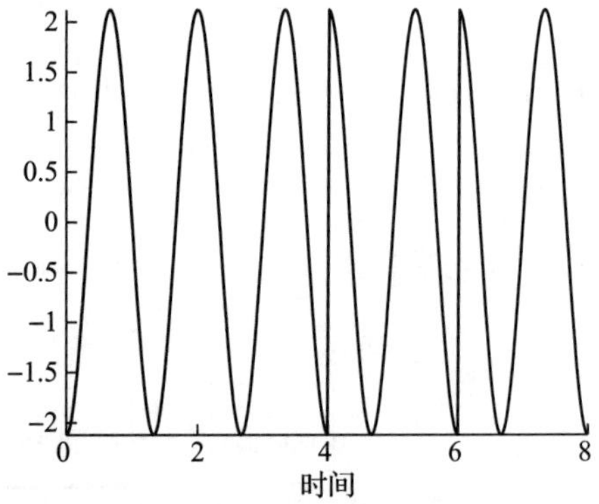

图2.18　当载频很低时(只为方便展示)，例2.11的方波脉冲形状对应的BPSK调制器输出

- 无线系统的接收机通常对基带信号进行操作。忽略噪声，假设接收信号与发送信号相同。展示将$x_p(t)$与$\cos(2\pi f_c t)$相乘然后滤波以恢复$x(t)$的过程。

  解：$x_p(t)$乘以$\cos(2\pi f_c t)$，得

$$x_p(t)\cos(2\pi f_c t)=x(t)\cos^2(2\pi f_c t) \tag{2.25}$$

$$=\frac{x(t)}{2}(1+\cos(4\pi f_c t)) \tag{2.26}$$

$2f_c$处的载波可以用低通滤波的方法滤除，因此，滤波器的输出就是$x(t)$的某种缩放版本。◀

2.7.3　有噪条件下的解调

当频带已调信号经由信道传输而叠加了噪声时，可以利用名为匹配滤波(matched filtering)的技术恢复符号序列，如图2.19所示。接收机用一个形状与发送信号的脉冲形状$g_{tx}(t)$“匹配”的滤波器过滤接收信号$y(t)$。匹配滤波器限制了输出噪声的量，不过数据信号所处的频段却得以通过。然后，在符号周期的整数倍时刻对匹配滤波器的输出进行采样。最后，判决出最接近接收样本的符号矢量。第4章将详细介绍有关匹配滤波器的解调步骤和数学定义。在实际的接收机中，通常是利用接收信号和滤波器的采样版本来数字实现此环节。

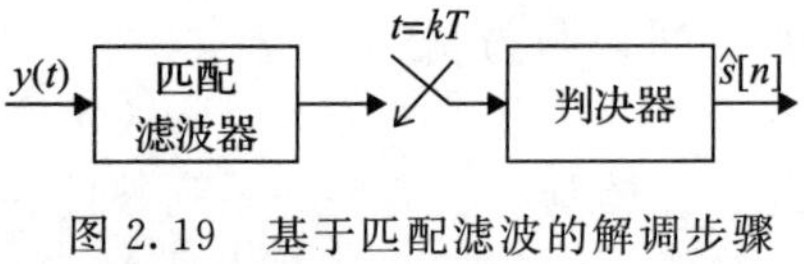

图2.19　基于匹配滤波的解调步骤

例2.12 本例考虑例2.10的基带BPSK信号。本例匹配滤波器的形状是例2.10的发送矩形脉冲$g_{tx}(t)$，匹配滤波器之后是一个简单的判决器。

- 证明 $\int_{kT}^{kT+T} x(t) g_{\mathrm{tx}}(t-kT)\mathrm{d}t = s[k]$，其中 $x(t)$ 由式(2.16)给定。

解：

$$\int_{kT}^{kT+T} x(t) g_{\mathrm{tx}}(t-kT)\mathrm{d}t = \int_{kT}^{kT+T} \sum_{n=-\infty}^{\infty} s[n] g_{\mathrm{tx}}(t-nT) g_{\mathrm{tx}}(t-kT)\mathrm{d}t \tag{2.27}$$

$$= \sum_{n=-\infty}^{\infty} \int_{kT}^{kT+T} s[n] g_{\mathrm{tx}}(t-nT) g_{\mathrm{tx}}(t-kT)\mathrm{d}t \tag{2.28}$$

$$= \int_{kT}^{kT+T} s[k] g_{\mathrm{tx}}(t-kT) g_{\mathrm{tx}}(t-kT)\mathrm{d}t + \sum_{n \neq k} \int_{kT}^{kT+T} s[n] g_{\mathrm{tx}}(t-nT) g_{\mathrm{tx}}(t-kT)\mathrm{d}t \tag{2.29}$$

$$= s[k] \int_{kT}^{kT+T} \mathrm{d}t \tag{2.30}$$

$$= Ts[k] \tag{2.31}$$

除以 T 就可以恢复原始信号。

- 当例 2.10 的基带 BPSK 信号 $x(t)$ 受到噪声干扰时，绘制形状也是矩形脉冲的匹配滤波器在 $t \in [-2, 10]$ 的输出信号。绘制接收信号在 $t=1, 3, 5, 7$ 时刻的采样值，并解释结果。

解： 当例 2.10 中的信号 $x(t)$ 受到加性噪声干扰时，匹配滤波器的输出如图 2.20a 所示。图 2.20b 绘出接收信号在符号周期整数倍时刻的采样值，展现了采样阶段的输出。那么，判决器就可以找到最接近此接收矢量的符号。尽管存在噪声干扰，判决器还是给出了正确的符号序列[−1, −1, 1, −1]。◀

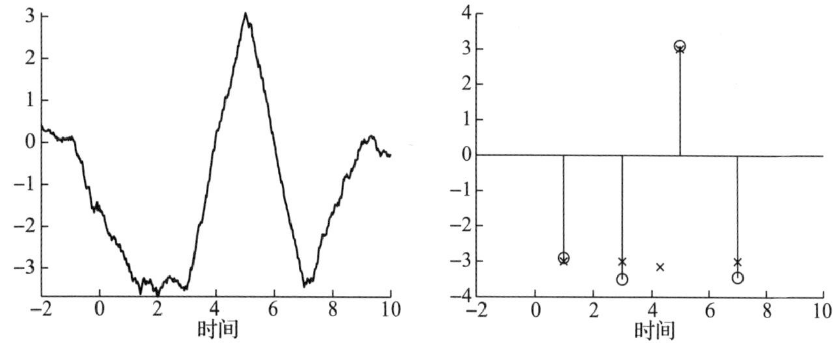

a）例2.10中的信号受到噪声干扰时匹配滤波器的输出

b）匹配滤波器之后采样阶段的采样输出(圈标记)以及发送符号(×标记)

图 2.20

当解调一般的频带信号时，需要从射频载波的相位或者幅度中提取符号信息。对于 M-QAM，两个基础解调器并行操作，分别提取符号的实部和虚部。M-QAM 解调器的实现如图 2.21 所示。与基带的情形类似，频带接收信号 $y(t)$ 受到了噪声干扰，匹配滤波器将噪声从两个分量中移除。

然而，信道输出信号实际上并不等于已调信号与噪声的叠加，还存在信号失真。因此需要更加复杂的解调方法，2.7.4 节将做简要介绍，并在第 5 章进行详细讨论。

2.7.4　信道损伤条件下的解调

除了噪声之外，实际的无线信道还会给接收信号带来损伤。因此，为了恢复发送符号，不得不在解调结构之前添加其他功能模块。此外，要想在接收机中真实实现之前讨论的解调器，还有一些其他事情要做。

例如，如果要落实图 2.19 中的解调方案，需要在符号周期的整数倍时刻采样，因此需要寻找某种可以控制此采样的时钟相位。这就是所谓的符号定时恢复(timing recovery)问题。第 5 章将解释在采用复 PAM 信号的系统中估计最优采样相位的主要方法。

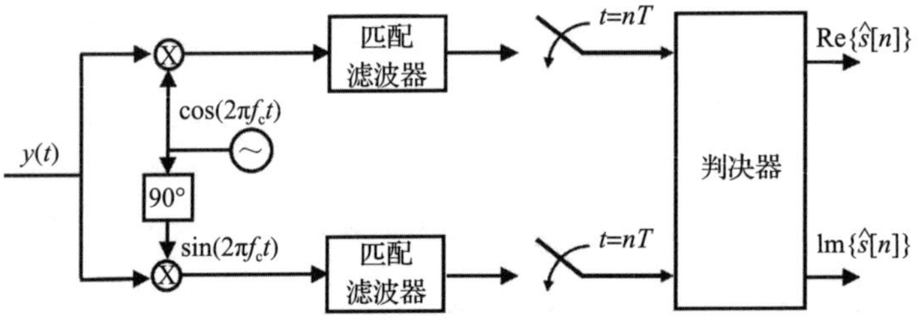

图 2.21　M-QAM 解调器框图

在实际的频带接收机中还会出现一些额外的问题。图 2.21 中的接收机并不精确知道调制器使用的射频载波。也就是说，接收机的本地晶振生成的频率可能与发送频率存在细微差异，并且载波相位也不相同。由于多普勒效应(Doppler effect)，无线信道的传输也可能引起载波频率的偏移。图 2.22 展示了 QPSK 中相位偏移造成的影响。由于这些变动的存在，实际的 M-QAM 接收机必须包含载波相位和频率估计算法才能进行解调。第 5 章将介绍单载波和 OFDM 系统中相位和频率偏移纠正的主要方法。

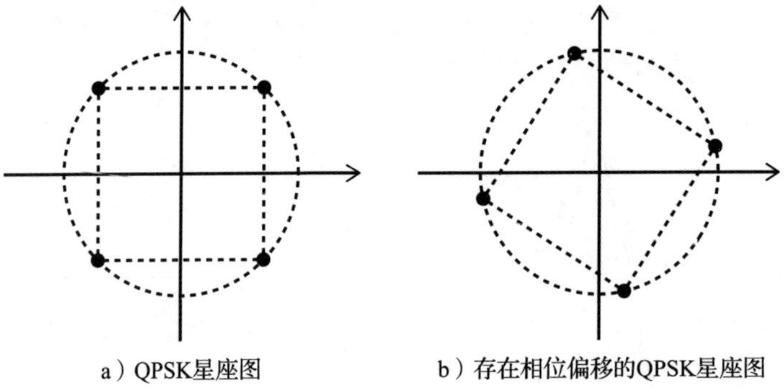

a）QPSK星座图　　b）存在相位偏移的QPSK星座图

图　2.22

例 2.13 本例是例 2.11 的延续，考虑 BPSK 频带调制信号。假设在下变频(downconversion)过程中，接收信号与 $\cos(2\pi(f_c+\varepsilon)t)$ 相乘，其中 $\varepsilon\neq 0$，表示频率偏移。演示接收信号在有噪条件下的失真程度。

解：

$$x_r(t)=\mathrm{LPF}\{x_p(t)\cos(2\pi(f_c+\varepsilon)t)\} \tag{2.32}$$

$$=\mathrm{LPF}\{x(t)\cos(2\pi f_c t)\cos(2\pi(f_c+\varepsilon)t)\} \tag{2.33}$$

$$=\mathrm{LPF}\left\{x(t)\,\frac{1}{2}(\cos(2\pi f_c t-2\pi(f_c+\varepsilon)t)+\cos(2\pi f_c t+2\pi(f_c+\varepsilon)t))\right\} \tag{2.34}$$

$$=\mathrm{LPF}\left\{x(t)\,\frac{1}{2}(\cos(2\pi\varepsilon t)+\cos(2\pi(2f_c+\varepsilon)t))\right\} \tag{2.35}$$

$$=x(t)\,\frac{1}{2}\cos(2\pi\varepsilon t) \tag{2.36}$$

由于解调输出信号中存在 $\cos(2\pi\varepsilon t)$ 项，即便 ε 取值很小，只是简单地滤波已经无法重建信

号 $x(t)$。◀

正如 2.3 节所述，无线信道还会引入多径传播。解调器的输入不仅仅是已调信号 $x(t)$ 叠加噪声项，还包括因多径而造成的 $x(t)$ 失真版本。不得不使用均衡器在接收机处对信道引入的上述滤波效应进行补偿。第 5 章将介绍当前数字通信系统采用的主要信道均衡技术的基础知识。

2.8　小结

- 模拟和数字通信都使用连续时间信号发送信息。
- 数字通信与数字信号处理完美契合。
- 信源编码减少信源中的冗余，减少发送所需比特数量。信源译码可以完美或者稍有损伤地重建未压缩的序列。
- 加密搅乱数据，使得数据只能由指定的接收机解密，而窃听者不能解密。
- 信道编码增加冗余，信道译码器可借此降低信道引入的错误造成的影响。
- 香农的信道容量定理指出了以任意小的错误概率经由信道传输的信息速率的上界。
- 无线通信系统的显著损伤包括加性噪声、路径损耗、干扰和多径传播。
- 物理发送的信号必然是模拟的。数字调制是将包含信息的比特序列转换成可经由信道传输的连续时间信号。
- 信号的解调就是从接收波形中提取信息比特。
- 接收侧采用复杂的信号处理算法以补偿接收波形所遭受的信道损伤。

习题

1. 简答
   (a) 信源编码之后为何要进行加密？
   (b) 数字通信系统为何要数字实现，而不是完全地模拟？
2. 许多无线通信系统支持自适应调制和编码，即编码速率和调制阶数（每个符号的比特数）皆随时间自适应变化。卷积码的周期凿孔也是自适应速率的一种方法。做一些研究，并解释发射机中的凿孔是如何工作的，以及接收机的处理是如何相应改变的。
3. 某离散信源使用三进制字母表$\{a, b, c\}$生成信息序列，概率分别为 $\mathbb{P}(s=a)=1/4$，$\mathbb{P}(s=b)=1/3$，$\mathbb{P}(s=c)=5/12$。进行信源编码时，每个字母需要多少比特？
4. 查阅最初的 GSM 标准采用的流加密。绘制相应的加密操作框图，同时给出一个线性反馈移位寄存器的实现。
5. 查明第一个发布的三代蜂窝标准——宽带码分多址（Wideband Code Division Multiple Access，WCDMA）蜂窝系统所采用的 CRC 码。
   (a) 查找编码长度。
   (b) 给出 CRC 码的系数表示。
   (c) 求得此码的检错概率。
6. **线性分组码**　所有数字通信系统均采用差错控制编码。由于版面限制，本书没有详细介绍差错控制编码。线性分组码属于奇偶校验码中的一类，每 k 个信息比特成为一组独立进行编码，生成更长的 m 比特码组。本题探讨此类编码的两个简单例子。

   考虑某(6，3)汉明码（6 是码字的长度，3 是信息的长度，单位是比特），其生成矩阵如下：

$$\boldsymbol{G}=\begin{bmatrix}1&0&0\\0&1&0\\0&0&1\\1&1&0\\0&1&1\\1&0&1\end{bmatrix} \tag{2.37}$$

(a) 是否为系统码？

(b) 列出此(6，3)码的所有码字。换言之，对于每个可能的 3 比特长二进制输入，列出全部输出。将答案写进表格。

(c) 求此码中任意两个码字之间的最小汉明距，汉明距是指两个码字中对应位置比特不同的数目。如果任意两个码字之间的汉明距至少为 $2c+1$，则此码可以纠正 c 个错误。

(d) 此码可以纠正多少种错误？

(e) 不用其他任何概率或者统计知识，解释纠正错误的合理方法。换言之，此问不需要任何数学分析。

(f) 采用上述(6，3)码以及合理的方法，求可纠正的比特位数。

(g) 你的方法和 1/3 率重复码的效率孰高孰低？

7. HDTV　做一些关于 ATSC HDTV 广播标准的研究。确保答案中包含引用来源。注意：应该寻找某些值得信赖的来源作为参考(例如，维基百科的文章可能存在错误，或者并不完整)。

(a) 查明 ATSC HDTV 传输采用的信源编码类型。建立一个支持不同信源编码算法、速率以及分辨率的列表。

(b) 查明 ATSC HDTV 广播标准采用的信道编码(差错控制编码)类型。提供不同编码的名称及其参数，并按照分组码、卷积码、网格码、Turbo 码或者 LDPC 码归类。

(c) 列出 ATSC HDTV 采用的调制类型。

8. DVB-H　做一些关于手持终端设备的 DVB-H 数字广播标准的研究。确保答案中包含引用来源。注意：应该寻找某些值得信赖的来源作为参考(例如，维基百科的文章可能存在错误，或者并不完整)。

(a) 查明 DVB-H 传输采用的信源编码类型。建立一个支持不同信源编码算法、速率以及分辨率的列表。

(b) 查明 DVB-H 数字广播标准采用的信道编码(差错控制编码)类型。提供不同编码的名称及其参数，并按照分组码、卷积码、网格码、Turbo 码或者 LDPC 码归类。

(c) 列出 DVB-H 采用的调制类型。

(d) 大体上说说 DVB 与 DVB-H 之间的关系。

9. 启闭键控(On-Off Keying，OOK)是另一种形式的数字调制。本题将讲解 OOK 的操作。令 $i[n]$ 表示输入比特序列，$s[n]$ 表示符号序列，$x(t)$ 表示连续时间已调信号。

(a) 假设比特 0 产生符号 0，比特 1 产生符号 A。填写下面的比特映射表格

$i[n]$	$s[n]$

(b) OOK 是一种幅度调制，令 $g(t)$ 表示脉冲形状，并令

$$x(t)=\sum_n s[n]g(t-nT) \tag{2.38}$$

表示已调基带信号。若 $g(t)$ 是一个如下定义

$$g(t)=\begin{cases}1-2\dfrac{\left|t-\dfrac{T}{2}\right|}{T}, & \text{如果 } t\in[0,T]\\ 0, & \text{其他}\end{cases} \tag{2.39}$$

的三角形脉冲形状。给定输入 $i[0]=1$，$i[1]=1$，$i[2]=0$，$i[3]=1$，且有 $A=3$ 和 $T=2$。手工绘制 $x(t)$ 在 $t\in[0,8]$ 时的图形，并加以说明。

(c) 无线通信系统使用频带信号。令载频 $f_c=1\text{GHz}$。对于 OOK，频带信号为

$$x_p(t)=\cos(2\pi f_c t)x(t) \tag{2.40}$$

在与前图相同的区间内绘制 $x(t)$。小心！可能需要使用诸如 MATLAB 或者 LabVIEW 等计算机程序来绘制图形。对照前面的情形，解释当前情形下信息是如何编码的。从 $x(t)$ 到 $x_p(t)$ 的过程称为上变频。采用较小的 f_c 值以说明定性行为。

(d) 无线系统的接收机通常对基带信号进行操作。忽略噪声，假设接收信号与发送信号相同。展示将

$x_p(t)$与 $\cos(2\pi f_c t)$相乘然后滤波以恢复 $x(t)$的过程。

(e) 如果相乘的是 $\cos(2\pi(f_c+\varepsilon)t)$，其中 $\varepsilon\neq 0$，会发生什么？还能恢复 $x(t)$吗？

(f) 匹配滤波器之后是一个简单的判决器。证明 $\int_{kT}^{kT+T} x(t)g(t-kT)\mathrm{d}t = \frac{T}{3}s[k]$。

(g) 如果计算的是 $\int_{kT+\tau}^{kT+T+\tau} x(t)g(t-kT-\tau)\mathrm{d}t$，其中 $\tau\in[0, T]$，会发生什么？

10. M 进制 PAM 是著名的基带调制方法，M 个电平依次分配给信号星座图中的 M 个矢量符号。一个标准的 4-PAM 信号星座图包含 4 个对称分布在原点两侧的实数，即

$$\mathcal{C}_{\text{4-PAM}} = \left\{-\frac{3}{2}, -\frac{1}{2}, \frac{1}{2}, \frac{3}{2}\right\} \tag{2.41}$$

由于有 4 个可能的电平，每个符号对应 2 个比特的信息。令 $i[n]$表示输入比特序列，$s[n]$表示符号序列，$x(t)$表示连续时间已调信号。

(a) 假设采用相应的数值顺序将信息比特映射至星座符号。例如，在所有 4 个长度为 2 的二进制序列中，00 是最小的；而在所有星座符号中，$-\frac{3}{2}$是最小的。所以将 00 映射成$-\frac{3}{2}$。按照此模式，填写下面的比特映射表格

$i[n]$	$s[n]$
00	$-\frac{3}{2}$

(b) 令 $g(t)$表示脉冲形状，并令

$$x(t) = \sum_n s[n]g(t-nT) \tag{2.42}$$

表示已调基带信号。若 $g(t)$是一个如下定义

$$g(t) = \begin{cases} 1-2\dfrac{\left|t-\dfrac{T}{2}\right|}{T}, & \text{如果 } t\in[0,T] \\ 0, & \text{其他} \end{cases} \tag{2.43}$$

的三角形脉冲形状。给定输入比特序列 11 10 00 01 11 01，且有 $T=2$。手工绘制$x(t)$在 $t\in[0, 12]$时的图形，并加以说明。

(c) 无线通信系统发送的是频带信号。频带信号的概念将在第 3 章讲述。载频用 f_c 表示，则频带信号可以写作

$$x_p(t) = \cos(2\pi f_c t)x(t) \tag{2.44}$$

对于蜂窝系统，f_c 的范围介于 800Mhz～2GHz 上下。为了方便说明，f_c 选取很小的值，即$f_c=$ 2Hz。可能需要使用诸如 MATLAB 或者 LabVIEW 等计算机程序来绘制图形。对照前面的情形，解释当前情形下信息是如何编码的。

(d) 无线系统的接收机通常对基带信号进行操作。此处忽略噪声，并假设接收信号与发送信号相同。展示将 $x_p(t)$与 $\cos(2\pi f_c t)$相乘然后滤波以恢复 $x(t)$的过程。利用频带信号恢复基带信号的过程称为下变频。

(e) 如果相乘的是 $\cos(2\pi(f_c+\varepsilon)t)$，其中 $\varepsilon\neq 0$，会发生什么？还能恢复 $x(t)$吗？这称为载频偏移，将在第 5 章详细讲述。

(f) 匹配滤波器之后是一个简单的判决器。证明 $\int_{kT}^{kT+T} x(t)g(t-kT)\mathrm{d}t = \frac{T}{3}s[k]$。

(g) 如果计算的是 $\int_{kT+\tau}^{kT+T+\tau} x(t)g(t-kT-\tau)\mathrm{d}t$，其中 $\tau\in[0, T]$，会发生什么？这称为符号定时偏移，将在第 5 章详细讲述。

第3章

信号处理基础

无线通信的信号处理方法是本书的一大要点。本章简要回顾信号处理的基础原理，为随后几章提供必不可少的数学背景知识。首先，复习信号与系统的相关概念，包括连续时间和离散时间信号、线性时不变系统、傅里叶变换、带宽、采样定理以及连续时间信号的离散时间处理。这些都是本书广泛使用的信号基础概念。然后，讲解统计信号处理的相关概念，涉及概率、随机过程、广义平稳、各态历经性、功率谱、滤波随机过程以及多变量随机过程的扩展。后续章节所需的统计信号处理的主要内容成为讲述的重点。接下来，介绍频带信号以及复基带等效、复包络和复基带等效系统等相关概念。这是无线通信信道的一种重要离散时间抽象。随后，提供关于两个额外话题的数学背景知识。回顾多速率信号处理的关键结论，后续章节在离散时间实现脉冲成形时要用到这些结论。最后，提供关于估计的一些背景知识，包括线性最小二乘、最大似然和最小均方误差估计器。线性最小二乘广泛用于解决有关信道估计和均衡的问题。

3.1 信号与系统

本节介绍信号与系统的重要概念，这些概念是无线通信信号处理方法的根本。首先，介绍连续时间和离散时间信号的记法。然后，复习线性时不变系统，该系统可用于对无线信道的滤波和多径效应进行建模。接下来，总结连续时间、离散时间以及离散傅里叶变换。很多情形都需要从频域进行观察，包括计算信号的带宽或者寻找信道均衡的简便方法。傅里叶变换可用于定义各种不同的带宽概念。随后，复习奈奎斯特采样定理，该定理在带限连续时间和离散时间信号之间建立起重要联系。最后，利用采样定理构建连续时间线性时不变系统的离散时间线性时不变等效，其最终结果用于构建连续时间通信系统模型的离散时间等效，使得数字信号处理在通信领域得到广泛应用。

3.1.1 信号的类型与记法

位于数字通信系统不同位置的信号，其种类各不相同。下面描述其中某些信号，并介绍本书剩余部分采用的记法。基于信号的离散性，可将信号分类如下。

- $x(t)$：连续时间信号，其中 t 是表示时间的实变量，而 $x(t)$是信号在 t 时刻的值。
- $x[n]$：离散时间信号，其中 n 是表示离散时间的整数，而 $x[n]$是信号在 n 离散时刻的值。
- $x_Q[n]$：数字信号，其中 n 是表示离散时间的整数，而$x_Q[n]$是信号在 n 离散时刻的量化值。

量化将连续变量映射成有限等级的变量。这些信号等级可以用二进制符号表示，进而可从这些二进制符号中获取数字信息。上述信号类型的示例由图 3.1 给出。

在以上谈及的所有情形中，信号取值可以是实数或者复数。一路复信号可以看作是两路实信号之和，例如，$x[n]=a[n]+jb[n]$。任何通信系统中发送的信号肯定是实数的。因此，复信号通常用于更有效率地表示频带信号，能够得到更加紧凑的信号和信道表达式。复离散时间信号的采样等效用于表示带限信号，以支撑 DSP 的即时应用。

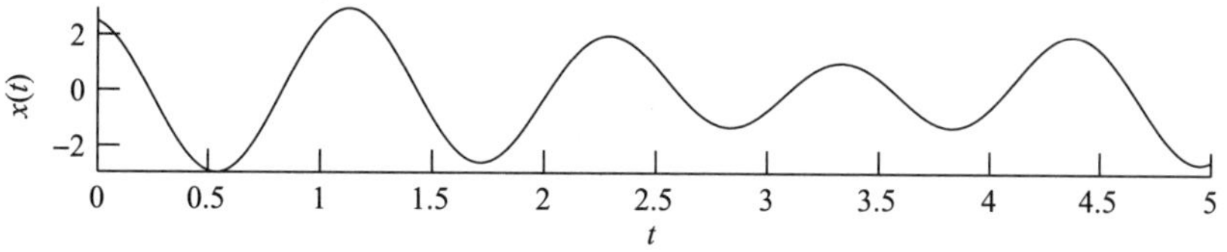

a）连续时间信号

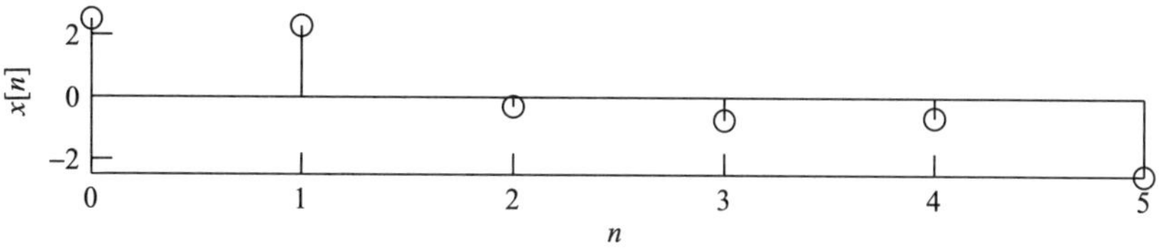

b）离散时间信号

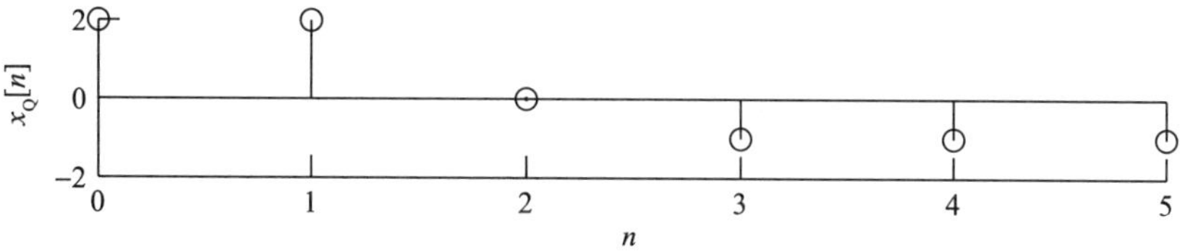

c）2位量化情形下量化成[−1,0,1,2]4级的数字信号

图 3.1　基于离散性的信号分类

从数学的视角来看，本书主要处理离散时间信号。然而，在多数 DSP、FPGA 或者 ASIC 应用中，信号其实是数字的。这需要设计特殊的算法以应对量化信号存储和操作所用的格式。这一点非常重要，不过已经超出了本书的范畴[273,7.3.3节]。

3.1.2　线性时不变系统

无线通信领域的许多挑战都是源自发送信号因无线信道的多径转播而引发的时间弥散(temporal dispersion)以及模拟前端模拟滤波器的频率选择性。多径传播是由于发射机与接收机之间的路径不唯一，致使反射、透射、衍射以及散射等现象发生。沿不同路径传播的信号以不同的延迟、衰耗以及相移到达(取决于载频和信号带宽)，造成信号的弥散失真。模拟滤波器在发射机和接收机的模拟前端都有广泛应用：帮助满足频谱限制，弥补不完美的数模转换，去掉互调产物以及消除来自其他频段的噪声和干扰。数字滤波可以看作是模拟滤波的有效补充。这些聚合效应统称为信道。

对于无线系统而言，线性时变系统是不错的模型。远场传播(far-field propagation)用线性描述是合理的。因为发射机、接收机或者环境中的物体移动，造成多路径的信源随时间改变，所以采用时变模型。假定线性时变，且不存在噪声，时间连续接收信号 $y(t)$ 与时间连续发送信号 $x(t)$ 通过时变冲激响应(time-varying impulse response) $h_c(t,\tau)$ 之间的叠加积分相关联，即

$$y(t)=\int_{-\infty}^{\infty} h_c(t,\tau)x(\tau)\mathrm{d}\tau \tag{3.1}$$

时变冲激响应 $h_c(t,\tau)$ 记录了传输路径上的所有多径和滤波效应，以及传输路径随时间的变化。

多数无线通信系统的设计目标就是在设计信号处理算法时能够(至少在短时间内)忽略信道的时变特性。主要原因就是，对于接收机而言，处理时变信道 $h_c(t,\tau)$ 太具挑战性，因其很难估计、追踪和均衡。结果，多数系统设计成短时突发地发送信息，发送时间短于信道的相干时间(信道特性变化速度的一种度量，将在第 5 章进一步讨论)。因此，基于构

建数学模型的目的，无线通信信道被建模成线性时不变(LTI)系统，这称为时不变假设(time-invariance assumption)。本书考虑的全部模型都符合线性时不变系统，其中的信道在一段足够接收机对信道做出估计并进行补偿的时间内近似保持恒定。

有了 LTI 假设，信道就可由其冲激响应$h_c(t)$表征。对于 LTI 系统，式(3.1)中输入和输出由著名的卷积积分

$$y(t)=\int_{-\infty}^{\infty}h_c(\tau)x(t-\tau)\mathrm{d}\tau \tag{3.2}$$

关联在一起，从而为输入和输出之间指定了一种易于数学处理的关系，且已经引起广泛研究[249,186]。对于离散时间，卷积积分就变成了求和。给定输入 $x[n]$、输出 $y[n]$以及冲激响应为 $h[n]$的 LTI 系统，输入和输出的关系为

$$y[n]=\sum_{\ell=-\infty}^{\infty}h[\ell]x[n-\ell] \tag{3.3}$$

由于复基带信号(参见 3.3 节)的带限性质，离散时间 LTI 系统用于整个通信系统的建模。此外，还用于采样定理(参见 3.1.5 节)，以及连续时间和离散时间信号处理的等效(参见 3.1.6 节)。

3.1.3　傅里叶变换

当构建无线通信系统时，频域是极其有用的。例如，整个带宽的概念就是在频域理解信号和系统的基础上建立起来的。时域的卷积在频域就变成了相乘，利用频谱分析仪就可以在频域观察真实世界中的信号。

本节复习与傅里叶变换关系相关的内容，包括连续时间和离散时间信号的傅里叶变换。本节以表格的形式给出各种情形下一般信号的变换及其性质，还提供涉及变换的直接计算以及其性质应用的若干示例。

首先，考虑符合条件的信号的连续时间傅里叶变换(Continuous-Time Fourier Transform，CTFT)㊀。连续时间函数 $x(t)$及其傅里叶变换 $X(f)$由解析式和综合式相关联：

$$\text{解析式}\quad X(f)=\int_{-\infty}^{\infty}x(t)\,\mathrm{e}^{-\mathrm{j}2\pi ft}\,\mathrm{d}t \tag{3.4}$$

$$\text{综合式}\quad x(t)=\int_{-\infty}^{\infty}X(f)\,\mathrm{e}^{\mathrm{j}2\pi ft}\,\mathrm{d}f \tag{3.5}$$

经常使用缩写 $X(f)=\mathcal{F}\{x(t)\}$和 $x(t)=\mathcal{F}^{-1}\{X(f)\}$。

尽管可以直接应用综合式和解析式，套用表 3.1 中傅里叶变换的一般性质以及表 3.2 中的基础傅里叶变换会更加便捷。例 3.1 给出一个直接应用解析式的例子。例 3.2 和例 3.3 演示傅里叶变换对和性质的应用。

表 3.1　连续时间傅里叶变换关系

性质	非周期信号	傅里叶变换
	$x(t)$ $y(t)$	$X(f)$ $Y(f)$
线性	$ax(t)+by(t)$	$aX(f)+bY(f)$
时移	$x(t-t_0)$	$\mathrm{e}^{-\mathrm{j}2\pi f_c t_0}X(f)$
频移	$\mathrm{e}^{\mathrm{j}2\pi f_0 t}x(t)$	$X(f-f_0)$

㊀ 进行傅里叶变换需要若干先决条件：$|f(t)|$从$-\infty$到∞的积分存在；$f(t)$拥有的断点数量有限；$f(t)$在有界区间内变化[50]。所有物理可实现的信号均可进行傅里叶变换。诸如 Lipschitz 条件等更加专业领域的讨论已经超出了本书的范畴。

（续）

性质	非周期信号	傅里叶变换
共轭	$x^*(t)$	$X^*(-f)$
时间反转	$x(-t)$	$X(-f)$
时间展缩	$x(at)$	$\frac{1}{\lvert a \rvert}X\left(\frac{f}{a}\right)$
卷积	$x(t)*y(t)=\int_{-\infty}^{\infty}x(\tau)y(t-\tau)\mathrm{d}\tau$	$X(f)Y(f)$
自相关	$x(t)*x^*(-t)$	$\lvert X(f) \rvert^2$
相乘	$x(t)y(t)$	$X(f)*Y(f)=\int_{-\infty}^{\infty}X(\theta)Y(f-\theta)\mathrm{d}\theta$
时间微分	$\frac{\mathrm{d}^n x(t)}{\mathrm{d}t^n}$	$(\mathrm{j}2\pi f)^n X(f)$
积分	$\int_{-\infty}^{t}x(\tau)\mathrm{d}\tau$	$\frac{1}{\mathrm{j}2\pi f}X(f)+\frac{1}{2}X(0)\delta(f)$
频率微分	$t^n x(t)$	$\left(\frac{\mathrm{j}}{2\pi}\right)^n\frac{\mathrm{d}^n X(f)}{\mathrm{d}f^n}$
调制(1)	$x(t)\mathrm{e}^{\mathrm{j}2\pi f_0 t}$	$X(f-f_0)$
调制(2)	$x(t)\cos(2\pi f_0 t)$	$\frac{1}{2}[X(f-f_0)+X(f+f_0)]$
调制(3)	$x(t)\sin(2\pi f_0 t)$	$\frac{1}{\mathrm{j}2}[X(f-f_0)+X(f+f_0)]$
实信号的共轭对称	$x(t)$为实信号	$\begin{cases}X(f)=X^*(-f)\\ \mathrm{Re}\{X(f)\}=\mathrm{Re}\{X(-f)\}\\ \mathrm{Im}\{X(f)\}=-\mathrm{Im}\{X(-f)\}\\ \lvert X(f)\rvert=\lvert X(-f)\rvert\\ \angle X(f)=-\angle X(-f)\end{cases}$
实偶信号的对称	$x(t)$为实偶信号	$X(f)$为实偶函数
实奇信号的对称	$x(t)$为实奇信号	$X(f)$为纯虚奇函数
实信号的奇偶分解	$x_e(t)=\mathrm{Ev}\{x(t)\}$　[$x(t)$为实信号] $x_o(t)=\mathrm{Od}\{x(t)\}$　[$x(t)$为实信号]	$\mathrm{Re}\{X(f)\}$ $\mathrm{jIm}\{X(f)\}$
互易	$x(t)\leftrightarrow X(f)$	$X(t)\leftrightarrow x(-f)$
帕塞瓦尔定理（$x(t)$、$y(t)$为实信号）	$\begin{cases}\int_{-\infty}^{\infty}\lvert x(t)\rvert^2\mathrm{d}t=\int_{-\infty}^{\infty}\lvert x(f)\rvert^2\mathrm{d}f\\ \int_{-\infty}^{\infty}x(t)\,y^*(t)\mathrm{d}t=\int_{-\infty}^{\infty}x(f)\,y^*(f)\mathrm{d}f\\ \int_{-\infty}^{\infty}x(t)y(-t)\mathrm{d}t=\int_{-\infty}^{\infty}x(f)y(f)\mathrm{d}f\end{cases}$	

表3.2　连续时间傅里叶变换对

函数名	时域信号 $x(t)$	频域信号 $X(f)$
冲激	$\delta(t)$	1
直流	1	$\delta(f)$
复指数	$\mathrm{e}^{\mathrm{j}2\pi f_0 t}$	$\delta(f-f_0)$
余弦	$\cos(2\pi f_0 t+\theta)$	$\frac{1}{2}[\mathrm{e}^{\mathrm{j}\theta}\delta(f-f_0)+\mathrm{e}^{-\mathrm{j}\theta}\delta(f+f_0)]$
正弦	$\sin(2\pi f_0 t+\theta)$	$\frac{1}{2}[\mathrm{e}^{\mathrm{j}\theta}\delta(f-f_0)+\mathrm{e}^{-\mathrm{j}\theta}\delta(f+f_0)]$
单位阶跃	$u(t)=\begin{cases}1, & t\geqslant 0\\ 0, & t<0\end{cases}$	$\frac{1}{2}\delta(f)+\frac{1}{\mathrm{j}2\pi f}$

（续）

函数名	时域信号 $x(t)$	频域信号 $x(f)$
符号	$u(t)=\begin{cases}1, & t\geqslant 0\\ -1, & t<0\end{cases}$	$\frac{1}{\mathrm{j}\pi f}$
冲激串	$\text{III}(t/T)=\sum_{k=-\infty}^{\infty}\delta(t-kT)$	$\frac{1}{T}\sum_{n=-\infty}^{\infty}\delta\left(f-\frac{n}{T}\right)$
傅里叶级数	$\sum_{k=-\infty}^{\infty}a_k\,\mathrm{e}^{\mathrm{j}2\pi f_0 kt}$ 其中 $a_k=\frac{1}{T}\int_T x(t)\,\mathrm{e}^{-\mathrm{j}2\pi f_0 kt}\mathrm{d}t$	$\sum_{n=-\infty}^{\infty}a_n\delta(f-nf_0)$
矩形脉冲	$\text{rect}\left(\frac{t}{T}\right)=\begin{cases}1, & \lvert t\rvert\leqslant\frac{T}{2}\\ 0, & \text{其他}\end{cases}$	$T\text{sinc}(fT)=\frac{\sin(\pi fT)}{\pi f}$
三角脉冲	$\Lambda\left(\frac{t}{W}\right)=\begin{cases}1-\frac{t}{\lvert W\rvert}, & \lvert t\rvert\leqslant W\\ 0, & \text{其他}\end{cases}$	$W\,\text{sinc}^2(fW)$
sinc 脉冲	$\text{sinc}(Wt)=\frac{\sin(\pi Wt)}{\pi Wt}$	$\frac{1}{W}\text{rect}\left(\frac{f}{W}\right)$
sinc^2 脉冲	$\text{sinc}^2(Wt)$	$\frac{1}{W}\Lambda\left(\frac{f}{W}\right)$
指数脉冲	$\mathrm{e}^{-a\lvert t\rvert}\quad a>0$	$\frac{2a}{a^2+(2\pi f)^2}$
指数衰减	$\mathrm{e}^{-at}u(t)\quad \text{Re}\{a\}>0$	$\frac{1}{a+\mathrm{j}2\pi f}$
	$t\mathrm{e}^{-at}u(t)\quad \text{Re}\{a\}>0$	$\frac{1}{(a+\mathrm{j}2\pi f)^2}$
	$\frac{t^n}{(n-1)!}\mathrm{e}^{-at}u(t)\quad \text{Re}\{a\}>0$	$\frac{1}{(a+\mathrm{j}2\pi f)^n}$
线性衰减	$\frac{1}{t}$	$-\mathrm{j}\pi\text{sgn}(f)$

例 3.1 计算

$$\text{rect}\left(\frac{t}{T}\right)=\begin{cases}1 & \lvert t\rvert\leqslant\frac{T}{2}\\ 0 & \text{其他}\end{cases}\tag{3.6}$$

的傅里叶变换。利用解析式验证表 3.2 中的结果。

解： 经过直接计算

$$\mathcal{F}\left\{\text{rect}\left(\frac{t}{T}\right)\right\}=\int_{-\infty}^{\infty}\text{rect}\left(\frac{t}{T}\right)\mathrm{e}^{-\mathrm{j}2\pi ft}\mathrm{d}t\tag{3.7}$$

$$=\int_{-T/2}^{T/2}\mathrm{e}^{-\mathrm{j}2\pi ft}\mathrm{d}t\tag{3.8}$$

$$=\left[\frac{-1}{\mathrm{j}2\pi f}\mathrm{e}^{-\mathrm{j}2\pi ft}\right]_{-T/2}^{T/2}\tag{3.9}$$

$$=\frac{\mathrm{e}^{\mathrm{j}2\pi f\frac{T}{2}}-\mathrm{e}^{-\mathrm{j}2\pi f\frac{T}{2}}}{\mathrm{j}2\pi f}\tag{3.10}$$

$$=\frac{\sin(\pi fT)}{\pi f}\tag{3.11}$$

◀

例 3.2 计算

$$\Lambda\left(\frac{t}{T}\right)=\begin{cases}1-\frac{t}{\lvert T\rvert} & \lvert t\rvert\leqslant T\\ 0 & \text{其他}\end{cases}\tag{3.12}$$

的傅里叶变换。利用 $\Lambda\left(\frac{t}{T}\right)=\frac{1}{T}\mathrm{rect}\left(\frac{t}{T}\right)*\mathrm{rect}\left(\frac{t}{T}\right)$ 的事实。

解：傅里叶变换为

$$\mathcal{F}\left\{\Lambda\left(\frac{t}{T}\right)\right\}=\mathcal{F}\left\{\frac{1}{T}\mathrm{rect}\left(\frac{t}{T}\right)*\mathrm{rect}\left(\frac{t}{T}\right)\right\} \tag{3.13}$$

$$=\frac{1}{T}\mathcal{F}\left\{\mathrm{rect}\left(\frac{t}{T}\right)\right\}\mathcal{F}\left\{\mathrm{rect}\left(\frac{t}{T}\right)\right\} \tag{3.14}$$

$$=\frac{\sin^2(\pi fT)}{(\pi f)^2T} \tag{3.15}$$

◀

例 3.3 计算 $X(2f)\cos(2\pi f t_0)$ 的反 CTFT，其中 t_0 是常量。

解：利用性质

$$\mathcal{F}^{-1}\{X(2f)\}=\frac{1}{2}x(t/2) \tag{3.16}$$

和

$$\mathcal{F}^{-1}\{Y(f)\cos(2\pi f t_0)\}=\frac{1}{2}[\mathcal{F}^{-1}\{Y(f)\,\mathrm{e}^{\mathrm{j}2\pi f t_0}\}+\mathcal{F}^{-1}\{Y(f)\,\mathrm{e}^{-\mathrm{j}2\pi f t_0}\}] \tag{3.17}$$

$$=\frac{1}{2}[y(t-t_0)+y(t+t_0)] \tag{3.18}$$

可得

$$\mathcal{F}^{-1}\{X(2f)\cos(2\pi f t_0)\}=\frac{1}{4}[x((t-t_0)/2)+x((t+t_0)/2)] \tag{3.19}$$

◀

CTFT 的解析和综合式都有着严格的定义，只对符合条件的函数成立。无须详细说明，这应该适用于式(3.4)和(3.5)中的积分存在的函数。周期函数含有无穷的能量，这意味着周期函数的无穷积分是不受限的，因此并不符合条件。不幸的是，发送信息所需的 RF 载波通常是正弦或者余弦波，周期函数因而是无线领域的一部分。解决此问题的方法就是回想傅里叶级数的定义，并启用一个定义不清的伙伴——狄拉克 δ 函数(Dirac delta function)。

考虑一个周期信号 $x(t)$。周期 $T>0$ 是对于所有 t 使得 $x(t)=x(t+T)$ 成立的最小实数。符合条件的周期函数的连续时间傅里叶级数(Continuous-Time Fourier Series，CTFS)定义为：

$$\text{解析式}\quad X[n]=\frac{1}{T}\int_0^T x(t)\,\mathrm{e}^{-\mathrm{j}\frac{2\pi}{T}nt}\,\mathrm{d}t \tag{3.20}$$

$$\text{综合式}\quad x(t)=\sum_{n=-\infty}^{\infty}X[n]\,\mathrm{e}^{\mathrm{j}\frac{2\pi}{T}nt} \tag{3.21}$$

注意，CTFS 创建了信号 $\exp(\mathrm{j}2\pi/T)$ 的基频(fundamental frequency)和谐波的加权作为输出。利用 CTFS，可以“定义”周期信号的傅里叶变换为

$$\text{解析式}\quad X(f)=\sum_{n=-\infty}^{\infty}X[n]\delta\left(f-\frac{1}{T}n\right) \tag{3.22}$$

$$\text{综合式}\quad x(t)=\int_f X(f)\,\mathrm{e}^{\mathrm{j}2\pi f t}\,\mathrm{d}f \tag{3.23}$$

此处用“定义”这个词是因为 δ 函数是个广义函数(generalized function)，而非真正的函数。但是，源自式(3.22)的直觉是准确的。在频谱分析仪中，周期函数的傅里叶频谱具有

梳状结构。

例 3.4 给出一个利用 CTFS 来计算周期信号傅里叶变换的应用示例。本例的一般形式给出了正弦和余弦的变换结果(参见表 3.2)。

例 3.4 计算 $x(t)=\exp(\mathrm{j}2\pi f_c t)$ 的傅里叶变换。

解：注意此信号的周期 $T=1/f_c$。由式(3.20)可得

$$x[n]=\frac{1}{T}\int_0^T \mathrm{e}^{-\mathrm{j}2\pi f_c t}\,\mathrm{e}^{-\mathrm{j}\frac{2\pi}{T}nt}\,\mathrm{d}t \tag{3.24}$$

$$=\frac{1}{T}\int_0^T \mathrm{e}^{-\mathrm{j}\frac{2\pi}{T}t(1-n)}\,\mathrm{d}t \tag{3.25}$$

$$=\delta[n-1] \tag{3.26}$$

然后，由式(3.22)可得

$$X(f)=\sum_n x[n]\delta\left(f-\frac{1}{T}n\right) \tag{3.27}$$

$$=\sum_n \delta[n-1]\delta\left(f-\frac{1}{T}n\right) \tag{3.28}$$

$$=\delta\left(f-\frac{1}{T}\right) \tag{3.29}$$

注意，在式(3.28)中，同时使用了 Kronecker $\delta[n]$和 Dirac $\delta(f)$。 ◀

由于通信系统中的信号处理工作大多是在离散时间进行的，这就需要进行离散时间傅里叶变换(Discrete-Time Fourier Transform，DTFT)。符合条件的信号的 DTFT 解析和综合对为

$$\text{解析式}\quad X(\mathrm{e}^{\mathrm{j}2\pi f})=\sum_{n=-\infty}^{\infty} x[n]\,\mathrm{e}^{-\mathrm{j}2\pi fn} \tag{3.30}$$

$$\text{综合式}\quad x[n]=\int_{-1/2}^{1/2} X(\mathrm{e}^{\mathrm{j}2\pi f})\,\mathrm{e}^{\mathrm{j}2\pi fn}\,\mathrm{d}f \tag{3.31}$$

在其他书中，利用 $\omega=2\pi f$ 的关系，DTFT 还可写成弧度的形式。DTFT $X(\mathrm{e}^{\mathrm{j}2\pi fn})$是 f 的周期函数，这意味着 DTFT 只有在单位长度为有限间隔时才是唯一的，通常有 $f\in(-1/2, 1/2]$或者 $f\in[0, 1)$。

表 3.3 列出了 DTFT 的性质，表 3.4 列出常用的变换。

表 3.3　离散时间傅里叶变换关系

性质	序列	傅里叶变换
	$x[n]$ $y[n]$	$X(\mathrm{e}^{\mathrm{j}2\pi f})$ $Y(\mathrm{e}^{\mathrm{j}2\pi f})$
线性	$ax[n]+by[n]$	$aX(\mathrm{e}^{\mathrm{j}2\pi f})+bY(\mathrm{e}^{\mathrm{j}2\pi f})$
时移	$x[n-n_0]$	$\mathrm{e}^{-\mathrm{j}2\pi fn_0}X(\mathrm{e}^{\mathrm{j}2\pi f})$
频移	$\mathrm{e}^{\mathrm{j}2\pi f_0 n}x[n]$	$X(\mathrm{e}^{\mathrm{j}2\pi(f-f_0)})$
共轭	$x^*[n]$	$X^*(\mathrm{e}^{-\mathrm{j}2\pi f})$
时间反转	$x[-n]$	$X(\mathrm{e}^{-\mathrm{j}2\pi f})$
共轭对称	$x[n]$是实序列	$X(\mathrm{e}^{\mathrm{j}2\pi f})=X^*(\mathrm{e}^{-\mathrm{j}2\pi f})$
偶对称	$x[n]=x[-n]$	$X(\mathrm{e}^{\mathrm{j}2\pi f})=X(\mathrm{e}^{-\mathrm{j}2\pi f})$
奇对称	$x[n]=-x[-n]$	$X(\mathrm{e}^{\mathrm{j}2\pi f})=-X(\mathrm{e}^{-\mathrm{j}2\pi f})$
卷积	$x[n]*y[n]=\sum_{m=-\infty}^{\infty}x[m]y[n-m]$	$X(\mathrm{e}^{\mathrm{j}2\pi f})Y(\mathrm{e}^{\mathrm{j}2\pi f})$

（续）

性质	序列	傅里叶变换
自相关	$x[n]*x^*[-n]$	$\lvert X(e^{j2\pi f})\rvert^2$
相乘	$x[n]y[n]$	$\int_{-1/2}^{1/2} X(e^{j2\pi\theta})Y(e^{j2\pi(f-\theta)})d\theta$
乘以 n	$nx[n]$	$\frac{1}{-j2\pi}\frac{d}{df}X(e^{j2\pi f})$
求和	$\sum_{n=-\infty}^{\infty} x[n]$	$X(e^{j2\pi 0})$
原点的值	$x[0]$	$\int_{-1/2}^{1/2} X(e^{j2\pi f})df$
调制(1)	$x[n]e^{j2\pi f_0 n}$	$X(e^{j2\pi(f-f_0)})$
调制(2)	$x[n]\cos(2\pi f_0 n)$	$\frac{1}{2}[X(e^{j2\pi(f-f_0)})+X(e^{j2\pi(f+f_0)})]$
调制(3)	$x[n]\sin(2\pi f_0 n)$	$\frac{1}{j2}[X(e^{j2\pi(f-f_0)})-X(e^{j2\pi(f+f_0)})]$
帕塞瓦尔定理	$\sum_{n=-\infty}^{\infty}\lvert x[n]\rvert^2=\int_{-1/2}^{1/2}\lvert X(e^{j2\pi f})\rvert^2 df$	

表 3.4 离散时间傅里叶变换对

函数名	序列	傅里叶变换
冲激	$\delta[n]$	1
	$\delta[n-n_0]$	$e^{-j2\pi n_0 f}$
直流	$1(-\infty<n<\infty)$	$\sum_{k=-\infty}^{\infty}\delta(f-k)$
复指数	$e^{j2\pi f_0 n}$	$\sum_{k=-\infty}^{\infty}\delta(f-f_0-k)$
余弦	$\cos(2\pi f_0 n+\theta)$	$\sum_{k=-\infty}^{\infty}\frac{1}{2}[e^{j\theta}\delta(f-f_0-k)+e^{-j\theta}\delta(f+f_0-k)]$
正弦	$\sin(2\pi f_0 n+\theta)$	$\sum_{k=-\infty}^{\infty}\frac{1}{2j}[e^{j\theta}\delta(f-f_0-k)-e^{-j\theta}\delta(f+f_0-k)]$
单位阶跃	$u[n]$	$\frac{1}{1-e^{-j2\pi f}}+\frac{1}{2}\sum_{k=-\infty}^{\infty}\delta(f-k)$
	$a^n u[n]$	$\frac{1}{1-ae^{-j2\pi f}}$
	$(n+1)a^n u[n]$	$\frac{1}{(1-a e^{-j2\pi f})^2}$
矩形脉冲	$\mathrm{rect}\left(\frac{n}{M}\right)=\begin{cases}1, & \lvert n\rvert\leqslant M\\ 0, & \lvert n\rvert>M\end{cases}$	$\frac{\sin\left(2\pi\left(n+\frac{1}{2}\right)f\right)}{\sin(\pi f)}$
sinc	$2f_c\mathrm{sinc}(2f_c n)$	$\sum_{k=-\infty}^{\infty}\mathrm{rect}\left(\frac{f-k}{2f_c}\right)$
	$\frac{r^n\sin[2\pi f_p(n+1)]}{\sin(2\pi f_p)}\quad \lvert f_p\rvert<1$	$\frac{1}{1-2r\cos(2\pi f_p)e^{-j2\pi f}+r^2e^{-j4\pi f}}$

例 3.5 截止频率为 f_c 的理想低通滤波器的频率响应为

$$h(e^{j2\pi f})=\begin{cases}1 & \lvert f\rvert<f_c\\ 0 & f_c<f\leqslant 1/2\end{cases} \tag{3.32}$$

求其离散时间冲激响应

解：利用式(3.31)，得

$$h[n]=\int_{-1/2}^{1/2} h(e^{j2\pi f})\, e^{j2\pi fn}\,df \tag{3.33}$$

$$=\int_{-f_c}^{f_c} e^{j2\pi fn}\,df \tag{3.34}$$

$$=\left[\frac{1}{j2\pi n}e^{j2\pi fn}\right]_{-f_c}^{f_c} \tag{3.35}$$

$$=\frac{\sin(2\pi f_c n)}{\pi n} \tag{3.36}$$

注意，因为当 $n<0$ 时 $h[n]$ 不为零，所以此滤波器是非因果的。◀

例 3.6 计算 $x[n]\cos(2\pi f_1 n)\cos(2\pi f_2 n)$ 的 DTFT，其中 f_1 和 f_2 是常量。

解：利用表 3.3 中的性质，可得

$$\mathcal{F}\{x[n]\cos(2\pi f_1 n)\cos(2\pi f_2 n)\}$$
$$=\frac{1}{2}[\mathcal{F}\{x[n]\cos(2\pi f_1 n)\}(e^{j2\pi(f-f_2)})+\mathcal{F}\{x[n]\cos(2\pi f_1 n)\}(e^{j2\pi(f+f_2)})] \tag{3.37}$$

和

$$\mathcal{F}\{x[n]\cos(2\pi f_1 n)\}(e^{j2\pi(f\pm f_2)})=\frac{1}{2}[x(e^{j2\pi(f\pm f_2-f_1)})+x(e^{j2\pi(f\pm f_2+f_1)})] \tag{3.38}$$

因此

$$\mathcal{F}\{x[n]\cos(2\pi f_1 n)\cos(2\pi f_2 n)\}$$
$$=\frac{1}{4}[x(e^{j2\pi(f-f_2-f_1)})+x(e^{j2\pi(f-f_2+f_1)})+x(e^{j2\pi(f+f_2-f_1)})+x(e^{j2\pi(f+f_2+f_1)})] \tag{3.39}$$

◀

例 3.7 计算 $x(e^{j2\pi(f-f_1)})(1-e^{j2\pi(f-f_1)})+x(e^{j2\pi(f+f_1)})(1+je^{j2\pi(f+f_1)})$ 的反 DTFT，其中 f_1 是常量。

解：利用表 3.3，可得

$$\mathcal{F}^{-1}\{x(e^{j2\pi(f-f_1)})+x(e^{j2\pi(f+f_1)})\}=2x[n]\cos(2\pi f_1 n) \tag{3.40}$$

以此可以推得

$$\mathcal{F}^{-1}\{-jx(e^{j2\pi(f-f_1)})\,e^{j2\pi(f-f_1)}+jx(e^{j2\pi(f+f_1)})\,e^{j2\pi(f+f_1)}\}$$
$$=2\,\mathcal{F}^{-1}\{x(e^{j2\pi f})\,e^{j2\pi f}\}\sin(2\pi f_1 n) \tag{3.41}$$
$$=2x[n+1]\sin(2\pi f_1 n) \tag{3.42}$$

因此，最终结果为 $x[n]\cos(2\pi f_1 n)+2x[n+1]\sin(2\pi f_1 n)$。◀

DTFT 能够对离散信号进行可靠的理论分析。不幸的是，由于存在连续频率变量，实时系统很难采用。一个替代选项就是离散傅里叶变换（Discrete Fourier Transform, DFT），特别是当信号长度是 2 的幂（或者某些其他情形）时，还可采用 DFT 的简易实现版本——快速傅里叶变换（Fast Fourier Transform, FFT）。以无线信号处理的视角来看，DFT 无疑是所有变换中最有用的类型。它是使得 SC-FDE 和 OFDM 的低复杂度均衡策略成行的关键，这将在第 5 章深入讨论。

DFT 仅适用于有限长度的信号；DTFT 则是有限长度和无限长度的信号均可。DFT 的解析和综合式为

$$\text{解析式}\quad x[k]=\sum_{n=0}^{N-1}x[n]\,e^{-j\frac{2\pi}{N}kn}\quad k=0,1,\cdots,N-1 \tag{3.43}$$

$$综合式 \quad x[n]=\frac{1}{N}\sum_{k=0}^{N-1}X[k]\,\mathrm{e}^{-\mathrm{j}\frac{2\pi}{N}kn} \quad n=0,1,\cdots,N-1 \tag{3.44}$$

注意离散时间和离散频率的出现。DFT 的方程式通常写成另外一种替代形式，此时需要令$W_N=\exp(-\mathrm{j}2\pi/N)$。

表 3.5 列出了 DFT 的相关性质，相对 DTFT 而言存在细微差别。特别是时移和频移都以模 N 的形式给出，记作$(\cdot)_N$。这保证自变量落入 0，1，…，$N-1$，例如，$(5)_4=1$和$(-1)_4=3$。图 3.2 演示如何计算 $N=5$ 时有限长度信号 $x[n]$的循环移位(circular shift) $x[((n+2))_5]$。模 N 的循环移位可由图 3.2a 中 $x[n]$的线性移位版本计算得出，只需将线性移位信号中位于负索引位置上的两个采样值移动到信号的另一端，如图 3.2b 所示。也可以由原始有限长度信号构造一个周期为 N 的信号$\tilde{x}[n]$，然后提取$\tilde{x}[n-2]$的第一组 N 个采样值，如图 3.2c 所示。循环移位 $x[((n+2))_5]$的结果如图 3.2d 所示。

表 3.5 离散傅里叶变换关系

有限长度序列(长度为 N)	N 点 DFT(长度为 N)
$x[n]$	$X[k]$
$x_1[n]$，$x_2[n]$	$X_1[k]$，$X_2[k]$
$ax_1[n]+bx_2[n]$	$aX_1[k]+bX_2[k]$
$x[n]$	$Nx[((-k))_N]$
$x[((n-m))_N]$	$W_N^{km}X[k]$
$W_N^{-\ell n}x[n]$	$X[((k-\ell))_N]$
$\sum_{m=0}^{N-1}x_1[m]\,x_2[((n-m))_N]$	$X_1[k]X_2[k]$
$x_1[n]x_2[n]$	$\frac{1}{N}\sum_{l=0}^{N-1}X_1[\ell]\,X_2[((k-\ell))_N]$
$x^*[n]$	$X^*[((-k))_N]$
$x^*[((-n))_N]$	$X^*[k]$
$\mathrm{Re}\{x[n]\}$	$X_{\mathrm{ep}}[k]=\frac{1}{2}\{X[((k))_N]+X^*[((-k))_N]\}$
$\mathrm{jIm}\{x[n]\}$	$X_{\mathrm{op}}[k]=\frac{1}{2}\{X[((k))_N]-X^*[((-k))_N]\}$
$x_{\mathrm{ep}}[k]=\frac{1}{2}\{x[n]+x^*[((-n))_N]\}$	$\mathrm{Re}\{X[k]\}$
$x_{\mathrm{op}}[k]=\frac{1}{2}\{x[n]-x^*[((-n))_N]\}$	$\mathrm{jIm}\{X[k]\}$
†$x[n]$为实序列	
对称性质	$\begin{cases}X[k]=X^*[((-k))_N]\\ \mathrm{Re}\{X[k]\}=\mathrm{Re}\{X[((-k))_N]\}\\ \mathrm{Im}\{X[k]\}=-\mathrm{Im}\{X[((-k))_N]\}\\ \lvert X[k]\rvert=\lvert X[((-k))_N]\rvert\\ \angle X[k]=-\angle X[((-k))_N]\end{cases}$
$x_{\mathrm{ep}}[k]=\frac{1}{2}\{x[n]+x[((-n))_N]\}$	$\mathrm{Re}\{X[k]\}$
$x_{\mathrm{op}}[k]=\frac{1}{2}\{x[n]-x[((-n))_N]\}$	$\mathrm{jIm}\{X[k]\}$

模移位展现出的移位特性如同频域相乘与时域卷积之间的对偶性。特别是要用到一种新的卷积类型，称为循环卷积(circular convolution)，记作$\circledast$，利用模 N 移位来计算卷积和：

$$x_1[n]\circledast x_2[n]=\sum_{m=0}^{N-1}x_1[m]\,x_2[((n-m))_N] \tag{3.45}$$

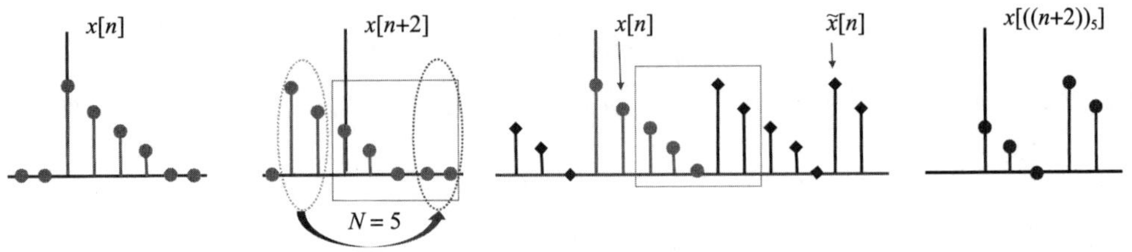

a）有限长度信号　b）循环移位可由$x[n]$的线性移位计算得出　c）循环移位也可由有限长度信号的周期版本计算得出　d）$N=5$时$x[n]$的循环移位版本

图　3.2

如表3.5所示，两个有限长度信号的循环卷积的DFT是这两个信号各自DFT的乘积。线性卷积和循环卷积是不同的运算，但是，由于某些情形下两种运算是等价的，DFT因而可用于高效地计算线性卷积。这样一来，如果长度为N_1的$x_1[n]$和长度为N_2的$x_2[n]$用零填充，使得长度至少为N_1+N_2-1，则$x_1[n]$和$x_2[n]$的线性卷积可由乘积$x_1[k]x_2[k]$的反DFT计算得出。关于DFT和循环卷积的详细内容，请参考文献[248]。正如第5章解释的那样，循环卷积在SC-FDE和OFDM开发中扮演着重要角色。

接下来是演示DFT计算的几个例子。例3.8是基础DFT计算示例。例3.9给出循环卷积示例。例3.10演示如何通过将输入信号构建成矢量以及定义一个DFT矩阵来应用DFT。例3.11～例3.14给出DFT计算示例。

例3.8　计算{1，－1，1}的DFT

解：

$$X[0]=\sum_{n=0}^{2}x[n]\,\mathrm{e}^{-\mathrm{j}2\pi n0/3}=\sum_{n=0}^{2}x[n]=1+-1+1=1 \tag{3.46}$$

$$X[1]=\sum_{n=0}^{2}x[n]\,\mathrm{e}^{-\mathrm{j}2\pi n1/3}=\mathrm{e}^{-\mathrm{j}2\pi\cdot0\cdot1/3}+-\mathrm{e}^{-\mathrm{j}2\pi\cdot1\cdot1/3}+\mathrm{e}^{-\mathrm{j}2\pi\cdot2\cdot1/3}=1+\mathrm{j}\sqrt{3} \tag{3.47}$$

$$X[2]=\sum_{n=0}^{2}x[n]\,\mathrm{e}^{-\mathrm{j}2\pi n2/3}=\mathrm{e}^{-\mathrm{j}2\pi\cdot0\cdot2/3}+-\mathrm{e}^{-\mathrm{j}2\pi\cdot1\cdot2/3}+\mathrm{e}^{-\mathrm{j}2\pi\cdot2\cdot2/3}=1-\mathrm{j}\sqrt{3} \tag{3.48}$$

◀

例3.9　计算序列{1，－1，2}和{0，1，2}的循环卷积

解：

$$y[n]=\sum_{\ell=0}^{2}x[\ell]h[(n-\ell)_3] \tag{3.49}$$

$$y[0]=\sum x[\ell]h[(0-\ell)_3]=x[0]h[0]+x[1]h[2]+x[2]h[1]=0 \tag{3.50}$$

$$y[1]=\sum x[\ell]h[(1-\ell)_3]=x[0]h[1]+x[1]h[0]+x[2]h[2]=5 \tag{3.51}$$

$$y[2]=\sum x[\ell]h[(2-\ell)_3]=x[0]h[2]+x[1]h[1]+x[2]h[0]=1 \tag{3.52}$$

$$y[n]=\{0,5,1\} \tag{3.53}$$

◀

例3.10　将N长序列的DFT解析式写成矩阵的形式有一定用途。在本例中，首先令序列长度取通用值N，然后计算$N=4$时的DFT矩阵(即将时域矢量变换为频域矢量)。

解：通用形式

$$\begin{bmatrix} x[0] \\ x[1] \\ \vdots \\ x[N-1] \end{bmatrix} = \begin{bmatrix} 1 & 1 & \cdots & 1 \\ 1 & e^{-j\frac{2\pi}{N}} & \cdots & e^{-j\frac{2\pi}{N}(N-1)} \\ \vdots & \vdots & \ddots & \vdots \\ 1 & e^{-j\frac{2\pi}{N}(N-1)} & \cdots & e^{-j\frac{2\pi}{N}(N-1)^2} \end{bmatrix} \begin{bmatrix} x[0] \\ x[1] \\ \vdots \\ x[N-1] \end{bmatrix} \tag{3.54}$$

当 $N=4$ 时，$e^{-j\frac{\pi}{2}}=-j$，则 DFT 矩阵 D 为

$$D = \begin{bmatrix} 1 & 1 & 1 & 1 \\ 1 & -j & (-j)^2 & (-j)^3 \\ 1 & (-j)^2 & (-j)^4 & (-j)^6 \\ 1 & (-j)^3 & (-j)^6 & (-j)^9 \end{bmatrix} = \begin{bmatrix} 1 & 1 & 1 & 1 \\ 1 & -j & -1 & j \\ 1 & -1 & 1 & -1 \\ 1 & j & -1 & -j \end{bmatrix} \tag{3.55}$$

◀

例 3.11 求 $\mathrm{DFT}\{\mathrm{DFT}\{\mathrm{DFT}\{\mathrm{DFT}\{x[n]\}\}\}\}$。

解： 利用 DFT 的互易性质：$x[n]\leftrightarrow X[k]\Leftrightarrow X[n]\leftrightarrow Nx[(-k)_N]$。因此有

$$\mathrm{DFT}\{x[n]\} = X[k] \tag{3.56}$$

$$\mathrm{DFT}\{\mathrm{DFT}\{x[n]\}\} = \mathrm{DFT}\{X[k]\} = Nx[(-k)_N] \tag{3.57}$$

$$\mathrm{DFT}\{\mathrm{DFT}\{\mathrm{DFT}\{x[n]\}\}\} = \mathrm{DFT}\{Nx[(-k)_N]\} = NX[(-k)_N] \tag{3.58}$$

$$\mathrm{DFT}\{\mathrm{DFT}\{\mathrm{DFT}\{\mathrm{DFT}\{x[n]\}\}\}\} = \mathrm{DFT}\{NX[(-k)_N]\} \tag{3.59}$$

$$= N^2 x[k] \tag{3.60}$$

◀

例 3.12 设 N 为偶数，计算

$$x[n] = \begin{cases} 1 & n\text{ 为偶数} \\ 0 & n\text{ 为奇数} \end{cases} \tag{3.61}$$

的 DFT。

解：

$$x[k] = \sum_{n=0}^{N/2-1} e^{-j\frac{2\pi}{N}2kn} \tag{3.62}$$

如果 $k=0$ 或者 $k=N/2$，则 $e^{-j\frac{2\pi}{N}2kn}=1$，因此 $x[k=0]=x[k=N/2]=\frac{N}{2}$。如果 $k\neq 0$ 且 $k\neq N/2$，则有

$$\sum_{n=0}^{N/2-1} e^{-j\frac{2\pi}{N}2kn} = \frac{1-e^{-j2\pi k}}{1-e^{j\frac{4\pi}{N}k}} = 0 \tag{3.63}$$

因此

$$x[k] = \frac{N}{2}(\delta[k]+\delta[k-N/2]) \tag{3.64}$$

◀

例 3.13 设 N 为偶数，计算

$$x[n] = \begin{cases} 1 & 0\leqslant n\leqslant N/2-1 \\ 0 & N/2\leqslant n\leqslant N-1 \end{cases} \tag{3.65}$$

解： 根据定义

$$x[k] = \sum_{n=0}^{N/2-1} e^{-j\frac{2\pi}{N}kn} \tag{3.66}$$

显然有 $x[k=0]=\frac{N}{2}$。对于 $k\neq 0$，

$$x[k]=\frac{1-e^{-jk\pi}}{1-e^{-j\frac{2\pi}{N}k}}=\frac{e^{-j\frac{k\pi}{2}}(e^{j\frac{k\pi}{2}}-e^{-j\frac{k\pi}{2}})}{e^{-j\frac{k\pi}{N}}(e^{j\frac{k\pi}{N}}-e^{-j\frac{k\pi}{N}})} \tag{3.67}$$

$$=e^{-j\frac{k\pi}{N}(N/2-1)}\frac{\sin\left(\frac{k\pi}{2}\right)}{\sin\left(\frac{k\pi}{N}\right)} \tag{3.68}$$

若 k 为偶数，$\sin\left(\frac{k\pi}{2}\right)=0$；若 k 为奇数，$\sin\left(\frac{k\pi}{2}\right)=\frac{1}{j}e^{j\frac{k\pi}{2}}=(j)^{k-1}=(-1)^{(k-1)/2}$，因此有

$$x[k]=\begin{cases}N/2 & k=0\\ e^{-j\left(\frac{k\pi}{N}\right)(N/2-1)}\dfrac{(-1)^{(k-1)/2}}{\sin\left(\frac{k\pi}{N}\right)} & k\text{ 为奇数}\\ 0 & k\text{ 为偶数}\end{cases} \tag{3.69}$$

◀

例 3.14 直接应用解析式，计算 N 长序列 $x[n]=a^n$ 的 DFT。

解： 直接带入解析式，有

$$x[k]=\sum_{n=0}^{N-1}a^n e^{-j\frac{2\pi}{N}kn} \tag{3.70}$$

$$=\frac{1-a^N}{1-e^{-j\frac{2\pi}{N}ka}} \tag{3.71}$$

◀

有了傅里叶变换，接下来就可以谈谈信号带宽的概念了。

3.1.4 信号带宽

无线通信系统中发送的连续时间信号通常是理想带限的。这是为了达到期望的频带利用率（用尽可能少的带宽发送尽可能多的数据），也是管理频谱分配的方式。信号 $x(t)$ 的带宽的传统定义是指其频谱 $x(f)$ 不为零的部分，这称为绝对带宽（absolute bandwidth）。不幸的是，工程配置中的信号都是持续时间有限的，按照上述严格定义，信号带宽肯定是无穷的，正如例 3.15 展示的那样。因此，需要利用其他规定来定义一个可操作的带宽概念（把信号带宽的近似值当作绝对带宽对待）。

例 3.15 说明持续时间有限的信号通常不是带限信号。

解： 令 $x(t)$ 表示某个信号。利用矩形函数对此信号进行加窗，形成 $x_T(t)=\mathrm{rect}(t/T)x(t)$，从而观察区间为 $[-T/2, T/2]$ 的信号快照。“加窗”一词表明观察的仅仅是持续时间无限的信号的某一段。由表 3.1 中的相乘性质，可得

$$x_T(f)=x(f)*T\mathrm{sinc}(fT) \tag{3.72}$$

由于 $\mathrm{sinc}(fT)$ 是无限持续的函数，所以，对于一般的 $x(f)$，卷积的结果也是无限持续的函数。 ◀

信号的带宽可以根据能量谱密度（Energy Spectral Density，ESD）或者功率谱密度（Power Spectral Density，PSD）定义。对于非周期的确知信号，ESD 只是简单地将信号的傅里叶变换（假设变换存在）的幅度平方。例如，$x(t)$ 的 ESD 即为 $|x(f)|^2$，而 $x[n]$ 的 ESD 即为 $|x(e^{j2\pi f})|^2$。对于周期为 T_0 的周期信号，其功率谱定义为

$$S_x(f)=\sum_{n=-\infty}^{\infty}|x[n]|^2\delta(f-nf_0) \tag{3.73}$$

其中，$x[n]$ 是 $x(t)$ 的 CTFS，$f_0 = \dfrac{1}{T_0}$。对于 3.2 节将要讨论的广义平稳（Wide-Sense Stationary，WSS）随机过程，其 PSD 是自相关函数的傅里叶变换。接下来，在假定 PSD 给定的条件下，定义几种计算带宽的方法（相似的计算也可用于 ESD）。

半功率带宽　半功率带宽（half-power bandwidth），又称 3dB 带宽，定义为功率谱取值至少是功率谱最大值的 50% 的频率覆盖范围，即

$$B = f_{3dB}^{(h)} - f_{3dB}^{(\ell)} \tag{3.74}$$

其中，$f_{3dB}^{(h)}$ 和 $f_{3dB}^{(\ell)}$ 如图 3.3 所示。

a）基带信号

b）频带信号

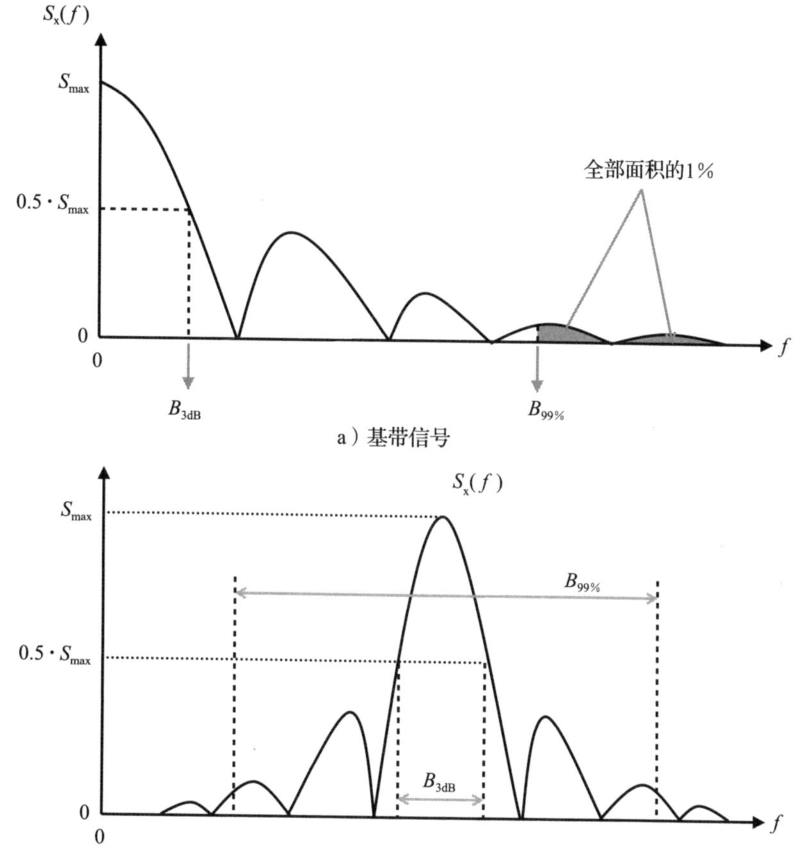

图 3.3　基带信号和频带信号定义带宽的不同方式

XdB 带宽　XdB 带宽定义为经历 XdB 衰减的最大频率与最小频率之差。与半功率带宽类似，XdB 带宽可以表示为：

$$B = f_{XdB}^{(h)} - f_{XdB}^{(\ell)} \tag{3.75}$$

其中，$f_{XdB}^{(h)}$ 和 $f_{XdB}^{(\ell)}$ 的定义与 $f_{3dB}^{(h)}$ 和 $f_{3dB}^{(\ell)}$ 如出一辙。

等效噪声带宽　等效噪声带宽（noise equivalent bandwidth）定义为

$$B = \frac{1}{P_x(f_c)} \int_f P_x(f) \, \mathrm{d}f \tag{3.76}$$

部分功率保留带宽　最有用的带宽概念之一就是部分功率保留带宽（fractional power containment bandwidth），经常为 FCC 所采用。部分保留带宽定义为

$$\int_0^{B/2} P_x(f) \, \mathrm{d}f = \alpha \int_{-\infty}^{\infty} P_x(f) \, \mathrm{d}f \tag{3.77}$$

其中，α 是保留比例。例如，如果 $\alpha=0.99$，则带宽 B 定义为保留了 99%信号功率的带宽。

带宽取决于信号是基带信号还是频带信号。对于基带信号，其能量对应频率成分位于原点附近，信号以直流发送，基于单边谱(single-sided spectrum)来度量信号带宽；而对于频带信号，其能量对应频率成分位于 $f=\pm f_c$附近的频带内，其中f_c为载频，且$f_c\gg 0$。频带信号的频谱以载频为中心，且由于是实信号，在$-f_c$处还存在镜像，但不具有延伸至直流的频率分量。频带信号同样拥有带宽的概念，但需要在载频附近进行测量，如图 3.3 所示。之前谈及的诸多带宽定义都可以自然而然地扩展到频带情形。基带信号和频带信号可以利用上变频和下变频相互转换，这将在 3.3.1 节和 3.3.2 节讨论。

例 3.16 考虑如图 3.4 所示简化的 PSD，计算半功率带宽、等效噪声带宽以及 $\alpha=0.9$ 的部分功率保留带宽。

解： 由图 3.4 可得，$f_{3\text{dB}}^{(\ell)}=f_c-1.5\text{MHz}$ 和 $f_{3\text{dB}}^{(h)}=f_c+1.5\text{MHz}$，因此有

$$B_{3\text{dB}}=(f_c+1.5)-(f_c-1.5)=3\text{MHz} \tag{3.78}$$

由图 3.4 可知$P_x(f_c)=1$，而且积分可由梯形的面积计算得出，则有

$$B_{\text{等效噪声}}=\frac{1}{P(f_c)}\int_f P(f)\mathrm{d}f=3\text{MHz} \tag{3.79}$$

PSD 的全部面积为 3，且 $\alpha=0.9$，所以f_c的两侧需要忽略总共 0.3 的面积，即每侧 0.15，则左侧的对应点为$f_c-2+\sqrt{0.3}$。因此有

$$B_{\text{部分}}=(f_c+2-\sqrt{0.3})-(f_c-2+\sqrt{0.3})=2.90\text{MHz} \tag{3.80}$$

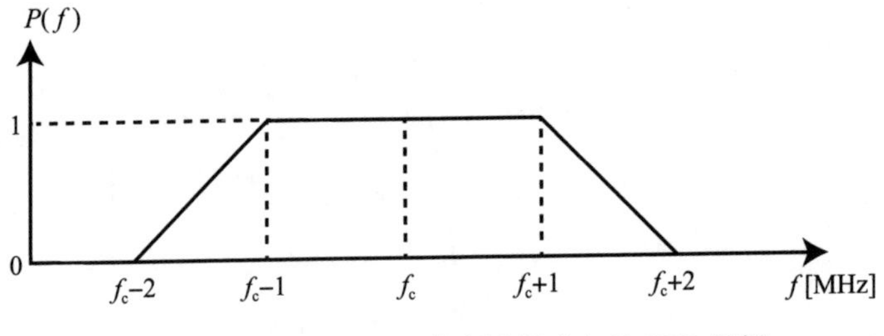

图 3.4　为例 3.16 中的带宽计算准备的 PSD 样例 ◀

3.1.5　采样

数字通信和 DSP 的基础联系是通过采样定理建立起来的。这来自以下事实：通信系统是带限的，甚至超宽带系统也是带限的，只不过带宽很大而已。带限性质意味着发送信号是带限的。因此，发射机生成的肯定是带限信号。由于信道被看作是 LTI 的，而 LTI 系统不会扩展输入信号的带宽，则接收信号也可视为带限的。这意味着接收机只能处理位于感兴趣的带宽中的信号。

作为带限性质的一个结果，由奈奎斯特定理建立起来的带限信号及其周期采样之间的对等关系就有了用武之地。其中的精髓部分就是下面要讲述的内容(改写自文献[248])。

奈奎斯特采样定理　令 $x(t)$表示某采样信号，即当 $f\geqslant f_N$时 $X(f)=0$。如果采样频率满足

$$f_s=\frac{1}{T}\geqslant 2f_N \tag{3.81}$$

则 $x(t)$ 可由其采样 $\{x[n]=x(nT)\}_{n=-\infty}^{\infty}$ 唯一确定。其中，f_N 称为奈奎斯特频率(Nyquist frequency)，而 $2f_N$ 通常称为奈奎斯特速率(Nyquist rate)。此外，信号 $x(t)$ 可由其采样依照重建方程

$$x(t)=\sum_{n=-\infty}^{\infty}x[n]\mathrm{sinc}\left(\frac{t-nT}{T}\right) \tag{3.82}$$

而重建。

奈奎斯特定理表明，只要采样周期 T 的选择足够小，带限信号就可以由其采样无损地表示。此外，奈奎斯特还演示了如何恰当地由信号 $x(t)$ 的采样表征重建自身。

图 3.5 提供了关于采样的说明。连续信号 $x(t)$ 在 T 的整数倍时刻的取值被用来构造离散时间信号 $x[n]$。

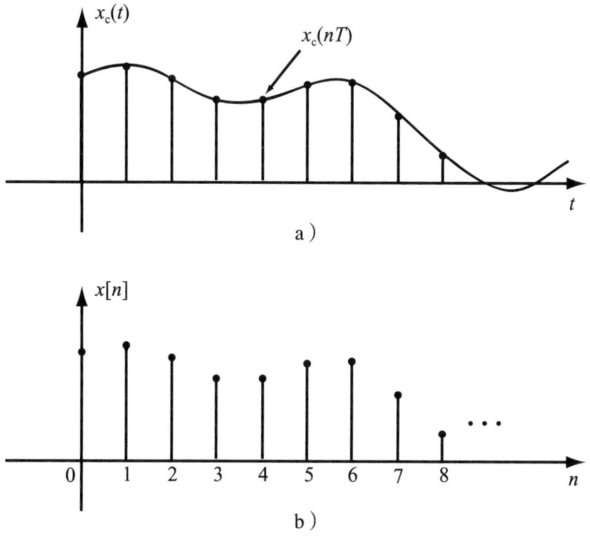

图 3.5　时域采样。a)中 $x(t)$ 的周期采样构成了 b)中离散时间信号 $x[n]$ 的取值

采用图 3.6 中的框图记号来表示 C/D(连续至离散)转换器，采用图 3.7 中的框图记号来表示 D/C(离散至连续)转换器，这一点是贯穿全书的。采样和重建过程都假定为理想状态。实际上，通常使用 ADC 完成 C/D 操作，使用 DAC 完成 D/C 操作。ADC 和 DAC 电路都有着实际的性能局限，会给信号引入额外的失真，进一步的细节请参阅文献[271]。

通过采样，$x[n]$ 和 $x(t)$ 的傅里叶变换建立以下关系：

$$X(e^{j2\pi f})=\frac{1}{T}\sum_{n=-\infty}^{\infty}X\left(\frac{f}{T}-\frac{n}{T}\right) \tag{3.83}$$

尽管此表达式看上去有些奇怪，不要忘了，离散时间傅里叶变换是 f 的周期函数，周期为 1。求和运算保留了周期性，结果就是有多个周期复制存在。

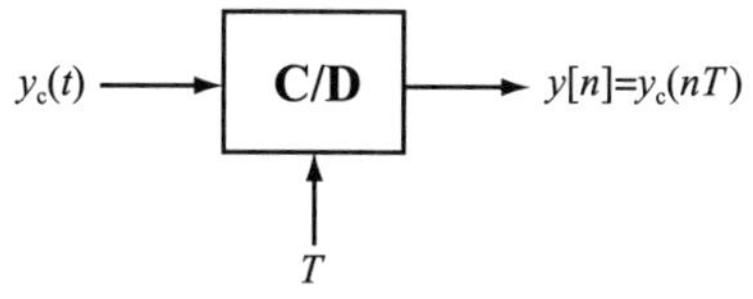

图 3.6　使用连续至离散时间转换器的采样

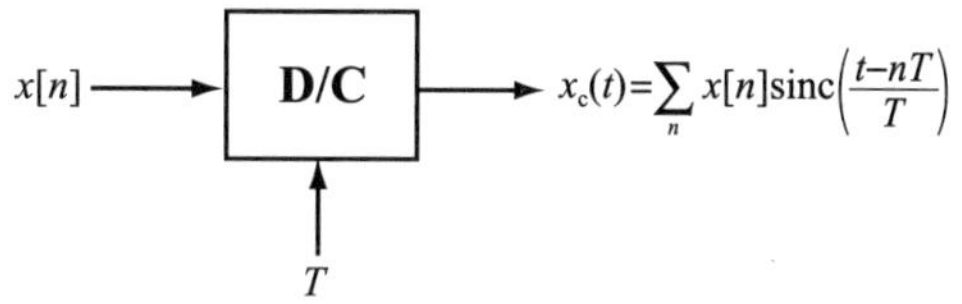

图 3.7　使用离散至连续时间转换器生成带限信号

如果在进行采样操作时不够小心，则得到的接收信号就会失真。例如，假设 $x(t)$是最高频率为f_N的带限信号，则当$|f|>f_N$时 $x(f)=0$。为了满足奈奎斯特定理的要求，须有 $T<1/2\ f_N$。对于 $f\in[-1/2, 1/2)$，应有 $f/T\in[-1/2T, 1/2T)$。由于$f_N<1/2T$，所以采样信号全部包含于 DTFT 的一个周期之内。式(3.83)中的诸多复制之间没有重叠发生。只对一个完整周期进行特写：

$$x(e^{j2\pi f}) = \frac{1}{T}x\left(\frac{f}{T}\right)$$

$$f\in[-1/2,1/2) \qquad (3.84)$$

结果，选择恰当的 T 对带限信号进行采样，就能将频谱完整地保留下来。如果没有选择足够小的 T，则根据式(3.83)，求和会发生混叠，式(3.84)也就不再成立。图 3.8 给出了频域的采样说明。例 3.17 和例 3.18 给出了采样示例。更多的细节请参考[248，第 4 章]。

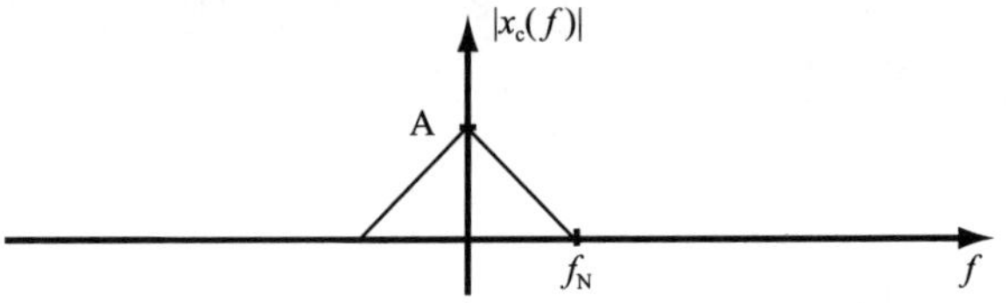

a）连续时间信号的幅度谱

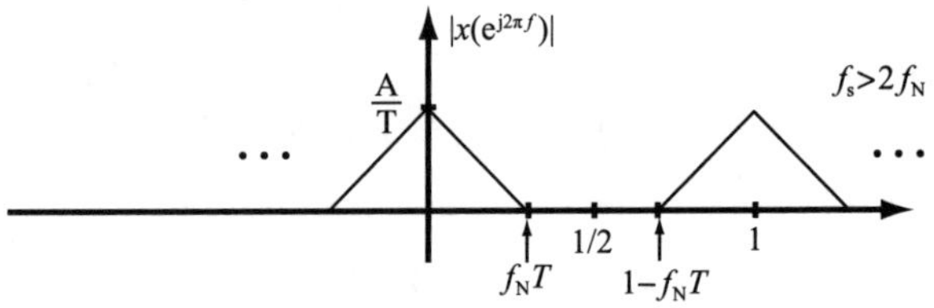

b）满足奈奎斯特准则时的相应离散时间信号幅度谱

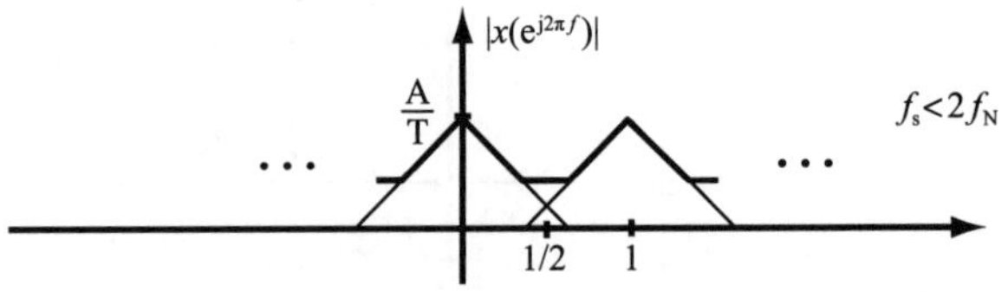

c）若不满足奈奎斯特准则，本例中即$f_s>f_N$且$f_s<2f_N$，相应的离散时间信号幅度谱

图 3-8　频域采样

例 3.17

- 若要构造带限信号

$$x(t)= 3\cos(2\pi\ 10^6 t+\pi/4)+\cos(6\pi\ 10^6 t+\pi/8) \qquad (3.85)$$

求 $x(t)$的奈奎斯特频率和奈奎斯特速率。

解：$x(t)$的奈奎斯特频率$f_N=3$MHz，因为这是 $x(t)$中的最高频率。$x(t)$的奈奎斯特速率是奈奎斯特频率的两倍，即$2f_N=6$MHz。

- 若要使用工作在 5 倍奈奎斯特速率的离散至连续转换器生成 $x(t)$，那么，作为离散至连续转换器的输入，$x[n]$应该是怎样的函数才能生成 $x(t)$？

解：此时，$T=1/(5\times3\text{MHz})=(1/15)\times10^{-6}$s，代入重建公式(3.82)，求得所需输入为：

$$x[n]= x(n(1/15)\times10^{-6}) \qquad (3.86)$$

$$= 3\cos(\pi n/15+\pi/4)+\cos(\pi n/5+\pi/8) \qquad (3.87)$$

- 假定以 4MHz 的采样频率对 $x(t)$进行采样。离散时间信号 $x[n]=x(nT)$的最高频率是多少？

解：此时，$T=1/(4\text{MHz})=0.25\times10^{-6}$s，代入式(3.82)可得，

$$x[n]= x(n0.25\times10^{-6}) \qquad (3.88)$$

$$= 3\cos(2\pi n/4+\pi/4)+\cos(2\pi n3/4+\pi/8) \qquad (3.89)$$

$[-1/2, 1/2)$中的最高频率为 1/4。◀

例 3.18 考虑信号

$$x(t) = 40^2\ \text{sinc}^2(40\pi t) \qquad (3.90)$$

若以频率$f_x=60$Hz 对 $x(t)$进行采样，生成离散时间序列 $a[n]=x(nT)$，该序列的傅里叶变换为 $A(e^{j2\pi f})$。求使得

$$A(e^{j2\pi f}) = \frac{1}{T}X\left(\frac{f}{T}\right) \quad |f| \leqslant f_0 \tag{3.91}$$

成立的 f_0 的最大值。其中 $X(f)$ 是 $x(t)$ 的傅里叶变换。

解：采样周期 $T=\frac{1}{f_s}$。由表 3.2 可知，$x(t)$ 的傅里叶变换为

$$X(f) = \frac{1}{40}\Lambda\left(\frac{f}{40}\right) \tag{3.92}$$

$x(t)$ 的最高频率，即奈奎斯特频率 $f_N=40\text{Hz}$，则奈奎斯特速率 $f_s=80\text{Hz}$，比 60Hz 的采样速率大。结果，在离散时间频率范围$[-1/2, 1/2)$中就会有混叠发生。

采样信号 $a[n]$ 的傅里叶变换为

$$A(e^{j2\pi f}) = \frac{1}{T}\sum_{n=-\infty}^{\infty} X\left(\frac{f}{T}-\frac{n}{T}\right) \tag{3.93}$$

$$= 60\sum_{n=-\infty}^{\infty} X(60f-60k) \tag{3.94}$$

为了求解本题，应当注意到，由于 $f_N<1/T<f_s$，重叠仅发生在相邻复制之间，这意味着在区间 $f\in[-1/2, 1/2)$以内，有

$$A(e^{j2\pi f}) = 60X(60f+60)+60X(60f)+60X(60f-60) \tag{3.95}$$

看看负频率，复制 $X(60f-60)$ 从 $f=(f_s-f_N)/f_s=(60-40)/60=1/3$ 延伸至$(f_s/2)/f_s=1/2$。所以，$f_0=1/3$，且有

$$A(e^{j2\pi f}) = 60X(60f) \quad |f| \leqslant 1/3 \tag{3.96}$$

◀

为了将采样操作形象化，研究代理信号 $x_s(t)=x(t)\frac{1}{T}\text{III}(t/T)$ 通常会有所帮助，其中 $\text{III}(t/T)=\sum_k\delta(t-k)$ 是单位周期的梳状函数。单位周期梳状函数满足 $\text{III}(f)=\mathcal{F}\{\text{III}(t)\}$，即时域和频域使用相同的函数。例 3.19 展示如何利用代理信号就采样过程中的混叠现象提供直观感受。

例 3.19 考虑某连续时间信号 $x(t)$，其傅里叶变换为 $X(f)$，如图 3.9 所示。为了方便描述，此处假设 $X(f)$ 是实函数。

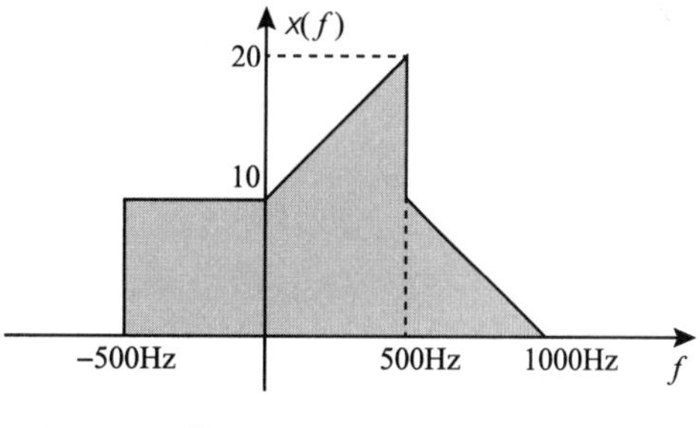

图 3.9　某信号的傅里叶变换。变换是实函数。参见例 3.19

- 对信号进行采样且能够完美重建，可采用的 T 的最大值是多少？

  解：由图 3.9 可知，最高频率为 1000Hz；因此，$T=1/2000$。

- 若以 $T=1/3000$ 进行采样，绘制 $X(f)$ 和 $X_s(f)$ 在区间 $-1/2T\sim1/2T$ 的图形，以及 $X(e^{j2\pi f})$ 在区间 $-1/2\sim1/2$ 的图形。

  解：计算傅里叶变换如下：

$$X_s(f)=\mathcal{F}\left\{x(t)\sum_k\delta(t-k)\right\}=X(f)*\frac{1}{T}\sum_n\delta\left(f-\frac{n}{T}\right)$$

$$=\sum_n\frac{1}{T}X\left(f-\frac{n}{T}\right) \tag{3.97}$$

  并绘制在图 3.10 中。

- 若以 $T=1/1500$ 进行采样，绘制 $X(f)$ 和 $X_s(f)$ 在区间 $-1/2T\sim1/2T$ 的图形，以及 $X(e^{j2\pi f})$ 在区间 $-1/2\sim1/2$ 的图形。

解： 变换绘制在图 3.11 中。

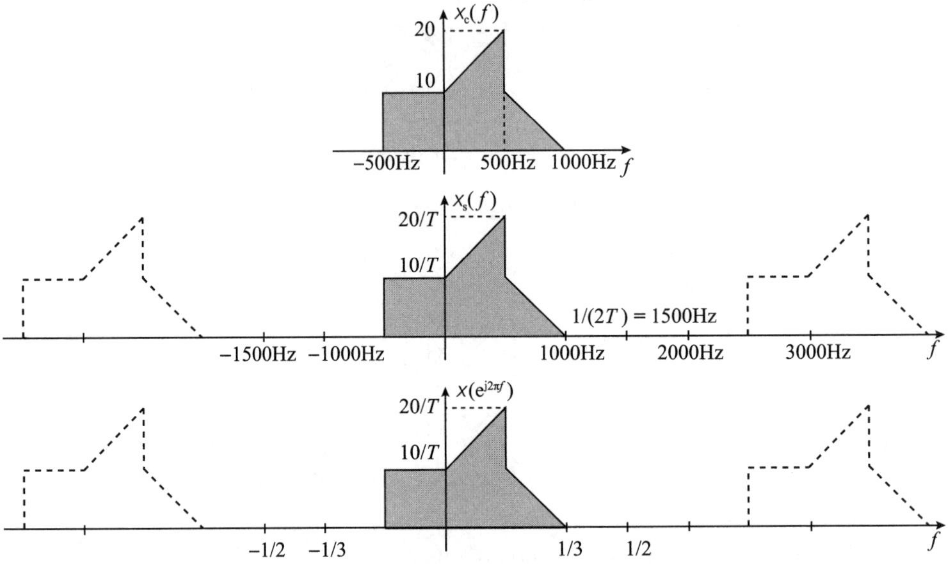

图 3.10　例 3.19 中，当 $T=1/3000$ 时，$X(f)$、$X_s(f)$和 $X(e^{j2\pi f})$的联系

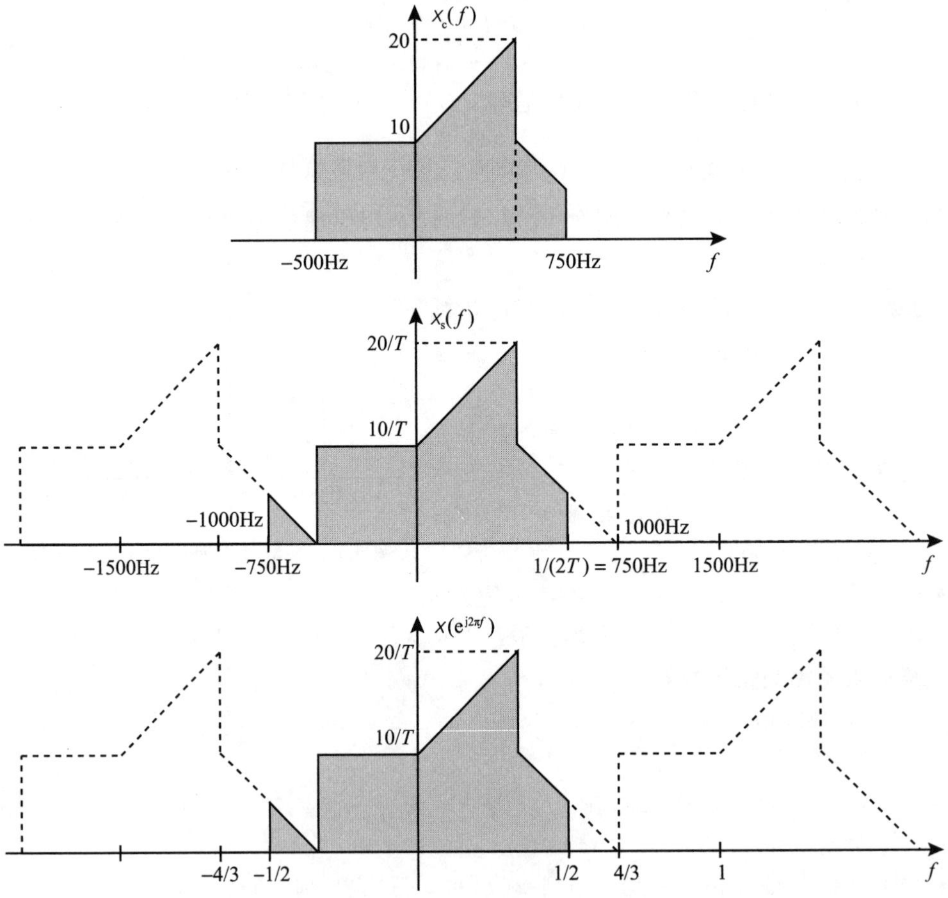

图 3.11　例 3.19 中，当 $T=1/1500$ 时，$X(f)$、$X_s(f)$和 $X(e^{j2\pi f})$的联系

- 写出 $X(f)$ 的方程式。

  解：由图 3.9 可知，$X(f)$ 是一个矩形脉冲和一个三角脉冲的叠加，即

$$X(f) = 10\left[\operatorname{rect}\left(\frac{f}{1000}\right) + \Lambda\left(\frac{f-500}{500}\right)\right] \tag{3.98}$$

- 给定 $X(f)$，利用傅里叶变换表和性质，求 $x(t)$。

  解：

$$x(t) = 10[1000\operatorname{sinc}(1000t) + 500\ \operatorname{sinc}^2(500t)\ \mathrm{e}^{\mathrm{j}2\pi 500t}] \tag{3.99}$$

- 当 $T=1/3000$ 时，求 $x[n]$。

  解：将 $T=1/3000$ 代入 $x[n]=x(nT)$，则有

$$x[n] = 5000\left[2\operatorname{sinc}\left(\frac{n}{3}\right) + \operatorname{sinc}^2\left(\frac{n}{6}\right)\ \mathrm{e}^{\mathrm{j}\frac{\pi}{3}n}\right] \tag{3.100}$$

- 当 $T=1/1500$ 时，求 $x[n]$。

  解：将 $T=1/1500$ 代入 $x[n]=x(nT)$，则有

$$x[n] = 5000\left[2\operatorname{sinc}\left(\frac{2n}{3}\right) + \operatorname{sinc}^2\left(\frac{n}{3}\right)\ \mathrm{e}^{\mathrm{j}\frac{2\pi}{3}n}\right] \tag{3.101}$$

◀

3.1.6　连续时间带限信号的离散时间处理

正如第 1 章解释的那样，数字信号处理是数字通信系统的苦力。本节给出与离散时间系统使用的连续时间滤波信号有关的一个重要结论。3.3.5 节将利用此观察结果为通信系统建立一个完全的离散时间模型。推导步骤汇总于图 3.12 中。

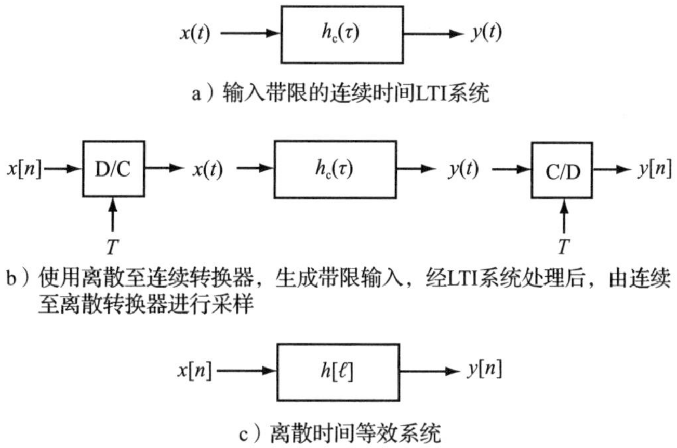

图　3.12

先来解释 LTI 系统对带限信号进行处理的结论。设 $x(t)$ 为带限信号，输入冲激响应为 $h_c(t)$ 的 LTI 系统，输出为 $y(t)$。注意，$h_c(t)$ 未必是带限的。由于复包络记法（参见 3.3.1 和 3.3.2 节）以及基带等效信道的概念（参见 3.3.3 节），输入、输出和系统通常是复数的。$x(t)$ 是带限信号的事实有三条重要的结论：

1. 利用一个运行在适当采样频率的离散至连续转换器，可以在离散时间生成信号 $x(t)$。

2. 由于 $X(f)$ 是带限的，且 $Y(f)=H_c(f)X(f)$，所以信号 $y(t)$ 也是带限的。因此，可以利用一个运行在适当采样频率的连续至离散转换器在离散时间对 $y(t)$ 进行处理。

3. 对于 $Y(f)$ 而言，信道 $H_c(f)$ 只有位于 $X(f)$ 带宽范围之内的部分才是重要的。

这些事实与其他采样结果相结合，可以得到采样输出、输入以及系统的采样滤波版本之间的关系。

假设 $x(t)$ 的带宽为 $f_N=B/2$，在此推导过程中，默认使用绝对带宽。选择采样周期 T 满足 $T<1/B$。定义信道位于 $x(t)$ 带宽范围之内的部分为：

$$h_{low}(f) = \text{rect}(f/B)\, h_c(f) \tag{3.102}$$

其中，$\text{rect}(f/B)$ 是带宽为 $B/2$ 的理想低通滤波器。利用表 3.2，在时域有

$$h_{low}(t) = B\int_{-\infty}^{\infty} \text{sinc}(\tau B)\, h_c(t-\tau)\text{d}\tau \tag{3.103}$$

有了上述定义，因为 $x(t)$ 和 $y(t)$ 都是带宽为 $B/2$ 的带限信号，所以有

$$\mathsf{y}(f) = h_{low}(f)\mathsf{x}(f) \tag{3.104}$$

滤波冲激响应 $h_{low}(t)$ 只包含系统中与 $x(t)$ 和 $y(t)$ 相关的那部分。

现在考虑 $y[n]$ 的频谱。参考式(3.84)，得

$$\mathsf{y}(e^{j2\pi f}) = \frac{1}{T}\mathsf{y}\left(\frac{f}{T}\right) \quad f\in[-1/2,1/2) \tag{3.105}$$

$$= \frac{1}{T}\mathsf{h}_{low}\left(\frac{f}{T}\right)\mathsf{x}\left(\frac{f}{T}\right) \quad f\in[-1/2,1/2) \tag{3.106}$$

将式(3.84)中的 $\mathsf{x}(e^{j2\pi f})$ 代入，可得

$$\mathsf{y}(e^{j2\pi f}) = \mathsf{h}_{low}\left(\frac{f}{T}\right)\mathsf{x}(e^{j2\pi f}) \quad f\in[-1/2,1/2) \tag{3.107}$$

$$= \frac{1}{T}T\,\mathsf{h}_{low}\left(\frac{f}{T}\right)\mathsf{x}(e^{j2\pi f}) \quad f\in[-1/2,1/2) \tag{3.108}$$

现在假定

$$\mathsf{h}(f) = T\,\mathsf{h}_{low}(f) \tag{3.109}$$

则有

$$\mathsf{y}(e^{j2\pi f}) = \frac{1}{T}\mathsf{h}\left(\frac{f}{T}\right)\mathsf{x}(e^{j2\pi f}) \quad f\in[-1/2,1/2) \tag{3.110}$$

再次利用式(3.84)，有

$$\mathsf{y}(e^{j2\pi f}) = \mathsf{h}(e^{j2\pi f})\mathsf{x}(e^{j2\pi f}) \quad f\in[-1/2,1/2) \tag{3.111}$$

因此可知，由 $x[n]$ 生成 $y[n]$ 的离散时间系统为

$$h[n] = T\,h_{low}(nT) \tag{3.112}$$

$$= TB\int \text{sinc}(\tau B)\, h_c(nT-\tau)\text{d}\tau \tag{3.113}$$

$$= \int \text{sinc}(\tau B)\, h_c(nT-\tau)\text{d}\tau \tag{3.114}$$

离散时间等效 $h[n]$ 是原始的冲激响应 $h(t)$ 的平滑和采样版本，称 $h[n]$ 为离散时间等效系统(discrete-time equivalent system)。例 3.20 提供了一个输入延迟 LTI 系统的离散时间等效计算示例。

例 3.20 假设某 LTI 系统将输入延迟 τ_d 的量。若输入信号带宽为 $B/2$，求此系统的冲激响应以及离散时间等效。

解：此系统相当于延迟，因此，$h_c(t)=\delta(t-\tau_d)$。应用式(3.114)，得离散时间等效系统为：

$$h[n] = \int \text{sinc}(\tau B)\, h_c(nT-\tau)\text{d}\tau \tag{3.115}$$

$$= \int \text{sinc}(\tau B)\, h_c(nT-\tau_d-\tau)\text{d}\tau \tag{3.116}$$

$$= \text{sinc}(nBT - B\tau_d) \tag{3.117}$$

$$= \mathrm{sinc}(n - B\tau_d) \tag{3.118}$$

结果并非 δ 函数，看上去有些惊人。但是别忘了，τ_d 可以是任意取值。如果 τ_d 是 T 的整数倍，则 $B\tau_d$ 就会变成一个整数，$h[n]$ 就会变成一个 Dirac δ 函数。◀

3.2　统计信号处理

随机性是每个通信系统的组成部分。传播信息 $i[n]$、传播信道的效应 $h(t)$ 以及噪声 $n(t)$ 都可以建模成随机信号。基于系统设计和分析的目的，利用概率论中的理论工具来对信号中的随机性进行建模是有益的。尽管这个领域有一定深度，无线系统所需信号的分类却是足够基础的内容，本节就对此进行总结，重点在于各种概率工具的应用，相应的证明可查阅参考文献。

3.2.1　概率的某些概念

考虑一个结果生成自样本空间 $\mathcal{S} = \{\omega_1, \omega_2, \cdots\}$ 的试验。根据某概率分布 $\mathbb{P}\{\omega_i\}$，样本空间的基数是有限或者无限的。对于来自样本的每个结果 ω_i 都与某个实数 $x(\omega)$ 相关联，称之为随机变量。随机变量可以是连续的、离散的或者实质上混合的，并且由其累积分布函数(Cumulative Distribution Function，CDF)完全表征。对于连续取值的随机变量，可以使用符号 $F_x(\alpha) = \int_{-\infty}^{\alpha} f_x(z)\mathrm{d}z$ 表示累积分布函数，其中，x 小于或等于 α 的概率为 $\mathbb{P}(x \leqslant \alpha) = F_x(\alpha)$，且 $f_x(z)$ 表示 x 的概率分布函数(Probability Distribution Function，PDF)。PDF 应该满足 $f_x(z) \geqslant 0$ 且 $\int_z f_x(z)\mathrm{d}z = 1$。对于离散取值的随机变量，令 $\mathcal{X}$ 表示随机变量结果由 $-\infty \sim \infty$ 索引的有序集合，并令 $p_x[m]$ 表示 x 的概率质量函数(Probability Mass Function，PMF)，其中索引 m 对应的是 $\mathcal{X}$ 中结果的索引。则 $p_x[m]$ 是 $\mathcal{X}$ 中第 m 个结果被选中的概率。注意，$p_x[m] \geqslant 0$，且 $\sum_m p_x[m] = 1$。也可以在连续或者离散情形下定义随机变量的联合分布。

期望运算符 $\mathbb{E}_x[\cdot]$ 用于随机变量的各种特征之中。对于连续取值的随机变量，给定函数 $g(x)$，该运算符的最通用形式为

$$\mathbb{E}_x[g(x)] = \int_{-\infty}^{\infty} g(z)\, f_x(z)\mathrm{d}z \tag{3.119}$$

期望运算符满足线性，例如，$\mathbb{E}_x[g(x)+h(x)] = \mathbb{E}_x[g(x)] + \mathbb{E}_x[h(x)]$。随机变量的均值为

$$m_x = \mathbb{E}_x[x] \tag{3.120}$$

$$= \int_{-\infty}^{\infty} z\, f_x(z)\mathrm{d}z \tag{3.121}$$

随机变量的方差为

$$\sigma_x^2 = \mathbb{E}_x[\,|x - m_x|^2\,] \tag{3.122}$$

$$= \mathbb{E}_x[\,|x|^2\,] - |m_x|^2 \tag{3.123}$$

方差是非负的。

如果 $F_{x,y}(\alpha, \beta) = F_x(\alpha)F_y(\beta)$，则称随机变量 x 与 y 相互独立。从本质上讲，x 的结果不取决于 y 的结果。如果 $\mathbb{E}_{x,y}[xy] = 0$，则称随机变量 x 与 y 不相关。注意：不相关并不意味着相互独立，除非在某些情形下，例如，x 与 y 都服从高斯分布。

例 3.21 假定当 $x \in [0, 2)$ 时，$f_x(x) = 1/2$；而当 x 取其他值时，$f_x(x) = 0$。计算 x 的均值和方差。

解：均值为

$$\mathbb{E}_x[x]=\int_0^2 z f_x(z)\mathrm{d}z \tag{3.124}$$

$$=\int_0^2 0.5z\mathrm{d}z \tag{3.125}$$

$$=0.25 z^2 |_0^2 \tag{3.126}$$

$$=0.25(4-0) \tag{3.127}$$

$$=1 \tag{3.128}$$

现在计算方差：

$$\sigma_x^2=\mathbb{E}_x[|x|^2]-|m_x|^2 \tag{3.129}$$

$$=\int_0^2 z^2 f_x(z)\mathrm{d}z-1^2 \tag{3.130}$$

$$=\int_0^2 \frac{1}{2}z^2\mathrm{d}z-1 \tag{3.131}$$

$$=\frac{1}{6} z^3 |_0^2-1 \tag{3.132}$$

$$=\frac{1}{6}(8-0)-1 \tag{3.133}$$

$$=\frac{8}{6}-\frac{6}{6} \tag{3.134}$$

$$=1/3 \tag{3.135}$$

◀

3.2.2 随机过程

随机过程是为了对具有随机行为的信号、序列或者函数进行建模而使用的数学概念。简言之，随机过程是针对随机信号的概率模型，它是随机信号整体(而非单个实现)的特征。随机过程用于科学的不同领域，包括诸如视频降噪、股票市场预测等非无线应用。尽管为了定义发送信号的带宽，也需要描述连续时间随机过程，但本书主要考虑的还是离散时间随机过程(Discrete-Time Random Process，DTRP)。

现在将随机变量的定义扩展至过程。假设每个结果按照某种规则关联至某个完整序列$\{x[n, \omega_i]\}_{n=-\infty}^{\infty}$，则样本空间$\mathcal{S}$、概率分布$\mathbb{P}[\omega_i]$以及序列$\{x[n, \omega_i]\}_{n=-\infty}^{\infty}$就构成了一个离散时间随机过程。每个序列$\{x[n, \omega_i]\}_{n=-\infty}^{\infty}$称为一个实现(realization)或者一条样本路径(sample path)，而所有可能序列的集合$\{x[n, \omega_i]\}_{n=-\infty}^{\infty}$，$\omega_i\in\mathcal{S}$称为一个系综(ensemble)。某随机过程的系综描述如图3.13所示。

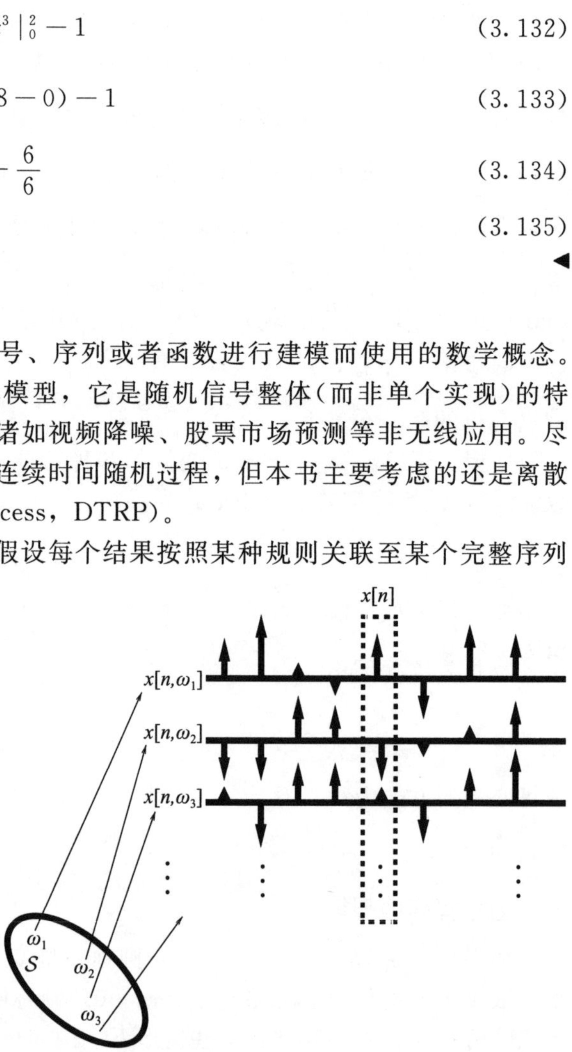

图 3.13 离散时间随机过程的系综描述。每个结果与信号的一个实现相对应

不同时刻的随机变量聚集在一起是随机过程可视化的另一种方式。如果对于n的某个固定值，例如$n=\overline{n}$，$x[\overline{n}, \omega]$是一个随机变量，则称$x[n, \omega]$是一个随机过程。由于已经理解了随机过程与样本空间$\mathcal{S}$的关系，就可以从记法中

略去对于 ω 的明确依赖，但是保留离散时间随机过程本质上是索引随机变量的聚集的概念，其中 n 是索引，而 $x[n]$是索引为 n 的随机变量的值。

为了简化说明，假设随机过程 $x[n]$是连续取值的。这样一来，也就是假设 $x[n]$有一个明确定义的 PDF。

随机过程可由其各维联合概率分布全面表征。当只有某些联合分布已知时，就只能得到部分特征。例如，$x[n]$的一维特征是，对于所有 n，知道 CDF $F_{x[n]}(\alpha)$，或者等效地知道 PDF $f_{x[n]}(\alpha)$。而离散时间随机过程的二维特征是，对于任意选择的n_1和n_2，要知道 $x[n_1]$与 $x[n_2]$之间的联合分布：$F_{x[n_1],x[n_2]}(\alpha_1, \alpha_2)$。当然，二维特征包含一维特征，它是把一维特征看作一种特殊情形。更高维度的特征也是以相同的形式定义的。

随机过程中的一种重要类别就是独立同分布(IID)随机过程。此类随机过程满足两个重要的性质。首先，对于 $k>1$，所有随机变量($x[n_1]$, $x[n_2]$, …, $x[n_k]$)是独立的。这意味着对于任意 $m\leqslant k$，有

$$F_{x[n_1],x[n_2],\cdots,x[n_m]}(\alpha_1,\alpha_2,\cdots,\alpha_m) = F_{x[n_1]}(\alpha_1)\,F_{x[n_2]}(\alpha_2)\cdots F_{x[n_m]}(\alpha_m) \tag{3.136}$$

其次，各随机变量是同分布的，因此对于所有 $x[n_1]$，$x[n_2]$，…，$x[n_k]$，有

$$F_{x[n_k]}(\alpha_k) = F_x(\alpha_k) \tag{3.137}$$

即

$$F_{x[n_1],x[n_2],\cdots,x[n_m]}(\alpha_1,\alpha_2,\cdots,\alpha_m) = F_x(\alpha_1)\,F_x(\alpha_2)\cdots F_x(\alpha_m) \tag{3.138}$$

发送信号和噪声通常是 IID 的。

例 3.22 为各比特等概取值的独立比特序列寻找一个合适的模型。

解： 令 $i[n]$表示比特序列。因为过程是独立的，所以每个 $i[n]$序列是独立生成的。每个比特分布相同的同时，分布也是独立的，则 $i[n]$是有两个可能结果的离散随机变量：$\mathbb{P}[i=0]=1/2$ 和 $\mathbb{P}[i=1]=1/2$。若结果集合记作$\mathcal{X}=\{0, 1\}$，索引集合为$\{0, 1\}$，则随机过程可由一维概率质量函数$p_i[0]=1/2$ 和$p_i[1]=1/2$ 完全表征。◀

3.2.3 随机过程的矩

将期望的概念进行扩展，就可以得到以随机过程的各阶矩为基础的特征表述。随机过程的均值为

$$m_x[n] = \mathbb{E}_{x[n]}[x[n]] \tag{3.139}$$

$$= \int_{-\infty}^{\infty} z\, f_{x[n]}(z)\mathrm{d}z \tag{3.140}$$

由于分布会像 n 的函数那样随 n 变化，所以均值通常是 n 的函数。随机过程的相关为

$$R_{xx}[n_1,n_2] = \mathbb{E}_{x[n_1],x[n_2]}[x[n_1]\,x^*[n_2]] \tag{3.141}$$

$$= \int_{-\infty}^{\infty}\int_{-\infty}^{\infty} z_1\, z_2^*\, f_{x[n_1],x[n_2]}(z_1\ z_2)\mathrm{d}z_1\mathrm{d}z_2 \tag{3.142}$$

随机过程的协方差是方差概念的一般化形式：

$$C_{xx}[n_1,n_2] = \mathbb{E}_{x[n_1],x[n_2]}[x[n_1]\,x^*[n_2]] - m_{x[n_1]}\,m_{x[n_2]}^* \tag{3.143}$$

如果随机过程的均值为零，则$C_{xx}[n_1, n_2]=R_{xx}[n_1, n_2]$。本书的大多数过程都是零均值的。协方差函数是共轭对称的，也就是说，$C_{xx}[n_1, n_2]=C_{xx}^*[n_2, n_1]$。相关函数也具有此性质。随机过程的方差为

$$\sigma_x^2[n] = C_{xx}[n,n] \tag{3.144}$$

是随机信号功率的度量。

如果

$$C_{xx}[n_1,n_2]=\begin{cases}\sigma_x^2[n_1], & n_1=n_2\\ 0, & n_1\neq n_2\end{cases} \tag{3.145}$$

则称随机过程是不相关的。注意，术语“不相关”用在了协方差函数上，而不是相关函数上。

如果

$$R_{xx}[n_1,n_2]=\begin{cases}\mathbb{E}_{x[n_1]}\ |x[n_1]|^2, & n_1=n_2\\ 0, & n_1\neq n_2\end{cases} \tag{3.146}$$

则称随机过程是正交的。不相关的零均值过程也是正交过程。

两个随机过程 $x[n]$ 与 $y[n]$ 之间的互相关为

$$R_{xy}[n_1,n_2]=\mathbb{E}_{x[n_1],y[n_2]}[x[n_1]\,y^*[n_2]] \tag{3.147}$$

类似地，$x[n]$ 与 $y[n]$ 之间的协方差为

$$C_{xy}[n_1,n_2]=\mathbb{E}_{x[n_1],y[n_2]}[(x[n_1]-m_x[n_1])\,(y[n_2]-m_y[n_2])^*] \tag{3.148}$$

3.2.4 平稳性

平稳性是随机过程的一种特性。对于所有的 k，如果

$$F_{x[n_1],x[n_2],\cdots,x[n_N]}(\alpha_1,\alpha_2,\cdots,\alpha_N)=F_{x[n_1+k],x[n_2+k],\cdots,x[n_N+k]}(\alpha_1,\alpha_2,\cdots,\alpha_N) \tag{3.149}$$

则称随机过程是 N 维平稳的。如果过程对于所有维数 $N=1$，2，…都是平稳的，则称为严平稳(Strict-Sense Stationary，SSS)。不过，本书处理的最重要的随机过程类别是广义平稳(Wide-Sense Stationary，WSS)随机过程。

WSS 是对随机系统有用的一类特殊平稳类型。WSS 随机过程 $x[n]$满足下列准则：

- 均值为常量，即$m_{x[n]}[n]=m_x$。
- 协方差(或者对等的相关)只是差值的函数

$$C_{xx}[n_1,n_2]=C_{xx}[n_2-n_1] \tag{3.150}$$

这里没有关于 WSS 随机过程联合概率分布的任何假设。此外，IID 随机过程也是 WSS 随机过程，而且 N 维平稳($N\geqslant 2$)随机过程是 WSS 的。

相似的定义也适用于连续时间随机过程。WSS 随机过程 $x(t)$满足下列准则：

- 均值为常量

$$m_{x(t)}(t)=\int_{-\infty}^{\infty} z\,f_{x(t)}(z)\,\mathrm{d}z \tag{3.151}$$

$$=m_x \tag{3.152}$$

- 协方差(或者对等的相关(因为均值为常量))只是差值的函数

$$C_{xx}(t_1,t_2)=C_{xx}(t_2-t_1) \tag{3.153}$$

实际上，对连续时间随机过程的均值和协方差进行估计是一项很有挑战性的工作。这是因为，对于 t 的所有取值，$x(t)$的某个实现未必可得。结果，为了实验目的，通常是对 $x(t)$进行采样并当作离散时间随机过程来处理。

关于 WSS 随机过程的自相关函数$R_{xx}[n]=R_{xx}[n_2-n_1]$，有以下几条有用的性质。

1. **对称性**：WSS 随机过程 $x[n]$的自相关序列是共轭对称的，即

$$R_{xx}[n]=R_{xx}^*[-n] \tag{3.154}$$

当随机过程是实数时，自相关序列是对称的：$R_{xx}[n]=R_{xx}[-n]$。

2. **最大值**：WSS 随机过程 $x[n]$的自相关序列的幅度在 $n=0$ 时取得最大值，即

$$R_{xx}[n]\leqslant R_{xx}[0],\quad \forall n \tag{3.155}$$

3. **均方值**：WSS 随机过程 $x[n]$的自相关序列在 $n=0$ 的值等于过程的均方值，即

$$R_{xx}[0] = \mathbb{E}[|x[n]|^2] \tag{3.156}$$

下面利用一些计算示例来对 WSS 的讨论进行总结，示例包括信号均值和协方差的计算，以及判断信号是否为 WSS。这些例子都很经典，包括例 3.23 的滑动平均函数、例 3.24 的累加器、例 3.25 的自回归过程，以及例 3.26 的谐波过程。

例 3.23 设 $s[n]$为实 IID WSS 随机过程，其均值为零，协方差$R_{ss}[k]=\sigma_s^2\delta[k]$。再设 $x[n]=s[n]+0.5s[n-1]$，是一个称为滑动平均过程的示例。计算 $x[n]$的均值和协方差，并确定 $x[n]$是否为 WSS。

解： 因为 $s[n]$的均值为零，且期望运算是线性的，所以 $x[n]$的均值为

$$\mathbb{E}_s[x[n]] = \mathbb{E}_s[s[n]+0.5s[n-1]] \tag{3.157}$$

$$= 0 \tag{3.158}$$

因为 $x[n]$的均值为零，所以协方差与相关函数相同，计算相关函数如下

$$R_{xx}[n_1,n_2] = \mathbb{E}_s[x[n_1]x^*[n_2]] \tag{3.159}$$

$$= \mathbb{E}_s[(s[n_1]+0.5s[n_1-1])(s[n_2]+0.5s[n_2-1])^*] \tag{3.160}$$

$$\begin{aligned} &= \mathbb{E}_s[s[n_1]s^*[n_2]+0.5s[n_1]s^*[n_2-1] \\ &\quad +0.5s[n_1-1]s^*[n_2]+0.25s[n_1-1]s^*[n_2-1]] \end{aligned} \tag{3.161}$$

$$\begin{aligned} &= R_{ss}[n_2-n_1]+0.5\,R_{ss}[n_2-n_1-1] \\ &\quad +0.5\,R_{ss}[n_2-n_1+1]+0.25\,R_{ss}[n_2-n_1] \end{aligned} \tag{3.162}$$

$$= 1.25\,R_{ss}[n_2-n_1]+0.5\,R_{ss}[n_2-n_1-1]+0.5\,R_{ss}[n_2-n_1+1] \tag{3.163}$$

相关只是差值n_2-n_1的函数；因此，$x[n]$是 WSS，且将 $k=n_2-n_1$代入，可以将相关函数简化为

$$R_{xx}[k] = 1.25\,R_{ss}[k]+0.5\,R_{ss}[k-1]+0.5\,R_{ss}[k+1] \tag{3.164}$$

将$R_{ss}[k]$的值代入，得

$$R_{xx}[k] = 1.25\,\sigma_s^2\delta[k]+0.5\,\sigma_s^2\delta[k-1]+0.5\,\sigma_s^2\delta[k+1] \tag{3.165}$$

◀

例 3.24 对于每个 n，$-\infty<n<\infty$，抛掷硬币，并令

$$w[n] = \begin{cases} +1 & \text{正面}, \mathbb{P}(H) = \dfrac{1}{2} \\ -1 & \text{反面}, \mathbb{P}(T) = \dfrac{1}{2} \end{cases} \tag{3.166}$$

$w[n]$是 IID 随机过程。定义一个新的随机过程 $x[n]$，$n\geqslant 0$ 如下

$$x[0] = w[0] \tag{3.167}$$

$$x[1] = w[0]+w[1] \tag{3.168}$$

$$\vdots \qquad \vdots$$

$$x[n] = \sum_{i=0}^{n} w[i] \tag{3.169}$$

这是一个累加器示例。计算 $x[n]$的均值和协方差，并确定 $x[n]$是否为 WSS。

解： 随机过程 $x[n]$的均值为

$$\mathbb{E}_w[x[n]] = \sum_{i=0}^{n} \mathbb{E}_w[w[i]] \tag{3.170}$$

$$= 0 \tag{3.171}$$

因为 $x[n]$的均值为零，所以协方差与相关函数相同，不失一般性，可设$n_2\geqslant n_1$，计算相关函数如下

$$R_{xx}[n_1,n_2]=\mathbb{E}_w[x[n_1]x^*[n_2]] \tag{3.172}$$

$$=\mathbb{E}_w\left[\left(\sum_{i=0}^{n_1}w[i]\right)\left(\sum_{k=0}^{n_2}w[k]\right)^*\right] \tag{3.173}$$

为了简化计算，利用$n_2\geqslant n_1$的条件，将第二个求和拆分，得

$$R_{xx}[n_1,n_2]=\sum_{i=0}^{n_1}\sum_{k=0}^{n_1}\mathbb{E}_w[w[i]w^*[k]]+\sum_{i=0}^{n_1}\sum_{k=n_1+1}^{n_2}\mathbb{E}_w[w[i]w^*[k]] \tag{3.174}$$

注意，由于随机过程 $w[n]$独立且均值为零，第二项期望为零。为了说明这一点，要知道对于两个独立随机变量 x 和 y，$\mathbb{E}_{x,y}[xy]=\mathbb{E}_x[x]\mathbb{E}_y[y]$。为了计算第一项的期望，将其中的平方项分离出来，得

$$R_{xx}[n_1,n_2]=\sum_{i=0}^{n_1}\mathbb{E}_w[|w[i]|^2]+\sum_{i=0}^{n_1}\sum_{k=0,i\neq k}^{n_1}\mathbb{E}_w[w[i]w^*[k]] \tag{3.175}$$

再次注意，第二项为零。由于 $w[n]$是 IID，得

$$R_{xx}[n_1,n_2]=(n_1+1)\mathbb{E}_w[|w[i]|^2] \tag{3.176}$$

$$=(n_1+1)\left(\frac{1}{2}(1)^2+\frac{1}{2}(-1)^2\right) \tag{3.177}$$

$$=(n_1+1) \tag{3.178}$$

由于相关不是差值n_2-n_1的函数，所以随机过程 $x[n]$不是 WSS。此过程通常称为随机游走(random walk)或者离散时间维纳过程(discrete-time Wiener process)。◀

例 3.25 设 $x[n]$是由下式生成的随机过程

$$x[n]=ax[n-1]+w[n] \tag{3.179}$$

其中，$n\geqslant 0$，$x[-1]=0$，且 $w[n]$是 IID(μ_w，σ_w^2)过程。可以将随机过程 $x[n]$用更便捷的方式表示如下

$$x[0]=ax[-1]+w[0]=w[0] \tag{3.180}$$

$$x[1]=ax[0]+w[1]=aw[0]+w[1] \tag{3.181}$$

$$\vdots \qquad \vdots$$

$$x[n]=a^nw[0]+a^{n-1}w[1]+a^{n-2}w[2]+\cdots+w[n] \tag{3.182}$$

$$=\sum_{i=0}^{n}a^{n-i}w[i] \tag{3.183}$$

计算 $x[n]$的均值和协方差，并确定 $x[n]$是否为 WSS。

解： 随机过程 $x[n]$的均值为

$$\mathbb{E}_w[x[n]]=\sum_{i=0}^{n}a^{n-i}\,\mathbb{E}_w[w[i]] \tag{3.184}$$

$$=\mu_w\sum_{i=0}^{n}a^{n-i} \tag{3.185}$$

$$=\mu_w a^n\sum_{i=0}^{n}a^{-i} \tag{3.186}$$

当 $a=1$ 时，$\mathbb{E}_w[x[n]]=\mu_w(n+1)$；然而，当 $a\neq 1$ 时，$\mathbb{E}_w[x[n]]=\frac{\mu_w a^n(1-a^{-(n+1)})}{1-a^{-1}}=\frac{\mu_w(1-a^{n+1})}{1-a}$。因此，当$\mu_w\neq 0$，均值取决于 n，过程不是平稳的。不过，当$\mu_w=0$ 时，均值与 n 无关。

当$\mu_w\neq 0$ 且$|a|<1$ 时，随着 $n\to\infty$，可以看到一个有趣的现象。均值渐近于

$$\lim_{n\to\infty}\mathbb{E}_w[x[n]]=\frac{\mu_w}{1-a} \tag{3.187}$$

具有此性质的随机过程称为一维渐近平稳。事实上，通过研究$\lim\limits_{n\to\infty}R_{xx}[n_1, n_2]$，可知它只是差值$n_2-n_1$的函数，因此，可以证明随机过程 $x[n]$是渐近 WSS。◀

例 3.26 考虑一个谐波随机过程 $x[n]=\cos(2\pi f_o n+\phi)$，其中 ϕ 是在区间$[-\pi, \pi]$上均匀分布的随机相位。此过程受到与其不相关的加性高斯白噪声 $v[n]\sim\mathcal{N}(0, \sigma_v^2)$的干扰。接收机获得的接收信号 $y[n]=x[n]+v[n]$。计算 $y[n]$的均值、协方差和功率谱密度。$y[n]$是 WSS 随机过程吗？设 $x[n]$是期望信号，而 $v[n]$是噪声。计算 SNR，即 $x[n]$的方差与 $v[n]$的方差的比值。

解：$x[n]$的均值为

$$\mathbb{E}[\cos(2\pi f_o n+\phi)]=\int_{-\pi}^{\pi}\frac{1}{2\pi}\cos(2\pi f_o n+x)\mathrm{d}x \tag{3.188}$$

$$=0 \tag{3.189}$$

因为 $x[n]$的均值为零，所以 $x[n]$的协方差与相关函数相同，即

$$R_{xx}[n,n+\ell]=\mathbb{E}[\cos(2\pi f_o n+\phi)\cos(2\pi f_o(n+\ell)+\phi)] \tag{3.190}$$

$$=\int_{-\pi}^{\pi}\frac{1}{2\pi}\cos(2\pi f_o n+x)\cos[2\pi f_o(n+\ell)+x]\mathrm{d}x \tag{3.191}$$

$$=\frac{\cos(2\pi f_o\ell)}{2} \tag{3.192}$$

这不是 n 的函数，因此可以写成$R_{xx}[\ell]$，且有$R_{yy}[\ell]=R_{xx}[\ell]+\sigma_v^2\delta[\ell]$。$y[n]$的功率谱密度恰恰就是$R_{yy}[\ell]$的 DTFT(将在 3.2.6 节详细讨论)，即

$$P_y(\mathrm{e}^{\mathrm{j}2\pi f})=\sum_{m=-\infty}^{\infty}\left(\frac{1}{2}\delta(f-f_o+m)+\frac{1}{2}\delta(f+f_o+m)\right)+\sigma_v^2 \tag{3.193}$$

由于 $y[n]$的均值为零，且协方差是时间差的函数，所以 $y[n]$是 WSS 随机过程。

SNR 为

$$\frac{R_{xx}[0]}{R_{vv}[0]}=\frac{1}{2\sigma_v^2} \tag{3.194}$$

SNR 是用于评估数字通信系统性能的一个非常重要的量，将在第 4 章进一步讨论。◀

3.2.5 各态历经性

与测量信号打交道的挑战性在于信号的统计性质无法事先得知，必须进行估计。若信号是 WSS 随机过程，其关键信息存在于均值和相关函数中。采用传统的估计理论，可以生成许多信号实现，并进行统计平均(ensemble average)，从而得到均值和相关的估计结果。不幸的是，如果仅能获得一份信号实现，上述策略就行不通了。

大多数 WSS 随机过程是各态历经的。对于一名信号处理工程师而言，各态历经性(ergodicity)意味着利用一份随机过程的实现就可以生成对于各阶矩的可靠估计。WSS 随机过程的主要信息就是均值和自相关函数，利用一份实现就能估计出来。在有足够多采样的条件下，采样平均收敛于过程的真实平均，称为统计平均。

各态历经性是数学和物理学的深度领域，研究的是信号和系统的长期行为。WSS 随机过程是均值或者协方差各态历经的充要条件在各类书籍中都有提及，例如，文献[135，定理 3.8 和 3.9]。但是，关于这些条件的讨论已经超出了本书的范畴。(除非额外说明，)此处考虑的 WSS 随机过程假定为协方差各态历经的，因而也是均值各态历经的。

对于协方差各态历经随机过程，可以基于过程实现的采样进行估计，得到过程的均值

和协方差。在有足够多采样的条件下，采样平均收敛于过程的真实平均。例如，给定观测结果 $x[0]$，$x[1]$，…，$x[N-1]$，则采样平均

$$\hat{m}_x = \lim_{N\to\infty} \frac{1}{N}\sum_{n=0}^{N-1} x[n] \tag{3.195}$$

收敛于统计平均 $\mathbb{E}[x[n]]$，且

$$\hat{R}_{xx}[k] = \lim_{N\to\infty} \frac{1}{N-k}\sum_{n=0}^{N-1-k} x[n]\,x^*[n+k] \tag{3.196}$$

收敛于统计相关函数 $\mathbb{E}[x[n]x^*[n+k]]$。收敛通常是均方值的形式，当然，其他类型的收敛概念也是可以的。

假设 WSS 随机过程是各态历经的，则式(3.195)和式(3.196)中的采样估计器可用于在随后的信号处理计算中替代统计等效。

例 3.27 假设 $x[n]$为实数、独立同分布的随机过程，均值为m_x，协方差$C_{xx}[k]=\sigma_x^2\delta[k]$。以均方值的形式证明此过程是均值各态历经的。确切地说，是要证明

$$\lim_{N\to\infty} \mathbb{E}_x\left[\left(\frac{1}{N}\sum_{n=0}^{N-1} x[n]\right) - m_x\right]^2 = 0 \tag{3.197}$$

解： 令 $m_N = \frac{1}{N}\sum_{n=0}^{N-1} x[n]$。首先，计算随机变量$m_N$的均值

$$\mathbb{E}[m_N] = \mathbb{E}\left[\frac{1}{N}\sum_{n=0}^{N-1} x[n]\right] \tag{3.198}$$

$$= \frac{1}{N}\sum_{n=0}^{N-1}\mathbb{E}[x[n]] \tag{3.199}$$

$$= m_x \tag{3.200}$$

其次，计算采样的均方值

$$\mathbb{E}[m_N^2] = \mathbb{E}\left[\left(\frac{1}{N}\sum_{n=0}^{N-1} x[n]\right)\left(\frac{1}{N}\sum_{n=0}^{N-1} x[n]\right)\right] \tag{3.201}$$

$$= \frac{1}{N^2}\mathbb{E}\left[\sum_{m=0}^{N-1}\sum_{n=0}^{N-1} x[m]x[n]\right] \tag{3.202}$$

$$= \frac{1}{N^2}\left(\sum_{n=0}^{N-1}\mathbb{E}[x[n]^2] + \sum_{n\neq m}\mathbb{E}[x[n]x[m]]\right) \tag{3.203}$$

$$= \frac{N}{N^2}\mathbb{E}[x[n]^2] + \frac{N^2-N}{N^2}m_x^2 \tag{3.204}$$

$$= \frac{1}{N}(\mathbb{E}[x[n]^2] - m_x^2) + m_x^2 \tag{3.205}$$

$$= \frac{\sigma_x^2}{N} + m_x^2 \tag{3.206}$$

则均方误差为

$$\mathbb{E}[(m_N - m_x)^2] = \mathbb{E}[m_N^2 - 2\,m_N\,m_x + m_x^2] \tag{3.207}$$

$$= \mathbb{E}[m_N^2] - 2\,m_x\mathbb{E}[m_N] + m_x^2 \tag{3.208}$$

$$= \frac{\sigma_x^2}{N} + m_x^2 - 2\,m_x^2 + m_x^2 \tag{3.209}$$

$$= \frac{\sigma_x^2}{N} \tag{3.210}$$

只要σ_x^2是有限值，随着 $N\to\infty$，上述极限为零。因此，任意方差为有限值的 IID WSS 随机过程在均方值形式下是均值各态历经的。◀

3.2.6　功率谱

随机过程的傅里叶变换并没有清晰的定义。通常并不存在随机过程的傅里叶变换，即便存在，也没什么有用信息。对于 WSS 随机过程而言，信号在频域的可视化更倾向于通过自协方差函数的傅里叶变换，即所谓的功率谱(或者 PSD)来实现。笼统地说，作为频率的函数，功率谱是信号功率分布的一种度量。随机过程的功率谱用于全部带宽计算，而不像通常的傅里叶变换那样。

对于连续时间随机过程，功率谱由 CTFT 定义如下

$$P_x(f)=\int_{-\infty}^{\infty} C_{xx}(t)\,\mathrm{e}^{-\mathrm{j}2\pi ft}\,\mathrm{d}t \tag{3.211}$$

对于离散时间信号，采用相似的方式，由 DTFT 定义如下

$$P_x(\mathrm{e}^{\mathrm{j}2\pi f})=\sum_{n=-\infty}^{\infty} C_{xx}[n]\,\mathrm{e}^{-\mathrm{j}2\pi fn} \tag{3.212}$$

在两种情形下，功率谱都是实数且非负的。实数性质源自协方差的共轭对称，例如，$C_{xx}[n]=C_{xx}^*[-n]$。

随机信号的总功率是功率/频率在所有频率上的求和。这正好等于过程的方差。对于连续时间随机过程，有

$$\sigma_x^2=C_{xx}(0) \tag{3.213}$$

$$=\int_{-\infty}^{\infty} P_x(f)\,\mathrm{d}f \tag{3.214}$$

而对于离散时间随机过程，有

$$\sigma_x^2=C_{xx}[0] \tag{3.215}$$

$$=\int_{-1/2}^{1/2} P_x(\mathrm{e}^{\mathrm{j}2\pi f})\,\mathrm{d}f \tag{3.216}$$

例 3.28～例 3.30 给出了 PSD 的计算示例，这些例子都是直接计算傅里叶变换。

例 3.28　某零均值 WSS 随机过程 $x(t)$拥有参数 $\beta>0$ 的指数相关函数，即

$$R_{xx}(t)=\mathrm{e}^{-2\beta|t|}\quad t\in(-\infty,\infty) \tag{3.217}$$

求 $x(t)$的功率谱。

解：由于是零均值过程，计算功率谱需要进行自相关函数的傅里叶变换，最终结果来自积分运算，简化如下：

$$P_x(f)=\int_{-\infty}^{\infty} R_{xx}(t)\,\mathrm{e}^{-\mathrm{j}2\pi ft}\,\mathrm{d}t \tag{3.218}$$

$$=\int_{-\infty}^{\infty} \mathrm{e}^{-2\beta|t|}\,\mathrm{e}^{-\mathrm{j}2\pi ft}\,\mathrm{d}t \tag{3.219}$$

$$=\int_{-\infty}^{0} \mathrm{e}^{(2\beta-\mathrm{j}2\pi f)t}\,\mathrm{d}t+\int_{0}^{\infty} \mathrm{e}^{-(2\beta+\mathrm{j}2\pi f)t}\,\mathrm{d}t \tag{3.220}$$

$$=\frac{1}{2\beta-\mathrm{j}2\pi f}+\frac{1}{2\beta+\mathrm{j}2\pi f} \tag{3.221}$$

$$=\frac{4\beta}{4\beta^2+4\pi^2 f^2} \tag{3.222}$$

$$=\frac{\beta}{\beta^2+\pi^2 f^2} \tag{3.223}$$

◀

例 3.29 某零均值随机过程 $x[n]$，$C_{xx}[n]=a^{|n|}$，$|a|<1$，求其功率谱。

解： 由于是零均值过程，计算功率谱还是要进行自相关函数的傅里叶变换。得出最终结果需要求和运算如下

$$P_x(\mathrm{e}^{\mathrm{j}2\pi f})=\sum_{n=-\infty}^{\infty} C_{xx}[n]\,\mathrm{e}^{-\mathrm{j}2\pi fn} \tag{3.224}$$

$$=\sum_{n=-\infty}^{\infty} a^{|n|}\,\mathrm{e}^{-\mathrm{j}2\pi fn} \tag{3.225}$$

$$=\sum_{n=-\infty}^{0} a^{-n}\,\mathrm{e}^{-\mathrm{j}2\pi fn}+\sum_{n=1}^{\infty} a^{n}\,\mathrm{e}^{-\mathrm{j}2\pi fn} \tag{3.226}$$

$$=\sum_{m=0}^{\infty} a^{m}\,\mathrm{e}^{\mathrm{j}2\pi fm}+\sum_{n=0}^{\infty} a^{n}\,\mathrm{e}^{-\mathrm{j}2\pi fn}-1 \tag{3.227}$$

$$=\frac{1}{1-a\,\mathrm{e}^{\mathrm{j}2\pi f}}+\frac{1}{1-a\,\mathrm{e}^{-\mathrm{j}2\pi f}}-1 \tag{3.228}$$

$$=\frac{1-a^2}{1+a^2-2a\cos(2\pi f)} \tag{3.229}$$

◀

例 3.30 某离散时间谐波过程定义如下

$$x[n]=\sum_{k=1}^{M} a_k\,\mathrm{e}^{\mathrm{j}(2\pi f_k n+\phi_k)} \tag{3.230}$$

其中，$\{(a_k,\ f_k)\}_{k=1}^{M}$是给定的常量，$\{\phi_k\}_{k=1}^{M}$是在区间$[0,\ 2\pi]$上均匀分布的 IID 随机变量。用$\mathbb{E}_{\phi}[\cdot]$表示$\mathbb{E}_{\{\phi_k\}_{k=1}^{M}}[\cdot]$，即此函数的均值为

$$\mathbb{E}_{\phi}[x[n]]=\mathbb{E}_{x[n]}\left[\sum_{k=1}^{M} a_k\,\mathrm{e}^{\mathrm{j}(2\pi f_k n+\phi_k)}\right] \tag{3.231}$$

$$=\sum_{k=1}^{M} a_k\,\mathbb{E}_{\phi_k}\left[\mathrm{e}^{\mathrm{j}(2\pi f_k n+\phi_k)}\right] \tag{3.232}$$

$$=0 \tag{3.233}$$

最后一步是因为

$$\mathbb{E}_{\phi_k}\left[\mathrm{e}^{\mathrm{j}(2\pi f_k n+\phi_k)}\right]=\int_0^{2\pi} \mathrm{e}^{\mathrm{j}(2\pi f_k n+z)}\,\frac{1}{2\pi}\mathrm{d}z \tag{3.234}$$

$$=\frac{\mathrm{e}^{\mathrm{j}(2\pi f_k n)}}{2\pi}\int_0^{2\pi} \mathrm{e}^{\mathrm{j}z}\,\mathrm{d}z \tag{3.235}$$

$$=0,\quad \forall k \tag{3.236}$$

信号的自相关函数为

$$R_{xx}[\ell]=\mathbb{E}_{\phi}\left[\left(\sum_{i=1}^{M} a_i\,\mathrm{e}^{\mathrm{j}(2\pi f_i n+\phi_i)}\right)\left(\sum_{k=1}^{M} a_k\,\mathrm{e}^{\mathrm{j}(2\pi f_k(n+\ell)+\phi_k)}\right)^*\right] \tag{3.237}$$

$$=\mathbb{E}_{\phi}\left[\sum_{k=1}^{M} |a_k|^2\,\mathrm{e}^{-\mathrm{j}(2\pi f_k \ell)}\right]$$

$$+\sum_{i=1}^{M}\sum_{k\neq i}^{M} a_i\,a_k^*\ \mathbb{E}_{\phi}\left[\mathrm{e}^{\mathrm{j}(2\pi f_i n+\phi_i)}\ \mathrm{e}^{-\mathrm{j}(2\pi f_k(n+\ell)+\phi_k)}\right] \tag{3.238}$$

$$=\sum_{k=1}^{M} |a_k|^2\,\mathrm{e}^{-\mathrm{j}(2\pi f_k \ell)}+0 \tag{3.239}$$

$$= \sum_{k=1}^{M} |a_k|^2 \mathrm{e}^{-\mathrm{j}(2\pi f_k \ell)} \tag{3.240}$$

因为自相关函数是若干负指数的求和，所以功率谱为

$$P_x(\mathrm{e}^{\mathrm{j}2\pi f}) = \sum_{k=1}^{M} |a_k|^2 \delta(f - f_k) \tag{3.241}$$

◀

当各态历经 WSS 随机过程的功率谱未知时，可由此随机过程的某个实现估计获得。此操作可由实验室里的频谱分析仪完成。有很多方法可以构建估计器。其中之一就是利用周期图的某些变化。加窗周期图(windowed periodogram)需要利用窗口函数 $w[n]$，$n=0$，…，$N-1$ 基于可获数据的 N 个采样 $\{x[n]\}_{n=0}^{N-1}$ 直接估计功率谱。功率谱定义如下

$$\hat{P}_x(\mathrm{e}^{\mathrm{j}2\pi f}) = \frac{1}{N}\left|\sum_{n=0}^{N-1} w[n]x[n]\mathrm{e}^{-\mathrm{j}2\pi f n}\right| \tag{3.242}$$

当窗口函数选用矩形函数时，此方法简称为周期图。为了易于实现，可利用 DFT 在频点 $f_k = \frac{k}{N}$，$k=0$，…，$N-1$ 计算加窗周期图的功率谱 $\hat{P}_x(\mathrm{e}^{\mathrm{j}2\pi f})$：

$$\hat{P}_x[k] = \frac{1}{N}\left|\sum_{n=0}^{N-1} w[n]x[n]\mathrm{e}^{-\mathrm{j}2\pi \frac{kn}{N}}\right| \tag{3.243}$$

所得估计器的估计精度与 N 成反比。采用不同的窗口函数可在主瓣宽度(main lobe width)(决定闭合正弦波的可分辨性)和旁瓣电平(sidelobe level)(频谱遮罩)之间做出不同的折中。

周期图和加窗周期图是渐近无偏的，但并非一致性估计器。这意味着，即便使用大量采样值，误差方差也不会趋于零。此问题的解决方案是巴特利特方法(周期图平均)或者 Welch 方法(重叠平均)。例如，对于巴特利特方法，测量被打碎成若干片段，在每个片段中计算周期图，并将结果汇总在一起进行平均。(由于傅里叶变换是基于 N 的一部分进行的)估计器的估计精度会下降，但是估计器的一致性会得到提升。或者，采用协方差 $\{\hat{c}_{xx}[n]\}_{n=-L}^{L}$，$L<N$ 个采样的估计(可能辅以额外的加窗操作)，并对这些采样进行所谓 Blackman-Tukey 方法的傅里叶变换。所有这些方法获得了一致性估计，但是对比周期图，复杂性略有提升。关于频谱估计的更多信息可查阅文献[148，第 8 章]。

3.2.7 随机信号滤波

本书频繁用到 WSS 随机过程。因为滤波器是简单的 LTI 系统，确立在 WSS 随机输入条件下的 LTI 系统效应变得有意义起来。本节描述 WSS 滤波信号的均值和协方差。

首先考虑一个需要暴力计算的例子。

例 2.31 考虑某零均值随机过程 $x[n]$，其相关函数 $R_{xx}[n]=(1/2)^{|n|}$。假设 $x[n]$ 输入冲激响应 $h[n]=\delta[n]+0.5\delta[n-1]-0.5\delta[n-2]$ 的 LTI 系统，输出为 $y[n]$。计算 $y[n]$ 的均值和相关。

解： 系统的输出为

$$y[n] = x[n] * h[n] \tag{3.244}$$

$$= x[n] + 0.5x[n-1] - 0.5x[n-2] \tag{3.245}$$

首先，计算 $y[n]$ 的均值：

$$\mathbb{E}[y[n]] = \mathbb{E}[x[n]] + 0.5\mathbb{E}[x[n-1]] - 0.5\mathbb{E}[x[n-2]] \tag{3.246}$$

$$= 0 \tag{3.247}$$

其中，第一行等式利用了期望的线性性质，而第二行等式利用了 $x[n]$ 是零均值的事实。

其次，计算相关函数：

$$R_{yy}[m,m+n]=\mathbb{E}[y[m]\,y^*[m+n]] \tag{3.248}$$

$$\begin{aligned}&=\mathbb{E}\Big[\Big(x[m]+\frac{1}{2}x[m-1]-\frac{1}{2}x[m-2]\Big)\Big(x^*[m+n]\\&\quad+\frac{1}{2}x^*[m+n-1]-\frac{1}{2}x^*[m+n-2]\Big)\Big]\end{aligned} \tag{3.249}$$

$$\begin{aligned}&=\mathbb{E}[x[m]\,x^*[m+n]]+\frac{1}{2}\mathbb{E}[x[m]\,x^*[m+n-1]]\\&\quad-\frac{1}{2}\mathbb{E}[x[m]\,x^*[m+n-2]]+\frac{1}{2}\mathbb{E}[x[m-1]\,x^*[m+n]]\\&\quad+\left(\frac{1}{2}\right)^2\mathbb{E}[x[m-1]\,x^*[m+n-1]]\\&\quad-\left(\frac{1}{2}\right)^2\mathbb{E}[x[m-1]\,x^*[m+n-2]]\\&\quad-\frac{1}{2}\mathbb{E}[x[m-2]\,x^*[m+n]]\\&\quad-\left(\frac{1}{2}\right)^2\mathbb{E}[x[m-2]\,x^*[m+n-1]]\\&\quad+\left(\frac{1}{2}\right)^2\mathbb{E}[x[m-2]\,x^*[m+n-2]]\end{aligned} \tag{3.250}$$

$$\begin{aligned}&=\frac{3}{2}R_{xx}[n]+\frac{1}{4}R_{xx}[n+1]-\frac{1}{2}R_{xx}[n+2]+\frac{1}{4}R_{xx}[n-1]\\&\quad-\frac{1}{2}R_{xx}[n-2]\end{aligned} \tag{3.251}$$

$$=\frac{3}{2}\frac{1}{2^{|n|}}+\frac{1}{2^{|n+1|+2}}+\frac{1}{2^{|n-1|+2}}-\frac{1}{2^{|n+2|+1}}-\frac{1}{2^{|n-2|+1}} \tag{3.252}$$

注意，当$|n|\geqslant 2$时，$|n\pm 1|=|n|\pm 1$，且$|n\pm 2|=|n|\pm 2$，有

$$R_{yy}[n]=\frac{1}{2^{|n|}}\left\{1.5+\frac{1}{2^3}+\frac{1}{2^1}-\frac{1}{2^3}-\frac{1}{2^{-1}}\right\}=0 \tag{3.253}$$

当$|n|=1$时，有

$$R_{yy}[n]=\frac{1.5}{2}+\frac{1}{2^4}+\frac{1}{2^2}-\frac{1}{2^4}-\frac{1}{2^2}=0.75 \tag{3.254}$$

且

$$R_{yy}[0]=\frac{1.5}{2}+\frac{1}{2^3}+\frac{1}{2^3}-\frac{1}{2^3}-\frac{1}{2^3}=1.5 \tag{3.255}$$

因此

$$R_{yy}[n]=\begin{cases}1.5 & 如果\ n=0\\ 0.75 & 如果\ |n|=1\\ 0 & 如果\ |n|\geqslant 2\end{cases} \tag{3.256}$$

◀

可以从例 3.31 中观察出两点。首先，此时的输出是 WSS。事实上，正如即将展示的那样，通常这是真的。第二，自相关的暴力计算很不方便。可以将输入与输出的自相关联系起来，就可以简化计算，即计算输入与输出的互相关。

假设

$$y[n]=\sum_{\ell=-\infty}^{\infty}h[\ell]x[n-\ell] \tag{3.257}$$

且 $x[n]$是 WSS 随机过程，均值m_x，相关$R_{xx}[k]$，协方差$C_{xx}[k]$。对于一对随机过程 $x[n]$和 $y[n]$，如果两者各自都是 WSS 随机过程，且两者的互相关只是时间差的函数，即

$$R_{xy}[n1,n2]=R_{xy}[n1+k,n2+k] \tag{3.258}$$

则称 $x[n]$和 $y[n]$是联合 WSS。这样一来，互相关可以只用一个变量描述，即

$$R_{xy}[k]=\mathbb{E}_{xy}[x[n]\,y^*[n+k]] \tag{3.259}$$

类似地，两个联合 WSS 随机过程 $x[n]$和 $y[n]$的互协方差函数为

$$C_{xy}[k]=\mathbb{E}_{xy}[x[n]\,y^*[n+k]]-m_x\,m_y^* \tag{3.260}$$

现在，开始计算式(3.257)输出的均值、互相关和自相关。输出信号的均值由下式给定：

$$\mathbb{E}_y[y[n]]=\sum_{\ell=-\infty}^{\infty}h[\ell]\,\mathbb{E}_x[x[n-\ell]] \tag{3.261}$$

$$=m_x\sum_{\ell=-\infty}^{\infty}h[\ell] \tag{3.262}$$

$$=m_x h(\mathrm{e}^{\mathrm{j}2\pi 0}) \tag{3.263}$$

最后一步得自 DTFT 的定义，曾经在 3.1.3 节深入讨论过。至于其他事情，要注意，如果输入是零均值的，则由式(3.263)可知，输出也是零均值的。

LTI 系统输入和输出之间的互相关可由下式计算得出：

$$R_{xy}[k]=\mathbb{E}_x[x[n]\,y^*[n+k]] \tag{3.264}$$

$$=\sum_{\ell=-\infty}^{\infty}h^*[\ell]\,\mathbb{E}_x[x[n]\,x^*[n+k-\ell]] \tag{3.265}$$

$$=\sum_{\ell=-\infty}^{\infty}h^*[\ell]\,R_{xx}[k-\ell] \tag{3.266}$$

$$=h^*[k]*R_{xx}[k] \tag{3.267}$$

显然，互相关可由输入的自相关与系统的冲激响应的卷积直接计算得出。

$y[n]$的自相关可由下式计算得出：

$$R_{yy}[k]=\mathbb{E}_x[y[n]\,y^*[n+k]] \tag{3.268}$$

$$=\sum_{\ell=-\infty}^{\infty}h[\ell]\,\mathbb{E}_x[x[n-\ell]\,y^*[n+k]] \tag{3.269}$$

$$=\sum_{\ell=-\infty}^{\infty}h[\ell]\,R_{xy}[k+\ell] \tag{3.270}$$

$$=h[-k]*R_{xy}[k] \tag{3.271}$$

将式(3.267)代入式(3.271)，可得

$$R_{yy}[k]=h[-k]*h^*[k]*R_{xx}[k] \tag{3.272}$$

如果 LTI 系统是有界输入有界输出(bounded input bounded output)稳定，则量 $h[-k]*h^*[k]$是明确定义的(例如，不是无穷)。则由式(3.263)和式(3.272)可知，输出过程是 WSS。

在例 3.32 中，利用上述结论，重新考虑例 3.31 中的计算。

例 3.32 考虑与例 3.31 相同的题设。计算 $y[n]$的均值和自相关。

解： 由式(3.262)可得

$$\mathbb{E}[y[n]]=\mathbb{E}[x[n]]\sum_{\ell=-\infty}^{\infty}h[\ell] \tag{3.273}$$

$$=0 \tag{3.274}$$

则过程是零均值的。

若要利用式(3.272)计算自相关，需要计算

$$h[-k]*h^*[k]=\sum_{\ell=0}^{2}h^*[\ell]h[\ell-k] \tag{3.275}$$

$$=-\frac{1}{2}\delta[k+2]+\frac{1}{4}\delta[k+1]+\frac{3}{2}\delta[k]+\frac{1}{4}\delta[k-1]-\frac{1}{2}\delta[k-2] \tag{3.276}$$

代入式(3.272)，可得

$$R_{yy}[k]=-\frac{1}{2}R_{xx}[k+2]+\frac{1}{4}R_{xx}[k+1]+\frac{3}{2}R_{xx}[k]+\frac{1}{4}R_{xx}[k-1]-\frac{1}{2}R_{xx}[k-2] \tag{3.277}$$

上式与式(3.251)是一样的。采用相同的简化过程，就可以得到式(3.256)的最终结果。◀

例 3.33 对于每个n_i和n_j，若$v[n_i]$和$v[n_j]$的值是不相关的，即

$$C_v[n_i,n_j]=0,\quad \forall\ n_i\neq n_j \tag{3.278}$$

则随机过程$v[n]$是白噪声。通常假设白噪声的均值为零。这样一来，对于WSS白噪声，有

$$C_v[n_i,n_j]=R_v[n_i,n_j]=R_v[k]=\sigma_v^2\delta[k] \tag{3.279}$$

其中$k=n_j-n_i$。若WSS白噪声过程$v[n]$输入冲激响应$h[n]=\delta[n]+0.8\delta[n-1]$的LTI系统。计算LTI系统输出的自相关。输出是不相关过程吗？

解：由式(3.272)可得

$$R_{yy}[k]=h[-k]*h^*[k]*R_{xx}[k] \tag{3.280}$$

$$=(\delta[k]+0.8\delta[k+1])*(\delta[k]+0.8\delta[k-1])*\sigma_v^2\delta[k] \tag{3.281}$$

$$=(0.8\delta[k+1]+1.6\delta[k]+0.8\delta[k-1])*\sigma_v^2\delta[k] \tag{3.282}$$

$$=\sigma_v^2(0.8\delta[k+1]+1.6\delta[k]+0.8\delta[k-1]) \tag{3.283}$$

显然，上述自相关的表达式表明，滤波后的白噪声采样变成相关的了。◀

3.2.8 高斯随机过程

最常见的加性噪声模型就是加性高斯白噪声(Additive White Gaussian Noise, AWGN)模型。这是一种IID随机过程，并按照高斯分布选取每个采样。实高斯分布简记为$\mathcal{N}(m, \sigma^2)$，其中，对于随机变量v，有

$$f_v(x)=\frac{1}{\sqrt{2\pi\sigma^2}}\mathrm{e}^{-\frac{(x-m)^2}{2\sigma^2}} \tag{3.284}$$

在本书中还会遇到循环对称复高斯分布(circularly symmetric complex Gaussian distribution)，简记为$\mathcal{N}_{\mathrm{C}}(m, \sigma^2)$。此时，实部分布$\mathcal{N}(\mathrm{Re}(m), \sigma^2/2)$和虚部分布$\mathcal{N}(\mathrm{Im}(m), \sigma^2/2)$是相互独立的，可以写作

$$f_v(x)=\frac{1}{\pi\sigma^2}\mathrm{e}^{-\frac{|x-m|^2}{\sigma^2}} \tag{3.285}$$

其中x是复数。IID高斯随机过程的各种矩为

$$m_x=m \tag{3.286}$$

$$C_{xx}[n]=\sigma^2\delta[n] \tag{3.287}$$

与高斯随机变量有关的一个重要事实是，高斯随机变量的线性组合还是高斯的[280]。基于此，可以得出，滤波后的高斯随机过程还是高斯随机过程。例3.34将阐述此事实。

例 3.34 令x和y分别表示两个相互独立的$\mathcal{N}(0, 1)$随机变量。证明$z=x+y$是$\mathcal{N}(0, 2)$。

解：两个独立随机变量之和的分布可由这两个随机变量分布的卷积确定[252, 6.2节]。对于 $z=x+y$，有

$$f_z(z)=f_x(z)*f_y(z) \tag{3.288}$$

$$=\frac{1}{2\pi}\int_{-\infty}^{\infty}\mathrm{e}^{\frac{t^2-(z-t)^2}{2}}\mathrm{d}t \tag{3.289}$$

$$=\frac{1}{2\pi}\mathrm{e}^{-z^2/4}\int_{-\infty}^{\infty}\mathrm{e}^{-(t-z/2)^2}\mathrm{d}t \tag{3.290}$$

$$=\frac{1}{2\sqrt{\pi}}\mathrm{e}^{-z^2/4}\int_{-\infty}^{\infty}\frac{1}{\sqrt{2\pi\frac{1}{2}}}\mathrm{e}^{-\frac{(t-z/2)^2}{2\frac{1}{2}}}\mathrm{d}t \tag{3.291}$$

$$=\frac{1}{2\sqrt{\pi}}\mathrm{e}^{-z^2/4} \tag{3.292}$$

$$=\frac{1}{\sqrt{2\pi\times 2}}\mathrm{e}^{-\frac{(z-0)^2}{2\times 2}} \tag{3.293}$$

因此，z 服从 $\mathcal{N}(0,2)$。本例可以转化为一般化证明：如果 x 服从 $\mathcal{N}(m_x,\sigma_x^2)$，$y$ 服从 $\mathcal{N}(m_y,\sigma_y^2)$，且两者相互独立，则 $z=x+y$ 服从 $\mathcal{N}(m_x+m_y,\sigma_x^2+\sigma_y^2)$。◀

3.2.9 随机矢量和多变量随机过程

随机变量和随机过程的概念可以扩展为矢量取值的随机变量和矢量取值的随机过程，用于 MIMO 通信。对于随机矢量(random vector)，样本空间 $\mathcal{S}$ 中的每个样本ω_i都与某个矢量 $\boldsymbol{x}\in\mathbb{R}^M$ 或者 $\mathbb{C}^M$(而不是某个数值)相关联。对于随机矢量过程(random vector process)，样本空间 $\mathcal{S}$ 中的每个样本ω_i都与某个矢量序列 $\boldsymbol{x}[n,\omega_i]$相关联。因此，对于 n 的某个固定值，例如 $n=\bar{n}$，$\boldsymbol{x}[\bar{n},\omega]$是一个矢量随机变量。本节为随机矢量过程定义一些后续章节会用到的有意义的量。

M 长随机矢量过程 $\boldsymbol{x}[n]$的均值为

$$\boldsymbol{m}_{\boldsymbol{x}}[n]=\mathbb{E}_{\boldsymbol{x}[n]}[\boldsymbol{x}[n]] \tag{3.294}$$

$$=\begin{bmatrix}\mathbb{E}_{x_1[n]}[x_1[n]]\\ \mathbb{E}_{x_2[n]}[x_2[n]]\\ \vdots\\ \mathbb{E}_{x_M[n]}[x_M[n]]\end{bmatrix} \tag{3.295}$$

随机矢量过程的协方差矩阵为

$$\boldsymbol{C}_{\boldsymbol{xx}}[n_1,n_2]=\mathbb{E}_{\boldsymbol{x}[n_1],\boldsymbol{x}[n_2]}[(\boldsymbol{x}[n_1]-\boldsymbol{m}_{\boldsymbol{x}}[n_1])(\boldsymbol{x}[n_2]-\boldsymbol{m}_{\boldsymbol{x}}[n_2])^*] \tag{3.296}$$

$$=\mathbb{E}_{\boldsymbol{x}[n_1],\boldsymbol{x}[n_2]}[\boldsymbol{x}[n_1]\boldsymbol{x}^*[n_2]]-\boldsymbol{m}_{\boldsymbol{x}}[n_1]\boldsymbol{m}_{\boldsymbol{x}}^*[n_2] \tag{3.297}$$

相似的定义也适用于相关矩阵$\boldsymbol{R}_{\boldsymbol{xx}}[n_1,n_2]$。

WSS 随机矢量过程的均值是常量$\boldsymbol{m}_{\boldsymbol{x}}$，协方差仅仅是时间差的函数，即$\boldsymbol{C}_{\boldsymbol{xx}}[n]=\boldsymbol{C}_{\boldsymbol{xx}}[n_2-n_1]$。对于 IID WSS 随机矢量过程，$\boldsymbol{C}_{\boldsymbol{xx}}[n]=\boldsymbol{C}\delta[n]$，其中 $\boldsymbol{C}$ 是简写的协方差矩阵。如果整个矢量也是相互独立的，则 $\boldsymbol{C}$ 是对角阵(diagonal matrix)。再进一步，如果它们是同分布的，则 $\boldsymbol{C}=\sigma^2\boldsymbol{I}$。本书用到的主要是 IID WSS 随机矢量过程。

协方差矩阵有一些有趣的性质，在统计信号处理领域用来开发快速算法[143]。协方差矩阵是共轭对称的，即$\boldsymbol{C}^*=\boldsymbol{C}$。协方差矩阵也是半正定的[positive semi-definite]，这意味着

$$\boldsymbol{x}^*\boldsymbol{C}\boldsymbol{x}\geqslant 0\quad 所有\ \boldsymbol{x}\in\mathbb{C}^M \tag{3.298}$$

根据谱定理(spectral theorem)，对于所有共轭对称的矩阵，存在分解

$$\mathbf{C} = \mathbf{Q}^* \mathbf{\Lambda} \mathbf{Q} \tag{3.299}$$

其中，$\mathbf{Q}$ 是酉阵(unitary matrix)，$\mathbf{\Lambda}$ 是对角阵。$\mathbf{Q}$ 的列包含 $\mathbf{C}$ 的特征矢量，而 $\mathbf{\Lambda}$ 的对角线包含 $\mathbf{C}$ 的特征值。通过 $\mathbf{C}$ 的特征分解可以得到特征矢量和特征值。在许多情形中，希望特征值按照由大到小排列。可以通过奇异值分解达到此要求[316, 354]。

多变量高斯分布[182]广泛用于 MIMO 通信系统的分析，将在第 6 章详加讨论。随机变量 $\mathbf{v}$ 服从多变量实高斯分布，记作 $\mathcal{N}(\mathbf{m}_v, \mathbf{C}_v)$，其中

$$f_v(x) = \frac{1}{(2\pi)^{\frac{M}{2}} |\mathbf{C}_v|^{\frac{1}{2}}} \mathrm{e}^{-\frac{(\mathbf{x}-\mathbf{m}_v)^T \mathbf{C}_v^{-1} (\mathbf{x}-\mathbf{m}_v)}{2}} \tag{3.300}$$

多变量循环对称复高斯分布记作 $\mathcal{N}_{\mathbb{C}}(\mathbf{m}_v, \mathbf{C}_v)$，其中

$$f_v(x) = \frac{1}{\pi^M |\mathbf{C}_v|} \mathrm{e}^{-(\mathbf{x}-\mathbf{m}_v)^* \mathbf{C}_v^{-1} (\mathbf{x}-\mathbf{m}_v)} \tag{3.301}$$

MIMO 系统中的噪声就是建模成多变量随机过程，服从 $\mathcal{N}_{\mathbb{C}}(\mathbf{m}_v, \mathbf{C}_v)$。

只需将 $\mathbf{x}[n]$ 与多变量冲激响应 $\mathbf{H}[n]$ 进行卷积，即 $\mathbf{y}[n] = \sum_{\ell} \mathbf{H}[\ell]\mathbf{x}[n-\ell]$，就可以将 WSS 随机过程的滤波结论扩展至多变量随机过程。例 3.35 是一个特殊情形下的示例。3.2.7 节中的其他结论也可以进行相似的扩展，不过要小心，务必确保矢量和矩阵运算的正确次序。

例 3.35 设 $\mathbf{x}[n]$ 是 WSS 随机过程，均值为 $\mathbf{m}_x$，协方差为 $\mathbf{C}_x[k]$。若 $\mathbf{x}[n]$ 经 $\mathbf{H}[n] = \mathbf{H}\delta[n]$ 滤波，生成 $\mathbf{y}[n]$。求 $\mathbf{y}[n]$ 的均值和协方差。

解：输出信号为

$$\mathbf{y}[n] = \sum_{\ell} \mathbf{H}[\ell]\mathbf{x}[n-\ell] \tag{3.302}$$

$$= \mathbf{H}\mathbf{x}[n] \tag{3.303}$$

均值为

$$\mathbb{E}[\mathbf{y}[n]] = \mathbb{E}[\mathbf{H}\mathbf{x}[n]] \tag{3.304}$$

$$\mathbb{E}[\mathbf{H}\mathbf{x}[n]] = \mathbf{H}\mathbb{E}[\mathbf{x}[n]] \tag{3.305}$$

$$= \mathbf{H}\mathbf{m}_x \tag{3.306}$$

给定 $\mathbf{R}_{xx}[k] = \mathbf{C}_{xx}[k] + \mathbf{m}_x\mathbf{m}_x^*$，而 $\mathbf{y}[n]$ 的相关矩阵为

$$\mathbf{R}_{yy}[k] = \mathbb{E}[\mathbf{y}[n]\mathbf{y}^*[n+k]] \tag{3.307}$$

$$= \mathbb{E}[\mathbf{H}\mathbf{x}[n]\mathbf{x}^*[n+k]\mathbf{H}^*] \tag{3.308}$$

$$= \mathbf{H}\mathbf{R}_{xx}[k]\mathbf{H}^* \tag{3.309}$$

因此

$$\mathbf{C}_{yy}[k] = \mathbf{H}\mathbf{R}_{xx}[k]\mathbf{H}^* - \mathbf{H}\mathbf{m}_x\mathbf{m}_x^*\mathbf{H}^* \tag{3.310}$$

$$= \mathbf{H}(\mathbf{C}_{xx}[k] + \mathbf{m}_x\mathbf{m}_x^*)\mathbf{H}^* - \mathbf{H}\mathbf{m}_x\mathbf{m}_x^*\mathbf{H}^* \tag{3.311}$$

$$= \mathbf{H}\mathbf{C}_{xx}[k]\mathbf{H}^* \tag{3.312}$$

◀

3.3　频带信号处理

无线通信系统使用频带信号(passband signal)，此类信号的能量集中在载频 f_c 附近。本节介绍频带信号处理的基本原理。关键思想是通过频带信号的复基带信号表示(complex baseband signal representation)，也称为频带信号的复包络(complex envelop)，来描述频带信号。这样一来，就可以将频带信号分解成两项，一项是不依赖于 f_c 的基带信号，而

另一项复正弦波则是 f_c 的函数。复基带信号表示的主要优势在于，可以在无须明确提及载频 f_c 的条件下处理频带信号。这会带来便利，因为载频通常是在射频硬件中添加的。结果，复基带信号表示允许对无线系统中关键性的模拟部件进行重要的抽象。

本节回顾与频带信号有关的重要概念。首先，讲述上变频，这是由复基带信号生成频带信号的过程。接着，讲述下变频，这是从频带信号中提取复基带信号的过程。在无线通信系统中，上变频在发射机侧完成，而下变频在接收机侧完成。然后，开发频带信号滤波系统的复基带等效表示，相关的概念叫作伪复基带等效信道(pseudo-complex baseband equivalent channel)。本节以离散时间等效系统作为总结，在此系统中，发送信号、LTI 系统和接收信号都以离散时间的形式表示。最后的公式被后续章节广泛用于开发无线通信系统中的信号处理算法。

3.3.1　上变频——生成频带信号

对于连续时间实信号 $x_p(t)$，当 $|f| \notin |f_c - f_{low}, f_c + f_{high}|$ 时，其中 $f_{low} > 0$ 且 $f_{high} > 0$，如果 $x_p(t)$ 的傅里叶变换 $X(f)=0$，则 $x_p(t)$ 是载频 f_c 附近的频带信号。简便起见，本书考虑的是双边带信号，则 $f_{high} = f_{low} = B/2$。若要取消此假设，会另行说明。频带信号的带宽为 B，这是遵照 3.1.4 节的带宽定义计算出来的。为了方便数学推导，假定连续时间信号是理想带限的。

复包络用于在一个便捷的数学框架内表示频带信号。为了开发复基带信号表示，带宽与载频相比要足够小，即 $B \ll f_c$。这称为窄带假设(narrowband assumption)。除了某些超宽带系统，几乎所有无线通信系统都满足窄带假设[281]。

现在给出频带信号 $x_p(t)$ 的表述，随后对其进行简化，以获得基带等效。假设 $x_p(t)$ 是载频为 f_c 的窄带频带信号，记作

$$x_p(t) = A(t)\cos(2\pi f_c t + \phi(t)) \tag{3.313}$$

其中，$A(t)$ 是幅度函数，$\phi(t)$ 是相位函数。对于幅度调制(Amplitude Modulation，AM)，信息蕴含在 $A(t)$ 中，而对于频率调制(Frequency Modulation，FM)，信息蕴含在相位项 $\phi(t)$ 的导数中。由于 $\phi(t)$ 与载波一起出现在余弦项中，就信号处理的视角而言，这不太方便。

另一种表示频带信号的方法是采用同相(inphase)和正交(quadrature)形式。回想三角恒等式 $\cos(A+B)=\cos(A)\cos(B)-\sin(A)\sin(B)$。简化式(3.313)，可得

$$x_p(t) = \underbrace{A(t)\cos(\phi(t))}_{x_i(t)}\cos(2\pi f_c t) - \underbrace{A(t)\sin(\phi(t))}_{x_q(t)}\sin(2\pi f_c t) \tag{3.314}$$

信号 $x_i(t)$ 和 $x_q(t)$ 分别称为同相分量和正交分量。两者都是构建出来的实信号。基于式(3.314)，同相 $x_i(t)$ 和正交 $x_q(t)$ 与载波相乘可用于生成频带信号 $x_p(t)$。此过程称为上变频(upconversion)，如图 3.14 所示。乘法器由硬件混频器实现，晶振生成余弦波，并使用延迟元件生成正弦波。更加精细的体系结构可能采用多级混频和滤波[271]。

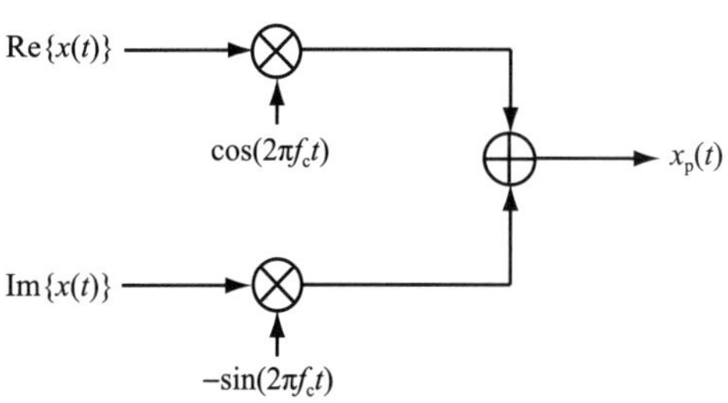

图 3.14　基带信号直接上变频至频带信号的数学框图。实际的射频模拟硬件可能不会进行直接的上变频，而是进行一系列上变频

采用复包络形式，同相和正交信号合成单路复信号。令 $x(t)=x_i(t)+jx_q(t)$ 表示 $x_p(t)$ 的复基带等效(或复包络)。回想欧拉公式 $e^{j\theta}=\cos(\theta)+j\sin(\theta)$。复基带等效与复正弦波 $e^{j2\pi f_c t}$ 相乘，可得

$$x(t)e^{j2\pi f_c t} = x_i(t)\cos(2\pi f_c t) - x_q(t)\sin(2\pi f_c t) + j(x_i(t)\sin(2\pi f_c t) + x_q(t)\cos(2\pi f_c t)) \tag{3.315}$$

实部对应式(3.314)中的频带信号，结果可以写成更加紧凑的形式：

$$x_p(t) = \text{Re}[x(t)e^{j2\pi f_c t}] \tag{3.316}$$

式(3.316)演示 $x_p(t)$如何分成两项：一项取决于复基带等效，一项取决于载频 f_c。

现在要证明式(3.316)中的 $x(t)$为何是带宽为 $B/2$ 的带限信号。首先，重写式(3.316)为

$$x_p(t) = \frac{1}{2}x(t)e^{j2\pi f_c t} + \frac{1}{2}x^*(t)e^{-j2\pi f_c t} \tag{3.317}$$

从而移除求实运算。利用表 3.1 中的傅里叶变换性质，可得

$$X_p(f) = \frac{1}{2}(X(f-f_c) + X^*(-f-f_c)) \tag{3.318}$$

本质上，$X(f)$的缩放版本移位至 f_c，而其镜像 $X^*(-f)$则移位至$-f_c$。不出所料，式(3.318)中的频谱镜像保持频域中的共轭对称，这是因为 $x_p(t)$是实信号。式(3.318)的主要含义是，如果 $x(t)$是带宽为 $B/2$ 的基带信号，则 $x_p(t)$是带宽为 B 的频带信号。此过程如图 3.15 所示。

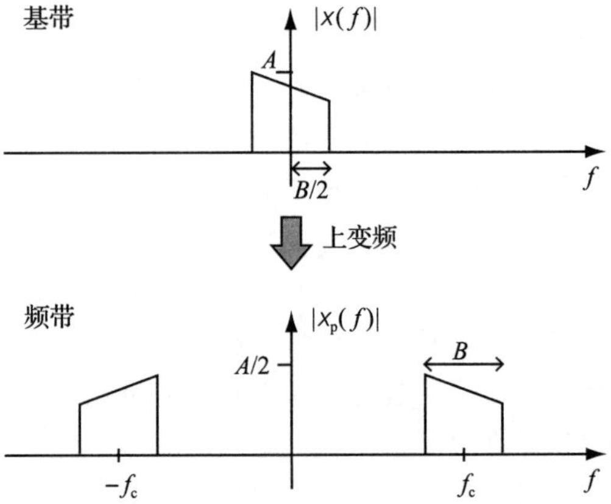

图 3.15 频域的上变频(基带信号变频带信号)。缩放因子 A 用于展现不同情形下幅度的缩放程度

例 3.36 设 $x(t)$是实数取值频带信号 $x_p(t)$的复包络。证明 $x(t)$通常是复数取值的信号，并说明 $x(t)$实数取值的条件。

解： 由于 $x_p(t)$是频带信号，可以写作

$$x_p(t) = \text{Re}[x(t)e^{j2\pi f_c t}] \tag{3.319}$$

$$= \text{Re}[x(t)(\cos(2\pi f_c t) + j\sin(2\pi f_c t))] \tag{3.320}$$

$$= \text{Re}[x(t)]\cos(2\pi f_c t) - \text{Im}[x(t)]\sin(2\pi f_c t) \tag{3.321}$$

将式(3.321)与式(3.314)中的各项等同起来，就得到 $\text{Re}[x(t)] = x_i(t)$、$\text{Im}[x(t)] = x_q(t)$。因此，$x(t)$通常是复数取值的。当 $x_q(t)=0$ 时，$x(t)$是实数取值的。也就是说，$x_p(t)$没有正交分量。 ◀

3.3.2 下变频——从频带信号中提取复基带信号

下变频(downconversion)是上变频的逆过程。这是获取频带信号并从中提取复基带信号的过程。本节就解释下变频的过程。

设 $y_p(t)$是频带信号。因此，存在一个等效基带信号 $y(t)$使得

$$y_p(t) = \text{Re}[y(t)e^{j2\pi f_c t}] \tag{3.322}$$

为了理解下变频的工作机理，回想下列三角恒等式：

$$\sin(u)\sin(v) = \frac{1}{2}[\cos(u-v) - \cos(u+v)] \tag{3.323}$$

$$\cos(u)\cos(v) = \frac{1}{2}[\cos(u-v) + \cos(u+v)] \tag{3.324}$$

$$\sin(u)\cos(v) = \frac{1}{2}[\sin(u-v) + \sin(u+v)] \tag{3.325}$$

利用式(3.323)～式(3.325)，得

$$y_p(t)\cos(2\pi f_c t)=\frac{1}{2}y_i(t)+\frac{1}{2}y_i(t)\cos(4\pi f_c t)-\frac{1}{2}y_q(t)\sin(4\pi f_c t) \tag{3.326}$$

$$y_p(t)\sin(2\pi f_c t)=-\frac{1}{2}y_q(t)+\frac{1}{2}y_q(t)\cos(4\pi f_c t)+\frac{1}{2}y_i(t)\sin(4\pi f_c t) \tag{3.327}$$

接收信号中的 $2f_c$ 频率分量显著高于基带频率分量。因此，为了提取基带分量，有必要使用低通滤波器对式(3.326)和式(3.327)的结果进行滤波，并调节缩放因子。

可以用紧凑的数学形式来解释下变频。截止频率为 $B/2$，单位增益的理想低通滤波器的傅里叶变换给定为 $\mathrm{rect}(f/B)$，或者根据表 3.2，对应时域为 $B\mathrm{sinc}(tB)$。则下变频信号可以写作

$$y(t)=2B\mathrm{sinc}(tB)*(y_p(t)\mathrm{e}^{-\mathrm{j}2\pi f_c t}) \tag{3.328}$$

上述表达式体现了获得复基带信号的关键思想。

图 3.16 给出了下变频的框图。通过将频带信号与正弦和余弦相乘，然后滤除高频复制，并调节缩放因子，下变频操作可以高效地将频带信号的频谱搬移。与上变频的情形类似，有许多实际的硬件体系结构可以实现下变频[271]。

有必要了解下变频在频域的工作机理。对式(3.328)进行傅里叶变换，下变频过程的数学表述如下

$$y(f)=2\mathrm{rect}\left(\frac{f}{B}\right)y_p(f+f_c) \tag{3.329}$$

如图 3.17 所示，本质上，$y(t)$的整个频谱向下搬移 f_c，然后用滤波器将高频部分滤除。

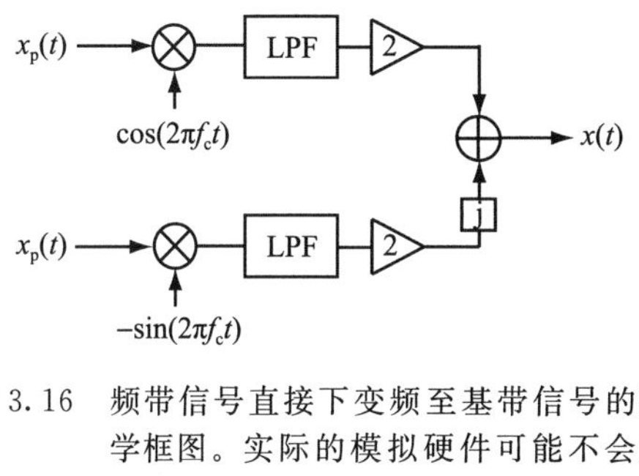

图 3.16　频带信号直接下变频至基带信号的数学框图。实际的模拟硬件可能不会进行直接的转换，而是进行一系列上变频和下变频。此外，在天线和一系列增益控制电路之后通常会有低噪放大器和带限滤波器

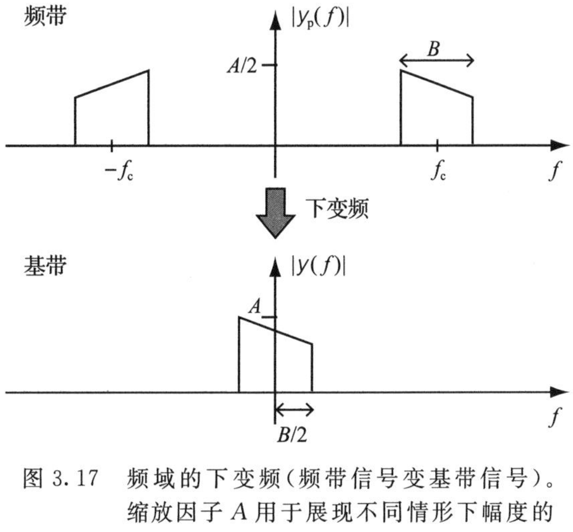

图 3.17　频域的下变频(频带信号变基带信号)。缩放因子 A 用于展现不同情形下幅度的缩放程度

式(3.329)和式(3.328)假定理想低通滤波器正好与信号的带宽匹配。不过，即便换用带宽更宽的非理想滤波器，也能得到相同的数学结果。实际上，基于抵御噪声和邻道干扰的考虑，带宽通常选择接近 B 的值。

当以信号处理的视角观察无线通信系统时，基带信号与频带信号的关系显得至关重要。纵观全书，在处理无线通信信号时，只考虑信号的复基带等效。由于发射机和接收机的载频之间存在误差，导致上变频和下变频存在缺陷，相关话题将在第 5 章进一步展开讨论。

3.3.3　复基带等效信道

迄今为止，生成频带信号以及从频带信号中提取复基带信号的简便表示已经建立起来。上变频用于在发射机侧生成频带信号，而下变频用于在接收机侧从频带信号中提取基带信号。期间，无线通信系统的模拟前端执行了若干关键操作。

从信号处理的视角看，仅仅处理复基带信号是便捷的。正如 3.1.2 节讨论的那样，对于无线信道而言，LTI 系统是个不错的模型。如图 3.18 所示，发送频带信号 $x_p(t)$ 输入此系统，从而产生接收信号：

$$y_p(t) = \int h_c(t-\tau)x_p(\tau)\mathrm{d}\tau \quad (3.330)$$

由于是在频带，式(3.330)中的输入-输出关系是载频的函数。基于 3.3.2 节的结论，便捷的做法是引入等效基带表示，这仅是某基带信道 $h(t)$ 条件下输入和输出信号的复包络的函数。换言之，对于某适宜的 $h(t)$，确立下列关系

$$y(t) = \int h(t-\tau)x(\tau)\mathrm{d}\tau \quad (3.331)$$

是不错的做法。复基带等效信道(complex baseband equivalent channel) $h(t)$ 以 $x(t)$ 为输入，生成 $y(t)$，整个过程都在基带完成。

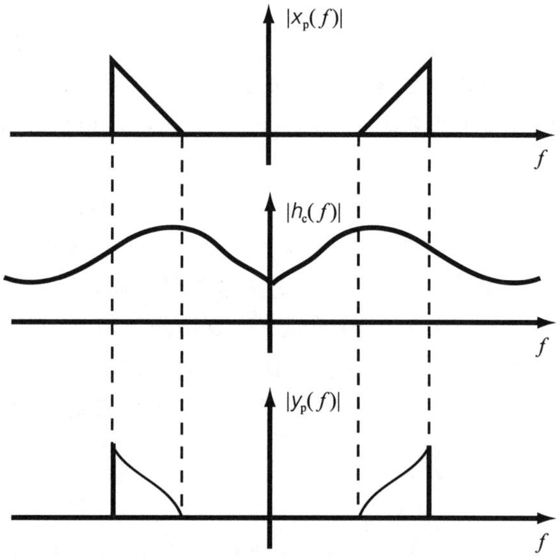

图 3.18　频带信号与信道的卷积。此时，图中给出的是信道 $h_c(f)$ 的全部响应

本节对从非限带的实信道 $h_c(t)$ 到复基带等效信道 $h(t)$ 的推导步骤进行总结。图 3.18 阐述的思想是仅仅识别对频带信号产生影响的那部分信道响应。然后需要考虑的等效频带信道响应如图 3.19 所示，没有丝毫损失。最后，在图 3.20 中，频带信道转换成信道的基带等效。

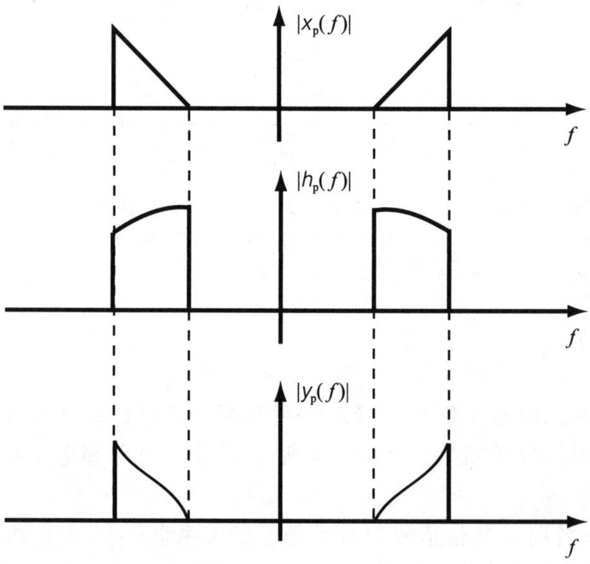

图 3.19　频带信号与信道的卷积

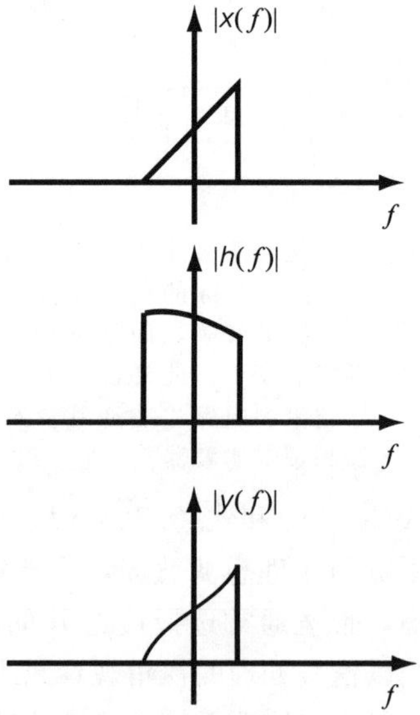

图 3.20　基带信号与基带等效信道的卷积

现在给出推导复基带等效信道的数学步骤。参照图3.20，推导在频域进行。目标是求得基带等效信道 $h(f)$，使得 $y(f)=h(f)x(f)$。需要注意推导过程中的缩放因子。

考虑接收信号

$$y_p(f) = h_c(f)x_p(f) \tag{3.332}$$

由于 $x_p(f)$是频带信号，$h_c(f)$只有在 $x_p(f)$频带范围内的部分才是重要的。这部分信道记作 $h_p(f)$。

频带信道 $h_p(f)$是由 $h_c(f)$经过理想频带滤波器滤波之后的产物。假设 $x_p(f)$的频带带宽为 B，则相应的理想频带滤波器带宽为 B，以 f_c 为中心，即

$$p(f)= \mathrm{rect}\left(\frac{f-f_c}{B}\right)+\mathrm{rect}\left(\frac{-(f+f_c)}{B}\right) \tag{3.333}$$

$$= \mathrm{rect}\left(\frac{f-f_c}{B}\right)+\mathrm{rect}\left(\frac{f+f_c}{B}\right) \tag{3.334}$$

或者在时域中等价为

$$p(t) = 2B\cos(2\pi f_c t)\,\mathrm{sinc}(Bt) \tag{3.335}$$

因为 $x_p(f)=x_p(f)p(f)$，所以有

$$y_p(f)= h_c(f)p(f)x_p(f) \tag{3.336}$$

$$= h_p(f)x_p(f) \tag{3.337}$$

其中，

$$h_p(f) = p(f)h_c(f) \tag{3.338}$$

是频带滤波信道。

现在假设 $h(f)$是复基带等效信道，则有 $y(f)=h(f)x(f)$。利用式(3.318)获得的频带信号为

$$y_p(f) = \frac{1}{2}h(f-f_c)x(f-f_c)+\frac{1}{2}h^*(-f-f_c)x^*(-f-f_c) \tag{3.339}$$

不过，同时成立的还有

$$y_p(f) = h_p(f)x_p(f) \tag{3.340}$$

令 $h_b(f)$表示 $h_p(f)$的复基带等效，再次利用式(3.318)，替换 $h_p(f)$和 $x_p(f)$，可得

$$y_p(f)= \left(\frac{1}{2}h_b(f-f_c)+\frac{1}{2}h_b^*(-f-f_c)\right)\left(\frac{1}{2}x(f-f_c)+\frac{1}{2}x^*(-f-f_c)\right) \tag{3.341}$$

$$= \frac{1}{4}h_b(f-f_c)x(f-f_c)+\frac{1}{4}h_b^*(-f-f_c)x^*(-f-f_c) \tag{3.342}$$

式(3.342)和式(3.339)的对应项是相等的，可得

$$h(f) = \frac{1}{2}h_b(f) \tag{3.343}$$

产生1/2因子的原因是，频带信道是非带限信号经过频带滤波，然后再经过下变频得到的。与式(3.329)中的计算类似，有

$$h(f)= \frac{1}{2}2\mathrm{rect}\left(\frac{f}{B}\right)h_p(f+f_c) \tag{3.344}$$

$$= \mathrm{rect}\left(\frac{f}{B}\right)\left[\mathrm{rect}\left(\frac{f}{B}\right)h_c(f+f_c)+\mathrm{rect}\left(\frac{f+f_c+f_c}{B}\right)h_c(f-f_c)\right] \tag{3.345}$$

$$= \mathrm{rect}\left(\frac{f}{B}\right)h_c(f+f_c) \tag{3.346}$$

对比式(3.329)，1/2因子与2因子在式(3.346)中相互抵消。生成复基带等效信道的整个

过程如图 3.21 所示。

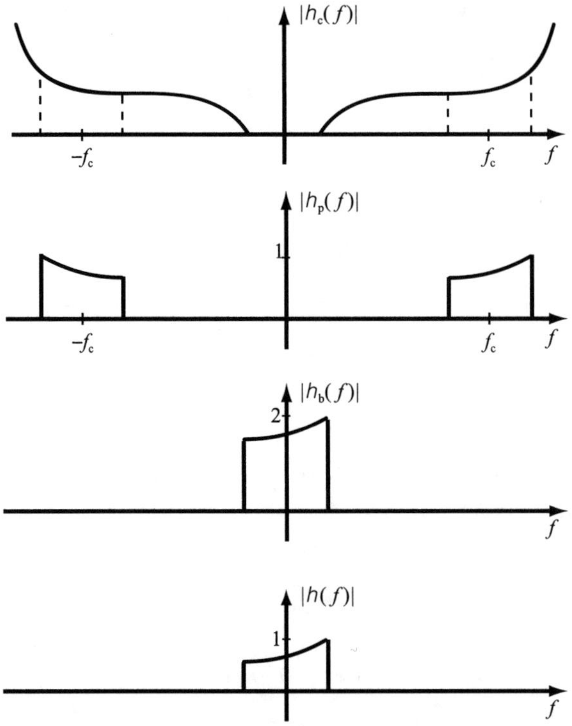

图 3.21　由 $h_c(f)$至 $h_p(f)$至 $h_b(f)$至 $h(f)$的频域转换演示。$h_p(f)$的缩放比例是任意选取的，旨在演示随后的再缩放

直接利用表 3.1 中的傅里叶变换性质可得时域响应：

$$h(t)=B\operatorname{sinc}(Bt)*h_c(t)e^{j2\pi f_c t} \tag{3.347}$$

$$=B\int\operatorname{sinc}(B(t-\tau))h_c(\tau)e^{j2\pi f_c\tau}d\tau \tag{3.348}$$

本质上，复基带等效信道是连续时间信道 $h_c(t)$的解调和滤波版本。时域操作如图 3.22 所示。例 3.37 和例 3.38 给出了一些计算示例。

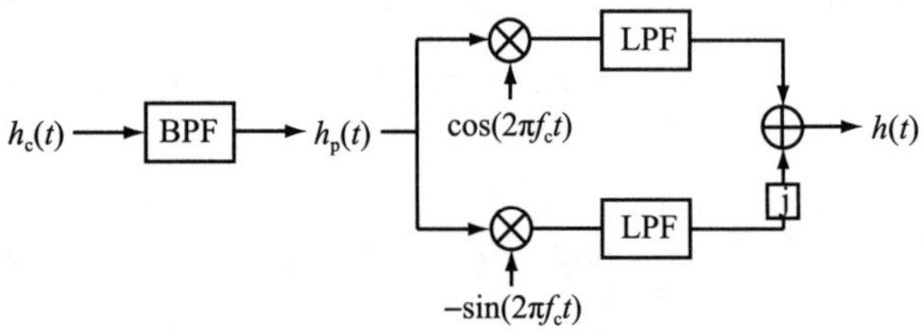

图 3.22　解调信道以构建复基带等效

例 3.37　假设信号在抵达接收机之前传播了 100m 的距离，遭受了 0.1 的衰减。为此信道 $h_c(t)$建立线性时不变模型，然后求解频带信号 $h_p(t)$以及基带等效信道 $h(t)$。基带信号带宽为 5MHz，载波频率 $f_c=2\text{GHz}$。

解：考虑到传播速度 $c=3\times10^8\text{m/s}$。则发射机与接收机之间的延迟 $\tau_d=100/c=1/3\mu\text{s}=1/3\times10^{-6}\text{s}$。因此，信道可以建模成

$$h_c(t)=0.1\delta(t-1/3\times10^{-6}) \tag{3.349}$$

基带信号带宽为 5MHz；因此，频带带宽 $B=10\text{MHz}$。现在

$$h_p(t)=h_c(t)*p(t) \tag{3.350}$$

$$=\int p(t-\tau)h_c(\tau)d\tau \tag{3.351}$$

$$= 0.1\int p(t-\tau)\delta(t-1/3\times 10^{-6})\mathrm{d}\tau \tag{3.352}$$

$$= 0.1p(t-1/3\times 10^{-6}) \tag{3.353}$$

$$= 2\times 0.1\times 10^{7}\cos(2\pi 2\times 10^{9}(t-1/3\times 10^{-6}))\mathrm{sinc}(10^{7}(t-1/3\times 10^{-6})) \tag{3.354}$$

相似地，为了求解基带信道，利用式(3.348)，得

$$h(t)= 0.1\times 10^{7}\int \mathrm{sinc}(10^{7}(t-\tau))\delta(\tau-1/3\times 10^{-6})\mathrm{e}^{-\mathrm{j}2\pi\times 2\times 10^{9}\tau}\mathrm{d}\tau \tag{3.355}$$

$$= 0.1\times 10^{7}\mathrm{sinc}(10^{7}(t-1/3\times 10^{-6}))\mathrm{e}^{-\mathrm{j}2\pi\frac{2}{3}\times 10^{3}} \tag{3.356}$$

进一步简化问题中的数字，得

$$h(t) = 10^{6}\mathrm{sinc}(10^{7}(t-1/3\times 10^{-6}))\mathrm{e}^{-\mathrm{j}\pi\frac{4}{3}} \tag{3.357}$$

◀

例 3.38 某无线通信系统，载频 $f_c=900\mathrm{MHz}$，绝对带宽 $B=5\mathrm{MHz}$。双径信道模型为

$$h_c(t) = \delta(t-2\times 10^{-6})+0.5\delta(t-5\times 10^{-6}) \tag{3.358}$$

- 求 $h_c(t)$的傅里叶变换

解：令 $t_1=2\times 10^{-6}$，$t_2=5\times 10^{-6}$，则重写时域的信道响应为

$$h_c(t) = \delta(t-t_1)+0.5\delta(t-t_2) \tag{3.359}$$

在频域，信道响应为

$$\mathsf{h}(f) = \mathrm{e}^{-\mathrm{j}2\pi f_c t_1}+0.5\mathrm{e}^{-\mathrm{j}2\pi f_c t_2} \tag{3.360}$$

而幅度(绘图方便)为

$$|\mathsf{h}(f)| = (1.25+\cos(2\pi f(t_1-t_2)))^{1/2} \tag{3.361}$$

$$= (1.25+\cos(6\times 10^{-6}\pi f))^{\frac{1}{2}} \tag{3.362}$$

- 求时域和频域的频带信道 $h_p(t)$。

解：在时域

$$h_p(t)= h_c(t) * p(t) \tag{3.363}$$

$$= p(t-t_1)+0.5p(t-t_2) \tag{3.364}$$

在频域

$$\mathsf{h}_p(f)= \mathsf{h}_c(f)\mathsf{p}(f) \tag{3.365}$$

$$= \begin{cases}\mathsf{h}(f) & f\in[-f_c-B/2,-f_c+B/2]\ \text{或者}[f_c-B/2,f_c+B/2]\\ 0 & \text{其他}\end{cases} \tag{3.366}$$

$$= (\mathrm{e}^{-\mathrm{j}2\pi f_c t_1}+0.5\mathrm{e}^{-\mathrm{j}2\pi f_c t_2})\left[\mathrm{rect}\left(\frac{f-f_c}{B}\right)+\mathrm{rect}\left(\frac{f+f_c}{B}\right)\right] \tag{3.367}$$

信道的幅度为

$$|\mathsf{h}_p(f)| = [1.25+\cos(6\times 10^{-6}\pi f)]^{1/2}\left[\mathrm{rect}\left(\frac{f-f_c}{B}\right)+\mathrm{rect}\left(\frac{f+f_c}{B}\right)\right] \tag{3.368}$$

- 求时域和频域的复基带等效信道 $h(t)$。

解：在时域，由于 $\mathrm{e}^{-\mathrm{j}2\pi f_c t_1}=\mathrm{e}^{-\mathrm{j}2\pi f_c t_2}=1$，由式(3.348)，得

$$h(t)= B\int \mathrm{sinc}(B(t-\tau))[\delta(t-t_1)+0.5(t-t_2)]\mathrm{e}^{-\mathrm{j}2\pi f_c\tau}\mathrm{d}\tau \tag{3.369}$$

$$= B[\mathrm{sinc}(B(t-t_1))\mathrm{e}^{-\mathrm{j}2\pi f_c t_1} + 0.5\mathrm{sinc}(B(t-t_2))\mathrm{e}^{-\mathrm{j}2\pi f_c t_2}] \tag{3.370}$$

$$= B[\mathrm{sinc}(B(t-t_1)) + 0.5\mathrm{sinc}(B(t-t_2))] \tag{3.371}$$

在频域

$$h(f) = [\mathrm{e}^{-\mathrm{j}2\pi f_c t_1} + 0.5\mathrm{e}^{-\mathrm{j}2\pi f_c t_2}]\mathrm{rect}\left(\frac{f}{B}\right) \tag{3.372}$$

频率响应的幅度为

$$|h(f)| = \frac{1}{2}[1.25 + \cos(6\times 10^{-6}\pi f)]^{1/2}\mathrm{rect}\left(\frac{f}{10\times 10^6}\right) \tag{3.373}$$

◀

3.3.4 伪基带等效信道

对于信道是一系列延迟冲激之和的特殊情形，除了复基带等效信道之外，还有其他选择，称为伪基带等效信道(pseudo-baseband equivalent channel)，此术语在文献中并非标准。

为了推导伪基带等效信道，考虑下列 R 射线或者路径模型，每条路径的幅度为 α_r，延迟为 τ_r，即

$$h_c(t) = \sum_{r=0}^{R-1}\alpha_r\delta(t-\tau_r) \tag{3.374}$$

将双径信道模型中的结论一般化，可得复基带等效为

$$h(t) = \sum_{r=0}^{R-1}\alpha_r \mathrm{e}^{-\mathrm{j}2\pi f_c \tau_r} B\,\mathrm{sinc}(B(t-\tau_r)) \tag{3.375}$$

注意，将 sinc 函数提取出来，上式可重写为

$$h(t) = B\mathrm{sinc}(Bt) * \sum_{r=0}^{R-1}\alpha_r \mathrm{e}^{-\mathrm{j}2\pi f_c \tau_r}\delta(t-\tau_r) \tag{3.376}$$

则称 $h_{\mathrm{pb}}(t) = \sum_{r=0}^{R-1}\alpha_r \mathrm{e}^{-\mathrm{j}2\pi f_c \tau_r}\delta(t-\tau_r)$ 为伪基带等效信道。该信道除了拥有复系数 $\alpha_r \mathrm{e}^{-\mathrm{j}2\pi f_c \tau_r}$ 以外，其余都与 $h_c(t)$ 惊人地相似。此外，由于信号是带限的，可得 $y(t)=h(t)*x(t)=h_{\mathrm{pb}}(t)*x(t)$。也就是说，将 $h_{\mathrm{pb}}(t)$ 与 $x(t)$ 卷积就可以得到复基带等效信号 $y(t)$。不幸的是，$h_{\mathrm{pb}}(t)$ 自身并非带限的，无法用于采样；因此，在随后推导离散时间模型时要多加小心。

例 3.39 求例 3.37 所述情形的伪基带等效信道。

解： 由于 $h_c(t)=0.1\delta(t-1/3\times 10^{-6})$，可得

$$h_{\mathrm{pb}}(t) = 0.1\mathrm{e}^{-\mathrm{j}2\pi\frac{2}{3}\times 10^3}\delta(t-1/3\times 10^{-6}) \tag{3.377}$$

$$= 0.1\mathrm{e}^{-\mathrm{j}\pi\frac{4}{3}}\delta(t-1/3\times 10^{-6}) \tag{3.378}$$

◀

例 3.40 求例 3.38 所述情形的伪基带等效信道。

解： 由于 $h_c(t)=\delta(t-2\times 10^{-6})+0.5\delta(t-5\times 10^{-6})$，可得

$$h_{\mathrm{pb}}(t) = \mathrm{e}^{-\mathrm{j}2\pi 900\times 10^6\times 2\times 10^{-6}}\delta(t-2\times 10^{-6}) + 0.5\mathrm{e}^{-\mathrm{j}2\pi 900\times 10^6\times 5\times 10^{-6}}\delta(t-5\times 10^{-6}) \tag{3.379}$$

$$= \delta(t-2\times 10^{-6}) + 0.5\delta(t-5\times 10^{-6}) \tag{3.380}$$

由于数值选择的原因，复相位效应消失了。因而，此时的伪基带等效信道与原信道相同。◀

3.3.5 离散时间等效信道

复基带等效信号的带限性质允许开发完全依赖于复基带等效采样信号的系统模型和离散时间等效信道。从这样的表示出发，如何利用数字信号处理生成发送信号以及处理接收信号就变得清晰起来。

假设 $x(t)$ 和 $y(t)$ 是带宽为 $B/2$ 的带限复基带信号，且采样周期 $T \geqslant 1/B$，满足奈奎斯特采样定理的条件。待发送的复基带信号 $x(t)$ 可由其采样值 $\{x[n]\}$ 利用式(3.82)的重建公式，即

$$x(t) = \sum_{n=-\infty}^{\infty} x[n] \text{sinc}((t - nT)/T) \tag{3.381}$$

生成。实际上，$x(t)$ 通常由一对数模转换器(同相分量和正交分量各需一个)生成。只要满足奈奎斯特采样定理的条件，就可对接收机侧的复基带信号 $y(t)$ 进行无损的周期采样，以生成

$$y[n] = y(nT) \tag{3.382}$$

上述操作实际上是由一对模数转换器(同相分量和正交分量各需一个)完成的。

运用 3.1.6 节的结论，式(3.331)中的输入-输出关系可写成对等的离散时间形式，如下

$$y[n] = \sum_{k=-\infty}^{\infty} h[k] x[n-k] \tag{3.383}$$

其中，$h[n] = Th(nT)$，因为 $h(t)$ 已经被构建成带限的了，如式(3.346)所示。

已知采样信道 $h[n]$ 是离散时间复基带等效信道。连续时间信道结合式(3.114)和式(3.348)可得离散时间信道如下

$$h[n] = TB \int \text{sinc}(B(nT - \tau)) h_c(\tau) \mathrm{e}^{-\mathrm{j}2\pi f_c \tau} \mathrm{d}\tau \tag{3.384}$$

在临界采样($T = 1/B$，经常用于示例和习题)的特殊情形中，缩放因子消失，从而有

$$h[n] = \int \text{sinc}(n - B\tau) h_c(\tau) \mathrm{e}^{-\mathrm{j}2\pi f_c \tau} \mathrm{d}\tau \tag{3.385}$$

离散时间信号处理对于数字通信系统的重要性源自频带通信信号的使用。利用频带性质开发输入和输出信号的复基带等效，以及这些信号随之而来的带限性质使得开发离散时间信号模型成为可能。抽象步骤总结在图 3.23 中。纵观全书，此模型会得到持续改进，正在进行的改进包括添加类似加性噪声的额外损伤，还有淘汰诸如完美下变频的假设。

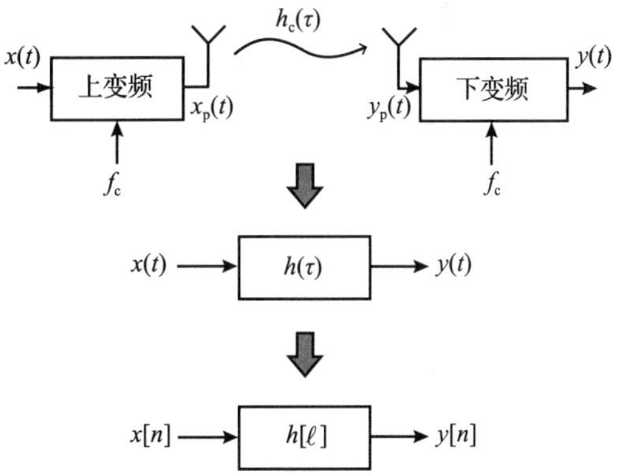

图 3.23 数字通信系统的改进

例 3.41 在正好以奈奎斯特速率进行采样的条件下，求例 3.37 所得 $h(t)$ 的离散时间复基带信道 $h[n]$。

解：基带信号带宽为 5MHz；因此，频带带宽 $B=10$MHz。基带信号的奈奎斯特频率为 5MHz；因此，奈奎斯特速率为 10MHz。以奈奎斯特速率进行采样，$T=1/10^7$s。由于 $h(t)$ 已经是带限的了，可以直接使用奈奎斯特采样定理，即

$$h[n]=Th(nT) \tag{3.386}$$

$$=\frac{1}{10^7}0.1\times10^7\text{sinc}(10^7(n/10^7-1/3\times10^{-6}))e^{-j2\pi\frac{2}{3}\times10^3} \tag{3.387}$$

$$=0.1\text{sinc}(n-10/3)e^{-j\pi\frac{4}{3}} \tag{3.388}$$

这是造成发送信号延迟和衰减的相对简单的信道，其结果是存在衰减和相移，以及对接收信号施加采样移位 sinc 函数影响的冲激响应。特殊情形下，可以进一步简化，正如下道例题所示。◀

例 3.42 在正好以奈奎斯特速率进行采样的条件下，求例 3.38 所得 $h(t)$ 的离散时间复基带信道 $h[n]$。

解： 由例 3.38 可知，$B=5\times10^6$ Hz；因此，以奈奎斯特速率采样，$T=1/B=0.2\times10^{-6}$ s。离散时间复基带信道为

$$h[n]=Th(nT) \tag{3.389}$$

将式(3.371)中的 $h(t)$ 代入，得

$$h[n]=TB\text{sinc}(n-Bt_1)+0.5\text{sinc}(n-Bt_2) \tag{3.390}$$

其中，$t_1=2\times10^{-6}$ s，$t_2=5\times10^{-6}$ s。代入所有变量，得

$$h[n]=\text{sinc}(n-10)+0.5\text{sinc}(n-25) \tag{3.391}$$

$$=\delta[n-10]+0.5\delta[n-25] \tag{3.392}$$

最终的简化是由于 $\text{sinc}(n)=\delta[n]$。本题的延迟是针对带宽特别选择的，所以能够导致这种简化。◀

3.4　多速率信号处理

随着本书不断展开，发射机或者接收机会有很多机会使用数字信号处理技术以简化实现并且提高整体的无线电灵活性。以此为目标，多速率信号处理将变得有用起来。作为 DSP 技术的类别之一，多速率信号处理是在采样开始之后促使采样速率不断变化。本节回顾多速率信号处理的诸多重要概念，包括降采样、升采样、多相序列、滤波以及插值或者重采样。

3.4.1　降采样

降采样(downsampling)，又称为抽取(decimation)，是一种降低离散时间序列采样速率的方法。设 M 为正整数，对信号进行 M 倍降采样是指将原序列每 $M-1$ 个采样值丢弃，以生成一个新信号。降采样器的框图符号为 $\downarrow M$，其操作以及图形示例如图 3.24 所示。

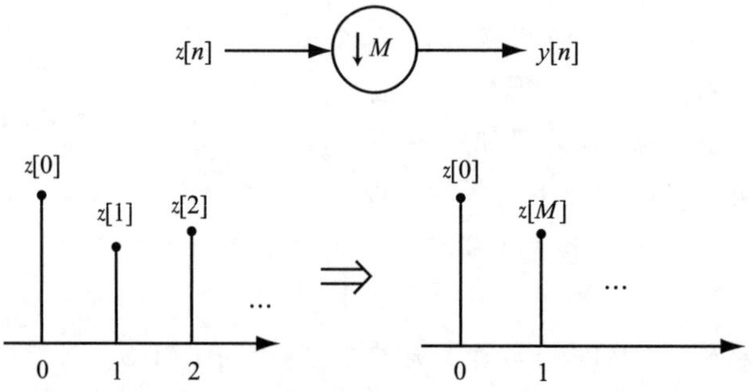

图 3.24　离散时间信号的降采样。顶部图片表明框图中使用的降采样符号，而底部图片演示降采样操作

为了解释降采样器的操作，令 $z[n]$表示输入，$y[n]$表示输出。输入和输出的数学关系为：

$$y[n]=z[nM] \tag{3.393}$$

$z[n]$中的采样被忽略以生成 $y[n]$；因此，存在信息丢失。信息的减少造成了频域的混叠效应：

$$y(e^{j2\pi f})=\frac{1}{M}\sum_{m=0}^{M-1}z(e^{j2\pi f/M-j2\pi m/M}) \tag{3.394}$$

由于混叠的存在，通常不可能由 $z(e^{j2\pi f})$恢复 $y(e^{j2\pi f})$。可在降采样之前先将 $z[n]$滤波以消除式(3.394)中的混叠。

例 3.43 考虑函数 $x(t)=\sin(2\pi f_1 t)+\sin\left(2\pi f_2 t+\frac{pi}{3}\right)$，其中 $f_1=18\text{kHz}$，$f_2=6\text{kHz}$，在 $t=n\frac{1}{f_s}$以采样频率 $f_s=48\text{kHz}$ 进行采样获得的采样值。对于 $n=1$，…，20 的部分采样值如图 3.25a 所示。所得序列在频率轴归一化后的幅度谱如图 3.25b 所示。以 $M=2$ 对信号进行抽取，所得序列的一部分如图 3.25c 所示。信道抽取版本的幅度谱如图 3.25d 所示。请解释抽取信号的幅度谱为何只包含两根冲激。

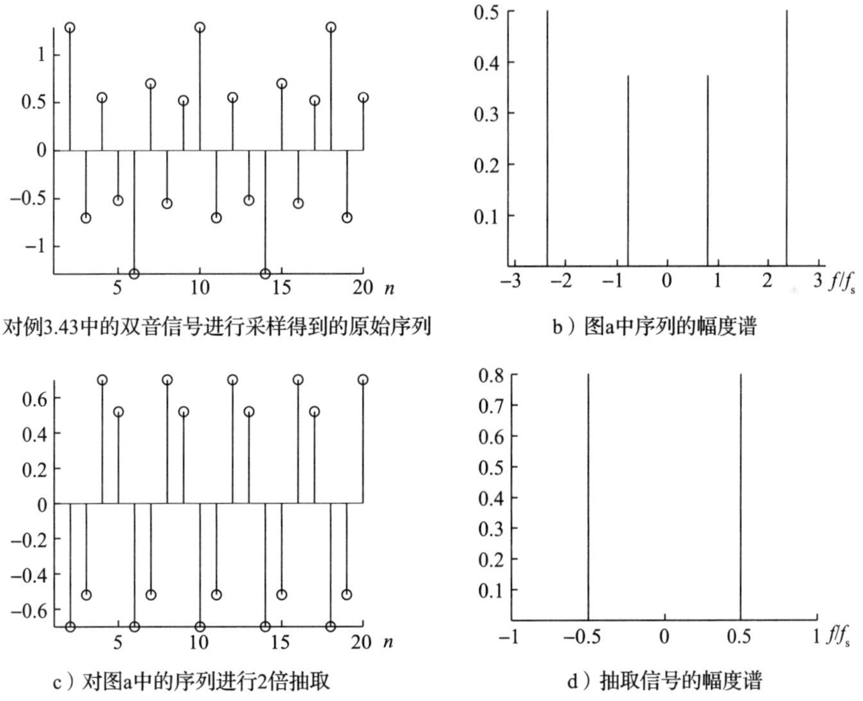

a）对例3.43中的双音信号进行采样得到的原始序列

b）图a中序列的幅度谱

c）对图a中的序列进行2倍抽取

d）抽取信号的幅度谱

图　3.25

解： 原序列的频谱包含位于 $\pm F_1$ 和 $\pm F_2$ 处的冲激，对应归一化频率 $F_1=\frac{f_1}{f_s}=\frac{1}{4}$和 $F_2=\frac{f_2}{f_s}=\frac{3}{4}$。再对信号进行抽取之后，新的采样频率为 $f_s'=24\text{kHz}$，则只能观察到位于 $\Omega=\frac{1}{2}$的两根冲激。

构建式(3.394)中的抽取信号的频谱可以解释上述结果。当以 $M=2$ 对信号进行抽取

时，位于 Ω_j 处的频率分量出现在了 $2\Omega_j$ 处。结果，位于原频谱 $\Omega=\pm\frac{1}{4}$ 处的冲激出现在了 $\Omega=\pm\frac{1}{2}$ 处。而位于 $\Omega=\pm\frac{3}{4}$ 处的冲激跑到了 $\Omega=\pm\frac{6}{4}>|1|$ 处，可以在 $\pm\left(2-\frac{6}{4}\right)=\pm\frac{1}{2}$ 处观察到。因而，由于混叠效应，在抽取信号的幅度谱中观察到的单一冲激源自两个频率分量的和。◀

3.4.2 升采样

升采样(upsampling)是在离散时间序列的每个采样值后插入零值的一种变换。设 L 为正整数，对信号进行 L 倍升采样是指在原序列每个采样值后插入 $L-1$ 个零值，以生成一个新信号。升采样器的框图符号为 $\uparrow L$，其操作以及图形示例如图 3.26 所示。

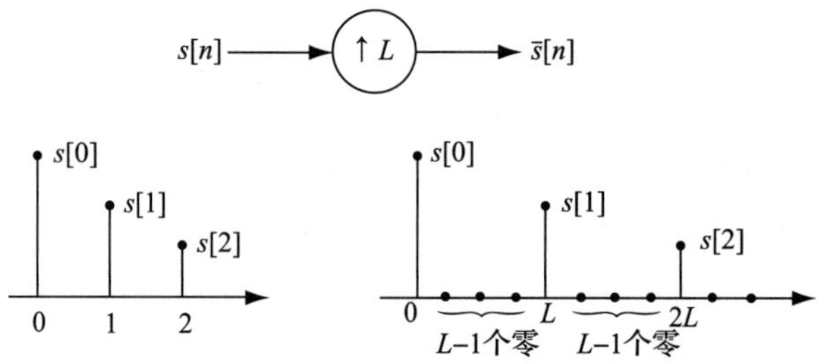

图 3.26 离散时间信号的升采样。顶部图片表明框图中使用的升采样符号，而底部图片演示升采样的作用——向信号中插入零值

令 $s[n]$ 表示升采样器的输入，$\bar{s}_L[n]$ 表示输出。当不会产生混淆时，可将下标 L 丢弃。升采样器输入-输出的数学关系可以写作

$$\bar{s}[n]=\sum_k s[k]\delta[n-kL] \tag{3.395}$$

由傅里叶定理可知，输入和输出信号在频域的关系为

$$\bar{\mathrm{S}}(\mathrm{e}^{\mathrm{j}2\pi f})=\mathrm{S}(\mathrm{e}^{\mathrm{j}2\pi fL}) \tag{3.396}$$

在频域，升采样操作造成的影响是压缩频谱。因为在升采样过程中采样值没有丢失，所以不会发生混叠。

例 3.44 考虑图 3.27 中的系统，包括降采样和升采样操作。求以 $x[n]$ 表示的 $y[n]$ 的表达式。

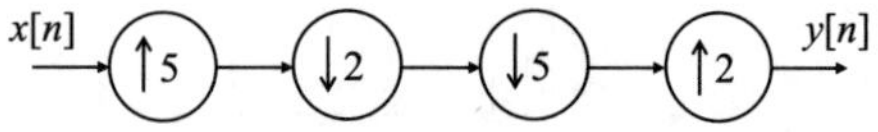

图 3.27 一个包含降采样与升采样联合操作的系统框图

解： 利用 5 与 3 互质的事实，升采样器与抽取器交替，因此可以交换前两个模块的顺序。这样一来，注意 5 倍的扩展器后接 5 倍的抽取器等价于一个恒等系统(identity system)。因此，系统等价于一个 5 倍的抽取器后接 5 倍的升采样器，结果为

$$y[n]=\begin{cases}x[n], & n=5k,\quad k=0,1,2,\cdots\\ 0, & \text{其他}\end{cases} \tag{3.397}$$

◀

3.4.3 多相分解

多速率信号处理经常涉及将一个序列分解成多相分量，并对每个分量单独处理。设 M 为正整数，信号 $s_m[n]=s[nM+m]$ 表示 $s[n]$ 的第 m 个多相子序列(polyphase subsequence)。

可以基于序列的多相分量来分解序列。用 Kronecker δ 函数表示 $s[n]$，得

$$s[n]=\sum_{k=-\infty}^{\infty}s[k]\delta[n-k] \tag{3.398}$$

用 $Mr+m$ 取代 k，重写求和式，得

$$s[n]=\sum_{m=0}^{M-1}\sum_{r=-\infty}^{\infty}s[Mr+m]\delta[n-Mr-m] \tag{3.399}$$

$$=\sum_{m=0}^{M-1}\sum_{r=-\infty}^{\infty}s_m[r]\delta[n-Mr-m] \tag{3.400}$$

将信号分解成多相分量时，没有信息损失。分解 $s[n]$ 至其多相分量的操作如图 3.28 所示。

重写式(3.400)的过程给出了如何利用升采样操作由多相分量重建序列的线索。意识到式(3.400)与式(3.395)之间的联系，式(3.400)可以改写为

$$s[n]=\sum_{m=0}^{M-1}\bar{s}_m[n-m] \tag{3.401}$$

其中 $\bar{s}_m[n]$ 是 M 倍升采样的输出。由多相分量重建信号如图 3.29 所示。

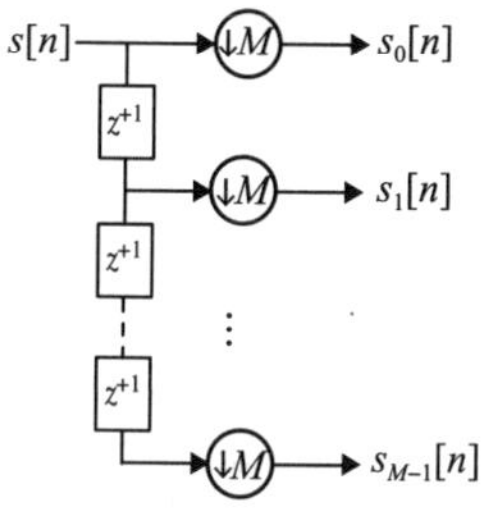

图 3.28　将信号分解成多相分量。符号 z^{+1} 用于表示将信号前移一个采样值的操作

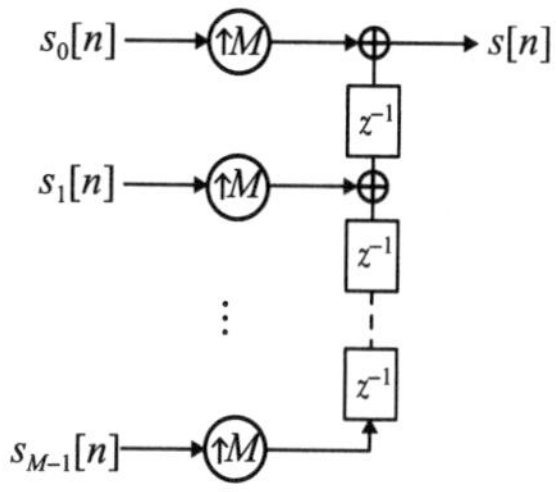

图 3.29　由多相分量重建信号。符号 z^{-1} 用于表示将信号延迟一个采样值的操作

例 3.45　考虑序列 $s[n]=\delta[n]+0.5\delta[n-1]+0.75\delta[n-2]-0.25\delta[n-3]$。当 $M=2$ 时，求其多相分量。

解：根据式(3.400)，信号的多相分量为 $s_m[n]=s[nM+m]$，$0\leqslant m\leqslant M-1$。本例题非常简单，只有两个多相分量：

$$s_0[n]=s[2n]=\delta[n]+0.75\delta[n-1] \tag{3.402}$$

$$s_1[n]=s[2n+1]=0.5\delta[n]-0.25\delta[n-1] \tag{3.403}$$

◀

3.4.4　升采样和降采样中的滤波

多速率信号处理经常伴随滤波操作。多抽样率不变性(multirate identity)用于交换升采样或者降采样操作与滤波(卷积)操作的顺序。在软件定义无线电(software-defined radio)中，多抽样率不变性的灵活运用可以降低复杂性[273]。

降采样滤波不变性如图 3.30 所示。降采样等效展示如何用降采样前置滤波(一个新的滤波器)交换降采样后置滤波。在时域，等效关系为

$$y[n]=z[nM]*g[n] \tag{3.404}$$

$$=\sum_k z[kM]g[n-k] \tag{3.405}$$

$$=\sum_k z[k]\bar{g}[nM-k] \tag{3.406}$$

对滤波器 $g[n]$ 进行 M 倍升采样以构建 $\bar{g}[n]$，则卷积可在降采样操作之前进行。

升采样滤波不变性如图 3.31 所示。升采样等效展示如何用升采样后置滤波交换升采样前置滤波。在时域，等效关系为

$$x[n]=\sum_k\Big(\sum_m s[m]g[k-m]\Big)\delta[n-kL] \tag{3.407}$$

$$=\sum_m\Big(\sum_k s[k]\delta[m-kL]\Big)\Big(\sum_p g[p]\delta[n-m-pL]\Big) \tag{3.408}$$

$$=\sum_m \bar{s}[m]\bar{g}[n-m] \tag{3.409}$$

升采样等效的本质是，可以对滤波信号进行升采样，或者对信号升采样之后与升采样滤波器卷积。

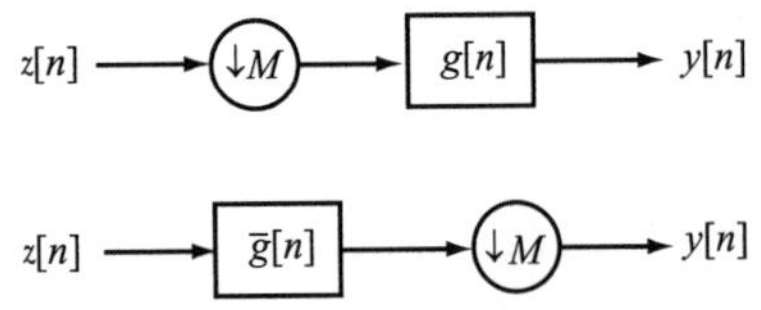

图 3.30 降采样等效。对信号降采样之后再进行滤波等价于用升采样滤波器对信号滤波之后再进行降采样

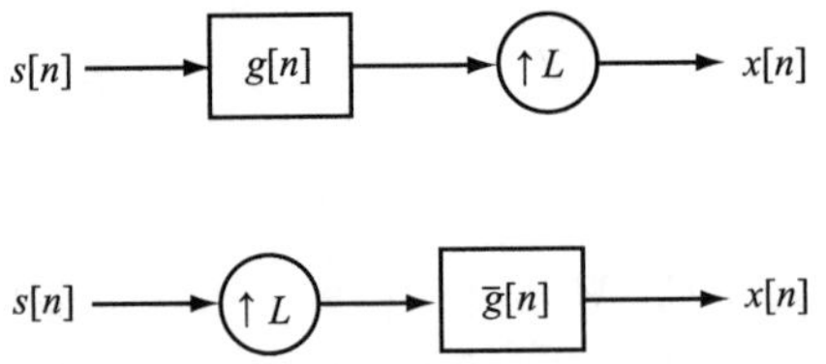

图 3.31 升采样等效。对信号滤波之后再进行升采样等价于对信号升采样之后再用升采样滤波器进行滤波

3.4.5 改变采样速率

发射机的采样速率通常由数模转换器的速率决定，而接收机的采样速率由模数转换器的速率决定。在纠正更加复杂的接收机损伤来提高采样速率以模仿需要过采样(oversampling)(用更高速率的模数转换器采样)的情形时，就要改变采样速率。在设计原型系统时，需要非常高速率(远高于满足奈奎斯特所需的最小速率)的转换器。但是，在随后的处理过程中，为了降低复杂性，又需要较低速率。此时，也需要改变采样速率。

提高采样速率(整数因子) 考虑某带限信号 $x(t)$，对其进行采样以生成 $x[n]=x(nT)$，采样周期 T 足够满足奈奎斯特采样定理的条件。假设想要 $z[n]=x(nT/L)$，其中 L 为正整数。因为 $x(t)$是带限的，所以有

$$x(t)=\sum_m x[m]\mathrm{sinc}((t-mT)/T) \tag{3.410}$$

因此

$$x(nT/L)=\sum_m x[m]\mathrm{sinc}((nT/L-mT)/T) \tag{3.411}$$

$$=\sum_m x[m]\mathrm{sinc}((n-mL)/L) \tag{3.412}$$

提高采样速率需要 L 倍的升采样，然后用增益为 L、截止频率为 $1/L$ 的离散时间理想低通滤波器进行滤波，如图 3.32 所示。

降低采样速率(整数因子) 降低采样速率略微不同于提高采样速率，因为在此种情形下会发生信息丢失。假设对某带限信号 $x(t)$进行采样，若采样周期为 T，则满足奈奎斯特采样定理的条件。现在需要将采样周期调整至 TM，其中 M 为正整数。如果 TM 不满足奈奎斯特采样定理的条件，则混叠会破坏原始信号的完整性。典型的解决方案是在进行降采样之前，先对离散时间信号进行低通滤波，如图 3.33 所示。此情形的数学表述为

$$\widetilde{x}[n]=M\sum_{m}x[m]\operatorname{sinc}((nM-m)/M) \tag{3.413}$$

其中，因子 M 是用来保持信号中适当的缩放因子。降采样前置低通滤波等效于在对连续时间信号进行采样之前先进行对应带宽为 $1/2MT$ 的低通滤波。

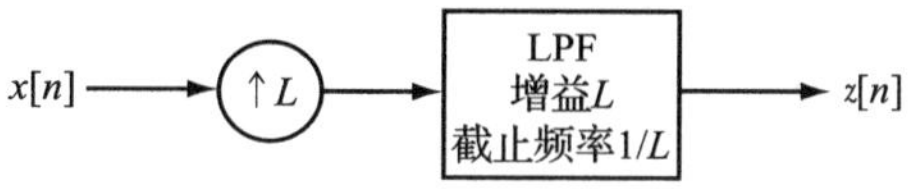

图 3.32　提高采样速率（因子 L 为整数），也称为插值

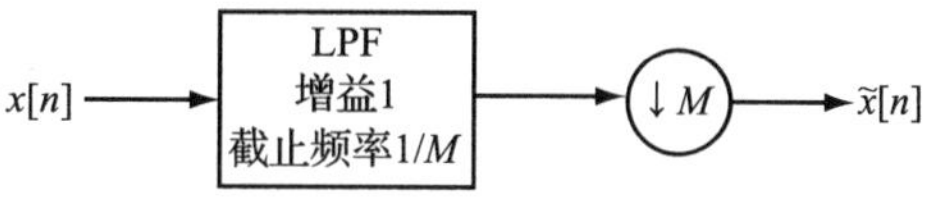

图 3.33　降低采样速率（因子 M 为整数），也称为抽取

改变采样速率（因子为有理数）　已经对信号进行了速率为 $1/T$ 的采样，假设现在需要速率为 L/TM 的采样信号，其中 M 和 L 是正整数。要解决此问题，可以先将采样速率提高到 L/T，然后进行 M 倍降采样，从而达到期望的采样速率。将图 3.32 和图 3.33 连接起来，组成图 3.34 中的联合系统。令 $R=\max(L, M)$，则新信号的数学形式写作

$$\widetilde{x}[n]=\frac{L}{R}\sum_{m}x[m]\operatorname{sinc}((nM-m)/R) \tag{3.414}$$

图 3.34　改变采样速率（因子为 L/M），也称为重采样（resampling）

如果采样周期大于原始信号的采样周期，则信号需要低通滤波以有效地避免混叠。在通信系统中，改变采样速率可以用于纠正实际硬件和待处理信号之间的不匹配。（例如，在软件定义无线电中，模数转换可以在非常高的采样速率下进行，但这对于处理低带宽信号而言是不必要的。）

3.5　线性估计

在后续各章中，求得各种未知参数的估计值是有益的。本节首先回顾线性代数的若干背景知识，然后介绍三种基于统计信号处理的重要估计器：线性最小二乘估计器、最大似然估计器以及线性最小均方误差估计器。基于某些假设，线性最小二乘也是最大似然估计器。第 5 章将大量地使用线性最小二乘。许多结果也可以扩展至线性最小均方误差估计。

3.5.1　线性代数

本书用加粗大写字母，例如 $\mathbf{A}$，表示矩阵；用加粗小写字母，例如 $\boldsymbol{b}$，表示矢量（通常是列矢量）。$\mathbf{A}$ 的第 k 行和第 ℓ 列的交叉项记作 $[\mathbf{A}]_{k,\ell}=a_{k,\ell}$，$\mathbf{A}$ 的第 ℓ 列记作 $\boldsymbol{a}_\ell$。$\boldsymbol{b}$ 的第 k 项记作 b_k。单位阵 $\boldsymbol{I}$ 是主对角线全为 1，其余全为零的方阵。矢量 $\boldsymbol{e}_k$ 指的是 $\boldsymbol{I}$ 的第 k 列；因此，它是第 k 行是 1，其余全为零的矢量。用 $\mathbf{0}$ 表示零矢量或者零矩阵。符号 $\mathbb{C}^N$ 用于表示 N 维复矢量空间，而 $\mathbb{C}^{N\times M}$ 表示 $N\times M$ 的复矩阵空间。相似地，可以定义 $\mathbb{R}^N$ 为实矢量，$\mathbb{R}^{N\times M}$ 为实矩阵。

令 $\boldsymbol{A}$ 表示 $N\times M$ 的矩阵。如果 $N=M$，则称此矩阵为方阵。如果 $N>M$，则称矩阵是高的，而如果 $N<M$，则称矩阵是胖的。用符号 $\boldsymbol{A}^{\mathrm{T}}$ 表示矩阵的转置，用符号 $\boldsymbol{A}^*$ 表示矩阵的 Hermitian 或者共轭转置，用符号 $\boldsymbol{A}^{\mathrm{c}}$ 表示矩阵各项的共轭。令 $\boldsymbol{b}$ 表示 $N\times 1$ 的矢量，矢量 $\boldsymbol{b}$ 的 2 范数由 $\|\boldsymbol{b}\|=\sqrt{\sum_{n=1}^{N}|b_n|^2}$ 给定。其他类型的范数也是可以的，不过本书没有考虑它们。

两个矢量 $\boldsymbol{a}$ 和 $\boldsymbol{b}$ 的内积（inner product）由 $\langle \boldsymbol{a}, \boldsymbol{b}\rangle=\boldsymbol{a}*\boldsymbol{b}$ 给定。一个有用的结论是柯

西-施瓦茨不等式：$|\langle \boldsymbol{a}, \boldsymbol{b}\rangle| \leqslant \|\boldsymbol{a}\|\|\boldsymbol{b}\|$，其中，当 $\boldsymbol{b}=\beta\boldsymbol{a}$，$\beta$ 为标量(本质上是 $\boldsymbol{a}$ 平行于 $\boldsymbol{b}$)时，等号成立。柯西-施瓦茨不等式也可用于希尔伯特(Hilbert)空间的函数。

考虑某矢量集$\{\boldsymbol{x}_n\}_{n=1}^{K}$。如果不存在一组非零权重$\{\alpha_n\}_{n=1}^{K}$，使得 $\sum_n \alpha_n \boldsymbol{x}_n = \mathbf{0}$，则称这些矢量是线性无关的。在 $\mathbb{C}^N$ 和 $\mathbb{R}^N$ 中，至多 N 个矢量是线性无关的。

如果方阵 $\boldsymbol{A}$ 的所有列(或者等价于所有行)是线性无关的，则称方阵 $\boldsymbol{A}$ 是可逆的。如果 $\boldsymbol{A}$ 可逆，则逆矩阵 $\boldsymbol{A}^{-1}$存在，且满足性质 $\boldsymbol{A}\boldsymbol{A}^{-1}=\boldsymbol{A}^{-1}\boldsymbol{A}=\boldsymbol{I}$。如果 $\boldsymbol{A}$ 是高的，且 $\boldsymbol{A}$ 的列是线性无关的，则称 $\boldsymbol{A}$ 满秩(full rank)。相似地，如果 $\boldsymbol{A}$ 是胖的，且 $\boldsymbol{A}$ 的行是线性无关的，也称 $\boldsymbol{A}$ 满秩。

考虑线性方程系统(system of linear equations)，写成矩阵的形式为

$$\boldsymbol{A}\boldsymbol{x} = \boldsymbol{b} \tag{3.415}$$

其中，$\boldsymbol{A}$ 是已知系数矩阵，有时称为数据，$\boldsymbol{x}$ 是未知矢量，而 $\boldsymbol{b}$ 是已知矢量，经常称为观测矢量。假设 $\boldsymbol{A}$ 是满秩的。如果 $N=M$，则式(3.415)的解为 $\boldsymbol{x}=\boldsymbol{A}^{-1}\boldsymbol{b}$。此解是唯一的，可由高斯消元法(Gaussian elimination)及其演变[131]高效算出。如果 $\boldsymbol{A}$ 是方阵而且是低秩的，或者 $\boldsymbol{A}$ 是胖的，则有无穷多的精确解存在，通常选取范数最低的解。如果 $\boldsymbol{A}$ 是高的，且是满秩的，则不存在任何精确解。此时，只能寻求近似解。

3.5.2　线性方程系统的最小二乘解

再次考虑式(3.415)中的线性方程系统。现在假设 $N>M$，但 $\boldsymbol{A}$ 依然满秩。这种情形下，$\boldsymbol{A}$ 是高的，且系统通常是超定的。这意味着有 N 个方程，但是未知数只有 M 个；因此不太可能存在一个精确解(除非特殊情形)。此时，只能寻求称为线性最小二乘(linear least squares)的近似解。这并非直接求解式(3.415)，而是寻找能够使平方误差

$$\|\boldsymbol{A}\boldsymbol{x} - \boldsymbol{b}\|^2 \tag{3.416}$$

最小的解。还有其他相关的最小二乘问题，包括非线性最小二乘、加权最小二乘以及总体最小二乘等。本书的重点是线性最小二乘，并且略去“线性”一词，除非存在混淆的可能。

求解式(3.416)的直接方法是展开各项，求导，然后求解。这是个笨办法，没有利用线性系统方程的简洁。或者，可以运用下列事实(例如，参见文献[143，2.3.10 节]或者经典文献[51])。令 $f(\boldsymbol{x}, \boldsymbol{x}^{c})$表示复矢量 $\boldsymbol{x}$ 及其共轭 $\boldsymbol{x}^{c}$ 的实数取值的函数，则 $\boldsymbol{x}$ 和 $\boldsymbol{x}^{c}$ 可以看作相互独立的变量，且最大变化率的方向由$\frac{\mathrm{d}}{\mathrm{d}\boldsymbol{x}^{c}}f(\boldsymbol{x}, \boldsymbol{x}^{c})=[\partial/\partial x_1^{c} f(\boldsymbol{x}, \boldsymbol{x}^{c}), \cdots, \partial/\partial x_N^{c} f(\boldsymbol{x}, \boldsymbol{x}^{c})]^{\mathrm{T}}$ 给定。此外，可以通过设置此矢量的导数为零来求得此函数的驻点(stationary point)。有很多关于矢量求导的表格[32,220]。以下是有用的：$\frac{\mathrm{d}}{\mathrm{d}\boldsymbol{x}^{c}}\boldsymbol{a}^{*}\boldsymbol{x}=\mathbf{0}$，$\frac{\mathrm{d}}{\mathrm{d}\boldsymbol{x}^{c}}\boldsymbol{x}^{*}\boldsymbol{a}=\boldsymbol{a}$ 和$\frac{\mathrm{d}}{\mathrm{d}\boldsymbol{x}^{c}}\boldsymbol{x}^{*}\boldsymbol{A}^{*}\boldsymbol{A}\boldsymbol{x}=\boldsymbol{A}^{*}\boldsymbol{A}\boldsymbol{x}$。

现在就来求解式(3.416)的问题：

$$\frac{\mathrm{d}}{\mathrm{d}\boldsymbol{x}^{c}}\|\boldsymbol{A}\boldsymbol{x} - \boldsymbol{b}\|^2 = \frac{\mathrm{d}}{\mathrm{d}\boldsymbol{x}^{c}}\boldsymbol{x}^{*}\boldsymbol{A}^{*}\boldsymbol{A}\boldsymbol{x} - \frac{\mathrm{d}}{\mathrm{d}\boldsymbol{x}^{c}}\boldsymbol{x}^{*}\boldsymbol{A}^{*}\boldsymbol{b} - \frac{\mathrm{d}}{\mathrm{d}\boldsymbol{x}^{c}}\boldsymbol{b}^{*}\boldsymbol{A}\boldsymbol{x} + \frac{\mathrm{d}}{\mathrm{d}\boldsymbol{x}^{c}}\boldsymbol{b}^{*}\boldsymbol{b} \tag{3.417}$$

$$= \boldsymbol{A}^{*}\boldsymbol{A}\boldsymbol{x} - \boldsymbol{A}^{*}\boldsymbol{b} \tag{3.418}$$

令式(3.418)等于零，得到了正交条件(orthogonality condition)

$$\boldsymbol{A}^{*}(\boldsymbol{A}\boldsymbol{x} - \boldsymbol{b}) = \mathbf{0} \tag{3.419}$$

然后得到正规方程(normal equation)

$$\boldsymbol{A}^*\boldsymbol{A}\boldsymbol{x} = \boldsymbol{A}^*\boldsymbol{b} \tag{3.420}$$

注意，$\boldsymbol{A}^*\boldsymbol{A}$ 是个可逆方阵(由于 $\boldsymbol{A}$ 是满秩的，所以可逆)；因此，可以求解式(3.420)，得

$$\boldsymbol{x}_{\mathrm{LS}} = (\boldsymbol{A}^*\boldsymbol{A})^{-1}\boldsymbol{A}^*\boldsymbol{b} \tag{3.421}$$

其中，下标 LS 表示这是这组线性方程的最小二乘解。

可以使用 $\boldsymbol{x}_{\mathrm{LS}}$ 达到的平方误差来衡量解的质量。为了得到平方误差的表达式，注意

$$J(\boldsymbol{x}_{\mathrm{LS}}) = \|\boldsymbol{A}\boldsymbol{x}_{\mathrm{LS}} - \boldsymbol{b}\|^2 \tag{3.422}$$

$$= \boldsymbol{x}_{\mathrm{LS}}^*\boldsymbol{A}^*(\boldsymbol{A}\boldsymbol{x}_{\mathrm{LS}} - \boldsymbol{b}) - \boldsymbol{b}^*(\boldsymbol{A}\boldsymbol{x}_{\mathrm{LS}} - \boldsymbol{b}) \tag{3.423}$$

$$= \boldsymbol{b}^*\boldsymbol{b} - \boldsymbol{b}^*\boldsymbol{A}\boldsymbol{x}_{\mathrm{LS}} \tag{3.424}$$

其中，根据式(3.419)的正交性质，可知式(3.423)的第一项为零。代入 $\boldsymbol{x}_{\mathrm{LS}}$，得

$$J(\boldsymbol{x}_{\mathrm{LS}}) = \boldsymbol{b}^*\boldsymbol{b} - \boldsymbol{b}^*\boldsymbol{A}(\boldsymbol{A}^*\boldsymbol{A})^{-1}\boldsymbol{A}^*\boldsymbol{b} \tag{3.425}$$

$$= \boldsymbol{b}^*(\boldsymbol{I} - \boldsymbol{A}(\boldsymbol{A}^*\boldsymbol{A})^{-1}\boldsymbol{A}^*)\boldsymbol{b} \tag{3.426}$$

特殊矩阵 $\boldsymbol{A}(\boldsymbol{A}^*\boldsymbol{A})^{-1}\boldsymbol{A}^*$ 称为投影矩阵(projection matrix)，如果从绘图的视角观察最小二乘，其中的原因就会清晰起来[172]。

现在给出经典的最小二乘的可视化。假设 $N=3$，$M=2$，且 $\boldsymbol{x}$、$\boldsymbol{A}$ 和 $\boldsymbol{b}$ 都是实数。相关的量如图 3.35 所示。观测矢量 $\boldsymbol{b}$ 并不受限于 $\mathbb{R}^3$ 中。目标是寻找 $\boldsymbol{A}$ 的各列中平方误差最小的最优线性组合。矢量 $\boldsymbol{A}\boldsymbol{x}$ 是 $\boldsymbol{A}$ 的各列的线性组合，位于一个子空间(此时是个平面)中，记作 span($\boldsymbol{A}$)。只有当 $\boldsymbol{b}$ 可由 $\boldsymbol{A}$ 的各列的线性组合精确表示时，这组方程的精确解才会存在，即位于与之前定义的 span($\boldsymbol{A}$)相同的平面。最小二乘解给出的 $\boldsymbol{x}_{\mathrm{LS}}$ 使得 $\boldsymbol{A}\boldsymbol{x}_{\mathrm{LS}}$ 成为 $\boldsymbol{b}$ 向 span($\boldsymbol{A}$)的正交投影。此投影即为 $\boldsymbol{A}(\boldsymbol{A}^*\boldsymbol{A})^{-1}\boldsymbol{A}^*\boldsymbol{b}$，其中矩阵 $\boldsymbol{A}(\boldsymbol{A}^*\boldsymbol{A})^{-1}\boldsymbol{A}^*$ 是投影矩阵。根据式(3.419)的正交条件，误差矢量 $\boldsymbol{b}-\boldsymbol{A}\boldsymbol{x}_{\mathrm{LS}}$ 与 $\boldsymbol{A}\boldsymbol{x}_{\mathrm{LS}}$ 正交，并且其 2 范数是所有误差矢量中最小的。此误差可以写作 $(\boldsymbol{I}-\boldsymbol{A}(\boldsymbol{A}^*\boldsymbol{A})^{-1}\boldsymbol{A}^*)\boldsymbol{b}$，其中，矩阵 $(\boldsymbol{I}-\boldsymbol{A}(\boldsymbol{A}^*\boldsymbol{A})^{-1}\boldsymbol{A}^*)$ 将 $\boldsymbol{b}$ 投射至 span($\boldsymbol{A}$)的正交补(orthogonal complement)。误差的长度由式(3.426)给定。

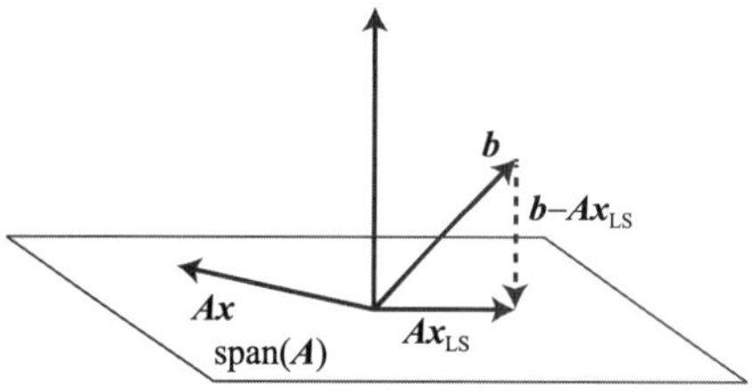

图 3.35　线性最小二乘问题的典型图解。目标是寻找以平方误差最小的形式尽可能接近 $\boldsymbol{b}$ 的矢量 $\boldsymbol{A}\boldsymbol{x}$。结果矢量是 $\boldsymbol{b}$ 向由 $\boldsymbol{A}$ 的各列张成空间的正交投影，给定为 $\boldsymbol{A}\boldsymbol{x}_{\mathrm{LS}}=\boldsymbol{A}(\boldsymbol{A}^*\boldsymbol{A})^{-1}\boldsymbol{A}^*\boldsymbol{b}$

在信号处理和通信的许多情境下，都会用到线性系统的最小二乘解。它可以用作估计器(将在 3.5.3 节中进一步讨论)，也可以作为选择模型参数的一种方式。最小二乘解还与自适应信号处理[172,143,294]有着深刻联系。可以利用递归最小二乘(recursive least squares)算法来求得最小二乘解，此时，随着 $\boldsymbol{A}$ 中加入额外的行以及 $\boldsymbol{b}$ 中加入额外的项，最小二乘解也会随之更新。最小二乘也与线性最小均方误差(Linear Minimum Mean Squared Error，LMMSE)估计(将在 3.5.4 节中进一步讨论)有关。

例 3.46 给出了最小二乘的一个应用。在这个例子中，需要选择仿射信号(affine signal)模型的系数。此例展示如何求解未知量，无论有无线性代数。第 5 章将介绍最小二乘在无线通信中的应用。

例 3.46 考虑某系统，若时刻 n 输入为 $x[n]$，则输出为 $y[n]$。可以确信输入-输出有如下关系：

$$y[n] = \beta_0 + \beta_1 x[n] \tag{3.427}$$

其中 β_0 和 β_1 是待估计的未知系数。令 $e[n]=y[n]-\beta_0-\beta_1 x[n]$。假设有 $N\geqslant 3$ 个观测值

$y[0]$，$y[1]$，…，$y[N-1]$，与 N 个已知输入 $x[0]$，$x[1]$，…，$x[N-1]$对应。

- 假设 $\beta_1=0$，通过展开求和、求导，然后求解的方式来获得 β_0 的最小二乘估计。

解：误差平方和(sum squares error)为

$$\sum_{n=0}^{N-1}|e[n]|^2=\sum_{n=0}^{N-1}|y[n]-\beta_0|^2 \tag{3.428}$$

$$=\sum_{n=0}^{N-1}(y^*[n]-\beta_0^*)(y[n]-\beta_0) \tag{3.429}$$

$$=\sum_{n=0}^{N-1}y[n]^2-\left(\sum_{n=0}^{N-1}y^*[n]\right)\beta_0-\left(\sum_{n=0}^{N-1}y[n]\right)\beta_0^*+N\beta_0^*\beta_0 \tag{3.430}$$

将误差平方和对 β_0^* 求导，并令结果等于零，可得 β_0 的最小二乘估计如下

$$\hat{\beta}_0=\frac{\sum_{n=0}^{N-1}y[n]}{N} \tag{3.431}$$

这是观测值 $y[n]$的均值。

- 假设 $\beta_0=0$，通过展开求和、求导，然后求解的方式来获得 β_1 的线性最小二乘估计。

解：误差平方和为

$$\sum_{n=0}^{N-1}|e[n]|^2=\sum_{n=0}^{N-1}|y[n]-\beta_1x[n]|^2 \tag{3.432}$$

$$=\sum_{n=0}^{N-1}(y^*[n]-x^*[n]\beta_1^*)(y[n]-\beta_1x[n]) \tag{3.433}$$

$$=\sum_{n=0}^{N-1}y[n]^2-\left(\sum_{n=0}^{N-1}y^*[n]x[n]\right)\beta_1-\left(\sum_{n=0}^{N-1}y[n]x^*[n]\right)\beta_1^*+\left(\sum_{n=0}^{N-1}|x[n]|^2\right)\beta_1^*\beta_1 \tag{3.434}$$

将误差平方和对 β_1^* 求导，并令结果等于零，可得 β_1 的最小二乘估计如下

$$\hat{\beta}_1=\frac{\sum_{n=0}^{N-1}y[n]x^*[n]}{\sum_{n=0}^{N-1}|x[n]|^2} \tag{3.435}$$

- 通过展开求和、求导，然后求解的方式来获得 β_0 和 β_1 的线性最小二乘估计。

解：误差平方和为

$$\sum_{n=0}^{N-1}|e[n]|^2=\sum_{n=0}^{N-1}|y[n]-\beta_0-\beta_1x[n]|^2 \tag{3.436}$$

$$=\sum_{n=0}^{N-1}(y^*[n]-\beta_0^*-x^*[n]\beta_1^*)(y[n]-\beta_0-\beta_1x[n]) \tag{3.437}$$

$$=\left[\sum_{n=0}^{N-1}y^*[n](y[n]-\beta_0-\beta_1x[n])\right]-\left[\sum_{n=0}^{N-1}(y[n]-\beta_0-\beta_1x[n])\right]\beta_0^*-\left[\sum_{n=0}^{N-1}x^*[n](y[n]-\beta_0-\beta_1x[n])\right]\beta_1^* \tag{3.438}$$

将误差平方和对 β_0^* 求导，并令结果等于零，可得

$$\sum_{n=0}^{N-1}(y[n]-\beta_0-\beta_1x[n])=0 \tag{3.439}$$

将误差平方和对 β_1^* 求导，并令结果等于零，可得

$$\sum_{n=0}^{N-1} x^*[n](y[n]-\beta_0-\beta_1 x[n])=0 \tag{3.440}$$

求解线性方程(3.439)和(3.440)，可得 β_0 和 β_1 的线性最小二乘估计如下

$$\hat{\beta}_0=\frac{\left(\sum_{n=0}^{N-1} x^2[n]\right)\left(\sum_{n=0}^{N-1} y[n]\right)-\left(\sum_{n=0}^{N-1} x[n]\right)\left(\sum_{n=0}^{N-1} x^*[n] y[n]\right)}{N\left(\sum_{n=0}^{N-1} x^2[n]\right)-\left(\sum_{n=0}^{N-1} x^*[n]\right)\left(\sum_{n=0}^{N-1} x[n]\right)} \tag{3.441}$$

$$\hat{\beta}_1=\frac{N\left(\sum_{n=0}^{N-1} x^*[n] y[n]\right)-\left(\sum_{n=0}^{N-1} x^*[n]\right)\left(\sum_{n=0}^{N-1} y[n]\right)}{N\left(\sum_{n=0}^{N-1} x^2[n]\right)-\left(\sum_{n=0}^{N-1} x^*[n]\right)\left(\sum_{n=0}^{N-1} x[n]\right)} \tag{3.442}$$

- 基于矩阵形式的已知输入及其相应的观测值，采用最小二乘估计法求解系数 β_0 和 β_1。

解：给定的模型写成矩阵形式，如下

$$\underbrace{\begin{bmatrix} y[0] \\ y[1] \\ \vdots \\ y[N-1] \end{bmatrix}}_{\boldsymbol{y}}=\underbrace{\begin{bmatrix} 1 & x[0] \\ 1 & x[1] \\ \vdots & \\ 1 & x[N-1] \end{bmatrix}}_{\boldsymbol{X}} \underbrace{\begin{bmatrix} \beta_0 \\ \beta_1 \end{bmatrix}}_{\boldsymbol{b}} \tag{3.443}$$

误差平方和给定如下

$$J(\boldsymbol{b})=\sum_{n=0}^{N-1}|y[n]-\beta_0-\beta_1 x[n]|^2 \tag{3.444}$$

$$=|\boldsymbol{y}-\boldsymbol{X}\boldsymbol{b}|^2 \tag{3.445}$$

估计 β_0 和 β_1 的最小二乘问题的公式为

$$\hat{\boldsymbol{b}}_{\mathrm{LS}}=\arg\min_{\boldsymbol{b}\in\mathbb{C}^2} J(\boldsymbol{b}) \tag{3.446}$$

由于 $N>3$，则 $\boldsymbol{X}$ 是高的，且很有可能是满秩。假设情况就是这样，此问题的最小二乘解为

$$\boldsymbol{b}_{\mathrm{LS}}=(\boldsymbol{X}^*\boldsymbol{X})^{-1}\boldsymbol{X}^*\boldsymbol{y} \tag{3.447}$$

由于矩阵是 2×2 的，甚至可以进一步简化结果：

$$\boldsymbol{b}_{\mathrm{LS}}=\begin{bmatrix} N & \sum_{n=0}^{N-1} x[n] \\ \sum_{n=0}^{N-1} x^*[n] & \sum_{n=0}^{N-1} x[n]x^*[n] \end{bmatrix}^{-1}\begin{bmatrix} \sum_{n=0}^{N-1} y[n] \\ \sum_{n=0}^{N-1} x^*[n]y[n] \end{bmatrix} \tag{3.448}$$

$$=\frac{1}{N\sum_{n=0}^{N-1} x[n]x^*[n]-\left|\sum_{n=0}^{N-1} x[n]\right|^2}$$

$$\times\begin{bmatrix} \sum_{n=0}^{N-1} x[n]x^*[n] & -\sum_{n=0}^{N-1} x[n] \\ -\sum_{n=0}^{N-1} x^*[n] & N \end{bmatrix}\begin{bmatrix} \sum_{n=0}^{N-1} y[n] \\ \sum_{n=0}^{N-1} x^*[n]y[n] \end{bmatrix} \tag{3.449}$$

由最小二乘解确定的平方误差为

$$J(\boldsymbol{b}_{\mathrm{LS}}) = \boldsymbol{y}^* \boldsymbol{y} - \boldsymbol{y}^* \boldsymbol{X} \boldsymbol{b}_{\mathrm{LS}} \tag{3.450}$$

$$= \sum_{n=0}^{N-1} |y[n]|^2 - \hat{\beta}_0 \sum_{n=0}^{N-1} y^*[n] - \hat{\beta}_1 \sum_{n=0}^{N-1} y^*[n]x[n] \tag{3.451}$$

◀

3.5.3 AWGN 中的最大似然参数估计

本书频繁使用最小二乘解作为观测值被噪声干扰时估计参数的一种方法。本节要证实，基于某些假设，最小二乘解也是最大似然解。这意味着用作估计器是不错的选择。

考虑某方程系统，其观测值受到加性噪声的干扰：

$$\boldsymbol{y} = \boldsymbol{A}\boldsymbol{x} + \boldsymbol{v} \tag{3.452}$$

称 $\boldsymbol{y}$ 为 $N\times1$ 的观测矢量，$\boldsymbol{A}$ 是 $N\times M$ 的数据矩阵，$\boldsymbol{x}$ 是 $M\times1$ 的未知矢量，而 $\boldsymbol{v}$ 是称为加性噪声的 $N\times1$ 随机矢量。目标是在给定观测值 $\boldsymbol{y}$，数据 $\boldsymbol{A}$ 已知，只知 $\boldsymbol{v}$ 的统计特征——噪声的瞬时值未知的条件下，对 $\boldsymbol{x}$ 进行估计。这就是典型的估计问题。

现在重点关注一个特殊情形：所有量都是复数的，且加性噪声服从循环对称复高斯分布，分布为 $\mathcal{N}_{\mathrm{C}}(\boldsymbol{0}, \sigma^2\boldsymbol{I})$。在此情形下，可称系统拥有 AWGN。

有各种不同的目标函数可供估计使用。信号处理和通信领域使用的一种常见估计器是基于最大似然目标函数的。与式(3.452)对应的似然函数是，给定 $\boldsymbol{A}$ 且假设未知 $\boldsymbol{x}$ 取值 $\overline{\boldsymbol{x}}$ 时的条件分布。由于 $\boldsymbol{v}$ 是循环对称复高斯的，给定 $\boldsymbol{A}\overline{\boldsymbol{x}}$，则 $\boldsymbol{y}$ 也是循环对称复高斯的，且均值为

$$\mathbb{E}_{\boldsymbol{y}|\boldsymbol{A},\boldsymbol{x}}[\boldsymbol{y}|\boldsymbol{A},\overline{\boldsymbol{x}}] = \boldsymbol{A}\overline{\boldsymbol{x}} \tag{3.453}$$

协方差为

$$\mathbb{E}_{\boldsymbol{y}|\boldsymbol{A},\boldsymbol{x}}[(\boldsymbol{y}-\boldsymbol{A}\overline{\boldsymbol{x}})(\boldsymbol{y}-\boldsymbol{A}\overline{\boldsymbol{x}})^*] = \sigma^2\boldsymbol{I} \tag{3.454}$$

因此，似然函数为

$$f_{\boldsymbol{y}|\boldsymbol{A},\boldsymbol{x}}(\boldsymbol{y}|\boldsymbol{A},\overline{\boldsymbol{x}}) = \frac{1}{\pi^N}\mathrm{e}^{-(\boldsymbol{y}-\boldsymbol{A}\overline{\boldsymbol{x}})^*(\boldsymbol{y}-\boldsymbol{A}\overline{\boldsymbol{x}})} \tag{3.455}$$

对 $\overline{\boldsymbol{x}}$ 求导，得

$$\frac{\mathrm{d}}{\mathrm{d}\,\overline{\boldsymbol{x}}^c} f_{\boldsymbol{y}|\boldsymbol{A},\boldsymbol{x}}(\boldsymbol{y}|\boldsymbol{A},\overline{\boldsymbol{x}}) = \frac{-1}{\pi^N}\boldsymbol{A}^*(\boldsymbol{y}-\boldsymbol{A}\overline{\boldsymbol{x}})\mathrm{e}^{-(\boldsymbol{y}-\boldsymbol{A}\overline{\boldsymbol{x}})^*(\boldsymbol{y}-\boldsymbol{A}\overline{\boldsymbol{x}})} \tag{3.456}$$

令上述结果等于零，得

$$\boldsymbol{A}^*(\boldsymbol{y}-\boldsymbol{A}\overline{\boldsymbol{x}}) = \boldsymbol{0} \tag{3.457}$$

这与式(3.419)中的正交条件雷同。假设 $N\geqslant M$，且 $\boldsymbol{A}$ 是满秩的，则

$$\boldsymbol{x}_{\mathrm{LS}} = (\boldsymbol{A}^*\boldsymbol{A})^{-1}\boldsymbol{A}^*\boldsymbol{y} \tag{3.458}$$

主要结论是，当输入和输出线性相关且观测值受到 AWGN 的干扰时，线性最小二乘也是最大似然估计器。最大似然估计器的优点在于，随着观测值数量的不断增加，估计器依概率收敛于其真实值[175]。在此情形下，它也是最优的线性无偏估计器。因此，在本书中，最小二乘的特殊化不是主要限制，随后各章将提供有用的算法，用于实际的无线系统。

3.5.4 线性最小均方误差估计

另一类广泛用于统计信号处理的目标函数是最小化均方误差[172,143,294]。由于需要较少的统计假设，其应用比最大似然还要广泛。本节回顾线性最小均方误差(Minimum Mean Squared Error，MMSE)估计器。MMSE 有各种类型，本书尤其关注线性的情形，并且略去“线性”一词，除非存在混淆的可能。下面考虑矢量形式的 MMSE，这样就能将结果与最小二乘解进行比较，而且也会用于第 6 章 MIMO 通信系统中的均衡。使用最小二乘

估计器得到的大多数结论在经过修改，添加某些附加项后，就变成了 MMSE 估计器。

假设 $M\times 1$ 未知矢量 $\boldsymbol{x}$ 的均值为零，协方差为 $\boldsymbol{C}_{xx}$；观测矢量 $\boldsymbol{y}$ 的均值为零，协方差为 $\boldsymbol{C}_{yy}$。矢量 $\boldsymbol{x}$ 和 $\boldsymbol{y}$ 是联合相关的，相关矩阵为 $\boldsymbol{C}_{yx}=\mathbb{E}[\boldsymbol{y}\boldsymbol{x}^*]$。$\boldsymbol{x}$ 和 $\boldsymbol{y}$ 都是零均值的，这样就可以放宽某些附加符号的使用。线性 MMSE 估计器的目标是确定线性转换，使得

$$\boldsymbol{G}_{\text{MMSE}} = \arg\min_{\boldsymbol{G}} \mathbb{E}[\|\boldsymbol{x}-\boldsymbol{G}^*\boldsymbol{y}\|^2] \tag{3.459}$$

令 $\boldsymbol{x}_m=[\boldsymbol{x}]_m$，$\boldsymbol{g}_m=[\boldsymbol{G}]_{:,m}$，则

$$\boldsymbol{G}_{\text{MMSE}} = \arg\min_{\boldsymbol{G}} \mathbb{E}\left[\sum_{m=1}^{M}|\boldsymbol{x}_m-\boldsymbol{g}_m^*\boldsymbol{y}|^2\right] \tag{3.460}$$

现在的重点是求解 $\boldsymbol{G}_{\text{MMSE}}$ 的一列。交换期望与求导运算，有

$$\frac{\mathrm{d}}{\mathrm{d}\boldsymbol{g}_k^c}\mathbb{E}\left[\sum_{m=1}^{M}|\boldsymbol{x}_m-\boldsymbol{g}_m^*\boldsymbol{y}|^2\right] = \mathbb{E}\left[\frac{\mathrm{d}}{\mathrm{d}\boldsymbol{g}_k^c}\sum_{m=1}^{M}|\boldsymbol{x}_m-\boldsymbol{g}_m^*\boldsymbol{y}|^2\right] \tag{3.461}$$

$$= \mathbb{E}\left[\frac{\mathrm{d}}{\mathrm{d}\boldsymbol{g}_k^c}|\boldsymbol{x}_m-\boldsymbol{g}_k^*\boldsymbol{y}|^2\right] \tag{3.462}$$

$$= \mathbb{E}[\boldsymbol{y}(\boldsymbol{y}^*\boldsymbol{g}_k-\boldsymbol{x}_k^*)] \tag{3.463}$$

现在进行期望运算，并令结果等于零，从而得到 MMSE 正交方程

$$\boldsymbol{C}_{yy}\boldsymbol{g}_k = [\boldsymbol{C}_{yx}]_{:,k} \tag{3.464}$$

求解，得

$$\boldsymbol{g}_{k,\text{MMSE}} = \boldsymbol{C}_{yy}^{-1}[\boldsymbol{C}_{yx}]_{:,k} \tag{3.465}$$

现在将 $\boldsymbol{G}$ 的各列组合在一起，汇总后的结果即为关键结果

$$\boldsymbol{G}_{\text{MMSE}} = \boldsymbol{C}_{yy}^{-1}\boldsymbol{C}_{yx} \tag{3.466}$$

基于式(3.466)，$\boldsymbol{x}$ 的 MMSE 估计为

$$\boldsymbol{x}_{\text{MMSE}} = \boldsymbol{G}_{\text{MMSE}}^*\boldsymbol{y} \tag{3.467}$$

$$= \boldsymbol{C}_{yx}^*\boldsymbol{C}_{yy}^{-1}\boldsymbol{y} \tag{3.468}$$

$\boldsymbol{C}_{yy}^{-1}$ 的作用是对 $\boldsymbol{y}$ 解相关，而 $\boldsymbol{C}_{yx}^*=\boldsymbol{C}_{xy}$ 是利用互相关从 $\boldsymbol{y}$ 中提取关于 $\boldsymbol{x}$ 的信息。

MMSE 估计器的性能由其 MSE 表征：

$$\sum_{m=1}^{M}\mathbb{E}[|\boldsymbol{x}_m-\boldsymbol{g}_{m,\text{MMSE}}^*\boldsymbol{y}|^2] = \sum_{m=1}^{M}\mathbb{E}[|\boldsymbol{x}_m\boldsymbol{x}_m^*-\boldsymbol{g}_{m,\text{MMSE}}^*\boldsymbol{y}\boldsymbol{x}_m^*|^2] \tag{3.469}$$

$$= \sum_{m=1}^{M}[\boldsymbol{C}_{xx}]_{m,m}-\boldsymbol{g}_{m,\text{MMSE}}^*[\boldsymbol{C}_{yx}]_{:,m} \tag{3.470}$$

$$= \sum_{m=1}^{M}[\boldsymbol{C}_{xx}]_{m,m}-[\boldsymbol{C}_{yx}]_{:,m}^*\boldsymbol{C}_{yy}^{-1}[\boldsymbol{C}_{yx}]_{:,m} \tag{3.471}$$

$$= \mathrm{tr}[\boldsymbol{C}_{xx}]-\mathrm{tr}[\boldsymbol{C}_{yx}^*\boldsymbol{C}_{yy}^{-1}\boldsymbol{C}_{yx}] \tag{3.472}$$

其中，最终的简化来自 $\mathrm{tr}[\boldsymbol{A}]$ 运算，此运算把 $\boldsymbol{A}$ 的所有元素相加。

现在考虑式(3.452)中的模型。其中 $\boldsymbol{A}$ 是已知的；$\boldsymbol{x}$ 的均值为零，协方差为 $\boldsymbol{C}_{xx}$；$\boldsymbol{v}$ 的均值为零，协方差为 $\boldsymbol{C}_{vv}$；$\boldsymbol{x}$ 和 $\boldsymbol{v}$ 不相关。则 $\boldsymbol{y}$ 的协方差为

$$\boldsymbol{C}_{yy} = \mathbb{E}[\boldsymbol{y}\boldsymbol{y}^*] \tag{3.473}$$

$$= \mathbb{E}[\boldsymbol{A}\boldsymbol{x}\boldsymbol{x}^*\boldsymbol{A}^*]+\mathbb{E}[\boldsymbol{v}\boldsymbol{v}^*] \tag{3.474}$$

$$= \boldsymbol{A}\boldsymbol{C}_{xx}\boldsymbol{A}^*+\boldsymbol{C}_{vv} \tag{4.475}$$

互协方差为

$$\boldsymbol{C}_{yx} = \mathbb{E}[\boldsymbol{y}\boldsymbol{x}^*] \tag{3.476}$$

$$= \mathbb{E}[\boldsymbol{A}\boldsymbol{x}\boldsymbol{x}^*+\boldsymbol{v}\boldsymbol{x}^*] \tag{3.477}$$

$$= \boldsymbol{A}\boldsymbol{C}_{xx} \tag{3.478}$$

全部代入式(3.468)，得

$$\boldsymbol{x}_{\mathrm{MMSE}} = \boldsymbol{C}_{xx}\boldsymbol{A}^*(\boldsymbol{A}\boldsymbol{C}_{xx}\boldsymbol{A}^* + \boldsymbol{C}_{vv})^{-1}y \tag{3.479}$$

对于 $\boldsymbol{C}_{vv}=\sigma^2\boldsymbol{I}$($\boldsymbol{v}$ 的各项不相关)且 $\boldsymbol{C}_{xx}=\gamma^2\boldsymbol{I}$($\boldsymbol{x}$ 的各项不相关)的特殊情形，有

$$\boldsymbol{x}_{\mathrm{MMSE}} = \gamma^2\boldsymbol{A}^*(\gamma^2\boldsymbol{A}\boldsymbol{A}^* + \sigma^2\boldsymbol{I})^{-1}\boldsymbol{y} \tag{3.480}$$

$$= \boldsymbol{A}^*\left(\boldsymbol{A}\boldsymbol{A}^* + \frac{\sigma^2}{\gamma^2}\boldsymbol{I}\right)^{-1}\boldsymbol{y} \tag{3.481}$$

此时，MMSE 估计可以看作式(3.458)中最小二乘估计或者最大似然估计的正则化版本。正则化(regularization)有助于提升 $\boldsymbol{A}$ 的可逆性。γ^2/σ^2 对应所谓的信噪比 SNR(其中 $\boldsymbol{x}$ 是信号，$\boldsymbol{v}$ 是噪声)。如果 SNR 很大，则 $\boldsymbol{A}^*\left(\boldsymbol{A}\boldsymbol{A}^* + \frac{\sigma^2}{\gamma^2}\boldsymbol{I}\right)^{-1} \to \boldsymbol{A}^*(\boldsymbol{A}\boldsymbol{A}^*)^{-1}$，即最小二乘解。如果 SNR 很小，则 $\boldsymbol{A}^*\left(\boldsymbol{A}\boldsymbol{A}^* + \frac{\sigma^2}{\gamma^2}\boldsymbol{I}\right)^{-1} \to \boldsymbol{A}^*\frac{\gamma^2}{\sigma^2}$，这称为匹配滤波器(matched filter)。

在实际系统中，有关 MMSE 技术应用的主要问题是如何得到相关矩阵 $\boldsymbol{C}_{yy}$ 和 $\boldsymbol{C}_{yx}$。通常有两种方法。第一种方法，为模型增加假设，使得 $\boldsymbol{y}$ 和 $\boldsymbol{x}$ 的基础统计相关，例如，假设如式(3.452)那样的 AWGN 系统。第二种方法，把输入和输出看作随机过程，利用各态历经性来估计相关函数。例 3.47 就是第二种方法的一个应用示例。

例 3.47 考虑某输入-输出关系如下：

$$y[n] = hs[n] + v[n] \tag{3.482}$$

其中，$s[n]$是零均值 WSS 随机过程，相关函数为 $r_{ss}[n]$；$v[n]$是零均值 WSS 随机过程，相关函数为 $r_{vv}[n]$；$s[n]$和 $v[n]$不相关。假设缩放因子 h 精确已知。

如果想要由 $gy[n]$获得关于 $s[n]$的估计，使得均方误差最小化，即最小化

$$\mathbb{E}|e[n]|^2 = \mathbb{E}|s[n] - gy[n]|^2 \tag{3.483}$$

- 求 g 的方程。首先，展开绝对值，然后对 g^* 求导，并令结果等于零。期望运算和求导运算可以交换。最终得到正交方程。

  解：由于 $s[n]$和 $v[n]$是零均值随机过程，也就是说，$m_s=0$ 且 $m_v=0$，则 $y[n]$的均值 $m_y=hm_s+m_v=0$。将 $y[n]$的表达式代入 $\mathbb{E}[|e[n]|^2]$的表达式，展开得

$$\mathbb{E}[|e[n]|^2] = \mathbb{E}[|s[n] - gy[n]|^2] \tag{3.484}$$

$$= \mathbb{E}[(s[n]s^*[n] - 2s[n]y^*[n]g^* + gy[n]y^*[n]g^*)] \tag{3.485}$$

  对 g^* 求导，并令结果等于零，则得到下列方程

$$\mathbb{E}[(s[n] - gy[n])y^*[n]] = 0 \tag{3.486}$$

  利用相关，注意时间差为 0，可得

$$r_{sy}[0] = gr_{yy}[0] \tag{3.487}$$

  此即为正交条件。

- 化简以得到 g 的方程。此即为 MMSE 估计器。

  解：简化正交条件可得 MMSE 估计器

$$g_{\mathrm{MMSE}} = r_{yy}^{-1}[0]r_{sy}[0] \tag{3.488}$$

$$= (hh^*r_{ss}[0] + r_{vv}[0])^{-1}r_{ss}[0]h^* \tag{3.489}$$

- 求均方误差的方程(将估计器代入，并计算期望)。

  解：与 MMSE 估计器对应的均方误差为

$$\mathbb{E}[|e[n]|^2] = (1 - g_{\mathrm{MMSE}}h)r_{ss}[0] \tag{3.490}$$

$$= (1 - (hh^*r_{ss}[0] + r_{vv}[0])^{-1}r_{ss}[0]h^*h)r_{ss}[0] \tag{3.491}$$

- 假设 $r_{ss}[n]$已知，而且可由接收数据估计 $r_{yy}[n]$。演示如何由 $r_{ss}[n]$和 $r_{yy}[n]$求得$r_{vv}[n]$。

  解：由于 $s[n]$和 $v[n]$不相关，且 $m_s=m_v=m_y=0$，则有

$$r_{yy}[n]=hh^*r_{ss}[n]+r_{vv}[n] \tag{3.492}$$

  因此，有

$$r_{vv}[n]=r_{yy}[n]-hh^*r_{ss}[n] \tag{3.493}$$

- 基于过程的各态历经性，假设通过 N 个采样值的采样平均来估计 $r_{yy}[n]$。利用此函数形式重写 g 的方程。

  解：假设采样值$\{y[n]\}_{n=0}^{N-1}$与输入$\{s[n]\}_{n=0}^{N-1}$对应，且输入也是已知的。则对输入自相关的估计为

$$r_{ss}[0]=\frac{\sum_{n=0}^{N-1}s[n]s^*[n]}{N} \tag{3.494}$$

  对输出自相关的估计为

$$r_{yy}[0]=\frac{\sum_{n=0}^{N-1}y[n]y^*[n]}{N} \tag{3.495}$$

  因此，与采样值相对应的 MMSE 估计器为

$$\hat{g}_{\text{MMSE}}=r_{yy}^{-1}[0]r_{ss}[0]h^* \tag{3.496}$$

$$=\frac{\sum_{n=0}^{N-1}s[n]s^*[n]}{\sum_{n=0}^{N-1}y[n]y^*[n]}h^* \tag{3.497}$$

$$=\frac{\sum_{n=0}^{N-1}s[n]y^*[n]}{\sum_{n=0}^{N-1}y[n]y^*[n]} \tag{3.498}$$

  其中，将 $r_{ss}[0]$和 $r_{yy}[0]$用其采样估计替换，就得到式(3.497)；而由于 $r_{sy}[0]=r_{ss}[0]h^*$，并用采样平均替换，就得到式(3.498)。

- 已知$\{s[n]\}_{n=0}^{N-1}$和$\{y[n]\}_{n=0}^{N-1}$，现在考虑最小二乘解。写出最小二乘解 g_{LS}。解释最小二乘解与线性 MMSE 在此情形下为何相关。

  解：最小二乘解为

$$\hat{g}_{\text{LS}}=\frac{\sum_{n=0}^{N-1}s[n]y^*[n]}{\sum_{n=0}^{N-1}y[n]y^*[n]} \tag{3.499}$$

  注意，$\hat{g}_{\text{LS}}=\hat{g}_{\text{MMSE}}$。解释就是，在线性 MMSE 中利用各态历经性比起利用随机变量的统计特征而言没有任何优势，因此无法得到优于 LS 的结果。◀

例 3.48 考虑输入-输出关系

$$y[k]=H[k]s[k]+v[k] \tag{3.500}$$

其中，$y[k]$是观测信号，$H[k]$是已知缩放因子，$s[k]$是均值为 0 且方差为 1 的 IID 序列，而 $v[k]$是加性高斯白噪声，分布为 $\mathcal{N}(0,\sigma^2)$。假设 $s[k]$和 $v[k]$独立。

- 求 $s[k]$的最小二乘估计。

解：这是常见的1×1矩阵最小二乘问题。因此，$\hat{s}_{\mathrm{LS}}[k]=(H^*[k]H[k])^{-1}H^*[k]y[k]=H[k]^{-1}y[k]$，原因在于，假设 $H^*[k]$非零，可以直接将其消掉。

- 求 $s[k]$的线性 MMSE 估计。换言之，求解问题

$$\hat{s}_{\mathrm{MMSE}}[k]=\hat{G}^*_{\mathrm{MMSE}}[k]y[k] \tag{3.501}$$

其中

$$\hat{G}_{\mathrm{MMSE}}[k]=\arg\min_{g}\mathbb{E}[|g^*y[k]-s[k]|^2] \tag{3.502}$$

解：上述问题只是式(3.459)的变种。其解为

$$\hat{G}_{\mathrm{MMSE}}[k]=C_{yy}^{-1}C_{ys} \tag{3.503}$$

$$=(|H[k]|^2+\sigma^2)^{-1}H[k] \tag{3.504}$$

$$=\frac{H[k]}{|H[k]|^2+\sigma^2} \tag{3.505}$$

则

$$\hat{s}_{\mathrm{MMSE}}[k]=\frac{H^*[k]}{|H[k]|^2+\sigma^2}y[k] \tag{3.506}$$

◀

3.6 小结

- 对于 CTFT 和 DTFT，时域卷积对应频域相乘。对于 DFT，卷积是周期的。
- 根据奈奎斯特采样定理，只要采样周期小于信号最高频率倒数的一半，则此连续时间信号就可由其周期间隔采样完全表示。如果采样周期不够小，就会发生混叠。
- 除了绝对带宽，还有多种测量信号带宽的方法。WSS 随机过程的带宽是根据其协方差函数的傅里叶变换定义的。
- 处理带限信号的连续时间 LTI 系统可由连续至离散转换器、离散时间 LTI 系统以及离散至连续转换器替换。
- WSS 随机过程可由其均值和相关函数全面表征。采样平均可用于计算各态历经 WSS 随机过程的均值和相关函数。
- 频带信号与一个复基带等效信号以及取决于载波 f_c 的复正弦波相关联。上变频是由复基带信号构建频带信号。下变频是由频带信号构建复基带信号。
- 当 LTI 系统作用于频带信号时，系统只有位于频带信号带宽范围内的部分才是重要的。离散时间等效输入-输出关系基于复基带输入、输出以及等效信道而确立。频带信号经由 LTI 系统的通信因而在本质上与离散时间信号处理有关。
- 升采样和降采样用于改变离散时间信号的速率。通过适当地调节滤波器，滤波、升采样和降采样可以交换顺序。
- 对于 AWGN 的线性模型，线性最小二乘估计器也是最大似然估计器。

习题

1. 无线通信系统中的许多场合都需要考虑 CTFT 和 DTFT。要有能力利用适当的表格和变换性质来求解下列问题。这些问题无须积分或者求和运算就能求解。在没有给定明确的函数时，选用恰当的 $x(t)$、$X(f)$、$X(e^{j2\pi f})$以及 $x[n]$即可。使用 t 表示时间变量，n 表示序列索引。例如，$x(-\tau)$的 CTFT

为 $X(f)e^{-j2\pi f\tau}$。

(a) $x(t)e^{-j2\pi f_0 t}$ 的 CTFT

(b) $x(t)y(t)$ 的 CTFT

(c) $\int_{\tau=0}^{T} h(\tau)x(t-\tau)d\tau$ 的 CTFT

(d) $e^{j2\pi f_0 t}\text{rect}\left(\frac{t}{T}\right)$ 的 CTFT，其中 f_0 和 T 为常量

(e) $X(f)+X(-f)$ 的反 CTFT。如果 $x(t)$ 是实数的，如何简化？

(f) $X(\alpha f)$ 的反 CTFT，其中 $\alpha>1$

(g) $x[n]e^{j2\pi f_0 n}$ 的 DTFT

(h) $x[n]y[n]$ 的 DTFT

(i) $\sum_{m=0}^{M} h[m]x[n-m]$ 的 DTFT

(j) $X(e^{j2\pi f})\cos(2\pi T_0 f)$ 的反 DTFT

(k) $X(f)e^{j2\pi f t_0}$ 的反 DTFT

(l) $x(t) * y(t)$ 的 CTFT

(m) $x(\alpha t)$ 的 CTFT，其中 $\alpha>1$

(n) $x(t)\cos(2\pi f_c t)$ 的 CTFT

(o) $x[n]\cos(2\pi f_1 n)\cos(2\pi f_2 n)$ 的 DTFT，其中 f_1 和 f_2 为常量

(p) $\sin(2\pi f_1 t)x(t-t_1)$ 的 CTFT，其中 f_1 和 t_1 为常量

(q) $e^{j2\pi f_1 n}(x[n]+ax[n-1])$ 的 DTFT，其中 f_1 和 a 为常量

(r) $\cos(2\pi f_1 t)x(2t)+\sin(2\pi f_1 t)x(2t+1)$ 的 CTFT，其中 f_1 为常量

(s) $\frac{1}{4}X(f-f_1)+\frac{1}{2}X(f)+\frac{1}{4}X(f+f_1)$ 的反 CTFT，其中 f_1 为常量

(t) $X(e^{j2\pi(f-f_1)})-X^*(e^{j2\pi f})e^{j2\pi f n_1}$ 的反 DTFT，其中 f_1 和 n_1 为常量

(u) $e^{j2\pi f_1 t}x(t-t_1)$ 的 CTFT，其中 f_1 和 t_1 为常量

(v) $\cos(2\pi f_1 t)x(2t)+\sin(2\pi f_1 t)x(2t+1)$ 的 CTFT，其中 f_1 为常量

(w) $\cos(2\pi f_1 n)x[n-1]$ 的 DTFT，其中 f_1 为常量

(x) $X(f-f_1)+X^*(f)e^{-j2\pi f t_1}$ 的反 CTFT，其中 f_1 和 t_1 为常量

(y) $X(e^{j2\pi f})\cos(2\pi f n_0)$ 的反 DTFT，其中 n_0 为常量

2. 设 $x[n]$ 为离散时间信号，其离散时间傅里叶变换(DTFT)为 $X(e^{j2\pi f})$。定义另一个信号如下

$$y[n]=\frac{(e^{j\pi n}x[n])+x[n]}{2} \tag{3.507}$$

(a) 求用 $X(e^{j2\pi f})$ 表示的 $y[n]$ 的 DTFT $Y(e^{j2\pi f})$。

(b) 证明 $y[2n]$ 的 DTFT 等于 $Y(e^{j\pi f})$。

3. 求衰减正弦波 $g(t)=e^{-t}\sin(2\pi f_c t)u(t)$ 的傅里叶变换，其中 $u(t)$ 是单位阶跃函数。

4. 验证下列 CTFT 和 DTFT 的性质

(a) 时移：

$$x(t-\tau)\leftrightarrow e^{-j2\pi f\tau}X(f) \tag{3.508}$$

$$x(n-k)\leftrightarrow e^{-j2\pi fk}X(e^{j2\pi f}) \tag{3.509}$$

(b) 频移：

$$e^{-j2\pi ft}x(t)\leftrightarrow X(f-f_0) \tag{3.510}$$

$$e^{-j2\pi fn}x[n]\leftrightarrow X(e^{j2\pi(f-f_0)}) \tag{3.511}$$

5. 设 $x(t)$ 为复信号，其带宽为 W，傅里叶变换为 $X(f)$。

(a) 证明 $x^*(t)$ 的傅里叶变换为 $X^*(-f)$。

(b) 证明 $x(t)$ 实部的傅里叶变换为 $\frac{1}{2}(X(f)+X^*(-f))$。

(c) 求 $x(t) * x(t)$ 的傅里叶变换。

(d) 求 $x(t)*x^*(t)$的傅里叶变换。

(e) 求 $x(t)*x^*(-t)$的傅里叶变换。

6. 粗略绘制序列

$$x[n]=\begin{cases}1 & |n|\leqslant 4,\quad n\text{ 为偶数}\\ 0 & \text{其他}\end{cases} \tag{3.512}$$

及其相应的 DTFT $x(e^{j2\pi f})$，并演示成果。提示：可能需要联合运用傅里叶变换的性质。

7. 设 $x[n]$为离散时间信号，对于 $1/8\leqslant|f|\leqslant 1/2$，其傅里叶变换为零。请证明

$$x[n]=\sum_{k=-\infty}^{\infty}x[4k]\left(\frac{\sin\left(\frac{\pi}{4}(n-4k)\right)}{\frac{\pi}{4}(n-4k)}\right) \tag{3.513}$$

8. 对于某因果 LTI 系统，其输出 $y(t)$与输入$x(t)$的关系定义如下：

$$\frac{dy(t)}{dt}+11y(t)=\int_{-\infty}^{\infty}x(\tau)z(t-\tau)d\tau-x(t) \tag{3.514}$$

其中，$z(t)=e^{-2t}u(t)+5\delta(t)$。

(a) 求此系统的频率响应 $h(f)=y(f)/x(f)$。

(b) 求此系统的冲激响应。

9. 某实数序列 $x[n]$的偶数部分定义为

$$x_e[n]=\frac{x[n]+x[-n]}{2} \tag{3.515}$$

假设 $x[n]$是有限长度的实序列，即对于 $n<0$ 和 $n\geqslant N$，$x[n]=0$。令 $X[k]$表示 $x[n]$的 N 点 DFT。

(a) $x_e[n]$的 DFT 是否为 $\mathrm{Re}[X[k]]$?

(b) 求用 $x[n]$表示的 $\mathrm{Re}[X[k]]$的反 DFT。

10. 令 $x[n]$表示长度为 N 的序列，令 $X[k]$表示$x[n]$的 N 点 DFT。用 $X[k]=\mathcal{F}\{x[n]\}$表示 DFT 运算。求对 $x[n]$进行 6 次 DFT 运算所得的序列 $y[n]$，即

$$y[n]=\mathcal{F}\{\mathcal{F}\{\mathcal{F}\{\mathcal{F}\{\mathcal{F}\{\mathcal{F}\{x[n]\}\}\}\}\}\} \tag{3.516}$$

11. 证明循环卷积的交换性。

12. 假设 $g[n]$和 $h[n]$都是长度为 7 的有限长度序列。如果 $y_L[n]$和 $y_C[n]$分别表示 $g[n]$和 $h[n]$的线性和 7 点循环卷积。请用 $y_L[n]$表示 $y_C[n]$。

13. **快速傅里叶变换(Fast Fourier Transform，FFT)**　假设可以用计算机程序计算 DFT：

$$X[k]=\sum_{n=0}^{N-1}x[n]e^{-j(2\pi/N)kn},\quad k=0,1,\cdots,N-1 \tag{3.517}$$

也就是说，程序输入为序列 $x[n]$，而程序输出为 DFT $X[k]$。演示如何调节输入和输出序列的顺序，使得程序也可用于计算反 DFT：

$$x[n]=\frac{1}{N}\sum_{k=0}^{N-1}X[k]e^{-j(2\pi/N)kn},\quad k=0,1,\cdots,N-1 \tag{3.518}$$

也就是说，程序输入为 $X[k]$，或者仅与$X[k]$有关的序列，而输出要么是 $x[n]$，要么是仅与 $x[n]$有关的序列。可行的方法有两个：

(a) 利用 $X[k]$和 $x[n]$的模性质来计算反 DFT。

(b) 利用 $X[k]$的复共轭来计算反 DFT。

14. 给定 N 点 DFT $X[k]=\sum_{n=0}^{N-1}x[n]W_N^{kn}$，$W_N^{kn}=e^{-j(2\pi/N)kn}$，回答下列问题：

(a) 将 N 点 DFT 分解成 4 个 $N/4$ 点 DFT，为随后的基 4 频率抽取 FFT 算法做准备。尽可能地简化表达式。

(b) 比较直接 DFT 运算与(a)中建议的频率抽取 FFT 算法的复杂性。

15. **计算机**　本题探讨零填充对解析度的影响。

(a) 0.125 周期/采样的余弦波叠加 0.5 倍幅度 0.25 周期/采样的正弦波，构成 128 点序列 $x[n]$。利

用 MATLAB 中的 fft 函数计算 $x[n]$的 DFT。绘制 DFT 的幅度。

(b) 在 128 点序列之后填充 896 个零，并用 fft 函数计算零填充信号的 1024 点 DFT。1024 点 DFT 与 (a)中的 128 点 DFT 看上去相同吗？如果不相同，差异何在？

(c) 现在求宽度为 128 的脉冲序列($n=0$，1，…，127 时，$x[n]=1$；其他情形，$x[n]=0$)的 1024 点 DFT。此 DFT 如何解释(a)与(b)之间的差异？

16. 考虑连续时间信号

$$x(t)=\cos(10\pi t)+\sin(3\pi t+\pi/2) \tag{3.519}$$

设 T 为采样周期和重建周期。设 $x_s(t)=x(t)s(t)$，其中 $s(t)=\sum_k \delta(t-kT)$。对 $x(t)$均匀采样，得到 $x[n]=x(nT)$。

(a) 对信号进行采样，且依然能够完美重建的最大 T 值是多少？

(b) 假设按照 $T=1/30$ 进行采样，请在区间$[-1/2T, 1/2T)$绘图说明 $X(f)$，$X_s(f)$和 $X(e^{j2\pi f})$。不要忘了正确标记。

(c) $T=1/30$ 时的 $x[n]$是什么？

(d) 假设按照 $T=1/10$ 进行采样，请在区间$[-1/2T, 1/2T)$绘图说明 $X(f)$，$X_s(f)$和 $X(e^{j2\pi f})$。不要忘了正确标记。

(e) $T=1/10$ 时的 $x[n]$是什么？

17. 假设想要构建信号

$$x(t)=4\cos(2\pi\, 10^3 t)+3\cos(4\pi\, 10^3 t) \tag{3.520}$$

(a) $x(t)$的奈奎斯特频率是多少？

(b) $x(t)$的奈奎斯特速率是多少？

(c) 假设要利用工作在三倍奈奎斯特速率的离散至连续转换器生成 $x(t)$。需要将怎样的 $x[n]$函数输入离散至连续转换器才能生成 $x(t)$？

18. 计算下列信号的奈奎斯特频率和奈奎斯特速率：

(a) $x(t)=\cos(2\pi 10^2 t)$

(b) $x(t)=\dfrac{\sin(100\pi t)}{100\pi t}\cos(2\pi 10^2 t)$

(c) $x(t)=\dfrac{\sin(100\pi t)}{100\pi t}\cos(2\pi 10^2 t)-\left(\dfrac{\sin(100\pi t)}{100\pi t}\right)^2\sin(2\pi 10^2 t)$

19. 假设想要构建信号

$$x(t)=\cos(2\pi 10^3 t)\,\frac{\sin(100\pi t)}{100\pi t} \tag{3.521}$$

(a) 计算 $x(t)$的傅里叶变换。

(b) 粗略绘制 $X(f)$的幅度。此频谱有趣的地方在哪里？

(c) $x(t)$的奈奎斯特频率(记作 f_N)是多少？

(d) $x(t)$的奈奎斯特速率是多少？

(e) 如果以 $3f_N/4$ 的采样速率对 $x(t)$进行采样，粗略绘制 $X(e^{j2\pi f})$的频谱。

(f) 如果以 $3f_N$ 的采样速率对 $x(t)$进行采样，粗略绘制 $X(e^{j2\pi f})$的频谱。

(g) 假设要利用工作在两倍奈奎斯特速率的离散至连续转换器生成 $x(t)$。需要将怎样的 $x[n]$函数输入离散至连续转换器才能生成 $x(t)$？

20. **采样和量化**　离散时间信号可由连续时间信号采样生成。在数字通信系统中，此离散时间信号就送去量化，以生成数字信号，然后才通过链路或者信道传输。如果以速率 f_s 对模拟信号进行采样，然后通过量化级数为 Q 的量化器，则量化器输出的数字信号速率为 $f_s\log_2(Q)$ bit/s。现在考虑下列问题：

某数字通信链路承载代表输入信号采样值的二进制编码码字。输入信号为

$$x(t)=3\cos(600\pi t)+2\cos(1800\pi t) \tag{3.522}$$

链路传输速率为 10 000bit/s，每个采样值进行 1024 级量化。

(a) 此系统使用的采样频率是多少？

(b) 奈奎斯特速率是多少？

21. 设 $x(t)$为连续时间实信号，最高频率为 40Hz，再设 $y(t)=x(t-1/160)$。

(a) 如果 $x[n]=x(n/80)$，能由 $x[n]$恢复 $x(t)$吗？为什么能或者为什么不能？

(b) 如果 $y[n]=y(n/80)$，能由 $y[n]$恢复 $y(t)$吗？为什么能或者为什么不能？

(c) 不进行任何升采样或者降采样操作，只是使用频率响应为 $h(f)$的 LTI 系统，能否由 $x[n]$得到 $y[n]$？求$h(f)$。

22. 考虑如图 3.36 所示的系统。假设 $h_1(e^{j2\pi f})$固定已知。求 LTI 系统的传递函数 $h_2(e^{j2\pi f})$，使得当 $h_1(e^{j2\pi f})$和 $h_2(e^{j2\pi f})$的输入相同时，$y_1[n]=y[n]$。

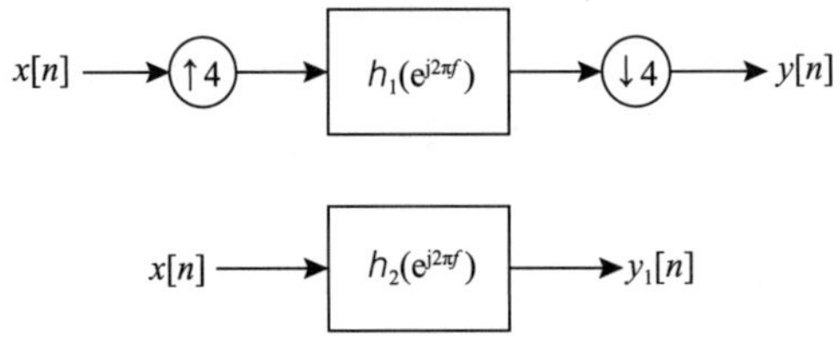

图 3.36　两个等效 LTI 系统

23. 考虑图 3.37，其中 $x[n]=x(nT)$，$y[n]=y(6n)$。

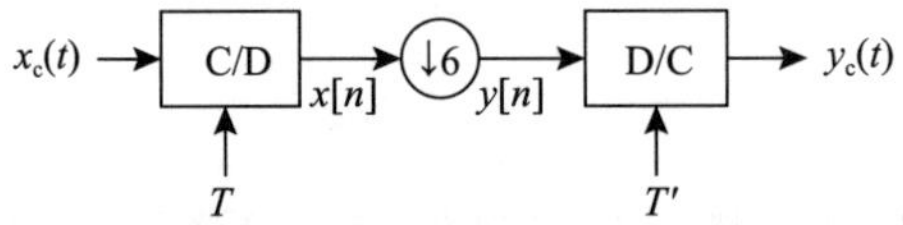

图 3.37　连接连续至离散转换器与离散至连续转换器

(a) 假设 $x(t)$的傅里叶变换为 $x(f)$，当$|f|>300$ 时，$x(f)=0$。若当 $1/4<|f|<1/2$ 时，$x(e^{j2\pi f})=0$，则 T 需要取值多少？

(b) T 应该如何选取才能使得 $y(t)=x(t)$？

24. 考虑如下连续时间信号

$$x(t)=\sum_{k=-5}^{5}\cos(0.6k\pi t) \tag{3.523}$$

设 $x_s(t)=x(t)\mathrm{III}_T(t)$，其中 $\mathrm{III}_T(t)=\sum_k \delta(t-kT)$。

(a) 对信号进行采样，且依然能够完美重建的最大 T 值是多少？

(b) 假设按照 $T=1/2$ 进行采样，请在周期$[-1/2T, 1/2T)$绘图说明$|x_s(f)|$。不要忘了正确标记。

(c) 假设按照 $T=1/10$ 进行采样，请在区间$[-\pi/T, \pi/T)$绘图说明$|x_s(j\Omega)|$。不要忘了正确标记。

25. 考虑某离散时间随机信号 $x[n]=s[n]+e[n]$，其中，$s[n]$和 $e[n]$都是独立零均值 WSS 随机过程。假设 $s[n]$的自相关函数为 $R_{ss}[n]$，$e[n]$是方差为 σ^2 的白噪声。求 $x[n]$的均值和自相关函数。

26. 设 $x[n]$和 $y[n]$是两个独立零均值 WSS 随机信号，自相关函数分别为 $R_{xx}[n]$和 $R_{yy}[n]$。考虑由 $x[n]$和 $y[n]$的线性组合得到的随机信号 $v[n]$，即 $v[n]=ax[n]+by[n]$，其中 a 和 b 为常量。用 $R_{xx}[n]$和 $R_{yy}[n]$表示自相关和互相关 $R_{vv}[n]$、$R_{vx}[n]$和 $R_{vy}[n]$。

27. 设 $x[n]$和 $y[n]$是两个独立零均值 WSS 复随机信号，自相关函数分别为 $R_{xx}[n]$和 $R_{yy}[n]$。求下列函数的均值和自相关函数。

(a) $x[n]+y[n]$

(b) $x[n]-y[n]$

(c) $x[n]y[n]$

(d) $x[n]+y^*[n]$

28. 假设 $s[n]$是 WSS 复随机过程，均值为 m_s，协方差为 $C_{ss}[k]$。$x[n]$定义如下

$$x[n]=\sum_{\ell=0}^{L}h[\ell]s[n-\ell] \tag{3.524}$$

求 $x[n]$的均值和协方差。

29. 设 $x[n]$为随机过程，按照下式生成

$$x[n]=\alpha x[n-1]+w[n] \tag{3.525}$$

其中 $n\geqslant 0$，$x[-1]=0$，$w[n]$是 IID $\mathcal{N}(0,\sigma_w^2)$过程。显然，$x[n]$均值为零。

(a) 求 $r_{xx}[n,n+k]$。

(b) 如果 $|\alpha|<1$，证明 $x[n]$是渐近 WSS 的；也就是说，对于 $k\geqslant 0$，证明 $\lim\limits_{n\to\infty}r_{xx}[n,n+k]$只是 k 的函数。

30. 设 $x[n]$为离散时间离散取值的 IID 随机过程，且 $x[n]$以概率 p 取值 1，以概率 $1-p$ 取值-1。

(a) 写出计算离散取值 IID 随机过程均值 m_x 的通式。

(b) 写出计算离散取值 IID 随机过程协方差$C_{ss}[\ell]$的通式。

(c) 求本题给定随机过程的均值 m_x。

(d) 求本题给定随机过程的协方差 $C_{ss}[\ell]$。

31. 假设 $v[n]$是 IID 复高斯随机过程，均值为零，方差为 σ_v^2。令 a 和 b 表示常量。假设 $w[n]$是 IID 复高斯随机过程，均值为零，方差为 σ_w^2。$v[n]$和 $w[n]$是独立的。

(a) 计算 $y[n]=aw[n]+bw[n-2]+v[n]$的均值。

(b) 计算 $w[n]$的相关。

(c) 计算 $v[n]$的相关。

(d) 计算 $y[n]$的相关。

(e) 计算 $y[n]$的协方差。

(f) $y[n]$是否广义平稳？请证明。

(g) $y[n-4]$是否广义平稳？请证明。

(h) 给定采样值 $y[0]$，$y[1]$，…，$y[99]$，如何估计 $y[n]$的相关？

32. 假设 $w[n]$是 IID 复高斯随机过程，均值为零，方差为 σ_w^2。令 a、b 和 c 表示常量。

(a) 计算 $w[n]$的相关。

(b) 计算 $y[n]=aw[n]+bw[n-2]$的均值。

(c) 计算 $y[n]$的相关和协方差。

(d) $y[n]$是否广义平稳？请证明。

(e) $y[n-4]$是否广义平稳？请证明。

(f) 设 $v[n]$为随机过程，按照 $v[n]=cv[n-1]+w[n]$生成，其中 $n\geqslant 0$，$v[-1]=0$。计算 $v[n]$的相关，即计算 $r_{vv}[n,n+k]$。

(g) 如果 $|c|<1$，对于 $k\geqslant 0$，证明 $\lim\limits_{n\to\infty}r_{vv}[n,n+k]$只是 k 的函数。

33. 对于每个 n，$-\infty<n<\infty$，抛掷硬币，并令

$$w[n]=\begin{cases}+S & \text{如果结果为正面},\mathbb{P}(H)=\dfrac{1}{2}\\ -S & \text{如果结果为反面},\mathbb{P}(T)=\dfrac{1}{2}\end{cases} \tag{3.526}$$

其中 $S>0$。$w[n]$是 IID 随机过程。现在定义一个新的随机过程 $x[n]$，$n\geqslant 1$：

$$x[1]=w[1] \tag{3.527}$$

$$x[2]=w[1]+w[2] \tag{3.528}$$

$$\vdots \qquad \vdots$$

$$x[n]=\sum_{i=0}^{n}w[i] \tag{3.529}$$

随机过程 $x[n]$称为随机游走，求 $x[n]$的均值和协方差函数。该过程是广义平稳的吗？在仿真和分析

移动用户的无线系统性能时，随机游走用于对节点位置进行建模。

34. 考虑某接收的离散时间随机过程，由下式定义

$$y[n] = x[n] - v[n] \tag{3.530}$$

其中 $x[n]$和 $v[n]$是独立的 WSS 随机过程，均值分别为 μ_x 和 μ_v，自协方差分别为 $C_{xx}[\tau]=(1/2)^{-\tau}$ 和 $C_{vv}[\tau]=(1/4)^{-\tau}$。

(a) 求 $y[n]$的均值。

(b) 求 $y[n]$的自相关。

(c) 求 $y[n]$的自协方差。

(d) 求 $y[n]$的功率谱。

(e) 假设 $x[n]$是"信号"，$-v[n]$是"噪声"，计算信噪比。注意，信噪比是信号方差与噪声方差的比值。

35. 考虑某连续时间零均值 WSS 随机过程 $x(t)$，其协方差函数 $C_{xx}[\tau]=e^{-|\tau|}$。

(a) 计算 $x(t)$的功率谱 $P_{xx}(f)$。

(b) 求信号 $x(t)$的半功率带宽(或者 3dB 带宽)。

(c) 以两倍于 3dB 频率的速率对信号 $x(t)$进行采样，求采样周期 T。

(d) 计算 $x[n]=x(nT)$的协方差函数。

(e) 计算采样信号的功率谱 $P_{xx}(e^{j2\pi f})$。

(f) 在此情形下，在由连续时间至离散时间的转换中，是否存在信息丢失？

36. 再次考虑与题 35 相同的题设，不过，现在采用部分功率保留来定义带宽。

(a) 求 $x(t)$的功率谱密度 $P_x(f)$。

(b) 计算 $x(t)$的 3dB 带宽。

(c) 计算 $\alpha=0.9$ 的部分功率保留带宽。也就是说，此带宽包含了 90%的信号功率。

(d) 以两倍于 3dB 频率的速率对信号 $x(t)$进行采样，求采样周期 T。

(e) 求 $x[n]=x(nT)$的协方差函数。

(f) 计算 $x[n]$的功率谱密度 $P_x(e^{j2\pi f})$。

37. **计算机**　考虑由 $w[n]$给定的离散时间 IID WSS 复高斯随机过程，均值为零，单位为 1。令 $x[n]=w[n]+0.5w[n-1]+0.25w[n-2]$。用自己最喜欢的计算机程序生成 $x[n]$的长度为 256 的实现。

(a) 基于式(3.195)，绘制 $N=5$，10，20，50，75，100，256 的$\hat{m}_x$，并解释结果。

(b) 基于式(3.196)，对于相同的 N 值，绘制 $k=0$，1，2 的$\hat{R}_{xx}[k]$。与统计计算得出的 $R_{xx}[k]$真实值进行比较。

38. 考虑某连续时间系统，输入为随机过程 $x(t)$，输出为随机过程 $y(t)$：

$$y(t) = \frac{1}{3}\int_{-7}^{7} x(t-s)\,ds \tag{3.531}$$

假设 $x(t)$广义平稳，对于$-\infty<f<\infty$，$x(t)$的功率谱 $P_x(f)=8$。

(a) 求输出 $Y(t)$的功率谱 $P_y(f)$。

(b) 求输出 $Y(t)$的相关 $R_{yy}(t)$。

39. 考虑连续时间 WSS 随机过程 $x(t)$，其相关函数 $C_{xx}(\tau)=e^{-|t|}$。

(a) 计算 $x(t)$的功率谱 $P_x(f)$。

(b) 求频带信号的半功率带宽(或者 3dB 带宽)。

40. 另一个重要的傅里叶变换关系是维纳-辛钦定理(Wiener-Khinchin theorem)，该定理表明，WSS 随机过程的功率谱等于其自相关函数的傅里叶变换。考虑某时间截短函数

$$x(t,T) = \begin{cases} x(t) & |t| \leqslant \dfrac{T}{2} \\ 0 & \text{其他} \end{cases} \tag{3.532}$$

$x(t,T)$的能量谱密度给定为

$$S_{xx}(f,T) = \mathbb{E}[|X(f)|^2] \tag{3.533}$$

而功率谱密度给定为

$$S_{xx}(f) = \lim_{T \to \infty} \frac{S_{xx}(f,T)}{T} \tag{3.534}$$

至于本题，就是证明维纳-辛钦定理。换言之，证明

$$S_{xx}(f) = \mathcal{F}\{R_{xx}(\tau)\} \tag{3.535}$$

其中 $\mathcal{F}$ 是傅里叶变换运算符，而

$$R_{xx}(\tau) = \mathbb{E}[x(t)x^*(t-\tau)] \tag{3.536}$$

是函数 $x(t)$ 的自相关。

41. 假设 X 是复正态随机变量，服从 $\mathcal{N}_C(m, \sigma^2)$。
 (a) 求 X 的均值。
 (b) 求 X 的方差。
 (c) 求 $\mathrm{Re}[X]$ 的均值。
 (d) 求 $\mathbb{E}[\mathrm{Re}[X]\mathrm{Im}[X]]$ 的值。

42. 考虑下面的频带信号

$$x_p(t) = e^{-at}u(t)\cos(2 \times 10^9 \pi t) \tag{3.537}$$

其中，$a=1000$，而且

$$u(t) = \begin{cases} 1 & 如果\ t \geq 0 \\ 0 & 如果\ t < 0 \end{cases} \tag{3.538}$$

 (a) 求解并绘制 $|x_p(f)|$，其中 $x_p(f)$ 是 $x_p(t)$ 的 CTFT。不要忘了正确标记。
 (b) 求 $x_p(t)$ 的复基带等效信号 $x(t)$。绘制 $|x(f)|$，其中 $x(f)$ 是 $x(t)$ 的 CTFT。不要忘了正确标记。
 (c) 求频带信号的绝对带宽。
 (d) 求频带信号的 3dB 带宽。
 (e) 求基带信号的 3dB 带宽。
 (f) 假设信号带宽由 3dB 带宽定义，求基带信号的奈奎斯特速率。
 (g) 绘出生成 $x_p(t)$ 的整个系统的框图，包括 D/C 和上变频。

43. 考虑某无线通信系统，载频 $f_c=2\text{GHz}$，绝对带宽 $W=1\text{MHz}$。传播信道由各反射衰耗之和构成：

$$h_c(t) = \sum_{n=0}^{99} (0.9)^n \delta(t - n10^{-7}) \tag{3.539}$$

 (a) 求频域的信道幅度，即 $|h_c(f)|$，其中 $h_c(f)$ 是 $h_c(t)$ 的连续时间傅里叶变换。不要忘了正确标记。
 (b) 求信道 $h_c(t)$ 经过中心频率为 f_c，绝对带宽为 W 的理想带通滤波器 $p(t)$ 滤波后的频带信道 $h_p(t)$。粗略绘制 $|h_p(f)|$，其中 $h_p(f)$ 是 $h_p(t)$ 的连续时间傅里叶变换。不要忘了正确标记。
 (c) 求复基带等效信道 $h(t)$。粗略绘制 $|h(f)|$，其中 $h(f)$ 是 $h(t)$ 的连续时间傅里叶变换。不要忘了正确标记。
 (d) 求伪基带等效信道 $h_{pb}(t)$。
 (e) 假设以奈奎斯特速率进行采样，求离散时间复基带等效信道 $h[n]$ 的方程。

44. 考虑下面的 sinc^2 频带脉冲信号：

$$x_p(t) = 2\text{sinc}^2(2 \times 10^7 t)\cos(4.8 \times 10^9 \pi t) \tag{3.540}$$

其中，$\text{sinc}(a) = \dfrac{\sin(\pi a)}{\pi a}$。

 (a) 求解并绘制 $|x_p(f)|$，其中 $x_p(f)$ 是 $x_p(t)$ 的连续时间傅里叶变换。不要忘了正确标记。
 (b) 求 $x_p(t)$ 的复基带等效信号 $x(t)$。绘制 $|x(f)|$，其中 $x(f)$ 是 $x(t)$ 的连续时间傅里叶变换。不要忘了正确标记。
 (c) 求频带信号的绝对带宽。
 (d) 求频带信号的半功率带宽(或者 3dB 带宽)。

45. 考虑下面的 sinc^2 频带脉冲信号：

$$x_{\mathrm{p}}(t)=\operatorname{sinc}^2(3\times10^7 t)\cos(4\times10^9\pi t) \tag{3.541}$$

其中，$\operatorname{sinc}(a)=\dfrac{\sin(\pi a)}{\pi a}$。

(a) 求解并绘制 $|X_{\mathrm{p}}(f)|$，其中 $X_{\mathrm{p}}(f)$是 $x_{\mathrm{p}}(t)$的连续时间傅里叶变换。不要忘了正确标记。

(b) 求 $x_{\mathrm{p}}(t)$的复基带等效信号 $x(t)$。绘制 $|X(f)|$，其中 $X(f)$是 $x(t)$的连续时间傅里叶变换。不要忘了正确标记。

(c) 求频带信号的绝对带宽。

(d) 求基带信号的绝对带宽。

(e) 求基带信号的奈奎斯特速率。

(f) 若选择与两倍奈奎斯特速率对应的 T，利用离散时间序列 $x[n]$构建信号 $x(t)$。求 $x[n]$。

(g) 绘出生成 $x_{\mathrm{p}}(t)$的整个系统的框图，包括 D/C 和上变频。

46. 设 $s(t)$为带限信号，且对于$|f|\leqslant B\leqslant f_c$Hz，$S(f)=0$。再设$\hat{s}(t)$为 $s(t)$的希尔伯特变换，其中，$\hat{s}(t)$定义为

$$\hat{s}(t)=\frac{1}{\pi}\int_{-\infty}^{\infty}\frac{s(\tau)}{t-\tau}\mathrm{d}\tau \tag{3.542}$$

如果 $x(t)=s(t)\cos(2\pi f_c t)\pm\hat{s}(t)\sin(2\pi f_c t)$，证明 $x(t)$是单边带信号。

47. 考虑下面的频带信号：

$$y_{\mathrm{p}}(t)=\sqrt{2}\operatorname{sinc}(3t)\cos(200\pi t) \tag{3.543}$$

(a) 求 $y_{\mathrm{p}}(t)$的载频。

(b) 求解并绘制 $|Y_{\mathrm{p}}(f)|$，其中 $Y_{\mathrm{p}}(f)$是 $y_{\mathrm{p}}(t)$的连续时间傅里叶变换。不要忘了正确标记。

(c) 求 $y_{\mathrm{p}}(t)$的绝对频带带宽。

(d) 求 $y_{\mathrm{p}}(t)$的复基带等效 $y(t)$。

(e) 求 $y(t)$的绝对带宽。

(f) 绘出此系统的下变频框图。

48. 考虑某无线通信系统，载频 $f_c=1900$MHz，绝对带宽 $W=500$KHz。双径信道模型为

$$h_c(t)=0.5\delta(t-2\times10^{-9})-0.25\delta(t-5\times10^{-9}) \tag{3.544}$$

(a) 求解并绘制时域和频域的信道幅度，即$|h(t)|$和$|H(f)|$，其中 $H(f)$是 $h(t)$的连续时间傅里叶变换。不要忘了正确标记。

(b) 求信道 $h(t)$经过中心频率为 f_c，绝对带宽为 W 的理想带通滤波器 $p(t)$滤波后的频带信道 $h_{\mathrm{p}}(t)$。粗略绘制$|H_{\mathrm{p}}(f)|$，其中 $H_{\mathrm{p}}(f)$是 $h_{\mathrm{p}}(t)$的连续时间傅里叶变换。不要忘了正确标记。

(c) 求复基带等效信道 $h(t)$。粗略绘制$|H(f)|$，其中 $H(f)$是 $h(t)$的连续时间傅里叶变换。不要忘了正确标记。

(d) 求伪基带等效信道 $h_{\mathrm{pb}}(t)$。

(e) 假设以奈奎斯特速率进行采样，求离散时间复基带等效信道 $h[n]$的方程。不要忘了恰当的归一化因子。

49. 考虑某无线通信系统，其信道模型如下

$$h(t)=\begin{cases}\mathrm{e}^{-at} & t\geqslant 0\\ 0 & t<0\end{cases} \tag{3.545}$$

(a) 求此信道的连续时间频率响应，并粗略绘制其幅度谱。

(b) 假设将带宽为 B 的基带信号输入冲激响应为 $h(t)$的系统。求离散时间等效系统。

50. 考虑某无线通信系统，载频 $f_c=2000$MHz，绝对带宽 $W=1$MHz。信道模型是指数的(实际情形通常如此)：

$$h_c(t)=\exp(-(t-100\times10^{-9}))u(t-100\times10^{-9}) \tag{3.546}$$

(a) 求解并绘制时域和频域的信道幅度，即$|h_c(t)|$和$|H_c(f)|$，其中 $H_c(f)$是 $h_c(t)$的连续时间傅里

叶变换。不要忘了正确标记。

(b) 求信道 $h(t)$ 经过中心频率为 f_c，绝对带宽为 W 的理想带通滤波器 $p(t)$ 滤波后的频带信道 $h_p(t)$。粗略绘制 $|h_p(f)|$，其中 $h_p(f)$ 是 $h_p(t)$ 的连续时间傅里叶变换。不要忘了正确标记。可以进行卷积；感觉有困难时可以考虑使用 Mathematica 软件。

(c) 求复基带等效信道 $h(t)$。粗略绘制 $|h(f)|$，其中 $h(f)$ 是 $h(t)$ 的连续时间傅里叶变换。不要忘了正确标记。

(d) 假设以奈奎斯特速率进行采样，求离散时间复基带等效信道 $h[n]$ 的方程。

51. 考虑某无线通信系统，载频 $f_c=1700\text{MHz}$，绝对带宽 $W=20\text{MHz}$。给定信道响应为

$$h_c(t)=\sum_{k=0}^{\infty}\alpha^k\delta(t-k\times10^{-6}) \tag{3.547}$$

其中 $0<\alpha<1$。

(a) 求解并绘制时域和频域的信道幅度，即 $|h_c(t)|$ 和 $|h_c(f)|$，其中 $h_c(f)$ 是 $h_c(t)$ 的连续时间傅里叶变换。不要忘了正确标记。

(b) 求信道 $h(t)$ 经过中心频率为 f_c，绝对带宽为 W 的理想带通滤波器 $p(t)$ 滤波后的频带信道 $h_p(t)$。粗略绘制 $|h_p(f)|$，其中 $h_p(f)$ 是 $h_p(t)$ 的连续时间傅里叶变换。不要忘了正确标记。可以进行卷积；感觉有困难时可以考虑使用 Mathematica 软件。

(c) 求复基带等效信道 $h(t)$。粗略绘制 $|h(f)|$，其中 $h(f)$ 是 $h(t)$ 的连续时间傅里叶变换。不要忘了正确标记。

(d) 求伪基带等效信道 $h_{pb}(t)$。

(e) 假设以奈奎斯特速率进行采样，求离散时间复基带等效信道 $h[n]$ 的方程。

52. 考虑某无线通信系统，载频 $f_c=2\text{GHz}$，绝对带宽 $W=10\text{MHz}$。假设待发送的采样复基带信号为

$$x[n]=\exp(\mathrm{j}\pi n)+\exp(\mathrm{j}3\pi n/10) \tag{3.548}$$

(a) 假设将 $x[n]$ 送入工作在五倍奈奎斯特速率的离散至连续转换器。求复基带等效信号 $x(t)$，即此转换器的输出信号。

(b) 假设 $x(t)$ 经 RF 调制而生成频带信号 $x_p(t)$。绘出描述调频操作的框图。

(c) 写出频带信号 $x_p(t)$ 的方程。

(d) 求所得频带信号 $x_p(t)$ 的带宽。

53. **频带至基带转换** 考虑下面的频带信号：

$$y_p(t)=\sqrt{2}\,\mathrm{sinc}(2t)\cos(200\pi t) \tag{3.549}$$

(a) 求 $y_p(t)$ 的载频。

(b) 求 $y_p(t)$ 的绝对频带带宽。

(c) 求 $y_p(t)$ 的复基带等效 $y(t)$。

(d) 求 $y(t)$ 的绝对带宽。

54. 考虑连续时间信号

$$x(t)=\cos(10\pi t)+\sin(3\pi t+\pi/4) \tag{3.550}$$

设 T 为采样周期和重建周期。设 $x_s(t)=x(t)W_t(E)$，其中 $W_t(E)=\sum_k\delta(t-kT)$。对 $x(t)$ 均匀采样，得到 $x[n]=x(nT)$。再用滤波器 $h[n]=\delta[n]-\frac{1}{2}\delta[n-1]$ 对 $x[n]$ 进行滤波，生成 $y[n]$。最后用离散至连续理想转换器生成 $y(t)$。

(a) 对信号进行采样，且依然能够完美重建的最大 T 值是多少？

(b) 假设按照 $T=1/30$ 进行采样，请在区间 $[-1/2T,1/2T)$ 绘图说明 $|x_s(f)|$。不要忘了正确标记。

(c) 还是假设按照 $T=1/30$ 进行采样，请求解 $y[n]$，并在区间 $[-1/2T,1/2T)$ 绘图说明 $|y(f)|$。不要忘了正确标记。

(d) 假设按照 $T=1/10$ 进行采样，请在区间$[-1/2T, 1/2T)$绘图说明$|x_s(f)|$。不要忘了正确标记。

(e) 还是假设按照 $T=1/10$ 进行采样，请求解 $y[n]$，并在区间$[-1/2T, 1/2T)$绘图说明$|y(f)|$。不要忘了正确标记。

55. 假设想用多项式 $\alpha+\beta x+\gamma x^2$ 近似表示某连续函数 $f(x)$，求 α、β 和 γ 的值，使得平方误差

$$\int_0^1 (f(x)-\alpha-\beta x-\gamma x^2)^2 \mathrm{d}x \tag{3.551}$$

最小化。可以视需要交换积分和微分运算的顺序。假设 x 为实数。

56. 假设对期望信号 $y[n]$建模如下

$$y[n]=a_0+a_1/n \tag{3.552}$$

并令 $e[n]=y[n]-a_0-a_1/n$。假设给定 $y[n]$，$n=1, 2, \cdots, N$。求使得 $\sum_{n=1}^{N}|e[n]|^2$ 最小化的系数 a_0 和 a_1 的表达式。

57. 假设用 p 次多项式

$$y[n]=a_0+na_1+n^2a_2+\cdots+n^pa_p \tag{3.553}$$

对期望信号 $y[n]$进行建模。假设给定 $y[n]$，$n=0, 1, 2, \cdots, N$。当 $e[n]=y[n]-(a_0+na_1+n^2a_2+\cdots+n^pa_p)$时，求使得 $\sum_{n=0}^{N}|e[n]|^2$ 最小化的系数$\{a_k\}_{k=0}^{p}$的表达式。

58. 考虑某系统，若时刻 n 输入为 $x[n]$，则输出为 $y[n]$。可以确信输入-输出有如下关系：

$$y[n]=\beta_0x[n]+\beta_1x^3[n] \tag{3.554}$$

其中 β_0 和 β_1 是待估计的复系数。此类(实信号)无记忆输入-输出关系的变种对于功率放大器而言是个好模型。

令 $e[n]=y[n]-\beta_0x[n]-\beta_1x^3[n]$。假设有$N(N\geqslant 3)$个观测值 $y[0]$，$y[1]$，$\cdots$，$y[N-1]$，与 N 个已知训练符号 $x[0]$，$x[1]$，$\cdots$，$x[N-1]$对应。目标是基于已知训练符号及其对应的观测值，利用最小二乘估计方法求解使得 $\sum_{n=0}^{N-1}|e[n]|^2$ 最小化的系数 β_0 和 β_1。

(a) 假设 $\beta_1=0$，通过展开求和、求导，然后求解的方式来获得 β_0 的最小二乘估计。

(b) 假设 $\beta_0=0$，通过展开求和、求导，然后求解的方式来获得 β_1 的最小二乘估计。

(c) 通过展开求和、求导，然后求解的方式来获得 β_0 和 β_1 的最小二乘估计。

(d) 以矩阵形式建立并求解最小二乘问题，获得 β_0 和 β_1。

59. 考虑某系统，若时刻 n 输入为 $x[n]$，则输出为 $y[n]$。可以确信输入-输出有如下关系：

$$y[n]=\beta_0x[n]+\beta_1x[n]x^*[n] \tag{3.555}$$

其中 β_0 和 β_1 是待估计的系数(可能是复数的)。令 $e[n]=y[n]-\beta_0x[n]-\beta_1x[n]x^*[n]$。假设有$N(N\geqslant 3)$个观测值 $y[0]$，$y[1]$，$\cdots$，$y[N-1]$，与 N 个已知训练符号 $x[0]$，$x[1]$，$\cdots$，$x[N-1]$对应。目标是基于已知训练符号及其对应的观测值，利用最小二乘估计方法求解使得 $\sum_{n=0}^{N-1}|e[n]|^2$ 最小化的系数 β_0 和 β_1。

(a) 假设 $\beta_1=0$，通过展开求和、求导，然后求解的方式来获得 β_0 的最小二乘估计。

(b) 假设 $\beta_0=0$，通过展开求和、求导，然后求解的方式来获得 β_1 的最小二乘估计。

(c) 通过展开求和、求导，然后求解的方式来获得 β_0 和 β_1 的最小二乘估计。

(d) 以矩阵形式建立并求解最小二乘问题，获得 β_0 和 β_1。注意，由于矩阵的维数，可以求得逆矩阵的表达式。

60. 假设想用简单多项式 $g(x)=\alpha+\beta x$ 建模表示某连续函数 $f(x)=x\mathrm{e}^x$，$0\leqslant x\leqslant 1$。目标是求解使得 $f(x)$与 $g(x)$之间平方误差最小化的 α 和 β 的值。提示：也许还记得 $\int_0^1 f(x)\mathrm{d}x=1$ 和 $\int_0^1 xf(x)\mathrm{d}x=\mathrm{e}^{-2}$

(a) 写出平方误差函数的表达式。提示：需要积分。

(b) 对 α 和 β 求导，以矩阵形式建立最小二乘问题。

(c) 求解最优的 α 和 β。

(d) 利用获得的 α 和 β 计算均方误差。

61. 假设 $w[n]$是 IID 随机过程，均值为零，方差为 1。令 $x[n]=w[n]+0.5w[n-1]$。假设 $y[n]=x[n]+v[n]$，其中 $v[n]$是 IID 随机过程，均值为零，方差为 σ^2。

(a) 首先考虑标量 MMSE 问题。求 g 的值，使得

$$\mathbb{E}[\,|g^* y[n]-x[n]|^2] \tag{3.556}$$

最小化。

(b) 假设有一个抽头为$\{g[k]\}_{k=0}^{K-1}$的 MMSE 滤波器。求 g 的值，使得

$$\mathbb{E}\left[\left|\sum_{k=0}^{K-1} g^*[k]y[n-k]-x[n]\right|^2\right] \tag{3.557}$$

最小化。

(c) 求均方误差的表达式。

第4章 数字调制与解调

现代无线通信系统的基础是数字通信。发射机中从数字信息到波形的映射称为数字调制。从嘈杂的接收信号中提取发送的数字信息称为数字解调。第 2 章介绍了数字通信原理的一般背景，以引入整个数字通信系统的重要组成部分和相关术语。本章介绍了一类特殊的数字调制技术，我们称其为复脉冲幅度调制，并描述了构成这种调制类型的重要数学概念。有两种可以设计的复脉冲幅度调制分量：符号星座和脉冲整形滤波器。首先提供符号映射和星座的背景，包括几个常见星座的回顾。假设星座被归一化为零均值和单位能量。在定义了复脉冲幅度调制信号的带宽之后，我们引入 AWGN 信道，其中唯一的损伤是附加的高斯噪声。包含频率选择性信道的推广可在第 5 章中找到。然后，我们得出了只为 AWGN 的通信信道设计脉冲形状的结果。我们介绍如何使用多速率数字信号处理来实现脉冲整形。最后，我们检查基本的接收机操作。我们推导出最大似然符号检测器，然后通过符号错误概率的界限来表征其性能。

4.1 用于复脉冲幅度调制的发射机

有许多不同类型的数字通信信号。在本书中，我们考虑可以根据图 4.1 中的抽象框图生成的一般调制技术类。因为复符号幅度调制连续的脉冲，我们称这种类型的调制为复脉冲幅度调制。这张图旨在反映创建基带复带宽限制波形的数学过程，并不完全转化为硬件实现。图 4.10 提供了一个更实际的过滤实现。

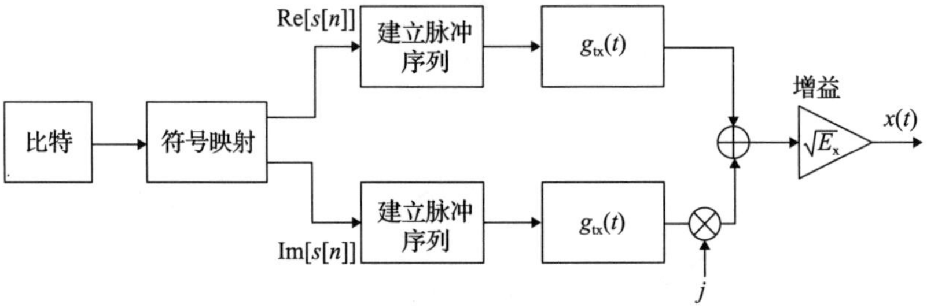

图 4.1 用于生成复脉冲幅度调制波形的抽象框图

现在解释图 4.1 中的每个模块，从左侧开始。

数字调制的信源是发射机打算发送给接收机的比特序列$\{b[n]\}$。比特序列可能是从差错控制码生成的，如第 2 章所述，但在本章或后续章节中并未使用编码。物理层通常以有限序列或比特块$\{b[n]\}_{n=0}^{N-1}$工作。在本节中，我们考虑接收机在不知道发射机发送的比特的通常情况，这是首先执行通信的全部原因！然而，在第 5 章中，我们放松该假设并以训练信号的形式利用已知信息来估计和减轻不同的信道损伤，以进一步帮助解调未知比特序列。

比特序列$\{b[n]\}$由符号映射块处理以产生符号序列$\{s[n]\}$。对于复脉冲幅度调制，

$s[n]$的每个值都是一个复数，它来自称为星座的一组有限符号，写成

$$\mathcal{C}=\{c_0,\cdots,c_{M-2},c_{M-1}\} \tag{4.1}$$

星座的条目是不同的(可能是复数的)值。星座或基数的大小表示为$|\mathcal{C}|=M$，其中M是星座中符号的数量。对于实际实现$M=2^b$，其中b是每个符号的比特数，使得一组b个输入比特可以映射到一个符号。在更复杂的数字通信系统中，符号可能是矢量或矩阵，如第6章所述。

图4.1中的下两个操作从符号序列$\{s[n]\}$生成一个波形。第一个功能块执行符号到脉冲序列操作以产生$\sum_n \mathrm{Re}[s[n]]\delta(t-nT)$和$\sum_n \mathrm{Im}[s[n]]\delta(t-nT)$。注意，输出是由符号$s[n]$的实部和虚部乘以理想的狄拉克$\delta(t-nT)$组成。符号之间的间距是符号周期$T$。

脉冲序列通过脉冲响应$g_{\mathrm{tx}}(t)$传递给脉冲整形滤波器。输出是复基带波形

$$g_{\mathrm{tx}}(t)*\sum_n s[n]\delta(t-nT)=\sum_n s[n]g_{\mathrm{tx}}(t-nT) \tag{4.2}$$

式(4.2)的右边让人想起奈奎斯特重构公式，$g_{\mathrm{tx}}(t)$充当重建滤波器。然而，与完美重构不同，脉冲整形滤波器$g_{\mathrm{tx}}(t)$通常不是式(3.82)中的sinc函数。发送脉冲整形的选择会影响发送信号的带宽和其他属性。在本章考虑的应用中，$g_{\mathrm{tx}}(t)$专门用于确保发送的波形是带限的。请注意，在本书中，$g_{\mathrm{tx}}(t)$被认为是真实的，这是商业无线系统中最常见的情况。

脉冲整形滤波器的输出由$\sqrt{E_{\mathrm{X}}}$缩放以产生复基带信号

$$x(t)=\sqrt{E_{\mathrm{X}}}\sum_{n=-\infty}^{\infty}s[n]g_{\mathrm{tx}}(t-nT) \tag{4.3}$$

比例因子E_{X}用于模拟放大$x(t)$以增加功率的效果。本章进行了一些归一化假设，以便E_{X}/T表示信号的发射功率。本书主要考虑根据式(4.3)生成信号复包络的数字通信信号。

将$x(t)$表示为一个复脉冲幅度信号，因为复数符号修改由函数$g_{\mathrm{tx}}(t)$给出的一系列脉冲。实际上，符号$s[n]$决定脉冲$g_{\mathrm{tx}}(t-nT)$。式(4.3)中对应于$x(t)$的符号率R_s是$1/T$。单位是每秒符号。通常在无线系统中，这是以每秒千字节或每秒兆字节为单位测量的，但是像毫米波系统这样的新兴商业系统以每秒千兆字节的速度测量数据速率[268]。注意$1/T$不一定是$x(t)$的带宽，这取决于$g_{\mathrm{tx}}(t)$，这在4.3节将会讲清楚。比特率是b/T(回想起星座中有2^b个符号)，并以每秒比特数来衡量。比特率是基带波形$x(t)$携带的每秒比特数的度量。

例4.1 在这个例子中，我们提供了式(4.3)中的$x(t)$的可视化。假设脉冲幅度调制与$M=4$一起使用，称为4-PAM。这是一个真正的星座，在无线通信中没有广泛使用，但便于说明。为了简化绘图，设置$E_{\mathrm{x}}=1$和$T=1$。假设表4.1中给出了比特-符号映射。这是格雷编码的一个例子，其中相邻符号只有1位差异。

表4.1　4-PAM的比特-符号映射

输入	输出
00	$-3/\sqrt{5}$
01	$-1/\sqrt{5}$
10	$3/\sqrt{5}$
11	$1/\sqrt{5}$

- 假设比特序列为$\{b[n]\}=\{0010011100\}$，从$n=0$开始到$n=7$，确定符号序列。

  解：第一对比特给出符号$s[0]=-3/\sqrt{5}$。其余的配对给出$s[1]=3/\sqrt{5}$，$s[2]=-1/\sqrt{5}$，$s[3]=1/\sqrt{5}$，$s[4]=-1/\sqrt{5}$。

- 为$x(t)$确定简单表达式，假设$n<0$或$n>4$时$s[n]=0$。

  解：从式(4.3)中，记住$E_{\mathrm{X}}=1$和$T=1$，

$$x(t)=s[0]g_{\mathrm{tx}}(t)+s[1]g_{\mathrm{tx}}(t-1)+s[2]g_{\mathrm{tx}}(t-2)$$
$$+s[3]g_{\mathrm{tx}}(t-3)+s[4]g_{\mathrm{tx}}(t-4) \quad (4.4)$$

- 以 $g_{\mathrm{tx}}(t)=\mathrm{rect}(t)$ 和 $g_{\mathrm{tx}}=\mathrm{sinc}(t)$ 绘制 $x(t)$。

解：如图 4.2 所示，其中也体现了脉冲形状。

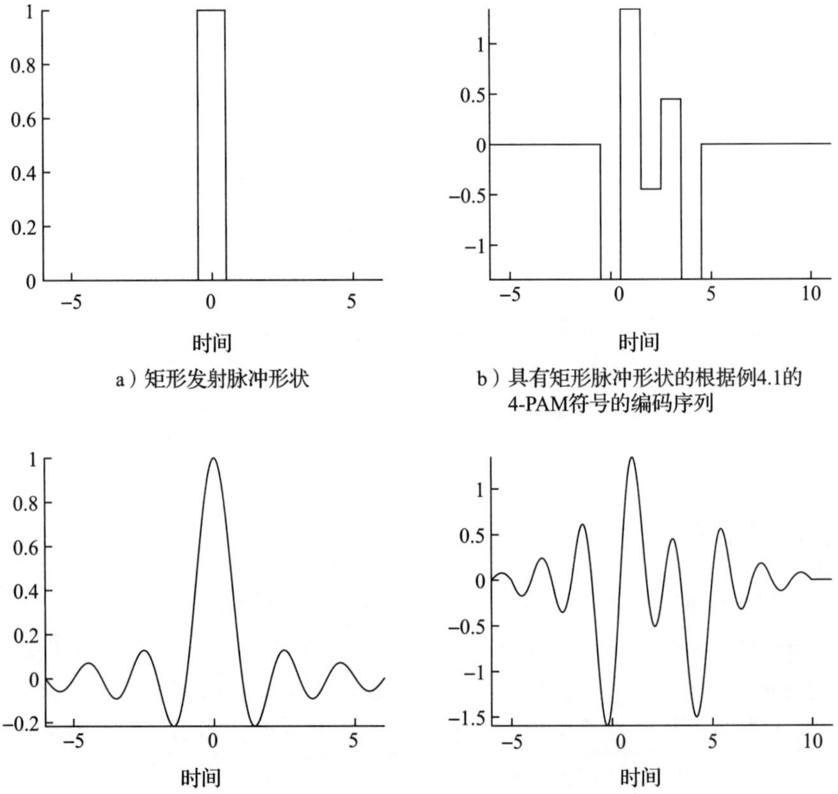

a）矩形发射脉冲形状

b）具有矩形脉冲形状的根据例4.1的4-PAM符号的编码序列

c）正弦发射脉冲形状

d）具有正弦脉冲形状的根据例4.1的4-PAM符号的编码序列

图 4.2　两种情况下的符号都符合脉冲形状。由于正弦纹波，在 sinc 函数的情况下难以可视化。实际上，像 sinc 这样的函数是优选的，因为它们是带限的　◀

在例 4.1 中，我们为两种不同的脉冲整形函数选择提供了用于 4-PAM 调制的 $x(t)$ 的可视化。在随后的章节中，我们将更加细化地讨论与复脉冲幅度调制有关的问题，包括星座选择、脉冲形状和适当的接收器设计。

4.2　符号映射和星座

本节提供一些常见星座的知识背景，并建立与星座一起工作的一些程序。特别是，星座的平均值如果存在，则被确定并移除。然后计算零星座的能量，并对星座进行缩放，使其具有单位能量。在本书的其余部分，除非另有说明，星座具有零均值和单位能量。

4.2.1　常见星座

在本节中，我们将回顾与复脉冲幅度调制框架一起使用的常见星座。星座由两个量定义，字母或符号集 $\mathcal{C}$ 以及比特-符号映射。星座图通常用于说明复数值和相应的二进制映射。为了帮助实施，根据其二进制比特-符号映射对星座集进行排序通常是方便的。例如，如果 $M=4$，则二进制数字 01 的符号将是 $\mathcal{C}$ 的第二个条目。

商业无线系统中使用了几种不同的星座，并在此进行总结。星座的归一化及其秩序是为了教学目的而设计的，并且可能在不同的教科书或标准中有所不同。在本节的后面，我们解释本书中使用的首选星座归一化。

- 二进制相移键控(BPSK)

$$\mathcal{C}=\{+1,-1\} \tag{4.5}$$

这可以说是最简单的星座。位坐标通常是 $s[n]=(-1)^{b[n]}$；因此 $b[n]=0 \to s[n]=1$ 且 $b[n]=1 \to s[n]=-1$。

- M 脉冲幅度调制(M-PAM)是将 BPSK 推广到任意 2 的幂的 M。M-PAM 星座通常被写为

$$\mathcal{C}=\left\{-\frac{(M-1)}{2},\cdots,-\frac{1}{2},\frac{1}{2},\cdots,\frac{(M-1)}{2}\right\} \tag{4.6}$$

像 BPSK 一样，M-PAM 是一个真正的星座。M-PAM 在无线系统中并不常见，因为对于 $M>2$，最高能效的星座具有复数值。

- 正交相移键控(QPSK)是 BPSK 的复数的推广

$$\mathcal{C}=\{1+\mathrm{j},-1+\mathrm{j},-1-\mathrm{j},1-\mathrm{j}\} \tag{4.7}$$

本质上，QPSK 使用 BPSK 作为实数，BPSK 使用虚数成分。QPSK 也被称为 4-QAM，用于多种商用无线系统，如 IEEE 802.11g 和 IEEE 802.16。

- M 相移键控(PSK)是通过在复数单位圆上采用等间隔点构建的星座

$$\mathcal{C}=\{\mathrm{e}^{\frac{\mathrm{j}2\pi k}{M}}\}_{k=0}^{M-1} \tag{4.8}$$

虽然没有严格要求，但实际上 M 被选为 2 的幂。集合符号是统一的第 M 个根。4-PSK是 BPSK 的一种不同的替代推广

$$\mathcal{C}=\{1,\mathrm{j},-1-\mathrm{j}\} \tag{4.9}$$

最常见的 PSK 星座是 8-PSK，填补了 4-QAM 和 16-QAM 之间的空白，并提供了每个符号 3 位的星座。EDGE 标准中使用 8-PSK，这是 GSM 移动蜂窝标准的延伸[120]。

- M-QAM 是将 QPSK 推广到任意 M 的泛化，其是 4 的幂。M-QAM 被形成具有两个 $M/2$-PAM 星座的笛卡儿乘积，其形式为

$$\mathcal{C}=\left\{\cdots,\frac{k}{2}+\mathrm{j}\,\frac{\ell}{2},\cdots\right\} \tag{4.10}$$

其中，k，$\ell\in\{-(M/2-1),-(M/2-2),\cdots,-1,1,\cdots,(M/2-1)\}$。在商业无线系统中，4-QAM、16-QAM 和 64-QAM 是常见的，例如 IEEE 802.11a/g/n、IEEE 802.16 和 3GPP LTE。IEEE 802.11ac 增加了对 256-QAM 的支持。用于回程的微波链路可以支持更高的 M 值[106]。

在无线系统中，编码误码率方面的性能部分由比特到符号的精确映射来确定。在实践中没有唯一的比特-符号映射，尽管图 4.3 中的位标记是典型的。

在这种情况下标记被称为格雷编码。基本上，标记的完成使得最近的符号仅相差一比特。事实证明，最接近的符号是最可能的错误。因此这会导致最典型的比特错误，即单比特错误。集合划分(SP)标记是网格编码调制中使用的星座标记的另一个范例。该星座划分为称作陪集的符号的互斥子集，并且该标记被分配以最大化相同陪集中最近邻居之间的间隔[334,335]。其他标记与更高级类型的差错控制编码相关，比如比特交织编码调制。这些标记可以通过优化编码误码率性能来确定[60]。

4.2.2 符号平均值

在本节中，我们计算一个星座的平均值，并展示如何对它进行变换，使其具有零均值。

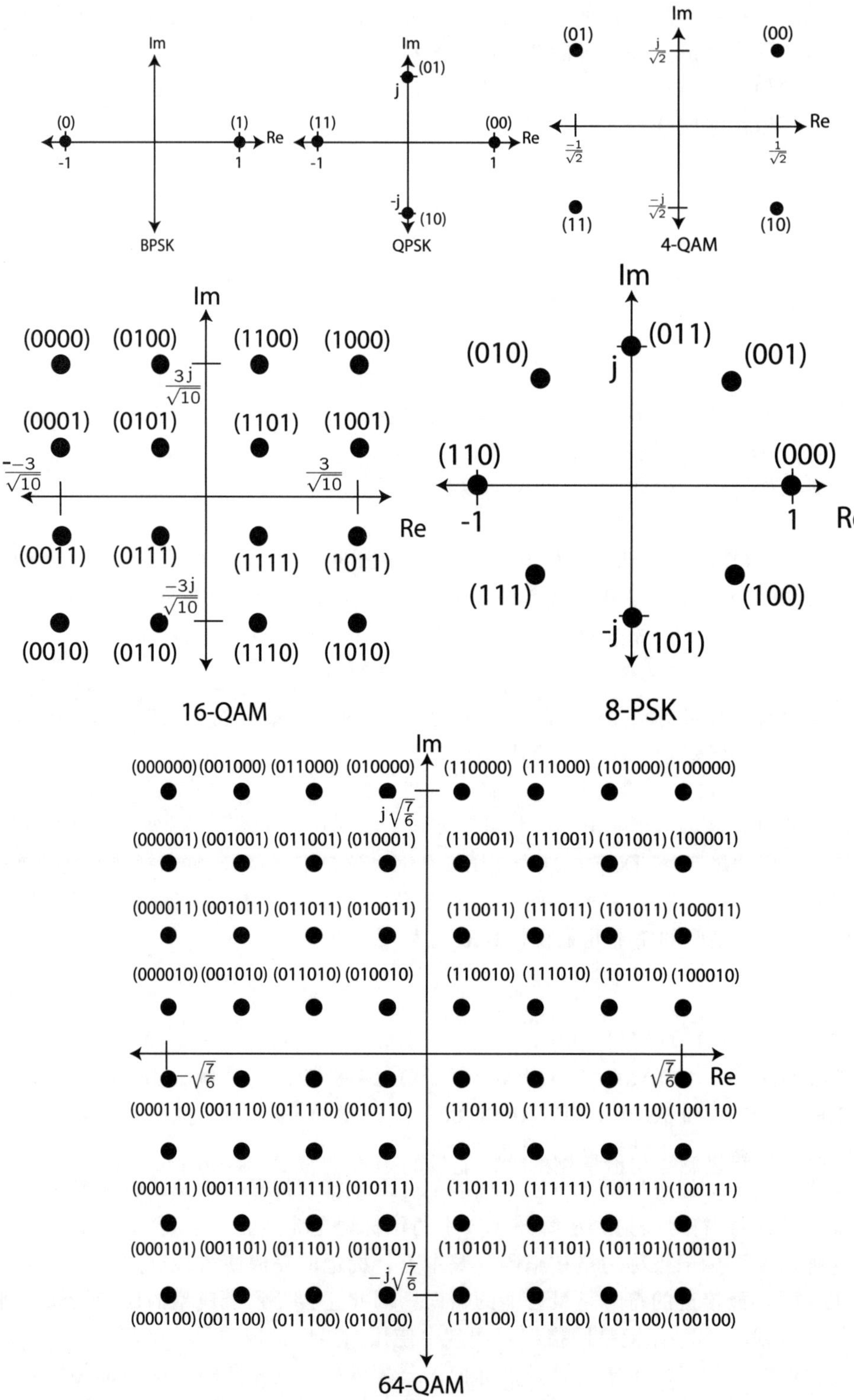

图 4.3　基于格雷标记的具有通常可接受的比特-符号映射的几个不同的星座图，以最小化相邻符号中的比特差的数量

任何给定的复数有限集 $\mathcal{C}$ 都可以用作星座。为了在无线系统中进行分析和实施，符号的平均值

$$\mu_s = \mathbb{E}_s[s[n]] \tag{4.11}$$

等于零是理想的，例如，$\mu_s=0$。为了计算平均值(和星座能量)，通常假定星座中的符号具有相同的可能性。因此对于任何 $c \in \mathcal{C}$，$P_r[s[n]=c]=1/M$，并且 $s[n]$是 IID 随机过程。如果在传输之前存在任何形式的加密或加扰，则同样可能性的符号是合理的，情况通常如此。在这个假设下，式(4.11)中的期望可以计算为

$$\mu_s = \frac{1}{M}\sum_{m=0}^{M-1} c_m \tag{4.12}$$

因此，如果星座的平均值被定义为式(4.12)的右边，那么这些符号也将具有零均值。具有零均值星座也确保了复基带信号 $x(t)$也是零均值。非零均值对应于 DC 分量，这使得模拟基带实现更具挑战性。

给定一个任意的 $\mathcal{C}$，需要计算一个平均值为零的等价星座。可以通过简单地从 $\mathcal{C}$ 中所有星座点中去除平均值来构造零均值星座 $\mathcal{C}_0$。为此，首先计算星座的平均值：

$$\mu_s = \frac{1}{M}\sum_{m=0}^{M-1} c_m \tag{4.13}$$

然后通过减去平均值构造新的零均值星座：

$$\mathcal{C}_0 = \{c_0 - \mu_s, c_1 - \mu_s, \cdots, c_{M-1} - \mu_s\} \tag{4.14}$$

对于本书的其余部分(除了习题或其他情况外)，假设星座的平均值为零。

4.2.3　符号能量

现在定义符号能量并展示如何对星座进行归一化，以使符号能量一致。

符号能量被定义为零均值星座

$$E_s = \mathbb{E}_s[|s[n]|^2] \tag{4.15}$$

为了计算 E_s，也使用 $s[n]$上的等概率和 IID 假设；从而

$$E_s = \mathbb{E}_s[|s[n]|^2] \tag{4.16}$$

$$= \frac{1}{M}\sum_{m=0}^{M-1} |c_m|^2 \tag{4.17}$$

在本书中，我们调整星座使得 $E_s=1$。原因是符号能量 E_s 与包含在信号 $x(t)$中的发射功率量有关，如 4.3 节所述。如果 E_s 很大，那么发射的信号将具有很大的幅度(相当于发射功率也将很大)。在我们的数学框架中，保留术语 E_X 来控制发射信号的增益。因此调整星座使得 $E_s=1$。不同的教科书对星座的归一化会做出不同的假设。正如本书所提出的，大多数实际应用都使用归一化的星座，因为传输信号的增益应用于无线电的模拟前端，而不是基带信号处理。

为了找到具有任意零均值星座的单位能量的等价星座 $\mathcal{C}$，将所有星座点按 α 缩放使得所得星座具有 $E_s=1$ 就足够了。所有星座点都按相同的值缩放以保存星座的距离属性。

设定比例因子 α 以强制新星座具有 $E_s=1$。给定任意的零均值星座 $\mathcal{C}=\{c_0, c_1, \cdots, c_{M-1}\}$，缩放的星座是

$$\mathcal{C}_\alpha = \{\alpha c_0, \alpha c_1, \cdots, \alpha c_{M-1}\} \tag{4.18}$$

现在将式(4.18)代入式(4.17)并设定 $E_s=1$：

$$\alpha = \sqrt{\frac{1}{\frac{1}{M}\sum_{m=0}^{M-1} |c_m|^2}} \tag{4.19}$$

具有式(4.19)中的 α 的最佳值的缩放星座 $\mathcal{C}_\alpha$ 是归一化星座。用例 4.2 和例 4.3 中归一化星座的一些计算例子来结束本节。

例 4.2 图 4.4 包含两个不同的 8 点信号星座。相邻点之间的最小距离为 B，假设信号点在每个星座中的可能性相同，为每个星座找到 E_s，并选择适当的 α 以使星座具有单位能量。

解： 对于左侧的星座，平均发射功率为

$$E_s=\frac{1}{8}(B^2+B^2+B^2+B^2)+\frac{1}{8}(2B^2+2B^2+2B^2+2B^2) \tag{4.20}$$

$$=\frac{1}{8}(4B^2)+\frac{1}{8}(8B^2) \tag{4.21}$$

$$=\frac{B^2}{2}+B^2 \tag{4.22}$$

$$=\frac{3B^2}{2} \tag{4.23}$$

从式(4.19)，一个合适的归一化是

$$\alpha=\sqrt{\frac{2}{3B^2}} \tag{4.24}$$

对于右侧的星座，平均发射功率为

$$E_s=\frac{1}{8}\left(\frac{B^2}{4}+\frac{B^2}{4}\right)+\frac{1}{8}\left(\frac{3B^2}{4}\ \frac{3B^2}{4}\right)+\frac{1}{8}\left(\frac{7B^2}{4}+\frac{7B^2}{4}+\frac{7B^2}{4}+\frac{7B^2}{4}\right) \tag{4.25}$$

$$=\frac{1}{8}\left(\frac{B^2}{2}\right)+\frac{1}{8}\left(\frac{3B^2}{2}\right)+\frac{1}{8}(7B^2) \tag{4.26}$$

$$=\frac{B^2}{16}+\frac{3B^2}{16}+\frac{7B^2}{8} \tag{4.27}$$

$$=\frac{9B^2}{8} \tag{4.28}$$

从式(4.19)，一个合适的归一化是

$$\alpha=\sqrt{\frac{8}{9B^2}} \tag{4.29}$$

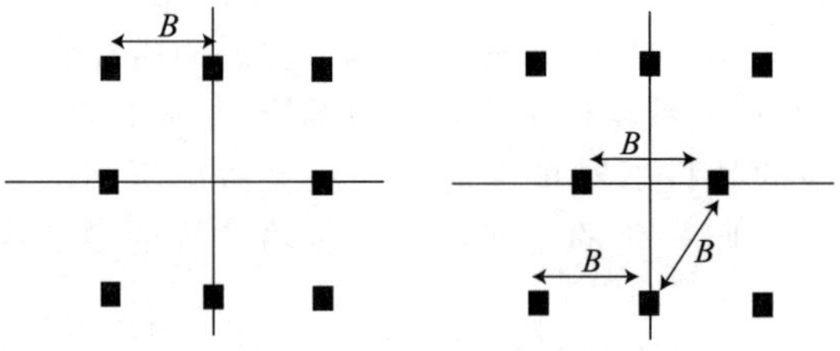

图 4.4　两个信号星座图

◀

例 4.3 考虑一个 4 点星座 $\mathcal{C}=\{\mathrm{j},(1-\mathrm{j})/\sqrt{2},-\mathrm{j},(-1-\mathrm{j})/\sqrt{2}\}$。

- 计算星座的平均值。

  解： 星座的均值是

$$\mu_s=\frac{1}{4}\left(\mathrm{j}-\mathrm{j}+\frac{1}{\sqrt{2}}(-1-\mathrm{j})+\frac{1}{\sqrt{2}}(1-\mathrm{j})\right) \tag{4.30}$$

$$=-\mathrm{j}\frac{1}{2\sqrt{2}} \tag{4.31}$$

- 计算零均值星座。

  解： 零均值星座是

$$\mathcal{C}_0=\left\{\left(1+\frac{1}{2\sqrt{2}}\right)\mathrm{j},(1-\mathrm{j})/\sqrt{2},\left(-1+\frac{1}{2\sqrt{2}}\right)\mathrm{j},(-1-\mathrm{j})/\sqrt{2}\right\} \tag{4.32}$$

- 计算归一化的零均值星座。

解： 计算式(4.19)，

$$\alpha=\sqrt{\frac{4}{\left(1+\frac{1}{2\sqrt{2}}\right)^2+1+\left(1-\frac{1}{2\sqrt{2}}\right)^2+1}} \tag{4.33}$$

$$=\frac{4}{\sqrt{17}} \tag{4.34}$$

那么归一化的零均值星座是

$$\mathcal{C}_0=\left\{\frac{4}{\sqrt{17}}\mathrm{j}\left(1+\frac{1}{2\sqrt{2}}\right),\frac{4}{\sqrt{34}}(1-\mathrm{j}),\frac{4}{\sqrt{17}}\left(-1+\frac{1}{2\sqrt{2}}\right)\mathrm{j},\frac{4}{\sqrt{34}}(-1-\mathrm{j})\right\} \tag{4.35}$$

◀

对于本书的其余部分，除非另有说明，否则假设星座已经归一化，因此符号能量为 1。

4.3 计算 $x(t)$的带宽和功率

信号 $x(t)$是传递给模拟前端的复基带信号，用于无线信道上的上变频和传输。因此，定义与 $x(t)$有关的多个兴趣量是有用的。一路上，我们也建立了关于 $g_{\mathrm{tx}}(t)$的主要归一化假设。

为了计算信号 $x(t)$的带宽，传统的方法是计算傅里叶频谱并根据该频谱确定带宽。由于 $s[n]$通常被建模为一个 IID 随机过程，所以这个方向计算是没有意义的。正如第 3 章所讨论的那样，随机过程的带宽通常基于 WSS 随机过程的功率谱密度来定义。虽然 $x(t)$实际上是一个随机过程，但它不是 WSS。实际上它就是所谓的循环平稳广义平稳随机过程[121]。这个过程的微妙之处超出了本书的范围。对于我们的目的来说，可以定义式(4.36)过程的功率谱密度的操作概念就足够了。

$$P_{xx}(f)=\frac{E_{\mathrm{x}}}{T}E_{\mathrm{s}}\ |G_{\mathrm{tx}}(f)|^2 \tag{4.36}$$

因此，在单位符号能量假设下，$\overline{F}_s=1$，因而

$$P_{xx}(f)=\frac{E_{\mathrm{x}}}{T}\ |G_{\mathrm{tx}}(f)|^2 \tag{4.37}$$

很明显$|G_{\mathrm{tx}}(f)|^2$ 决定了 $x(t)$的带宽。

为了计算与 $x(t)$相关的功率，对 $g_{\mathrm{tx}}(t)$进行一些额外的假设是有用的。在本书中，除非另有说明，总是假定脉冲形状被归一化为具有单位能量。这意味着

$$\int_{-\infty}^{\infty}|G_{\mathrm{tx}}(f)|^2\mathrm{d}f=1 \tag{4.38}$$

或者等价于 Parseval 定理

$$\int_{-\infty}^{\infty}|g_{\mathrm{tx}}(t)|^2\mathrm{d}t=1 \tag{4.39}$$

原因与假设星座具有单位能量的原因相同。具体来说，在我们的数学公式中，我们希望专门用 E_{X} 来控制发射功率。在这个假设下，发射功率是

$$\int_{-\infty}^{\infty}P_{xx}(f)\mathrm{d}f=\frac{E_{\mathrm{x}}}{T} \tag{4.40}$$

E_{X} 扮演着信号能量的角色，每秒能量就是合适的能量单位。

例 4.4 确定脉冲整形滤波器

$$g_{\mathrm{tx,non}}(t)=\mathrm{sinc}^2(t/T) \tag{4.41}$$

的归一化版本、相应 $x(t)$ 的功率谱密度以及绝对带宽。

解： 通过查找能量来计算归一化的脉冲形状：

$$\int |g_{\mathrm{tx,non}}(t)|^2\mathrm{d}t=\int |G_{\mathrm{tx,non}}(f)|^2\mathrm{d}f \tag{4.42}$$

$$=T^2\int_{-\frac{1}{T}}^{\frac{1}{T}}(1-|f|T)^2\mathrm{d}f \tag{4.43}$$

$$=\frac{2}{3}T \tag{4.44}$$

因此，归一化的脉冲形状是

$$g_{\mathrm{tx}}(t)=\sqrt{\frac{3}{2T}}\mathrm{sinc}^2\left(\frac{t}{T}\right) \tag{4.45}$$

具有归一化脉冲形状的 $x(t)$ 的功率谱密度来自式(4.37)。假设星座已经归一化，

$$P_{xx}(f)=\frac{E_{\mathrm{x}}}{T}\left|\sqrt{\frac{3}{2T}}T\Lambda(fT)\right|^2 \tag{4.46}$$

$$=\frac{3}{2}E_{\mathrm{x}}\Lambda^2(fT) \tag{4.47}$$

$P_{xx}(f)$ 的绝对带宽就是 $|G_{\mathrm{tx}}(f)|^2$ 的绝对带宽。因为 $G_{\mathrm{tx}}(f)=\sqrt{\frac{3}{2T}}T\Lambda(fT)$ 可知，从表 3.2 和表 3.1 中的时标定理可知，绝对带宽为 $1/T$。◀

4.4 AWGN 信道中的通信

在本节中，我们在存在最基本的损伤 AWGN 的情况下探索通信。首先介绍 AWGN。然后提出一个脉冲形状设计，可以在 AWGN 信道中实现良好的性能。像奈奎斯特脉冲形状和匹配滤波器等重要概念是讨论的副产品。然后，假设一个最佳的脉冲形状，我们推导出 AWGN 的最大似然符号检测器。通过分析符号错误概率的界限来总结该部分，其揭示了 SNR 的重要性。

4.4.1 AWGN 信道简介

除了带宽和功率之外，脉冲整形滤波器 $g_{\mathrm{tx}}(t)$ 的其他特性在确定接收机能够检测传输符号的程度方面发挥着重要作用。脉冲整形滤波器的设计取决于传播信道和接收机电子线路产生的损伤。AWGN 是最基本的障碍，它是处理更复杂损伤的垫脚石。发射脉冲整形滤波器通常假设 AWGN 是主要损害，即使在更复杂的系统中。在本节中，我们将介绍 AWGN 信道模型和相关的发射机、接收机。

每个通信接收机都存在热噪声。这由温度引起的电子变化产生，并发生在不同的模拟接收机组件中。由于无线系统中的接收电压可能非常小(由于 2.3.3 节讨论的距离相关路径损耗)，热噪声对接收信号具有可测量的影响。无线系统还有其他类型的噪声，但热噪声是最常见的损伤。RF 前端的设计，通过选择元件影响的有效噪声温度，对热噪声的严重程度有很大的影响[271]。然而，进一步的讨论超出了本书的范围。

AWGN 通信信道是热噪声引起的损伤的数学模型。因为我们处理复基带等效系统，所以将 AWGN 视为基带应用。一个简单的模型如图 4.5 所示。数学公式为

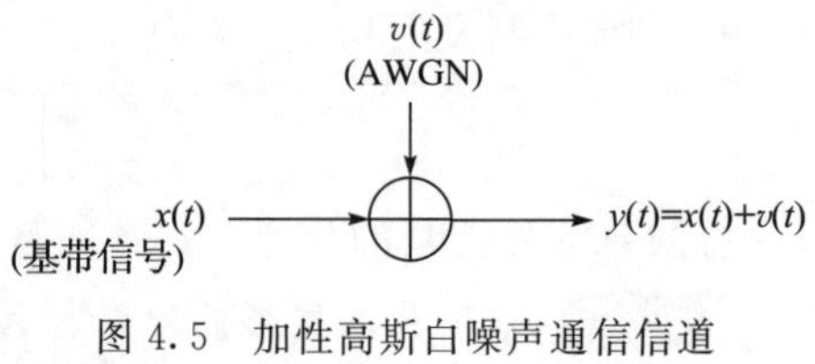

图 4.5　加性高斯白噪声通信信道

$$y(t)=x(t)+v(t) \tag{4.48}$$

其中 $x(t)$是发射的复基带信号，$v(t)$是 AWGN，$y(t)$是观察到的复基带信号。

$v(t)$是 AWGN 的假设具有以下含义：

- 噪声是附加的。其他类型的噪声，如乘法噪声和相位噪声也是可能的，但会导致其他类型的附加损伤。
- 噪声是 IID(这是产生“白色”的原因——IID 信号的功率谱密度在频域中是平坦的)，因此也是 WSS 随机过程。自相关函数为 $R_{vv}(\tau)=\sigma^2\delta(\tau)$，功率谱密度为$P_{vv}(f)=\sigma^2$。
- $v(t)$的一阶分布是 $\mathcal{N}_c(0,\sigma^2)$。
- 总方差为 $\sigma^2=N_o$。噪声谱密度为 $N_o=kT_e$，其中 k 是玻尔兹曼常数 $k=1.38\times10^{-23}$ J/K，器件的有效噪声温度是单位为开尔文的 T_e。在没有其他信息的情况下假设 $T_e=290$K。有效噪声温度是环境温度、天线类型以及模拟前端的材料特性的函数。有时 N_o 用分贝表示。例如，如果 $T_e=290$K，则 $N_o=-228$dB/Hz。

信噪比(SNR)是 AWGN 通信信道性能的关键指标。我们将其定义为

$$\mathrm{SNR}=\frac{E_x}{N_o} \tag{4.49}$$

AWGN 信道中的许多不同性能指标是 SNR 的函数，包括符号错误概率和信道容量[28]。在其他类型的噪声或接收机损伤中，不同的性能测量可能更合适。然而，SNR 是无线系统中广泛使用的参数。

4.4.2　AWGN 中的复脉冲幅度调制接收机

数字通信系统中接收机的任务是对 $y(t)$进行观察并对发送来的相应 $s[n]$进行最佳猜测。这个“最佳猜测”背后的理论来自检测理论[340,339,341]，并且取决于描述 $x(t)$到 $y(t)$变换的假定信道模型。检测理论与统计学中的假设检验相关[176]。在这种情况下，接收机测试关于发送的符号的可能值的不同假设。

在本书中，我们关注式(4.3)所描述的复脉冲幅度调制信号 $x(t)$的接收机结构。用于任意调制的 AWGN 信道的最佳接收机结构的推导(来自第一原理)超出了本书的范围。为了简化演示，捕捉 AWGN 系统中接收机功能的显著细节，我们从观察中看到最佳接收机具有如图 4.6 所示的形式。

现在总结一下图 4.6 中的关键接收机模块。滤波器 $g_{rx}(t)$被称为接收机脉冲整形滤波器。它在其他功能中执行限制频带操作，这在 4.4.3 节中将会介绍。连续-离散转换器以 $1/T$ 的符号率对接收到的信号进行采样。检测模块可以根据 C/D 的采样输出产生一个很好的猜测 $s[n]$。逆符号映射确定与从检测块输出的检测符号$\hat{s}[n]$相对应的比特序列。图 4.6 所示接收机中的模块一起工作，以反转发射机的相应操作。

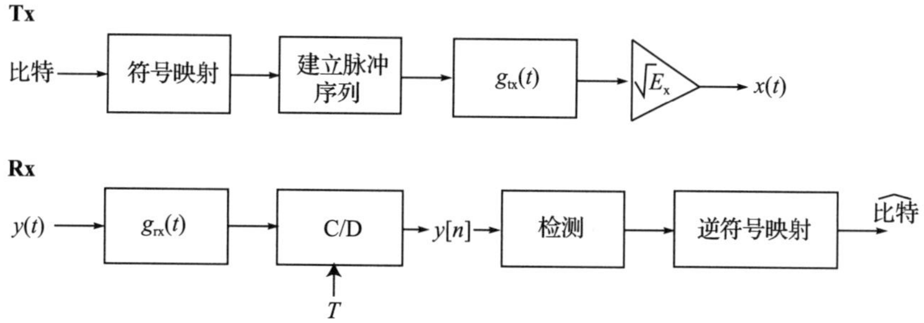

图 4.6　AWGN 通信信道的发射机和接收机

在指定接收机的操作时有三个重要的设计决定：

1. 确定最佳接收机滤波器 $g_{rx}(t)$ 以及它如何依赖于发射信号。事实证明，匹配滤波器是最佳的，如 4.4.3 节所述。

2. 使用数学原理指定检测块中发生的情况。我们在 4.4.4 节中展示，探测器应该实现最小欧几里得距离探测器，其中距离探测器最近的(缩放的)星座符号被输出。

3. 为图 4.6 中的脉冲整形和滤波操作确定一个更可实现的结构。在 4.4.5 节中，我们使用第 3 章中介绍的多速率信号处理概念来实现发送脉冲整形和离散时间中的接收滤波。

前两个设计决定在本节中讨论，第三个解决方案在 4.5 节中探讨。

4.4.3　AWGN 信道的脉冲形状设计

在本节中，我们设计发射脉冲形状 $g_{tx}(t)$ 和接收滤波器 $g_{rx}(t)$。该推导基于最大化信号与干扰加噪声比(SINR)的思想，假设无记忆检测器。其他类型的信号处理，如均衡之后的检测，将在第 5 章中探讨。

AWGN 之后的推导开始于接收信号：

$$y(t)=\sqrt{E_x}g_{rx}(t)*g_{tx}(t)*\sum_m s[m]\delta(t-mT)+g_{rx}(t)*v(t) \tag{4.50}$$

令 $g(t)=g_{rx}(t)*g_{tx}(t)$ 表示组合的发射和接收脉冲整形滤波器。以符号率抽样后，得

$$y[n]=\sqrt{E_x}\sum_m s[m]g((n-m)T)+\tilde{v}[n] \tag{4.51}$$

其中 $\tilde{v}[n]=\int v(\tau)g_{rx}(nT-\tau)\mathrm{d}\tau$ 是滤波后的噪声。检测器从 $y[n]$ 中提取 $s[n]$，因此可将式(4.51)改写为

$$y[n]=\sqrt{E_x}s[n]+\sqrt{E_x}\sum_{m\neq n}s[m]g((n-m)T)+\tilde{v}[n] \tag{4.52}$$

第一项是期望信号，第二项是符号间干扰，第三项是采样噪声。因此，选择 $g_{tx}(t)$ 和 $g_{rx}(t)$ 以实现最佳检测性能是有意义的。

我们建议设计发射脉冲形状和接收滤波器以最大化 SINR。信号能量是

$$\mathbb{E}[|\sqrt{E_x}s[n]g(0)|^2]=E_x|g(0)|^2 \tag{4.53}$$

增加信号能量的唯一方法是增加 E_X(发射功率)或增加 $g(0)$。很快将知道为什么增加 $g(0)$ 不是一种选择。

ISI 的能量是

$$\mathbb{E}\left[\left|\sqrt{E_x}\sum_{m,m\neq n}s[m]g((n-m)T)\right|^2\right]=E_x\sum_{m\neq 0}|g(mT)|^2 \tag{4.54}$$

通过减少 E_X 可以降低 ISI，但这也会降低信号功率。减少 ISI 的唯一方法是使 $|g(mT)|$ 在 $m\neq 0$ 时尽可能小。有特殊的 $g(t)$ 选择可以完全消除 ISI。

噪声能量是

$$\mathbb{E}[|g_{rx}(t)*v(t)|_{nT}|^2]=N_o\int|G_{rx}(f)|^2\mathrm{d}f \tag{4.55}$$

$g_{rx}(t)$ 的带宽越大，噪声密度越高。只要带宽至少与信号带宽一样大，降低带宽也会降低噪声。否则，发射的信号可能被滤除。

将 ISI 视为高斯噪声的附加源，SINR 成为 AWGN 信道的相关性能指标。计算式(4.53)与式(4.54)和式(4.55)之和的比率，得

$$\mathrm{SINR}=\frac{E_x|g(0)|^2}{N_o\int|G_{rx}(f)|^2\mathrm{d}f+E_x\sum_{m\neq n}|g(mT)|^2} \tag{4.56}$$

现在继续寻找 $g_{tx}(t)$ 和 $g_{rx}(t)$ 的最佳选择来最大化 SINR。

最大化 SINR 的方法是找到一个可以通过正确的脉冲形状设计实现平等的上限。首先，检查平均接收信号功率项 $E_X|g(0)|^2$。从 $g(t)$ 的定义中，注意到

$$g(0) = \int g_{rx}^*(-t)g_{tx}(t)\mathrm{d}t \tag{4.57}$$

对上界 $g(t)$，应用柯西-施瓦茨不等式。对于具有有限能量的两个复可积函数 $a(t)$ 和 $b(t)$，柯西-施瓦茨不等式表示

$$\left(\int_{-\infty}^{\infty} a^*(t)b(t)\mathrm{d}t\right)^2 \leqslant \int_{-\infty}^{\infty} |a(t)|^2\mathrm{d}t\int_{-\infty}^{\infty} |b(t)^2|\mathrm{d}t \tag{4.58}$$

当且仅当 $b(t)=\alpha a(t)$，其中 α 是一个(可能是复数的)常数。应用柯西-施瓦茨到式(4.57)，

$$|g(0)|^2 = \left|\int g_{rx}(-t)g_{tx}(t)\mathrm{d}t\right|^2 \tag{4.59}$$

$$\leqslant \int |g_{tx}(t)|^2\mathrm{d}t\int |g_{rx}(t)|^2\mathrm{d}t \tag{4.60}$$

$$= \int |g_{rx}(t)|^2\mathrm{d}t \tag{4.61}$$

最后一步是因为我们假设 $g_{tx}(t)$ 具有单位能量。由于 $g_{rx}(t)$ 出现在 SINR 的分子和分母的每一项中，我们可以不失一般性地假设 $g_{rx}(t)$ 具有单位能量。因此，取 $g_{rx}(t)=g_{tx}^*(-t)$。$g_{rx}(t)$ 的这种选择称为匹配滤波器，并且导致 $g(0)=1$。实际上，匹配滤波器将接收信号与发射脉冲形状相关以实现最大的信号能量。

现在通过最小化式(4.56)的分母来进一步上限 SINR。由于 $g_{rx}(t)$ 由 $g_{tx}(t)$ 确定，因此此时的噪声功率是恒定的，不能进一步最小化。相反，我们专注于 ISI 项。因为总和中的项是非负的，所以如果所有项都为零，那么总和被最小化，也就是说，如果 $E_X\sum\limits_{m\neq 0}|g(mT)|^2=0$。只有当 $g(mT)=0$(对于 $m\neq 0$)时，这是可能的。结合 $g(0)=1$ 假设接收滤波器 $g_{rx}(t)$ 的归一化的事实，如果 ISI 为零，有可能找到 $g_{tx}(t)$，于是

$$g(nT) = \delta[n] \tag{4.62}$$

请注意式(4.62)对 $g(t)$ 的样本有要求，但不会对波形产生影响。假设实现了这种脉冲形状，最佳 SINR 变成简单 $\mathrm{SNR}=E_X/N_0$。

要发现式(4.62)的含义，让我们进入频域。把 $g_d[n]=g(nT)$ 当作一个离散时间序列，并对两边进行傅里叶变换

$$G_d(\mathrm{e}^{\mathrm{j}2\pi f}) = 1 \tag{4.63}$$

但从式(3.83)中回想到，连续时间信号 $G(f)$ 的 CTFT 和采样信号 $G_d(\mathrm{e}^{\mathrm{j}2\pi f})$ 的 DTFT 是通过

$$G_d(\mathrm{e}^{\mathrm{j}2\pi f}) = \sum_{k=-\infty}^{\infty} G(fT+k) \tag{4.64}$$

结合式(4.63)和式(4.64)给出

$$\sum_{k=-\infty}^{\infty} G(fT+k) = 1 \tag{4.65}$$

实际上，混叠采样脉冲形状应该是一个常数。

满足式(4.62)或式(4.65)的函数称为奈奎斯特脉冲形状。它们很特别。以符号速率 T 进行采样，对于 $n\neq 0$，采样函数 $g(nT)$ 为零。注意，只有当函数在确切的正确位置进行采样并且未暗示否则该函数为零时，情况才是正确的。

例 4.5 考虑矩形脉冲形状

$$g_{tx}(t)=\sqrt{\frac{2}{T}}\mathrm{rect}(t/T-1/2) \tag{4.66}$$

- 找到匹配的过滤器 $g_{rx}(t)$。

解：

$$g_{rx}(t)=g_{tx}(-t) \tag{4.67}$$

$$=\sqrt{\frac{2}{T}}\mathrm{rect}(-t/T-1/2) \tag{4.68}$$

- 找到组合滤波器 $g(t)=\int g_{rx}(\tau)g_{tx}(t-\tau)\mathrm{d}\tau$。

解：

$$g(t)=\int g_{tx}(\tau)g_{rx}(t-\tau)\mathrm{d}\tau \tag{4.69}$$

$$=\Lambda\left(\frac{t}{T}\right) \tag{4.70}$$

其中 Λ 是表 3.2 中的三角形脉冲。

- $g(t)$是奈奎斯特脉冲形状吗？

解：是的，因为 $g(nT)=\Lambda(n)=\delta(n)$。然而，这并不是一个特别好的脉冲形状选择，因为 $g_{tx}(t)$不是带限的。◀

也许奈奎斯特脉冲形状最著名的例子是 sinc：

$$g_{\mathrm{sinc}}(t)=\mathrm{sinc}(t/T) \tag{4.71}$$

使用 sinc 函数，脉冲形状的基带带宽为 $1/2T$，并且式(4.65)中的 $G\left(f+\frac{k}{T}\right)$中没有重叠。$g(t)$的其他选择具有较大的带宽，并且加起来以便在式(4.65)中保持相等。

正弦脉冲整形滤波器存在许多实施挑战。实践中并不存在 $g(t)$的理想实现。数字实现需要截断脉冲形状，这是一个问题，因为它以 $1/t$ 的时间衰减，需要大量的内存。此外，正弦函数对抽样误差(不是恰好在正确的点进行采样)很敏感。由于这些原因，考虑具有过量带宽的脉冲形状是有意义的，这意味着 $g(t)$的基带带宽大于 $1/2T$，或者相当于频带带宽大于 $1/T$。

除了 sinc 脉冲外，最常见的奈奎斯特脉冲是升余弦。升余弦脉冲形状具有傅里叶谱

$$G_{rc}(f)=\begin{cases}T, & 0\leqslant|f|\leqslant(1-\alpha)/2T\\ \frac{T}{2}\left[1+\cos\left(\frac{\pi T}{\alpha}\left(|f|-\frac{1-\alpha}{2T}\right)\right)\right], & \frac{1-\alpha}{2T}\leqslant|f|\leqslant\frac{1+\alpha}{2T}\\ 0, & |f|>\frac{1+\alpha}{2T}\end{cases} \tag{4.72}$$

和变换

$$g_{rc}(t)=\mathrm{sinc}(t/T)\frac{\cos(\pi\alpha t)}{1-4\alpha^2t^2/T^2} \tag{4.73}$$

参数 α 是滚降系数，$0\leqslant\alpha\leqslant1$。有时使用 β 代替 α。通常，滚降表示为超出带宽的百分比。换句话说，50%的过剩带宽将对应于 $\alpha=0.5$。

例 4.6 证明对于 α 的任何值，升余弦谱 $G_{rc}(f)$都满足

$$\int_{-\infty}^{\infty}G_{rc}(f)\mathrm{d}f=1 \tag{4.74}$$

解：设 $g_{rc}(t)$是 $G_{rc}(f)$的逆傅里叶变换。在采样时刻 $t=nT$ 处，我们有

$$g_{\mathrm{rc}}(nT)=\int_{-\infty}^{\infty}G_{\mathrm{rc}}(f)\mathrm{e}^{\mathrm{j}2\pi fnT}\mathrm{d}f \tag{4.75}$$

将式(4.75)中的积分分成若干积分，包括长度为 $1/T$ 的间隔，这就产生了

$$g_{\mathrm{rc}}(nT)=\sum_{m=-\infty}^{\infty}\int_{(2m-1)/(2T)}^{(2m+1)/(2T)}G_{\mathrm{rc}}(f)\mathrm{e}^{\mathrm{j}2\pi fnT}\mathrm{d}f \tag{4.76}$$

$$=\sum_{m=-\infty}^{\infty}\int_{-1/(2T)}^{1/(2T)}G_{\mathrm{rc}}(f+m/T)\mathrm{e}^{\mathrm{j}2\pi fnT}\mathrm{d}f \tag{4.77}$$

$$=\int_{-1/(2T)}^{1/(2T)}\left\{\sum_{m=-\infty}^{\infty}G_{\mathrm{rc}}(f+m/T)\right\}\mathrm{e}^{\mathrm{j}2\pi fnT}\mathrm{d}f \tag{4.78}$$

$$=\int_{-1/(2T)}^{1/(2T)}T\mathrm{e}^{\mathrm{j}2\pi fnT}\mathrm{d}f \tag{4.79}$$

其中式(4.79)源于升余弦函数满足奈奎斯特准则的事实。因此，通过设定 $n=0$，我们有

$$g_{\mathrm{rc}}(0)=\int_{-\infty}^{\infty}G_{\mathrm{rc}}(f)\mathrm{d}f \tag{4.80}$$

$$=\int_{-1/(2T)}^{1/(2T)}T\mathrm{d}f \tag{4.81}$$

$$=1 \tag{4.82}$$

◀

例 4.7 使用例 4.6 的结果，现在考虑过采样或欠采样时升余弦脉冲形状的行为。

- 如果以 $1/(2T)$ 采样，它仍然是奈奎斯特脉冲形状吗？

  解：对于所有 f 注意

$$\sum_k G_{\mathrm{rc}}\left(f+\frac{k}{2T}\right)=\sum_h G_{\mathrm{rc}}\left(f+\frac{2h}{2T}\right)+\sum_h G\left(f+\frac{2h+1}{2T}\right) \tag{4.83}$$

$$=\underbrace{\sum_h G_{\mathrm{rc}}\left(f+\frac{h}{T}\right)}_{A}+\underbrace{\sum_h G_{\mathrm{rc}}\left(f+\frac{h}{T}+\frac{1}{2T}\right)}_{B} \tag{4.84}$$

$$=T+T \tag{4.85}$$

$$=2T \tag{4.86}$$

  其中第一项是来自例 4.6 的 T，而第二项是 T，因为移动平坦频谱保留了平坦频谱。

- 以 $2/T$ 采样怎么样？

  解：$G_{\mathrm{rc}}(f)$ 的带宽为 $\dfrac{1+\alpha}{2T}$，最大为 $1/T$。$2/T$ 采样在 $\sum_k G_{\mathrm{rc}}\left(f+\dfrac{2k}{T}\right)$ 的函数中没有重叠。由于没有重叠，所以 $G_{\mathrm{rc}}(f)$ 的频谱不是平坦的，所以频谱不能平坦。 ◀

基带上升余弦脉冲波形的绝对带宽为 $(1+\alpha)/2T$，频带为 $(1+\alpha)/T$。具有升余弦脉冲形状的基带数字通信信号 $x(t)$ 的奈奎斯特速率是 $(1+\alpha)/T$。注意 $1/T$ 是 $x(t)$ 的采样速率。由于奈奎斯特不满足，所以 $x(t)$ 中存在混叠。尽管如此，零 ISI 条件确保了混叠不会导致接收信号中的符号间干扰。

升余弦绘制在图 4.7 中。对于较大的 α 值，频谱滚降更平滑，脉冲的时域衰减更快。这使得实现更容易——以牺牲多余的带宽为代价。

实际上，我们通常不直接使用升余弦脉冲。原因在于升余弦脉冲的形状是 $g(t)$，而我们在发射机使用 $g_{\mathrm{tx}}(t)$，在接收机使用 $g_{\mathrm{rx}}(t)$。回想一下，$g(t)=g_{\mathrm{rx}}(t)g_{\mathrm{tx}}(t-\tau)\mathrm{d}\tau$ 和 $g_{\mathrm{rx}}(t)=g_{\mathrm{tx}}(-t)$。在频域中，这意味着 $G(f)=G_{\mathrm{tx}}(f)G_{\mathrm{tx}}^{*}(f)$。因此，我们选择 $g_{\mathrm{tx}}(t)$ 作为升余弦的“平方根”。这种脉冲形状被称为平方根升余弦或根升余弦，并被写作

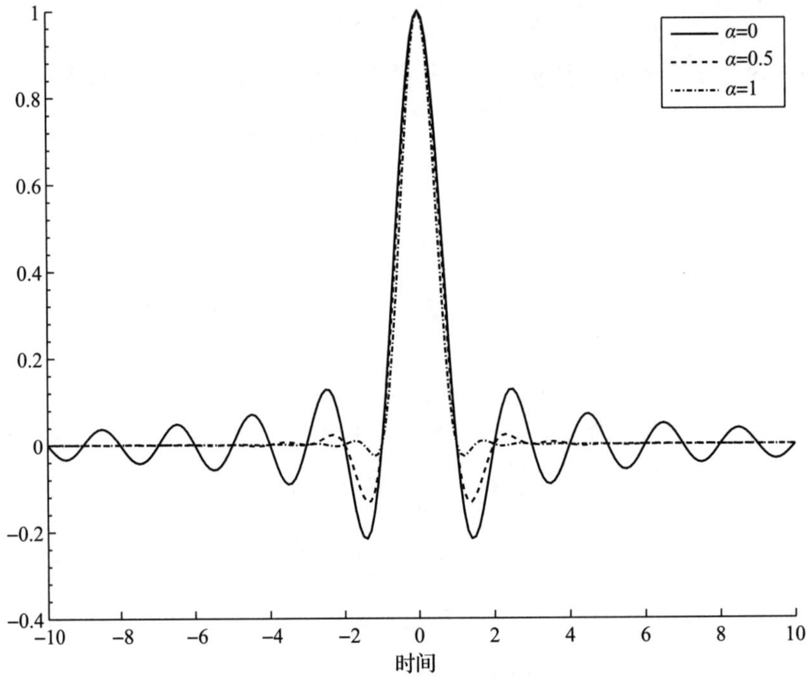

a）时域中α的各种选择下的升余弦脉冲形状。假定T=1

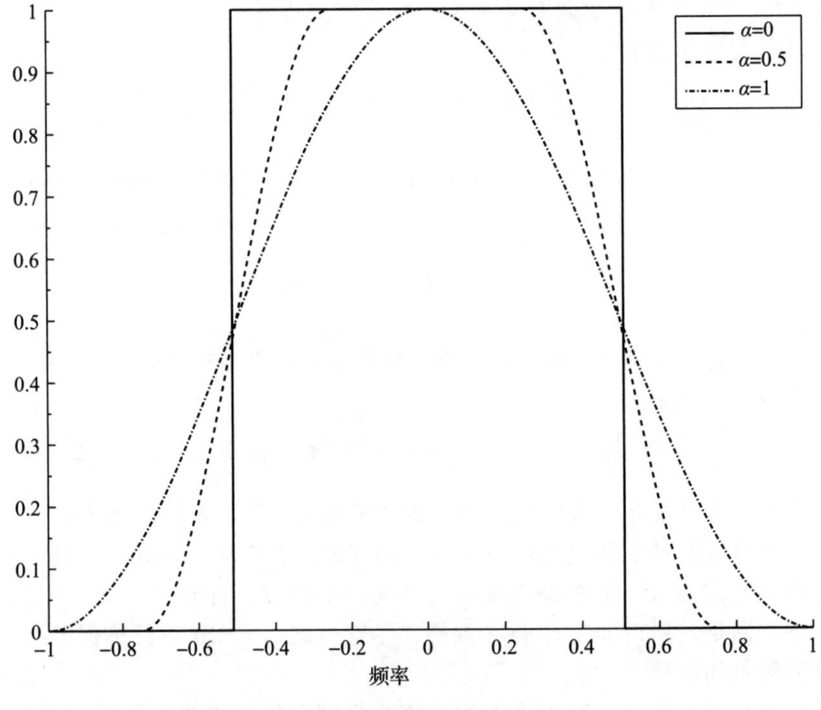

b）频域中α的各种选择下的升余弦脉冲形状。假定T = 1

图 4.7

$$g_{\text{sqrc}}(t)=\frac{4\alpha}{\pi\sqrt{T}}\frac{\cos((1+\alpha)\pi t/T)+\dfrac{\sin((1-\alpha)\pi t/T)}{4\alpha t/T}}{1-(4\alpha t/T)^{2}} \tag{4.87}$$

请注意，这个脉冲形状是归一化的。还要注意 $g_{\text{sqrc}}(t)$ 是偶数，因此如果 $g_{\text{tx}}(t)=g_{\text{sqrc}}(t)$，则 $g_{\text{rx}}(t)=g_{\text{tx}}(-t)=g_{\text{tx}}(t)$，并且发送脉冲形状和接收脉冲形状是相同的。平方根升余弦是它自己的匹配滤波器！

根升余弦是复脉冲幅度调制的常见传输脉冲。现在总结带宽、符号率和超出带宽之间的关键关系与平方根升高的发送脉冲形状。等价地，当 $g(t)$ 是升余弦时：

- 符号率是 $R=1/T$，其中 T 是符号周期。
- 在基带上具有根升余弦脉冲整形的复脉冲幅度调制信号的绝对带宽是 $(1+\alpha)/2T$。
- 在某载波频率调制的具有根升余弦脉冲整形的复脉冲调幅信号的绝对带宽为 $(1+\alpha)/T$。依据基带信号和频带信号之间的带宽定义的差别，这是基带带宽的 2 倍。
- 基带上的根升余弦脉冲形复脉冲调幅信号的奈奎斯特频率为 $(1+\alpha)/2T$。
- 基带上的根升余弦脉冲形复脉冲调幅信号的奈奎斯特速率为 $(1+\alpha)/T$。

平方根升余弦滤波器的一个优点是采样噪声变得不相关。具体来说，考虑式(4.51)中的离散时间采样噪声。由于 $\mathbb{E}[\tilde{v}[n]]=0$，噪声仍为零均值。噪声的自协方差为

$$C_{vv}[k]=\mathbb{E}_v[\tilde{v}[n]\,\tilde{v}^*[n+k]] \tag{4.88}$$

$$=\mathbb{E}_v\left[\int_{\tau_1}\int_{\tau_2} v(\tau_1)v^*(\tau_2)g_{\text{sqrc}}(nT-\tau_1)g_{\text{sqrc}}((n-k)T-\tau_2)\mathrm{d}\tau_1\mathrm{d}\tau_2\right] \tag{4.89}$$

$$=\sigma_v^2\int_{\tau} g_{\text{sqrc}}(nT_s-\tau)g_{\text{sqrc}}((n-k)T-\tau)\mathrm{d}\tau \tag{4.90}$$

$$=\sigma_v^2\int_{\tau} g_{\text{sqrc}}(\tau)g_{\text{sqrc}}(-kT-\tau)\mathrm{d}\tau \tag{4.91}$$

我们已经使用 IID 性质 $\mathbb{E}_v[v(\tau_1)v(\tau_2)]=\delta(\tau_2-\tau_1)$ 来简化式(4.89)～式(4.90)。现在认识到 $g_{\text{sqrc}}(t)=g_{\text{sqrc}}(-t)$，它就是这样

$$C_{vv}[k]=\sigma_v^2\int_{\tau} g_{\text{sqrc}}(\tau)g_{\text{sqrc}}(kT+\tau)\mathrm{d}\tau \tag{4.92}$$

不过，请注意，因为偶对称性，从构建平方根滤波器开始

$$g_{\text{rc}}(t)=\int_{\tau} g_{\text{sqrc}}(t-\tau)g_{\text{sqrc}}(\tau)\mathrm{d}\tau \tag{4.93}$$

$$=\int_{\tau} g_{\text{sqrc}}(t+\tau)g_{\text{sqrc}}(\tau)\mathrm{d}\tau \tag{4.94}$$

由于升余弦是奈奎斯特脉冲形状，因此

$$C_{vv}[k]=\sigma_v^2 g_{\text{rc}}(kT) \tag{4.95}$$

$$=\sigma_v^2\delta[k] \tag{4.96}$$

对于复数 AWGN，$\sigma_v^2=N_o$。因此，平方根升余弦保留了噪声(白度)的 IID 属性。对于奈奎斯特脉冲的任何适当选择的实平方根，该属性是正确的。用相关的非白色噪声进行检测会更加复杂，本书不讨论。实际上，通过使用白化滤波器在接收机处处理相关噪声。

4.4.4　AWGN 信道中的符号检测

在本节中，我们解决在接收机给出噪声观察时推断发射符号的问题。这个过程被称为符号检测。

利用奈奎斯特脉冲整形和匹配滤波的合适组合(例如，使用平方根升余弦)，采样后的接收信号可写为

$$y[n]=\sqrt{E_{\text{x}}}\sum_{m}s[m]g((n-m)T)+g_{\text{rx}}(t)*v(t)\big|_{nT} \tag{4.97}$$

$$y[n]=\sqrt{E_{\text{x}}}s[n]+v[n] \tag{4.98}$$

其中 $v[n]$是具有 $\mathcal{N}_c(0, N_o)$的 IID 复高斯噪声。

检测时回答以下问题：

基于 $y[n]$，我们对 $s[n]$值的最佳猜测是什么？

这是符号检测的一个例子。当检测与联合前向纠错译码组合时，使用其他种类的检测，例如比特检测或序列检测。

符号检测器是给定观察值 $y[n]$根据某种标准产生最佳$\hat{s}[n]\in\mathcal{C}$ 的算法。在本书中，考虑最大似然(ML)检测器

$$\hat{s}[n]=\arg\max_{s\in\mathcal{C}} f_{y|s}(y[n]\,|\,s[n]=s) \tag{4.99}$$

其中 $f_{y|s}(\cdot)$是给定 $s[n]$的 $y[n]$的条件 PDF，称为似然函数。

为了实现 ML 检测，需要找到一个求解式(4.99)中的方程的算法。为了简化实施，通常需要简化公式。对于 AWGN 信道，给定 $s[n]=s$ 的 $y[n]$的条件分布是具有平均值 $\sqrt{E_X}s$ 和方差 σ_v^2 的高斯分布。因此，

$$f_{y|s}(y[n]\,|\,s[n]=s)=f_v(y[n]-\sqrt{E_x}s) \tag{4.100}$$

$$=\frac{1}{\pi\sigma_v^2}\mathrm{e}^{\frac{|y[n]-\sqrt{E_x}s]|^2}{\sigma_v^2}} \tag{4.101}$$

ML 检测器解决了优化问题

$$\arg\max_{s\in\mathcal{C}} f_{y|s}(y[n]\,|\,s[n]=s)=\arg\min_{s\in\mathcal{C}}\frac{1}{\pi\sigma_v^2}\mathrm{e}^{-\frac{|y[n]-\sqrt{E_x}s|^2}{\sigma_v^2}} \tag{4.102}$$

请注意，目标是找到最小化条件概率的符号 $s\in\mathcal{C}$，而不是条件概率的最小值。这使我们可以搜索极小化而不是最小化，并进一步简化优化。可以忽略比例因子，因为它不会改变极小值，而只是改变最小值：

$$\arg\max_{s\in\mathcal{C}} f_{y|s}(y[n]\,|\,s[n]=s)=\arg\min_{s\in\mathcal{C}}\mathrm{e}^{-\frac{|y[n]-\sqrt{E_x}s|^2}{\sigma_v^2}} \tag{4.103}$$

$\ln(\cdot)$函数是一个单调递增的函数。因此，$\ln(f(x))$的极小值与 $f(x)$的极小值相同。所以

$$\arg\max_{s\in\mathcal{C}}\ln(f_{y|s}(y[n]\,|\,s[n]=s))=\arg\max_{s\in\mathcal{C}}-|y[n]-\sqrt{E_x}s|^2 \tag{4.104}$$

我们不是最小化函数的负数，而是最大化函数：

$$\arg\max_{s\in\mathcal{C}} f_{y|s}(y[n]\,|\,s[n]=s)=\arg\min_{s\in\mathcal{C}}|y[n]-\sqrt{E_x}s|^2 \tag{4.105}$$

这给出了在 AWGN 信道中 ML 检测所需的结果。

式(4.105)中的最后表达式为最优 ML 检测器提供了一个简单的形式：给定一个观察值 $y[n]$，根据平方误差确定传播符号 $s\in\mathcal{C}$，按 E_X 缩放，就平方误差或欧几里得距离来言它最接近 $y[n]$。示例 4.8 中说明了(4.105)的示例计算。

例 4.8 考虑使用 BPSK 的数字通信系统。假设 $\sqrt{E_x}=2$。通过 AWGN 信道发送符号序列 $s[0]=1$ 和 $s[1]=-1$，并且接收信号是 $r[0]=-0.3+0.1\mathrm{j}$ 并且 $r[1]=-0.1-0.4\mathrm{j}$。假设 ML 检测，在接收机处检测到的序列$\hat{s}[n]$是什么？

解： 检测问题涉及求解式(4.105)。为此，我们进行以下计算以首先通过假设 $s[0]=-1$

$$|r[0]-2|^2=|-0.3+0.1\mathrm{j}-2|^2 \tag{4.106}$$

$$=4.42 \tag{4.107}$$

然后通过假设 $s[0]=1$

$$|r[0]+2|^2=|-0.3+0.1\mathrm{j}+2|^2 \tag{4.108}$$

$$=3.62 \tag{4.109}$$

来找到$\hat{s}[0]$

由于 3.62<4.42，因此$\hat{s}[0]=-1$是最可能的符号。重复计算找到$\hat{s}[1]$，

$$|r[1]-2|^2=|-0.1-0.4\mathrm{j}-2|^2 \tag{4.110}$$
$$=4.57 \tag{4.111}$$

然后通过假设 $s[1]=1$：

$$|r[1]+2|^2=|-0.1-0.4\mathrm{j}+2|^2 \tag{4.112}$$
$$=3.77 \tag{4.113}$$

由于 3.77<4.57，因此$\hat{s}[1]=-1$是最可能的符号。在检测过程中，由于$\hat{s}[0]\neq s[0]$，检测器在检测 $s[0]$时会产生错误。◀

通常，用于线性调制方案的 ML 检测器，就像我们已经考虑的一样，通过计算缩放星座点和观测值 $y[n]$之间的平方距离来解决检测问题。对于某些星座，可以通过利用星座中的对称性和结构来进一步简化决策，如例 4.9 所示。

例 4.9 说明如何通过利用 $s\in\mathcal{C}$的事实，s 为真且$|s|^2=1$，来简化 BPSK 的检测器。

解：从式(4.105)中的最小化的论点开始并扩展：

$$\arg\min_{s\in\mathcal{C}}\left|y[n]-\sqrt{E_{\mathrm{x}}}s\right|^2=\arg\min_{s\in\mathcal{C}}|y[n]|^2+|E_{\mathrm{x}}s|^2-2\mathrm{Re}[y^*[n]\sqrt{E_{\mathrm{x}}}s] \tag{4.114}$$
$$=\arg\min_{s\in\mathcal{C}}|y[n]|^2+|E_{\mathrm{x}}|^2-2\mathrm{Re}[y^*[n]\sqrt{E_{\mathrm{x}}}s] \tag{4.115}$$
$$=\arg\max_{s\in\mathcal{C}}\mathrm{Re}[y^*[n]s] \tag{4.116}$$
$$=\arg\max_{s\in\mathcal{C}}s\mathrm{Re}[y^*[n]] \tag{4.117}$$

第一步是扩大域。第二步从$|s|=1$开始。第三步忽略不影响参数最小化并去除负正弦的常量。第四步识别 s 是实数，并可以从实数运算中提取出来。最终的检测器简单地计算 $\mathrm{Re}[y[n]]$和$-\mathrm{Re}[y[n]]$并选择最大值。对于 M-QAM、M-PAM 和 M-PSK 信号可能有类似的简化。◀

Voronoi 区域的概念有助于分析检测器并简化检测过程。考虑符号 $s_\ell\in\mathcal{C}$。将被检测为 s_ℓ 的所有可能观察到的 y 的集合称为 s_ℓ 的 Voronoi 区域或 Voronoi 单元。数学上写作

$$\mathcal{V}_{s\ell}=\{y:|y-\sqrt{E_{\mathrm{x}}}s_\ell|^2<|y-\sqrt{E_{\mathrm{x}}}s_k|^2,\quad s_\ell,s_k\in\mathcal{C},\quad k\neq\ell\} \tag{4.118}$$

所有这些集合的结合是整个复空间。

例 4.10 计算并绘制 4-QAM 的 Voronoi 区域。

解：我们通过确定$|y-\sqrt{E_{\mathrm{x}}}s_k|^2-|y-\sqrt{E_{\mathrm{x}}}s_\ell|^2>0$ 的点来计算 Voronoi 区域，通过式(4.115)来扩大区域，利用$|s_k|^2=|s_\ell|^2=1$并消除等式：

$$|y-\sqrt{E_{\mathrm{x}}}s_k|^2-|y-\sqrt{E_{\mathrm{x}}}s_\ell|^2=2\mathrm{Re}[y^*\sqrt{E_{\mathrm{x}}}s_\ell]-2\mathrm{Re}[y^*\sqrt{E_{\mathrm{x}}}s_k] \tag{4.119}$$

系数 $2\sqrt{E_{\mathrm{x}}}$可以被消除，只剩下

$$\mathcal{V}_{s\ell}=\{y:\mathrm{Re}[y^*s_\ell]>\mathrm{Re}[y^*s_k]\} \tag{4.120}$$

可以通过识别归一化 QPSK 星座的形状$(\pm1\pm\mathrm{j})\sqrt{2}$来计算出来。$\sqrt{2}$也可以消除，值$\pm1$ 和$\pm\mathrm{j}$ 用于进一步简化 $\mathrm{Re}[y^*s_\ell]=\mathrm{Re}[y]\mathrm{Re}[s]+\mathrm{Im}[y]\mathrm{Im}[s]$。考虑点$(1+\mathrm{j})/\sqrt{2}$。为了使它大于$(1-\mathrm{j})/\sqrt{2}$、$(-1-\mathrm{j})/\sqrt{2}$和$(-1+\mathrm{j})/\sqrt{2}$，下式必须成立

$$\mathrm{Re}[y]+\mathrm{Im}[y]>\mathrm{Re}[y]-\mathrm{Im}[y] \tag{4.121}$$
$$\mathrm{Re}[y]+\mathrm{Im}[y]>-\mathrm{Re}[y]-\mathrm{Im}[y] \tag{4.122}$$
$$\mathrm{Re}[y]+\mathrm{Im}[y]>-\mathrm{Re}[y]+\mathrm{Im}[y] \tag{4.123}$$

结合

$$\mathrm{Im}[y]>0 \tag{4.124}$$

$$\mathrm{Re}[y]+\mathrm{Im}[y]>0 \tag{4.125}$$

$$\mathrm{Re}[y]>0 \tag{4.126}$$

其中第二个相等与另外两个相等冗余，给出 4-QAM 的以下简化 Voronoi 区域：

$$\mathcal{V}_{(1+j)/\sqrt{2}}=\{y:\mathrm{Re}[y]>0\ 且\ \mathrm{Im}[y]>0\} \tag{4.127}$$

$$\mathcal{V}_{(1-j)/\sqrt{2}}=\{y:\mathrm{Re}[y]>0\ 且\ \mathrm{Im}[y]<0\} \tag{4.128}$$

$$\mathcal{V}_{(-1+j)/\sqrt{2}}=\{y:\mathrm{Re}[y]<0\ 且\ \mathrm{Im}[y]>0\} \tag{4.129}$$

$$\mathcal{V}_{(-1-j)/\sqrt{2}}=\{y:\mathrm{Re}[y]<0\ 且\ \mathrm{Im}[y]<0\} \tag{4.130}$$

图 4.8 说明了 4-QAM 星座的 Voronoi 区域。四个 Voronoi 区域是四个象限。基于这个结果，用于 4-QAM 的简化 ML 检测器可以简单地计算 $\mathrm{Re}[y[n]]$和 $\mathrm{Im}[y[n]]$的符号，其决定象限以及相应的最接近的符号。◀

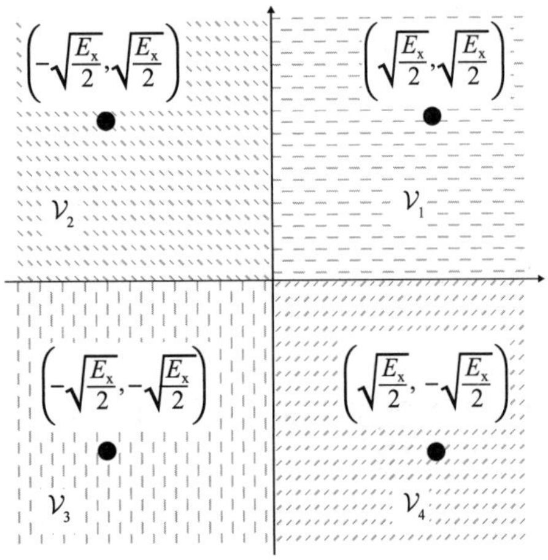

图 4.8　4-QAM 星座的 Voronoi 区域是复平面的象限。任何落在 Voronoi 区域中的点 $y[n]$都映射到通过 ML 检测过程生成该区域的相应符号

4.4.5　符号错误概率的分析

检测器的性能是通过发生错误的概率来衡量的。在 4.4.4 节中，我们推导了最大似然符号检测器。因此，在本节中，我们推导出对该检测器性能的自然测量值：符号错误的概率，也称为符号错误率。传播理论领域特别关心计算不同检测器的错误概率。

检测器的错误概率取决于对信道做出的概率性假设。例如，不同类型的噪声分布会导致不同的检测器，从而导致符号错误表达式的不同概率。在本节中，我们推导出 AWGN 信道的最大似然检测器：$P_e\left(\frac{E_x}{N_o}\right)$。事实证明，对于 AWGN 信道，错误概率仅是 SNR 的函数，其简化为 E_x/N_o。因此符号反映了这一事实。

符号错误的概率是符号错误的条件概率的期望值 $P_{e|s_m}\left(\frac{E_x}{N_o}\right)$，其中 $P_{e|s_m}\left(\frac{E_x}{N_o}\right)$是发送给定$s_m\in\mathcal{C}$时检测器产生错误的概率。假设符号是同样可能的，

$$P_e\left(\frac{E_x}{N_o}\right)=\frac{1}{M}\sum_{m=0}^{M-1}P_{e|s_m}\left(\frac{E_x}{N_o}\right) \tag{4.131}$$

符号错误的条件概率是

$$P_{e|s_m}\left(\frac{E_x}{N_o}\right)=\mathbb{P}[s_m\ 没有被正确检测\,|\,s_m\ 被传输] \tag{4.132}$$

$$=\sum_{\substack{\ell=0\\ \ell\neq m}}^{M-1}\mathbb{P}[s_m\ 被译码成\ s_\ell\,|\,s_m\ 被传输,m\neq\ell] \tag{4.133}$$

计算式(4.133)中的概率或误差项需要在相应的 Voronoi 区域上集成条件概率分布函数 $f_{y|s}(x)$。

对某些星座来说，式(4.133)的精确计算是可能的，尽管它可能是单调的[219]。因此，我们专注于计算联合界限，它是成对错误概率的函数。令 $\mathbb{P}[s_m\to s_\ell]$表示 s_m 被译码为 s_ℓ 的概率，假设星座由两个符号组成$\{s_m,\ s_\ell\}$。这可以写成

$$\mathbb{P}[s_m\to s_\ell]=\mathbb{P}[|y-\sqrt{E_x}s_m|^2>|y-\sqrt{E_x}s_\ell|^2] \tag{4.134}$$

对于复数 AWGN，可以表明[73]

$$\mathbb{P}[s_m \to s_\ell] = Q\left(\sqrt{\frac{E_x}{N_o}\frac{|s_m - s_\ell|^2}{2}}\right) \tag{4.135}$$

其中

$$Q(x) = \frac{1}{\sqrt{2\pi}}\int_x^\infty e^{-t^2/2}\,dt \tag{4.136}$$

是高斯 Q 函数。虽然 $Q(x)$ 通常用数字表示或计算，但 Chernoff 界有时用于提供关于 $Q(x)$ 的某种直觉：

$$Q(x) \leqslant \frac{1}{2}e^{-x^2/4} \tag{4.137}$$

请注意，$Q(x)$ 作为 x 的函数呈指数下降。这就是 Q 函数通常绘制在对数-对数坐标上的原因。成对错误概率提供了条件错误概率的上限，

$$\mathbb{P}[s_m \text{ 被译码成 } s_\ell | s_m \text{ 被传输}, m \neq \ell] \leqslant \mathbb{P}[s_m \to s_\ell] \tag{4.138}$$

因为对于更大的星座，用于双符号星座的 Voronoi 区域的尺寸与 Voronoi 区域相同或更大。因此，这是 s_m 被译码为 s_ℓ 的概率的悲观评估，从而是上限的原因。

将式(4.138)代入式(4.133)，

$$P_{e|s_m}\left(\frac{E_x}{N_o}\right) \leqslant \sum_{\substack{\ell=0\\ \ell\neq m}}^{M-1}\mathbb{P}[s_m \to s_\ell] \tag{4.139}$$

然后使用式(4.131)，

$$P_e\left(\frac{E_x}{N_o}\right) \leqslant \frac{1}{M}\sum_{m=0}^{M-1}\sum_{\ell=0,\ell\neq m}^{M-1} Q\left(\sqrt{\frac{E_x}{N_0}\frac{|s_m - s_\ell|^2}{2}}\right) \tag{4.140}$$

现在定义星座的最小距离为

$$d_{\min}^2 = \min_{s_\ell \in \mathcal{C}, s_m \in \mathcal{C}, s_m \neq s_\ell} |s_\ell - s_m|^2 \tag{4.141}$$

最小距离是表征星座质量的量，必须用归一化星座计算。最小距离提供了一个下限

$$d_{\min}^2 \leqslant |s_\ell - s_m|^2 \tag{4.142}$$

对于任何不同的符号对 s_ℓ 和 s_m。由于 Q 函数作为其自变量的函数单调递减，因此可以使用自变量的下限来推导出错误概率的上限：

$$P_e\left(\frac{E_x}{N_o}\right) \leqslant \frac{1}{M}\sum_{m=0}^{M-1}(M-1)Q\left(\sqrt{\frac{E_x}{N_o}\frac{d_{\min}^2}{2}}\right) \tag{4.143}$$

$$= (M-1)Q\left(\sqrt{\frac{E_x}{N_o}\frac{d_{\min}^2}{2}}\right) \tag{4.144}$$

式(4.144)中的最后表达式是关于星座 $\mathcal{C}$ 的符号错误概率的联合界限。

例 4.11 给出归一化星座的 M-QAM 的联合上限

$$d_{\min}^2 = \frac{6}{M-1} \tag{4.145}$$

解：代入式(4.144)：

$$P_e^{\mathrm{QAM}}\left(\frac{E_x}{N_o}\right) \leqslant (M-1)Q\left(\sqrt{\frac{E_x}{N_o}\frac{3}{M-1}}\right) \tag{4.146}$$

◀

符号错误概率的典型值在 $10^{-1}\sim10^{-4}$ 的范围内。为了正确表示这些值，通常在对数坐标上绘制符号错误的概率。感兴趣的 SNR 值范围为 1～1000。为了捕获这个范围，通常以 SNR dB$=10\log_{10}$(SNR)的分贝形式计算和绘制 SNR。由于加倍 SNR，$10\log_{10}(2\text{SNR})\approx$

$3\text{dB}+10\log_{10}(\text{SNR})$，加倍 E_x 导致 SNR 增长了 3dB。在例 4.12 中检查了 M-QAM 的错误概率，并绘制在图 4.9 中。

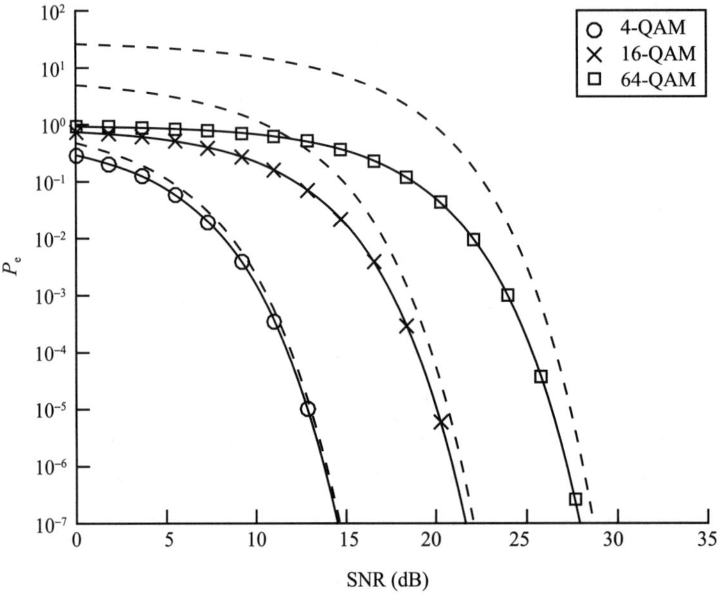

图 4.9　选择不同 M 的 M-QAM 符号错误概率。实线对应于式(4.147)中的符号错误的确切概率。虚线对应于使用式(4.144)计算的联合界限

例 4.12 绘制符号错误概率的联合上限，并与文献[73]中的精确解进行比较，由下式给出

$$P_e^{\text{QAM}}\left(\frac{E_x}{N_o}\right)=4\left(1-\frac{1}{\sqrt{M}}\right)Q\left(\sqrt{\frac{E_x}{N_o}\frac{3}{M-1}}\right)-4\left(1-\frac{1}{\sqrt{M}}\right)^2\left[Q\left(\sqrt{\frac{E_x}{N_o}\frac{3}{M-1}}\right)\right]^2 \tag{4.147}$$

对于 $M=4$，$M=16$ 和 $M=64$。使用以分贝为单位的 SNR 绘图并使用半圆轴绘图。

解： 这些图可以在图 4.9 中找到。联合界限在高信噪比下提供符号错误概率的合理近似，但在低信噪比下相当松散。原因在于最高邻域错误事件在高信噪比下占优势，但在低信噪比下不占优势。在高信噪比下，精确界限和上限的行为是一致的。比较不同的调制阶数，我们看到对于 $P_e\left(\dfrac{E_x}{N_o}\right)$ 的低值，例如 10^{-6}，曲线之间存在大约 6dB 的 SNR 差距。这意味着要达到相同的符号错误率，16-QAM 需要 4 倍以上的功率，因为 $10\log_{10}6\approx 6\text{dB}$。对于固定的 SNR 和较大的 M 值，它的符号错误率更大。原因是星座有更多的点。因此点之间的最小距离更小。◀

最终推导是 $\text{SNR}=E_x/N_o$、星座大小和星座的最小距离的函数。对于一个给定的星座，为了减少出错的概率并提高系统性能，必须增加 E_x 或减少 N_o。平均信号功率 E_x 可以通过使用更大的发射功率来增加，但不是没有限制。由于大多数无线系统的健康问题，最大功率受到限制。由于信道中的路径损耗和衰落，如第 5 章所述，信号随距离衰减。结果，在接收机处测得的 SNR 成为适当的性能指标，从而解决了信道中的损失。这可以通过减小发射机和接收机之间的距离来增加(在讨论路径损耗之后，这将变得更清楚)。有效噪声功率密度为 $N_o=kT_e$，其中 T_e 是器件的有效噪声温度。通过改变 RF 设计，提供更

好的冷却或使用更高质量的元件，可以在一定程度上降低噪声温度[271]。

对于固定的 SNR，可以改变星座以改善符号错误的概率。例如，16-QAM 具有比 16-PSK 更高的$d_{\min}$，因为它实现了更好的点包装。由于星座归一化，进入比 QAM 更精细的星座的收益有限。或者，可以减少星座中的点数。然后剩余的点可以间隔得更远。当在式(4.145)中查看 M-QAM 的 $d_{\min}$时，这是显而易见的。不幸的是，减少点数也会减少每个符号的位数。在支持链路自适应的系统中，随着 SNR 的变化星座大小自适应地变化以实现特定的符号错误的目标概率，例如 10^{-2}。应用程序通常会指定目标错误概率。这通常是错误控制译码之后的比特错误的概率，但是它可以在译码之前转换为比特或符号错误的有效概率。

对于许多系统，尤其是具有更复杂的损伤的系统，很难计算符号错误的确切概率。另一种方法是使用蒙特卡罗仿真。虽然看起来很特殊，但这种方法通常用于评估复杂系统的真实错误性能。从离散时间输入-输出关系直接估计符号错误概率的蒙特卡罗方法如下[⊖]。首先，选择一个迭代数 N。对于 $n=0, 1, \cdots, N-1$，通过从星座 $\mathcal{C}$ 中平均选择一个符号，生成符号 $s[n]$。由高斯分布生成复噪声 $v[n]$。大多数数值软件包都有 $\mathcal{N}(0, 1)$的高斯随机数生成器。你可以生成方差为 N_o的复噪声 $v[n]=\sqrt{N_o/2}(x+\mathrm{j}y)$，其中 x 和 y 由 $\mathcal{N}(0, 1)$生成。然后，生成 $y[n]=\sqrt{E_x}s[n]+v[n]$并将 $y[n]$传给一个 ML 检测器。如果输出$\hat{s}[n]$与 $s[n]$不同，就将其算作错误。那么，符号错误概率就被估计为

$$\hat{P}_e\left(\frac{E_x}{N_o}\right)=\frac{\#\ \text{错误}}{N} \tag{4.148}$$

为了得到一个好的估计，一个经验法则是必须选择 N，使得至少观察到 10 个错误。将最终结果与式(4.144)中的上限作为完整性检查进行比较通常是有用的，以确保估计的错误概率低于理论上限。

4.5 脉冲整形的数字实现

在本节中，我们解释一个更实际的传输脉冲整形和接收滤波的实现。图 4.6 中的系统在模拟中实现了传输脉冲整形和接收滤波。由于多种原因，此结构未映射到可行的实现。首先，在发射机上没有明确的离散到连续转换，模拟和数字实现混合使用。其次，该结构不允许完全在数字域中执行发送和接收脉冲整形的可能性。数字脉冲整形可以是一个优点，因为它比模拟脉冲整形更容易实施，并且灵活，因为它可以与其他接收机处理组合。在本节中，我们将解释如何使用 3.4 节的多速率信号处理概念来实现发射机处的脉冲整形和接收机处的匹配滤波。

4.5.1 传输脉冲整形

在本节中，我们开发了一种在离散时间生成 $x(t)$的方法，使用的事实是，当脉冲整形是带限的时候，$x(t)$是带限的。

我们需要小心记住 $1/T$ 是符号率，不一定是奈奎斯特率。例如，对于平方根升余弦脉冲形状，奈奎斯特率为$(1+\alpha)/T$，当带宽过大时，即大于 $1/T$，即 $\alpha>0$。因此，我们需要 3.4 节中的多速率信号处理在符号速率和采样速率之间切换。

我们专注于在$\sqrt{E_x}$之前生成发射信号，如通过缩放所给出的

⊖ To simulate more complex receiver impairments, as in Chapter 5, a baseband simulation with the continuous-time waveforms may be required.

$$\widetilde{x}(t) = \sum_{n=-\infty}^{\infty} s[n]g_{tx}(t-nT) \tag{4.149}$$

这是合理的，因为$\sqrt{E_x}$的缩放通常由模拟前端应用。

$x(t)$由于带限脉冲形状 $g_{tx}(t)$而受到限带，所以存在采样周期 T_x，使得 $1/T_x$ 大于 $g_{tx}(t)$的最大频率的两倍。根据奈奎斯特采样定理中的重构方程，

$$\widetilde{x}(t) = \sum_{n=-\infty}^{\infty} \widetilde{x}[n]\mathrm{sinc}((t-nT_x)/T_x) \tag{4.150}$$

其中

$$\widetilde{x}[n] = \widetilde{x}[nT_x] \tag{4.151}$$

$$= \sum_{m=-\infty}^{\infty} s[m]g_{tx}(nT_x - mT) \tag{4.152}$$

现在仍然是在离散时间创建卷积和。

现在假设某个正整数 M_{tx}的 $T_x = T/M_{tx}$，其中 M_{tx}是过采样因子。如果离散到连续变换器的可用采样率不满足此特性，则本节的结果后可以跟随着第 3 章中采样率转换。

$$g_{tx}[n] = g_{tx}[nT_x] \tag{4.153}$$

是过采样传输脉冲整形滤波器。然后

$$\widetilde{x}[n] = \sum_{m=-\infty}^{\infty} s[m]g_{tx}[n-M_{tx}m] \tag{4.154}$$

认识到式(4.154)中的结构，使用式(3.395)，

$$\widetilde{x}[n] = \left(\sum_{m=-\infty}^{\infty} s[m]\delta[n-M_{tx}m]\right) * g_{tx}[n] \tag{4.155}$$

其中第一项对应于由 M_{tx}上采样的 $s[n]$。回想第 3 章，M_{tx}上采样对应于在每个 $s[n]$之后插入 $M_{tx}-1$ 个零。随着上升，发射机的离散时间实现呈现为简单的形式，如图 4.10 所示；回想一下，$\uparrow M_{tx}$是上采样的框图符号。符号序列由 M_{tx}上采样，并在发送到离散至连续转换器之前用过采样发送脉冲形状进行滤波。这允许脉冲整形完全以数字方式实现，并使$\widetilde{x}(t)$的生成变得实用。

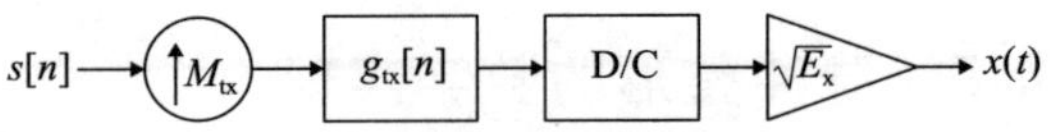

图 4.10　采用上采样和滤波相结合的传输脉冲整形的实现

通过应用 3.4.4 节中的多速率身份，可以降低式(4.155)的复杂性。复杂性是一个问题，因为上采样后的卷积在上采样后没有利用很多零。更有效的方法是使用过滤器库。定义第 ℓ 个多相分量$\widetilde{x}[n]$为：

$$\widetilde{x}^{(\ell)}[n] = \widetilde{x}[nM_{tx}+\ell] \tag{4.156}$$

$$= \sum_{m=-\infty}^{\infty} s[m]g_{tx}[nM_{tx}+\ell-mM_{tx}] \tag{4.157}$$

以类似的方式，定义发射脉冲整形滤波器的多相分量 $g_{tx}^{(\ell)} = g_{tx}[nM_{tx}+\ell]$。使用这个定义，可以将第 ℓ 个子序列构建为符号流$\{s[n]\}$和二次采样发射滤波器之间的卷积：

$$\widetilde{x}^{(\ell)}[n] = \sum_{m=-\infty}^{\infty} s[m]g_{tx}^{(\ell)}[n-m] \tag{4.158}$$

为了重构$\widetilde{x}[n]$，设 $\overline{x}^{(\ell)}[n]$为$\widetilde{x}^{(\ell)}[n]$用 M_{tx}使用式(3.395)中的符号上采样。然后

$$\widetilde{x}[n] = \sum_{\ell=0}^{M_{tx}-1} \overline{x}^{(\ell)}[n-\ell] \tag{4.159}$$

代入式(4.157)并确认 $\overline{x}[n] = \sum_{k=-\infty}^{\infty} \widetilde{x}[k]\delta[n-kM_{tx}]$，那么

$$\widetilde{x}[n]=\sum_{\ell=0}^{M_{\mathrm{tx}}-1}\sum_{k=-\infty}^{\infty}\left(\sum_{m=-\infty}^{\infty}s[m]g_{\mathrm{tx}}^{(\ell)}[k-m]\right)\delta[n-kM_{\mathrm{tx}}-\ell] \tag{4.160}$$

换句话说，符号流 $s[n]$首先被每个多相滤波器 $g_{\mathrm{tx}}^{(\ell)}[n]$卷积。$g_{\mathrm{tx}}^{(\ell)}[n]$的长度大约是 $g_{\mathrm{tx}}^{(\ell)}[n]$的 $1/M_{\mathrm{tx}}$倍，因此导致复杂度降低。然后对不同的滤波后的序列进行上采样并延迟以产生所需的输出$\widetilde{x}[n]$。该滤波器组如图 4.11 所示。

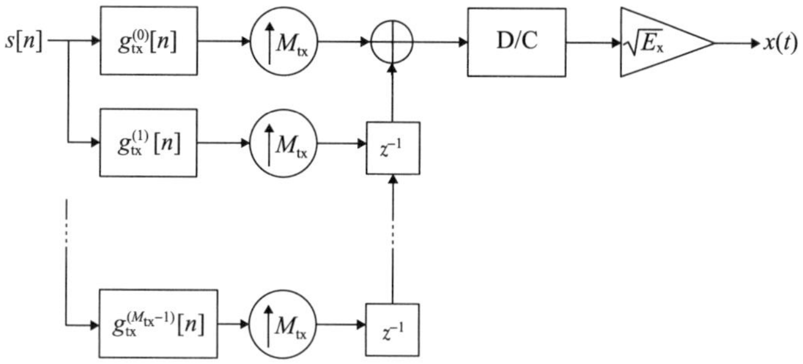

图 4.11　脉冲整形的低复杂度实现。我们使用符号 z^{-1}来表示一个采样的延迟

4.5.2　接收机匹配滤波

在本节中，我们开发了一种在离散时间执行匹配滤波的方法。与发射机不同，图 4.6 中的接收机信号处理可以使用逼真的硬件来执行。但是，主要缺点是需要模拟实现匹配滤波器。通常这涉及解决滤波器设计问题来近似 $g_{\mathrm{rx}}(t)$与可用硬件组件的响应。匹配滤波的数字实现导致更简单的模拟设计和更灵活的接收机实现。例如，对于数字实现，在采样之前只需要一个低通滤波器。有很多可用的模拟低通滤波器。它还使接收机操作更加灵活，使其更容易适应不同带宽的波形。最后，它使符号同步等其他功能更容易实现。

我们的方法基于对接收信号进行过采样。我们将匹配滤波之前的接收信号表示为 $r(t)$。假设 $r(t)$已经过滤，因此可以将其视为带限复基带信号。令 $T_{\mathrm{r}}=T/M_{\mathrm{rx}}$表示某个正整数 M_{rx}，使得 $1/T_{\mathrm{r}}$ 大于信号的奈奎斯特速率。令 $r[n]=r(nT_{\mathrm{r}})$。根据第 3 章的结果，由于 $r(t)$是带限的，因此可以用连续到离散转换器、离散时间滤波器和离散时间连续滤波器代替图 4.6 中的连续时间匹配滤波器，如图 4.12 所示。

由于脉冲形状已经是带限的，所以不需要被低通滤波，所以离散时间滤波器就是缩放的过采样滤波器

$$g_{\mathrm{rx}}[n]=T_{\mathrm{r}}g_{\mathrm{rx}}(nT_r) \tag{4.161}$$

T_{r} 的缩放可以忽略不计，因为它不会影响 SNR。

离散到连续变换与 T_{r} 之后的连续到离散变换 $T_{\mathrm{r}}M_{\mathrm{rx}}$的组合可以进一步简化。事实上，这只是被 M_{rx}降采样。这导致了一个简化的系统，如图 4.13 所示。在数学上，输出可以写成

$$y[n]=\sum_{k=-\infty}^{\infty}g_{\mathrm{rx}}[k]r[nM_{\mathrm{rx}}-k] \tag{4.162}$$

图 4.13 中的系统通过 $g_{\mathrm{rx}}[n]$来卷积采样的接收信号，然后通过 M_{rx}进行降采样来产生$y[n]$。

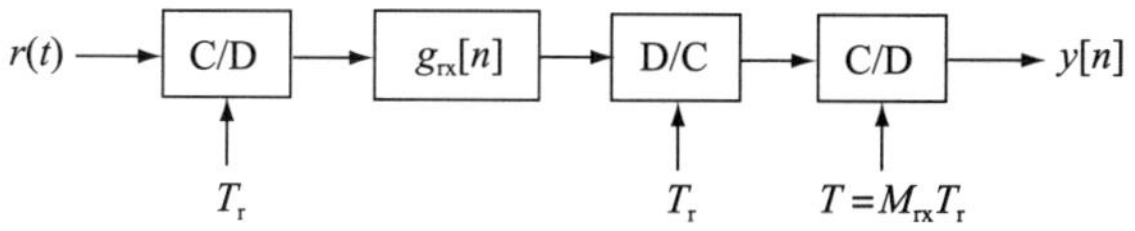

图 4.12　使用离散时间处理的连续时间接收匹配滤波的实现

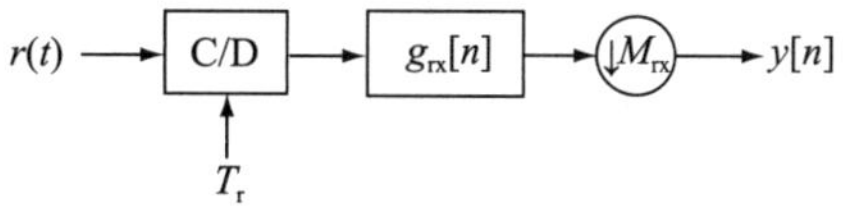

图 4.13　使用离散时间处理在连续时间内实现接收匹配滤波

通过认识到执行许多计算来获得随后被降采样操作丢弃的采样，可以进一步降低图 4.13 的计算复杂性。这不是低效的。作为替代，考虑一些多速率信号处理标识的应用。首先注意到

$$y[n]=\sum_{k=-\infty}^{\infty}r[k]g_{\mathrm{rx}}[nM_{\mathrm{rx}}-k] \tag{4.163}$$

$$=\sum_{p=-\infty}^{\infty}\sum_{m=0}^{M-1}r[pM_{\mathrm{rx}}+m]g_{\mathrm{rx}}[nM_{\mathrm{rx}}-pM_{\mathrm{rx}}-m] \tag{4.164}$$

$$=\sum_{m=0}^{M_{\mathrm{rx}}-1}\sum_{p=-\infty}^{\infty}r^{(m)}[p]g_{\mathrm{rx}}[M_{\mathrm{rx}}(n-p)-m] \tag{4.165}$$

$$=\sum_{m=0}^{M_{\mathrm{rx}}-1}\sum_{p=-\infty}^{\infty}r^{(m)}[p]g_{\mathrm{rx}}[M_{\mathrm{rx}}(n-p-1)+M_{\mathrm{rx}}-m] \tag{4.166}$$

$$=\sum_{m=0}^{M_{\mathrm{rx}}-1}\sum_{p=-\infty}^{\infty}r^{(m)}[p]g_{\mathrm{rx}}^{(M_{\mathrm{rx}}-m)}[n-p-1] \tag{4.167}$$

其中 $g_{\mathrm{rx}}^{(m)}[n]$是 $g[n]$的第 m 个多相分量(其中 $g^{(M_{\mathrm{rx}})}[n]=g_{\mathrm{rx}}^{(0)}[n]$)，$r^{(m)}[n]$是 $r[n]$的第 m 个多相分量。图 4.14 给出了这种替代结构的实现。虽然看起来并不整齐，但通过计算添加和乘法的次数可发现，它的实现效率要高得多。

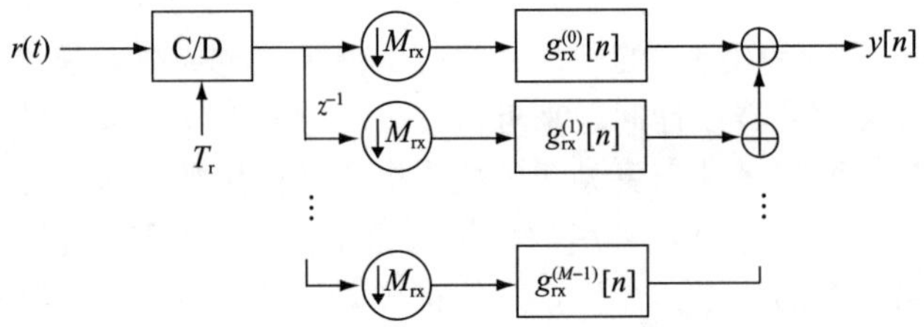

图 4.14　降采样和过滤操作的交换

4.6　小结

- 复脉冲幅度调制器涉及比特-符号映射、脉冲整形和增益。需要对星座和发射脉冲形状进行归一化，以便发射信号的功率仅来自增加的增益。
- AWGN 信道的最佳接收机涉及滤波和符号率采样。为了最大化接收的 SINR，接收滤波器应该与发送脉冲形状相匹配。组合的发送脉冲形状和匹配滤波器应该是奈奎斯特脉冲形状，以满足零 ISI 条件。
- AWGN 信道中符号的最大似然检测包括找到最接近观察样本的星座中的缩放符号。由于奈奎斯特脉冲形状，检测被分别应用于每个符号。有时可以通过识别星座中的对称性和结构来简化检测算法。
- 最大似然符号检测器的性能是通过符号误差的概率来评估的，符号误差是 SNR 和星座的函数。由于它很难直接计算，计算联合上限通常很有用，这取决于 SNR、星座的最小距离和点数。除了高信噪比之外，联合边界是松散的。
- 通过上采样和过采样脉冲形状滤波的组合，可以在发射机的离散时间执行脉冲整形。该推导基于奈奎斯特重建公式。通过使用在上采样之前执行滤波的滤波器组结构可以降复杂度。
- 匹配滤波可以通过滤波和降采样的组合在接收机的离散时间上执行。推导使用连续时间带限信号离散过程的结果。使用滤波器组结构可进一步降低复杂度，滤波器组结构在降采样后进行滤波。

习题

1. Q. A. Monson 先生提出了一个新的 $M=8$ 点星座，如图 4.15 所示。
   (a) 计算这个星座的 E_s，假设所有符号具有相同的概率。
   (b) 计算使得图 4.15 中的星座具有 $E_s=1$ 的缩放因子。
   (c) 绘制归一化星座的星座图。
   (d) 确定一个比特-符号映射并将其添加到星座图中。论述为什么你的映射是有意义的。

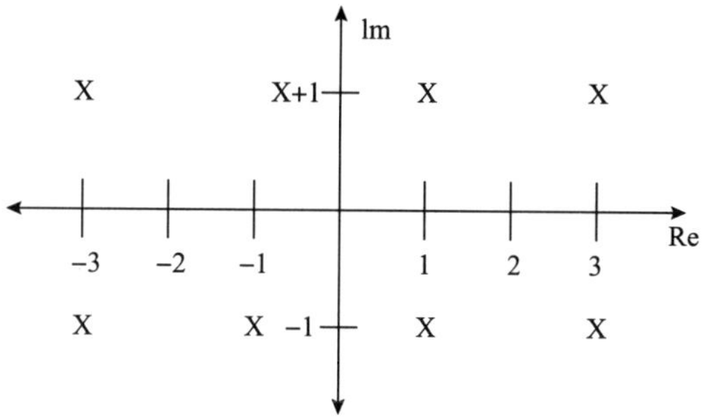

图 4.15　8 点星座图

2. 考虑发射信号 $x(t)=\sum_n s[n]g(t-nT_s)$ 的一般复脉幅调制方案，其中脉冲形状 $g(t)=e^{-t^2/4}$，令星座为 $\mathcal{C}=\{2, -2, 2j, -2j, 0\}$.
   (a) 适用于此信号的适当匹配滤波器是什么？
   (b) 星座的平均能量是多少？
   (c) 假设你通过分别用分布 $\mathcal{N}(0, 1)$生成实部和虚部来生成复高斯噪声。为了达到 10dB 的信噪比，你需要多少比例来扩展发送星座？
3. 考虑使用高斯脉冲 $g_{tx}(t)=\alpha\exp(-\pi\alpha^2t^2)$和$g_{tx}(t)=g_{rx}(t)$。设 T 是符号间隔。让 $g(t)=g_{tx}(t)*g_{rx}(t)$。
   (a) 找到 α 的值，使得脉冲形状满足单位规范特性。对于问题的其余部分，使用归一化的脉冲形状。
   (b) 证明高斯脉冲形状不满足 0-ISI 准则。
   (c) 假设选择 a 使得 $g(T)=0.001$。发现 a。
   (d) 假设 $G(f)$是 $g(t)$的傅里叶变换，定义 $g(t)$的带宽 W 使得 $G(W)/G(0)=0.001$。在给定的值下找出 W 的值。这个值如何与 100%滚降的升余弦滤波器相比？
4. 让

$$g(t)=3T\left(\frac{\sin(3\pi t/T)}{3\pi t/T}\right)\cos(3\pi t/T) \tag{4.168}$$

和

$$g(n)=g_\beta(nT) \tag{4.169}$$

   其中 $g_\beta(t)$是具有单位能量的 $g(t)$的归一化。
   (a) 计算归一化脉冲形状 $g_\beta(t)$。
   (b) 计算 $g[n]$.
   (c) 计算 $G_\beta(e^{j2\pi f})$。
   (d) 奈奎斯特脉冲的形状是 $g[n]$吗？请证明你的答案。
5. 考虑一个 QAM 通信系统，在载波频率为 2GHz 时发射机采用升余弦脉冲整形。在这个问题中，你将回答有关符号率和带宽之间关系的各种问题。
   (a) 假设符号速率是每秒 1 兆符号，并且升余弦具有 50%的过剩带宽。什么是基带绝对带宽？
   (b) 假设符号速率是每秒 1 兆符号，并且升余弦具有 50%的过剩带宽。频带绝对带宽是多少？
   (c) 假设基带信号的绝对带宽为 1MHz。升余弦脉冲可以达到的最佳符号率是多少？提示：你可以选择任何升余弦脉冲。

(d) 假设你有一个升余弦脉冲形状，其基带的绝对带宽为 4MHz，带宽超过 50%。符号率是多少？
(e) 假设调制信号的绝对带宽在基带为 3MHz，带宽超过 25%。奈奎斯特频率是多少？奈奎斯特速率是多少？

6. 考虑一个 QAM 通信系统的问题 5 的变体，该系统在发射机上采用整形升余弦脉冲和 3GHz 的载波频率。在这个问题中，你将回答有关符号率和带宽之间关系的各种问题。
(a) 假设符号速率是每秒 1 兆符号，并且升余弦具有 50%的过剩带宽。什么是基带绝对带宽？
(b) 假设符号速率是每秒 1 兆符号，并且升余弦具有 50%的过剩带宽。频带绝对带宽是多少？
(c) 假设基带信号的绝对带宽为 1MHz。升余弦脉冲可实现的最大符号率是多少？
(d) 假设你有一个升余弦脉冲形状，其基带的绝对带宽为 2MHz，带宽超过 50%。符号率是多少？
(e) 假设调制信号的绝对带宽在基带为 3MHz，带宽超过 25%。奈奎斯特速率是多少？接收机的采样率是多少？

7. 考虑符号率为 1/T 的 QAM 系统和传输脉冲整形滤波器 $g_{tx}(t)$。假设 D/C 以 L/MT 的速率运行，其中 L 和 M 是互质整数，$L>M$，并且 L/MT 大于 $g_{tx}(t)$的奈奎斯特速率。
(a) 使用多速率信号处理理论来确定传输脉冲整形的直接实现。找出滤波器的系数并提供发射机的框图。
(b) 使用升采样和降采样特征，交换升采样和降采样操作以创建可选择性实现。找出滤波器的系数并提供发射机的框图。
(c) 哪种方法计算更加高效？

8. 考虑一个复脉冲调幅数字通信系统。假设发射脉冲形状使用平方根升余弦，并且接收匹配滤波器带宽超过 50%，符号速率为 1 兆符号/秒。
(a) 假设你使用图 4.10 中的结构来实现发射机的脉冲整形。确定 $M_{tx}\in\mathbb{Z}^+$ 的最小值，使得 $T_x=T/M_{tx}$ 仍将完美重建。
(b) 确定有限脉冲响应滤波器$\{g_{tx}[k]\}_{k=-K}^{K}$的系数，使得 $g_{tx}[k]$具有 $g_{tx}(t)$的 99%的能量。基本上选择 K，然后找到 $g_{tx}[k]$。这是创建无限长滤波器的实际近似值的一个例子。
(c) 确定滤波器计算所需的每符号复杂度，假设滤波器直接在时域中实现。
(d) 现在假设使用滤波器组来实现发射机的脉冲整形，如图 4.11 所示。根据之前确定的 M_{tx}和 $g_{tx}[k]$，来确定 $g_{tx}^{(m)}[k]$的值。
(e) 假定滤波器直接在时域中实现，则确定 FIR(有限脉冲响应)滤波器计算所需的每符号复杂度。
(f) 解释滤波器组方法的优点。

9. 证明离散到连续转换器的级联以 f_s 频率工作，然后是以 f_s/M 的速率工作的连接到离散转换器，等效于降采样 M，如图 4.16 所示。

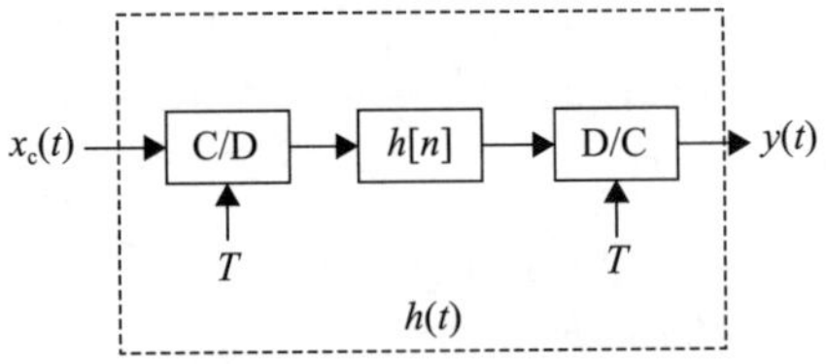

图 4.16 见习题 9

10. 假设 $g_{rx}(t)$与 $g_{tx}(t)$相匹配，则复滤波器$g(t)=g_{tx}(t)*g_{rx}(t)$是奈奎斯特脉冲形状，$T_r=T/M_{rx}$。换句话说，在没有噪声的情况下，证明 $y[n]=\sqrt{E_x}s[n]$。

11. 考虑设计近似线性插值器的问题。假设 $x[n]$是来自连续时间带限函数的样本，以奈奎斯特速率采样。现在假设我们想获得两倍频率的样本 $y[n]$。换句话说，如果采样周期是 T 并且 $x[n]=x(nT)$，则插值函数是 $y[n]=x(nT/2)$。
(a) 首先考虑最佳插值。
i. 绘制理想插值器的框图。输入是 $x[n]$，输出是 $y[n]$。提示：它包含一个 2 中的升采样和一个滤波器，并使用第 3 章中介绍的一些多速率信号处理。

ii. 写出 $y[2n]$和 $y[2n+1]$的等式。尽可能简化。提示：$y[2n]$非常简单。

iii. 绘制一个框图，显示如何在升采样之前使用滤波实现理想插值。同样，它使用第 3 章中介绍的多速率信号处理结果。

(b) $y[2n+1]$的计算代价是昂贵的。假设我们想要实现一个简单的平均值。假设对两个相邻样本进行平均，来执行插值。设滤波器的系数为$\{h[0], h[1]\}$，并让

$$\hat{y}[2n+1]=h[0]y[2n-2]+h[1]y[2n+2] \tag{4.170}$$

是我们对 $y[2n+1]$的低复杂度估计。假设你有足够的观测$\{y[n]\}_{n=0}^{K-1}$来计算 N 个误差。准确地说，假设 K 是奇数，那么我们需要 $K=2N+3$ 来计算 N 个误差。令 $e[n]=y[2n+1]-(h[0]y[2n-2]+h[1]y[2n+2])$为误差。这个问题的其余部分的目标是使用最小二乘法来估计$\{h[0], h[1]\}$，使得 $\sum_{n=0}^{N-1}|e[n]|^2$ 被最小化。

i. 假设 $h[1]=0$，通过扩大总和、求微分和求解进而来求 $h[0]$的最小平方估计。

ii. 假设 $h[0]=0$，通过扩大总和、求微分和求解进而来求 $h[1]$的最小平方估计。

iii. 通过扩大总和、求微分和求解，找到$h[0]$和 $h[1]$的最小平方估计。

iv. 用矩阵形式表达和求解 $h[0]$和 $h[1]$的最小二乘问题。请注意，由于矩阵的尺寸，你可以找到逆矩阵的表达式。

v. 现在重写解决方案作为自相关函数$R_{yy}[k]$的估计函数，并解释你的答案。

12. 假设我们可以用下面的方程模拟接收到的信号：

$$y=x+v \tag{4.171}$$

其中 x 从 16-QAM 星座(已被归一化为具有 $E_s=1$)统一生成，并且 v 被分配为 $\mathcal{N}_C(0, 0.025)$。请注意，x 和 v 是独立的随机变量。

(a) x 的均值和方差是什么？

(b) $\mathrm{Re}[v]$的均值和方差是什么？

(c) v 的均值和方差是什么？

(d) y 的均值和方差是什么？

(e) 我们将 SNR 定义为 $\mathbb{E}[|x|^2]/\mathbb{E}[|v|^2]$。这种情况下的 SNR 是多少？

13. 考虑一个 AWGN 等效系统模型

$$y=\sqrt{E_s}s+v \tag{4.172}$$

其中 s 是来自星座 $\mathcal{C}=\{s_1, s_2\}$的符号，并且 v 是具有 $\mathcal{N}(0, N_0)$的 AWGN。

(a) 推导出符号错误的概率。本质上，你需要导出 $\mathbb{P}[s_1\to s_2]$，而不是使用书中给出的结果。当然，你可以用本书检查你的结果。

(b) 假设 $\mathcal{C}=\{1+\mathrm{j}, -1-\mathrm{j}\}$。推导出零均值归一化星座。

(c) 使用归一化星座，将符号误差的概率绘制成 SNR 的函数。你应该以分贝为 SNR 的单位，并使用半圆图。也使用 $Q(\cdot)$函数的 Chernoff 上界进行绘图。

14. 考虑 AWGN 信道用最大似然检测器。假设有一个标量信道 α，可能是复数的，它对发送的符号 $x[n]$进行操作。这被称为平坦衰落信道。在这种情况下，采样后接收机处的信号是

$$y[n]=\alpha x[n]+v[n] \tag{4.173}$$

其中 $x[n]$是从星座 $\mathcal{C}$ 中选择的符号，并且 $v[n]$是具有 N_0 方差的 AWGN 信道噪声。假设你知道 α，找出最大似然检测器(可以是一个随机变量)。提示：求解 $\arg\max_{s\in\mathcal{C}} f_{Y|X}(y[n]|x[n]|, \alpha)$。

15. 回想一下 AWGN 信道最大似然检测器的推导。现在假设 $v[n]$是一个 IID 伯努利随机变量，取 0 的概率为 p，取 1 的概率为 $1-p$。考虑式(4.174)给出的信道模型，称为二元对称信道，它使用模 2 加法(即，像 XOR 函数)。假设接收到的信号是

$$y=(s+v)\bmod 2 \tag{4.174}$$

其中 s 是从星座 $\mathcal{C}=0, 1$ 中选择的符号。找到最大似然检测器。由于噪声是一个离散的随机变量，我们将最大似然问题表示为

$$\arg\max_{S\in\mathcal{C}} P_{y|s}[y|s=S] \tag{4.175}$$

其中 $P_{y|s}[y|s=S]$是条件概率质量函数。提示：(a)求解似然函数 $P_{y|s}[y|s=S]$。(b)找出最大化可能性的 0 和 1 的检测规则；即如果 $P_{y|s}[y|s=0]\geqslant P_{y|s}[y|s=1]$，则选择 0。

16. 本题考虑了可见光通信系统的抽象。
(a) 考虑具有星座{1，−1}的 BPSK 调制格式。因为我们需要在传输时保持灯光亮着，所以我们要创建一个非零均值的星座。创建一个修改后的星座，使其平均值为 5。
(b) 令 s_1 表示缩放的 1 个符号，并让 s_2 表示缩放的−1。假设噪声是依赖于信号的。特别是，假设如果发送了 s_1，
$$y = s_1 + v_1 \tag{4.176}$$
v_1 服从 $N(0,\sigma^2)$，如果发送了 s_2，
$$y = s_2 + v_2 \tag{4.177}$$
v_2 服从 $N(0,2\sigma^2)$。
确定最大似然检测规则。具体来说，提出一个算法或公式，它将观察值 y 作为输出产生 s_1 或 s_2。

17. 考虑一个数字通信系统，通过语音带电话链路以 1200 个符号/s 的速率发送 QAM 数据。假设数据被 AWGN 破坏。找到所需的 SNR，使用联合界限和准确的错误表达式，以获得 10^{-4} 的符号错误概率，比特率为：
(a) 2400bit/s
(b) 4800bit/s
(c) 9600bit/s

18. 考虑一个 $M=3$ 的调制方案和以下星座：
$$\mathcal{C} = \{1+\mathrm{j}, 1+4\mathrm{j}, 1+7\mathrm{j}\} \tag{4.178}$$
(a) 绘制星座。
(b) 找出并绘制等效的零均值星座图。
(c) 找出并绘制等效单位能量星座图。
(d) 归一化星座的最小距离是多少？
(e) 找出作为 SNR 函数的符号误差概率的联合界限。

19. 假设我们在一般的脉幅调制系统中使用以下星座：$\mathcal{C}=\{0, 2, 2\mathrm{j}, -2\}$。
(a) 确定星座的平均值。构建零均值星座。
(b) 确定适当的比例因子以使星座单位能量。构建零均值归一化星座。
(c) 零均值单位标准星座的最小距离是多少？
(d) 绘制这个星座并勾勒出 Voronoi 区域。
(e) 假设一个 AWGN 信道，这个星座的误差概率是多少？

20. 考虑 $M=3$ 和复星座的调制方案
$$\mathcal{C}=\{1, \cos(\pi 7/12)+\mathrm{j}\sin(\pi 7/12), \cos(\pi 11/12)+\mathrm{j}\sin(\pi 11/12)\} \tag{4.179}$$
(a) 使星座归一化并绘制它。对这个问题的所有后续部分使用归一化星座。
(b) 找出星座的最小距离。
(c) 根据 AWGN 信道中的 SNR，找出符号误差概率的联合界限。你可以假设单位方差的 AWGN(即 $\mathrm{SNR}=E_x/1$)。
(d) 绘制一个半圆图上的联合界限。确保 SNR 以分贝为单位。你需要弄清楚如何计算 Q 函数(可以部分使用 erfc 函数)以及如何逆转这个过程。

21. 考虑 $M=8$ 和复星座的调制方案
$$\mathcal{C}=\{0, 4, -4\mathrm{j}, 4-4\mathrm{j}, 2+2\mathrm{j}, 2-2\mathrm{j}, -2-2\mathrm{j}, -2+2\mathrm{j}\} \tag{4.180}$$
和脉冲整形滤波器
$$g_{\mathrm{tx,non}}(t) = \mathrm{sinc}^2(t/T) \tag{4.181}$$
其中 T 是符号周期。
(a) 假定每个符号具有相同的可能性，确定星座的均值。换句话说，计算 $\mu=\mathbb{E}_s[s[n]]$，其中 $s[n]$是从星

座随机选择的复数符号。

(b) 找到通过从 $\mathcal{C}$ 中去除平均值而获得的零均值星座。

(c) 确定零均值星座的平均能量 E_s。

(d) 我们需要确保星座是零均值。通过消除平均值来形成一个新的星座，我们称之为零均值星座。在实部/虚部的图上绘制所得到的星座。不要忘记正确标记。

(e) 计算缩放因子使得零均值星座具有单位平均功率。绘制所得到的星座，其实际上是具有零均值和单位平均功率的归一化星座。不要忘记正确标记。

(f) 计算归一化星座的最小距离 $d_{\min}$。

(g) 从 $g_{\text{tx,non}}(t)$计算归一化脉冲整形滤波器 $g_{\text{tx}}(t)$。

(h) 让传输的信号是

$$x(t) = \sqrt{E_x}\sum_n s[n]g_{\text{tx}}(t-nT) \tag{4.182}$$

其中 $s[n]$是零均值单位能量星座的元素。确定 $x(t)$的功率谱密度。

(i) 确定 $x(t)$的绝对带宽。

(j) 确定作为 SNR 的函数的符号误差概率的联合界限，即比率 E_x/N_0。在一个半圆图上绘制联合界限。确保 SNR 以分贝为单位。不要忘记正确标记。

22. 考虑在 AWGN 信道上传输两个独立消息 x_1 和 x_2 的叠加，其中采样后的接收信号是

$$y = x_1 + x_2 + v \tag{4.183}$$

其中 x_1 从三元星座 $\mathcal{C}_1=\{0, 1, \mathrm{j}\}$中选择，具有相等的概率，$x_2$ 从三元星座 $\mathcal{C}_2=\{c_1, c_2, c_3\}$中选择，与 x_1 无关，也是等概率的，v 是具有方差 σ^2 的零均值 AWGN 噪声。

(a) 选择 $\mathcal{C}_2$ 的星座点$\{c_1, c_2, c_3\}$，使得 $\mathcal{C}_1\cap\mathcal{C}_2=\varnothing$且由 $x=x_1+x_2$ 产生的星座为零均值。

(b) 找出 x 的归一化星座；也就是说，找到具有单位平均功率的星座。

(c) 找出归一化星座的最小距离。

(d) 在给定观测值 y 的情况下查找用于检测 x 的最大似然(ML)检测器。

(e) 画出(d)部分中 ML 检测器的 x 和 Voronoi 区域的星座。

23. 考虑 $M=4$ 和复星座的调制方案

$$\mathcal{C} = \{0,2,2\mathrm{j},1+\mathrm{j}\} \tag{4.184}$$

(a) 我们需要确保星座是零均值。假定每个符号具有相同的可能性，确定星座的均值。换句话说，计算 $\mu=\mathbb{E}[x[n]]$，其中$x[n]$是从星座中随机选择的。通过消去均值形成一个新的星座。在实部/虚部的图上绘制所得到的星座。

(b) 给定去除了平均值的修改的星座，找到归一化的星座——找到具有单位平均功率的星座——并绘制出最终的星座。

(c) 找出归一化星座的最小距离。

(d) 根据 SNR 找出符号误差概率的联合界限。

(e) 计算 SNR，使符号错误概率的界限为10^{-5}。你需要指出如何计算 Q 函数(可以部分使用 erfc 函数)以及如何逆转这个过程。解释如何得到答案。

24. 考虑在$\frac{E_x}{N_o}=10\text{dB}$下运行的传输 QPSK 符号的无噪声系统。符号检测器 $y[n]$的输入由下式给出

$$y[n] = \sqrt{E_x}\sum_m s[m]g((n-m)T-\tau_d)+v[n] \tag{4.185}$$

其中 $g(t)=g_{\text{tx}}(t)*h(t)*g_{\text{rx}}(t)$是带宽超过 50%的升余弦脉冲波形，其中 $0<\tau_d<T$ 是未知符号延迟。另外，让

$$y_0[n] = \sqrt{E_x}\sum_m s[m]g((n-m)T)+v[n] \tag{4.186}$$

表示理想的同步。

(a) 根据 τ_d 找出 $\mathbb{E}[|y[n]-y_0[n]|^2]$。绘制$0\leqslant\tau_d\leqslant T$ 并解释结果。

(b) 使用符号误差表达式的精确 QPSK 概率，将由 τ_0 引起的符号间干扰作为噪声进行处理，绘制 $\tau=0$, $0.25T$, $0.5T$, $0.75T$ 的误差概率图。你的图的 x 轴是以分贝为单位的 SNR，而 y 轴是半圆

曲线上符号误差的概率。

25. **计算机** 实现 4-QAM、16-QAM 和 64-QAM 的 ML 检测器。使用 4.4.5 节中概述的步骤，在该步骤中生成 $y[n]=\sqrt{E_x}s[n]+v[n]$并将检测器应用于结果。使用式(4.148)中的蒙特卡罗估计方法来估计错误率。绘制式(4.147)中的理论曲线，并在估算器中使用了足够的符号时验证它们是否齐平。

26. **计算机** 创建一个生成 M-QAM 波形的程序。

(a) 创建一个函数来生成一个 N_{bits}块，每个块的可能性相同。

(b) 使用图 4.3 中的标签创建一个实现比特-符号映射的函数。你的代码应该支持 $M=4$、$M=16$ 和 $M=64$。一定要使用归一化的星座。

(c) 创建一个函数来生成过采样的平方根升余弦脉冲形状。过采样量参数是 M_{tx}。应该使用适当选择长度的有限脉冲响应近似值。

(d) 使用你创建的函数创建函数以生成缩放采样波形 $x[n]=x(nT/M_{\text{tx}})$。

(e) 通过绘制输入比特序列 00011110101101 的输出(以 4-QAM 和 $\alpha=0.5$ 的滚降)，证明你的程序工作正常。对于你的图，选择 $\sqrt{E_x}=5$。绘制实部和虚部的输出。

第5章 处理损伤

无线信道中的通信非常复杂，除了 AWGN 还存在其他损伤，需要更复杂的信号处理来处理这些损伤。本章针对无线通信链路讨论更完整的模型，包括符号定时偏移、帧定时偏移、频率偏移、平坦衰落和频率选择性衰退。还回顾了传播信道建模，包括大尺度衰落、小尺度衰落、信道选择性和典型信道模型。

本章首先讨论频率平坦无线信道，包括诸如频率平坦信道模型、符号同步、帧同步、信道估计、均衡和载波频率偏移校正。然后考虑在更富挑战性的频率选择性信道中通信所需要的改进。重新审视每个关键损伤，并提出算法来估计未知参数并消除它们的影响。为了删除信道的影响，我们考虑几种类型的均衡器，包括根据信道估计确定的最小均方均衡器、直接由未知训练确定的均衡器、单载波频域均衡(SC-FDE)和正交频分复用(OFDM)。由于均衡需要对信道的估计，还要设计时域和频域的信道估计算法。最后，还需要载波频率偏移校正技术和帧同步技术。关键的想法是在其他功能如信道估计和均衡之前，使用专门设计的传输信号以完成频率偏移估计和帧同步。本章的方法是考虑针对这些损伤的特定算法解决方案，并不推导最优解决方案。

本章最后介绍传播信道模型。这些模型用于通信系统的设计、分析和仿真。首先描述如何将无线信道模型分解为两个子模型：一个基于大尺度变化，另一个基于小尺度变化。然后介绍大尺度路径损耗模型，包括对数距离和 LOS/NLOS 信道模型。然后描述一个小尺度衰落信道的选择性，解释如何确定信道是否具有频率选择性及其随时间的变化有多快。最后提出几种平坦信道和频率选择性信道的小尺度衰落模型，并给出对符号错误平均概率的衰落效应的分析。

5.1 频率平坦无线信道

本节使用单路径信道和复基带等效的概念推导频率平坦 AWGN 通信模型。然后介绍几种损伤，并解释如何纠正它们。符号同步纠正未在正确时间点采样引起的问题，这也称为符号定时偏移。帧同步通过在数据中找出已知的参考点，例如一个训练序列，来克服帧定时偏移问题。信道估计用于估计未知的平坦衰落复信道系数。基于此估计，可以利用均衡消除信道影响。载频偏移同步修正发射机和接收机之间的载波频率的差异。本章为在更复杂的频率选择性信道情况下处理损伤提供了基础。

5.1.1 频率平坦衰落的离散时间模型

包括所有损伤的无线通信信道，不能简单地用 AWGN 进行建模。更完整的模型还包括传播信道的影响和模拟前端的过滤。本节考虑单路径信道，其冲激响应为

$$h_c(t) = \alpha\delta(t-\tau_d) \tag{5.1}$$

根据 3.3.3 节和 3.3.4 节中的推导，该信道的复等效基带响应应为

$$h(t) = B\alpha e^{-j2\pi f_c \tau_d}\operatorname{sinc}(B(t-\tau_d)) \tag{5.2}$$

并且准基带等效信道为

$$h_{pb}(t) = \alpha e^{-j2\pi f_c \tau_d}\delta(t-\tau_d) \tag{5.3}$$

计算过程查看例 3.37 和例 3.39。$B\operatorname{sinc}(t)$这一项是因为复基带等效信号是基带带限信号。其频域形式为

$$h(f) = \operatorname{rect}(f/B)\alpha e^{-j2\pi f_c \tau_d} e^{-j2\pi \tau_d f} \tag{5.4}$$

我们观察到$|H(f)|$在 $f\in[-B/2, B/2]$的范围上是常数。据说这个信道是频率平坦的，因为它在信号所处带宽上是恒定的。如果信号带宽远小于相干带宽，多路径构成的信道可以近似为频率平坦的，这将在 5.8 节中进一步讨论。

现在，我们将此信道纳入接收信号模型。在噪声被添加到接收机之前，对式(5.2)中的信道与发射的信号进行卷积。结果，在匹配的滤波和采样之前的复基带接收信号是

$$r(t) = \sqrt{E_X} h(t) * g_{tx}(t) * \sum_{m=-\infty}^{\infty} s[m]\delta(t-mT) + v(t) \tag{5.5}$$

$$= \sqrt{E_X}\alpha e^{-j2\pi f_c \tau_d} \sum_{m=-\infty}^{\infty} s[m] g_{tx}(t-mT-\tau_d) + v(t) \tag{5.6}$$

为了确保 $r(t)$是带限的，自此开始假设噪声已经是低通过滤的且带宽为 $B/2$。为了简化符号，并与离散时间表示相一致，令 $h=\alpha e^{-j2\pi f_c \tau_d}\sqrt{E_X}$，并且可以写为

$$r(t) = h \sum_{m=-\infty}^{\infty} s[m] g_{tx}(t-mT-\tau_d) + v(t) \tag{5.7}$$

因子$\sqrt{E_X}$包含在 h 中，从接收机设计的角度看，只有组合的缩放比例是重要的。经过匹配滤波，按照符号速率采样，得到如下接收信号：

$$y(n) = h \sum_{m=-\infty}^{\infty} s[m] g((n-m)T-\tau_d) + v[n] \tag{5.8}$$

其中 $g(t)$是奈奎斯特脉冲形状。相比 AWGN 接收信号模型 $y[n]=s[n]+v[n]$，有几种失真来源，必须识别纠正。

一种损伤是由符号定时错误造成的。假设 τ_d 是符号周期的一部分，即 $\tau_d\in[0, T)$。这模拟了采样定时误差的影响，当接收机没有在恰当的时间点进行采样时会发生这种情况。在这个假设下，有

$$y[n] = \underbrace{hs[n]g(\tau_d)}_{\text{理想值}} + \underbrace{h\sum_{m\neq n} s[m]g((n-m)T-\tau_d)}_{\text{ISI}} + \underbrace{v[n]}_{\text{噪声}} \tag{5.9}$$

当奈奎斯特脉冲形状未准确在 nT 处采样时，会产生符号间干扰(ISI)，由于 $g(nT+\tau_d)$通常不等于 $\delta[n]$。纠正这个非整数周期的延迟需要符号同步、均衡或更复杂的检测器。

第二种损伤有更大的延迟。为了说明，假设对于某个整数 d 有 $\tau_d=dT$。这种情况出现在符号时序被纠正但有未知的传播延迟，传播延迟仍是符号周期的倍数。根据这个假设有

$$y[n] = h \sum_{m=-\infty}^{\infty} s[m] g((n-m)T-\tau_d) + v[n] \tag{5.10}$$

$$= h \sum_{m=-\infty}^{\infty} s[m] g((n-m)T-dT) + v[n] \tag{5.11}$$

$$= hs[n-d] + v[n] \tag{5.12}$$

本质上，整数偏移导致发送和接收符号的序号失配。需要帧同步来纠正此帧定时错误损伤。

最后，假设未知延迟 τ_d 已被完全删除，即 $\tau_d=0$。那么接收到的信号是

$$y[n] = hs[n] + v[n] \tag{5.13}$$

采样并去除延迟，就剩下因为衰减和相移而导致的失真 h。处理 h 需要专门的调制方案，

如 DQPSK(充分正交相移键控)，或者信道估计和均衡。

很明显，幅度、相位和延迟如果没有得到补偿可能会对系统性能产生非常严重的影响。因此，每个无线系统都有专门的设计，在接收机的处理中估计或直接删除这些损伤。这种处理大多数都是在称为突发、数据包或帧的小段数据上执行的。本书强调这种批处理。很多算法都具有适应性的扩展，能够持续地估计损伤。

5.1.2 符号同步

符号同步或定时恢复的目的是估计和删除未知延迟 τ_d 的分数部分，对应在[0, T)中这部分误差。这些算法背后的理论是广泛的、历史悠久的[309,226,124]。本节的目的是介绍用于复脉冲幅度调制系统中的符号同步的许多算法方法之一。

如图 5.1 所示，有几种不同的同步方法。一种是纯模拟方法，一种是数字和模拟相结合的方法，用数字处理校正模拟信号，还有一种纯数字的方法。从数字处理方法的角度看问题，本书只考虑纯数字的符号同步方法。

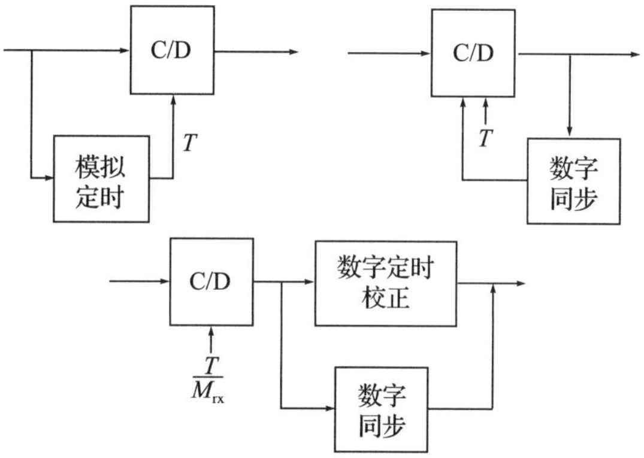

图 5.1　纠正符号定时的不同方法。最下面的方法仅依赖 DSP

我们考虑两种不同的数字符号同步策略，具体取决于连续到离散转换器(continuous-to-discrete converter，C/D)采用的采样速率的高低。

- 过采样方法如图 5.2 所示，适用于过采样因子 M_{rx}大，并且可以达到很高的采样速率的情况。这种情况下，同步算法本质上选择 T/M_{rx}的最佳倍数，并且在降采样之前加入一个合适的整数延迟 k^*。
- 重采样方法如图 5.3 所示。在这种情况下，采用重采样器或内插器能够有效地创建有效采样周期 T/M_{rx}的过采样信号，即使实际采样的周期小 T/M_{rx}，仍然满足奈奎斯特。然后，与过采样方法一样，估计 T/M_{rx}的最佳倍数，并且在降采样之前添加一个合适的整数延迟 k^*。

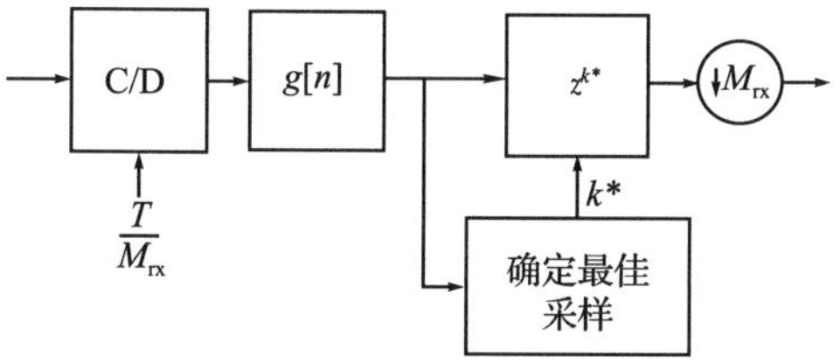

图 5.2　过采样方法适于 M_{rx}值大的情况

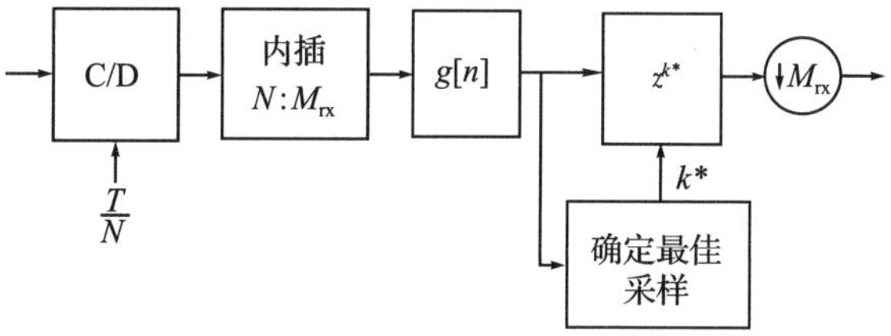

图 5.3　重采样或内插方法适用于 M_{rx}值小的情况，例如 $N=2$

估计 τ_d 最适当的理论方法是使用估计理论。例如，可以采用最大似然估计器来求解。为了简单起见，本节考虑一种基于成本函数的方法，称为最大输出能量(MOE)准则，与文献[169]中的方法相同。还有其他的基于最大似然估计的方法，如早-迟门方法。低复杂度的估计方法可以利用一组滤波器来实现，如文献[138]所示。

首先计算能量输出来验证每种方法的定时同步性能。匹配滤波器的时间连续的输出信号记为

$$y(t)=h\sum_{m=-\infty}^{\infty}s[m]g(t-mT-\tau_{\mathrm{d}})+v(t) \tag{5.14}$$

按照 $nT+\tau$ 采样的输出能量为

$$J_{\mathrm{MOE}}(\tau)=\mathbb{E}[|y(nT+\tau)|^2] \tag{5.15}$$

$$=|h|^2\sum_{m=-\infty}^{\infty}|g(mT+\tau-\tau_{\mathrm{d}})|^2+N_o \tag{5.16}$$

假设 $\tau_{\mathrm{d}}=dT+\tau_{\mathrm{frac}}$ 且 $\tau=\hat{d}\,T+\hat{\tau}_{\mathrm{frac}}$，那么

$$\mathbb{E}[|y(nT+\tau)|^2]=|h|^2\sum_{m=-\infty}^{\infty}|g(mT+dT+\tau_{\mathrm{frac}}-\hat{d}\,T-\hat{\tau}_{\mathrm{frac}})|^2+N_o \tag{5.17}$$

$$=|h|^2\sum_{m=-\infty}^{\infty}|g(mT+\tau_{\mathrm{frac}}-\hat{\tau}_{\mathrm{frac}})|^2+N_o \tag{5.18}$$

有变量的改变。因此，当延迟 τ 可以取任意整数时，只有对应分数部分的延迟偏移对输出能量有影响。

符号同步的最大输出能量方法试图找到能够使 $J_{\mathrm{MOE}}(\tau)$ 取得最大值的 τ，$\tau\in[0,T)$（原文误为前后方括号。——译者注）。取得最大输出能量的解为

$$\hat{\tau}_{\mathrm{d}}=\arg\max_{\tau\in[0,T)}J_{\mathrm{MOE}}(\tau) \tag{5.19}$$

这种方法的基本原理是

$$\mathbb{E}[|y(nT+\tau)|^2]\leqslant|h|^2|g(0)|^2+N_o \tag{5.20}$$

式中不等号对于大多数常用的脉冲成形函数成立（但并非对任意脉冲成立）。因此 $J_{\mathrm{MOE}}(\tau)$ 唯一的最大值对应于 $\tau=\tau_{\mathrm{d}}$。对于升余弦脉冲，$J_{\mathrm{MOE}}(\tau)$ 的取值如图 5.4 所示。对于 sinc 和升余弦形式的脉冲，式(5.20)的证明见例 5.1 和例 5.2.

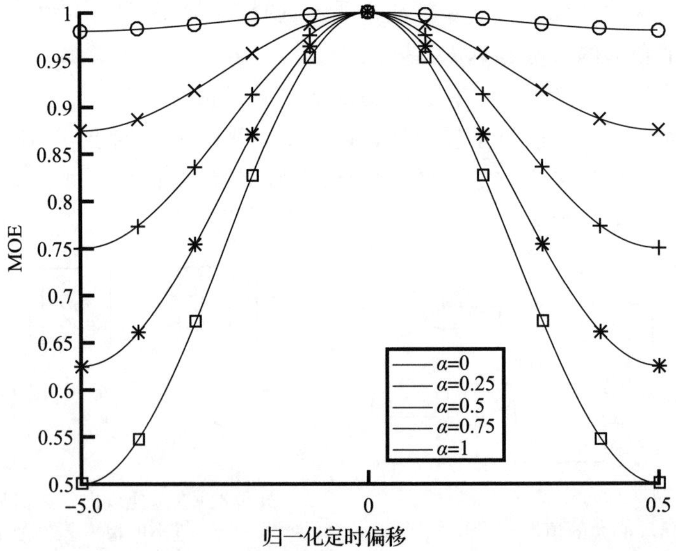

图 5.4　$J_{\mathrm{MOE}}(\tau)$ 取值示意图，$\tau\in[-T/2,\ T/2]$，无噪声，升余弦脉冲波形(式(4.73))。x 轴对 T 归一化。升余弦脉冲的滚降系数越大，输出能量峰值越高，表明选择越大的余弦函数滚降系数 α，能提供越大的带宽，这样，利用最大输出能量成本函数，能够实现更好的符号定时

例 5.1　证明式(5.20)中的不等式对于 sinc 脉冲波形成立。

解： 方便起见，sinc 脉冲表示为

$$\operatorname{sinc}\left(\frac{mT+\tau-\tau_{\mathrm{d}}}{T}\right)=\operatorname{sinc}(m+a) \tag{5.21}$$

其中 $a=\frac{\tau-\tau_{\mathrm{d}}}{T}$。令 $g(t)=\operatorname{sinc}(t+a)$ 且 $g[m]=g(mT)=\operatorname{sinc}(m+a)$，令 $g(f)$ 和 $g(\mathrm{e}^{\mathrm{j}2\pi f})$ 分别为 $g(t)$ 的连续时间傅里叶变换(CTFT)和 $g[m]$ 的离散时间傅里叶变换(DTFT)。那么 $g(f)=\mathrm{e}^{\mathrm{j}2\pi af}\operatorname{rect}(f)$ 并且

$$g(\mathrm{e}^{\mathrm{j}2\pi f})=\frac{1}{1}\sum_{n=-\infty}^{\infty}x\left(\frac{f}{1}-\frac{n}{1}\right) \tag{5.22}$$

$$=\sum_{n=-\infty}^{\infty}\mathrm{e}^{\mathrm{j}2\pi a(f-n)}\operatorname{rect}(f-n) \tag{5.23}$$

根据 DTFT 的帕斯瓦尔(Parserval)定理，可以得到

$$\sum_{m=-\infty}^{\infty}|\operatorname{sinc}(m+a)|^2=\int_{-1/2}^{1/2}|g(\mathrm{e}^{\mathrm{j}2\pi af})|^2\mathrm{d}f \tag{5.24}$$

$$=\int_{-1/2}^{1/2}\left|\sum_{n=-\infty}^{\infty}\mathrm{e}^{\mathrm{j}2\pi a(f-n)}\operatorname{rect}(f-n)\right|^2\mathrm{d}f \tag{5.25}$$

$$\leqslant\int_{-1/2}^{1/2}\sum_{n=-\infty}^{\infty}|\mathrm{e}^{\mathrm{j}2\pi a(f-n)}\operatorname{rect}(f-n)|^2\mathrm{d}f \tag{5.26}$$

$$=\int_{-1/2}^{1/2}\sum_{n=-\infty}^{\infty}(\operatorname{rect}(f-n))^2\mathrm{d}f \tag{5.27}$$

$$=\int_{-1/2}^{1/2}1\mathrm{d}f \tag{5.28}$$

$$=1 \tag{5.29}$$

$$=|g(0)|^2 \tag{5.30}$$

其中不等式成立是因为 $|\sum a_i|\leqslant\sum|a_i|$。因此可以得到

$$\sum_{m=-\infty}^{\infty}|g(mT+\tau-\tau_{\mathrm{d}})|^2\leqslant|g(0)|^2 \tag{5.31}$$

◀

例 5.2 证明式(5.20)中 MOE 不等式对于升余弦脉冲波形成立。

解： 升余弦脉冲

$$g_{\mathrm{rc}}(t)=\operatorname{sinc}(t/T)\frac{\cos(\pi\alpha t)}{1-4\alpha^2t^2/T^2} \tag{5.32}$$

是 sinc 脉冲波形被调制得到的。因为

$$\left|\frac{\cos(\pi\alpha t)}{1-4\alpha^2t^2/T^2}\right|^2\leqslant 1 \tag{5.33}$$

可以根据下式

$$|g_{\mathrm{rc}}(t)|^2\leqslant|\operatorname{sinc}(t/T)|^2 \tag{5.34}$$

以及例 5.1 的结果得到。◀

现在讨论最大化输出能量的直接解决方案，假设接收机体系结构具有过采样功能，如图 4.10 所示。记过采样或重采样的信号为 $r[n]$，假设每个符号周期有 M_{rx} 个样值。接收机中按照符号速率降采样之前，匹配滤波器的输出为

$$\widetilde{y}[n]=\sum_{m=-\infty}^{\infty}r[m]g_{\mathrm{rx}}[n-m] \tag{5.35}$$

采用这个采样信号可以计算离散时间版本的 $J_{\mathrm{MOE}}(\tau)$

$$J_{\mathrm{MOE,d}}[k]=\mathbb{E}[|\tilde{y}[nM_{\mathrm{rx}}+k]|^2] \tag{5.36}$$

其中 k 是 0，1，…，$M_{\mathrm{rx}}-1$ 之间的取值，对应根据 kT/M_{rx} 确定的定时偏移的分数部分的估计值。要设计出实用的算法，根据各态历经性，将期望计算替换为在 P 个符号周期上的时间平均，可得

$$J_{\mathrm{MOE,e}}[k]=\frac{1}{P}\sum_{p=0}^{P-1}|r[pM_{\mathrm{rx}}+k]|^2 \tag{5.37}$$

在 $k=0$，1，…，$M_{\mathrm{rx}}-1$ 中确定 $J_{\mathrm{MOE,e}}[k]$ 的最大值，能够得到最佳样值 k^* 和符号定时偏移的估计值 k^*T/M_{rx}。

最佳校正包括在降采样之前将接收信号推进 k^* 个样值。本质上，同步数据是 $y[n]=\tilde{y}[nM_{\mathrm{rx}}+k^*]$。同样，信号可以延迟 k^*-M_{rx} 个样本，因为后续的信号处理步骤在任何情况下都会纠正帧同步。

本节讨论的符号定时算法选择的主要参数是过采样因子 M_{rx}。这种选择的主要依据是符号定时量化引起的残留 ISI。利用式(4.56)的 SINR，假设 h 已经完全确定，接收机的匹配滤波器，以及最大符号定时偏移 $T/2M_{\mathrm{rx}}$，那么

$$\mathrm{SINR}=\frac{|h|^2\left|g\left(\frac{T}{2M_{\mathrm{rx}}}\right)\right|^2}{|h|^2\sum_{m\neq 0}\left|g\left(mT+\frac{T}{2M_{\mathrm{rx}}}\right)\right|^2+N_o} \tag{5.38}$$

例如，这个值和 4.4.5 节的符号误差分析概率可以用来选择 M_{rx} 的值，以便根据信噪比和符号错误目标概率确定符号定时误差的影响是可以接受的。图 5.5 中给出了 4-QAM 的情况下的符号错误概率。在这种情况下，$M_{\mathrm{rx}}=8$ 时，符号误差率为10^{-4}时，损失小于 1dB。

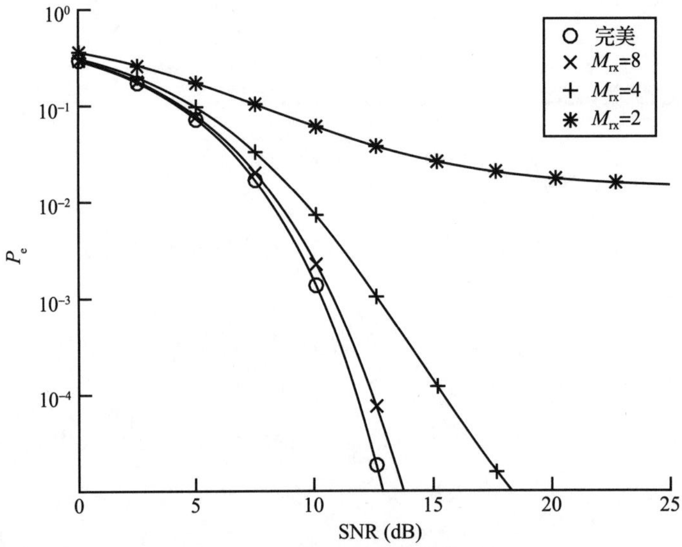

图 5.5 将 SNR 替换为 SINR，$|h|=\sqrt{E_x}$，对式(5.38)中 M_{rx} 的不同取值，根据式(4.147)计算得到 4-QAM 的精确符号错误率图，假设升余弦脉冲的参数 $\alpha=0.25$。过采样充分时，定时误差的影响小

5.1.3 帧同步

帧同步的目的是解决多个符号周期延迟，假设符号同步已经执行。记 d 为剩余偏移，$d=\tau_d/T-k^*/M_{\mathrm{rx}}$，假设符号同步已经完成。这样可以消除 ISI 并且

$$y[n]=hs[n-d]+v[n] \tag{5.39}$$

要重建已发送比特序列，需要知道“符号流在哪里开始”。类似于符号同步，围绕帧同步有很多理论[343,224,27]。本节考虑一个平坦信道的常用算法，这个算法利用一个已知的帧同步序列，在训练阶段插入。

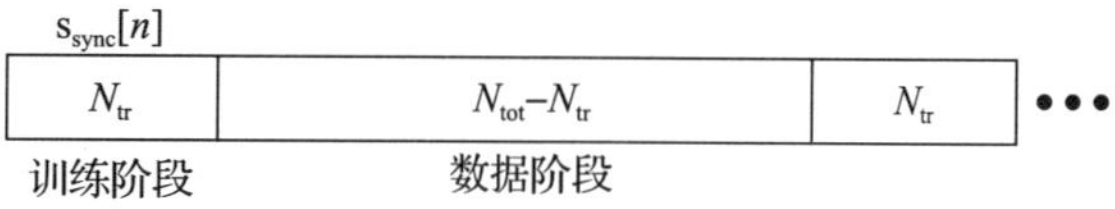

图 5.6　由周期插入的训练值和数据构成的帧结构

大多数无线系统在发送信号中插入接收机已知的参考信号。根据如何插入已知信息，将已知信息称为训练序列或导频信号。例如，如图 5.6 所示，可以在传输开始时插入一个训练序列，或者可以定期插入一些导频符号。大多数系统使用这两种方式的结合，定期插入长训练序列，更频繁地插入较短的训练序列(或导频符号)。为了解释，假定期望帧在离散时间 $n=0$ 处开始。总帧长度是 N_{tot}，包括长度为 N_{tr}的训练阶段和长度为 $N_{tot}-N_{tr}$的数据阶段。假设接收机已知的训练序列为$\{t[n]\}_{n=0}^{N_{tr}-1}$。

实现帧同步的一种方法是将接收信号与训练序列关联起来计算

$$R[n]=\sum_{k=0}^{N_{tr}-1}t^{*}[k]y[n+k] \tag{5.40}$$

然后可以得到

$$\hat{d}=\arg\max_{n}|R[n]| \tag{5.41}$$

最大化通常可以通过在一组有限的可能取值上评估 $R[n]$来实现。例如，模拟硬件可能有载波侦听功能，能够发现感兴趣的重要信号。然后数字硬件可以开始评估关联关系并发现峰值。阈值也可以用于选择起点，即找出$|R[n]|$超过目标阈值的第一个 n 值。例 5.3 提供了一个帧同步的例子。

例 5.3 考虑如式(5.39)所描述的一个系统，$h=0.5e^{j\pi/3}\sqrt{E_x}$，$N_{tr}=7$，$N_{tot}=21$ 且 $d=0$。假设采用 4-QAM 进行数据传输，训练由长度为 7 的巴克码组成，由$\{t[n]\}_{n=0}^{7}=\{1,1,1,-1,-1,1,-1\}$给出。SNR 是 5dB。考虑一个帧片段，它由 14 个数据符号、7 个训练符号、14 个数据符号、7 个训练符号和 14 个数据符号组成。图 5.7 绘制了根据式(5.40)计算得到的$|R[n]|$。对应训练数据的位置有两个峰值。如预期的那样，峰值发生在 21 和 42。如果该片段被延迟了，峰值也随着偏移。◀

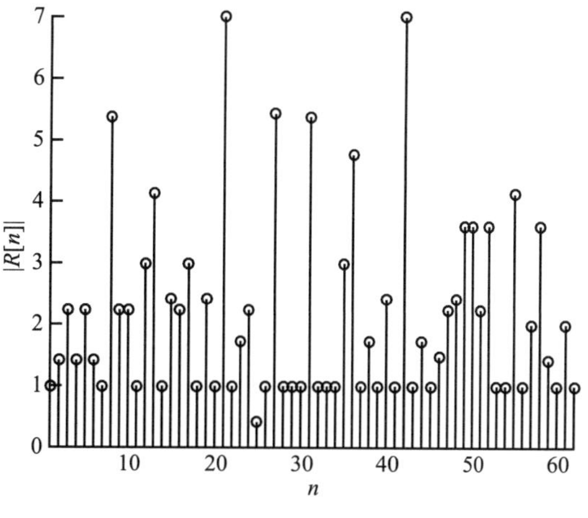

图 5.7　实现帧同步的相关器输出绝对值。仿真细节在例 5.3 中提供。可以看到两个相关函数的峰值，对应于两个训练序列的位置

接收机的框图如图 5.8 所示，包括符号同步和帧同步功能。帧同步发生在降采样之后、符号检测之前。实现帧同步需要将信号推进$\hat{d}$个符号。

如果数据与训练序列相同，帧同步算法可能会发现错误的峰值。有几种方法可以避免这个问题。首先是可以选择具有良好相关特性的训练序列。在文献中已有很多种序列具有良好自相关特性[116,250,292]或周期性自相关特性[70,267]。其次，更长的训练序列可用于减少误报的可能性。第三，训练序列可以用不同的星座图而不是数据。例 5.3 中用了 BPSK 训

练序列，但数据用 4-QAM 编码。第四，帧同步可以在多个训练周期内平均。假设每 N_{tot} 个符号插入训练数据。平均 P 个周期然后可以得到估计值

$$\hat{d} = \arg\max_{n} \sum_{p=0}^{P-1} \left| \sum_{k=0}^{N_{\mathrm{tr}}-1} t^*[k]y[n+k+pN_{\mathrm{tot}}] \right| \tag{5.42}$$

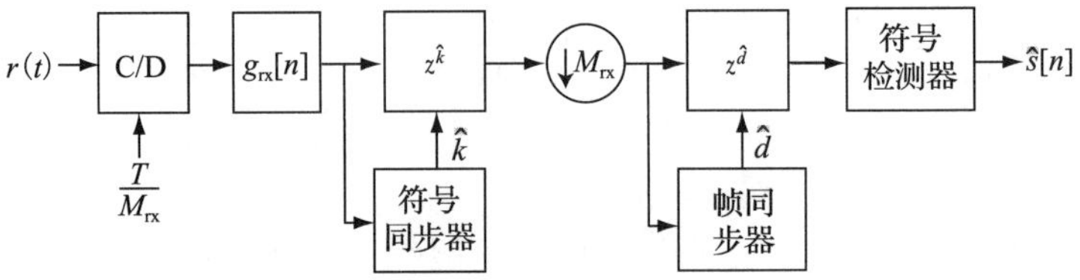

图 5.8 接收机采用基于过采样和帧同步的符号同步

在更大量的数据上取得平均值可以得到更高的性能，也需要更高的复杂性和更多的存储需求。最后，可以采用补充训练序列。在这种情况下，可以设计一对训练序列 $\{t_1[n]\}$ 和 $\{t_2[n]\}$，使得 $\sum_{k=0}^{N_{\mathrm{tr}}-1} t_1^*[k]y[n+k]+t_2^*[k]y[n+k+N_{\mathrm{tot}}]$ 具有尖锐的相关峰值。这样的序列将在 5.3.1 节中进一步讨论。

5.1.4 信道估计

一旦完成了帧同步和符号同步，一个好的接收信号模型为

$$y[n] = hs[n] + v[n] \tag{5.43}$$

剩下的两种损伤是未知平坦信道 h 和 AWGN 信道 $v[n]$。由于 h 的作用是对星座图进行旋转平移，需要估计信道，要在检测过程中插入，或者通过均衡消除。

信道估计技术的历史很长[40,196,369]。一般来说，对于信道估计问题的处理与其他估计问题类似。严格的方法是在信号和噪声的假设条件下，推导出最佳估计器。最佳估计器的例子包括最小均方误差估计器、最大似然(ML)估计器以及 MMSE 估计器，3.5 节介绍了这些估计器的背景。

在本节中，着重讨论最小均方误差估计，用于高斯噪声下的线性参数估计时，这也是 ML 估计器。要采用最小均方，根据式(5.43)，利用 $n=0, 1, \cdots, N_{\mathrm{tr}}-1$ 的已知训练序列，建立一个接收信号模型。将式(5.43)的观察值列为矢量形式，则有

$$\underbrace{\begin{bmatrix} y[0] \\ y[1] \\ \vdots \\ y[N_{\mathrm{tr}}-1] \end{bmatrix}}_{\mathbf{y}} = \underbrace{\begin{bmatrix} t[0] \\ t[1] \\ \vdots \\ t[N_{\mathrm{tr}}-1] \end{bmatrix}}_{\mathbf{t}} h + \underbrace{\begin{bmatrix} v[0] \\ v[1] \\ \vdots \\ v[N_{\mathrm{tr}}-1] \end{bmatrix}}_{\mathbf{v}} \tag{5.44}$$

可以写为简洁形式

$$\mathbf{y} = \mathbf{t}h + \mathbf{v} \tag{5.45}$$

在 3.5.3 节我们已经计算出式(5.46)的一种更一般的形式的最大似然估计器。其解为最小均方误差估计，形如下式

$$\hat{h} = (\mathbf{t}^*\mathbf{t})^{-1}\mathbf{t}^*\mathbf{y} \tag{5.46}$$

$$= \frac{\sum_{n=0}^{N_{\mathrm{tr}}-1} t^*[n]y[n]}{\sum_{n=0}^{N_{\mathrm{tr}}-1} t^*[n]t[n]} \tag{5.47}$$

本质上，最小均方误差估计器将观测数据与训练数据进行相关计算，并对结果进行归一化。分母只是训练序列中的能量，可以预先计算并离线存储。分子的计算是帧同步过程的一部分。因此，帧同步和信道估计可以联合执行。接收机包括符号同步、帧同步和信道估计，如图 5.9 所示。

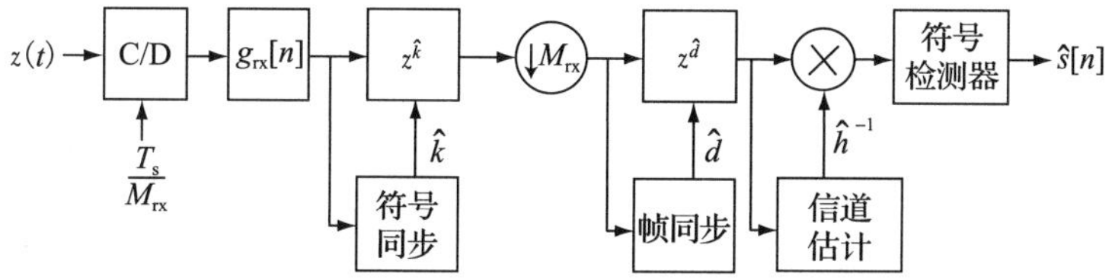

图 5.9　包含基于过采样的符号同步、帧同步和信道估计的接收机

例 5.4 本例中，我们对信道估计中的平方误差进行评估。考虑一个类似例 5.3 中所述系统的系统，其长度为 $N_{tr}=7$ 用于训练序列的巴克码，以及式(5.46)的最小平方信道估计器。通过生成一个噪声实现，并且对于 $n=1, 2, \cdots, 1000$ 个实现估计信道 $\hat{h}[n]$，来进行信道的蒙特卡罗(Monte Carlo)估计。在图 5.10 中，我们将估计误差评估为 SNR 的函数，其定义为 $|h|^2/\sigma_v^2$，本例中为 5dB。我们绘制了信道估计的一个实现的误差 $|h-\hat{h}[0]|^2$，以及均方误差 $\frac{1}{1000}\sum_{n=0}^{999}|h-\hat{h}[n]|^2$。该图显示了基于一个实现与均值的估计误差随 SNR 下降的情况。◀

例 5.5 本例中，对于不同长度的 4-QAM 训练序列，5dB 的 SNR，例 5.3 的信道，采用式(5.46)中最小均方信道估计器，我们评估信道估计的误差。按照例 5.4 描述的方法，对一个实现与均方误差的平方误差进行蒙特卡罗估计。结果如图 5.11 所示，延长训练序列可以降低估计误差。较长的训练序列，可以在 $\sum_{n=0}^{N_{tr}-1}t^*[n]t[n]$ 中获得更多的一致(coherent)组合，在 $\sum_{n=0}^{N_{tr}-1}t^*[n]v[n]$ 中进行更多的平均，从而增加能量，有效提高 SNR。◀

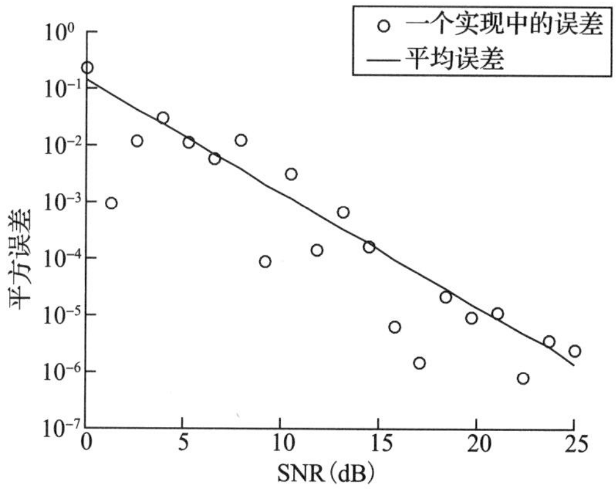

图 5.10　估计误差是例 5.4 中系统的 SNR 的函数。随着 SNR 的增加，误差估计值会降低

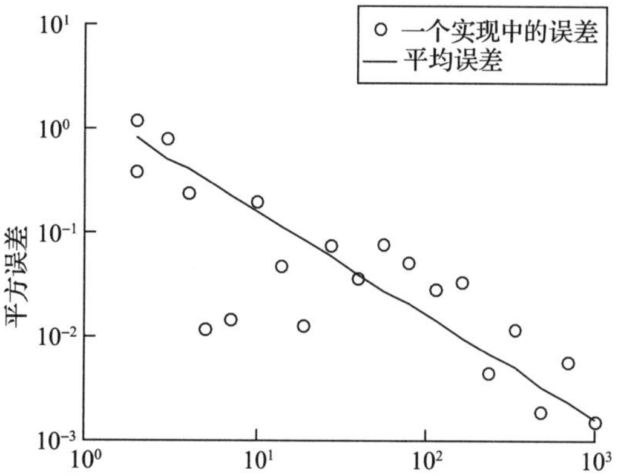

图 5.11　估计误差是例 5.5 中系统的训练序列长度的函数。随着训练长度的增加，误差估计值会降低

5.1.5 均衡

假设信道估计已经完成，接收机处理中的下一步是使用信道估计来执行符号检测。有两种合理的方法都假设$\hat{h}$是真正的信道估计。当信道估计误差足够小时，这是一个合理的假设。

第一种方法将$\hat{h}$引入检测过程。将式(4.105)中的$\sqrt{E_X}$替换为h，那么

$$\hat{s}[n] = \arg\min_{s \in \mathcal{C}} |y[n] - \hat{h}s|^2 \tag{5.48}$$

相应地，信道估计值成为检测器的输入。它可用在式(5.48)中，在范数计算过程中对符号进行缩放，或者可以用于创建一个新的星座$\overline{\mathcal{C}} = \{\hat{h}c_1, \hat{h}c_2, \cdots, \hat{h}c_M\}$，并且用如下形式的缩放星座进行检测

$$\hat{s}[n] = \arg\min_{s \in \overline{\mathcal{C}}} |y[n] - s|^2 \tag{5.49}$$

当N_{tot}很大时，后一种方法有用。

另一种方法是将信道引入ML检测器，消除检测前信道的影响。当$\hat{h} \neq 0$时，

$$\arg\min_{s \in \mathcal{C}} |y[n] - \hat{h}s|^2 = \arg\min_{s \in \mathcal{C}} |\hat{h}|^{-1} \left| \frac{y[n]}{\hat{h}} - s \right|^2 = \arg\min_{s \in \mathcal{C}} \left| \frac{y[n]}{\hat{h}} - s \right|^2 \tag{5.50}$$

创建信号$y[n]/\hat{h}$的过程是均衡的一个例子。使用均衡可以从$y[n]$中消除信道的影响，然后可以对结果采用标准检测器，利用星座对称性来降低复杂性。包括符号同步、帧同步、信道估计和均衡在内的接收机如图5.9所示。

将估计误差视为噪声，可以计算信道估计的符号错误概率。令$h = \hat{h} + \hat{h}_e$，其中$h - \hat{h} = \hat{h}_e$是估计误差。对于给定的信道h和估计$\hat{h}$，均衡的接收信号是

$$\hat{s}[n] = \frac{1}{\hat{h}}(\hat{h} + \hat{h}_e)s[n] + \frac{1}{\hat{h}}v[n] \tag{5.51}$$

$$= s[n] + \frac{\hat{h}_e}{\hat{h}}s[n] + \frac{1}{\hat{h}}v[n] \tag{5.52}$$

通常将中间的干扰项视为加性噪声。将公共项$|\hat{h}|^2$移到分子，可得到

$$\text{SINR}_{\hat{h}_e} = \frac{|\hat{h}|^2}{|\hat{h}_e|^2 + \sigma_v^2} \tag{5.53}$$

这可以用作蒙特卡罗仿真的一部分来确定信道估计的影响。由于接收机实际上并不知道估计误差，所以通常考虑一种修正的SINR表达式，其中估计值的方差$\mathbb{E}[|\hat{h}_e|^2]$用于替代瞬时值(假设估计器是无偏的，因此均值为零)。则SINR变为

$$\text{SINR} = \frac{|\hat{h}|^2}{\mathbb{E}[|\hat{h}_e|^2] + \sigma_v^2} \tag{5.54}$$

由于估计值的均方误差是常用的计算量，这个表达式可以用来分析估计值误差对错误概率的影响。例5.6比较了这些方法的符号错误概率。

例5.6 在这个例子中，我们评估信道估计误差的影响。我们考虑一个类似于例5.4描述的系统，对训练序列采用长度为$N_{\text{tr}} = 7$的巴克码，并且采用如式(5.46)所示的最小均方信道估计器。通过生成噪声对信道进行蒙特卡罗仿真，对$n = 1, 2, \cdots, 1000$的实现，估计信道$\hat{h}[n]$。对于每个实现，我们计算错误，插入到式(5.53)的$\text{SINR}_{\hat{h}_e}$中，并用来按照4.4.5节计算符号错误的概率。然后对这1000多个蒙特卡罗仿真进行平均。在图5.12中比较了假设没有SNR$|h|^2 E_X/N_O$估计误差的错误概率，以及根据式(5.54)的SINR平均误差计算的错误概率。在这个例子中看到由于估计误差造成的损失大约为1dB，

而且符号错误的平均概率与使用平均估计误差计算的符号错误概率的差别很小。

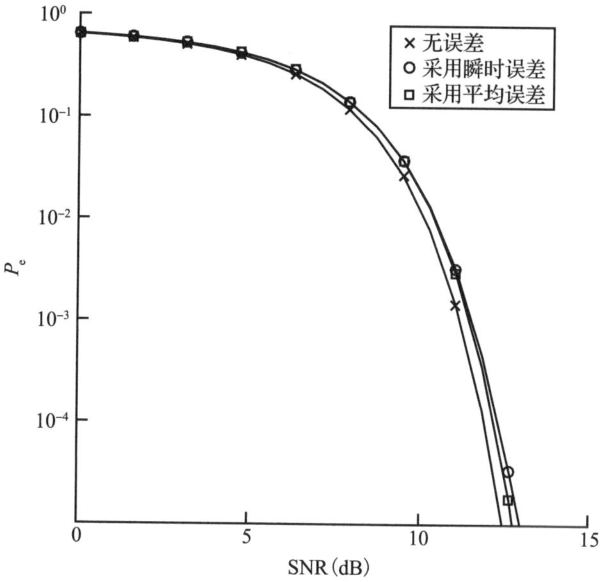

图 5.12 采用训练序列长度 $N_{tr}=7$ 的信道估计时，4-QAM 的符号错误概率。比较无信道估计误差的符号错误概率、有瞬时误差的符号错误概率的平均值以及使用平均估计误差的符号错误概率。使用平均估计误差几乎没有损失 ◀

5.1.6 载波频率偏移同步

无线通信系统使用频带通信信号。它们可以在发射机上通过将复基带信号变频到载波频率 f_c 而创建，在接收机通过下变频将复基带信号从载波上恢复出来。在 3.3 节中，已经解释过上变频到载波频率 f_c 和下变频到基带信号的过程，而在解释复等效符号时假设 f_c 是发射机和接收机都完全已知的。实际中 f_c 由本地振荡器产生。由于温度变化，以及发射机与接收机的本地振荡器不同，实际上发射机的 f_c 不等于接收机的 f_c'，如图 5.13 所示。发射机与接收机的载频的差值 $f_e=f_c'-f_c$ 是载频偏移(carrier frequency offset)，或者简称频率偏移(frequency offset)，一般用赫兹作为单位。在设备指标中，这个偏移经常表示为 $|f_e|/f_c$，单位采用百万分率(parts per million)。本节我们推导载频偏移的系统模型，并且给出一个载频偏移估计和校正的算法。

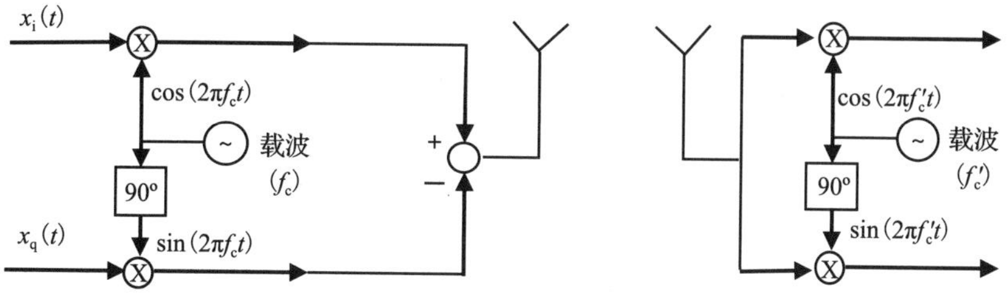

图 5.13 发射机和接收机具有不同载波频率的无线系统的抽象框图

令

$$x_p(t) = \mathrm{Re}[x(t)e^{j2\pi f_c t}] \tag{5.55}$$

为发射机产生的基带信号。令接收机在载频 f_c 上观察到的频带信号为

$$r_p(t)=\int h_c(t-\tau)x_p(\tau)d\tau \tag{5.56}$$

$$= r_i(t)\cos(2\pi f_c t) - r_q(t)\sin(2\pi f_c t) \tag{5.57}$$

$$= \frac{1}{2}(r(t)e^{j2\pi f_c t} + r^*(t)e^{-j2\pi f_c t}) \tag{5.58}$$

其中，$r(t)=r_i(t)+jr_q(t)$是对应 $r_p(t)$的复基带信号，最后一步利用了 $\mathrm{Re}(x)=\frac{1}{2}(x+x^*)$。现在假设利用载频 f_c' 对 $r_p(t)$进行了下变频得到一个新的信号 $r'(t)$。这个提取出的复基带信号(忽略噪声)可以表示为

$$r'(t) = 2B\mathrm{sinc}(tB) * (r_p(t)e^{-j2\pi f_c' t}) \tag{5.59}$$

对最后一项代入 $f_e=f_c-f_c'$ 可得

$$r_p(t)e^{-j2\pi f_c' t} = r_p(t)e^{-j2\pi(f_c-f_e)t} \tag{5.60}$$

$$= e^{j2\pi f_e t} r_p(t)e^{-j2\pi f_c t} \tag{5.61}$$

将式(5.58)中的 $r_p(t)$代入可得

$$r_p(t)e^{-j2\pi f_c' t} = \frac{1}{2}r(t)e^{j2\pi f_e t} + r^*(t)e^{j2\pi f_e t}e^{-j4\pi f_c t} \tag{5.62}$$

经过低通滤波(严格讲，假设带宽为 $B+|f_e|$)，并且纠正因子$\frac{1}{2}$，可以得到复基带等效信号

$$r'(t) = e^{j2\pi f_e t} r(t) \tag{5.63}$$

载频偏移导致一个变化的相位偏移量，它出现在卷积之后，与载频偏移 f_e 相关。随着相位偏移量的累积，失步会很快导致错误。

按照本书的方法，完全在离散时间上表示和求解频率偏移量的估计和纠正问题是很有趣的。要达到这个目的，需要一个离散时间复基带等效模型。

为了表示一个离散时间模型，仍然忽略噪声，考虑经过匹配滤波后的采样信号为

$$y(t) = \int r'(t-\tau)g_{rx}(\tau)d\tau \tag{5.64}$$

$$= \int e^{j2\pi f_e(t-\tau)} r(t-\tau)g_{rx}(\tau)d\tau \tag{5.65}$$

$$= e^{j2\pi f_e t}\int r(t-\tau)e^{-j2\pi f_e \tau}g_{rx}(\tau)d\tau \tag{5.66}$$

假设频率偏移 f_e 足够小，在 $g_{rx}(t)$的持续时间内的变化可以假设为常量，则有 $e^{-j2\pi f_e\tau}g_{rx}(\tau)\approx g_{rx}(\tau)$。这是合理的，因为匹配滤波器 $g_{rx}(t)$的大多数能量集中在很少的符号周期内。假设其成立，则

$$y(t) = e^{j2\pi f_e t}\int r(t-\tau)g_{rx}(\tau)d\tau \tag{5.67}$$

因此，将频率偏移的影响建模为发生在匹配滤波的信号上是合理的。

接下来我们考虑平坦衰落(flat fading)信道。替代 $r(t)$，增加噪声，采样值可以写为

$$y[n] = e^{j2\pi\epsilon n} h \sum_{m=-\infty}^{\infty} s[m]g((n-m)T-\tau_d)v[n] \tag{5.68}$$

其中 $\epsilon=f_eT$ 是归一化的频率偏移。通过离散时间复指数 $e^{j2\pi f_e Tn}$ 频率偏移引入乘法。

为了对频率偏移的影响进行可视化，假设已经实现了符号和帧的同步，还需要进行均衡和信道估计。那么可以利用脉冲波形的奈奎斯特特性得到

$$y[n] = e^{j2\pi\epsilon n}hs[n] + v[n] \tag{5.69}$$

注意发送符号被旋转 $\exp(j2\pi\epsilon n)$。随着 n 的增加，频移量也会增大，因此符号星座也会进一步旋转。这个现象的影响就是，随着符号旋转出 Voronoi 区域，错误符号数增加。图 5.7 中给出对此影响的说明。

例 5.7 考虑式(5.69)描述有频率偏移的系统。假设 $\epsilon=0.05$。在图 5.14 中，我们画出了时间 $n=0$，1，2，3 的 4-QAM 星座。对应未旋转星座的 Voronoi 区域也在每个图中给出。为了更容易说明旋转的作用，把一个星座点标记为符号 x。注意旋转是可累积的，因此最终星座点的位置可能完全偏离 Voronoi 区域，导致没有噪声时也会出现检测错误。

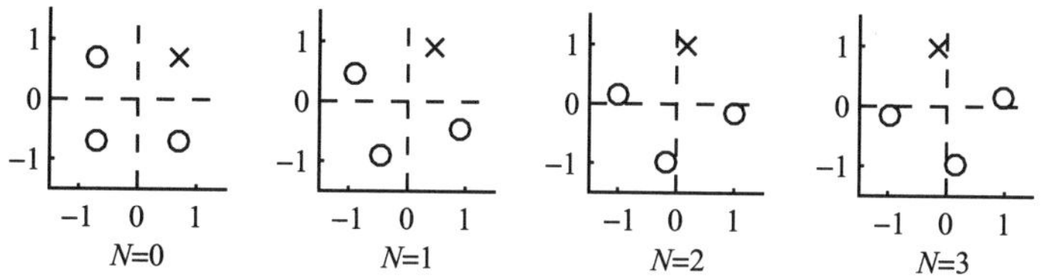

图 5.14 频率偏移引起的 4-QAM 星座的连续旋转。每个星座点的 Voronoi 区域用点划线表示，为了使旋转的效果更明显，一个星座点用 x 表示 ◀

纠正频率偏移很简单：只要将 $y[n]$ 与 $e^{j2\pi\epsilon n}$ 相乘。遗憾的是，对于接收机而言偏移值是未知的。纠正 ϵ 的过程称为频率偏移同步。典型的频率偏移同步方法需要首先估计偏移 $\hat{\epsilon}$，然后通过形成去掉相位信息的新序列 $\exp(-j2\pi\hat{\epsilon}n)y[n]$。有几种不同的纠正方法，大多数都是先进行频率偏移估计，再进行相位纠正。盲偏移估计器采用接收信号的一般特征进行偏移估计，非盲估计器则采用训练序列更多的具体特征。

下面介绍两种在平坦衰落信道上进行频率偏移纠正的算法。因为 $e^{j2\pi f_e Tn}$ 消除了由于幅值函数引起的最大输出能量最大化(例如式(5.15)所示)，首先观察不影响符号同步的频率偏移。因此，ISI 消除，接收信号的模型为

$$y[n]=e^{j2\pi\epsilon n}hs[n-d]+v[n] \tag{5.70}$$

其中偏移 ϵ、信道 h 及帧偏移 d 都是未知的。例 5.8 中，我们给出基于特定训练序列的估计器。例 5.9 中，我们利用 4-QAM 的特性设计了盲频率偏移估计器。在图 5.15 中比较其性能以说明不同方法的差异。也解释每种方法如何联合估计延迟和信道。这些算法说明可以利用已知信息或者信号结构进行估计。

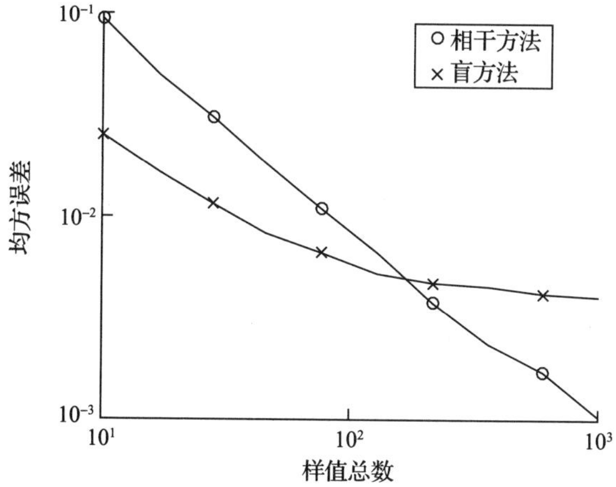

图 5.15 两种不同的频率偏移估计器的均方误差性能：例 5.8 中基于序列的方法和例 5.9 中盲估计方法。假设相干方法(coherent approach)中已经采用了帧同步。信道与例 5.3 及其他例子中的相同，SNR 为 5dB。真实的频率偏移为 $\epsilon=0.01$。比较不同样值数下估计器的性能(相干情况下的样值数为 N_{tr}，盲估计情况下样值数为 N_{tot})。根据相位($e^{j2\pi(\epsilon-\hat{\epsilon})}$)计算每种蒙特卡罗仿真的错误，以避免相位环绕(phase wrapping)影响

例 5.8 在这个例子中，我们提出利用训练数据的相干频率偏移估计方法。假设已经进行了帧同步。选择训练序列 $t[n]=\exp(j2\pi f_t n)$，$n=0$，1，…，$N_{tr}-1$，其中 f_t 是固定频率。这种结构可以用于 GSM 中的频率纠正突发，例如文献[100]。那么对于 $n=0$，1，…，$N_{tr}-1$，则有

$$y[n]=e^{j2\pi\epsilon n}e^{j2\pi f_t n}h+v[n] \tag{5.71}$$

纠正训练数据引入的已知偏移，得到

$$e^{-j2\pi f_t n}y[n] = e^{j2\pi\epsilon n}h + e^{-j2\pi f_t n}v[n] \tag{5.72}$$

用 $e^{-j2\pi f_t n}$ 旋转不影响噪声分布。计算式(5.72)中的未知频率是信号处理和单调参数估计中的经典问题，有很多方法[330,3,109,174,212,218]。我们解释文献[174]中基于文献[330]的模型采用的方法。将式(5.72)中的纠正信号近似表示为

$$e^{-j2\pi f_t n}y[n] \approx |h|e^{j2\pi\epsilon n+\theta+\nu[n]} \tag{5.73}$$

其中 θ 是 h 的相位，$\nu[n]$ 是高斯噪声。然后，根据两个相邻样值的相位差，可以把线性系统近似表示为

$$\text{phase}(e^{j2\pi f_t n}y^*[n]e^{-j2\pi f_t(n+1)}y[n+1]) = 2\pi\epsilon + \nu[n+1] - \nu[n] \tag{5.74}$$

将 $n=0, 1, \cdots, N_{\text{tot}}-1$ 时式(5.74)(原文误为 5.79。——译者注)的表现归纳起来，可以形成一个线性估计问题

$$\boldsymbol{p} = 2\pi\epsilon\mathbf{1} + \boldsymbol{\nu} \tag{5.75}$$

其中 $[\boldsymbol{p}]_n = \text{phase}(e^{j2\pi f_t n}y^*[n]e^{-j2\pi f_t(n+1)}y[n+1])$，$\mathbf{1}$ 是一个 $N_{\text{tr}}-1\times 1$ 的矢量，$\boldsymbol{\nu}$ 是一个 $N_{\text{tr}}-1\times 1$ 的噪声矢量。最小平方解为

$$\hat{\epsilon} = \frac{1}{2\pi}(\boldsymbol{p}^*\boldsymbol{p})^{-1}\mathbf{1}^*\boldsymbol{p} \tag{5.76}$$

$$= \frac{1}{2\pi(N_{\text{tr}}-1)}\sum_{n=1}^{N_{\text{tr}}-1}\text{phase}(e^{j2\pi f_t n}y^*[n]y[n+1]) \tag{5.77}$$

如果假设 $\nu[n]$ 是 IID[174]，这也是最大似然解。

在这个估计器中可以引入如下的帧同步和信道估计。假设式(5.77)中的频率偏移估计器解决了最小平方估计问题，有相应的均方误差表示，比如式(3.426)。对很多可能的延迟评估这个表示式，选择最低的均方误差。纠正偏移和延迟，再按照 5.1.4 节的方法估计信道。◀

例 5.9 在本例中，我们利用 4-QAM 星座图中的对称性来设计一种盲频率偏移估计器，这种估计器不需要训练数据。对于 4-QAM，归一化星座符号是单位圆上的点。特别是，对于 4-QAM，$s^4[n]=-1$。取 4 次幂，

$$y^4[n] = -e^{j2\pi\epsilon 4n}h^4 + \nu[n] \tag{5.78}$$

其中 $\nu[n]$ 包含噪声和信号与噪声的积。设有连续的符号流，由于 $s^4[n-d]=-1$，未知参数 d 消失。得到的方程中有复正弦形式的噪声、未知的频率、幅度和相位，类似式(5.72)。进而可以根据

$$\text{phase}(y^4[n+1]y^{*4}[n]) = 8\pi\epsilon + \widetilde{\nu}[n] \tag{5.79}$$

得到一组类似式(5.75)的线性方程，那么

$$\hat{\epsilon} = \frac{1}{8\pi(N_{\text{tot}}-1)}\sum_{n=1}^{N_{\text{tot}}-1}\text{phase}(y^4[n+1]y^{*4}[n]) \tag{5.80}$$

帧同步和信道估计可以引入如下。利用所有的数据根据式(5.80)估计载波频率。然后按照 5.1.3 节和 5.1.4 节所示方法，根据训练数据纠正频率偏移，进行帧同步和信道估计。

◀

5.2 频率选择性信道的均衡

本节和后续几节，我们把 5.1 节的内容扩展到频率选择性信道上。我们主要考虑均衡，假设信道估计、帧同步和频率偏移同步已经完成。我们在 5.3 节求解信道估计问题，在 5.4 节求解帧和频率偏移同步问题。我们先讨论离散时间的接收信号模型，包括频率选择性信道和 AWGN。然后我们讨论 3 种线性均衡的方法。第一种方法是基于构建一个近

似地翻转有效信道的 FIR 滤波器。第二方法是在发射信号中插入一个特殊的前缀，使接收机能够进行频域均衡，这种方法称为 SC-FDE。第三种方法也使用循环前缀，但是对频域信息进行预编码，这种方法称为 OFDM 调制。由于均衡消除了符号间干扰，标准符号检测遵循均衡操作。

5.2.1　频率选择性衰落的离散时间模型

本节中，我们讨论一种一般频率选择性的接收信号模型，及其针对 5.1.1 节中单路径的结果。在 5.1.1 节中概括了单个路径的结果。假设完美同步，在匹配滤波之后、采样之前接收的复基带信号是

$$y(t)=g_{\mathrm{rx}}(t)*h(t)*\sqrt{E_{\mathrm{x}}}\sum_{m=-\infty}^{\infty}s[m]g_{\mathrm{tx}}(t-mT)+g_{\mathrm{rx}}(t)*v(t) \tag{5.81}$$

$$=\sum_{m=-\infty}^{\infty}s[m]h_{\mathrm{eff}}(t-mT)+g_{\mathrm{rx}}(t)*v(t) \tag{5.82}$$

本质上，$y(t)$具有复相位幅度调制信号的形式，但是其中的 $g(t)$被 $h_{\mathrm{eff}}(t)=g_{\mathrm{rx}}(t)*g_{\mathrm{tx}}(t)*\sqrt{E_{\mathrm{x}}}h(t)$替代。除了特殊情况外，这个新的有效脉冲不再是奈奎斯特脉冲波形。

我们讨论采样信号模型。令

$$h[n]=h_{\mathrm{eff}}(nT) \tag{5.83}$$

代表采样的有效的离散时间模型。这个信道结合了传播信道的复基带有效信道模型、发射机脉冲成形滤波器、接收脉冲匹配的发送滤波器以及归一化的发送能量 $\sqrt{E_{\mathrm{x}}}$。

按照符号速率采样式(5.82)，有效离散时间信道的接收信号为

$$y[n]=\sum_{\ell=-\infty}^{\infty}h[\ell]s[n-\ell]+v[n] \tag{5.84}$$

主要的失真是 ISI，因为每个观察信号 $y[n]$是所有发送信号经过卷积积分后的线性组合。

例 5.10　假设 $h[n]=\sqrt{E_{\mathrm{x}}}\delta[n]+\sqrt{E_{\mathrm{x}}}h_1\delta[n-1]$，考虑符号间干扰的影响。那么，

$$y[n]=\sqrt{E_{\mathrm{x}}}s[n]+\sqrt{E_{\mathrm{x}}}h_1 s[n-1]+v[n] \tag{5.85}$$

第 n 个符号 $s[n]$受到前一个符号周期送出的符号 $s[n-1]$的干扰。如果不纠正这种干扰，检测性能会很差。将 ISI 视为噪声，

$$\mathrm{SINR}=\frac{E_{\mathrm{x}}}{E_{\mathrm{x}}|h_1|^2+N_{\mathrm{o}}} \tag{5.86}$$

例如，当 SNR＝10dB＝10 且 $|h_1|^2=1$ 时，SINR＝10/(10＋1)＝0.91 或－0.4dB。图 5.16给出了 SNR＝10dB 和 SNR＝5dB 时，SINR 作为 $|h_1|^2$ 函数的取值。◀

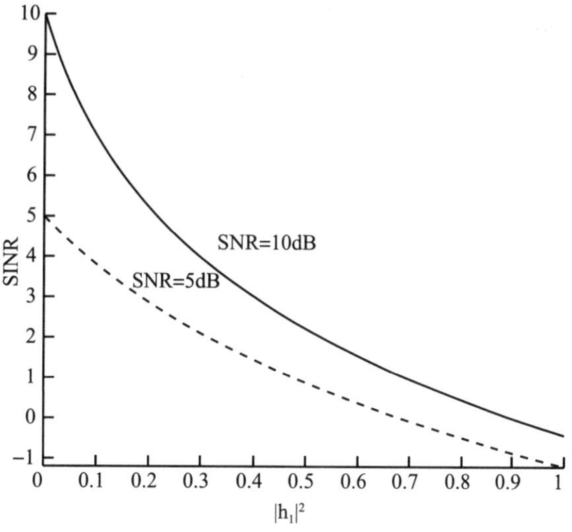

图 5.16　例 5.10 中离散时间信道 $h[n]=\sqrt{E_{\mathrm{x}}}\delta[n]+\sqrt{E_{\mathrm{x}}}h_1\delta[n-1]$，SINR 是 $|h_1|^2$ 的函数

为了设计接收机的信号处理算法，可以将 $h[n]$视为因果的 FIR。因果性假设是合理的，因为传播信道不能预测未来。而且，假设因果冲激响应，帧同步算法试图对准。FIR 假设是合理的，因为，(a)没有完美反射环境，(b)信号能量衰耗是发射机与接收机之间距离的函数。本质上，每次信号反射，部

分能量通过反射器或者被散射，因此会损失能量。随着信号的传播，信号会因在环境中传播而损失能量。微弱的多径会落在噪声阈值之下。有了 FIR 的假设，

$$y[n]=\sum_{\ell=0}^{L}h[\ell]s[n-\ell]+v[n] \tag{5.87}$$

信道完全由 $L+1$ 个系数$\{h[\ell]\}_{\ell=0}^{L}$确定。信道的阶数 L 很大程度上确定 ISI 的严重程度。平坦衰落对应于 $L=0$ 的特殊情况。假设信道参数是接收机完全知道的，我们专为式(5.87)的系统模型设计均衡器。

5.2.2 时域线性均衡器

本节中，我们设计 FIR 均衡器，以(近似)消除 ISI 的影响。假设信道系数完全知道，可以利用 5.3.1 节描述的方法根据训练数据进行估计。

均衡方法有很多种。最好的方法之一是应用所谓的最大似然序列检测[348]。这是 AWGN 检测原则的一般化，由于 $L>0$ 这种方法引入了信道的记忆。遗憾的是，当 L 很大时，检测器的实现变得复杂，它用于具有中等大小 L 值的实际系统。另一种方法是决策反馈均衡，其中检测出符号的贡献被减掉，以降低 ISI 的影响[17,30]。这些方法的组合也是可能的。

本节中我们将设计一个适用于时域信号的 FIR 信息均衡器。线性均衡器的目的是发现能够消除信道影响的滤波器。设$\{f[\ell]\}_{\ell=0}^{L_f}$为一个 FIR 均衡器。均衡器的长度为 L_f。均衡器的延迟 n_d 也是一个设计参数。一般来讲，$n_d>0$ 可以提高性能。最好的均衡器考虑若干 n_d 的取值，选择最好的一个。

忽略噪声，对于 $n=0$，1，…，L_f+L，一个理想的均衡器可以满足

$$\sum_{\ell=0}^{L_f}f[\ell]h[n-\ell]=\delta[n-n_d] \tag{5.88}$$

遗憾的是，只有 L_f+1 个未知的参数，只有类似平坦衰落这种简单的情况可以满足式(5.88)。这并不令人意外，根据数字信号处理原理可以知道，FIR 滤波器的反向滤波器是 IIR 滤波器。或者求式(5.88)的最小均方解。

我们将式(5.88)表示为线性系统，然后求最小均方解。关键想法是写出一组线性方程，确保得出式(5.88)能使均方误差最小化的滤波器系数。先将信道系数引入 $L_f+L+1\times L_f+1$ 卷积矩阵：

$$\boldsymbol{H}=\begin{bmatrix} h[0] & 0 & \cdots & \cdots & 0 \\ h[1] & h[0] & 0 & \cdots & \vdots \\ \vdots & \ddots & & & h[0] \\ h[L] & h[L] & \cdots & & h[1] \\ 0 & & & & \vdots \\ \vdots & & & & h[L] \end{bmatrix} \tag{5.89}$$

然后将均衡器系数写成矢量形式

$$\boldsymbol{f}=\begin{bmatrix} f[0] \\ f[1] \\ \vdots \\ f[L_f] \end{bmatrix} \tag{5.90}$$

而且将理想的响应表示成矢量 $\boldsymbol{e}_{n_d}$，在 n_d+1 的位置是 1，其他位置都是 0。有了这些定义，理想的线性系统可以写成

$$\boldsymbol{H}\boldsymbol{f}_{n_d}=\boldsymbol{e}_{n_d} \tag{5.91}$$

最小均方解为

$$f_{\mathrm{LS},n_{\mathrm{d}}} = (\boldsymbol{H}^{*}\boldsymbol{H})^{-1}\boldsymbol{H}^{*}\boldsymbol{e}_{n_{\mathrm{d}}} \tag{5.92}$$

其均方误差为

$$J[n_{\mathrm{d}}] = \boldsymbol{e}_{n_{\mathrm{d}}}^{*}(\boldsymbol{I}-\boldsymbol{H}(\boldsymbol{H}^{*}\boldsymbol{H})^{-1}\boldsymbol{H}^{*})\boldsymbol{e}_{n_{\mathrm{d}}} \tag{5.93}$$

进一步选择 n_{d} 使 $J[n_{\mathrm{d}}]$最小，可以最小化均方误差。这称为最优化均衡器延迟。

例 5.11 在这个例子中，冲激响应 $h[0]=0.5$，$h[1]=\mathrm{j}/2$ 且 $h[2]=0.4\exp(\mathrm{j}*\pi/5)$，设计长度为 $L_{\mathrm{f}}=6$ 的最小均方最优均衡器。首先构造卷积矩阵

$$\boldsymbol{H} = \begin{bmatrix} 0.5 & 0 & 0 & 0 & 0 & 0 & 0 \\ \mathrm{j}/2 & 0.5 & 0 & 0 & 0 & 0 & 0 \\ 0.4 & \mathrm{j}/2 & 0.5 & 0 & 0 & 0 & 0 \\ 0 & 0.4 & \mathrm{j}/2 & 0.5 & 0 & 0 & 0 \\ 0 & 0 & 0.4 & \mathrm{j}/2 & 0.5 & 0 & 0 \\ 0 & 0 & 0 & 0.4 & \mathrm{j}/2 & 0.5 & 0 \\ 0 & 0 & 0 & 0 & 0.4 & \mathrm{j}/2 & 0.5 \\ 0 & 0 & 0 & 0 & 0 & 0.4 & \mathrm{j}/2 \\ 0 & 0 & 0 & 0 & 0 & 0 & 0.4 \end{bmatrix} \tag{5.94}$$

然后利用此矩阵计算式(5.93)确定最佳均衡器的长度。如图 5.17a 所示，$n_{\mathrm{d}}=5$，且 $J[5]=0.0266$ 时，得到最佳延迟。根据式(5.92)推导出的最佳均衡器为

$$f_{\mathrm{LS},5} = \begin{bmatrix} -0.1051-\mathrm{j}0.1054 \\ -0.1848+\mathrm{j}0.1665 \\ 0.2100+\mathrm{j}0.3607 \\ 0.6065-\mathrm{j}0.2521 \\ -0.2146-\mathrm{j}0.9521 \\ 0.4835+\mathrm{j}0.0926 \\ -0.1907-\mathrm{j}0.1905 \end{bmatrix} \tag{5.95}$$

均衡器的冲激响应如图 5.17b 所示。

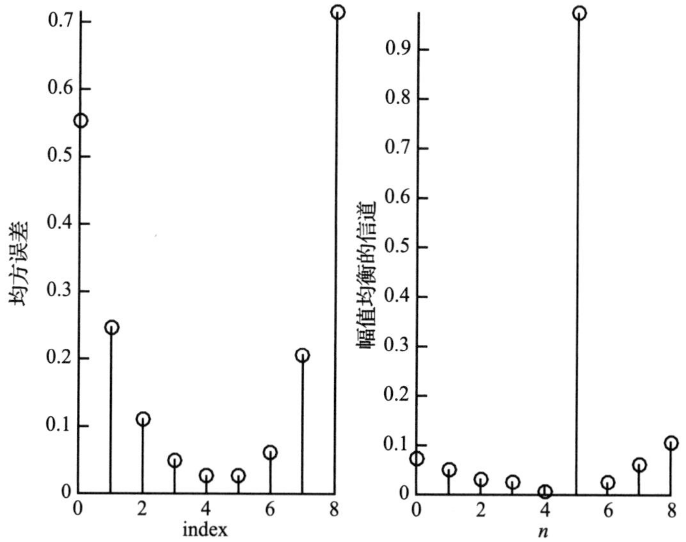

a）均衡器$J[n_{\mathrm{d}}]$的均方误差　　b）均衡信道$h[n]*f_{n_{\mathrm{d}}}[n]$

图 5.17 对应例 5.11 的参数

◀

矩阵 $\boldsymbol{H}$ 有特殊的结构。注意对角线都是常数。这种矩阵称为托普利兹(Toeplitz)矩阵。进行卷积时通常写成矩阵形式。托普利兹矩阵的结构有利于设计有效算法求解最小均方方程、实现适应性求解等[172,294]。这种结构也意味着只要至少有一个非零系数，$\boldsymbol{H}$ 就是满秩的。因此式(5.92)的倒数存在。

均衡器用于采样信号上可以产生

$$\hat{s}[n-n_{\mathrm{d}}]=\sum_{\ell=0}^{L_{\mathrm{f}}} f_{n_{\mathrm{d}}}[\ell]y[n-\ell] \tag{5.96}$$

延迟 n_{d} 已知，可以通过对输出信号提前相应数量的样值进行纠正。

最小均方均衡器的另一种方案是 LMMSE 均衡器。将均衡器参数表示为矢量，重写式(5.96)

$$\hat{s}[n-n_{\mathrm{d}}]=\boldsymbol{f}_{n_{\mathrm{d}}}^{\mathrm{T}}\boldsymbol{y}[n] \tag{5.97}$$

其中 $\boldsymbol{y}^{\mathrm{T}}[n]=[y[n],\ y[n-1],\ \cdots,\ y[n-L_{\mathrm{f}}]]^{\mathrm{T}}$，

$$\boldsymbol{y}[n]=\boldsymbol{H}^{\mathrm{T}}\boldsymbol{s}[n]+\boldsymbol{v}[n] \tag{5.98}$$

其中 $\boldsymbol{s}^{\mathrm{T}}[n]=[s[n],\ s[n-1],\ \cdots,\ s[n-L]]^{\mathrm{T}}$ 而且 $\boldsymbol{H}$ 如式(5.89)所示。我们寻找能够使均方误差最小化的均衡器

$$\mathbb{E}[\,|s[n-n_{\mathrm{d}}]-\boldsymbol{f}_{n_{\mathrm{d}}}^{\mathrm{T}}\boldsymbol{y}[n]|^{2}] \tag{5.99}$$

假设 $s[n]$是零均值单位方差的 IID，$v[n]$是方差为 σ_v^2 的 IID，$s[n]$与 $v[n]$相互独立。因此，

$$\boldsymbol{C}_{yy}=\mathbb{E}[\boldsymbol{y}[n]\boldsymbol{y}^{*}[n]] \tag{5.100}$$

$$=\boldsymbol{H}^{\mathrm{T}}\boldsymbol{H}^{c}+\sigma_v^2\boldsymbol{I} \tag{5.101}$$

而且

$$\boldsymbol{C}_{ys}=\mathbb{E}[\boldsymbol{y}[n]s^{*}[n-n_{\mathrm{d}}]] \tag{5.102}$$

$$=\boldsymbol{H}^{\mathrm{T}}\boldsymbol{e}_{n_{\mathrm{d}}} \tag{5.103}$$

然后应用根据 3.5.4 节得到的结果可以推导出

$$\boldsymbol{f}_{n_{\mathrm{d}},\mathrm{MMSE}}=\boldsymbol{C}_{yy}^{-c}\boldsymbol{C}_{ys}^{c} \tag{5.104}$$

$$=(\boldsymbol{H}^{*}\boldsymbol{H}+\sigma_v^2\boldsymbol{I})^{-1}\boldsymbol{H}^{*}\boldsymbol{e}_{n_{\mathrm{d}}} \tag{5.105}$$

其中共轭转置的结果是根据式(3.459)均衡器的表达式进行共轭转置得到的。LMMSE 均衡器给出由噪声功率 σ_v^2 正则化的倒数，如果损伤只有 AWGN 则噪声功率为 N_{o}。在 SNR 值较低且均衡器能够进行最强的噪声增强的情况下，这个方法能够提升性能。

均衡器的渐近特性是有趣的。当 $\sigma_v^2\to 0$，$\boldsymbol{f}_{n_{\mathrm{d}},\mathrm{MMSE}}\to\boldsymbol{f}_{\mathrm{LS},n_{\mathrm{d}}}$。没有噪声时，MMSE 解就是 LS 解。当 $\sigma_v^2\to\infty$，$\boldsymbol{f}_{n_{\mathrm{d}},\mathrm{MMSE}}\to\dfrac{1}{\sigma_v^2}\boldsymbol{H}^{*}\boldsymbol{e}_{n_{\mathrm{d}}}$。这个可以视为一个空间的匹配滤波器。

线性均衡器和信道估计的框图如图 5.18 所示。注意对延迟的优化和纠正可以包含在均衡计算中。虽然线性均衡器能够通过均衡纠正符号定时错误，图中也包含符号同步。通过取最好的样值，特别是当脉冲波形超过带宽时，可以提升 SNR 性能。另一种方法是实现一种分维空间均衡器，在降采样前对信号进行均衡[128]。在本章最后的习题中将对此进一步讨论。

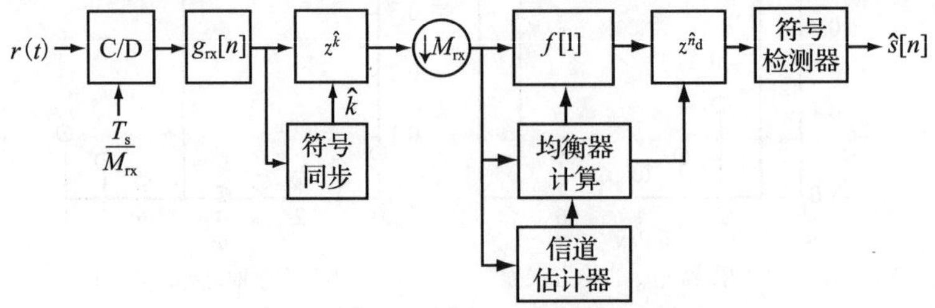

图 5.18 包含信道估计和线性均衡的接收机

最后再讨论一下复杂度。均衡器的长度 L_f 是依赖于 L 的设计参数。参数 L 是信道的多路径程度，取决于信号带宽和通过传播信道测量的最大延迟。均衡器是 FIR 滤波器的近似反向 FIR 滤波器。因此，如果信道信息完全已知，L_f 值大时，性能提升。但是，每个符号所需的复杂度随着 L_f 增大而增大。因此，对 L_f 的选择存在良好均衡性能所对应的大取值与有效的接收机实现对应的小取值之间的权衡。首要原则是 L_f 至少是 $4L$。

5.2.3　有 SC-FDE 的频域线性均衡

直接均衡器和间接均衡器都需要对接收信号进行卷积以消除信道的影响。实际上，这可以通过使用重叠-累加(overlap-and-add)或重叠-保存(overlap-and-save)方法直接实现来有效完成在频域中的卷积计算。时域 FIR 的一种替代方案是完全在频域中进行均衡。这种方法的优点是可以计算理想的信道反函数。然而，如我们现在解释的那样，频域均衡的应用需要发射波形具有额外的数学结构。

本节我们将介绍一种称为 SC-FDE 的方法[102]。在发射机，SC-FDE 将符号分组，用循环前缀的形式增加冗余度。利用这些额外信息，接收机可以使用 DFT 进行均衡。这样，在没有噪声的情况下，均衡策略能够完美地均衡信道。IEEE 802.11ad 支持 SC-FDE，并且在 3GPP LTE 的上行链路中使用变体。

我们现在解释使用 DFT 的动机和循环前缀背后的关键思想。首先，我们解释为什么直接应用 DTFT 是不可行的。考虑式(5.87)中有符号间干扰但没有噪声的接收信号。在频域中

$$y(e^{j2\pi f}) = h(e^{j2\pi f})s(e^{j2\pi f}) \tag{5.106}$$

理想的迫零均衡器可以表示为

$$f(e^{j2\pi f}) = \frac{1}{h(e^{j2\pi f})} \tag{5.107}$$

遗憾的是，在 DTFT 频域不可能间接实现理想的迫零均衡器。首先，均衡器不存在于 $H(e^{j2\pi f})$取零的频率 f 值上。这个问题可以通过使用伪逆均衡器而不是逆均衡器来解决。作为使用 DTFT 的副产品，有了几个更重要的问题。在实践中通常无法计算理想的 DTFT。例如，需要整个$\{s[n]\}\to S(e^{j2\pi f})$，但通常只有少数 $s[n]$的样本可用。即使整个$\{s[n]\}$可用，DTFT 也可能因总和可能不会收敛而不存在。此外，长时间观察也是不可行的，因为 $h[\ell]$只在短窗口上是时不变的。

解决这个问题的方法是使用专门设计的$\{s[n]\}$并利用离散傅里叶变换原理。第 3 章中对 DFT 及其性质进行了全面讨论。回顾一下，DFT 对有限长度信号的基本扩展：

$$\text{解析式}\quad x[k] = \sum_{n=0}^{N-1} x[n]e^{-j\frac{2\pi}{N}kn} \quad k = 0,1,\cdots,N-1 \tag{5.108}$$

$$\text{综合式}\quad x[n] = \frac{1}{N}\sum_{n=0}^{N-1} x[k]e^{j\frac{2\pi}{N}kn} \quad n = 0,1,\cdots,N-1 \tag{5.109}$$

如果 N 作为 2 的幂和一些其他特殊情况，DFT 可以用 FFT 有效地计算。实际中使用 FFT 实现 DFT。表 3.5 中总结了 DFT 的关键性质。

DFT 的一个显著性质是频域乘法对应时域的循环卷积。考虑两个序列 $x_1[n]_{n=0}^{N-1}$ 和 $x_2[n]_{n=0}^{N-1}$。用 $\mathcal{F}_N(\cdot)$表示对长度为 N 的信号进行 DFT 运算，用 $\mathcal{F}_N^{-1}(\cdot)$表示反变换运算。若 $x_1[k]=\mathcal{F}_N(x_1[n])$且 $x_2[k]=\mathcal{F}_N(x_2[n])$那么

$$\mathcal{F}_N^{-1}(x_1[k]x_2[k]) = \sum_{m=0}^{N-1} x_1[m]x_2[((n-m))_N] \tag{5.110}$$

遗憾的是，线性卷积，而不是循环卷积，是一个很好的无线传播效应的模型，如式(5.87)

所示。

用具有适当选择的保护间隔的信号修改发送信号，可以模仿循环卷积的效果。最常见的选择就是采用所谓的循环前缀，如图 5.19 所示。要了解采用循环前缀的需要，考虑长度为 N 的一组符号之间的循环卷积，其中 $N>L$：$\{s[n]\}_{n=0}^{N-1}$，信道$\{h[\ell]\}_{\ell=0}^{L}$填充零以具有长度 N，即对于 $n\in[L+1, N-1]$，有 $h[n]=0$。循环卷积的输出是

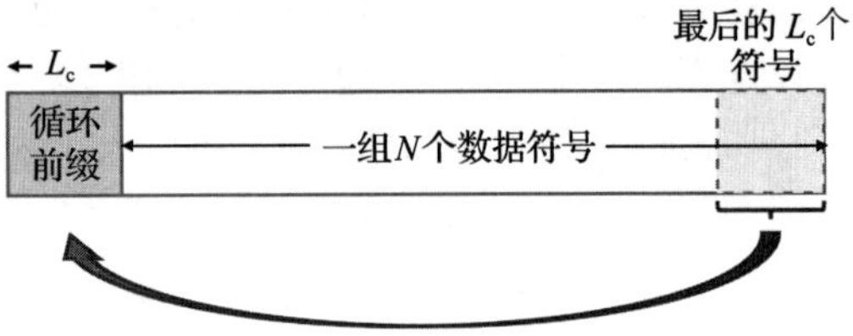

图 5.19　循环前缀

$$y[n]=\sum_{\ell=0}^{N-1}h[\ell]s[((n-\ell))_N] \tag{5.111}$$

$$=\sum_{\ell=0}^{L}h[\ell]s[((n-\ell))_N] \tag{5.112}$$

$$=\begin{cases}\sum_{\ell=0}^{n}h[\ell]s[n-\ell]+\sum_{\ell=N+1}^{L}h[\ell]s[n+n-\ell] & 0\leqslant n<L\\ \sum_{\ell=0}^{L}h[\ell]s[n-\ell] & n\geqslant L\end{cases} \tag{5.113}$$

$n\geqslant L$ 的一项类似线性卷积，循环回绕只出现在最前面的 L 个样值。

现在我们修改发送序列，从由信道引入的线性卷积中获得循环卷积。设 $L_c\geqslant L$ 为循环前缀的长度。形成信号$\{w[n]\}_{n=0}^{N+L_c-1}$，其中循环前缀是

$$w[n]=s[n+N-L_c]\quad n=0,1,\cdots,L_c-1 \tag{5.114}$$

且数据是

$$w[n]=s[n-L_c]\quad n=L_c,L_c+1,\cdots,L_c+N-1 \tag{5.115}$$

与 $L+1$ 个抽头信道卷积后，求导时忽略噪声，得到

$$y[n]=\sum_{\ell=0}^{L}h[\ell]w[n-\ell] \tag{5.116}$$

忽略卷积的前 L_c 项，称为丢弃循环前缀，形成新的信号

$$\overline{y}[n]=y[n+L_c]\quad n=0,1,\cdots,N-1 \tag{5.117}$$

$$=\sum_{\ell=0}^{L}h[\ell]w[n+L_c-\ell] \tag{5.118}$$

要看到效果，可以先对少数几个 n 估计 $\overline{y}[n]$取值

$$\overline{y}[0]=\sum_{\ell=0}^{L}h[\ell]w[0+L_c-\ell] \tag{5.119}$$

$$=h[0]w[L_c]+h[1]w[L_c-1]+\cdots+h[\ell]w[L_c-\ell] \tag{5.120}$$

$$=h[0]s[0]+h[1]s[N-1]+\cdots+h[\ell]s[N-L-l] \tag{5.121}$$

$$=\sum_{\ell=0}^{L}h[\ell]s[((0-\ell))_N] \tag{5.122}$$

$$\overline{y}[L-1]=\sum_{\ell=0}^{L}h[\ell]w[L-1+L_c-\ell] \tag{5.123}$$

$$=h[0]w[L-1+L_c]+h[1]w[L-1+L_c-1]+\cdots+h[\ell]w[L-1+L_c-\ell] \tag{5.124}$$

$$= h[0]s[L-1] + h[1]s[L-2] + \cdots + h[L-1]s[0] + h[\ell]s[N-1] \tag{5.125}$$

$$= \sum_{\ell=0}^{L} h[\ell]s[((L-1-\ell))_N] \tag{5.126}$$

$$\overline{y}[L] = \sum_{\ell=0}^{L} h[\ell]w[L+L_c-\ell] \tag{5.127}$$

$$= h[0]w[L+L_c] + h[1]w[L+L_c-1] + \cdots + h[\ell]w[L+L_c-\ell] \tag{5.128}$$

$$= h[0]s[\ell] + h[1]s[\ell] + \cdots + h[\ell]s[0] \tag{5.129}$$

$$= \sum_{\ell=0}^{L} h[\ell]s[((L-\ell))_N] \tag{5.130}$$

$$= \sum_{\ell=0}^{L} h[\ell]s[L-\ell] \tag{5.131}$$

对于 $n<L$ 的取值，循环前缀重复了式(5.113)中观察到的线性卷积的效果。对于 $N\geqslant L$ 的取值，循环卷积变成线性卷积，也如式(5.113)所示，因为 $L<N$。总之，截短序列满足

$$\overline{y}[n] = \sum_{\ell=0}^{L} h[\ell]s[((n-\ell))_N] \tag{5.132}$$

因此，由于采用了循环前缀，实现频域均衡可能只要计算 $\mathsf{y}[k]=\mathcal{F}_N(\overline{y}[n])$，$\mathsf{s}[k]=\mathcal{F}_N(s[n])$，那么

$$\hat{s}[n] = \mathcal{F}_N^{-1}\left(\frac{\mathsf{y}[k]}{\mathsf{h}[k]}\right) \tag{5.133}$$

$$= \mathcal{F}_N^{-1}\left(\frac{\mathcal{F}_N(\overline{y}[n])}{\mathcal{F}_N(h[n])}\right) \tag{5.134}$$

这是在 SC-FDE 均衡器后面的关键思想。

循环前缀也作为保护间隔，将不同数据块的贡献隔离开。要了解这一点，注意$\{\overline{y}[n]\}_{n=0}^{N-1}$只取决于符号$\{s[n]\}_{n=0}^{N-1}$，与前面的数据块的符号，例如在 $n>0$ 或者 $n>N$ 时的 $s[n]$，没有关系。另外补零也可以作为保护间隔，如例 5.12 所示。

例 5.12 补零是循环前缀的一种替代方案[236]。采用补零，以 L_c 个零值替代循环前缀，其中

$$w[n] = 0 \quad n = 0,1,\cdots,L_c-1 \tag{5.135}$$

按照式(5.115)进行数据编码，$L\leqslant L_c$。在这个问题中，忽略噪声。

- 说明补零如何能够从 $y[n]$ 中连续译码出 $s[n]$。提示：从 $n=0$ 开始，说明 $s[0]$ 可以从 $y[L_c]$ 推导出来。用 $\hat{s}[0]$ 代表检测到的符号。然后说明减去 $\hat{s}[0]$，如何可以检测出 $\hat{s}[1]$。再假设对于给定的 n 成立，说明对 $n+1$ 也成立。

  解：要译码 $s[0]$，我们先看 $y[L_c]$ 的表达式。由于补零、扩展和简化后，我们可以得到 $y[L_c]=h[0]w[L_c]=h[0]s[0]$。因为 $h[0]$ 已知，我们可以译码 $s[0]$ 为

$$\hat{s}[0] = \frac{y[L_c]}{h[0]} \tag{5.136}$$

  要译码 $s[1]$，采用 $y[L_c+1]$ 和已经检测出的 $\hat{s}[0]$ 的取值。由于 $y[L_c+1]=h[0]w[L_c+1]+h[1]w[L_c]=h[0]s[1]+h[1]\hat{s}[0]$，假设检测的符号是正确的

$$\hat{s}[1] = \frac{y[L_c+1]-h[1]\,\hat{s}[0]}{h[0]} \tag{5.137}$$

最后，假设已经译码出$\{\hat{s}[n]\}_{n=0}^{k-1}$，则有

$$y[L_c+k]=\sum_{\ell=0}^{L}h[\ell]w[L_c+k-\ell] \tag{5.138}$$

$$=h[0]s[k]+\sum_{\ell=0}^{L}h[\ell]\hat{s}[k-\ell] \tag{5.139}$$

然后对 $s[k]$译码如下

$$\hat{s}[k]=\frac{y[L_c+k]-\sum_{\ell=1}^{L}h[\ell]\hat{s}[k-\ell]}{h[0]} \tag{5.140}$$

这种方法主要的缺点是具有误码扩散：一个$\hat{s}[k]$符号错误会影响 k 之后的其他符号的检测。

- 考虑以下丢弃循环前缀的替代方法：

$$\tilde{y}[n]=y[n+L_c]+y[n+N+L_c]\quad n=0,1,\cdots,L-1 \tag{5.141}$$

$$\tilde{y}[n]=y[n+L_c]\quad n=L,L+1,\cdots,N-1 \tag{5.142}$$

说明这种结构如何实现频域均衡(推导过程忽略噪声)。

解：对于 $n=0$，1，…，$L-1$：

$$\tilde{y}[n]=y[n+L_c]+y[n+N+L_c] \tag{5.143}$$

$$=\sum_{\ell=0}^{n}h[\ell]w[n+L_c-\ell]+\cancel{\sum_{\ell=n+1}^{L}h[\ell]w[n+L_c-\ell]}$$

$$+\cancel{\sum_{\ell=0}^{n}h[\ell]w[n+N+L_c-\ell]}+\sum_{\ell=n+1}^{L}h[\ell]w[n+N+L_c-\ell] \tag{5.144}$$

$$=\sum_{\ell=0}^{n}h[\ell]s[n-\ell]+\sum_{\ell=n+1}^{L}h[\ell]s[n+N-\ell] \tag{5.145}$$

$$=\sum_{\ell=0}^{L}h[\ell]s[((n-\ell))_N] \tag{5.146}$$

其中删除的项是因为循环前缀。对于 $n=L$，$L+1$，…，$N-1$：

$$\tilde{y}[n]=\sum_{\ell=0}^{L}h[\ell]w[n+L_c-\ell] \tag{5.147}$$

$$=\sum_{\ell=0}^{L}h[\ell]s[n-\ell] \tag{5.148}$$

$$=\sum_{\ell=0}^{L}h[\ell]s[((n-\ell))_N] \tag{5.149}$$

因此，$\tilde{y}[n]$与式(5.132)一致，可以采用与 SC-FDE 一样的均衡，由于加入双倍噪声会有一定的性能损失。超宽带(Ultra-WideBand，UWB)中已经用了补零使多带 OFDM 更容易实现，在毫米波 SC-FDE 系统[82]中也用了补零，在没有信号失真的情况下可以重新配置 RF 参数。◀

噪声对于 SC-FDE 均衡器的性能有负面影响。现在来检查均衡后有效噪声方差有什么变化。有噪声时，有完全的信道状态信息，

$$\hat{s}[n]=s[n]+\mathcal{F}_N^{-1}(v[k]/h[k]) \tag{5.150}$$

在均衡过程中对第二项增强，称为噪声增强。设$\tilde{v}[n]$是信道噪声分量。均值为零。为了计算方差，我们将增强的噪声表示为

$$\widetilde{v}[n]=\frac{1}{N}\sum_{n=0}^{N-1}\frac{\sum_{m=0}^{N-1}v[m]e^{-j\frac{2\pi}{N}km}}{h[k]}e^{j\frac{2\pi}{N}kn} \tag{5.151}$$

然后计算

$$\mathbb{E}[\widetilde{v}[n]\,\widetilde{v}^*[n]]=\mathbb{E}\left[\frac{1}{N}\sum_{k_1=0}^{N-1}\frac{\sum_{m_1=0}^{N-1}v[m_1]e^{-j\frac{2\pi}{N}k_1m_1}}{h[k_1]}e^{j\frac{2\pi}{N}k_1n_1}\right.$$

$$\left.\times\frac{1}{N}\sum_{k_2=0}^{N-1}\frac{\sum_{m_2=0}^{N-1}v^*[m_2]e^{j\frac{2\pi}{N}k_2m_2}}{h^*[k_2]}e^{-j\frac{2\pi}{N}k_2n_2}\right] \tag{5.152}$$

$$=\frac{\sigma_v^2}{N^2}\sum_{k_1=0}^{N-1}\sum_{k_2=0}^{N-1}\sum_{m_1=0}^{N-1}\sum_{m_2=0}^{N-1}\frac{\delta[m_1-m_2]}{h[k_1]h^2[k_2]}e^{-j\frac{2\pi}{N}k_1m_1}e^{j\frac{2\pi}{N}k_2m_2}e^{j\frac{2\pi}{N}k_1n_1}e^{-j\frac{2\pi}{N}k_2n_2} \tag{5.153}$$

$$=\frac{\sigma_v^2}{N^2}\sum_{k_1=0}^{N-1}\sum_{k_2=0}^{N-1}\sum_{m=0}^{N-1}\frac{1}{h[k_1]h^*[k_2]}e^{-j\frac{2\pi}{N}(k_1-k_2)m}e^{j\frac{2\pi}{N}k_1n_1}e^{-j\frac{2\pi}{N}k_2n_2} \tag{5.154}$$

$$=\frac{\sigma_v^2}{N^2}\sum_{k=0}^{N-1}\frac{1}{|h[k]|^2}e^{j\frac{2\pi}{N}kn}e^{-j\frac{2\pi}{N}kn} \tag{5.155}$$

$$=\frac{\sigma_v^2}{N^2}\sum_{k=0}^{N-1}\frac{1}{|h[k]|^2} \tag{5.156}$$

这些结果基于利用 $v[n]$的 IID 性质和离散时间复指数的正交性。主要的结论是我们可以将式(5.150)建模成

$$\hat{s}[n]=s[n]+\nu[n] \tag{5.157}$$

其中 $\nu[n]$是 AWGN，方差如式(5.156)所示，是信道频域函数的反函数的几何均值。我们将此结果跟下一节用 OFDM 得到的结果进行对比。

图 5.20 中给出了有频域均衡的 QAM 系统。利用串并变换可以将输入比特分组形成 N 个符号。循环前缀利用 N 个输入符号，将最后的 L_c 个符号复制到开头，形成 $N+L_c$ 个输出符号。然后将得到的符号进行并串变换，跟着进行升采样和常规的匹配滤波。从 DSP 的视角可以利用简单的滤波器组实现串并变换和并串变换。

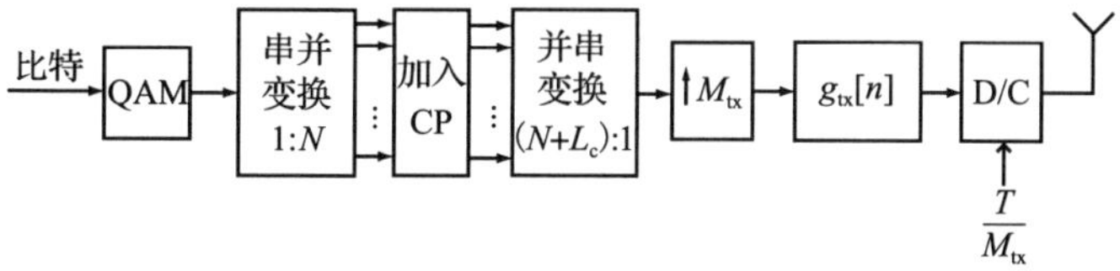

图 5.20　用于单载波频域均衡器的 QAM 发射机，CP 表示循环前缀

与线性均衡相比，SC-FDE 具有几个优点。由于信道的逆在 DFT 域中可以精确求解，所以可以完美地完成逆(当然假设 $h[k]$均不为零)，而时域均衡器的逆是近似的。只要 $L_c \geqslant L$，无论 L 的值如何，SC-FDE 可以工作。均衡器复杂度是固定的，并且由 FFT 运算的复杂性决定，与 $N\log_2 N$ 成正比。时域均衡器的复杂度是 K 的函数，并且随 L 增长(假设 K 随 L 增长)，除非它本身已在频域实现。作为一般经验法则，当 L 在 5 左右时，在频域中均衡变得更有效。

SC-FDE 中选择的主要参数是 N 和 L_c。要最小化复杂度，取小的 N 值是有道理的。但是开销量是 $L_c/(N+L_c)$。因此，设置大的 N 值，可以减少循环前缀中的冗余所带来的

系统开销。然而，N 值太大则可能意味着 N 个符号上的信道变化，这违反了 LTI 假设。通常，选择足够大的 L_c，保证在整个无线系统的使用情况中，对于大多数信道实现都有 $L<L_c$。例如，对于个域网络应用，可以进行室内信道测量获得功率延迟信息和其他信道统计数据，从而导出 L_c 的最大值。

5.2.4　OFDM 中频域的线性均衡

SC-FDE 接收机如图 5.21 所示，可以对一部分接收信号实现 DFT，以信道的 DFT 进行均衡，取 IDFT 形成均衡序列 $\hat{s}[n]$。这避免了主要用于接收机的均衡操作。然而，在某些情况下，在发射机和接收机之间令负载更均衡是有意义的。一个解决方案是将 IDFT 转移到发射机。这就产生了称为多载波调制或 OFDM 调制的框架[63,72]。

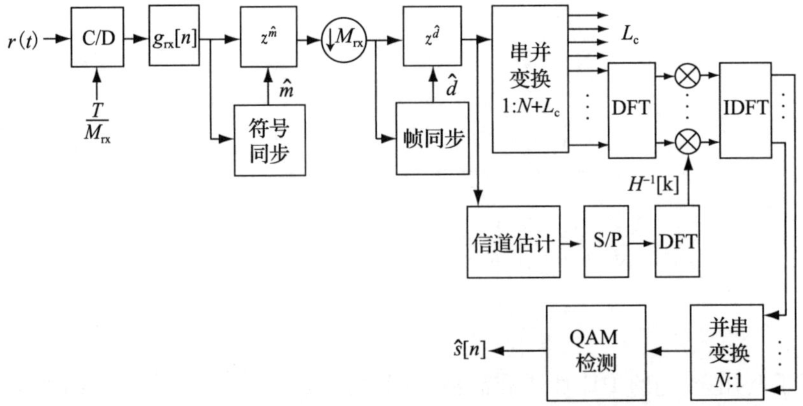

图 5.21　具有循环前缀消除和频域均衡器的接收机

几种无线标准都采用了 OFDM 调制，包括无线局域网，例如 IEEE 802.11a/b/n/ac/ad[279,290]，第四代蜂窝系统，例如 3GPP LTE[299,16,93,253]、数字音频广播(DAB)[333] 以及数字视频广播(DVB)[275,104]。

在本节中，我们将描述 OFDM 的关键操作，如图 5.22 所示是发射机部分的关键操作，如图 5.23 所示是接收机部分的。我们提出，从已经讨论过的 SC-FDE 的角度来看 OFDM，虽然历史上 OFDM 是在 SC-FDE 之前的几十年发展起来的。最后我们从线性均衡技术的角度讨论 OFDM 与 SC-FDE。

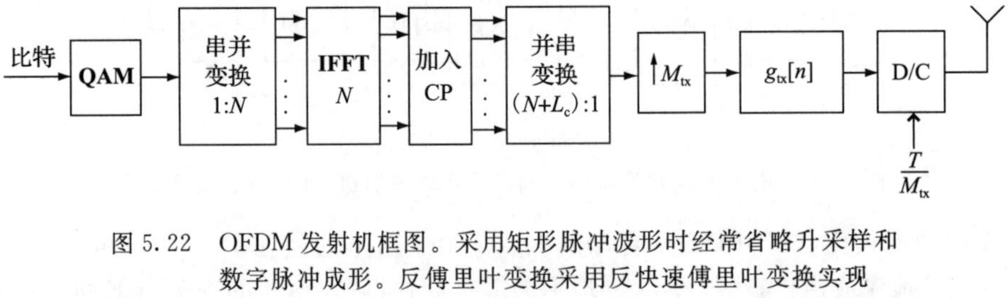

图 5.22　OFDM 发射机框图。采用矩形脉冲波形时经常省略升采样和数字脉冲成形。反傅里叶变换采用反快速傅里叶变换实现

从 SC-FDE 的角度来看，OFDM 的关键思想是在图 5.22 中的第一个串并转换器之后插入 IDFT。给定 $\{s[n]\}_{n=0}^{N-1}$ 和长度 L_c 的循环前缀，发射机产生如下序列

$$w[n]=\frac{1}{N}\sum_{m=0}^{N-1}s[m]e^{j2\pi\frac{m(n-L_c)}{N}}\quad n=0,\cdots,N+L_c-1 \tag{5.158}$$

该序列被送入发送脉冲成形滤波器。对于 $n=0,1,\cdots,L_c-1$，信号 $w[n]$ 满足 $w[n]=w[n+N]$，因此有循环前缀。样值 $\{w[L_c],w[L_c+1],\cdots,w[N+L_c-1]\}$ 对应 $\{s[n]\}_{n=0}^{N-1}$ 的

IDFT。与 SC-FDE 的情况不同，可以认为发送的符号源自频域。为了与信号模型保持一致我们不使用 $s[n]$的频域表示法。

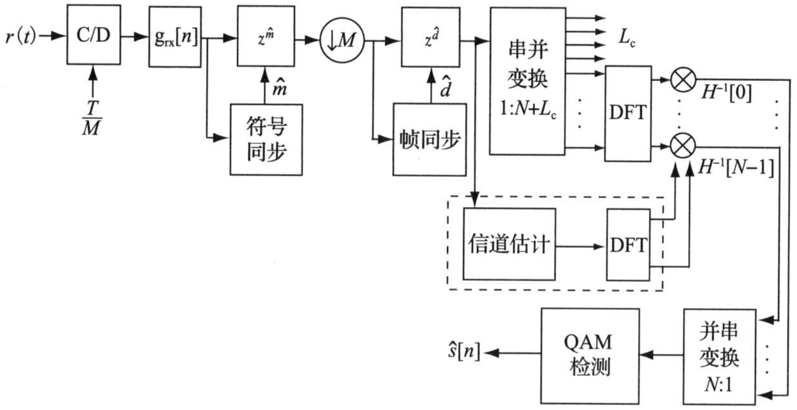

图 5.23 OFDM 接收机框图。一般省略匹配滤波和符号同步功能

我们在图 5.22 中给出了发射机结构，以便与之建立清楚的联系。但是，在 OFDM 中，通常使用矩形脉冲整形，其中

$$g_{\mathrm{tx}}(t)=\frac{1}{NT}\mathrm{rect}\left(\frac{1}{NT}\right) \tag{5.159}$$

这个函数不是带宽受限的。因此严格地讲，不能用如图 5.22 所示的升采样加上的数字脉冲成形来实现。相反，通常只需使用数模转换器的“阶梯式”响应来进行脉冲整形。这样，DAC 输出的信号可以表示为

$$w(t)=\frac{1}{N}\sum_{m=-N/2}^{N/2-1}s[m]\mathrm{e}^{\mathrm{j}2\pi\frac{m(t-L_cT)}{TN}}\quad t\in[0,(N+L_c)T] \tag{5.160}$$

这种解释表明如何将符号 $s[m]$承载在基频为 $1/NT$ 的连续时间载波 $\exp(\mathrm{j}2\pi tm/NT)$，$1/NT$ 也称为子载波带宽。这也是 OFDM 被称为多载波调制的一个原因。我们写出式(5.160)中的求和形式，以明确在…，$N-3$，$N-2$，$N-1$，0，1，2，…附近的频率是低频，而在 $N/2$ 附近的频率是高频。子载波 $n=0$ 被称为 DC 子载波，通常是指定零符号以避免 DC 偏移问题。对 $N/2$ 附近的子载波，通常也是指定零符号以促进频谱整形。

现在我们展示 OFDM 如何工作。考虑接收到的信号，如式(5.116)所示。丢弃形成的前 L_c 个样本，形成如下信号

$$\overline{y}[n]=y[n+L_c]\quad n=0,1,\cdots,N-1 \tag{5.161}$$

将式(5.158)代入并交换求和顺序，

$$\overline{y}[n]=\sum_{\ell=0}^{L}h[\ell]w[n+L_c-l] \tag{5.162}$$

$$=\frac{1}{N}\sum_{\ell=0}^{L}h[\ell]\sum_{m=0}^{N-1}s[m]\mathrm{e}^{\mathrm{j}2\pi\frac{m(n+L_c-L_c-l)}{N}} \tag{5.163}$$

$$=\frac{1}{N}\sum_{\ell=0}^{L}h[\ell]\sum_{m=0}^{N-1}s[m]\mathrm{e}^{\mathrm{j}2\pi\frac{mn}{N}}\mathrm{e}^{-\mathrm{j}2\pi\frac{m\ell}{N}} \tag{5.164}$$

$$=\frac{1}{N}\sum_{m=0}^{N-1}\underbrace{\sum_{\ell=0}^{L}h[\ell]\mathrm{e}^{-\mathrm{j}2\pi\frac{m\ell}{N}}}_{h[m]}s[m]\mathrm{e}^{\mathrm{j}2\pi\frac{mn}{N}} \tag{5.165}$$

$$=\mathcal{F}_N^{-1}(h[m]s[m]) \tag{5.166}$$

因此，对于 $n=0, 1, \cdots, N-1$，进行 DFT 得到

$$y[n]=h[n]s[n] \tag{5.167}$$

均衡只需要乘以 $h^{-1}[n]$。将 $h^{-1}[n]$换成 LMMSE 均衡器$(|h[n]|^2+\sigma_v^2)^{-1}h^*[n]$可以将低 SNR 下的性能进行改善。用时域量表示，则有

$$\hat{s}[n]=\frac{\mathcal{F}_N(\overline{y[n]})}{\mathcal{F}_N(h[n])} \tag{5.168}$$

$s[n]$经历的有效信道 $h[n]$是平坦衰落信道。OFDM 有效地将一个频率选择性信道的均衡问题转化成为一组平行的平坦衰落信道的均衡问题。因此，相对于时域均衡，频域均衡大大简化。

OFDM 系统的术语与单载波系统的略有不同。通常，在 OFDM 中，包括循环前缀在内的一个样值集$\{w[n]\}_{n=0}^{N-1}$称为一个 OFDM 符号(OFDM symbol)。构成符号$\{s[n]\}_{n=0}^{N-1}$称为子符号。OFDM 符号周期为$(N+L_c)T$，T 为采样周期。保护间隔或者循环前缀持续时间为 L_cT。子载波间隔为 $1/(NT)$，是相邻子载波之间的间隔，可以用频谱分析仪测量得到。频带带宽为 $1/T$，假设采用余弦脉冲成形滤波器(这并不常见，矩形脉冲成形滤波器一般与归零子载波一起使用)。

在不同参数的选择上往往有很多权衡。当 L_c 固定时，一般取大的 N 值，能够降低由于循环前缀带来的开销比例 $N/(N+L_c)$。尽管大的 N 值意味着更长的块和更短的子载波间隔，提高信道时变、Doppler 和残余载波频率偏移的影响。复杂度也会随着 N 值增大而增加，因为每个子载波的处理复杂度随$\log_2 N$ 增长。

例 5.13 考虑一个 OFDM 系统，其中 OFDM 符号周期为 3.2 μs，循环前缀长度为 $L_c=64$，子载波数为 $N=256$。求采样周期、频带带宽(假设采用余弦脉冲成形滤波器)、子载波间隔和保护间隔。

解： 采样周期 T 满足关系 $T(256+64)=3.2\mu s$，因此采样周期为 $T=10$ns。那么频带带宽为 $1/T=100$MHz。而且子载波间隔为 $1/(NT)=390.625$kHz。最后，保护间隔为 $L_cT=640$ns。 ◀

OFDM 受到的噪声影响不同于 SC-FDE。下面我们讨论均衡之后的有效噪声方差。有噪声的情况下，假设有完全的信道状态信息，

$$\hat{s}[n]=s[n]+\frac{v[n]}{h[n]} \tag{5.169}$$

其中 $v[n]=\mathcal{F}_N(v[n])$。由于高斯随机变量的组合仍为高斯的，DFT 是正交变换，$v[n]$仍为高斯变量，值为零，方差为 σ_v^2。因此，$v[n]/h[n]$是 AWGN，均值为零，方差为 $\sigma_v^2/|h[n]|^2$。与 SC-FDE 不同，噪声增强随子载波变化。当在 n 特定取值下 $h[n]$较小时(在频谱上接近零)，产生子载波增强。对于 SC-FDE 也有噪声增强，但是每个检测出的符号经历相同的有效噪声方差，如式(5.156)所示。采用编码和交织，SC-FDE 和 OFDM 之间的错误率差异很小，除非当 SC-FDE 略有优势时，在比较中包括低分辨率 DAC 和 ADC 或非线性等其他损伤(例如，参见文献[291, 102, 300, 192, 277])。

与 SC-FDE 和标准复脉冲幅度调制信号相比，OFDM 通常对 RF 损伤更敏感。因为与标准复脉冲幅度调制信号相比，OFDM 系统中 OFDM 信号的峰值与其平均值之间的比率(称为峰均功率比)更高，它对非线性很敏感。原因是发射机的 IDFT 操作使得信号更可能具有所有峰值。信号处理技术可用于缓解一些差异[166]。OFDM 信号对相位噪声[264]、增益和相位不平衡[254]以及载波频率偏移[75]也更敏感。

OFDM 波形提供了 SC-FDE 中所没有的更高灵活性。例如，通过改变不同子载波上的

调制和编码，可以基于信道的频率选择性，调整信息速率适应当前信道条件。如上所述，通过将某些符号归零，可以进行频谱整形。甚至可以在所谓的正交频分多址(OFDMA)中将不同的用户分配给子载波或子载波组。许多系统如 IEEE 802.11a/g/n/ac 专门用于发送和接收 OFDM。3GPP LTE Advanced 在下行链路上使用 OFDM，在上行链路上使用 SC-FDE 的变体，其中功率回退更为关键。IEEE 802.11ad 支持 SC-FDE 作为强制模式，OFDM 支持更高速率的可选模式。尽管存在差异，但 OFDM 和 SC-FDE 都保持了时域线性均衡的重要优势：均衡器复杂度不随 L 缩放，只要循环前缀足够长即可。展望未来，OFDM 和 SC-FDE 可能会继续得到广泛的商业部署。

5.3 估计频率选择性信道

在开发均衡算法时，我们假设信道状态信息$\{h[\ell]\}_{\ell=0}^{L}$在接收机是完全已知的。这通常称为精灵辅助信道状态信息，可用于开发系统分析。在实践中，接收机需要估计信道系数，因为工程学已经证明全知的精灵是不可能的。在本节中，我们描述了一种用于时域中的信道估计方法，以及另一种用于频域中的信道估计方法。我们还描述了一种在时域中直接信道均衡的方法，其中均衡器的系数是从训练数据估计的，而不是首先估计信道然后计算逆。所有提出的方法都使用最小均方法。

5.3.1 时域中的最小均方信道估计

本节中，我们在时域中描述信道估计问题，利用一个已知的训练序列。基本思想是写一个线性方程组，其中信道仅汇总已知的训练数据。从这组方程式可以直接得到最小均方解。

假设在帧同步情况下，$\{t[n]\}_{n=0}^{N_{tr}-1}$是已知的训练序列，对于 $n=0$，1，…，$N_{tr}-1$，$s[n]=t[n]$。考虑式(5.87)中的接收信号。我们必须只用 $t[n]$来写 $y[n]$。前几个样本取决于训练数据之前发送的符号。例如

$$y[0]=\sum_{\ell=0}^{L}h[\ell]s[n-\ell]+v[n] \tag{5.170}$$

$$=h[0]t[0]+\underbrace{h[1]s[-1]+h[2]s[-2]+\cdots+h[L]s[-L]}_{\text{包括未知符号}}+v[n] \tag{5.171}$$

由于前面的符号是未知的(它们可能属于发送给另一个用户的前一个分组或消息，或者甚至可以为零)，不应该包括在式中。取 $n\in[L, N_{tr}-1]$，可以得到

$$y[0]=\sum_{\ell=0}^{L}h[\ell]t[n-\ell]+v[n] \tag{5.172}$$

这只是未知序列数据的函数。我们采用这些样值来形成我们的信道估计器。

综合这些已知的样值，

$$\begin{bmatrix} y[L] \\ y[L+1] \\ \vdots \\ y[N_{tr}+1] \end{bmatrix}=\begin{bmatrix} t[L] & t[L-1] & \cdots & t[0] \\ t[L+1] & t[L] & \cdots & t[1] \\ \vdots & \ddots & \ddots & \vdots \\ t[N_{tr}-1] & t[N_{tr}-2] & \cdots & t[N_{tr}-1-L] \end{bmatrix}\begin{bmatrix} h[0] \\ h[1] \\ \vdots \\ h[L] \end{bmatrix}+\begin{bmatrix} v[L] \\ v[L+1] \\ \vdots \\ v[N_{tr}-1] \end{bmatrix} \tag{5.173}$$

可以简写成矩阵形式

$$\boldsymbol{y}=\boldsymbol{T}\boldsymbol{h}+\boldsymbol{v} \tag{5.174}$$

因此这个问题可以视为线性参数估计问题，如 3.5 节所述。

因为噪声是 AWGN，最小均方信道估计可以表示为最大似然估计，即

$$\hat{\boldsymbol{h}}_{\mathrm{LS}}=(\boldsymbol{T}^*\boldsymbol{T})^{-1}\boldsymbol{T}^*\boldsymbol{y} \tag{5.175}$$

假设 Toeplitz 训练矩阵 $\boldsymbol{T}$ 是可逆的。注意$(\boldsymbol{T}^*\boldsymbol{T})^{-1}\boldsymbol{T}^*$可以离线提前计算，因此实际的复杂度是矩阵乘法运算。

要具有可逆性，训练序列必须是矩形的，要求

$$N_{\mathrm{tr}}-L\geqslant L+1\rightarrow N_{\mathrm{tr}}\geqslant 2L+1 \tag{5.176}$$

通常，选择比 $L+1$(信道的长度)大得多的 N_{tr}可以提供更好的性能。通过确保持续激励训练序列，可以保证满秩条件。基本上这意味着它看起来足够随机。典型的设计目标是找到一个序列，使得 $\boldsymbol{T}^*\boldsymbol{T}$(几乎)是缩放的单位矩阵 $\boldsymbol{I}$。这确保噪声在其他属性中几乎保持 IID。具有足够长度的随机训练序列通常表现良好，而 $t[n]=1$ 则不能正常工作。具有良好相关性的训练序列通常满足该要求，因为 $\boldsymbol{T}^*\boldsymbol{T}$ 的元素是 $t[n]$的不同(偏)相关性。

可以从已知具有良好相关特性的训练序列中选择特殊训练序列。一种这样的设计使用循环前缀的训练序列。设$\{p[n]\}_{n=0}^{N_{\mathrm{p}}-1}$是具有良好周期相关特性的序列。这意味着周期相关函数 $R_p[k]=\sum_{n=0}^{N_{\mathrm{p}}-1}p[n]p^*[((n+k))_{N_{\mathrm{p}}}]$ 在 $k>0$ 时满足$|R_p[k]|$取值小或为零的性质。通过用$\{p[n]\}_{n=N_{\mathrm{p}}-L-1}^{N_{\mathrm{p}}-1}$为$\{p[n]\}_{n=0}^{N_{\mathrm{p}}-1}$增加前缀来构造训练序列$\{t[n]\}_{n=0}^{N_{\mathrm{tr}}-1}$，其给出长度为 $N_{\mathrm{tr}}=N_{\mathrm{p}}+L$ 的训练序列。有了这种结构

$$\boldsymbol{T}=\begin{bmatrix} p[0] & p[N_{\mathrm{p}}-1] & \cdots & p[N_{\mathrm{p}}-L] \\ p[1] & p[0] & \cdots & p[N_{\mathrm{p}}-L+1] \\ \vdots & \ddots & \ddots & \vdots \\ p[N_{\mathrm{p}}-1] & p[N_{\mathrm{p}}-2] & \cdots & p[N_{\mathrm{p}}-L-1] \end{bmatrix} \tag{5.177}$$

那么$[\boldsymbol{T}^*\boldsymbol{T}]_{k,\ell}=R_p[k-\ell]$包括周期相关函数的滞后。因此，具有良好周期性自相关特性的序列在增加了循环前缀时应该能够很好地工作。

在以下示例中，我们基于具有完美周期自相关的序列呈现 $\boldsymbol{T}$ 的设计。这导致 $\boldsymbol{T}^*\boldsymbol{T}=N_p\boldsymbol{I}$，并能得到$\hat{\boldsymbol{h}}_{\mathrm{LS}}=\boldsymbol{T}^*\boldsymbol{y}(N_{\mathrm{p}})^{-1}$的简化最小均方估计。我们考虑实施例 5.14 中的 Zadoff-Chu 序列[70,117]和例 5.15 中的 Frank 序列[118]。这些设计可以进一步推广到具有良好互相关的序列族，例如，参见文献[267]中的 Popovic 序列。

例 5.14 长度为 N_p 的具有完美周期自相关的 Zadoff-Chu 序列[70,117]，意味着对于$k\neq 0$ 有 $R_p[k]=0$。序列具有如下形式

$$p[n]=\mathrm{e}^{\mathrm{j}\frac{M\pi n^2}{N_{\mathrm{p}}}}\qquad 对于 N_{\mathrm{p}} 为偶数 \tag{5.178}$$

$$p[n]=\mathrm{e}^{\mathrm{j}\frac{M\pi(n)(n+1)}{N_{\mathrm{p}}}}\qquad 对于 N_{\mathrm{p}} 为奇数 \tag{5.179}$$

其中 M 为整数，与 N_{p} 相当，可以小至零。Chu 序列可以从 N_{p}-PSK 星座图中提取，长度为 N_{p}。求长度 $N_{\mathrm{p}}=16$ 的 Chu 序列。

解：我们需要求出与 N_{p} 互质的整数。由于 16 具有因子 2、4 和 8，我们可以选择任何其他的数字。例如，选择整数 $M=3$ 可以得到

$$p[n]=\mathrm{e}^{\mathrm{j}\frac{3\pi n^2}{16}} \tag{5.180}$$

由此可以得到以下序列

$$\begin{aligned}\{p[n]\}_{n=0}^{15}=\{&1,\mathrm{e}^{\mathrm{j}\frac{3\pi}{16}},\mathrm{e}^{\mathrm{j}\frac{3\pi}{4}},\mathrm{e}^{-\mathrm{j}\frac{5\pi}{16}},-1,\mathrm{e}^{\mathrm{j}\frac{11\pi}{16}},\mathrm{e}^{\mathrm{j}\frac{3\pi}{4}},\mathrm{e}^{-\mathrm{j}\frac{3\pi}{16}},1,\cdots,\\&\mathrm{e}^{-\mathrm{j}\frac{3\pi}{16}},\mathrm{e}^{\mathrm{j}\frac{3\pi}{4}},\mathrm{e}^{\mathrm{j}\frac{11\pi}{16}},-1,\mathrm{e}^{-\mathrm{j}\frac{5\pi}{16}},\mathrm{e}^{\mathrm{j}\frac{3\pi}{4}},\mathrm{e}^{\mathrm{j}\frac{3\pi}{16}}\}\end{aligned} \tag{5.181}$$

如此选择了训练序列，可以得到$[\boldsymbol{T}^*\boldsymbol{T}]=N_{\mathrm{p}}\boldsymbol{I}$。 ◀

例 5.15 Frank 序列[118]给出了有完美周期相关的另一种序列构造方法，相比 Zadoff-Chu 序列，使用了更小的字母表。对于 $n=mq+k$

$$p[mq+k]=\mathrm{e}^{\mathrm{j}2\pi\frac{rkm}{q}}\quad 0\leqslant k,m<q \tag{5.182}$$

其中 r 必须与 q 互质，q 可以是任何整数，$n\in[0,\ q^2-1]$。Frank 序列的长度是 $N_\mathrm{p}=q^2$，可以从 q-PSK 字母表中得到。确定一个长度 16 的 Frank 序列。

解： 由于 Frank 序列的长度是 $N_\mathrm{p}=q^2$，我们必须取 $q=4$。r 唯一的可变的选择是 3。在此选择下

$$p[m4+k]=\mathrm{e}^{\mathrm{j}2\pi\frac{3km}{4}} \tag{5.183}$$

对于 $m\in[0,\ 3]$和 $k\in[0,\ 3]$。这就有了如下序列

$$\{p[n]\}_{n=0}^{15}=\{1,1,1,1,1,-\mathrm{j},-1,\mathrm{j},1,-1,1,-1,1,\mathrm{j},-1,-\mathrm{j}\} \tag{5.184}$$

Frank 序列也满足 $\boldsymbol{T}$，但是所需的星座图更小，在这种情况下就是 4-PSK。注意通过将每一项旋转 $\exp(\mathrm{j}\pi/4)$可以得到 4-QAM 信号。◀

加入了循环前缀的训练序列变体的设计采用前缀和后缀。这种方法在 GSM 蜂窝标准中引用。在这种情况下，有良好周期相关特性的序列$\{p[n]\}_{n=0}^{N_\mathrm{p}-1}$以 L 个样值$\{p[n]\}_{n=N_\mathrm{p}-L-1}^{N_\mathrm{p}-1}$作为前缀，以样值$\{p[n]\}_{n=0}^{L-1}$为后缀。这就形成了长度为 $N_\mathrm{tr}+2L$ 的序列。这种设计的动机是

$$R_{pt}[m]=\sum_{n=0}^{N_\mathrm{p}-1}p[n]t^*[n+m]=R_p[m]\quad 对于\ m\in[-L+1,L-1] \tag{5.185}$$

有了完美周期相关，$p[n]$和 $t[n]$之间的互相关的形式如下

$$\{u,\cdots,u,0,\cdots,0,N_\mathrm{p},0,\cdots,0,u,\cdots,u\} \tag{5.186}$$

看上去像离散时间增量函数加上一些额外的互相关项(由 u 代表，对于 $k\geqslant L$ 有 $R_{pt}[k]$的取值)。因此，与 $p[n]$的相关，等效于与 $p^*[(N_\mathrm{p}-n+1)]$的卷积，直接得到对相关延迟的信道估计。例如，对于 $n=0$，1，…，$N_\mathrm{tr}-1$ 假设 $s[n]=t[n]$，则对于 $n=N_\mathrm{p}$，$N_\mathrm{p}+1$，…，$N_\mathrm{p}+L$ 有

$$y[n]*p^*[(N_\mathrm{p}-n+1)]=N_\mathrm{p}h[n]+p^*[N_\mathrm{p}-n+1]*v[n] \tag{5.187}$$

这样，只要与构成训练序列$\{t[n]\}$的$\{p[n]\}$序列进行相关运算就可以得到信道估计。额外的优点是有助于帧同步，特别是当前缀长度大于 L 且相关的输出中有一些零值时。

另一种是基于 Golay 互补序列的训练序列[129]。这种方法在 IEEE 802.ad[162]中采用。令$\{a[n]\}_{n=0}^{N_\mathrm{g}-1}$和$\{b[n]\}_{n=0}^{N_\mathrm{g}-1}$都是长度为 N_g 的 Golay 互补序列。这些序列满足一种周期相关性质

$$\sum_{n=0}^{N_\mathrm{g}-1}a[n]a^*[((n+k))_{N_\mathrm{g}}]+b[n]b^*[((n+k))_{N_\mathrm{g}}]=2N_\mathrm{g}\delta[((k))_{N_\mathrm{g}}] \tag{5.188}$$

而且还满足非周期相关性质

$$\sum_{n=0}^{N_\mathrm{g}-k-1}a[n]a^*[n+k]+b[n]b^*[n+k]=2N_\mathrm{g}\delta[k] \tag{5.189}$$

因此 Golay 互补序列族比类似 Frank 和 Zadoff-Chu 序列的有完美周期相关的序列更灵活。特别是，有可能根据 BPSK 星座图构建成对的序列，不需要更高阶的星座图。而且，对于很多的长度选择，存在这样的序列对，包括任何 2 的幂次的 N_g 取值。可以推广到更高阶的星座图。总之，Golay 互补序列方法能够支持灵活的序列设计，具有更多优势。

现在利用$\{a[n]\}_{n=0}^{N_\mathrm{g}-1}$以及长度 L 的循环前缀和后缀可以构造训练序列，显然 $N_\mathrm{g}>L$。然后根据$\{b[n]\}_{n=0}^{N_\mathrm{g}-1}$与循环前缀和后缀构造另一个训练序列。这就可以得到 $N_\mathrm{tr}=2N_\mathrm{g}+4L$

的训练序列。假设对于 $n=0, 1, \cdots, N_{\text{tr}}-1$ 有 $s[n]=t[n]$，可以得到

$$\sum_{k=0}^{N_g-1} y[k+L]a^*[((k+n))_{N_g}]+\sum_{k=0}^{N_g-1} y[k+3L+N_g]b^*[((k+n))_{N_g}]$$
$$=2N_g h[n]+\text{噪声} \tag{5.190}$$

因此，可以通过将接收的数据与互补的 Golay 对进行相关并添加结果来直接进行信道估计。在 IEEE 802.11ad 中，Golay 互补序列重复若干次，可以对多个周期进行平均，同时还有助于帧同步。它们还可用于快速数据分组识别，例如，文献[268]中所讨论的 SC-FDE 和 OFDM 分组在互补的 Golay 序列上使用不同的符号模式。

例 5.16 中给出了构建二进制 Golay 互补序列的示例。我们提供了一种构建序列的算法，然后用它来构建一对示例序列和相应的训练序列。

例 5.16 有几种 Golay 互补序列的构造方法[129]。以 $a_m[n]$ 和 $b_m[n]$ 表示长度为 2^m 的一对 Golay 互补序列，二进制 Golay 序列可以通过以下算法递归地构建出来

$$a_0[n]=\delta[n] \tag{5.191}$$
$$b_0[n]=\delta[n] \tag{5.192}$$
$$a_{m+1}[n]=a_m[n] \qquad n\in[0,2^m-1] \tag{5.193}$$
$$a_{m+1}[n]=b_m[n-2^m] \qquad n\in[2^m,2^{m+1}-1] \tag{5.194}$$
$$b_{m+1}[n]=a_m[n] \qquad n\in[0,2^m-1] \tag{5.195}$$
$$b_{m+1}[n]=-b_m[n-2^m] \qquad n\in[2^m,2^{m+1}-1] \tag{5.196}$$

求一个长度为 $N_g=8$ 的 Golay 互补序列，并用它来构造一个训练序列，假设 $L=2$。

解：应用递归算法给出

$$\{a_1[n]\}_{n=0}^{1}=\{1,1\} \tag{5.197}$$
$$\{b_1[n]\}_{n=0}^{1}=\{1,-1\} \tag{5.198}$$
$$\{a_2[n]\}_{n=0}^{3}=\{1,1,1,-1\} \tag{5.199}$$
$$\{b_2[n]\}_{n=0}^{3}=\{1,1,-1,1\} \tag{5.200}$$
$$\{a_3[n]\}_{n=0}^{7}=\{1,1,1,-1,1,1,-1,1\} \tag{5.201}$$
$$\{b_3[n]\}_{n=0}^{7}=\{1,1,1,-1,-1,-1,1,-1\} \tag{5.202}$$

采用上述 Golay 互补序列，长度为 2 的循环前缀和后缀，可以构成如下训练序列

$$\{t[n]\}_{n=0}^{19}=\{-1,1,1,1,1,-1,1,1,-1,1,1,1,1,-1,1,1,1,-1,-1,-1,1,-1,1,1\} \tag{5.203}$$

◀

例 5.17 IEEE 802.15.3c 60GHz 是高数据速率 WPAN 的标准。在这个例子中，我们回顾了所谓的 SC-PHY 的高速率模式的前导码。每个前导码都有一个稍微不同的结构，以便于区分。包括前导码的帧结构如图 5.24 所示。以 $\boldsymbol{a}_{128}$ 和 $\boldsymbol{b}_{128}$ 表示包含长度 128 的互补的 Golay 序列（采用 BPSK 符号）的矢量，并且以 $\boldsymbol{a}_{256}$ 和 $\boldsymbol{b}_{256}$ 表示包含长度 256 的互补的 Golay 序列的矢量。根据例 5.16 的构造方法，$\boldsymbol{a}_{256}=[\boldsymbol{a}_{128};\ \boldsymbol{b}_{128}]$ 和 $\boldsymbol{b}_{256}=[\boldsymbol{a}_{128};\ -\boldsymbol{b}_{128}]$，其中我们使用“;”表示在 MATLAB 中的垂直堆叠。IEEE 802.15.3c 中使用的特定 Golay 序列可在文献[159]中找到。前导码包括 3 个分量：

1. 帧检测（SYNC）字段，包含 $\boldsymbol{a}_{128}$ 的 14 个重复，用于帧检测。
2. 帧起始分隔符（SFD）字段，包含 $[\boldsymbol{a}_{128};\ \boldsymbol{a}_{128};\ -\boldsymbol{a}_{128};\ \boldsymbol{a}_{128}]$，用于帧同步和符号同步。
3. 信道估计序列（CES），包含 $[\boldsymbol{b}_{128};\ \boldsymbol{b}_{256};\ \boldsymbol{a}_{256};\ \boldsymbol{b}_{256};\ \boldsymbol{a}_{256}]$，用于信道估计。

- 为什么 CES 以 $\boldsymbol{b}_{128}$ 开始？

解：由于 $\boldsymbol{a}_{256}=[\boldsymbol{a}_{128}; \boldsymbol{b}_{128}]$，$\boldsymbol{b}_{128}$ 作为循环前缀。

- 可以支持的最大信道阶数是多少？

  解：给定 $\boldsymbol{b}_{128}$ 为循环前缀，那么 $L_c=128$ 是最大的信道阶数。

- 基于 CES 给出一个简单的信道估计器(假设已经进行了帧同步和频率偏移纠正)。

  解：根据式(5.190)，对于 $\ell=0, 1, \cdots, L_c$，有

$$\hat{h}[\ell]=\sum_{n=0}^{255} y[n+128]a_{256}^{*}[((\ell+n))_{256}]+y[n+384]b_{256}^{*}[((\ell+n))_{256}]$$
$$+y[n+640]a_{256}^{*}[((\ell+n))_{256}]+y[n+896]b_{256}^{*}[((\ell+n))_{256}] \quad (5.204)$$

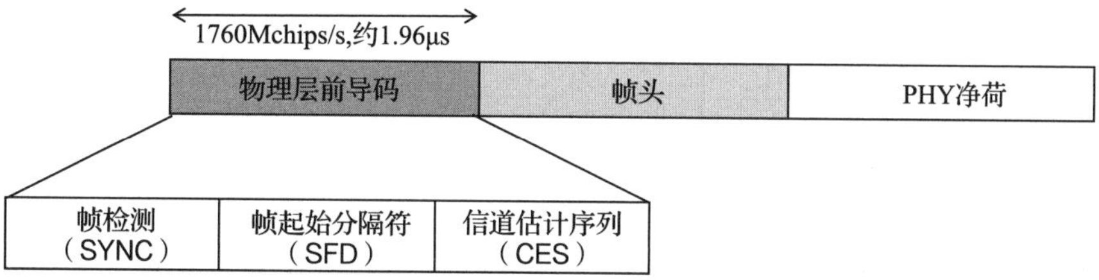

图 5.24　IEEE 802.15.3c 标准中定义的帧结构

在本节中，我们提出了基于训练序列的最小均方信道估计。我们还介绍了几种训练序列的设计方法，并展示了如何使用它们来简化估计。假设训练数据由符号组成，构造该估计器。该方法适用于标准脉冲幅度调制系统和 SC-FDE 系统。接下来，我们提出了几种专门为 OFDM 调制设计的信道估计方法。

5.3.2 频域的最小均方信道估计

OFDM 系统中的频域均衡需要信道估计。在本节中，我们描述几种基于时域样值或频域符号的 OFDM 中的信道估计方法。

首先，我们描述时域方法。假设 $N_{tr}=N$，因此训练刚好占用一个完整的 OFDM 符号。可以直接推广到多个 OFDM 符号。假设训练序列 $\{t[n]\}_{n=0}^{N_{tr}-1}$ 被输入到 IDFT，并且附加长度 L_c 的循环前缀，以创建 $\{w[n]\}_{n=0}^{N+L_c-1}$。在时域方法中，IDFT 输出样本 $\{w[n]\}_{n=0}^{N+L_c-1}$ 用于通过从 $w[n]$ 中构建式(5.173)中的 $\boldsymbol{T}$，然后根据式(5.175)估计信道系数。接下来，从 $\widetilde{H}[k]=\sum_{\ell=0}^{L_c}\hat{h}[\ell]\exp(-j2\pi kl/N)$ 中得到频域信道系数。这种方法的主要缺点是训练序列的良好属性通常在 IDFT 变换中丢失。

接着我们描述一种方法，其中训练序列与所谓的导频中的未知数据交织。本质上，导频的存在意味着给定 OFDM 符号上的符号子集是已知的。通过足够的导频，我们证明只使用 IDFT 操作后出现的数据就可以解决最小均方信道估计问题[338]。

假设在 OFDM 符号中的所有载波的子集上发送训练数据，使用所有符号是一种特殊情况。设 $\mathcal{P}=\{p_1, p_2, \cdots, p_P\}$ 表示包含已知训练数据的子载波的索引。我们采用的方法是将观测值作为未知信道系数的函数。首先观察通过根据时域系数写入频域信道

$$y[p_1]=h[p_1]t[p_1]+v[p_1] \quad (5.205)$$

$$=\begin{bmatrix}1 & e^{-j2\pi\frac{p_1}{N}} & \cdots & e^{-j2\pi\frac{p_1 L}{N}}\end{bmatrix}\begin{bmatrix}h[0]\\ h[1]\\ \vdots\\ h[L]\end{bmatrix}t[p_1]+v[p_1] \quad (5.206)$$

将不同前导码的数据结合起来：

$$\underbrace{\begin{bmatrix} y[p_1] \\ y[p_2] \\ \vdots \\ y[p_P] \end{bmatrix}}_{\boldsymbol{y}} = \underbrace{\begin{bmatrix} t[p_1] & 0 & \cdots & \\ 0 & t[p_2] & 0 & \cdots \\ & & \ddots & \\ & & & t[p_P] \end{bmatrix}}_{\boldsymbol{P}}$$

$$\times \underbrace{\begin{bmatrix} 1 & \mathrm{e}^{-\mathrm{j}2\pi\frac{p_1}{N}} & \cdots & \mathrm{e}^{-\mathrm{j}2\pi\frac{p_1 L}{N}} \\ 1 & \mathrm{e}^{-\mathrm{j}2\pi\frac{p_2}{N}} & \cdots & \mathrm{e}^{-\mathrm{j}2\pi\frac{p_2 L}{N}} \\ \vdots & \vdots & \ddots & \vdots \\ 1 & \mathrm{e}^{-\mathrm{j}2\pi\frac{p_M}{N}} & \cdots & \mathrm{e}^{-\mathrm{j}2\pi\frac{p_P L}{N}} \end{bmatrix}}_{\boldsymbol{E}} \underbrace{\begin{bmatrix} h[0] \\ h[1] \\ \vdots \\ h[L] \end{bmatrix}}_{\boldsymbol{h}} + \begin{bmatrix} v[p_1] \\ v[p_2] \\ \vdots \\ v[p_M] \end{bmatrix} \tag{5.207}$$

上式可以写成简洁的形式

$$\boldsymbol{y} = \boldsymbol{PEh} + \boldsymbol{v} \tag{5.208}$$

矩阵 $\boldsymbol{P}$ 的对角线上是训练导频。对于任何非零导频符号的选择是可逆的。矩阵 $\boldsymbol{E}$ 是根据 DFT 矢量的样值构成的。只要导频数 $P \geqslant L+1$，矩阵 E 就是高和满秩的。因此，有足够的导频，可以计算最小均方解

$$\hat{\boldsymbol{h}}_{\mathrm{LS}} = (\boldsymbol{E}^* \boldsymbol{P}^* \boldsymbol{PE})^{-1} \boldsymbol{E}^* \boldsymbol{P}^* \boldsymbol{y} \tag{5.209}$$

用这个方法，可以根据已知的导频位置训练来运用最小均方信道估计。具有导频估计的导频训练选择不如在时域方法中那么重要；导频位置的选择更重要，因为影响 $\boldsymbol{E}$ 的秩性质。这种方法可以扩展到多个 OFDM 符号，可能会在不同位置提高性能。

另一种频域中的信道估计方法是内插频域信道估计而不是求解最小均方问题[154]。这种方法是合理的，当在不同 OFDM 符号的相同的子载波上发送训练时，允许随时间进行额外平均。

考虑梳状导频布置，其中 P 导频均匀间隔并且 $N_c = N/P$。在 OFDM 系统中的 LMMSE 信道估计的某些假设下，这种均匀间隔是最佳的[240]，并且如果 $\boldsymbol{P}^*\boldsymbol{P}$ 是缩放的单位矩阵，则对于最小均方估计也是这样。为了说明包裹效应，以 $\hat{h}_p[cN_c]$ 表示导频位置的信道估计，对于 $c=0, 1, \cdots, P-1$，$\hat{h}_p[0]=\hat{h}_p[N]$，$\hat{h}_p[-N_c]=\hat{h}_p[N-N_c]$。通过对多个 OFDM 符号中的 $y[p_k]$ 的多个观测值求平均来获得该估计。使用二阶插值，丢失的信道系数估计为[77]

$$\hat{h}[cN_c+\ell] = \frac{\ell(\ell-1)}{2N} \hat{h}_p[(c-1)N_c] - \left(\frac{\ell}{N}-1\right)\left(\frac{\ell}{N}+1\right) \hat{h}_p[cN_c] + \frac{\ell(\ell-1)}{2N} \hat{h}_p[(c+1)N_c] \tag{5.210}$$

这样，频域信道系数可以直接根据导频估计，不需要解决更高维度的最小均方问题。对于相似的导频总数，时域性能和插值算法是类似的[154]。

还有一些其他的信道估计方法，可以进一步提高性能。例如，如果对信道的二阶统计进行假设，接收机知道这些统计值，则可以采用 LMMSE 方法。通过 MMSE 可以得到根据未编码符号错误率计算的几个分贝的性能提升[338]。导频也可以分配在多个 OFDM 符号上，在多个不同的 OFDM 符号的不同子载波上。这样就可以进行二维插值，在随时间变化的信道上这种方法非常重要[196]。3GPP LTE 蜂窝标准包括分布在不同的子载波和不同时间上的导频。

例 5.18 在此例中，我们讨论 IEEE 802.11a 中的前导码结构，如图 5.25 所示，并解

释其如何用于信道估计[160,第17章]。IEEE 802.11g 也采用了一种类似的结构，向后兼容 802.11b，IEEE 802.11n 中还采用了一些支持多天线传输的方法。IEEE 802.11a 中的前导码由短训练字段(STF)和信道估计字段(CEF)组成。每个字段都是特定的，具有两个 OFDM 符号(8 μs)的持续时间。在这个问题中，假设已经进行了帧同步和载波频率偏移校正，我们关注基于 CEF 的信道估计。

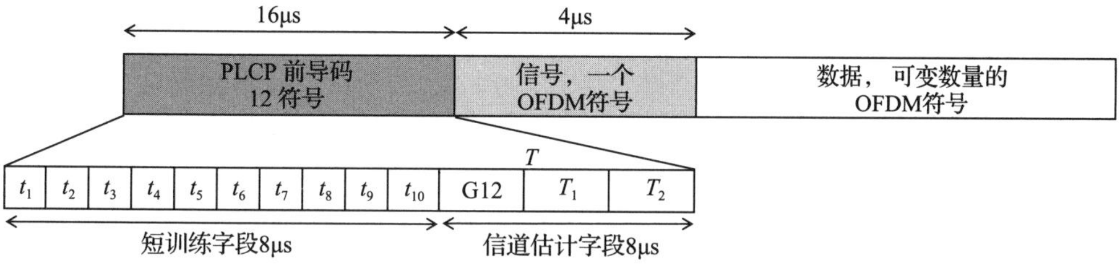

图 5.25 IEEE 802.11a 标准的帧结构。在时域上，波形 $t_1 \sim t_{10}$ 都是相同的(短训练序列重复 10 次)，并且 T_1 和 T_2 相同(长训练序列重复两次)。物理层汇聚过程(PLCP)用于表示为了辅助同步和训练而插入的额外的训练符号

IEEE 802.11a 的 CEF 由两个重复的 OFDM 符号组成，每个 OFDM 符号包含训练数据，前面是超长的循环前缀。考虑长度 $N=64$ 的训练序列，取值如下

$$\{t[n]\}_{n=0}^{15}=\{0,1,-1,-1,1,1,-1,1,-1,1,-1,-1,-1,-1,-1,1\} \tag{5.211}$$

$$\{t[n]\}_{n=16}^{26}=\{1,-1,-1,1,-1,1,-1,1,1,1,1,1\} \tag{5.212}$$

$$\{t[n]\}_{n=38}^{49}=\{1,-1,-1,1,1,-1,1,-1,1,1,1,1\} \tag{5.213}$$

$$\{t[n]\}_{n=50}^{63}=\{1,1,-1,-1,1,1,-1,1,-1,1,1,1,1\} \tag{5.214}$$

其中所有子载波为零。IEEE 802.11a 采用零子载波以帮助频谱成形，最多只采用 52 个子载波。$n=0$ 子载波对应直流量且为零。对于 $n=0$，1，…，159，CEF 可以构造如下

$$w[n]=\frac{1}{64}\sum_{k=0}^{63}t[k]\mathrm{e}^{\mathrm{j}\frac{2\pi(kn-32)}{64}} \tag{5.215}$$

本质上，CEF 有一个长度为 $L_c=32$ 的延长的循环前缀(比 IEEE 802.11a 中所用的正常的 $L_c=16$ 的前缀长)，后面接着训练数据的 IDFT 的两次重复。对于 5.4.4 节中介绍的频率偏移估计和帧同步而言，重复也是有用的。利用式(5.215)可以直接进行时域信道估计。要从频域进行估计，定义两个稍微不同的接收信号 $\bar{y}_1[n]=y[n+32]$和 $\bar{y}_2[n]=y[n+96]$，$n=0$，1，…，63。取 DFT 得到$\{y_1[k]\}_{k=0}^{63}$和$\{y_2[k]\}_{k=0}^{63}$。接收信号中对应非零训练序列$\{y_1[k]\}_{k=1}^{26}$，$\{y_1[k]\}_{k=38}^{63}$，$\{y_2[k]\}_{k=1}^{26}$和$\{y_2[k]\}_{k=38}^{63}$的部分可以用于信道估计，采用以下线性形式

$$\begin{bmatrix}\boldsymbol{y}_1\\ \boldsymbol{y}_2\end{bmatrix}=\begin{bmatrix}\boldsymbol{PE}\\ \boldsymbol{PE}\end{bmatrix}\boldsymbol{h}+\begin{bmatrix}\boldsymbol{v}_1\\ \boldsymbol{v}_2\end{bmatrix} \tag{5.216}$$

并且求最小均方解。 ◀

5.3.3 直接最小均方均衡器

前面几节中已经讨论了基于训练数据设计信道估计器。这些信道的估计值可以用于设计均衡器的系数。在这个过程中的每一步，信道估计和均衡器计算都有可能引入错误，因为二者都涉及求解最小均方问题。我们将介绍另一种方法，直接从训练数据中估计均衡器的系数。这种方法能够避免两个步骤中出现的错误，具有更好的噪声鲁棒性，不需要显式的信道估计。

为了描述这个问题，在此考虑式(5.87)中的接收信号和式(5.96)中的均衡后信号，表

达式为$\hat{s}[n-n_d]$。现对于$n=0, 1, \cdots, N_{tr}$，基于已知训练数据$s[n]=t[n]$，表示最小均方问题。给定数据的位置，对观察到的序列适当地进行时移，对于$n=0, 1, \cdots, N_{tr}$得到

$$t[n] = \sum_{\ell=0}^{L_f} f_{n_d}[\ell] y[n+n_d-\ell] \tag{5.217}$$

建立线性方程

$$\underbrace{\begin{bmatrix} t[0] \\ t[1] \\ \vdots \\ t[N_{tr}-1] \end{bmatrix}}_{t} = \underbrace{\begin{bmatrix} y[n_d] & \cdots & y[n_d-L_f] \\ y[n_d+1] & \ddots & \vdots \\ \vdots & & \vdots \\ y[n_d+N_{tr}-1] & \cdots & y[n_d+N_{tr}-L_f] \end{bmatrix}}_{Y_{n_d}} \underbrace{\begin{bmatrix} f_{n_d}[0] \\ f_{n_d}[1] \\ \vdots \\ f_{n_d}[L_f] \end{bmatrix}}_{f_{n_d}} \tag{5.218}$$

矩阵形式的目标函数是求解以下线性系统的未知的均衡器系数：

$$\boldsymbol{t} = \boldsymbol{Y}_{n_d} \boldsymbol{f}_{n_d} \tag{5.219}$$

如果$L_f+1>N_{tr}$那么$\boldsymbol{Y}_{n_d}$是个胖矩阵，并且方程组是不确定的。这意味着有无限多种确切解。然而，这往往导致过拟合，其中均衡器与$\boldsymbol{Y}_{n_d}$中的观测完全匹配。更具有鲁棒性的方法是取$L_f \leqslant N_{tr}-1$，将$\boldsymbol{Y}_{n_d}$变为高矩阵。由于$y[n]$中存在加性噪声，因此假设$\boldsymbol{Y}_{n_d}x$是满秩的是合理的。在这个假设下，最小均方解是

$$\hat{\boldsymbol{f}}_{n_d} = (\boldsymbol{Y}_{n_d}^* \boldsymbol{Y}_{n_d})^{-1} \boldsymbol{Y}_{n_d}^* \boldsymbol{t} \tag{5.220}$$

均方误差为$J_f[n_d]=\boldsymbol{t}^*\boldsymbol{t}-\boldsymbol{t}^*\boldsymbol{Y}_{n_d}(\boldsymbol{Y}_{n_d}^*\boldsymbol{Y}_{n_d})^{-1}\boldsymbol{Y}_{n_d}^*\boldsymbol{t}$。选择$n_d$使$J_f[n_d]$最小化，可以进一步最小化均方误差。包括直接均衡的框图如图5.26所示。该框图假设均衡计算块优化延迟并输出相应的过滤器和所需的延迟。直接均衡避免了单独的信道估计和均衡器计算块。

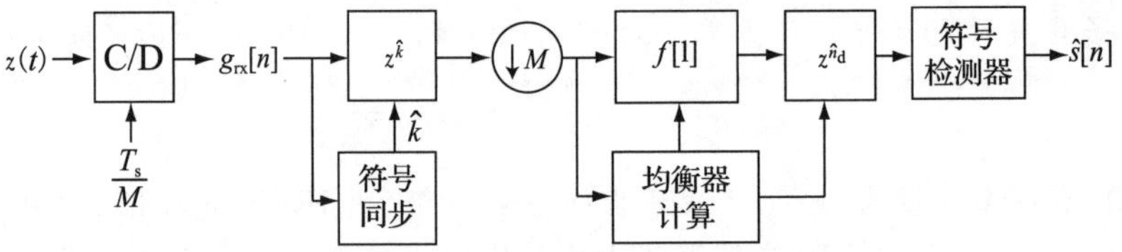

图5.26　有直接均衡器估计和线性均衡的复脉冲幅度调制接收机

直接和间接均衡技术具有不同的设计权衡。对于直接方法，训练序列的长度决定了均衡器的最大长度。这是直接和间接方法之间的主要区别。使用间接方法，可以设计任何阶数L_f的均衡器。然而，直接方法避免了误差传播，其中估计的信道用于计算估计的均衡器。注意，在少量训练序列的情况下，间接方法可以表现得更好，因为可以选择更大的L_f，而当N_{tr}更大时，直接方法可以更有效。直接方法也具有一定的鲁棒性。即使存在模型不匹配，也就是说，当LTI模型不完全有效或存在干扰时，直接方法也能工作。第6章中也将进一步讨论的直接均衡可以在多信道系统中完美地完成。

5.4　频率选择性信道中的载频偏移校正

这一节中，我们将介绍频率选择性信道中的载频偏移损伤。我们提出了一个包含频率偏移的离散时间接收信号模型。然后我们研究了几种载波频率偏移估计算法。我们也讨论每个算法如何促进帧同步。

5.4.1　频率选择性信道中的频率偏移模型

在5.1.6节中，我们介绍了载频偏移问题。简言之，当用于上变频的载波与用于下变

频的载波不同时，发生载频偏移。即使只有小的不同，也可以在接收信号中产生很大的失真。

我们有开发频率选择性信道中频率偏移的信号模型的所有要素。首先回顾式(5.67)，它基本上表示载频偏移将匹配滤波接收信号乘以 $e^{j2\pi f_e t}$。按照符号率采样，并使用我们的FIR 模型得到式(5.87)中的接收信号，我们得到

$$y[n] = e^{j2\pi \epsilon n}\sum_{\ell=0}^{L} h[\ell]s[n-\ell] + v[n] \tag{5.221}$$

有可能将式(5.221)进一步推广，以引入包括延迟 d 在内的帧同步。载频偏移纠正会累计在估计 ϵ 中，并导致接收信号 $e^{-j2\pi\epsilon n}y[n]$的数据失真。

在频率平坦的情况中，载频偏移会对每个符号引起 $\exp(j2\pi\epsilon n)$的连续旋转，在频率选择性情况中，这种旋转用于在符号和信道之间进行卷积混合。结果，载频偏移会引起数据失真，而这些数据原本将用于信道估计和均衡。即使可以获得训练数据，也不会直接送入简单的估算器。我们所研究内容的一个直接扩展就是引申出一个联合的载频偏移和信道估计问题，这个问题复杂度高。在本节中，我们回顾几种低复杂度的频率偏移估计方法，这些方法依赖于特殊的信号结构来实现。

5.4.2 重新讨论单频率估计

作为第一个估计器，我们回顾例5.8中的估计器，并且说明它是如何需要最小变化就可以用于频率选择性信道。通过一个 GMSK(高斯最小频移键控)的调制器的特殊输入，这类余弦训练序列用于 GSM 系统中。

我们选择训练序列 $t[n]=\exp(j2\pi f_t n)$，$n=0, 1, \cdots, N_{tr}-1$，其中 f_t 是离散时间设计频率。考虑接收信号(式(5.87))，$s[n]=t[n]$，$n=0, 1, \cdots, N_{tr}-1$。丢弃不依赖于训练的样值，可以得到接收信号

$$y[n] = e^{j2\pi \epsilon n}\sum_{\ell=0}^{L} h[\ell]t[n-\ell] + v[n] \tag{5.222}$$

对于 $n=L, L+1, \cdots, N_{tr}-1$。替代训练信号

$$y[n]= e^{j2\pi \epsilon n}\sum_{\ell=0}^{L_f} h[\ell]e^{j2\pi f_t (n-\ell)} + v[n] \tag{5.223}$$

$$= e^{j2\pi \epsilon n}e^{j2\pi f_t n}\sum_{\ell=0}^{L} h[\ell]e^{-j2\pi f_t \ell} + v[n] \tag{5.224}$$

$$= e^{j2\pi \epsilon n}e^{j2\pi f_t n}h(e^{j2\pi f_t}) + v[n] \tag{5.225}$$

其中 $h(e^{j2\pi f_t})$是 $h[n]$的 DTFT。按照训练信号已知的频率对信号进行反旋转

$$e^{-j2\pi f_t n}y[n] = e^{j2\pi \epsilon n}h(e^{j2\pi f_t}) + e^{-j2\pi f_t}v[n] \tag{5.226}$$

这具有来自例5.8的式(5.72)的形式。结果，使用正弦训练的频率平坦的频率偏移估计的估计器也可以应用于频率选择性的情况。

导出该估计器的主要信号处理技巧是，识别形式为 $\exp(j2\pi f_t n)$的信号是离散时间LTI 系统的本征函数。因为未知信道是具有阶数 L 的 FIR，并且训练 $N_{tr}>L$，所以我们可以丢弃一些样本以消除边缘效应。频率 f_t 可以选择 k/N_{tr}的形式，以利于利用例如调制解调器中的后续频域处理。

单频估计的主要优点是可以使用任意数量的好算法进行估计，文献[330, 3, 109, 174, 212, 218]是一些估计算法的例子。这种方法的缺点是性能受到 $h(e^{j2\pi f_t})$的限制。由于假设信道是频率选择性的并且由于它是 L 阶的 FIR 所以有 L 个零，因此有可能使所选

择的频率 f_t 接近信道的零。那么估算器的 SNR 就会很差。正弦训练序列也不能产生可用于帧检测的尖锐的相关函数峰值。此外，如果用于构造式(5.175)中的 $\boldsymbol{T}$，它实际上不是满秩的，因此不能用于信道估计。因此，我们现在回顾其他的载频偏移估计方法。

5.4.3　单载波系统采用周期训练序列的频率偏移估计和帧同步

有几种使用发送信号的不同属性(例如周期性、恒定模数等)的频率偏移估计算法。Moose[231]提出了一种最优雅的方法，并且已经进行了广泛的研究。该方法依赖于特定的周期训练序列，该序列允许联合载频偏移估计和帧同步。训练序列也可用于信道估计。周期训练序列已在 IEEE 802.11a/g/n/ac 系统和其他系统中得到应用。在本节中，我们考虑将周期训练序列应用于单载波系统，但请注意 Moose 的原始应用是针对 OFDM 的。我们将在下一节讨论 OFDM 的情况，包括另一种称为 Schmidl-Cox 方法的算法[296]。

现在我们从仅使用两个重复训练序列的角度解释 Moose 算法背后的关键思想。其他扩展可以采用多次重复。考虑图 5.27 中所示的框架结构。在此帧结构中，一对训练序列一起发送，后面接着发送数据序列。

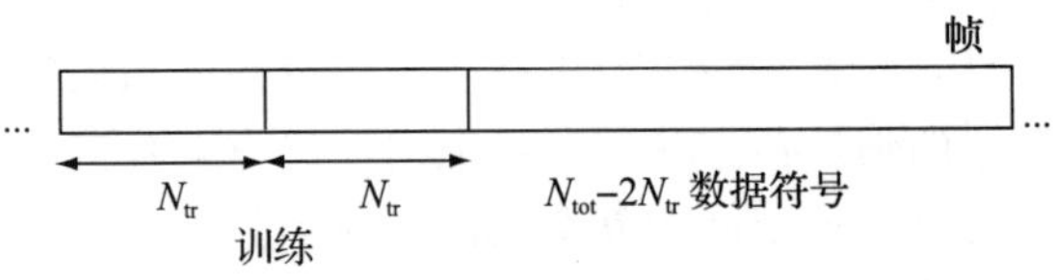

图 5.27　Moose 估计器的帧结构。数据序列放在一对训练序列的后面

Moose 算法利用训练序列中的周期性。令训练序列在 $n=0$ 起始。那么，对于 $n=0, 1, \cdots, N_{tr}-1$，有

$$s[n]=s[n+N_{tr}]=t[n] \tag{5.227}$$

注意对于 $n<0$ 和 $n\geqslant 2N_{tr}$ 符号 $s[n]$ 是未知的(数据取值为零或者未知的部分)。

下面解释利用训练数据中周期性的技巧。对于 $n\in[L, N_{tr}-1]$，

$$y[n]=\mathrm{e}^{\mathrm{j}2\pi\epsilon n}\sum_{\ell=0}^{L}h[\ell]s[n-\ell]+v[n] \tag{5.228}$$

$$y[n+N_{tr}]=\mathrm{e}^{\mathrm{j}2\pi\epsilon(n+N_{tr})}\sum_{\ell=0}^{L}h[\ell]s[n+N_{tr}-\ell]+v[n+N_{tr}] \tag{5.229}$$

利用 $s[n+N_{tr}]=s[n]=t[n]$，对于 $n=0, 1, \cdots, N_{tr}-1$：

$$y[n+N_{tr}]=\mathrm{e}^{\mathrm{j}2\pi\epsilon N_{tr}}\mathrm{e}^{\mathrm{j}2\pi\epsilon n}\sum_{\ell=0}^{L}h[\ell]t[n-\ell]+v[n+N_{tr}] \tag{5.230}$$

$$\approx \mathrm{e}^{\mathrm{j}2\pi\epsilon N_{tr}}y[n] \tag{5.231}$$

为了理解这个结果的意义，记住信道系数 $\{h[\ell]\}_{\ell=0}^{L}$ 是未知的。式(5.231)的美在于它是已知的观察序列和未知的频率偏移的函数。本质上，周期性建立了接收信号 $y[n]$ 的不同部分的关系。这是一个很奇妙的观察，因为这个方法不要求对信道进行假设。

对于式(5.231)有几种不同的求解方法。这个与单频估计器不同，因为式(5.231)右侧有 $y[n]$。直接最小均方方法是不可行的，因为指数函数的指数存在未知参数。一种求解方法是考虑一个松弛问题

$$y[n+N_{tr}]=ay[n] \tag{5.232}$$

求解 $\hat{a}_{LS}$ 并且根据相位确定 ϵ。这个问题与 5.1.4 节的平坦衰落信道估计相似。利用式(5.47)，我们可以写出

$$\hat{\epsilon}_{LS}=\frac{1}{2\pi N_{tr}}\mathrm{phase}\left(\frac{\sum_{n=L}^{N_{tr}-1}y^*[n]y[n+N_{tr}]}{\sum_{n=L}^{N_{tr}-1}y^*[n]y[n]}\right) \tag{5.233}$$

$$= \frac{1}{2\pi N_{tr}} \text{phase}\left(\sum_{n=L}^{N_{tr}-1} y^*[n] y[n+N_{tr}]\right) \tag{5.234}$$

其中我们忽略分母，因为分母对相位估计没有贡献。尽管在推导中进行了松弛，但仍然是最大似然估计器[231]。

Moose 算法有一个重要的限制。由于离散时间指数的周期性，精确的 ϵ 估计仅适用于 $|\epsilon N_{tr}| \leqslant \frac{1}{2}$，或者等价于

$$|\epsilon| \leqslant \frac{1}{2N_{tr}} \tag{5.235}$$

用实际的频率偏移表示则为

$$|f_e| \leqslant \frac{1}{2TN_{tr}} \tag{5.236}$$

这说明了估计器性能上的一个有趣的权衡。选择较大的 N_{tr} 可以对较多的噪声进行平均，能够提高估计的性能，但是会降低能估计的偏移范围。解决这个问题的一种方法是对短训练序列进行多次重复利用。IEEE 802.11a 和相关标准综合利用短训练序列和长训练序列的组合。

例 5.19 计算一个 1Ms/s-QAM 信号的最大的可以允许的偏移，$f_c=2\text{GHz}$，$N_t=10$。

解：

$$\max|f_e| = \frac{1}{2TN_{tr}} \tag{5.237}$$

$$= \frac{1}{2} 10^6 \frac{1}{10} \tag{5.238}$$

$$= \frac{1}{2} 10^5 = 50\text{kHz} \tag{5.239}$$

用百万分率表示，我们需要一个振荡器能够产生一个 2GHz 载波，精确度为 $50\times10^3/2\times10^9=25\text{ppm}$。◀

例 5.20 考虑一个无线系统，其中数据帧前面有两个训练块，每个包括 $N_t=12$ 个训练符号。令符号周期为 $T=4\mu\text{s}$。用训练序列能纠正的最大频率偏移值是多少？

解： 可以用训练序列纠正的最大频率偏移值为 $\epsilon=1/(2N_{tr})\approx0.0417$，或者 $f_e=1/(2TN_{tr})\approx10.417\text{kHz}$。◀

Moose 算法也提供了一种进行帧同步的好方法。我们观察到相关峰值应该出现在接收机收到一对训练序列时。本质上，这样就可以求解出偏移 d

$$\hat{d} = \arg_\Delta \max \frac{\left|\sum_{n=L}^{N_{tr}-1} y[n+\Delta+N_{tr}] y^*[n+\Delta]\right|^2}{\left(\sum_{n=L}^{N_{tr}-1} |y[n+\Delta]|^2\right)^2} \tag{5.240}$$

其中搜索是在 d 的可能值的合理的集合中进行的。例如，模拟 RF 可以进行载波感知，仅在有足够强的信号才需要激励 ADC。

没有信号时，帧同步中的分母要归一化以避免误正。解决这个问题的另一种方法更为容错，涉及对两个观察矢量的归一化

$$\hat{d} = \arg_\Delta \max \frac{\left|\sum_{n=L}^{N_{tr}-1} y[n+\Delta+N_{tr}] y^*[n+\Delta]\right|^2}{\left(\sum_{n=L}^{N_{tr}-1} |y[n+\Delta]|^2\right)\left(\sum_{n=L}^{N_{tr}-1} |y[n+\Delta+N_{tr}]|^2\right)} \tag{5.241}$$

无论使用哪种算法，都会产生相同的结果：码间干扰信道中的帧同步和频率偏移估计及校正问题的联合解决方案。

使用 Moose 算法也便于信道估计。一旦估计并校正了频率偏移，并且完成了帧同步，就可以组合这对训练序列以进行信道估计。因此，周期训练序列提供解决频率选择性信道中关键接收机功能问题的灵活方法。

完整的接收机框图如图 5.28 所示。在信道估计和均衡之前，降采样操作之后，进行频率偏移估计和校正。通过在降采样之前操作，替换符号同步器，可以实现更好的性能，但这通常仅适用于 M_{rx} 较小的值。

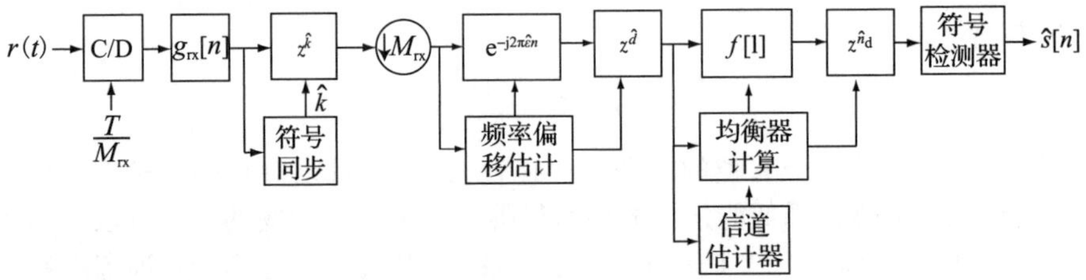

图 5.28　单载波接收机，包括频率偏移估计和纠正、帧同步、信道估计及线性均衡。线性均衡可以用 SC-FDE 接收机结构替代，不需要进行其他改变

我们在本节结束时给出了一个详细的例子，描述了如何在 IEEE 802.15.3c 单载波模式和 IEEE 802.11a 中使用前导码结构。

例 5.21 考虑 IEEE 802.15.3c 的前导码结果，如例 5.17 中描述的 SC-PHY 的高速率模式。在本例中，我们描述 SYNC 字段如何用于载波频率偏移估计和帧同步。主要标准只描述前导码本身，不会描述如何将接收信号的处理用于前导码。IEEE 82.15.3c 的数字同步算法的好的描述见文献[204]。

SYNC 字段可用于帧同步和载波频率偏移估计。SYNC 字段包含重复 14 次的 $\boldsymbol{a}_{128}$。但是，因为最大支持的信道长度是 $L_c=128$，所以第一次重复充当循环前缀。因此，我们可以使用以下帧检测算法：

$$\hat{d}=\underset{\Delta}{\operatorname{argmax}}\sum_{p=1}^{13}\frac{\left|\sum_{n=0}^{127}y[n+\Delta+128p+128]y^*[n+\Delta+128p]\right|^2}{\left(\sum_{n=0}^{127}|y[n+\Delta+128+128p]|^2\right)^2}\tag{5.242}$$

其中我们把分组能量放在分母中，这样在多个重复上进行平均时能够更加容错。载频偏移可以通过对每个阶段的偏移值进行平均，并且结合或者采用均值的相位

$$\hat{\epsilon}=\frac{1}{2\pi 128}\sum_{p=1}^{13}\text{phase}\left(\sum_{n=0}^{127}y[n+\hat{d}+128p+128]y^*[n+\hat{d}+128p]\right)\tag{5.243}$$

最大可纠正的绝对偏移值为 1/256。

在基于分组的无线系统中，接收机的数字部分可以在睡眠模式下节省功率。因此，模拟部分可以对信号进行初步处理，比如，设置信号阈值。SYNC 字段可以用于初步处理。在这个过程中，会丢失某些样值，不能在平均中用上所有的重复样值。因此，在式(5.242)更少的重复上进行平均是有意义的。推迟频率偏移估计或者基于初步估计的纠正(称为粗纠正)，然后利用 SFD 字段进行进一步的纠正和提炼。◀

例 5.22 考虑 IEEE 802.11a 中的前导码结构，如例 5.18 所示。在这个例子中，我们利

用 STF 字段估计的粗略频率偏移和 CEF 字段的频率偏移估计。我们假设带宽$B=20\mathrm{MHz}$。STF 字段(时域)包含 10 次重复(按照 5.4.4 节描述的归零子载波产生的)。CEF 字段有 2 次重复。按照$T=1/B$，STF 的每次重复包含 16 个样值，而 CEF 有 2 次 64 个样值的重复，并且有长度为 32 的循环前缀。

STF 字段用于分组检测、自动增益控制(AGC)以及粗同步等多种功能中。因为 RF 可能正在加电，还有 AGC 正在调整，所以不是所有 10 个重复的序列都用于同步。例如，假设使用 3 个重复序列，其中第 1 个序列充当循环前缀。然后我们使用以下帧检测算法：

$$\hat{d}_{\text{coarse}}=\arg\max_{\Delta}\frac{\left|\sum_{n=0}^{15}y[n+\Delta+16]y^*[n+\Delta]\right|^2}{\left(\sum_{n=0}^{15}|y[n+\Delta+16]|^2\right)^2}\tag{5.244}$$

粗载频偏移估计是

$$\hat{\epsilon}_{\text{coarse}}=\frac{1}{2\pi16}\text{phase}\left(\sum_{n=0}^{15}y[n+\hat{d}_{\text{coarse}}+16]y^*[n+\hat{d}_{\text{coarse}}]\right)\tag{5.245}$$

最大的可纠正的绝对频率偏移值是 1/32。

接着，再纠正粗频率偏移，产生新的信号$\widetilde{y}[n]=\exp(-j2\pi\hat{\epsilon}_{\text{coarse}}n)y[n]$。采用这个纠正的信号，可以构造长的训练序列：

$$\hat{d}_{\text{fine}}=\arg\max_{\Delta}\frac{\left|\sum_{n=0}^{63}\widetilde{y}[n+\Delta+64]\widetilde{y}^*[n+\Delta]\right|^2}{\left(\sum_{n=0}^{63}|\widetilde{y}[n+\Delta+32]|^2\right)^2}\tag{5.246}$$

粗略的帧同步估计可以用于减小偏移值的搜索空间。精细的载频偏移估计为

$$\hat{\epsilon}_{\text{fine}}=\frac{1}{2\pi64}\text{phase}\left(\sum_{n=0}^{63}\widetilde{y}[n+\hat{d}_{\text{fine}}+64]\widetilde{y}^*[n+\hat{d}_{\text{fine}}]\right)\tag{5.247}$$

这种两步方法可以对较大的校正范围进行一个初步的频率偏移估计，但是在第一步只用 16 个样值，因此也会引入比较大的噪声。假设第一步已经纠正了较大的错误，在第二步利用小范围中 64 个样值可以得到更精确的估计。◀

5.4.4 OFDM 系统中用周期训练进行频率偏移估计和帧同步

OFDM 对载频偏移敏感。本质的原因是在 OFDM 符号持续期间载频偏移估计有问题，因为 DFT 是在 OFDM 系统周期上进行的。DFT 运算导致小的变化会被放大。

OFDM 系统中的频率偏移纠正算法类似于时域中的对应算法。5.4.2 节中的方法可以用于 OFDM，发送一个 OFDM 符号，有活跃的单个子载波。5.4.3 节中的方法可以直接用于 OFDM 系统的多次重复。本节中，我们开发另一个载频偏移估计器。与第二个特定设计的 OFDM 符号一起使用时，这种方法比 Moose 方法好，因为它允许纠正更大范围的偏移。

我们先开始解释如何周期性地产生 OFDM 符号。关键思想是把发送信号的一部分视为周期性的，并且将这个技术继续运用。假设我们构建一个 OFDM 符号，其中所有的奇数载波为零。那么

$$w[n]=\frac{1}{N}\sum_{m=0}^{N-1}s[m]e^{j\frac{2\pi m(n-L_c)}{N}}\tag{5.248}$$

$$=\frac{1}{N}\sum_{m=0}^{\frac{N}{2}-1}s[2m]e^{j\frac{2\pi m(n-L_c)}{N/2}}\tag{5.249}$$

这个看上去类似具有载波 $2\pi(N/2)$ 的扩展离散时间正弦波。因此对于 $n\in[L_c, L_c+N/2]$ 有

$$w[n]=w\left[n+\frac{N}{2}\right] \tag{5.250}$$

这就意味着 OFDM 信号包含一个周期性的部分。因此，这种情况下可以直接使用 Moose 算法。

考虑已经进行了帧同步的情况。接收到的信号模型为

$$y[n]=e^{j2\pi\epsilon n}\sum_{\ell=0}^{L}h[\ell]w[n-\ell]+v[n] \tag{5.251}$$

丢弃循环前缀得到

$$\overline{y}[n]=y[n+L_c] \tag{5.252}$$

根据周期性有

$$\overline{y}[n+N/2]\approx e^{j2\pi\epsilon N/2}\overline{y}[n] \tag{5.253}$$

那么 Moose 频率偏移估计器为

$$\hat{\epsilon}_{LS}=\frac{1}{2\pi N_{tr}}\text{phase}\left(\sum_{n=L}^{N/2-1}\overline{y}^*[n]\overline{y}[n+N]\right) \tag{5.254}$$

与前面相似，有可能利用纠正方法联合进行 OFDM 符号同步(或帧同步)和帧同步偏移估计。OFDM 训练符号甚至可以用于信道估计，因为这只是 5.3.2 节描述的梳状前导安排的一个特例。

最大可纠正的载频偏移为

$$|\epsilon|\leqslant\frac{1}{2N/2} \tag{5.255}$$

$$=\frac{1}{N} \tag{5.256}$$

相应地，本质上对于低于一个子载波间隔 $1/(NT)$ 的连续时间偏移值，可以用 Moose 算法准确估计。在 OFDM 中，N 可以很大。这样可以减小可纠正偏移的范围。这种方法的一个例子是 Schmidl-Cox 算法[296]。

考虑具有两个训练 OFDM 符号的 OFDM 系统。在第 1 个符号中，所有奇数子载波都为零。偶数子载波 $\{t_1[2n]\}_{n=0}^{N/2-1}$ 是 4-QAM 训练符号，其名义上仅是伪噪声序列。零的存在确保第 1 个 OFDM 符号中存在周期性。令 $\{t_2[n]\}_{n=0}^{N-1}$ 是在第 2 个 OFDM 符号上发送的一组4-QAM 训练符号，没有零。进一步假设选择偶数训练符号使得 $t_2[2n]t_1^*[2n]=t_3[2n]$，其中 $\{t_3[n]\}_{n=0}^{N/2-1}$ 是另一个具有良好周期相关特性的序列。实际上对第 2 个 OFDM 符号的偶数子载波的训练数据是差分编码的。

Schmidl-Cox 算法的工作原理如下。设频率为

$$\epsilon=\frac{2q}{N}+\epsilon_{frac} \tag{5.257}$$

其中 q 称为整数偏移，并且 ϵ_{frac} 是分数偏移。因为

$$e^{j2\pi\epsilon N/2}=e^{j2\pi\left(\frac{2q}{N}+\epsilon_{frac}\right)\frac{N}{2}} \tag{5.258}$$

$$=e^{j2\pi\left(\frac{qN2}{N2}+\epsilon_{frac}\right)\frac{N}{2}} \tag{5.259}$$

$$=e^{j2\pi\epsilon_{frac}\frac{N}{2}} \tag{5.260}$$

式(5.253)能够只考虑分数频率偏移。假设式(5.254)的估计器用于估计分数频率偏移。进一步假设估计是完美的，然后乘以 $\exp(-j2\pi\epsilon_{frac}N/2)$ 除去估计，将校正后的接收信号保留为

$$y[n]=e^{j2\pi\frac{2q}{N}n}\sum_{\ell=0}^{L}h[\ell]w[n-\ell]+v[n] \tag{5.261}$$

对于 $k=0, 1, \cdots, N-1$ 丢弃循环前缀得到

$$y[k] = e^{-j2\pi\frac{2q}{N}L_c} h[((k-2q))_N] s[((k-2q))_N] + \tilde{v}[k] \tag{5.262}$$

对应每个训练符号的接收信号采用序号 $k=0, 1, \cdots, N-1$：

$$y_1[k] = e^{-j2\pi\frac{2q}{N}L_c} h[((k-2q))_N] t_1[((k-2q))_N] + \tilde{v}[k] \tag{5.263}$$

$$y_2[k] = e^{-j2\pi\frac{2q}{N}L_c} h[((k-2q))_N] t_2[((k-2q))_N] + \tilde{v}[k+N+L_c] \tag{5.264}$$

现在我们利用偶数载波上具有不同编码的训练数据。考虑

$$y_2[2k] y_1^*[2k] = |h[((2k-2q))_N]|^2 t_2[((2k-2q))_N] t_1^*[((2k-2q))_N] + \tilde{v}'[k] \tag{5.265}$$

$$= |h[((k-2q))_N]|^2 t_3[((2k-2q))_N] + \tilde{v}'[k] \tag{5.266}$$

其中 $\tilde{v}'[k]$ 包含与噪声项的乘积。因为 $\{t_3[2n]\}_{n=0}^{N/2-1}$ 有良好的周期相关特性，可以将求解相关峰值的偏移表示为最小均方问题：

$$\hat{q} = \max_{p=0,1,\cdots,N/2-1} \frac{\left| \sum_{k=0}^{N/2-1} y_2[2k+2p] y_1^*[2k+2p] t_3^*[2k+2p] \right|^2}{\left(\sum_{k=0}^{N/2-1} |y_2[2k]|^2 \right)^2} \tag{5.267}$$

基于这个整数偏移估计，接收样值可以得到 $e^{-j2\pi\frac{2\hat{q}}{N}n}$ 纠正。那么，第 2 个 OFDM 符号可以用于估计信道(可能也与第 1 个 OFDM 符号结合使用)。

用 Schmidl-Cox 方法得到的最终频率偏移为

$$\varepsilon = \frac{2\hat{q}}{N} + \hat{\varepsilon}_{\text{frac}} \tag{5.268}$$

当分数和整数部分的偏移纠正都运用后，大多数的偏移可以得到纠正。虽然很大的偏移量可以得到纠正，通过回顾可知该模型是在小偏移的假设下推导得到的。大的偏移量会使得理想信号的一部分偏离到基带低通滤波器的带宽之外，导致信号模型不精确。实际上，这种方法能够纠正对应几个子载波的偏移值，这取决于模拟滤波、数字滤波和过采样的程度。

与 Moose 方法相似，Schmidl-Cox 方法也可以用于 OFDM 符号同步，通过找到第 1 个 OFDM 符号附近的相关峰值

$$\hat{d} = \arg\max_{\Delta} \frac{\left| \sum_{n=0}^{N/2-1} \overline{y}[n+\Delta+N/2] \overline{y}^*[n+\Delta] \right|^2}{\left(\sum_{n=0}^{N/2-1} |\overline{y}[n+\Delta+N/2]|^2 \right)^2} \tag{5.269}$$

不过有一点明确的不同。对于 OFDM，也有循环前缀，通常长度为 $L_c > L$。在这种情况下，则有

$$y[N+L_c+n] \approx e^{-j2\pi\varepsilon n} y[n] \tag{5.270}$$

其中 $n=L, L+1, \cdots, L_c, L_c+1, \cdots, N+L_c-1$。这意味着式(5.269)中存在一些模糊性，因为可能有几个接近的 d 值，特别是当 L_c 远大于 L 时。这在符号同步算法中形成了一个平台[296]。然而，如果估计的信道的阶数为 L_c，则平台内的任何值会给出可接受的性能，但是如果假设信道长度 L 较小，则性能可能受损。其他训练序列设计可以改善帧同步的清晰度，特别是多次重复以及不同重复之间的符号变化[306]。

在图 5.29 中给出 OFDM 和帧同步、信道估计和信道偏移纠正的系统框图。图中给出了一个频率偏移纠正模块，这个模块可以分解为对应整数和小数的两个部分。

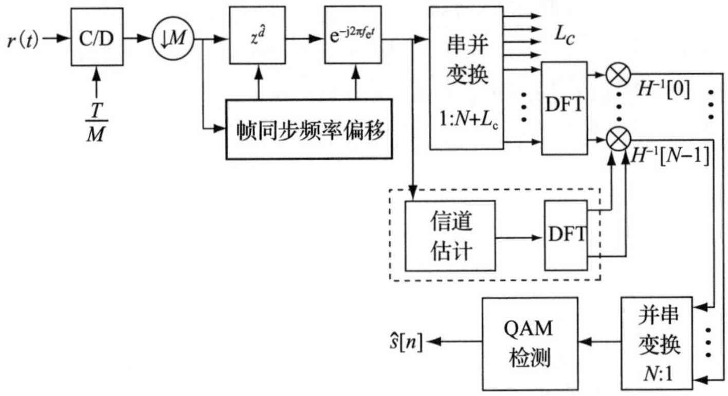

图 5.29　OFDM 接收机频率偏移估计与纠正、信道估计和线性均衡。匹配滤波和符号采样通常不在 OFDM 中执行，在此省略

例 5.23 在这个例子中，我们说明如何构成 IEEE 802.11a 中的 STF 使其具有周期性。对于 $k=0,1,\cdots,15$，STF 有 12 个非零值的特定训练序列，构造如下

$$\{t[4k]\}_{k=0}^{15}=\{0,-1-j,-1-j,1+j,1+j,1+j,1+j,0,0,0,0,1+j,-1-j,1+j,-1-j,1+j\} \tag{5.271}$$

训练序列未定义的值为零。

式(5.271)中的零值是为了消除引入 DC 子载波和谱整形的需要，类似 CEF 的设计。基于训练序列

$$w[n]=\frac{1}{64}\sum_{k=0}^{63}t[k]e^{j\frac{2\pi k(n-16)}{64}} \tag{5.272}$$

$$=\frac{1}{64}\sum_{k=0}^{15}t[4k]e^{j\frac{2\pi 4k(n-4)}{64}} \tag{5.273}$$

$$=\frac{1}{64}\sum_{k=0}^{15}t[4k]e^{j\frac{2\pi k(n-4)}{16}} \tag{5.274}$$

对于 $n=0,1,\cdots,159$。时域波形包括 10 个重复的长度为 16 的训练序列。◀

5.5　无线传播简介

在所有损伤中，传播信道对无线接收机的设计影响最大。无线信道使发送的信号在从发射机传播到接收机时失去功率。反射、衍射和散射在发射机和接收机之间产生多个传播路径，每个传播路径具有不同的延迟。最终结果是无线传播导致接收信号功率的损失以及多径的存在，这在信道中产生频率选择性。在本节中，我们将介绍传播的关键机制。然后我们合理化开发模型的需要，并解释大尺度模型(在 5.6 节中进一步讨论)与小尺度模型(在 5.7 节和 5.8 节中进一步讨论)之间的区别。在本节中，我们将简要介绍影响无线信道传播的重要因素，以解释建立几种不同信道模型的需要。有关无线传播的更多分析，感兴趣的读者可以参考文献[270]或文献[165]。

5.5.1　传播机制

在无线通信系统中，发送的信号可以通过多种传播机制到达接收机。在本节中，我们将从高层次上回顾这些关键机制，每个机制可能对应不同的传播路径。这些机制如图 5.30 所示。

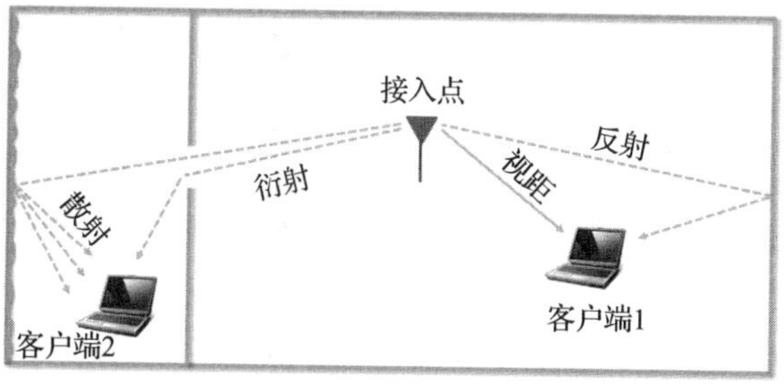

图 5.30 室内无线局域网环境中的传播机制。接入点和客户端 1 之间的视距路径没有障碍物。该客户端还因墙壁反射而接收到较弱的信号。客户端 2 的视距路径存在障碍物，因而其接收到的信号来自门道的衍射和粗糙墙壁的散射

当信号经单路径从发射机到达接收机时，没有遭受任何反射、衍射或散射，称为沿着视距(Line-Of-Sight，LOS)路径的传播。在所有接收信号中 LOS 分量具有最短的时间延迟，并且通常是接收到的最强信号。将一条路径严格分类为 LOS，要求任何障碍物距离该路径足够远，这是由菲涅耳区(Fresnel zone)[270]的想法量化而来的。

在非视距(Non-Line Of-Sight，NLOS)传播中，发送到无线介质的信号经由一个或多个间接路径到达接收机，每个间接路径具有不同的衰减和延迟。当发送的信号通过 LOS 路径以外的通信路径到达接收机时，称该信号经历了 NLOS 传播。NLOS 传播用以模拟存在建筑物和其他障碍物的传播过程。主要的 NLOS 传播机制是反射、散射和衍射。

反射发生在波撞击在光滑的物体上时，这是指任何尺寸远大于波长的突起物。反射伴随着折射(通过物体传播的波)。反射波和折射波的强度取决于材料的类型。反射和折射的角度和指数由斯涅尔定律(Snell's law)给出。

散射发生在波撞击在粗糙或不规则物体上时，且该物体具有波长量级的尺寸。类似于反射，不同的是会导致接近反射角的信号模糊。当信号散布在更宽的区域时，这导致更大的能量损失。它还导致多个路径从类似位置到达接收机，延迟略有不同。

衍射是沿着尖角周围信号波的“弯曲”。衍射的重要例子包括在建筑物顶部、街角和门道弯曲的波。衍射是可以在城市中提供蜂窝覆盖的主要方式之一，也是低频率(比如低于 3GHz)被认为是蜂窝频谱领域的海滨特性的原因之一。

还有其他传播机制，如对流层或电离层散射，而这些在陆地移动系统中并不常见。但是，它们对战场网络和业余无线电爱好者确实有用。

5.5.2 传播模型

传播对无线电链路性能的若干方面有影响。它决定接收信号强度，因而影响信噪比、吞吐量和错误概率。传播在系统设计和实施中也起着重要作用。例如，它确定离散时间信道的长度，该长度决定了需要多少均衡，进而需要多长的训练序列。信道变化的速度决定了均衡的频率和训练的频率，换句话说，必须重新估计信道频率。

无线通信研究的一个重要组成部分是传播建模。传播模型是表征传播信道或传播信道的某个功能的数学模型(通常是统计的)。一些模型试图模拟信道的脉冲响应，而其他模型试图模拟信道的特定特征，如接收功率。传播模型通常受到测量活动的启发。某些模型具有许多参数，旨在模拟特定的实际传播场景。其他模型的参数很少，更易于进行易处理的数学分析。

传播模型的分类方法有很多种。常见的一阶分类是它们是描述大尺度还是小尺度现象。尺度(scale)是指波长。大尺度现象是指数百个波长的传播特性。小尺度现象是指波长量级的区域中的传播特性。

为了说明不同的大尺度和小尺度现象，考虑图 5.31 中平均接收信号功率与距离的函数关系。图中绘制了三种不同的接收信号功率实现。第一个模型是平均(或中值)路径损耗，它表征平均信号行为，其中平均值取数百个波长。在大多数模型中，这是距离的指数衰减。第二个模型是具有阴影衰落的路径损耗。这里包括大型障碍物，如建筑物或树叶，提供大尺度上的平均值变化。阴影衰落通常建模为在平均路径损耗上添加标准偏差参数化的高斯随机分量(以分贝为单位)。第三个模型还包括小尺度衰落，其中信号电平经历许多小的波动，这些波动是因为叠加了发射信号的建设性和破坏性的多径分量。由于波动发生在更小的空间尺度上，因此通常为大尺度效应(如平均路径损耗和阴影)和小尺度效应(如多径衰落)开发不同的模型。

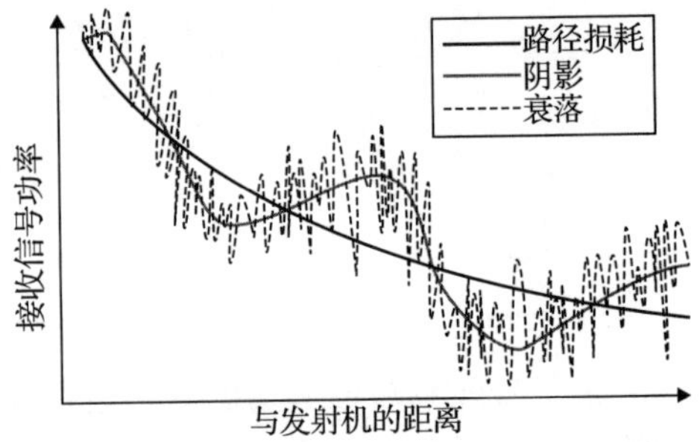

图 5.31　表示大尺度(距离相关的路径损耗和阴影)和小尺度(衰落)传播效应

本质上，大尺度衰落模型描述了小区域中信道的平均行为，并用于推断较长距离的信道行为。小尺度衰落模型描述了给定区域中的局部波动，并且可能与位置有关。

大尺度和小尺度的传播现象的模型是很重要的。大尺度的趋势影响系统规划、链路预算和网络容量预测，并且它们捕获作为距离函数的接收信号强度的典型损失。小尺度趋势通过捕获局部建设性和破坏性多径效应影响物理层链路设计、调制方案和均衡策略。接收信号的处理算法更依赖于小尺度模型，但是这些算法在系统中的性能也依赖于大尺度模型。

传播模型被广泛用于无线系统设计、评估和算法比较。标准机构(IEEE 802.11、3GPP 等)发现在不同公司比较和对比不同的候选方案性能是有用的。通常，通过选择这些模型以适应某些特性，如传播环境(城市、农村、郊区)或接收机速度(固定的、步行的或高速的)。模型通常具有许多可能的参数选择，并且主要用作系统仿真的一部分。

这一节中，我们专注于开发离散时间等效信道模型。我们将信道抽头分解为大尺度系数和小尺度系数的乘积

$$h[\ell]=\sqrt{G}h_{\mathrm{s}}[\ell] \quad \ell=0,1,\cdots,L \tag{5.275}$$

大尺度增益是 $G=E_{\mathrm{x}}/P_{\mathrm{rx,lin}}(d)$，$P_{\mathrm{rx,lin}(d)}$ 是线性的距离相关路径损失项(以同更常见的分贝测度 $P_{\mathrm{rx}}(d)$ 区分)。小尺度衰落系数用 $h_{\mathrm{s}}[\ell]$ 表示。路径损耗是发射功率与接收功率之比，因此通常称为路径增益。例如，对于复脉冲幅度调制，发射功率是 E_X/T，因此接收功率是 $(E_{\mathrm{x}}/T)/P_{\mathrm{rx,lin}}(d)$。在 5.6 节中，我们描述 $P_{\mathrm{rx}}(d)$ 模型，包括自由空间、对数距离和阴影。在 5.8 节中，我们描述 $\{h_{\mathrm{S}}[\ell]\}_{\ell=0}^{L}$ 模型、一些有利于 IID 瑞利衰落模型的分析，以及一些类似于群集模型的物理机制的启发。

5.6　大尺度信道模型

在本节中，我们回顾几个大尺度的信号强度路径损耗模型，它们是距离的函数，用 $P_{\mathrm{rx}}(d)$ 表示。我们先讨论 Friis 自由空间方程，然后介绍对数距离模型和 LOS/NLOS 路径损耗模型。最后我们使用路径损耗模型进行一些性能计算。

5.6.1　Friis 自由空间模型

很多传播预测模型的基础是 Friis 自由空间模型[165,270]。该模型最适用于传播环境中不存在障碍物的情况，如卫星通信链路或毫米波 LOS 链路。Friis 自由空间方程由下式给出

$$P_{\mathrm{rx,lin}}(d)=\frac{P_{\mathrm{tx,lin}}G_{\mathrm{t,lin}}G_{\mathrm{r,lin}}\lambda^2}{(4\pi)^2d^2} \tag{5.276}$$

其中关键参量总结如下

- $P_{\mathrm{rx,lin}}$是线性的发射功率。对于复脉冲幅度调制 $P_{\mathrm{rx,lin}}=E_x/T$。
- d 是发射机与接收机之间的距离。应与 λ 单位相同，一般用米。
- λ 为载波的波长，一般以米为单位。
- $G_{\mathrm{t,lin}}$与 $G_{\mathrm{r,lin}}$是发送和接收天线增益，若非给定，一般假设为单位 1。

式(5.276)的分母中也包含损耗因子以衡量电缆损耗、阻抗失配及其他损耗。

Friis 自由空间方程意味着各向同性路径损耗(假设单位天线增益 $G_{\mathrm{r,lin}}=G_{\mathrm{t,lin}}=1$)与波长的平方值 λ^{-2} 成反比增加。这一事实意味着较高的载波频率对应较小的 λ，具有较高的路径损耗。然而，对于给定的物理天线孔径，非各向同性天线的最大增益通常为 $G_{\mathrm{lin}}=4\pi A_e/\lambda^2$，其中有效孔径 A_e 与天线的物理尺寸和天线设计有关[270]。因此，如果天线孔径是固定的(天线区域保持“相同的大小”)，然后在更高的载波频率下路径损耗实际上可以更低。但是，以这种方式偏移路径损耗需要使用高维天线阵列进行定向传输，并且在毫米波等较高频率下最可行[268]。

由于涉及的取值很小，大多数路径损耗方程都以分贝值表示。通过取两边的对数并乘以 10，将 Friis 自由空间方程转换为分贝值

$$P_{\mathrm{rx}}(d)=P_{\mathrm{tx}}+G_{\mathrm{t}}+G_{\mathrm{r}}+20\log_{10}(\lambda)-20\log_{10}(4\pi)-20\log_{10}(d) \tag{5.277}$$

其中 $P_{\mathrm{rx}}(d)$和 P_{tx}都是以 1 瓦为参考的分贝值(dBW)表示，或者以 1 毫瓦为参考的分贝值(dBm)表示，G_{t} 和 G_{r} 用分贝表示。其他路径损耗一般直接用分贝值表示。

路径损耗是比值 $P_{\mathrm{r,lin}}(d)=P_{\mathrm{tx,lin}}/P_{\mathrm{rx,lin}}(d)$或分贝值 $P_{\mathrm{tx}}-P_{\mathrm{rx}}(d)$。路径损耗基本上是发射机和接收机之间路径增益的倒数。采用路径损耗是因为小增益值的倒数是一个大的数值。Friis 自由空间方程的路径损耗分贝值为

$$P_{\mathrm{r}}(d)=20\log_{10}(d)+20\log_{10}(4\pi)-G_{\mathrm{t}}-G_{\mathrm{r}}-20\log_{10}(\lambda) \tag{5.278}$$

例 5.24　计算 100m 的自由空间路径损耗，假设 $G_{\mathrm{t}}=G_{\mathrm{r}}=0\mathrm{dB}$，且 $\lambda=0.01\mathrm{m}$。

解：

$$P_{\mathrm{r}}(100)=20\log_{10}(100)+20\log_{10}(4\pi)-G_{\mathrm{t}}-G_{\mathrm{r}}-20\log_{10}(0.01) \tag{5.279}$$

$$=102\mathrm{dB} \tag{5.280}$$

◀

为了建立直觉，探索当一个参数发生变化同时保持其他参数不变时会出现什么现象是有启发性的。例如，请注意以下几点(记住关于天线增益可能如何伸缩的结论)：

- 如果距离加倍，路径损耗增大 6dB。
- 如果波长加倍，接收功率增大 6dB。
- 如果频率加倍(与波长成反比)，接收功率减小 6dB。

从系统的角度来看，固定损耗的最大值，然后观察如果其他参数发生变化 d 如何反应也是有意义的。例如，如果波长加倍，那么距离也可以加倍，同时保持相同的损耗。等效地，如果频率加倍，那么距离减少一半。在更复杂的实际系统传播设置中也观察到了这种效果。例如，在相同的功率和天线配置下，工作在 2.4GHz 的 Wi-Fi 系统比在 5.2GHz 的 Wi-Fi 系统具有更长的传播范围。出于类似的原因，低于 1GHz 的蜂窝系统中的频谱被认为比高于 1GHz 的频谱更有价值(尽管在这两种情况下频谱都很昂贵)。

在许多地面无线系统中，按照自由空间方程预测的损耗是乐观的。原因是地面系统中，测量功率作为距离的函数受到地面反射和其他传播模式的影响而剧烈地减小。这意味

着，平均而言，实际的接收信号功率衰减比自由空间方程预测的快。这个问题的解决分析启发了许多其他的路径损耗模型，包括双射线模型或地面反射模型[270]，以及从实验数据中得到的模型，如 Okumura[246] 或 Hata[141] 模型。

5.6.2　对数距离路径损耗模型

自由空间模型的最常见扩展是对数距离路径损耗模型。这种经典模型基于广泛的信道测量。对数距离路径损耗模型是

$$P_r(d) = \alpha + 10\beta\log_{10}(d) + \eta \tag{5.281}$$

其中 α 和 β 是线性参数，η 是一个对应阴影的随机变量。该等式对于 $d \geqslant d_0$ 有效，其中 d_0 是参考距离。自由空间方程通常用于 $d<d_0$ 的值。这样就得到双斜率路径损耗模型，其中对于 $d<d_0$ 存在一个分布，对于 $d \geqslant d_0$ 存在另一个分布。

可以选择线性模型参数来拟合测量数据[95,270]。通常基于在参考距离 d_0 处从自由空间方程式(5.278)导出的路径损耗来进行选择。通过这种方式，α 项包含天线增益和波长相关效应[312]。例如 $d_0=1\text{m}$ 的合理选择[322]。路径损耗指数是 β。β 的值随环境变化很大。$\beta<2$ 的值可以发生在城市地区或门道中，即所谓的城市峡谷效应。接近 2 的 β 值对应于自由空间条件，例如毫米波系统中的 LOS 链路。在微蜂窝模型[56,282,107]、宏蜂窝模型[141]和室内 WLAN 模型[96]中，常见的 β 值从 3 到高达 5。

对数距离路径损耗模型的线性部分捕获作为距离函数的信号强度的平均变化，可以称为平均路径损耗。但是，在测量中，平均路径损耗附近的测量路径损耗存在很大差异。例如，建筑物的阻碍会造成阴影。为了解释这个问题，引入了随机变量 η。通常选择 $\mathcal{N}(0,\sigma_{\text{shad}}^2)$。这就是所谓的对数正态阴影，因为 η 被添加到对数域中；在线性域中$\log_{10}(\eta)$具有对数正态分布。参数 σ_{shad}将根据测量数据确定，通常取值 6～8dB。在更复杂的模型中，它也可以是距离的函数。在 η 为高斯分布的假设下，$P_r(d)$ 也是高斯分布，均值为 $\alpha+10\beta\log_{10}(\eta)$。出于分析目的，通常忽略阴影并仅关注平均路径损耗。

例 5.25 假设 $\beta=4$ 计算 100m 的平均对数距离路径损耗。假设 $G_t=G_r=0\text{dB}$，$\lambda=0.01\text{m}$，参考距离 $d_0=1\text{m}$。

解：首先，根据自由空间方程式(5.278)取 $\alpha=P_r(1)$，计算参考距离

$$P_r(1) = 20\log_{10}(1) + 20\log_{10}(4\pi) - G_t - G_r - 20\log_{10}(0.01) \tag{5.282}$$

$$= 62\text{dB} \tag{5.283}$$

第二，对于给定的参数计算平均路径损耗

$$P_r(100) = 62\text{dB} + 10 \cdot 4\log_{10}(100) \tag{5.284}$$

$$= 62\text{dB} + 80\text{dB} \tag{5.285}$$

$$= 142\text{dB} \tag{5.286}$$

与例 5.24 比较，这个例子中有较高路径损耗引起额外的 40dB。◀

例 5.26 考虑例 5.25 中的同样问题。假设发射功率为 $P_{\text{tx}}=20\text{dBm}$，$\sigma_{\text{shad}}=8\text{dB}$。

- 确定接收信号功率 $P_{\text{rx}}(100)<-110\text{dBm}$ 的概率。

解：接收信号的功率为

$$P_{\text{rx}}(100) = P_{\text{tx}} - P_r(100) \tag{5.287}$$

$$= P_{\text{tx}} - \alpha - 10\beta\log_{10}(100) - \eta \tag{5.288}$$

$$= 20\text{dBm} - 142\text{dB} - \eta \tag{5.289}$$

$$= -122\text{dBm} - \eta \tag{5.290}$$

现在注意

$$[\mathbb{P}_{rx}(100) < -110\text{dBm}] = \mathbb{P}[-122\text{dBm} - \eta < -110\text{dBm}] \quad (5.291)$$

$$= \mathbb{P}[-12\text{dB} < \eta] \quad (5.292)$$

其中由于 dBm−dBm=dB(1mW 取消)。现在根据 $x\sim\mathcal{N}(0,1)$重写概率

$$\mathbb{P}[P_{rx}(100) < -110\text{dBm}] = \mathbb{P}\left[\frac{-12\text{dB}}{\sigma_{\text{shad}}} < x\right] \quad (5.293)$$

$$= 1 - \mathbb{P}\left[\frac{12\text{dB}}{\sigma_{\text{shad}}} < x\right] \quad (5.294)$$

$$= 1 - Q(1.5) \quad (5.295)$$

$$= 0.933 \quad (5.296)$$

这就意味着 93%的时间接收功率低于−110dBm。

- 确定接收信号功率 $P_{rx}(d) < -110$dBm 的时间为 5%的 d 值。

解： 我们需要确定 d 值使 $\mathbb{P}[P_{rx}(d) < -110\text{dBm}] = 0.1$。按照本例中前面一部分的步骤可以计算

$$\mathbb{P}[P_{rx}(d) < -110\text{dBm}] = \mathbb{P}[20\text{dBm} - 62\text{dB} - 40\log_{10}(d) - \eta < -110\text{dBm}] \quad (5.297)$$

$$= \mathbb{P}[68\text{dB} - 40\log_{10}(d) < \eta] \quad (5.298)$$

$$= \mathbb{P}\left[\frac{68\text{dB} - 40\log_{10}(d)}{8\text{dB}} < x\right] \quad (5.299)$$

$$= 1 - \mathbb{P}\left[\frac{40\log_{10}(d) - 68\text{dB}}{8\text{dB}} < x\right] \quad (5.300)$$

$$= 1 - Q\left(\frac{40\log_{10}(d) - 68\text{dB}}{8\text{dB}}\right) \quad (5.301)$$

$$= 0.1 \quad (5.302)$$

其中我们发现 68dB−40 $\log_{10}(d)$是负值，所以我们按照 Q 函数的形式重写并计算答案。利用 Q 函数的逆运算得到 d=27.8m。◀

基于测量数据和其他参数的更多精细变化，对数距离路径损耗模型有很多变体。一种常见的模型是 COST−231 扩展 Hata 模型，用于 150MHz～2GHz 之间的频率。它包含对城市、郊区和农村环境的修正[336]。以分贝为单位路径损耗基本方程为

$$P_r(d) = 46.3 + 33.9\log_{10}(f_c) - 13.82\log_{10}(h_t) - b(h_r) + (44.9 - 6.55\log_{10}(h_t))\log_{10}(d) + C \quad (5.303)$$

其中 h_t 是发射机(基站)天线的有效高度(30m≤h_t≤200m)，h_r 是接收机天线高度(1m≤h_r≤10m)，d 是发射机与接收机之间的距离(d≥1km)，$b(h_r)$是天线有效高度的修正因子，f_c 是载波频率，单位兆赫，对于郊区或开放环境参数 C=0dB，对于城市环境 C=3dB。修正因子用分贝表示为

$$b(h_r) = (1.1\log_{10}(f_c) - 0.7)h_r - (1.56\log_{10}(f_c) - 0.8) \quad (5.304)$$

对大城市可能进行其他修正。更实际的路径损耗模型如 COST-231 对于仿真非常有用，但对于简单的分析计算来说并不方便。

5.6.3 LOS/NLOS 路径损耗模型

对数距离路径损耗模型使用阴影项来解决信号阻塞问题。另一种方法是更明确地区分阻塞(NLOS)和未阻塞(LOS)路径。这允许对每个链接建模，可能存在较小的错误。这种方法在毫米波通信系统[20,344,13]的分析中很常见，并且也已经在 3GPP 标准[1,2]中使用。

在 LOS/NLOS 路径损耗模型中，存在长度为 d 的任意链路为 LOS 的距离相关概率，

其由 $P_{\text{los}}(d)$ 给出。距离相同时，$1-P_{\text{los}}(d)$ 表示链路为 NLOS 的概率。$P_{\text{los}}(d)$ 有不同的功能，这取决于环境。例如

$$P_{\text{los}}(d) = e^{-d/C} \tag{5.305}$$

用于 $C=200\text{m}$ 的郊区情况[1]。对于大距离，$P_{\text{los}}(d)$ 很快就收敛到零。这对应长链路更有可能被阻塞的情况。

利用随机成形理论的概念有可能计算出任何区域的 C 值[20]。在这种情况下，建筑物被建模为具有独立形状、大小和方向的随机物体。例如，假设建筑物的方向在空间中均匀分布，则遵循

$$C = \frac{\pi}{\lambda_{\text{bldg}}\,\mathbb{E}[P_{\text{bldg}}]} \tag{5.306}$$

其中 λ_{bldg} 是一个区域中的建筑物的平均数量，$\mathbb{E}[P_{\text{bldg}}]$ 是调查区域中的建筑物平均周长。这就提供了一种快速近似 LOS 概率函数参数的方法，不需要进行扩展仿真和测量。

假设链路是 LOS，令 $P_r^{\text{los}}(d)$ 表示路径损耗函数，假设链路是 NLOS，令 $P_r^{\text{nlos}}(d)$ 表示路径损耗函数。当任何模型可以用于这些函数时，通常使用对数距离路径损耗模型。LOS 模型中一般不包含阴影。路径损耗方程则为

$$P_r(d) = \mathrm{I}(p_{\text{los}}(d))P_r^{\text{los}}(d) + \mathrm{I}(p_{\text{los}}(d))P_r^{\text{nlos}}(d) \tag{5.307}$$

其中 $p_{\text{los}}(d)$ 是 Bernoulli 随机变量，该变量为 1 的概率是 $P_{\text{los}}(d)$，$I(\cdot)$ 是一个示性函数，当自变量为真时输出 1 否则输出 0。d 取值小时 LOS 路径损耗函数占优，d 取值大时 NLOS 路径损耗函数占优。

例 5.27 考虑 LOS/NLOS 路径损耗模型。假设自由空间损耗中 LOS 项，设 $G_t=G_r=0\text{dB}$，$\lambda=0.01\text{m}$，参考距离 $d_0=1\text{m}$。假设 NLOS 项的对数距离路径损耗，设 $\beta=4$，LOS 函数的参数不变，根据自由空间方程计算 α。假设 $C=200\text{m}$ 时式(5.305)中的 LOS 概率。

计算 $d_0=100\text{m}$ 的平均信号功率。

解： 首先，计算式(5.307)的期望值

$$\mathbb{E}[P_r(d)] = \mathbb{E}[\mathrm{I}(p_{\text{los}}(d))]P_r^{\text{los}}(d) + \mathbb{E}[\mathrm{I}(p_{\text{los}}(d))]P_r^{\text{nlos}}(d) \tag{5.308}$$

$$= P_{\text{los}}(d)P_r^{\text{los}}(d) + (1-P_{\text{los}}(d))P_r^{\text{nlos}}(d) \tag{5.309}$$

利用例 5.24 和例 5.25 的结果，计算 $d=100$ 的期望值

$$\mathbb{E}[P_r(100)] = e^{-100/200}102\text{dB} + (1-e^{-100/200})142\text{dB} \tag{5.310}$$

$$= 0.61\cdot 102\text{dB} + 0.39\cdot 142\text{dB} \tag{5.311}$$

$$= 117.6\text{dB} \tag{5.312}$$

◀

例 5.28 考虑例 5.27 中同样的设置。假设发射功率为 $P_{\text{tx}}=20\text{dBm}$。确定接收功率 $P_{\text{rx}}(100)<-110\text{dBm}$ 的概率。

解： 假设 LOS，利用例 5.24 的结果可得接收功率为 20dBm−102=−82dBm。假设采用例 5.25 的结果，NLOS 接收功率为 20dBm−142=−122dBm。在 LOS 情况中，接收功率大于−110dBm，而 NLOS 情况下，接收功率小于−110dBm。由于没有阴影衰落，接收功率 $P_{\text{rx}}(100)<-110\text{dBm}$ 的概率为 $P_{\text{los}}(100)=0.61$。◀

5.6.4 包括路径损耗的性能分析

大尺度衰落可以结合到各种性能分析中。要了解路径损耗对本章提出算法的影响，一种自然的方法是在仿真信道时明确地在式(5.275)中包含 G 项。为了说明这个概念，我们考虑一个 AWGN 信道，在引入小尺度衰落之后推迟更详细的处理。

考虑 AWGN 信道，其中 $h[\ell]=\sqrt{G}\delta[\ell]$，$G=E_x/P_{r,\text{lin}}(d)$。这种情况中 SNR 是

$$\text{SNR}_{|P_{r,\text{lin}}(d)} = \frac{\text{SNR}}{P_{r,\text{lin}}(d)} \tag{5.313}$$

注意如果在路径损耗模型中考虑阴影或阻碍，$\text{SNR}_{P_{r,\text{lin}}(d)}$ 可以是随机变量。给定路径损耗的一个实现，可以通过将 $\text{SNR}_{|P_{r,\text{lin}}(d)}$ 代入合适的符号错误概率方程从而计算符号错误概率，例如对于式(4.147)中的 M－QAM，计算 $P_e^{\text{QAM}}\left(\frac{\text{SNR}}{P_{r,\text{lin}}(d)}\right)$。可以通过取路径衰耗的期望值为 $\mathbb{E}\left[P_e\left(\frac{\text{SNR}}{P_{r,\text{lin}}(d)}\right)\right]$ 计算符号错误平均概率。某些情况下，可以精确地计算期望。大多数情况下，一个有效的估计符号错误平均概率的方法是采用蒙特卡罗仿真。

例 5.29 假设 AWGN 和 LOS/NLOS 路径损耗模型，计算符号错误平均概率。

解： 我们将 LOS 情况中的路径衰耗表示为 $P_{r,\text{lin},\text{los}}(d)$，将 NLOS 情况中的路径衰耗表示为 $P_{r,\text{lin},\text{nlos}}(d)$，用线性单位。基于式(5.307)，采用与例 5.27 中相似的逻辑可以得到

$$\mathbb{E}\left[P_e\left(\frac{\text{SNR}}{P_{r,\text{lin}}(d)}\right)\right] = P_e^{\text{los}}(d)P_e\left(\frac{\text{SNR}}{P_{r,\text{lin},\text{los}}(d)}\right) + (1-P_e^{\text{los}}(d))P_e\left(\frac{\text{SNR}}{P_{r,\text{lin},\text{nlos}}(d)}\right) \tag{5.314}$$

◀

路径损耗对于分析蜂窝系统(或者更一般地说是具有频率重用的任何无线系统)中的性能很重要。假设用户与服务基站的距离为 d。进一步假设存在 N_{bs} 个干扰基站，每个基站与用户的距离为 d_n。假设一个 AWGN 信道，并将干扰视为附加噪声，则 SINR 为

$$\text{SINR}_{|P_{r,\text{lin}}(d),\{P_{r,\text{lin}}(d_n)\}_n} = \frac{\dfrac{E_x}{P_{r,\text{lin}}(d)}}{E_x\displaystyle\sum_{n=1}^{N_{\text{bs}}}\frac{1}{P_{r,\text{lin}}(d_n)} + N_o} \tag{5.315}$$

$$= \frac{\text{SNR}}{\text{SNR}\displaystyle\sum_{n=1}^{N_{\text{bs}}}\frac{P_{r,\text{lin}}(d)}{P_{r,\text{lin}}(d_n)} + 1} \tag{5.316}$$

从该表达式可以清楚地看出，$P_{r,\text{lin}}(d)/P_{r,\text{lin}}(d_n)$ 的比率决定了干扰的相对重要性。理想情况下，$P_{r,\text{lin}}(d)/P_{r,\text{lin}}(d_n)<1$，这意味着用户与最强的基站相关联，甚至包括阴影或 LOS/NLOS 效应。

5.7 小尺度衰落选择性

在本节中，我们讨论小尺度衰落效应。这些效应发生在波长距离的数量级上，是由多径分量的相长干涉和相消干涉引起的。这些效应在时域中表现出来，导致时间选择性，或者在频域中，导致频率选择性。在某些假设下，这两种形式的选择性是相互独立的。在继续数学细节之前，我们首先建立时间和频率选择性信道背后的直觉。然后，我们提出确定信道是频率选择性还是时间选择性的基础。最后，我们展示每个衰落机制中使用的潜在系统模型。

5.7.1 选择性简介

本节中，我们介绍频率选择性和时间选择性。我们在后续小节中讨论细节。

频率选择性指信道幅度相对于频率的变化。要了解多径如何在频率选择性中发挥重要作用，考虑以下两个示例。图 5.32a 显示了单信道抽头的频率响应。在频域中，单脉冲函数的傅里叶变换产生平坦信道，也就是说，信道幅度不随频率变化。我们在 5.1 节中探讨了平坦信道。另外，在图 5.32b 中，信道脉冲响应具有显著的多径成分。在频域(对移位

脉冲函数之和进行傅里叶变换)中，所得到的信道随频率变化很大。

但是，频率选择性的影响主要取决于用于在该信道中进行通信的带宽。例如，图 5.33 所示的是离散时间复基带等效信道，对应于两种不同的带宽选择，1MHz 和 10MHz。利用较小的带宽，脉冲响应看起来几乎像离散时间增量函数，对应于平坦信道。随着更大的带宽，有更多的抽头(因为符号周期更小)并且有更多的重要抽头，导致大量的符号间干扰。因此，根据信号带宽，相同的信道可以出现频率平坦或频率选择。信道幅度保持相当恒定的频率范围是相干带宽。

时间选择性是指作为时间函数的信道幅度的变化。使用信道的相干时间来测量信道的时间选择性程度。这仅指信道保持比较恒定的时间。对何时接收信号模型可以假设为 LTI 时，相干时间具有指导意义。时间选择性是信道移动性的函数，并且通常使用多普勒扩展或最大多普勒频移来测量。

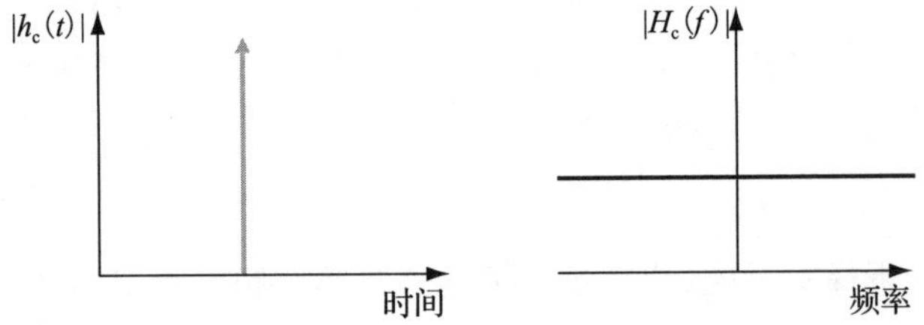

a）单路径信道

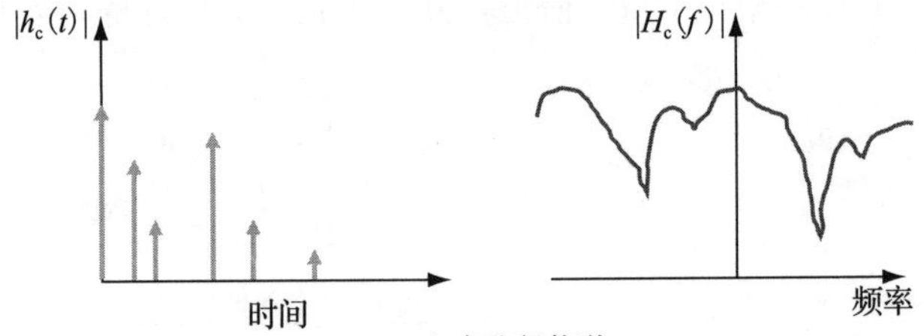

b）多路径信道

图 5.32　单个路径具有频率平坦响应，多径信道具有频率选择性响应

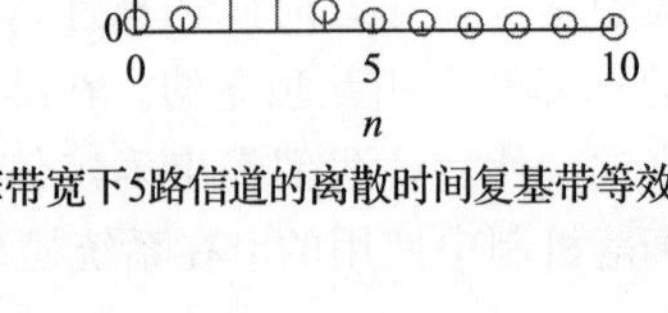

a）窄带宽下5路信道的离散时间复基带等效信道

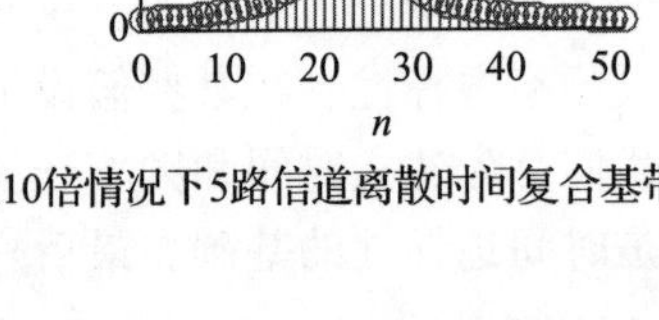

b）带宽大10倍情况下5路信道离散时间复合基带等效信道

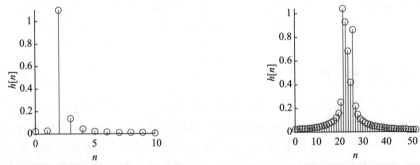

图　5.33

为了使相干时间有用，必须将其与信号的某些属性进行比较。例如，假设接收机处理长度为 N_{tot} 的数据块中的数据分组。为了使 LTI 假设有效，在整个分组期间信道应该大致恒定。然后，如果 TN_{tot} 小于相干时间，我们可以说 LTI 假设是好的并且信道是时不变的或慢衰落。这并不意味着信道完全没有变化；相反，它意味着在感兴趣的窗口期间(在这种情况下，N_{tot} 个周期为 T 的符号)可以认为该信道是时不变的。如果 TN_{tot} 大于相干时间，可以说 LTI 假设不好并且信道是时间选择性的或快速衰落的。

注意，带宽还在确定信号的相干时间中起作用。假设一个余弦脉冲成形滤波器，符号周期 $T=1/B$。结果，增大带宽可减少 N_{tot} 个符号的持续时间。当然，增加带宽使得信道更有可能是频率选择性的。这显示了信道的时间和频率变化如何交织在一起。

时间和频率选择性是耦合在一起的。例如，如果接收机正在移动并且多径来自不同方向，则每个都具有不同的多普勒频移。结果，具有多个多径的时间变化比单个多径更严重。幸运的是，对信道做出一些统计假设可以使时间选择性与频率选择性分离。具体而言，如果假设信道满足广义静态不相关散射假设(WSSUS)[33]，那么相关函数的时间选择性和频率选择性的部分可以解耦，而且关于信道的选择性的决策可以基于某些相关函数单独进行，在下一节中将讨论从这些相关函数计算的量与感兴趣的信号的带宽、符号周期和块长度 N_{tot} 进行比较，以确定有效选择性。

为了从数学上解释选择性，假设连续时间复基带等效信道冲激响应为 $h(t, \tau)$，其中 t 是时间，τ 为延迟。这是一个双重选择性的信道，因为它随时间和延迟而变化。假设大带宽(通常大于将在此信道中使用的信号的最终带宽)来测量信道。例如，可以在 500MHz 信道中进行测量，并且这些测量的结果用于决定如何在不同信号之间划分带宽。我们使用连续时间，因为在历史上就是这样开发 WSSUS 描述的[33]，但这样的解释也可以在离散时间[152,301]中获得。

在 WSSUS 模型下，通过两个函数对信道相关性进行统计描述：功率延迟分布 $R_{\text{delay}}(\tau)$ 和多普勒频谱 $S_{\text{Doppler}}(f)$。功率延迟分布给出了对于两个持续时间非常短的信号(忽略多普勒)，信道能量如何在延迟域中变化的量度。多普勒频谱基本上测量两个窄带信号的不同多普勒频移的功率成分(因此忽略延迟)。基于 $R_{\text{delay}}(\tau)$ 确定频率选择性，并且基于 $S_{\text{Doppler}}(f)$ 确定时间选择性。在接下来的部分中，我们将进一步探讨基于功率延迟曲线和多普勒频谱或其傅里叶变换确定信道选择性的想法。

5.7.2　频率选择性衰落

我们使用功率延迟 $R_{\text{delay}}(\tau)$ 来确定信道是否是频率选择性衰落。功率延迟分布通常根据测量结果确定，常见的功率延迟分布可以在不同的教科书和许多标准中找到。例如，GSM 标准规定了几个不同的参数模式，包括典型城市、农村、条件较差的城市等。直观地，在平坦信道中(在测量功率延迟的带宽中)，$R_{\text{delay}}(\tau)$ 应该接近 delta 函数。

测量功率延迟分布严重性的典型方法是基于均方根(RMS)延迟扩展的。将平均超额延迟定义为

$$\bar{\tau}=\frac{\int_0^{\infty} R_{\text{delay}}(\tau)\tau \mathrm{d}\tau}{\int_0^{\infty} R_{\text{delay}}(\tau)\mathrm{d}\tau} \tag{5.317}$$

并且二阶矩为

$$\overline{\tau^2}=\frac{\int_0^{\infty} R_{\text{delay}}(\tau)\tau^2 \mathrm{d}\tau}{\int_0^{\infty} R_{\text{delay}}(\tau)\mathrm{d}\tau} \tag{5.318}$$

那么 RMS 延迟扩展是如下差值

$$\sigma_{\text{RMS,delay}}=\sqrt{\overline{\tau^2}-(\bar{\tau})^2} \tag{5.319}$$

有了这个定义，如果符号周期满足 $T \gg \sigma_{\text{RMS,delay}}$，则称信道为频率平坦的。这就意味着有效扩展远远小于一个符号，因此相邻符号之间基本没有 ISI。

例 5.30　考虑指数功率延迟分布 $R_{\text{delay}}(\tau)=\mathrm{e}^{-\tau/\gamma}$。确定 RMS 延迟扩展。

解：平均额外延迟为

$$\bar{\tau}=\frac{\int_0^{\infty}\tau e^{-\tau/\gamma}d\tau}{\int_0^{\infty}e^{-\tau/\gamma}d\tau} \tag{5.320}$$

$$=\frac{\gamma^2}{\gamma} \tag{5.321}$$

$$=\gamma \tag{5.322}$$

二阶矩为

$$\overline{\tau^2}=\frac{\int_0^{\infty}e^{-\tau/\gamma}\tau^2 d\tau}{\int_0^{\infty}e^{-\tau/\gamma}d\tau} \tag{5.323}$$

$$=\frac{2\gamma^3}{\gamma} \tag{5.324}$$

$$=2\gamma^2 \tag{5.325}$$

RMS 延迟扩展为

$$\sigma_{\mathrm{RMS,delay}}=\sqrt{2\gamma^2-\gamma^2} \tag{5.326}$$

$$=\gamma \tag{5.327}$$

因此，γ 是 RMS 延迟扩展。◀

功率延迟分布的傅里叶变换称为间隔相关函数

$$S_{\mathrm{delay}}(\Delta_{\mathrm{lag}})=\int_0^{\infty}R_{\mathrm{delay}}(\tau)e^{-j2\pi\Delta_{\mathrm{lag}}\tau}d\tau \tag{5.328}$$

将相关表示为两个不同载波频率的差值 $\Delta_{\mathrm{lag}}=f_2-f_1$ 的函数。间隔相关函数用于定义信道的一致带宽。一致带宽的一种定义是使得 $|S_{\mathrm{delay}}(B_{\mathrm{coh}})|=0.5S_{\mathrm{delay}}(0)$ 的 Δ_{lag} 最小值。本质上，这是信道相关为 0.5 变得不相关的第一个点。

一般基于 RMS 延迟扩展定义一致带宽。例如

$$B_{\mathrm{coh}}=\frac{1}{5\sigma_{\mathrm{RMS,delay}}} \tag{5.329}$$

相干带宽被解释为类似于传统带宽，并且旨在给出一种度量，基于这种度量，信道(统计上讲)平坦是合理的。特别是，如果带宽 $B\ll B_{\mathrm{coh}}$，则信道是平坦的。文献中有几种不同的相干带宽定义，所有这些都与 RMS 延迟扩展具有反比关系[191,270]。

例 5.31 对例 5.30 中的指数功率延迟分布，确定间隔相关函数，根据间隔相关函数确定一致带宽，根据 RMS 延迟扩展确定一致带宽。

解：这个间隔相关函数为

$$S_{\mathrm{delay}}(\Delta_{\mathrm{lag}})=\int_0^{\infty}R_{\mathrm{delay}}(\tau)e^{-j2\pi\Delta_{\mathrm{lag}}\tau}d\tau \tag{5.330}$$

$$=\int_0^{\infty}e^{-t/\tau}e^{-j2\pi\Delta_{\mathrm{lag}}\tau}d\tau \tag{5.331}$$

$$=\frac{1}{\gamma^{-1}+j2\pi\Delta_{\mathrm{lag}}} \tag{5.332}$$

要根据间隔相关函数确定一致带宽

$$|S_{\mathrm{delay}}(\Delta_{\mathrm{lag}})|=\sqrt{\frac{1}{\gamma^{-2}-4\pi^2\Delta_{\mathrm{lag}}^2}} \tag{5.333}$$

且

$$|S_{\text{delay}}(0)| = \gamma \tag{5.334}$$

基于 Δ_{lag} 最小的非负值确定的一致带宽为

$$B_{\text{coh}} = \frac{\sqrt{3}}{4}\frac{1}{\gamma} \tag{5.335}$$

基于 RMS 延迟扩展确定的一致带宽为

$$B_{\text{coh}} = \frac{1}{5\gamma} \tag{5.336}$$

由于 $\sqrt{3}/4 \approx 0.43$，$1/5=0.2$，这两个表达式只有一个因子 2 的差别。这种情况下，基于 RMS 延迟扩展的一致带宽更为保守。◀

实际上，功率延迟分布或间隔相关函数是根据测量决定的。例如，假设训练信号用于生成时间 n 的信道估计 $h[n,\ell]$。然后，可以从 M 个观测值将离散时间功率延迟分布估计为 $\frac{1}{N}\sum_{n=0}^{N-1} h[n,\ell]^2$。间隔频率相关函数 $S_{\text{delay}}(\Delta_{\text{lag}})$ 可以通过在 $\Delta f = f_2 - f_1$ 发送正弦信号来估计，并在几个不同的时间估计它们各自信道之间的相关性。或者它可以使用 OFDM 系统在离散时间上进行计算，假设总共 K 个子载波，给定的 n，采用每个信道估计 $H[n,k]$ 的 DFT，则将间隔频率相关函数视为子载波的函数，估计为 $S_{\text{delay}}[k_2-k_1] = \frac{1}{N}\sum_{n=0}^{N-1} H[n,k_1]H^*[n,k_2]$。

5.7.3 时间选择性衰落

多普勒频谱 $S_{\text{Doppler}}(f)$ 用于确定信道是否是时间选择性衰落。可以通过测量来估计多普勒频谱，或者更常见的方法，基于某些分析模型来估计多普勒频谱。与定义 RMS 多普勒延迟扩展的方法一样，给定一般的多普勒频谱 $\sigma_{\text{RMS,doppler}}$，确定多普勒效应严重性的常用方法。如果 $B \gg \sigma_{\text{RMS,doppler}}$，则认为信号是时不变的。在移动信道中，可以使用最大多普勒频移替代 RMS 多普勒扩展。最大多普勒频移是 $f_{\text{m}} = f_{\text{c}} v/c$，其中 v 是最大速度，c 是光速。当发射机以速度 v 直线移动或相对接收机直线移动时，发生最大偏移。对于许多系统，最大多普勒频移给出了 RMS 多普勒扩展的合理近似，通常导致更保守的时间选择性定义。

最大多普勒频移是移动性的函数。移动性越高，速度越高。从系统设计的角度来看，我们经常使用最大速度来确定相干时间。例如，固定无线系统可以假设只有 2mile/h（1mile/h＝0.447 04m/s）的行人速度，而移动蜂窝系统可以用于以每小时数百英里的速度行驶的高速列车。

例 5.32 确定蜂窝系统具有 $f_{\text{c}}=1.9\text{GHz}$ 的最大多普勒频移，该系统为速度 300km/h 的高速列车服务。

解：米每秒的 300km/h 的速度是 83.3m/s。则最大多普勒频移为

$$f_{\text{m}} = 1.9\times 10^9 \frac{83.3}{2.97\times 10^8} \tag{5.337}$$

$$= 533\text{Hz} \tag{5.338}$$

◀

分析模型也可以用来确定多普勒频谱。也许最常见的是 Clarke-Jakes 模型。在这个模型中，发射机是静止的，而接收机以速度 v 直接向发射机移动。在接收机周围有一圈各向同性散射体，这意味着多径从所有不同方向到达，并且具有不同的对应多普勒频移。在这种假设下的多普勒频谱是

$$S_{\text{Doppler}}(f) = \begin{cases} \dfrac{1}{\pi\sqrt{f_{\text{m}}^2 - f^2}} & v \in [-f_{\text{m}}, f_{\text{m}}] \\ 0 & v \notin [-f_{\text{m}}, f_{\text{m}}] \end{cases} \tag{5.339}$$

绘制图5.34中的Clarke-Jakes谱，我们看到什么叫作有角多普勒频谱。

信道的时间选择性也可以由间隔时间相关函数确定，该间隔时间相关函数是多普勒频谱的傅里叶反变换：

$$R_{\text{Doppler}}(\Delta_{\text{time}}) = \int_{-\infty}^{\infty} S_{\text{Doppler}}(f) e^{j2\pi\Delta_{\text{time}} f} df \tag{5.340}$$

间隔时间相关函数实质上给出窄带信号两个不同时间点 $\Delta_{\text{time}}=t_2-t_1$ 之间的相关性(因此可以忽略延迟扩展)。信道的相干时间被作为 Δ_{time} 最小的时间值，从而使 $|R_{\text{Doppler}}(\Delta_{\text{time}})|=0.5R_{\text{Doppler}}(0)$。得到的值是 T_{coh}。通常基于RMS多普勒扩展或最大多普勒频移来定义相干时间，并以相同的方式定义相干带宽。一个信道被称为在块 N_{tot} 线性时不变，如果 $TN_{\text{tot}} \ll T_{\text{coh}}$。对于Clarke-Jakes谱，通常采用 $T_{\text{coh}}=0.423/f_m$[270]。

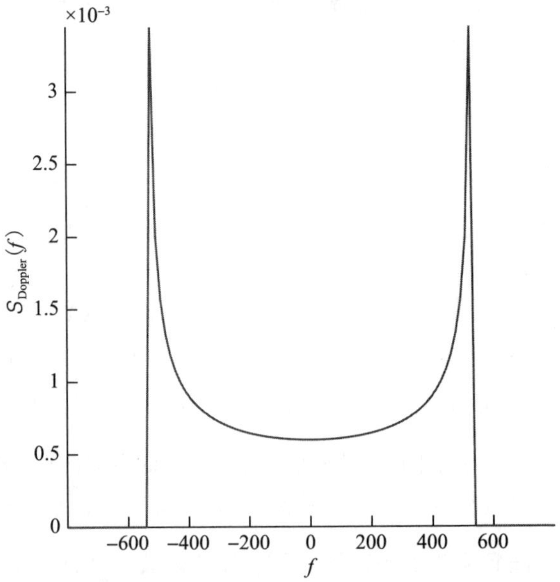

图5.34 $f_m=533\text{Hz}$ 时的Clarke-Jakes谱

例5.33 在与例5.32中相同的情况下使用最大多普勒频移确定相干时间。此外，如果使用带宽为1MHz的单载波系统，并且采用长度为 $N_{\text{tot}}=100$ 的分组，则确定信道是否是时间选择性的。

解： 相干时间为 $T_{\text{coh}}=1/(5f_m)=0.375\text{ms}$。带宽为1MHz时，假设正弦脉冲整形，$T$ 最多为1 μs，如果采用其他形式的脉冲整形，则 T 最小。比较 $N_{\text{tot}}T=100\mu s$ 与 T_{coh}，我们可以得出结论，信道在分组发送时间内将是时不变的。◄

对于Clarke-Jakes谱，间隔时间相关函数可以计算为

$$R_{\text{Doppler}}(\Delta_{\text{time}}) = J_0(2\pi f_m \Delta_{\text{time}}) \tag{5.341}$$

其中 $J_0(\cdot)$ 是0阶贝塞尔函数。在图5.35中绘制了间隔时间相关函数。时间相关函数中的旁瓣衰减很快导致快速去相关，但是随着时间的推移确实表现出一些长期的相关性。

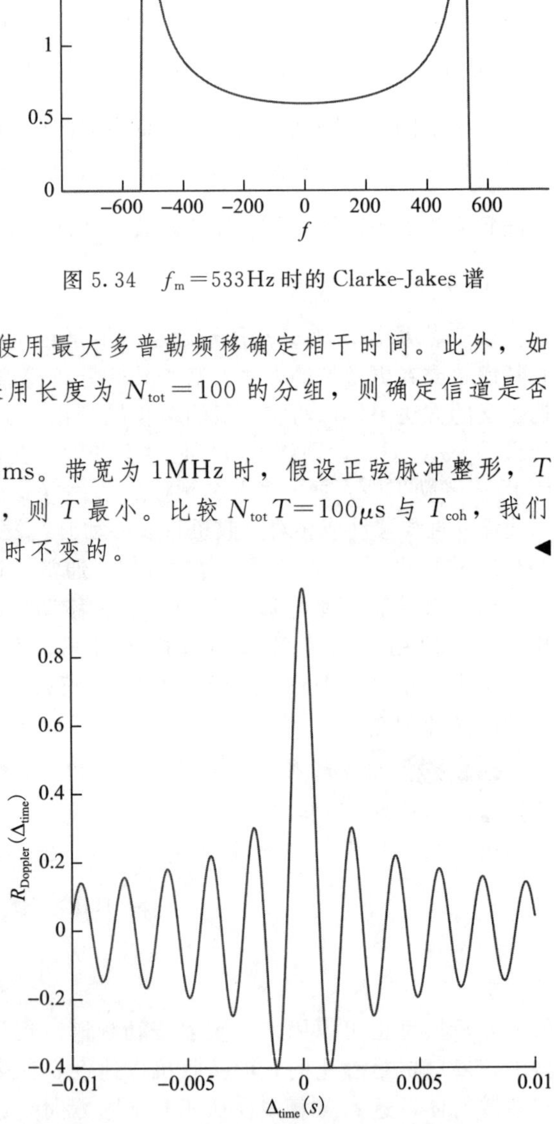

图5.35 $f_m=533\text{Hz}$ 时对应Clarke-Jakes谱的间隔时间相关函数

时间选择性衰落的一个有趣的方面是它取决于载波。通常我们使用基带等效信道模型，而忽略载波 f_c。这里是一个重要的地方。注意，载波越高，固定速度的相干时间越小。这意味着频率更高的信号比低频信号经历更多的时间变化。

在实践中，通常从测量中确定间隔时间相关函数。例如，假设短训练序列用于在 N 个测量中时间 n 处生成信道 $h[n, \ell]$。然

后，可以将间隔时间相关函数估计为 $R_{\text{Doppler}}[n_1-n_2]=\frac{1}{N}\sum_{n=0}^{N-1}\sum_{\ell=0}^{\infty}h[n_1,\ell]h^*[n_2,\ell]$。多普勒谱也可以通过估计功率谱来测量。

5.7.4 信道选择性的信号模型

信道选择性确定哪种信道模型适合。由于时间和频率选择性的分解，有 4 个选择性区域。在本节中，我们将介绍每个区域的典型模型，并分析每种情况下接收机处所需的信号处理。

时间不变性/频率平坦性　在这种情况下，对于 $n=0, 1, \cdots, N_{\text{tot}}-1$，等效系统，包括信道、载波频率设置和帧延迟(假设已经执行了符号同步)，可以写成

$$y[n]=e^{j2\pi\epsilon n}hs[n-d]+v[n] \tag{5.342}$$

接收机所需的信号处理在 5.1 节中已经得到大量讨论。

时间不变性/频率选择性　在这种情况下，对于 $n=0, 1, \cdots, N_{\text{tot}}-1$，等效系统，包括信道、载波频率设置和延迟，可以写成

$$y[n]=e^{j2\pi\epsilon n}\sum_{\ell=0}^{L}h[\ell]s[n-d-\ell]+v[n] \tag{5.343}$$

其中冲激响应 $\{h[\ell]\}_{\ell=0}^{L}$ 包括多径效应、发送脉冲波形和接收匹配滤波器，以及符号同步错误。在接收机所需的信号处理步骤在 5.2～5.4 节中详细讨论了。

时间变化性/频率平坦性　假设信道相对于符号周期缓慢变化，但是变化比 TN_{tot} 快，对于 $n=0, 1, \cdots, N_{\text{tot}}-1$

$$y[n]=h[n]s[n-d]+v[n] \tag{5.344}$$

如果相对于 T 信道变化太快，那么发送脉冲波形会有显著畸变，需要更复杂的线性时变系统模型。我们已经在时变信道中引入了一个小的载波频率偏移量，大的偏移量需要不同的模型。

5.1 节介绍了一种修正信道估计和均衡算法的方式是引入一个跟踪回路。这个方法使用周期插入的导频(比一致时间更短的周期)来检查 $h[n]$ 的样值之间的相关性。这样，$\hat{h}[n]$ 的估计值可以用预测和估计的概念产生，例如，Wiener 或 Kalman 滤波器[172,143]。另一种方法是避免同时估计信道，而改用其他差分技术，如 DQPSK。一般来说，这些方法对于相干调制具有 SNR 惩罚，但是有松弛或无信道估计要求[156,287]。

时间变化性/频率选择性　假设相对于符号周期信道缓慢变化，但是变化比 TN_{tot} 快，对于 $n=0, 1, \cdots, N_{\text{tot}}-1$，

$$y[n]=\sum_{\ell=0}^{L}h[n,\ell]s[n-d-\ell]+v[n] \tag{5.345}$$

信道描述为二维线性时变系统，冲激响应为 $\{h[n,\ell]\}_{\ell=0}^{L}$，称为双选择性信道。我们再次将载波频率偏移的存在纳入时变信道。如果信道变化很大，那么可能需要进行一些额外的奈奎斯特假设，并且离散时间模型将变得更加复杂(通常只有极高的多普勒效应下才需要)。

从信号处理的角度来看，时间和频率选择性信道是最具挑战性的，因为信道抽头(tap)随时间变化。由于两个原因，在这种信道下的运营具有挑战性。首先，信道系数估计困难。其次，即使使用估计的系数，均衡器设计也具有挑战性。解决该问题的一种方法是使用基础扩展方法[213]来表示双重选择性信道，作为较少数量的较慢变化系数的函数。这种参数方法可以帮助进行信道估计。然后，可以使用更适合于时变信道的 OFDM 调制的修正形式[320,359]。在时间和频率选择区域中运行对于水下通信是常见的[92]。对于地面系统来说，这种情况尚不常见，尽管像 Cohere Technologies 这样的公司现在对此越来越感兴趣了[230]。

5.8 小尺度信道模型

由于与时间选择性相关的挑战，无线通信系统通常设计成使得信道在分组、帧、块或突发(同一个对象的不同术语)上是时间不变的。这通常称为衰落。即使在这样的系统中，信道也可能从帧到帧变化。在这一节中，我们描述随机小尺度衰落模型。对用于分析或仿真的信道，这些模型用来描述如何生成信道的多个实现。首先，我们回顾一些平坦衰落模型，特别是瑞利、Ricean 和 Nakagami 衰落。然后，我们回顾频率选择性衰落的一些模型，包括瑞利模型和 Saleh-Valenzuela 聚类信道模型的推广。我们最后解释如何计算平坦衰落信道中的符号误差的平均概率的界限。

5.8.1 平坦衰落信道模型

在此节中，我们提出不同的平坦衰落信道模型。我们专注于信道 h_s 是一个逐帧独立抽取的随机变量的情况。最后我们将解释如何处理时间上的相关性。

最常用的平坦衰落模型是瑞利信道模型。在这种情况下，h_s 有分布 $\mathcal{N}_{\mathbb{C}}(0,1)$。选择方差使$\mathbb{E}[|h_s|^2]=1$，这样信道中的所有增益采用大尺度衰落信道模型来添加。这称为瑞利模型，因为信道$|h_s|$的包络具有瑞利分布，在这种情况下即为 $f_{h_s}(x)=2x\exp(-x^2)$。幅值平方$|h_s|^2$ 是两个 $\mathcal{N}(0,1/2)$随机变量之和，表现为卡方分布(由于 1/2 要归一化)。信道相位(h_s)均匀分布在$[0,2\pi]$上。瑞利衰落信道模型是对有丰富散射 NLOS 环境的情况建模的。在这种情况下，信号沿不同方向的相移略不相同的路径到达，基于中心极限定理，收敛到高斯分布。

有些情况下存在占主导地位的 LOS 路径。在这些情况下，使用 K 因子参数化的 Ricean 信道模型。在 Ricean 模型中，h_s 具有分布 $\mathcal{N}_{\mathbb{C}}(\mu,\sigma^2)$。Rice 因子是 $K=|\mu|^2/\sigma^2$。执行$\mathbb{E}[|h_s|^2]=1$，然后 $\mu^2+\sigma^2=1$。代入 $\mu^2=\sigma^2 K$ 并简化可以得到$|\mu|=\sqrt{K/(1+K)}$和 $\sigma^2=1/(1+K)$。然后，就 K 而言，h_s 具有分布 $\mathcal{N}_{\mathbb{C}}(e^{\theta}\sqrt{K/(1+K)},1/(1+K))$，其中 $\theta=\text{phase}(\mu)$，但在大多数情况下 $\theta=0$ 被选中。Rice 因子从 $K=0$(对应于瑞利情况)到 $K=\infty$(对应于非衰落信道)变化。

在测量数据的启发下，也使用其他分布以便更好地拟合观测数据。最常见的是 Nakagami-m 分布，它是$|h_s|$的分布，具有额外参数 m，其中 $m=1$ 对应于瑞利情况。h_s 相位均匀分布在$[0,2\pi]$。Nakagami-m 分布是

$$f(x)=\frac{2m^m x^{2m-1}}{\Gamma(m)}e^{-mx^2} \tag{5.346}$$

当$|h_s|$是 Nakagami-m 分布且$|h_s|^2$ 是 gamma 分布 $\Gamma(m,1/m)$时。有两个参数的 gamma 分布也可以对近似测量数据有更大的灵活性。

时间选择性也可以结合到平坦衰落模型中。通常用于瑞利衰落分布。令 $h_s[n]$表示作为 n 的函数的小尺度衰落分布。在这种情况下，n 可以索引符号或帧，这取决于信道是以逐符号方式还是以逐帧方式生成。出于说明的目的，我们每 N_{tot}个符号生成一次信道。

假设我们想要生成具有空间相关函数的数据 $R_{\text{Doppler}}(\Delta_{\text{time}})$。令 $R_{\text{Doppler}}[k]=R_{\text{Doppler}}(kTN_{tot})$为等效的离散时间相关函数。生成具有 $\mathcal{N}_{\mathbb{C}}(0,1)$的 IID 高斯随机过程，用滤波器 $q[k]$过滤该过程，我们可以生成相关函数 $R_{\text{Doppler}}[k]=q[k]*q^*[-k]$的高斯随机过程。这样的滤波器可以使用统计信号处理中的算法找到[143]。用极点和零点表示滤波器来实现卷积通常很有用。例如，可以通过使用 Levinson-Durbin 递推求解 Yule-Walker 方程来找到全极 IIR 滤波器的系数。这样生成的信道可视为自回归随机过程[19]。其他的滤波器近似也是可能

的，例如，使用自回归滑动平均过程[25]。

生成随机时间选择性信道也有确定性方法。最广为人知的是 Jakes 的正弦曲线求和方法[165]，这种方法可以生成具有近似 Clarke-Jakes 多普勒频谱的信道。在这种情况下，将有限数量的正弦曲线相加，由最大多普勒频移和一定幅度确定频率。硬件模拟器中广泛采用这种方法。引入更多随机性的一个修改版本改善了模型的统计特性[368]。

5.8.2 频率选择性信道模型

在本节中，我们介绍频率选择性衰落信道的不同模型，重点关注为每帧独立生成信道系数的情况。与上一节不同，我们提出两类模型。一类模型是直接定义在离散时间上的。另一类物理模型是在连续时间内生成，然后转换到离散时间上。

离散时间频率选择性瑞利信道是瑞利衰落的推广。在该模型中，抽头方差根据指定的符号间隔功率延迟分布 $R_{\text{delay}}[\ell]=R_{\text{delay}}(\ell T)$ 而变化。在这个模型中，$h_s[\ell]$分布为 $\mathcal{N}_{\mathbb{C}}(0, R_{\text{delay}}[\ell])$。该模型的一个特例是均匀功率延迟分布，其中 $h_s[\ell]$分布为 $\mathcal{N}_{\mathbb{C}}(0, 1)$，因其简单性，这种模型在分析中常用。有时，第一个抽头用一个 Ricean 分布来模拟 LOS 分量。

注意，信道中的总功率 $\sum_{\ell=0}^{L}|h[\ell]|^2=\sum_{\ell=0}^{L}R_{\text{delay}}[\ell]$ 取决于功率延迟，可能大于 1。这是符合实际的，因为多径的存在，与平坦衰落的信道相比，接收机可能捕获更多能量。然而，有时候功率延迟可以被归一化为具有单位能量，对不同功率延迟分布进行比较时是有用的。

另一类频率选择性信道模型形成所谓的聚类信道模型，其中第一类是 Saleh-Valenzuela 模型[285]。这是基于幅度和延迟的一组分布的连续时间脉冲响应的模型，并且是用作 3.3.3 节中的示例的单路径和双路径信道的概括。复基带等效信道是

$$h(t)=\sum_{m=0}^{\infty}\sum_{q=0}^{\infty}\alpha_{m,q}g(t-T_m-\tau_{m,q}) \tag{5.347}$$

其中 T_m 是聚类延迟，$\alpha_{m,q}$是复路径增益，$\tau_{m,q}$是路径延迟。可以按照 3.3.5 节的计算得到离散时间等效信道如下

$$h_s[n]=T\sum_{m=0}^{\infty}\sum_{q=0}^{\infty}\alpha_{m,q}g(nT-T_m-\tau_{m,q}) \tag{5.348}$$

$g(t)$的选择恰好取决于信道是在哪里仿真的。如果仿真仅要求匹配滤波和抽样之后得到$\{h_s[\ell]\}_{\ell=0}^{L}$，那么选择 $g(t)=g_{\text{tx}}(t)*g_{\text{rx}}(t)$是合理的。如果在符号同步和匹配滤波之前，可以利用过抽样仿真信道，那么将 $q(t)$替换为具有与 $x(t)$带宽相对应的低通滤波器也是合理的。在这种情况下，利用过采样，例如 T/M_{rx}，可以获得离散时间等效。

Saleh-Valenzuela 模型的灵感来自物理测量后者发现多径趋向于成簇。参数 T_m 表示簇的延迟，并且对应的 $\tau_{m,q}$表示来自第 m 簇的第 q 条射线。

簇延迟被建模为具有参数 Φ 的泊松到达过程。这意味着到达间距 T_m-T_{m-1}独立于指数分布 $f(T_m|T_{m-1})=\Phi\exp(-\Phi(T_m-T_{m-1}))$。类似地，给定 $\tau_{m,\ell}-\tau_{m,\ell-1}$为指数分布，射线也被建模为带参数 ϕ 的泊松到达过程。参数 Φ 和 ϕ 将根据测量结果确定。

增益 $\alpha_{m,q}$是复高斯的，其方差随着簇延迟和射线延迟的增加呈指数减小。具体而言，$\alpha_{m,q}$分布为 $\mathcal{N}_{\mathbb{C}}(0, \exp(-T_m/\overline{T})\exp(-\tau_{m,q}/\overline{\tau}))$，其中 $\overline{T}$ 和 $\overline{\tau}$ 也是模型中的参数。

Saleh-Valenzuela 模型的独特之处在于它有助于仿真两个尺度上的随机性。第一个尺度是簇和射线的选择。第二个尺度是幅度随着时间的变化。可以按照以下方式进行仿真。首先，根据泊松到达模型生成相关的簇延迟$\{T_m\}$和射线延迟 $\tau_{m,q}$。给定这组簇和射线，可以生成若

干信道实现。以这些簇延迟和射线延迟为条件，可以根据功率延迟分布 $\sum_{m=0}^{\infty} \mathrm{e}^{-T_m/\Phi}\mathrm{e}^{-\tau_{m,q}/\phi}u(t-T_m)$ 来生成信道系数，其中 $u(t)$是单位阶跃函数。在该模型的实际应用中，射线和簇的数量被截断，例如，10 个簇和每簇 50 条射线。

式(5.347)中基于冲激的信道模型可以用于其他有或没有簇的配置。例如，给定传播环境的模型，射线跟踪可用于确定发射机和接收机之间的传播路径、增益和延迟。该信息可用于根据式(5.347)产生信道模型。该模型可以通过移动用户通过一个区域来更新。另一种变化是，通过射线跟踪确定簇的位置，但是然后假设从每个簇到达的射线以一定的分布(通常由角度扩展指定)随机到达[37,38]。还可能有其他变化。

将移动性合并到频率选择性信道模型中有不同的方法。在离散时间频率选择性瑞利信道的情况下，可以使用与平坦衰落情况相同的方法，但是每个抽头都使用。例如，可以改变每个抽头，使得每个抽头具有特定的时间相关函数(通常假定相同)。在 Saleh-Valenzuela 模型的情况下，还可以用空间的角度对簇和射线进行参数化，并从该角度导出多普勒频移。给定一组簇和射线，可以用于模拟时变信道。

5.8.3　衰落信道模型的性能分析

相干时间和相干带宽，以及相应的信号带宽和采样周期，决定了用于系统设计的等效输入-输出关系的类型。给定衰落信道的工作模式，可以基于系统考虑因素(包括目标错误率)设计适当的接收机。衰落对系统性能的影响取决于离散时间信道和接收机对衰落的处理。

在复杂的系统设计问题中，也是大多数基于标准的系统中，通常使用蒙特卡罗仿真技术来估计系统性能。基本上，这涉及生成衰落信道的实现、生成要传输的比特分组、生成加性噪声以及处理相应的接收信号。

然而，对于一些特殊情况，可以使用信道的随机描述来预测性能，而不需要仿真。这有助于进行初始的系统设计决策，随后进行更详细的仿真。在这一节中，我们提供一个符号错误概率分析的例子。

考虑一个平坦衰落信道

$$y[n] = \sqrt{E_\mathrm{x}}h_\mathrm{s}s[n] + v[n] \tag{5.349}$$

这里我们假设大尺度衰落是 $G=E_\mathrm{x}$。当信道建模为随机变量时，符号错误概率瞬时值 $P_\mathrm{e}\left(\frac{E_\mathrm{x}}{N_\mathrm{o}}\,|\,h_\mathrm{s}\right)$也是随机变量。在这种情况下，一种性能度量是符号误差的平均概率。基于错误概念的其他测度也可以。平均误差概率写为

$$P_\mathrm{e}\left(\frac{E_\mathrm{x}}{N_\mathrm{o}}\right) = \mathbb{E}_{h_\mathrm{s}}\left[P_\mathrm{e}\left(\frac{E_\mathrm{x}}{N_\mathrm{o}}\,|\,h_\mathrm{s}\right)\right] \tag{5.350}$$

其中 $P_\mathrm{e}\left(\frac{E_\mathrm{x}}{N_\mathrm{o}}\,|\,h_\mathrm{s}\right)$是以 h_s 的给定值为条件的符号错误概率。相对于分布中的所有信道计算期望

$$P_\mathrm{e}\left(\frac{E_\mathrm{x}}{N_\mathrm{o}}\right) = \int_c P_\mathrm{e}\left(\frac{E_\mathrm{x}}{N_\mathrm{o}}\,|\,c\right)f_{h_\mathrm{s}}(c)\,\mathrm{d}c \tag{5.351}$$

请注意，我们将其表示为单个积分，但由于信道复杂，所以采用双重积分更为普遍。给定规定的衰落信道模型和符号错误表达式的概率，有时可以采用闭合形式计算期望值或界限。

在这一节中，我们计算 AWGN 信道中符号误差概率的期望联合界。采用联合界

$$P_e\left(\frac{E_x}{N_o}\,|\,h_s\right)\leqslant(M-1)Q\left(\sqrt{\frac{E_x\,|h|^2}{N_o}\,\frac{d_{\min}^2}{2}}\right) \tag{5.352}$$

虽然存在帮助计算 $Q(\cdot)$ 函数的解决方案，例如 Craig 公式[80]，但更简单的方法是使用 Chernoff 界 $Q(x)\leqslant e^{-\frac{x^2}{2}}$。这样就可以有

$$P_e\left(\frac{E_x}{N_o}\,|\,h_s\right)\leqslant\frac{1}{2}(M-1)e^{-\frac{E_x|h_s|^2}{4N_o}d_{\min}^2} \tag{5.353}$$

要进一步计算，需要确定信道的分布。

假设信道为瑞利分布。评估式(5.353)的一种方式是利用 h_s 为 $\mathcal{N}_{\mathbb{C}}(0,1)$分布，且任意分布函数积分为 1. 那么代入 $f_{h_s}(c)=\pi^{-1}\exp(-|c|^2)$，可得㊀

$$\int_c\frac{1}{2}(M-1)e^{-\frac{E_x|c|^2}{4N_o}d_{\min}^2}\,\frac{1}{\pi}e^{-|c|^2}\,dc=\frac{1}{2\pi}(M-1)\int_c e^{-\frac{E_x|c|^2d_{\min}^2}{4N_o}-|c|^2}\,dc \tag{5.354}$$

$$=\frac{1}{2\pi}(M-1)\int_c e^{-|c|^2\left(\frac{E_x^2d_{\min}^2}{4N_o}+1\right)}\,dc \tag{5.355}$$

$$=\frac{1}{2}(M-1)\int_c\frac{\frac{E_x|c|^2d_{\min}^2}{4N_o}+1}{\frac{E_x|c|^2d_{\min}^2}{N_o}+1}\,dc \text{㊁} \tag{5.356}$$

$$=\frac{1}{2}(M-1)\,\frac{1}{\frac{E_x^2d_{\min}^2}{4N_o}+1} \tag{5.357}$$

合并可得

$$P_e\left(\frac{E_x}{N_o}\right)\leqslant\frac{1}{2}(M-1)\,\frac{1}{\frac{E_x^2d_{\min}^2}{4N_o}+1} \tag{5.358}$$

例 5.34 计算用 M-QAM 计算瑞利衰落的联合界的 Chernoff 上界。

解：对于 M-QAM，将 $d_{\min}^2=\frac{6}{M-1}$代入式(5.358)可得

$$P_e\left(\frac{E_x}{N_o}\right)\leqslant\frac{1}{2}(M-1)\,\frac{1}{\frac{E_x3}{2(M-1)N_o}+1} \tag{5.359}$$

相比文献[310]中计算出的如下精确解

$$P_e\left(\frac{E_x}{N_o}\right)=2\left(1-\frac{1}{\sqrt{M}}\right)\left(1-\sqrt{\frac{\frac{E_x}{N_o}}{1+\frac{E_x}{N_o}}}\right)-\frac{1}{4}\left(1-\frac{1}{\sqrt{M}}\right)^2\left(1-\sqrt{\frac{\frac{E_x}{N_o}}{1+\frac{E_x}{N_o}}}\left(\frac{4}{\pi}\tan^{-1}\sqrt{\frac{1+\frac{E_x}{N_o}}{\frac{E_x}{N_o}}}\right)\right) \tag{5.360}$$

这个界能给出更多的启发，图 5.36 中对 4-QAM 提供精确解与上界的对比。显然，上界是松的但是有高 SNR 下的正确斜率。◀

式(5.358)的含义是，对于瑞利衰落信道，误差概率随信噪比逆的函数而减小。但是，请注意，对于非衰落 AWGN 信道，错误概率呈指数下降(这可以从 Chernoff 上限可视化

㊀ 原书式(3.354)～式(3.358)几个公式中都有推导的错误，按照纠正后的给出。——译者注
㊁ 大分式积分号不能比例拉抻。—— 译者注

观察到）。这意味着衰落信道需要更高的平均 SNR 来实现给定的误差概率。在特定错误率下 AWGN 信道所需信噪比与衰落信道所需目标之间的差称为小尺度衰落余量。这是偏移信道衰落所需的额外功率。在图 5.36 中提供了 4-QAM 的说明。例如，在10^{-2}的符号错误率下，AWGN 信道需要 4dB 的 SNR，但是瑞利信道需要 14dB。这意味着与 AWGN 信道相比，瑞利衰落中需要 10dB 小尺度衰落余量。

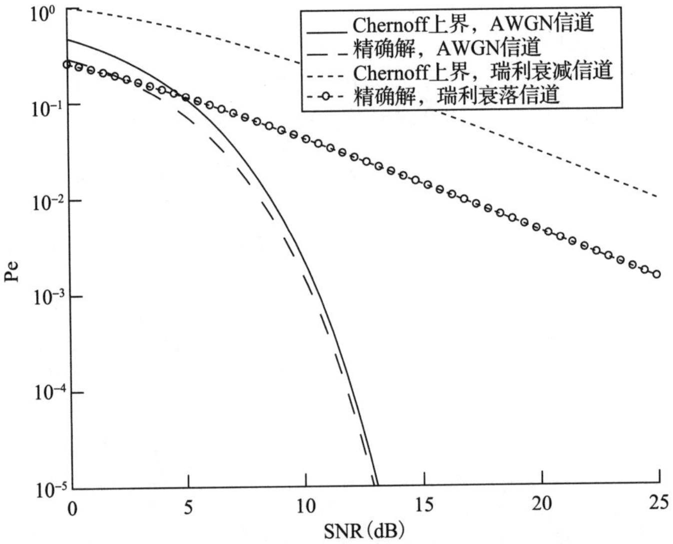

图 5.36　误差曲线的概率比较 4-QAM 的高斯和瑞利衰落

5.9　小结

- 单路径传播信道延迟并衰减接收信号。
- 多径传播信道产生码间干扰。离散时间复基带等效信道包括发送和接收脉冲整形。它可以用 FIR 滤波器系数$\{h[\ell]\}_{\ell=0}^{L}$来建模。
- 均衡是消除多径传播的一种手段。线性均衡设计一种近似于反向信道滤波器的滤波器。均衡也可以使用 OFDM 和 SC-FDE 框架在频域中进行。
- 帧同步涉及传输帧起始位置的识别。在 OFDM 中，帧同步被称为符号同步。可以采用已知训练序列或训练序列的周期性重复进行帧起始位置的估计。
- 载波频率偏移是由发射机和接收机中所用载波频率之间（小）差异产生的。形成一个在接收信号上的旋转相位。载波频率偏移同步包括估计偏移和对接收信号进行消旋以去除它。在信道估计之前，使用特殊的信号设计来实现频率偏移估计。
- 训练序列是发射机和接收机都已知的序列。插入这些序列使接收机可以估计信道、帧起始或载波频率偏移等未知参数。在许多算法中，具有良好相关特性的训练序列是有用的。
- 传播信道模型可用来评估信号处理算法的性能。大尺度衰落捕获了信道在几百个波长上的平均特性，而小尺度衰落捕获了信道的波长级行为。信道模型存在于大尺度和小尺度衰落分量。
- 路径损耗描述了信号功率平均损耗与距离的函数关系。通常以分贝为单位。路径损耗的对数距离模型将损耗描述为路径损耗指数的函数，并且可能是捕获阴影的附加随机变量。LOS/NLOS 路径损耗模型具有从 LOS 或 NLOS 对数距离路径损耗模型中选择的距离相关概率函数。
- 信道的小尺度衰落特性可以通过频率选择性和时间选择性来描述。

- 频率选择性通过查看功率时延分布、计算 RMS 时延扩展以及查看它是否相对于符号周期显著来确定。或者可以通过观察相干带宽和比较信号的带宽来评估。
- 通过选择间隔时间相关函数并比较帧长度来量化时间选择性。或者可以通过 RMS 多普勒扩展或最大多普勒频移并比较信号带宽来确定。
- 有几种不同的平坦衰落和频率选择性信道模型。大多数模型是随机的，将信道视为从帧到帧变化的随机变量。瑞利衰落是最常见的平坦衰落信道模型。频率选择性信道可以直接基于它们的抽头描述或者基于信道的物理描述来生成。

习题

1. 改用 16-QAM 重新产生图 5.5 中的结果，并确定 M_{rx} 的最小值，使得 16-QAM 在符号错误率为10^{-4}时具有 1dB 损耗。
2. 重新产生例 5.3 的结果，假设由 Golay 序列构建的训练为$[\boldsymbol{a}_8;\ \boldsymbol{b}_8]$，然后随机选择 40 个 4-QAM 符号。解释如何修改相关器以利用 Golay 互补对的性质。比较你的结果。
3. 考虑系统

$$y[n] = hs[n] + v[n] \tag{5.361}$$

其中 $s[n]$是零均值 WSS 随机过程，相关函数为 $r_{ss}[n]$，$s[n]$和 $v[n]$不相关。确定线性 MMSE 均衡器 g 以最小化如下所示的均方误差

$$\mathbb{E}[|e[n]|^2] = \mathbb{E}[|s[n] - g^* y[n]|^2] \tag{5.362}$$

(a) 求 MMSE 估计器 g 的方程式。

(b) 求均方误差的方程式(代替你的估计器并计算期望值)。

(c) 假设已知 $r_{ss}[n]$，且可从收到的数据估计 $r_{yy}[n]$。说明如何从 $r_{ss}[n]$和 $r_{yy}[n]$中获得 $r_{vv}[n]$。

(d) 假设利用过程的遍历性通过 N 个样本的样本平均来估计 $r_{yy}[n]$。用这个函数形式重写 g 的方程式。

(e) 比较最小平方和最小 MMSE 均衡器。

4. 考虑频率偏移的频率平坦系统。假设使用 16-QAM 调制，并且接收信号是

$$y[n] = e^{j2\pi\epsilon n}\sqrt{E_X}\,s[n] + v[n] \tag{5.363}$$

其中 $\epsilon = f_{\text{offset}} T_s$，$\exp(j2\pi\epsilon n)$对于接收机是未知的。假设 SNR 为 10dB，分组大小为 $N=101$，ϵ 的作用是旋转实际的星座图

(a) 考虑在没有噪声的情况下的 $y[0]$和 $y[1]$。画出这两种情况的星座图，并讨论 ϵ 对检测的影响。

(b) 整个分组中，最坏情况的旋转出现在哪里?

(c) 假设 ϵ 足够小，最坏情况的旋转发生在符号 100。旋转大于 $\pi/2$ 的 ϵ 值是多少? 对于这个问题的其余部分，假设 ϵ 小于这个值。

(d) 确定使符号错误率为10^{-3}的 ϵ。为了求解，先找到作为 ϵ 的函数的符号错误概率的表达式。确保 ϵ 包含在表达式中某处。设函数值等于10^{-3}并求解。

5. 设 $\boldsymbol{T}$ 为 Toeplitz 矩阵，设 $\boldsymbol{T}^*$ 为其 Hermitian 共轭。如果 $\boldsymbol{T}$ 是方阵或高且满秩的矩阵，证明 $\boldsymbol{T}^*\boldsymbol{T}$ 是可逆方阵。
6. 考虑图 5.37 中的训练结构。考虑从训练数据的第一个周期估计信道的问题。设 $s[0]$，$s[1]$，…，$s[N_{tr}-1]$表示训练符号，而 $s[N_{tr}]$，$s[N_{tr}+1]$，…，$s[N-1]$表示未知的 QAM 数据符号。假设我们可以将信道建模为频率选择性信道，系数为$h[0]$，$h[1]$，…，$h[\ell]$。接收信号(假设已完成同步)是

$$y[n] = \sum_{\ell=0}^{L} h[\ell]s[n-\ell] + v[n] \tag{5.364}$$

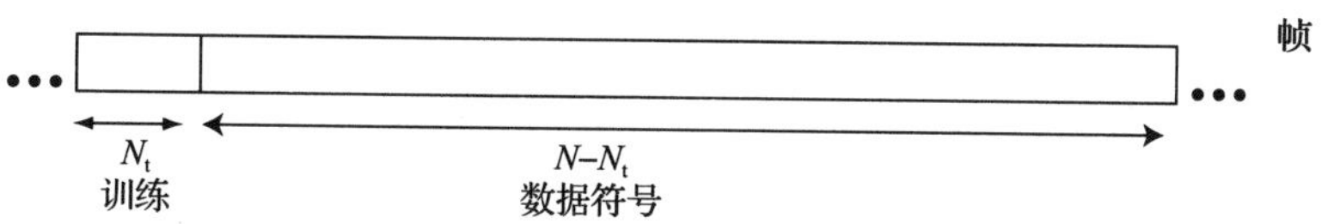

图 5.37　长度为 N_t 的单个训练序列后接 $N-N_t$ 个数据符号的帧结构

(a) 写出根据训练数据得到最小二乘信道估计的解。解答可以使用矩阵。确定要仔细标注出矩阵大小

和内容。还要列出求解过程所需的任何重要假设。

(b) 假设采用估计出的信道用进行 $y[n]$ 的均衡器的估计，然后用于检测器生成 $\{\hat{s}[n]\}_{N_{tr}}^{N-1}$ 的符号判决的暂定值。我们希望通过使用判决导向信道估计来改进检测过程。根据训练数据和暂定符号判决写出最小二乘信道估计的解。

(c) 绘制接收机的框图，包括同步、来自训练的信道估计、均衡、信道再激励、再均衡和附加检测阶段。

(d) 直观解释采用仅与 SNR(低、高)和 N_{tr}(小、大)有函数关系的训练序列，判决导向的接收机如何工作。多次迭代是否有益？请证明你的答案是正确的。

7. 令 $\hat{\boldsymbol{H}}$ 为 Toeplitz 矩阵，用于计算最小平方均衡器 $\hat{\boldsymbol{f}}_{n_d}$。证明若 $\hat{h}[n]\neq 0$，$\hat{\boldsymbol{H}}$ 满秩。

8. 考虑一种数字通信系统，其中相同的发送符号 $s[n]$ 在两个不同的信道上重复。这称为重复编码。令 h_1 和 h_2 为信道系数，假设在每个时间实例期间这些系数是恒定的并且被完美地估计。接收信号被 $v_1[n]$ 和 $v_2[n]$ 干扰，二者是相同方差 σ^2 的零均值圆对称复数 AWGN，即 $v_1[n]$，$v_2[n]\sim\mathcal{N}_c(0,\sigma^2)$。另外，$s[n]$ 的均值为零，$\mathbb{E}|s[n]|^2=1$。我们假设 $s[n]$、$v_1[n]$ 和 $v_2[n]$ 彼此不相关。两个信道上的接收信号由下式给出

$$y_1[n]=h_1 s[n]+v_1[n] \tag{5.365}$$

$$y_2[n]=h_2 s[n]+v_2[n] \tag{5.366}$$

假设对于两个实例采用均衡器 g_1 和 g_2，这两个均衡器 g_1 和 g_2 是使得 $|g_1|^2+|g_2|^2=1$ 的复数。组合信号(combined signal)表示为 $z[n]$，是对两个时间实例中的均衡信号求和得到的：

$$z[n]=g_1 y_1[n]+g_2 y_2[n] \tag{5.367}$$

如果我们定义如下矢量

$$\boldsymbol{y}[n]=\begin{bmatrix} y_1[n] \\ y_2[n] \end{bmatrix} \tag{5.368}$$

$$\boldsymbol{h}=\begin{bmatrix} h_1 \\ h_2 \end{bmatrix} \tag{5.369}$$

$$\boldsymbol{v}[n]=\begin{bmatrix} v_1[n] \\ v_2[n] \end{bmatrix} \tag{5.370}$$

$$\boldsymbol{g}=\begin{bmatrix} g_1 \\ g_2 \end{bmatrix} \tag{5.371}$$

那么

$$\boldsymbol{y}[n]=\boldsymbol{h}s[n]+\boldsymbol{v}[n] \tag{5.372}$$

且

$$z[n]=\boldsymbol{g}^*\boldsymbol{y}[n] \tag{5.373}$$

(a) 现根据矢量 $\boldsymbol{h}$ 和 $\boldsymbol{g}$ 写出 $z[n]$ 的表达式，再根据 g_1、g_2、h_1 和 h_2 写出 $z[n]$ 的表达式。然后有了两种 $z[n]$ 表达式。

(b) 计算组合信号 $z[n]$ 的噪声分量的均值和方差。

(c) 计算组合信号 $z[n]$ 的 SNR，$z[n]$ 视为 σ、h_1、h_2、g_1 和 g_2(或 σ、$\boldsymbol{h}$ 和 $\boldsymbol{g}$)的函数。在这种情况下，SNR 是组合的接收信号的方差除以噪声项的方差。

(d) 确定最大化组合信号 SNR 的 g_1 和 g_2 为 h_1 和 h_2 的函数(或 $\boldsymbol{g}$ 为 $\boldsymbol{h}$ 的函数)。提示：考虑矢量的 Cauchy-Schwarz 不等式，使用等号成立的条件。

(e) 确定一组方程式，用于求解 LMMSE 均衡器的 g_1 和 g_2，使得均方误差最小。均方误差定义如下

$$\mathbb{E}|e[n]|^2=\mathbb{E}|s[n]+z[n]|^2 \tag{5.374}$$

可以利用正交性原理简化公式，但不要求解未知系数。提示：使用矢量格式可能很有用，可以假设期望和微分计算顺序可以交换。首先，展开绝对值，然后相对于 $\boldsymbol{g}^*$ 求导并将结果置零。尽可能简化以获得 $\boldsymbol{g}$ 作为 h_1、h_2 和 σ 函数的表达式。

(f) $\boldsymbol{y}[n]$ 的自相关矩阵 $\boldsymbol{R}_{yy}[0]$ 定义为

$$\boldsymbol{R}_{yy}[0]=\mathbb{E}(\boldsymbol{y}[n]\boldsymbol{y}^*[n])$$

$$=\begin{bmatrix} r_{y_1y_1}[0] & r_{y_1y_2}[0] \\ r_{y_2y_1}[0] & r_{y_2y_2}[0] \end{bmatrix} \tag{5.375}$$

计算作为 σ、h_1 和 h_2 函数的 $\boldsymbol{R}_{yy}[0]$。提示：$r_{ss}[0]=\mathbb{E}|s[n]|^2=1$，且对于随机过程 $a[n]$和 $b[n]$有$r_{ab}[0]=\mathbb{E}(a[n]b^*[n])$。

(g) 现在求解(e)中的方程组。

9. 考虑 L 抽头的频率选择性信道。给定符号周期 T 并且在使用因子 M_{rx}和匹配滤波进行过采样之后，接收信号为

$$r[k]=\sum_{n=-\infty}^{\infty}s[n]h\left(\frac{kT}{M}-nT\right)+v\left(\frac{kT}{M}\right) \tag{5.376}$$

其中 s 是发送的符号，v 是 AWGN。假设在下采样之前将分数间隔均衡器(FSE)应用于接收信号。FSE $f[k]$是 FIR 滤波器，其抽头间隔为 T/M_{rx}和长度为 MN。图 5.38 给出了系统的框图。

(a) 给出 FSE 的输出信号 $w[k]$的表达式和下采样后信号 $y_M[n]$的表达式。

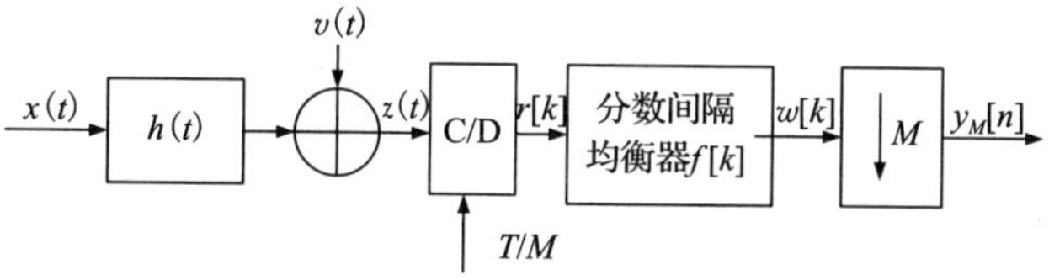

图 5.38 FSE 接收机的框图

(b) 我们可以用以下矩阵形式表示 FSE 滤波器系数：

$$\boldsymbol{F}=\begin{bmatrix} f[0] & f[1] & \cdots & f[M-1] \\ f[M] & f[M+1] & \cdots & f[2M-1] \\ \vdots & \vdots & \ddots & \vdots \\ f[(N-1)M] & f[(N-1)M+1] & \cdots & f[NM-1] \end{bmatrix} \tag{5.377}$$

我们可以将 $\boldsymbol{F}$ 的第$(j+1)$列视为一个 T 间隔子均衡器 $f_j[n]$，其中 $j=0$，2，…，$M-1$。相似地，可以将 FSE 输出、信道系数和噪声表示为 T 间隔子序列：

$$r_j[n]=r\left[nT-T\frac{M-j}{M}\right] \tag{5.378}$$

$$h_j[n]=h\left[nT-T\frac{M-j}{M}\right] \tag{5.379}$$

$$v_j[n]=w\left[nT-T\frac{M-j}{M}\right] \tag{5.380}$$

采用这些表达式，可以得到

$$r_j[n]=s[n]*h_j[n]+v_j[n] \tag{5.381}$$

(c) 现在，将 $y_M[n]$表示为 $s[n]$、$f_j[n]$、$h_j[n]$和 $v_j[n]$的函数。该表达式被称为 FSE 的多信道模型(multichannel model)，因为输出是与 T 间隔的子均衡器和子序列卷积的符号的总和。

(d) 根据(c)绘制 FSE 多信道模型的框图。

(e) 现在考虑一个无噪声的情况。给定信道矩阵$\boldsymbol{H}_j$ 如下

$$\begin{bmatrix} h[0] & 0 & \cdots & \vdots \\ h[M-j] & h[j] & \cdots & 0 \\ \vdots & h[M-j] & \ddots & h[j] \\ h[(L-1)M-j] & \vdots & \cdots & h[M-j] \\ 0 & h[(L-1)M-j] & \ddots & \vdots \\ \vdots & \vdots & \cdots & h[(L-1)M-j] \end{bmatrix} \tag{5.382}$$

我们定义

$$\boldsymbol{H}=[\boldsymbol{H}_0 \quad \boldsymbol{H}_1\cdots\boldsymbol{H}_{M-1}] \tag{5.383}$$

$$\boldsymbol{f}=[\boldsymbol{f}_{M-1}^{\mathrm{T}} \quad \boldsymbol{f}_{M-2}^{\mathrm{T}}\cdots\boldsymbol{f}_0^{\mathrm{T}}] \tag{5.384}$$

其中 f_j 是 F 的第$(j+1)$列。仅当 $\mathbf{H}$ 的列空间中有 $\mathbf{h}=\mathbf{C}\mathbf{f}$，$\mathbf{e}=\mathbf{e}_d$ 的解，且信道 $\mathbf{H}$ 的各列线性独立，才可以实现完美的信道均衡。鉴于 M_{rx}和 L 确保满足后一条件，均衡器的长度 N 的条件是什么？提示：矩阵/矢量的维数是多少？

(f) 鉴于你在(e)中的答案，考虑 $M=1$ 的情况(即不使用 FSE)。在这种情况下可以完美均衡吗？

10. 考虑 L 抽头的频率选择性信道。匹配滤波后，接收信号为

$$y[n]=\sum_{\ell=0}^{L}h[\ell]s[n-\ell]+v[n] \tag{5.385}$$

其中 $s[n]$是发送的符号，$h[\ell]$是信道系数，$v[n]$是 AWGN。假设接收符号{0.75+j0.75，−0.75−j0.25，−0.25−j0.25，0.25+j0.75}对应于已知的训练序列{1，−1，−1，1}。注意，这个问题需要数值解，也就是说，当需要解决最小二乘问题时，结果必须是特定数字。LabVIEW 中的 MATLAB、LabVIEW 或 MathScript 可能对解决问题很有用。

(a) 求以矩阵形式表示的$\{h[\ell]\}_{\ell=0}^{L}$的最小二乘估计表达式。先不要求解。明确表示矩阵和矢量，并列出你的假设(特别是关于 L 和训练序列长度之间关系的假设)。

(b) 假设 $L=1$，求解基于(a)的最小二乘信道估计。

(c) 假设采用线性均衡器来消除信道影响。设$\{f[\ell]\}_{\ell=0}^{2}$为 FIR 均衡器。设 n_d 为均衡器延迟。给定(b)中信道估计的情况下，形成$\{f[\ell]\}_{\ell=0}^{2}$的最小二乘估计。先不要求解。

(d) 确定 n_d 值的范围。

(e) 确定最小化平方误差 $J_f[n_d]$的 n_d，并求解对应于该 n_d 的最小二乘均衡器。并且提供最小平方误差的值。

(f) 使用与(a)～(e)相同的假设和(e)中的 n_d 值，表示并求解均衡器系数的直接最小二乘估计$\{f[\ell]\}_{\ell=0}^{2}$，并计算平方误差的值。

11. 证明 DFT 的以下两个性质：

(a) 令 $x[n]\leftrightarrow X[k]$且 $x_1[n]\leftrightarrow X_1[k]$。若 $X_1[k]=e^{j2\pi km/n}X[k]$，有

$$x_1[n]=\begin{cases}x[((n-m))_N] & 0\leqslant n\leqslant N-1\\ 0 & \text{否则}\end{cases} \tag{5.386}$$

(b) 令 $y[n]\leftrightarrow Y[k]$，$h[n]\leftrightarrow H[k]$且 $s[n]\leftrightarrow S[k]$。若 $Y[k]=H[k]S[k]$，有 $y[n]=\sum_{\ell=0}^{N-1}h[\ell]s[((n-\ell))_N]$。

12. 考虑 OFDM 系统。假设你的好友 C. P. 使用循环后缀而不是循环前缀。那么对于 $n=0，1，\cdots，N+L_c$，有

$$w[n]=\frac{1}{N}\sum_{n=0}^{N-1}s[k]e^{j2\pi\frac{kn}{N}} \tag{5.387}$$

其中 L_c 是循环前缀的长度。对于 $n<0$ 和 $n>N+L_c$，$w[n]$的值是未知的。令接收信号为

$$y[n]=\sum_{\ell=0}^{L}h[\ell]w[n-\ell]+v[n] \tag{5.388}$$

(a) 说明你仍然可以使用循环后缀而不是循环前缀来恢复$\{s[k]\}_{k=0}^{N-1}$。

(b) 绘制系统的框图。

(c) 使用循环前缀和使用循环后缀之间的差异是什么？

13. 考虑具有等效系统的 SC-FDE 系统 $y[n]=\sum_{\ell=0}^{L}h[\ell]s[n-\ell]+v[n]$。循环前缀的长度是 L_c。证明循环前长度应满足 $L_c\geqslant L$。

14. 考虑在 5MHz 带宽中具有 $N=256$ 个子载波的 OFDM 系统，其中载波 $f_c=2$GHz 并且循环前缀长度为 $L=16$。你可以假设 sinc 脉冲整形。

(a) 子载波带宽是多少？

(b) 保护间隔的长度是多少？

(c) 假设你想要使 OFDM 符号周期性地包括循环前缀。周期的长度为 16。在 OFDM 符号中，你需要将哪些子载波归零？

(d) 使用这种方法可以纠正的频率偏移范围是多少？

15. 考虑具有 N 个子载波的 OFDM 系统。

(a) 导出 4-QAM 传输的误码概率的界限。你的答案应该取决于 $h[k]$、N_o 和 $d_{\min}$。

(b) 对于 $N=1$，2，4，将误差率曲线绘制为 SNR 的函数。假设 $h[0]=E_x$，$h[1]=E_x/2$，$h[2]=-jE_x/2$，且 $h[3]=E_x e^{-j2\pi/3}/3$。

16. 在 IEEE 802.11a 的正常数据传输(不是 CEF)期间，OFDM 符号中使用了多少个导频符号？

17. IEEE 802.11ad 是一种工作频率为 60GHz 的 WLAN 标准。它在低频段具有比先前 WLAN 标准宽得多的带宽。IEEE 802.11ad 中定义了四种 PHY 格式，其中一种使用 OFDM。该系统使用 1880MHz 的带宽、512 个子载波和固定的 25%的循环前缀。现在计算以下内容：

(a) 假设以奈奎斯特率采样，采样周期的持续时间是多少？

(b) 子载波间隔是多少？

(c) 保护间隔的持续时间是多少？

(d) OFDM 符号周期持续时间是多少？

(e) 在标准中，512 个子载波中的仅 336 个用作数据子载波。假设我们使用码率 1/2 和 QPSK 调制，计算系统的最大数据速率。

18. 考虑 OFDM 通信系统和具有抽头 $\{h[\ell]\}_{\ell=0}^{L}$ 的离散时间信道。从数学上推导说明为什么循环前缀长度 L_c 必须满足 $L_c \geqslant L$。

19. 实际上，我们可能希望使用多个天线来改善接收信号的性能。假设每个天线的接收信号可以建模为

$$x_1[n]=\sum_{\ell=0}^{L} h_1[\ell]s[n-\ell]+v_1[n] \tag{5.389}$$

$$x_2[n]=\sum_{\ell=0}^{L} h_2[\ell]s[n-\ell]+v_2[n] \tag{5.390}$$

本质上，对相同信号有两个观察结果。每个都由不同的离散时间信道进行卷积。

在这个问题中，我们确定一组均衡器 $g_1^{(\Delta)}[k]$ 和 $g_2^{(\Delta)}[k]$ 的系数，使得

$$\sum_{k=0}^{K} g_1^{(\Delta)}[k]h_1[n-k]+\sum_{k=0}^{K} g_2^{(\Delta)}[k]h_2[n-k]=\delta[n-\Delta] \tag{5.391}$$

其中 Δ 为设计参数。

(a) 假设你发送训练数据 $\{t[n]\}_{n=0}^{N_{tr}-1}$。制定一个最小二乘估计器，用于找到信道 $\{\hat{h}_1[\ell]\}_{\ell=0}^{L}$ 和 $\{\hat{h}_2[\ell]\}_{\ell=0}^{L}$ 的估计系数。

(b) 根据你的信道估计，数学描述最小二乘均衡器设计问题。提示：你需要一个平方误差。先不要求解。明确你的矩阵和矢量。

(c) 使用(b)的公式求解最小二乘均衡器的估计。你可以在答案中使用矩阵。列出你对维数等的假设。

(d) 绘制包括该信道估计器和均衡器的 QAM 接收机的框图。

(e) 现在数学描述并求解直接均衡器估计问题。列出你对维数等的假设。

(f) 绘制包括该均衡器的 QAM 接收机的框图。

20. 考虑具有帧结构的无线通信系统，如图 5.39 所示。训练是交错的(可能是不同的)突发数据。重复相同的训练序列。这个结构是最近提出的，在几个 60GHz 无线通信标准中的单载波模式下使用。

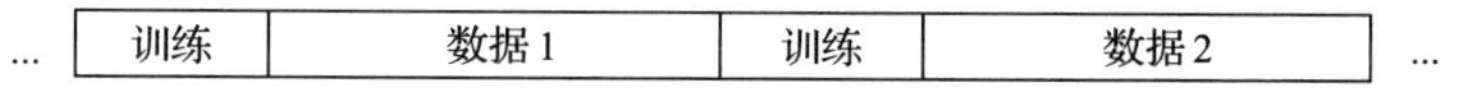

图 5.39 具有训练数据的帧

设训练序列为 $\{t[n]\}_{n=0}^{N_{tr}-1}$，数据符号为 $\{s[n]\}$。为了使问题具体化，假设

$$w[n]=\begin{cases} t[n] & n\in[0,N_{tr}-1] \\ s[n-N_{tr}] & n\in[N_t,N_t+N-1] \\ t[n-(N_t+N)] & n\in[N_t+N,2N_{tr}+N-1] \\ s[n-(2N_{tr}+N)] & n\in[2N_{tr}+N,N_t+N-1] \\ \text{等} & \end{cases} \tag{5.392}$$

假设信道是线性时变的。经过匹配滤波和抽样，接收信号可以表示为

$$y[n]=\sum_{\ell=0}^{L}h[\ell]w[n-\ell]+v[n] \tag{5.393}$$

假设 N 远远大于 N_{tr}，且 $N_{tr}\geqslant L$。

(a) 考虑序列 $\{w[n]\}_{n=0}^{2N_{tr}+N-1}$。说明存在长度为 N_{tr} 的循环前缀。

(b) 利用已经创建的循环前缀，推导出单载波频域均衡结构。本质上就是说明如何从 $\{y[n]\}$ 恢复 $\{s[n]\}_{n=0}^{N-1}$。

(c) 绘制发射机的框图。需要尽可能明确地指出训练序列如何合并。

(d) 绘制接收机的框图。请小心仔细。

(e) 假设我们想要使用数据任一侧的训练来估计训练序列中的信道。推导出最小二乘信道估计器，并确定该估计器满足最小二乘条件所需的 N_{tr} 最小值。

(f) 是否可以使用与 OFDM 相同的技巧，对于循环前缀使用训练序列？解释原因。

21. 考虑 OFDM 通信系统。假设系统使用 40MHz 的带宽，128 个子载波和 32 个循环前缀的长度。假设载波频率为 5.785GHz。

(a) 假设以奈奎斯特率采样，采样周期的持续时间是多少？

(b) OFDM 符号周期持续时间是多少？

(c) 子载波间隔是多少？

(d) 保护间隔的持续时间是多少？

(e) 使用所有奇数子载波归零的 Schmidl-Cox 方法，以赫兹为单位，应校正多大的频率频移？假设只有细微偏移校正，忽略整数偏移量。

(f) 振荡器的偏移量以百万分之一为单位。在给定(e)中的频率偏移的情况下，确定可容许的百万分之几的变化。

22. 考虑具有长度 L_c 的循环前缀的 OFDM 通信系统。传送到脉冲整形器的样值为

$$w[n]=\frac{1}{N}\sum_{n=0}^{N-1}s[m]e^{j2\pi\frac{m(n-L_c)}{N}},\quad n=0,\cdots,N+L_c-1 \tag{5.394}$$

回顾循环前缀

$$w[n]=w[n+N],\quad n=0,\cdots,L_c-1 \tag{5.395}$$

假设设计循环前缀使得阶数 L 满足 $L_c=2L$。在这个问题中，我们使用循环预测来进行载波频率偏移估计。将匹配滤波、帧偏移校正和下采样后的接收信号写为

$$y[n]=e^{j2\pi\epsilon n}\sum_{\ell=0}^{L}h[\ell]w[n-\ell]+v[n],\quad n=0,\cdots,N+L_c-1 \tag{5.396}$$

(a) 首先考虑单个 OFDM 符号。使用循环前缀中的冗余来推导出载波频率偏移估计器。提示：利用循环前缀中的冗余，但记住 $L_c=2L$。需要使用循环前缀比信道长的事实。

(b) 估计器的校正范围是多少？

(c) 将多个 OFDM 符号合并到估计器中。如果信道因不同的 OFDM 符号而改变，它是否有效？

23. **使用重复训练序列和标志翻转进行同步**　考虑图 5.40 中所示的框架结构。该系统使用重复的 4 个训练序列。该问题的目标是探索多个重复训练序列对帧同步、频率偏移同步和信道估计的影响。

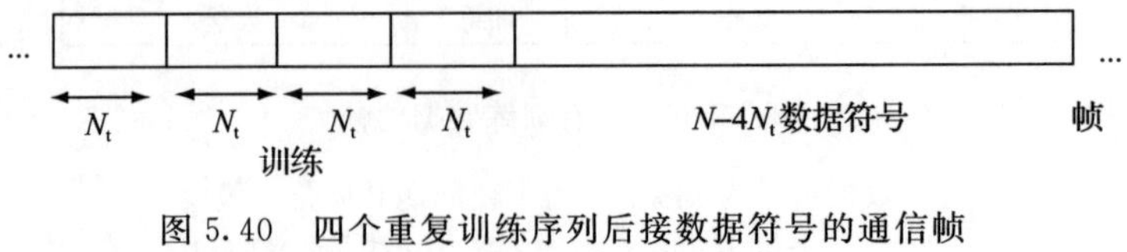

图 5.40　四个重复训练序列后接数据符号的通信帧

(a) 假设采用帧同步、频率偏移估计和仅使用两个长度为 N_{tr} 的训练序列的信道估计算法。换句话说，忽略训练信号的两次额外重复。请评论帧同步、频率偏移估计和信道估计如何在上述分组结构上工作。

(b) 现在关注频率偏移估计。将框架结构视为两个长度为 $2N_{tr}$ 的训练信号的重复。提出一种使用两

个长度为 $2N_{tr}$ 的训练信号的基于相关的频率偏移估计器。

(c) 将框架结构视为 4 个长度为 N_{tr} 的训练信号的重复。建议使用所有 4 个长度 N_{tr} 的训练信号及其相关性的频率偏移估计器。

(d) 在(b)与(c)中可以纠正的频率偏移范围是什么？哪个在准确度与范围方面更好？总的来说，哪种方法在帧同步、频率偏移同步和信道估计方面更好？请证明你的答案。

(e) 假设我们翻转了第 3 个训练序列的标志。因此训练模式变为 T，T，$-T$，T 而不是 T，T，T，T。提出一种频率偏移估计器，使用长度为 N_{tr} 的相关，利用所有 4 个训练信号。

(f) 在这种情况下，可以纠正哪些频率范围？从帧同步的角度来看，这个算法与你推导出的前一个算法相比有什么优势？

24. **OFDM 系统中的同步** 假设我们想要实现频率偏移估计算法。假设我们的 OFDM 系统工作在 2MHz 带宽内，子载波数量 $N=128$，载波为 $f_c=1\text{GHz}$，循环前缀长度 $L=16$。

(a) 子载波带宽是多少？

(b) 设计一个具有理想周期相关性的训练符号，这种相关性在所讨论的算法中有用。应该选择什么周期？为什么这么选？注意要考虑循环前缀的影响。

(c) 对于你在(b)中建议的周期，需要在 OFDM 符号中将哪些子载波归零？

(d) 使用此方法且不做模数校正，可以校正的频率偏移范围是多少？

25. 考虑 IEEE 802.11a 标准。通过对系统设计的思考，解释以下问题：

(a) 确定可以根据短训练序列获得的载波频率偏移校正量。

(b) 确定可以根据长训练序列获得的载波频率偏移校正量。

(c) 为什么你认为长训练序列有双重长度的保护间隔，然后重复两次？

(d) 为什么你认为训练在开始时进行，而不是像在移动蜂窝系统 GSM 中那样，在传输的中间？

(e) 假设在 IEEE 802.11a 中使用 10MHz 而不是 20MHz。你会选择改变 DFT 大小还是改变零子载波的数目？

26. 对习题 17，回答下列问题：

(a) 在假设只有细微偏移校正的情况下，使用 Schmidl-Cox 方法，在所有奇数子载波为零的情况下，可以校正多少频率偏移(以赫兹计)？忽略整数偏移量。

(b) 振荡器频率偏移以百万分之一(ppm)为单位。根据(a)的结果确定百万分之多少的变化是可以容忍的。

27. GMSK 是连续相位调制(CPM)的一个例子。其连续时间基带传输信号可写为

$$s(t) = e^{j\frac{\pi}{2}\sum_{n=-\infty}^{\infty} a[n]\phi(t-nT)} \tag{5.397}$$

其中 $a[n]$ 是 BPSK 符号序列，$\phi(t)$ 是 CPM 脉冲。对于 GSM，$T=6/1.625\times10^6\approx3.69\mu\text{s}$。BPSK 符号序列 $a[n]$ 由差分二进制生成(0 或 1)编码数据序列 $d[n]$，其中

$$a[n] = 1-2(d[n]\oplus d[n-1]) \tag{5.398}$$

其中 $\oplus$ 表示模 2 加。将 BPSK 编码数据序列表示为

$$b[n] = 1-2(d[n]) \tag{5.399}$$

那么式(5.398)可以简写为

$$a[n] = b[n]b[n-1] \tag{5.400}$$

考虑高斯脉冲响应

$$g(t) = B\sqrt{\frac{2\pi}{\ln 2}}e^{\frac{2\pi^2B^2t^2}{\ln 2}} \tag{5.401}$$

用通用形式表示持续时间 T 的矩形函数

$$\text{rect}\left(\frac{t}{T}\right) = \begin{cases}1 & |t|\leqslant\dfrac{T}{2}\\ 0 & 其他\end{cases} \tag{5.402}$$

对于 GSM，$BT=0.3$。这就意味着 $B=81.25\text{kHz}$。这里的 B 不是信号的带宽，而是脉冲 $g(t)$ 的 3dB 带宽。

总的滤波器响应为

$$h(t)=g(t)*\mathrm{rect}(t/T)=\frac{1}{T}\int_{-T/2}^{T/2}g(t-\tau)\mathrm{d}\tau \tag{5.403}$$

那么 CPM 脉冲为

$$\phi(t)=\int_{-\infty}^{t}h(\tau)\mathrm{d}\tau \tag{5.404}$$

由于 BT 延迟带宽积的选择，可以得到

$$\phi(t)\approx\begin{cases}0 & t\leqslant 0h\\ 1 & t\geqslant 4T\end{cases} \tag{5.405}$$

这就意味着当前的 GMSK 符号 $a[n]$主要依赖前 3 个符号 $a[n-1]$，$a[n-2]$和 $a[n-3]$。

注意，由于有限积分，相位输出 $\phi(t)$取决于前面所有比特 $d[n]$。因此，GSM 调制器由图 5.41 中的状态初始化。对于每个传输突发都会重新初始化状态。

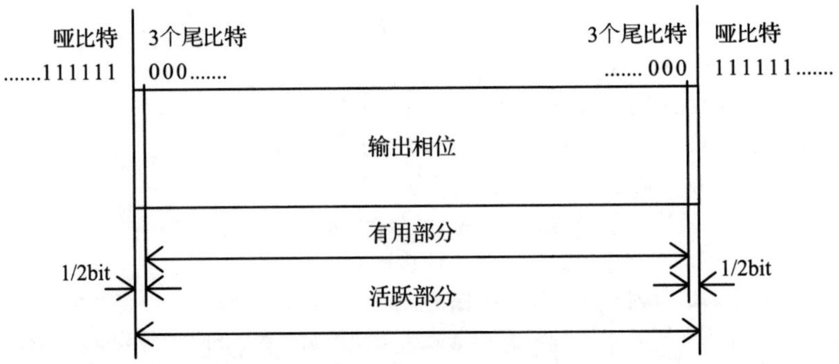

图 5.41　GMSK 是一种带内存的调制。这个基于文献[99]的图说明了假设每个突发被初始化的方式

线性化的经典参考是文献[171，173]，它基于文献[187]中线性化 CPM 信号的开创性工作。这里我们总结文献[171，173]的线性化方法，此方法在文献[87]中用于 GMSK 信号的盲信道均衡。我们在这里简述文献[87]的推导思想。

(a) 利用式(5.405)中的观察，对于 $t\in[nT,(n+1)T)$有

$$s(t)=\mathrm{e}^{\mathrm{j}\frac{\pi}{2}\sum\limits_{n=-\infty}^{\infty}a[n]\phi(t-nT)} \tag{5.406}$$

$$\approx\mathrm{e}^{\mathrm{j}\frac{\pi}{2}\sum\limits_{k=-\infty}^{n-4}a[k]}\prod_{k=n-3}^{n}\mathrm{e}^{\mathrm{j}\frac{\pi}{2}a[k]\phi(t-kT)} \tag{5.407}$$

这使得 $s(t)$主要依赖于当前符号和前 3 个符号。

(b) 说明如何得到

$$\mathrm{e}^{\mathrm{j}\frac{\pi}{2}a[k]\phi(t-kT)}=\cos\left(\frac{\pi}{2}a[k]\phi(t-kT)\right)+\mathrm{j}\sin\left(\frac{\pi}{2}a[k]\phi(t-kT)\right) \tag{5.408}$$

(c) 利用 $a[n]$是取值为+1 或−1 的 BPSK 调制的信号、余弦函数的偶函数性质和正弦的奇函数性质，说明

$$\mathrm{e}^{\mathrm{j}\frac{\pi}{2}a[k]\phi(t-kT)}=\cos\left(\frac{\pi}{2}\phi(t-kT)\right)+\mathrm{j}a[k]\sin\left(\frac{\pi}{2}\phi(t-kT)\right) \tag{5.409}$$

(d) 令

$$\mathrm{sgn}(t)=\begin{cases}-1 & t<0\\ 0 & t=0\\ 1 & t>0\end{cases} \tag{5.410}$$

注意对于任意实数有 $t=\mathrm{sgn}(t)|t|$。下面定义

$$\beta(t)=\cos\left(\frac{\pi}{2}\mathrm{sgn}(t)\phi(t)\right) \tag{5.411}$$

可以说明利用 $\phi(t)$ 的对称性，可以得到

$$\cos\left(\frac{\pi}{2}\phi(t)\right)=\beta(t) \tag{5.412}$$

$$\sin\left(\frac{\pi}{2}\phi(t)\right)=\beta(t-4T) \tag{5.413}$$

对于 β 代入可得

$$s(t)\approx e^{j\frac{\pi}{2}\sum_{k=-\infty}^{n-4}a[k]}\prod_{k=n-3}^{n}(\beta(t-kT)+ja[n]\beta(t-kT-4T)) \tag{5.414}$$

(e) 说明

$$s(t)\approx\sum_{n=-\infty}^{\infty}a_0[n]c_0(t-nT) \tag{5.415}$$

其中对于 $t\in[0,5T]$

$$a[n]:=e^{j\frac{\pi}{2}\sum_{k=-\infty}^{n}a[k]}=ja[n]a_0[n-1]=-a[n]a[n-1]a_0[n-2] \tag{5.416}$$

且

$$c_0(t)=\beta(t-T)\beta(t-2T)\beta(t-3T)\beta(t-4T) \tag{5.417}$$

这称为一项近似。

(f) 修改典型的发送框图，以实现式(5.415)中的发送波形。

(g) 修改典型的接收框图，以在频率选择性信道中实现接收机功能。

28. 对以下信道模型和给定参数，绘制1m到200m距离的路径损耗。路径损耗以分贝为单位。

(a) 假设 $G_t=G_r=3\text{dB}$ 的自由空间，且 $\lambda=0.1\text{m}$。

(b) 使用如(a)中自由空间参数，1m的平均对数参考距离，路径损耗指数 $\beta=2$。

(c) 使用如(a)中自由空间参数，1m的平均对数参考距离，路径损耗指数 $\beta=3$。

(d) 使用如(a)中自由空间参数，1m的平均对数参考距离，路径损耗指数 $\beta=4$。

29. 对于以下信道模型和给定参数，对波长范围为10m至0.01m，绘制距离为1km的路径损耗。路径损耗以分贝为单位，距离采用对数刻度。

(a) 假设 $G_t=G_r=3\text{dB}$ 的自由空间。

(b) 使用如(a)中自由空间参数，1m的平均对数参考距离，路径损耗指数 $\beta=2$。

(c) 使用如(a)中自由空间参数，1m的平均对数参考距离，路径损耗指数 $\beta=3$。

(d) 使用如(a)中自由空间参数，1m的平均对数参考距离，路径损耗指数 $\beta=4$。

30. 考虑有阴影的对数距离模型的路径损耗，设 $\sigma_{\text{shad}}=8\text{dB}$，$\eta=4$，参考距离为1m，根据自由空间计算参考损耗，假设 $G_t=G_r=3\text{dB}$，距离为1m至200m。绘制平均路径损耗。对于你绘制的每个 d 值，假设阴影衰落，绘制路径损耗的10个实现。解释你的观察。要解决此问题，某些路径损耗模型具有与距离相关的影响。

31. 考虑具有 $P_{\text{los}}(d)=e^{-d/200}$ 的LOS/NLOS路径损耗模型，LOS路径损耗的自由空间，无衰落NLOS的对数距离 $\beta=4$，参考距离为1m，$G_t=G_r=0\text{dB}$，$\lambda=0.01\text{m}$。对于1m到400m的距离，以分贝为单位绘制路径损耗。

(a) 绘制LOS路径损耗。

(b) 绘制NLOS路径损耗。

(c) 绘制平均路径损耗。

(d) 对于图中距离的每个取值，生成路径损耗的10个实现，将其在图上叠加画出。

(e) 解释当距离变大时会发生什么。

32. 考虑对数距离模型的路径损耗，假设 $\beta=3$，参考距离为1m，$G_t=G_r=0\text{dB}$ 且 $\lambda=0.01\text{mm}$，发射功率为 $P_{\text{tx}}=10\text{dBm}$。画出1m到500m的路径损耗曲线。

(a) 根据平均路径损耗方程绘制接收功率。

(b) 绘制 $P_{\text{rx}}(d)<-110\text{dBm}$ 的概率。

(c) 确定 d 的最大值，使得90%的时间 $P_{\text{rx}}(d)>-110\text{dBm}$

33. 考虑具有 $P_{los}(d)=e^{-d/200}$ 的 LOS/NLOS 路径损耗模型，LOS 路径损耗的自由空间，无衰落 NLOS 的对数距离 $\beta=4$，参考距离为 1m，$G_t=G_r=0$dB，$\lambda=0.1$m。对于 1m 到 500m 的距离，发射功率为 $P_{tx}=10$dBm。以分贝为单位绘制路径损耗。
   (a) 根据平均路径损耗公式画出接收功率。
   (b) 绘制 $P_{rx}(d)<-110$dBm 的概率。
   (c) 确定 d 的最大值，使得 90%的时间 $P_{rx}(d)>-110$dBm
34. 考虑与上一个习题相同的设置，但 NLOS 分量上有阴影，且 $\sigma_{shad}=6$dB。此问题需要一些额外的工作才能在 NLOS 分量中包含阴影。
   (a) 在此绘制接收路径损耗的实现。别忘了阴影。
   (b) 绘制 $P_{rx}(d)<-110$dBm 的概率。
   (c) 确定 d 的最大值，使得 90%的时间 $P_{rx}(d)>-110$dBm。
35. 考虑一个简单的蜂窝系统。7 个基站位于六角形簇中，1 个位于中心，6 个位于周围。具体而言，1 个基站在原点，6 个基站在 400 米距离的 0°、60°、120°上。考虑对数距离模型的路径损耗，假设 $\beta=4$，参考距离为 1m，$G_t=G_r=3$dB，$\lambda=0.01$m。你可以使用 290K 和 $B=10$MHz 的带宽来计算热噪声功率为 kTB。发射功率为 $P_{tx}=40$dBm。
   (a) 绘制用户沿着 0°线从距离基站 1m 处移动到 300m 处的 SINR。解释这条曲线会发生什么。
   (b) 绘制用户从距离基站 1m 处移动到 300m 处的 SINR。采用蒙特卡罗仿真。对于每个距离，在半径为 d 的圆上随机产生 100 个用户位置，并平均结果。这与前一曲线相比如何？
36. **链接预算计算**。在本题中，通过链接预算，计算可接受的传输范围。噪声方差为 kTB，其中 k 是玻尔兹曼常数(即 $k=1.381\times10^{-23}$ W/Hz/K)，T 是有效温度，单位为开尔文(可以使用 $T=300$K)，B 是信号带宽。假设在建筑物内部进行了现场测量，接下来的处理显示数据适合对数正态模型。发现路径损耗指数为 $n=4$。假设发射功率为 50mW，在距发射机的参考距离 $d_0=1$m 处测量 10mW，对于对数正态路径损耗模型则测量 $\sigma=8$dB。所需的信号带宽为 1MHz，相比相干带宽足够小。因此，可以将信道很好地建模为瑞利衰落信道。使用 4-QAM 调制。
   (a) 以 1 毫瓦(dBm)为单位计算噪声功率，单位为分贝。
   (b) 确定高斯信道所需的 SNR，其符号错误率为 10^{-2}。使用此值和噪声功率，确定至少 10^{-2}操作所需的最小接收信号功率。让它成为 P_{min}(像往常一样以分贝为单位)。
   (c) 确定最大距离，使接收功率高于 P_{min}。
   (d) 确定平坦瑞利衰落信道的小尺度链路余量 $L_{Rayleigh}$。衰落余量是瑞利情况所需的 SNR 与高斯情况所需的 SNR 之间的差。令 $P_{Rayleigh}=L_{Rayleigh}+P_{min}$。
   (e) 对于中断率为 90%对数正态信道，确定大尺度链路余量。换句话说，确定使在 90%的时间内 $P_{large\text{-}scale}$ 大于 $P_{Rayleigh}$ 所需的接收功率 $P_{large\text{-}scale}$。
   (f) 使用 $P_{large\text{-}scale}$，确定系统可以支持的最大可接受距离(以米为单位)。
   (g) 忽略小尺度衰落的影响，系统可以支持的最大可接受距离(米)是多少？
   (h) 描述多样性对系统范围的潜在影响。
37. 假设在建筑物内部进行了现场测量，并且随后的处理显示数据是具有阴影的路径损耗模型。发现路径损耗指数为 $n=3.5$。如果在发射机的 $d_0=1$m 处测量 1mW 并且距离为 $d_0=10$m，则 10%的测量值强于 -25dBm，并且对数正态模型的标准偏差为 σ_{shad}。
38. 通过实际测量，在距离发射机 100m、400m 和 1.6km 的距离处，获得以下三个接收功率测量值：

与发射机的距离	接收功率
100m	0dBm
400m	−20dBm
1.6km	−50dBm

   (a) 假设路径损耗遵循对数距离模型，没有阴影，参考距离 $d_0=100$m。使用最小二乘法估计路径损耗指数。

(b) 假设噪声功率为−90dBm，目标 SNR 为 10dB。所需最小接收信号功率(也称为接收机灵敏度)是多少？

(c) 使用(b)中计算的值，系统可支持的近似可接受最大距离(公里)是多少？

39. 将以下分类为慢速或快速以及频率选择性或频率平坦。证明你的答案。在某些情况下，你必须根据应用程序做出合理假设来证明你的答案是正确的。假设系统占用列出的全部带宽。

(a) 为高速列车提供服务的蜂窝系统，载波频率为 2GHz，带宽为 1.25MHz。RMS 延迟扩展为 2μs。

(b) 载波频率为 800MHz，带宽为 100kHz 的车对车通信系统。RMS 延迟扩展为 20ns。

(c) 载波频率为 3.7GHz，带宽为 200MHz 的 5G 通信系统。

(d) 60GHz 无线个域网，带宽为 2GHz，RMS 延迟扩展为 40ns。主要应用是高速多媒体传输。

(e) 警察乐队电台。车辆以超过 100m/h 的速度移动并与基站通信。在 900MHz 载波下带宽为 50kHz。

40. 考虑具有 $f_c=1.9$GHz 的频率载波和 $B=5$MHz 的带宽的无线通信系统。功率延迟文件显示存在三条强路径，如图 5.42 所示。

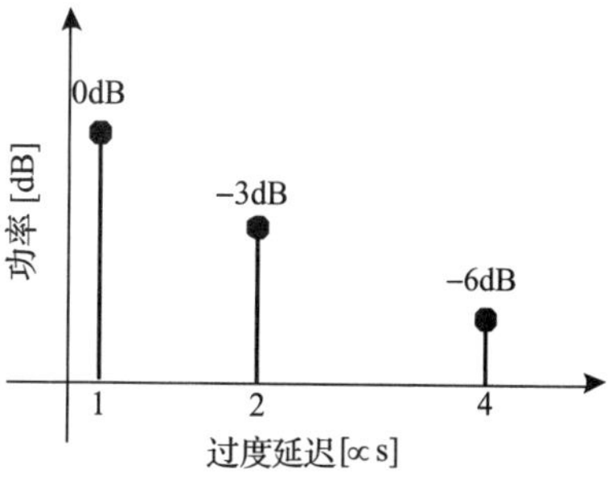

图 5.42 三信道信道的功率延迟

(a) 计算 RMS 延迟差价。

(b) 考虑单载波无线系统。将系统分类为频率平坦或频率选择性及慢速或快速。假设系统提供对车辆到车辆通信的服务，速度为 $v=120$km/h，采用符号传输而不是分组传输。你应该使用相干时间 T_{coh} 和最大多普勒频率 f_{m} 之间更严格的关系 $T_{\mathrm{coh}}\approx\frac{0.5}{f_{\mathrm{m}}}$。

(c) 考虑 IFFT/FFT 大小为 $N=1024$ 的 OFDM 系统。允许在频域中利用 OFDM 进行有效均衡所需的最大长度循环前缀是多少？

(d) 对于特定的 OFDM 系统，它还以 30m/h 的城市速度提供车对车通信服务，信道是慢速还是快速衰落？证明你的答案。

41. 假设对于 $\tau\in[0, 20\mu s]$ 有 $R_{\mathrm{delay}}(\tau)=1$，否则为零。

(a) 计算 RMS 延迟差价。

(b) 计算间隔频率相关函数 $S_{\mathrm{delay}}(\Delta_{\mathrm{lag}})$。

(c) 对于带宽为 $B=1$MHz 的信号，确定信道是频率选择还是频率平坦。

(d) 确定带宽最大值，使得信道可假设是频率平坦的。

42. 假设对于 $\tau\in[0, 20\mu s]$ 有 $R_{\mathrm{delay}}(\tau)=\mathrm{e}^{-\tau/10\mu s}u(\tau)+\frac{1}{4}\mathrm{e}^{-(\tau-8\mu s)/5\mu s}u(\tau-8\mu s)$

(a) 计算 RMS 延迟差价。

(b) 计算间隔频率相关函数 $S_{\mathrm{delay}}(\Delta_{\mathrm{lag}})$。

(c) 对于带宽为 $B=1$MHz 的信号，确定信道是频率选择还是频率平坦。

(d) 确定带宽最大值，使得信道可假设是频率平坦的。

43. 描绘 OFDM 系统的设计，80MHz 信道，支持 3km/h 的行人速度，8μs 的 RMS 延迟扩展，工作在 $f_c=800$MHz 下。解释如何设计前导码以允许同步和信道估计，以及如何选择诸如子载波数和循环前缀之类的参数。证明你对参数的选择，并解释如何处理移动性、延迟扩展以及可以容忍的频率偏移量。不需要对此问题进行任何仿真，而是进行必要的计算证明答案是合理的.

44. 描绘具有 2GHz 信道的 SC-FDE 系统的设计，支持 3km/h 的行人速度，RMS 延迟扩展 50ns，工作在 $f_c=64$GHz。解释如何设计前导码以允许同步和信道估计以及如何选择参数。证明你对参数的选择，并解释如何处理移动性、延迟扩展以及可以容忍的频率偏移量。不需要对此问题进行任何仿真，而是进行必要的计算证明答案是合理的。

45. 考虑带宽为 $W=10$MHz 的 OFDM 系统。功率延迟分布估计 RMS 延迟扩展为 $\sigma_{\mathrm{RMS,delay}}=5\mu s$。系统的可能 IFFT/FFT 大小为 $N=\{128, 256, 512, 1024, 2048\}$。可能的循环前缀的大小(以 N 的占比表示)是$\{1/4, 1/8, 1/16, 1/32\}$。

(a) FFT 和循环前缀大小的哪种组合能提供最小开销量？
(b) 计算由此开销引起的损耗比例。
(c) 哪些问题可能与此系统的开销量最小化有关？

46. 计算以下参数集的最大多普勒频移：
(a) 40MHz 带宽，2.4GHz 载波，支持 3km/h 速度。
(b) 2GHz 带宽，64GHz 载波，支持 3km/h 速度。
(c) 20MHz 带宽，2.1GHz 的载波，并支持 300km/h 的速度。

47. 在固定无线系统中，Clarke-Jakes 频谱可能不合适。更好的模型是贝尔多普勒频谱，文献[363]中已经发现 $S_{\text{Doppler}}(f)=\dfrac{1}{1+K_{\text{B}}\left(\dfrac{f}{f_{\text{m}}}\right)^2}$适合数据，其中 K_{B} 是常数，使得 $\int_f S_{\text{Doppler}}(f)\mathrm{d}f=1$。在这种情况下，根据环境中的移动物体多普勒，确定最大多普勒频移。
(a) 最大速度为 160km/h 且载波频率为 1.9GHz，确定 K_{B}。
(b) 确定 RMS 多普勒扩散。
(c) 带宽为 $B=20\text{MHz}$ 的信号和长度为 1000 个符号的块可以建模为时间不变吗？

48. 查找 GSM 蜂窝系统的基本参数。考虑支持 $f_{\text{c}}=900\text{MHz}$ 和 $f_{\text{c}}=1.8\text{GHz}$ 的双频手机。每个载波频率可以支持的最大速度是多少，以便在突发期间信道足够恒定？解释你的工作并列出你的工作假设。

49. 查找 IEEE 802.11a 系统的基本参数。IEEE 802.11a 系统可以容忍的最大延迟扩展量是多少？假设你在一个方形房间，并且接入点位于房间的中间。考虑单反射。房间需要多大才能达到最大的信道延迟量？

50. 考虑 4-QAM 传输。对于错误率为 $1\sim10^{-5}$，SNR 为 0～30dB 绘制以下曲线。这意味着对于更高的 SNR，不会绘制错误率低于10^{-5}的值。
(a) 高斯信道，精确表达式。
(b) 高斯信道，精确表达式，忽略二次项。
(c) 高斯信道，精确表达式，忽略二次项并使用 Chernoff 在 Q 函数的上界。
(d) 瑞利衰落信道，Q 函数上的 Cherno 上界。

51. **计算机** 在此问题中，你将创建一个平坦衰落的信道模拟器功能。函数的输入是 $x(nT/M_{\text{tx}})$，采样的脉冲幅度调制序列在 T/M_{tx}处采样，其中 M_{tx}是过采样因子。函数的输出是 $r(nT/M_{\text{tx}})$，它是采样的接收脉冲幅度调制信号，见式(5.7)。函数的参数应该是信道 h(不包括 $\sqrt{E_{\text{x}}}$)、延迟 τ_{d}、M_{tx}、M_{rx} 和频率偏移 ϵ。根本上，你需要确定离散时间等效信道，将其与 $x(nT/M_{\text{tx}})$进行卷积，重新采样，合并频率偏移，添加 AWGN 和重采样以生成 $r(nT/M_{\text{tx}})$。确保正确添加噪声，使其相关。设计一些测试并证明你的代码正常工作。

52. **计算机** 在此问题中，你将创建一个符号同步功能。函数的输入是 $y(nT/M_{\text{rx}})$，这是匹配滤波器接收脉冲幅度调制信号，M_{rx}是接收机过采样因子，以及用于平均的块长度。你应该实现两种版本的 MOE 算法。证明你的代码有效。仿真根据 4-QAM 星座图得到的 $x(t)$，采用 100 个符号和 $\alpha=0.25$ 的升余弦脉冲整形。通过信道模拟器，对于 $M_{\text{tx}}\geqslant2$ 将采样信号通过信道模拟器产生采样输出信号，每个符号有 M_{rx}个采样值。使用蒙特卡罗仿真，偏移量为 $\tau^{\text{d}}=T/3$ 且 $h=0.3\mathrm{e}^{\mathrm{j}\pi/3}$，执行 100 次试验，用符号同步算法相对 0～10dB 的 SNR，估计符号时序。哪一个有最佳性能？绘制校正后接收信号，也就是说，绘制整个帧的$\widetilde{y}[nM_{\text{rx}}+k^*]$，对于 0dB 和 10dB SNR，在 x 轴上为实数，在 y 轴上为虚数，这应该给出一组旋转的 4-QAM 星座符号。解释你的结果。

53. **计算机** 在这个问题中，你将为平坦衰落信道实现发射机和接收机。通信系统具有长度为 32 的训练序列，其由长度为 8 的 Golay 序列组成，其互补对为[$\boldsymbol{a}8$，$\boldsymbol{b}8$，$\boldsymbol{a}8$，$\boldsymbol{b}8$]。训练序列之后是 100 个 M-QAM 符号。在此数据包之前或之后不发送符号。假设 $M_{\text{rx}}=8$，$\tau_{\text{d}}=4T+T/3$，并且 $h=\mathrm{e}^{\mathrm{j}\pi/3}$。没有频率偏移。生成匹配过滤的接收信号。通过符号定时同步器对其校正时序错误。然后执行以下操作：
(a)使用给定的训练序列开发帧同步算法。通过对 0～10dB 的 SNR 值范围执行 100 次蒙特卡罗仿真，演示算法的性能。计算帧同步误差的数量作为 SNR 的函数。
(b)在校正帧同步误差之后，估计信道。绘制出所有蒙特卡罗试验中平均估计误差与 SNR 的函数关系。

(c)计算符号错误概率。执行足够的蒙特卡罗试验，保证符号误差估计值低于 10^{-4}。

54. **计算机** 考虑与上一个问题相同的设置，但现在频率偏移为 $\epsilon=0.03$。设计并实现频偏校正算法。

(a)假设信道没有延迟，通过对 0～10dB 的 SNR 值范围进行 100 次蒙特卡罗仿真来说明算法性能。绘制平均频率偏移估计误差。

(b)在校正频率同步误差之后，估计信道。绘制所有蒙特卡罗试验平均估计误差与 SNR 的函数关系。

(c)进行足够的蒙特卡罗试验，保证符号误差估计值低于 10^{-4}。

(d)现在重复上述每个任务，包括前一个问题中开发的帧同步和符号定时。解释你的结果。

55. **计算机** 在此问题中，你将创建一个多路径信道模拟器功能，其中复基带等效信道形式如下

$$h(t) = T\mathrm{sinc}(t/T) * \sum_{k=1}^{K} \alpha_k \delta(t-\tau_k) \tag{5.418}$$

并且信道具有多个抽头，每个抽头由复振幅 α_k 和延迟 τ_k 组成。函数的输入是 $x(nT/M_{\mathrm{tx}})$，即采样的脉冲幅度调制序列在 T/M_{tx} 处采样，其中 M_{tx} 是过采样因子。函数的输出是 $r(nT/M_{\mathrm{rx}})$，是从如下信号中采样

$$r(t) = \mathrm{e}^{\mathrm{j}2\pi f_c t} \sum_{k=1}^{K} \alpha_k x(t-\tau_k) + \nu(t) \tag{5.419}$$

你的模拟器应包括信道参数 M_{tx}，M_{rx} 和频率偏移 ϵ。通过将其与平坦衰落信道模拟器进行比较，检查您的代码是否正常工作。设计一些其他测试用例，并证明你的代码有效。

第6章

MIMO通信

迄今为止，本书主要集中在使用单个天线进行传输或接收的无线通信系统。然而，许多无线系统使用多个天线。这些天线可用于获得抗信道衰落的分集，以支持更高的数据速率或提供抗干扰能力。本章考虑具有多个发射或接收天线的系统中的通信。广泛地说，这被称为多入多出(MIMO)通信。本章提供了使用多个发射和接收天线的不同技术的背景，包括波束形成、空分复用和空时编码。它还呈现了在多个天线出现的情况下，如何扩展前几章介绍的算法(包括信道估计和均衡)。

6.1 多天线通信简介

从一开始，即使在20世纪初马可尼在早期的跨大西洋实验中，多个天线已经用于无线通信系统。几十年来，无线通信系统一直在使用多个天线的简单应用。在蜂窝系统中，它们被用于扇区化(将基站的能量集中在特定的地理扇区上)、下倾角(将能量从地平线聚焦)和接收多样性(以改善低功率移动站)。在无线局域网或Wi-Fi中，两个天线通常用于客户端(例如笔记本电脑)和接入点的分集。这些天线通常会配置在空间上很远的地方，例如在笔记本电脑屏幕的任一侧。这些早期的应用不需要重新设计通信信号来支持多个天线。

几个商用无线系统已经将多个天线集成到它们的设计和部署中。诸如发射波束形成和预编码之类的技术由蜂窝系统(3GPP自第7版以来)和无线局域网(IEEE 802.11n、IEEE 802.11ac和IEEE 802.11ad)支持。利用多个天线进行发送和接收的系统采用MIMO通信[256]。

MIMO的使用来自信号处理和控制理论。它用于指具有多个输入和多个输出的系统。在无线系统的情况下，从具有多个输入(来自不同发射天线)和多个输出(来自不同接收天线)的传播信道建立MIMO系统。还有其他几个相关的术语，用来指代不同的天线配置，如图6.1所示。单入单出(SISO)是指具有一个发射天线和一个接收天线的通信链路。这是本书中迄今为止所考虑的常用通信链接。本节使用平坦衰落的例子总结其他配置，并在随后的章节中加以概括。

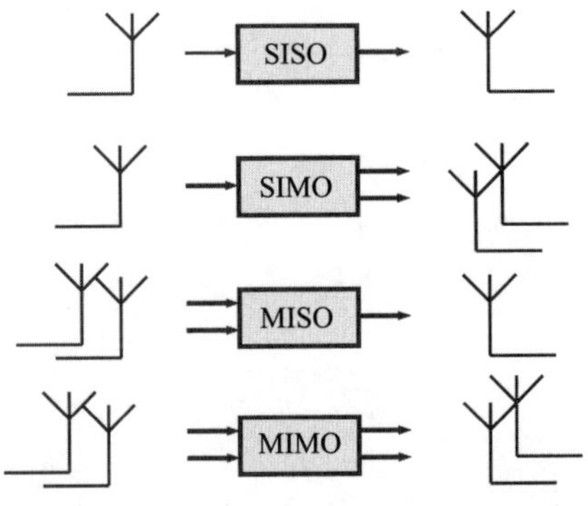

图6.1 不同天线配置的术语：单入单出(SISO)、单入多出(SIMO)、多入单出(MISO)和多入多出(MIMO)

本章的重点是使用多个天线来创建一个MIMO系统。然而，在使用横波的每个传播方向上，可以存在两个正交极化。通常这些被称为水平和垂直、左圆和右圆或±45°。每个天线都有两种模式，一种用于其主极化，另一种用于正交极化。一些物理天线结构如贴片天线，可用于通过激发不同的模式发送两种不同的极化信号。在其他情况下，不同的天线用于发送不同的极化信号。信道模型在极化方面更加复杂。例如，使用垂直极化时的路径损耗受雨水影响比水平极化的更大。而且，由于交叉极点去耦合

(一个极化泄漏到另一个极化)，小尺度衰落模型变得更加复杂[39]。在蜂窝电话的随机取向产生不同的极化信号的蜂窝系统中，极化非常重要。

本章推迟了对极化的明确证明，但要注意的是极化是 MIMO 通信的重要的部分。

6.1.1 单入多出系统

单入多出(SIMO)是指具有多个接收天线和一个发射天线的通信链路。这通常称为接收分集，可能是最古老的多个天线[53,261]。基本思想是增加额外的接收天线，并以某种方式组合不同的输出。处理以模拟或数字的方式执行。例如，可以使用模拟开关在两个接收天线之间切换。或者，可以使用多个 RF 链和多个连续到离散的转换器，以便所有天线输出可以一起数字处理。SIMO 操作的潜在优点包括阵列增益(抗噪声)和分集增益(抗衰落)。

分集是无线通信中的一个重要概念。实质上，分集意味着有多种路径从发射机到接收机来获取符号。如果系统设计合理，每个路径都会有不同的传播信道，这会增加至少其中一个信道是良好的可能性。无线系统中可以通过多种方式获得分集。例如，通过使用编码和交织，编码数据可以经历以相干时间分开的时间分集的信道。或者，使用具有大带宽的信号来利用发射机和接收机之间的多个路径，即所谓的频率选择性分集。使用多个天线也可以实现分集，即所谓的空间分集。

作为一个例子，考虑一个带有数字接收器处理的平坦衰落 SIMO 系统，如图 6.2 所示。经过匹配滤波、符号时序、频偏校正和帧同步后，每个接收天线对应的输出可写为

$$y_1[n] = h_1 s[n] + v_1[n] \tag{6.1}$$

$$y_2[n] = h_2 s[n] + v_2[n] \tag{6.2}$$

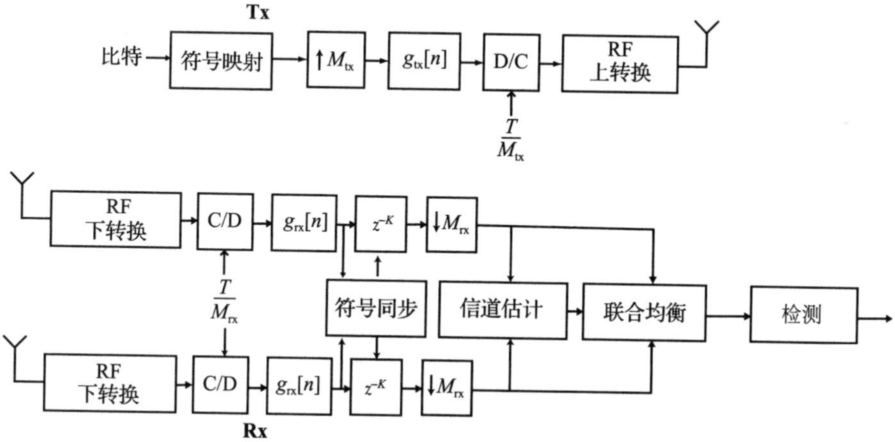

图 6.2 QAM 系统利用数字和多天线线性均衡的 SIMO 接收处理的框图。采用与 SISO 场景相同的发射机结构。但是，接收机包括两个 RF 链。一些处理步骤可以联合执行，去利用在两个接收天线上接收到的公共信息。这个例子显示了符号同步是共同完成的。信道估计可以针对每个接收机独立完成，但均衡操作应当在检测之前组合两个接收信号。图中没有显示帧同步和频率偏移同步，但也可以利用多个接收天线

或矩阵形式

$$\mathbf{y}[n] = \mathbf{h}s[n] + \mathbf{v}[n] \tag{6.3}$$

标量 h_1 和 h_2 分别是从发射天线到接收天线 1 和 2 的信道。如果天线间隔足够远或大于相干距离，则说明信道是不相关的。因为接收机有多种机会提取通过不同衰落信道发送的相同信息，并通过不同的加性噪声项的增强，这为接收机提供了多样性。良好的接收机

信号处理算法利用了均衡和检测过程中的两种观测。

选择分集是处理来自多个接收天线的信号的一种方式[261]。选择最大幅度的信道(由 $\bar{k}$ 给出)，然后处理 $y_{\bar{k}}$。该系统从衰落获得分集，因为如果 h_1 和 h_2 是独立的(如果信道是联合高斯的和不相关的)，那么 $|h_1|$ 和 $|h_2|$ 都很小，比任何一个很小的概率小得多。

还有许多其他种类的接收机处理技术，包括最大比合并(MRC)[52]、等增益组合(以前称为线性加法器[10])以及联合空时均衡[90,351,241]。图 6.3 提供了接收分集的影响。

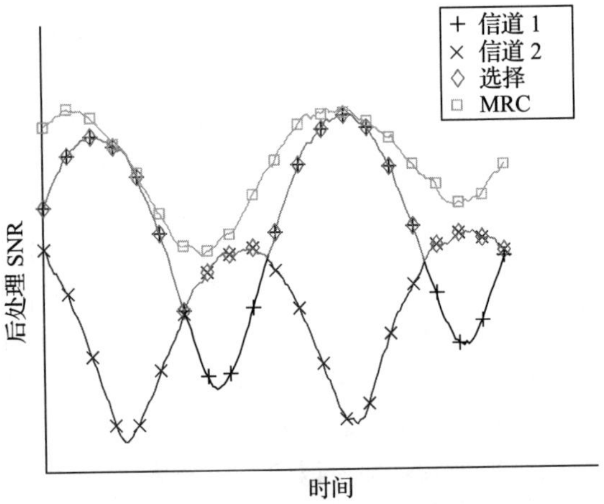

图 6.3　双天线 SIMO 系统中分集的影响。显示了每个信道的一个实现。还显示了使用天线选择分集和最大比合并创建的有效信道。接收天线分集降低了深度衰落的发生

实际上，本书中到目前为止所研究的每种技术都可以扩展到多个接收天线的情况，而不会对所得到的信号处理算法进行巨大改变。考虑来自多个天线的观测值，像符号同步，帧同步和频率偏移校正等，如何组合。SIMO 在第 6.2 节中有更详细的讨论。

6.1.2　多入单出系统

多入单出(MISO)是指具有多个发射天线和一个接收天线的通信链路。这通常称为发射分集或发射波束形成。因为它们通常需要在发射机处进行额外的信号处理以从天线中获得最大的增益，多个发射天线最近才广泛用于商用无线系统中。

MISO 系统使用多个发射天线将信号传送到一个接收天线。因为发射信号在信道的组合，一般来说 MISO 通信比 SIMO 更具挑战性。

从空间分集中获得一些优势要困难得多。从信号处理的角度来看，在发射机上需要一些关于信道的知识，或者需要以特殊的方式在发射天线上传播信息以获得分集优势。

使用不需要信道状态信息的发射机的多个发射天线的一种方法被称为发射延迟分集[357]。IEEE 802.11n 中使用了延迟分集的改编版本(称为循环延迟分集[83])。如图 6.4 所示，基本思想是在每个发射天线上发送一个连续延迟的发射信号。其效果是从平坦衰落信道创建一个频率选择信道。例如，如果延迟恰好是一个符号周期并且有两个发射天线(在匹配滤波、符号定时、频率偏移校正和帧同步之后)，有

$$y[n]=h_1s_1[n]+h_2s_2[n]+v[n] \tag{6.4}$$

$$=h_1s[n]+h_2s[n-1]+v[n] \tag{6.5}$$

其中 $y[n]$ 有符号间干扰！起初效果不好，现在需要均衡器。但是请注意，$s[n]$ 对 $y[n]$ 和 $y[n+1]$ 都有贡献。因此有两个地方可以提取关于 $s[n]$ 有意义的信息。这被称为频率选择性分集。不幸的是，线性时域均衡器不能从这种分集中获得很大的优势。为了获得最大的收益，需要使用 SC-FDE，或者使用 OFDM 进行编码和交织，或者需要像最大似然序列检测器那样的非线性接收机。

使用多个发射天线有多种不同的方法。在发射机处不使用信道状态信息的方法称为空时码[326,8,327,125]。延迟分集是时空码的一个例子。实质上，利用空时编码，信息遍布所有发射天线。然后使用更复杂的接收机算法来检测传输的信号。空时编码的主要优点是可以在不需要信道的信息的情况下获得分集优势。主要的缺点是(除特殊情况外)要达到最佳性

能需要接收机具有更高复杂度的算法。

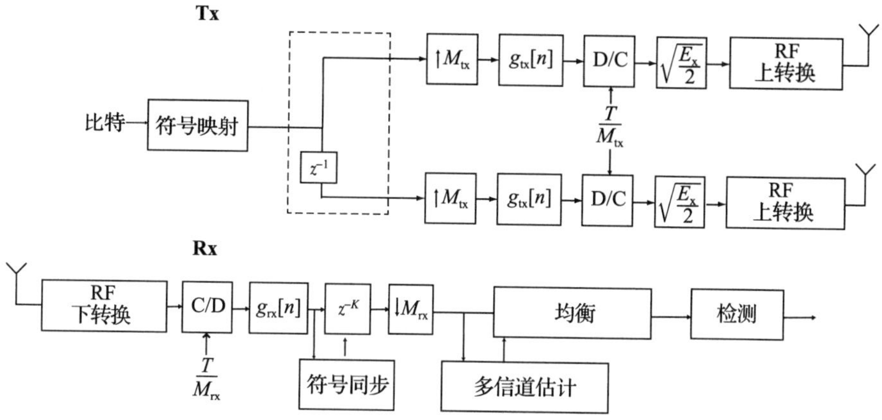

图 6.4 在发射机上利用延迟分集的 MISO 的 QAM 系统框图。发射机结构是通过修改包含空时编码块(虚线框)的 SISO 得到的，并在这种结构下实现延迟操作。接收机结构类似于 SISO 情况，除了通常需要估计来自每个天线的信道并且均衡可能更复杂。通过延迟分集，接收机可以使用类似于频率选择性信道的处理。没有显示帧同步和频率偏移同步，但也可以利用多个接收天线

有几种方法可以在发射机上使用信道状态信息，最常见的是发射波束形成。这个方法是改变发送自每个天线的信号的幅度和相位，使得信号在接收机处更好地联合。这样可以获得比信道未知时更好的性能，但需要额外的系统设计考虑才能获得发射机信道估计[207]。

图 6.5 显示了不同分集合并技术的影响。在发射机上使用信道状态信息的方法比不利用信道信息的方法性能要好。在发射机上学习信道需要通信系统的额外支持，例如使用反馈。将在 6.3 节中详细讨论包括空时编码和波束成形技术的 MIS。

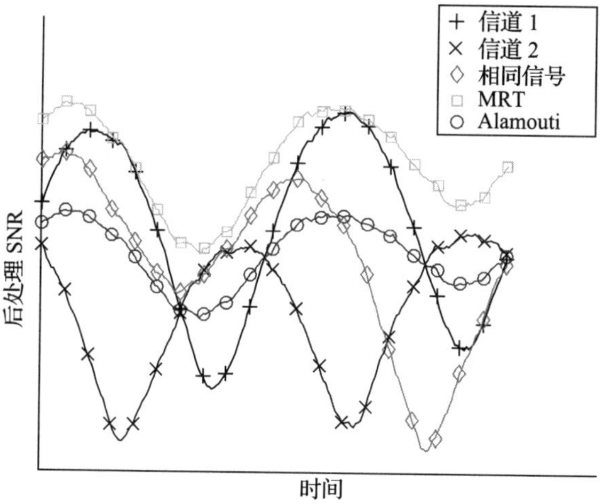

图 6.5 双发射天线 MISO 系统中分集的影响。显示了每个信道的性能实现。还显示了通过在两个天线上发送相同信号(空间重复)创建的高效信道，以及最大比率传输(其使用发射机处的信道状态信息)和 Alamouti 空时块码。通过两个发射天线发送相同的信息导致一个信道没有任何一个原始信道性能好。与 Alamouti 码相比，最大比率传输获得更好的性能，但是需要明确发射机所在的信道

6.1.3 多入多出系统

多入多出(MIMO)无线通信是指具有多个发射天线和多个接收天线的通信链路。SISO，SIMO 和 MISO 也被视为 MIMO 通信的特例。MIMO 通信的原理是同时使用多个通信信道的收发机技术的联合设计。

MIMO 通信是无线通信系统中已建立的技术。它已经通过 IEEE 802.11n 广泛部署在无线局域网中，并且是各种第三代和第四代蜂窝标准以及下一代无线局域网协议的关键特

征。此时，MIMO被整合到数百万台笔记本电脑、手机和平板电脑中。

空分复用也称为V-BLAST[115]，是MIMO系统中使用最广泛的传输技术之一[255]。空分复用的思想是从每个发射天线发送不同的数据，使用与SISO系统相同的频谱和相同的总功率。传输的数据流通过MIMO信道混合在一起，产生串扰或自干扰。由于每个接收机都会看到来自所有发射机的不同信号组合，因此可以使用联合处理来分离出信号。原理上，不同传输信号之间的串扰可以被取消。这允许多个无干扰信道在使用相同的频谱资源上共存，从而增加信道容量[130,328]。

两个发射天线和两个接收天线的空分复用思想如图6.6所示。在这个例子中，两个符号同时发送并且发射功率在它们之间分配。这样可以在不增加带宽的情况下将符号速率加倍。假设平坦衰落信道(在匹配滤波、符号定时、频率偏移校正和帧同步之后)，接收信号可写为

$$y_1[n]=h_{1,1}s_1[n]+h_{1,2}s_2[n]+v_1[n] \tag{6.6}$$

$$y_2[n]=h_{2,1}s_1[n]+h_{2,2}s_2[n]+v_2[n] \tag{6.7}$$

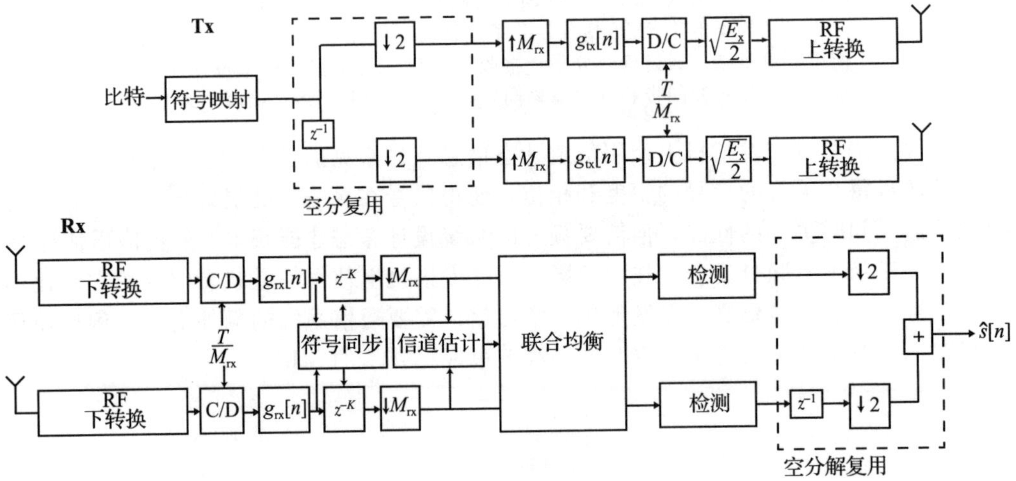

图6.6 利用两个发射机和两个接收机天线的MIMO空分复用QAM系统框图。空分复用操作在发射机上的虚线框中说明。这基本上是一个1∶2串行-并行转换器(也正确地称为解复用器)。解复用操作需要一个符号流$s[n]$并产生两个符号流$s_1[n]=s[2n]$和$s_2[n]=s[2n+1]$。明确表示了功率的分配。接收机涉及一般的同步操作(帧和频率偏移同步没有表示出来)，然后是联合信道估计、联合均衡和独立码元检测。有时将检测和联合均衡结合起来。在检测之后是空间解复用操作，其本质上是2∶1并行-串行转换器(也正确地称为复用器)

或矩阵表示形式

$$\mathbf{y}[n]=\mathbf{H}\mathbf{s}[n]+\mathbf{v}[n] \tag{6.8}$$

系数$h_{k,\ell}$表示第ℓ发射天线和第k个接收天线之间的信道。假设信道系数不同，每个接收机观测$s_1[n]$和$s_2[n]$的不同的线性组合，信道矩阵将是可逆的。消除信道影响的一个简单方法是将式(6.8)中的矩阵求逆，并将其逆应用到接收信号来获得

$$\hat{\mathbf{s}}=\mathbf{H}^{-1}\mathbf{y}[n] \tag{6.9}$$

随后进行独立检测。

由于发射天线产生的自干扰，具有空分复用的MIMO系统的实现比SISO系统的实现复杂得多。这使得信道估计、同步和其他系统功能之间的均衡变得复杂。MIMO系统在6.4节中有更详细的介绍，然后是MIMO-OFDM的处理，因为它在6.5节中有广泛的应用。

6.2 平坦衰落 SIMO 系统的接收机分集

多个接收天线提供了接收同一信号的多个副本的手段。每个副本都会有不同的噪声实现和不同的信道实现。在本节中，我们将重点放在两种用于组合 SIMO 系统中所有天线输出的算法，并对这些算法进行一些分析。我们首先简要回顾 SIMO 平坦衰落信道模型，解释瑞利衰落如何推广到 SIMO 情况。然后我们描述两种用于在 SIMO 系统中处理天线输出的算法：天线选择和最大比合并。我们对瑞利衰落算法提供了一些分析。我们将频率选择性信道估计和同步的处理推广到 MIMO 情况(专门针对 SIMO)。

6.2.1 SIMO 平坦衰落信道模型

在式(6.3)中给出了 SIMO 平坦衰落信道模型中的接收信号，但所有矢量维数扩展到 $N_r \times 1$。SIMO 平坦衰落情况的信道由 $N_r \times 1$ 的 $\boldsymbol{h}$ 矢量表示。和 SISO 一样，通常将多天线信道分解为大规模和小规模的部分。假设天线共位(在由几个波长分开的区域中)，则每个天线看到相同的大规模分量，并且只有小规模系数不同。那么信道可能会被分解为

$$\boldsymbol{h} = \sqrt{G}\boldsymbol{h}_s \tag{6.10}$$

其中大尺度增益为 $G = E_x / P_{r,\text{lin}}(d)$，$P_{r,\text{lin}}(d)$为线性距离依赖路径损耗项(与更常见的分贝测度不同)，在矢量 $\boldsymbol{h}_s$ 中，小尺度衰落系数被收集。

对于 $\boldsymbol{h}_s$，有许多天线随机信道模型。图 6.7 说明了两种不同信道建模方案。MIMO 系统中最常用的模型是具有空间相关性的瑞利模型，其中 $\boldsymbol{h}_s$ 具有多变量高斯分布 $\mathcal{N}_{\mathbb{C}}(0, \boldsymbol{R}_{rx})$，其中主要参数是由 $\boldsymbol{R}_{rx} = \mathbb{E}[\boldsymbol{h}_s \boldsymbol{h}_s^*]$给出的接收空间相关矩阵。在大多数小尺寸模型中，信道的平均能量归一化为 1 是很常见的，在这种矢量情况下，这意味着$[\boldsymbol{R}_{rx}]_{k,k} = 1$。空间相关矩阵$[\boldsymbol{R}_{rx}]_{k,\ell}$中的非对角线项给出了天线 k 看到的信道和天线 ℓ 看到的信道之间的空间相关性。该函数的定义与间隔时间相关函数或间隔频率相关函数类似。$\boldsymbol{R}_{rx} = \boldsymbol{I}$ 的空间情况被称为 IID 瑞利衰落或有时只是瑞利衰落。在这种情况下，每个接收天线所经历的信道是完全不相关的。在 $\boldsymbol{R}_{rx}$不一致的情况下，信道系数可能相关。指数相关模型通常用于分析$[\boldsymbol{R}_{rx}]_{k,\ell} = \rho^{k-\ell}$；$\rho$ 是两个相邻天线之间的复相关系数。

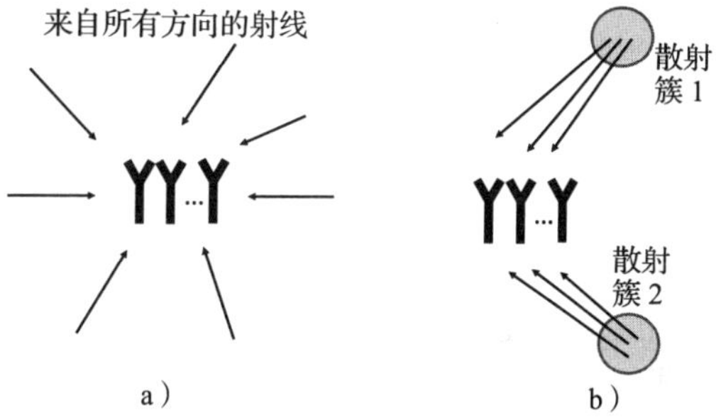

图 6.7 两种不同信道建模方案。在 a)中，有丰富的散射，这意味着多路径从许多不同的方向到达。或者，在 b)中，有群集散射。多路径群集在可能不同大小的群集中

本章中的大部分分析都基于 IID 瑞利衰落信道。当环境中存在较多路径并且天线间隔足够远时，通常通过丰富的散射假设来证明这一点。为了不相关，天线应该被相干距离隔开，该相干距离是可以与相干时间相关的选择性量。对于 WLAN 和蜂窝应用而言，相干距离从杂波环绕的设备上的 $\lambda/2$ 到塔顶上天线的 10λ，其中 λ 是波长。为了进一步去相关，可以通过使天线的图案不同来实现[111,112,263]。

集群信道模型[313]是 Saleh-Valenzuela 信道模型[285]的空间概述，也用于多天线系统中的信道建模。假设在传播环境中有 C 个簇，每个都有 R 个射线。设矢量 $\boldsymbol{a}(\theta)$表示阵列响应矢量，即

$$\boldsymbol{a}(\theta) = [1, e^{-j\frac{2\pi\Delta}{\lambda}\sin(\theta)}, \cdots, e^{-j(N_r-1)\frac{2\pi\Delta}{\lambda}\sin(\theta)}]^T \tag{6.11}$$

对于具有各向同性元素的均匀线性阵列的情况。术语 Δ/λ 是两个相邻天线元素之间在波长方面的间距。该阵列取向在 z 轴上，角度 θ 称为方位角方向。令 $\theta_{c,r}$ 表示来自第 c 个集群的第 r 条射线的到达角。设 $\alpha_{c,r}$ 表示该射线的复增益，通常建模为瑞利。群集信道是由这些射线的和给出

$$\boldsymbol{h}_{\mathrm{s}} = \frac{1}{\sqrt{RC}}\sum_{c=0}^{C-1}\sum_{r=0}^{R-1}\alpha_{c,r}\boldsymbol{a}(\theta_{c,r}) \tag{6.12}$$

$\sqrt{RC}$因子满足功率限制。该集群模型表达式假定所有集群都是等距的。进一步的修正说明了每个群集的路径损耗差异。

集群信道模型通常是通过对集群和角度的分布进行假设而随机产生的。假设每个群集与平均到达角 θ_c 相关联。平均到达角度均匀分布是很常见的。假设射线是在具有一定功率分布的每个群集周围产生的，称为功率方位谱 $P_{\mathrm{az}}(\theta)$。设 σ_{as}是与分布相关的角度扩展。MIMO 信道建模最常见的选择是拉普拉斯分布，即是

$$P_{\mathrm{az}}(\theta) = \frac{C_{\mathrm{lap}}}{\sqrt{2}\sigma_{\mathrm{as}}}\mathrm{e}^{-\left|\frac{\sqrt{2}\theta}{\sigma_{\mathrm{as}}}\right|}, \quad \theta \in [-\pi,\pi) \tag{6.13}$$

其中 $C_{\mathrm{lap}} = \dfrac{1}{1-\exp(-\sqrt{2}\pi/\sigma_{\mathrm{as}})}$是使该函数积分为 1 所需的归一化因子。然后，每个集群的功率方位谱随着集群的平均到达角度移动为 $P_{\mathrm{az}}((\theta-\theta_c)_{2\pi})$。

使用这些分布，它可以通过仿真生成式(6.12)。虽然表达式具有很高的计算复杂度，但也可以为集群信道模型[298,349,178]推导等效的 $\boldsymbol{R}_{\mathrm{rx}}$。较低复杂度的解决方案使用小角度逼近[113]。从这个意义上说，集群信道模型提供了一种基于传播环境的参数为相关瑞利信道生成空间相关矩阵的方法。一般而言，具有较少的集群或较小的角度扩展会导致较大的相关性($\boldsymbol{R}_{\mathrm{rx}}$不是单位矩阵)。或者，具有许多集群或大角度扩展倾向于减少相关性并最终收敛到 IID 瑞利信道。

集群模型的一个特例是单路径通道，其中

$$\boldsymbol{h}_{\mathrm{s}} = \alpha\boldsymbol{a}(\theta) \tag{6.14}$$

在这种情况下，因为 α 对于所有天线来说是共同的，所以 $\boldsymbol{h}_{\mathrm{s}}$ 的元素是完全相关的。这种信道模型已被广泛用于统计阵列处理和智能天线通信系统中。在只有一条重要传播路径的情况下，它是最实用的，这使得它更适合毫米波等高频通信系统的 LOS 链路[145,268]。

6.2.2 天线选择

SIMO 系统中一种简单的接收分集技术称为选择组合，在接收机中测量每个天线的 SNR 并选择译码来自最高 SNR 的天线信号[261]。图 6.8 显示了一个实现选择组合的接收机。考虑第 i 个天线上的接收信号

$$y_i[n] = h_i s[n] + v_i[n] \tag{6.15}$$

其中 $i=1, \cdots, N_{\mathrm{r}}$。让 i^* 是 $\arg\max_{i=1,2,\cdots,N_{\mathrm{r}}}|h_i|^2$ 的解。由于给定 h_i 的第 i 个分支的 SNR 为$|h_i|^2/N_{\mathrm{o}}$，因此该选择导致给出最高 SNR 的 m。

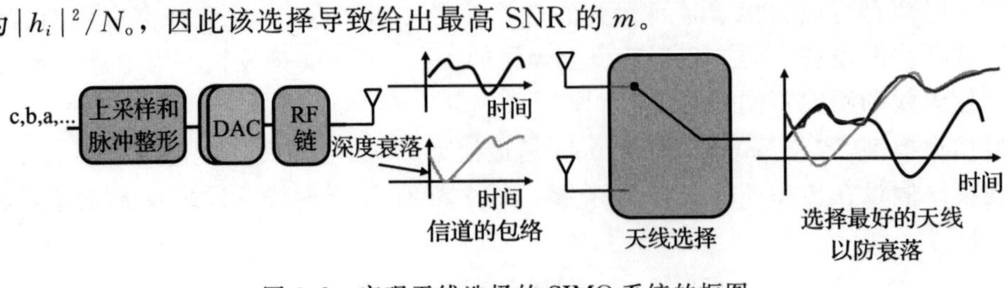

图 6.8 实现天线选择的 SIMO 系统的框图

信号对应于 i^*，

$$y_{i^*}[n]=h_{i^*}s[n]+v_{i^*}[n] \tag{6.16}$$

被选择用于符号检测。选择后的 SNR 是有效 SNR，只要知道该信道：

$$\mathrm{SNR}_{\boldsymbol{h}}^{\mathrm{sel}}=\frac{|h_{i^*}|^2}{N_o} \tag{6.17}$$

如果来自至少一个天线的信道良好，则获得良好的选择后的 SNR。

选择分集所实现的性能取决于有关衰落分布的假设。在例 6.1～例 6.3 中，针对不相关瑞利衰落计算符号误差概率的 Chernoff 界。

例 6.1 考虑一个具有 N_r 接收天线的 SIMO 系统，假设信道系数为 IID $\mathcal{N}_{\mathbb{C}}(0, G)$。计算 $|h_{\bar{k}}|^2$ 的 CDF 和 PDF。

解： $|h_{i^*}|^2$ 的 CDF 是由 $\mathbb{P}(\max_i|h_{i^*}|^2\leqslant x)$ 给定的 $\max_i|h_i|^2$ 的 CDF，

$$\mathbb{P}(\max_i|h_i|^2\leqslant x)=\mathbb{P}(|h_1|^2\leqslant x)\mathbb{P}(|h_2|^2\leqslant x)\cdots\mathbb{P}(|h_{N_r}|^2\leqslant x) \tag{6.18}$$

由于 h_i 是独立的。

通常，K 个 $\mathcal{N}(0, 1)$ 平方随机变量的和具有 K 自由度的卡方分布。因为每个 h_i 是 $\mathcal{N}_{\mathbb{C}}(0, G)$，$|h_i|^2$ 是一个具有 2 自由度的缩放的卡方分布(因为 h_i 很复杂)。在这种情况下，分布特别简单

$$\mathbb{P}(|h_i|^2\leqslant x)=1-\mathrm{e}^{-x/G} \tag{6.19}$$

因此，

$$\mathbb{P}(\max_i|h_i|^2\leqslant x)=(1-\mathrm{e}^{-x/G})^{N_r} \tag{6.20}$$

PDF 计算为

$$\frac{\mathrm{d}}{\mathrm{d}x}\mathbb{P}(\max_i|h_i|^2\leqslant x)=\frac{1}{G}\mathrm{e}^{-x/G}(1-\mathrm{e}^{-x/G})^{N_r-1}N_r \tag{6.21}$$

◀

例 6.2 对于与例 6.1 相同的设置，假设 $G=E_x/P_{r,\mathrm{lin}}(d)$，由 $\mathbb{E}[\max_i|h_i|^2]N_o$ 确定给出的平均选择后 SNR。

$$\frac{1}{N_o}\mathbb{E}[\max_i|h_i|^2]=\frac{1}{N_o}\int_0^{\infty}\frac{1}{G}x\mathrm{e}^{-x/G}(1-\mathrm{e}^{-x/G})^{N_r-1}N_r\mathrm{d}x \tag{6.22}$$

$$=\frac{G}{N_o}\sum_{i=1}^{N_r}\frac{1}{i} \tag{6.23}$$

$$=\frac{E_x}{N_oP_{r,\mathrm{lin}}(d)}\sum_{i=1}^{N_r}\frac{1}{i} \tag{6.24}$$

请注意，增加 N_r 会为平均 SNR 提供一个递减增益，这一结果称为 SNR 强化。◀

例 6.3 对于与例 6.1 相同的设置，计算符号误差平均概率上的联合界限上的 Chernoff 界，忽略路径损耗，即 $G=E_x$。

解：

$$P_e\leqslant(M-1)\mathbb{E}\left[Q\left(\sqrt{\frac{1}{2N_o}d_{\min}^2\max_i|h_i|^2}\right)\right] \tag{6.25}$$

$$\leqslant\frac{M-1}{2}\mathbb{E}\left[\mathrm{e}^{-\frac{1}{4N_o}d_{\min}^2\max_i|h_i|^2}\right] \tag{6.26}$$

$$=\frac{M-1}{2}\int_0^{\infty}\mathrm{e}^{-\frac{1}{4N_o}d_{\min}^2x}\mathrm{e}^{-x/G}(1-\mathrm{e}^{-x/G})^{N_r-1}N_r\mathrm{d}x \tag{6.27}$$

$$= \frac{M-1}{2} \frac{N_r \Gamma\left(\frac{G}{4N_o}d_{\min}^2 + 1\right)\Gamma(N_r)}{\Gamma\left(\frac{G}{4N_o}d_{\min}^2 + N_r + 1\right)} \tag{6.28}$$

其中 $\Gamma(x) = \int_0^\infty t^{x-1}e^{-t}dt$ 是伽马函数。在 G/N_0 周围进行一系列扩展并代入 $G=E_x/P_{r,\text{lin}}(d)$，忽略高阶项，可以得出结论

$$P_e \lesssim \frac{(M-1)N_r\Gamma(N_r)}{2}\left(\frac{1}{\frac{E_x}{4N_o}d_{\min}^2}\right)^{N_r} \tag{6.29}$$

◀

在涉及符号错误概率的瑞利衰落信道的许多计算中，$\left(\frac{1}{\frac{E_x}{N_o}}\right)^{N_r}$ 的因子是常见的。回想一下，对于 5.8.3 节中的 SISO 情况，对于高 SNR，符号误差的概率与 $\left(\frac{1}{\frac{E_x}{N_o}}\right)$ 成正比。在选择分集的情况下，N_r 的附加指数称为分集增益。对于 QPSK 调制的不同 N_r 值，图 6.9 提供了明确的符号误差概率比较。文献中提供了错误概率的精确表达式：例如文献[310]及其中的参考文献。

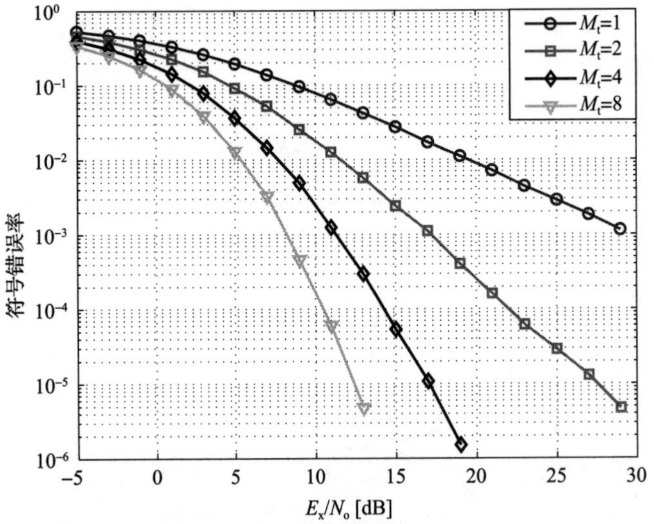

图 6.9　瑞利衰落信道中用于 QPSK 调制的选择组合和不同的 N_r 值的性能

还有其他的天线选择变化和扩展。一种变化被称为扫描分集[142,53]。这个想法是在不同的天线上连续扫描接收到的信号，在高于预定阈值的第一个天线上停止。当扫描过程再次开始时，直到信号下降到阈值以下才使用该天线。通过这种方式，接收机不必测量来自所有接收天线的信号，从而允许在硬件中使用模拟天线开关，但是代价是性能较差。

天线选择可以扩展到频率选择性信道[21,22,23,242]。在单载波系统中，例如，基于均衡器的均方误差，接收机将需要更好的度量来选择最佳天线。在 OFDM 系统中，天线选择可以在每个单独的子载波上如上面所描述的那样独立地执行。然而，在 OFDM 解调器之前执行模拟切换以降低硬件要求可能更有意义。这需要不同的度量来选择对于许多子载波良好的天线[189,289]。

天线选择的一个主要缺点是它丢弃了没有被选择的接收天线上的信号。这提示了将来自多个天线的接收信号进行组合的更复杂的算法。

6.2.3 最大比合并

最大比合并(MRC)是 SIMO 系统的一种接收机信号处理技术，它将来自接收机天线的信号进行组合，以最大化后合并 SNR[52]，如图 6.10 所示。MRC 的目的是确定一个矢量 $\boldsymbol{w}$ 的系数，称为一个波束形成矢量，组合的信号是

$$r[n]=\boldsymbol{w}^*\boldsymbol{y}[n] \tag{6.30}$$

$$=\boldsymbol{w}^*\boldsymbol{h}s[n]+\boldsymbol{w}^*\boldsymbol{v}[n] \tag{6.31}$$

具有最大可能的后处理 SNR。

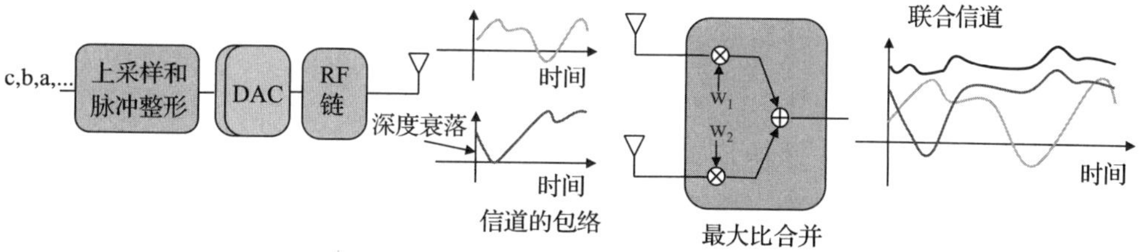

图 6.10 实现最大比合并的 SIMO 系统框图

后处理 SNR 是波束赋形后的有效 SNR，以 $\boldsymbol{h}$ 为条件：

$$\mathrm{SNR}_{|\boldsymbol{h}}=\frac{|\boldsymbol{w}^*\boldsymbol{h}|^2}{N_o\|\boldsymbol{w}\|^2} \tag{6.32}$$

扩大规范和绝对值，

$$\mathrm{SNR}_{|\boldsymbol{h}}=\frac{(\boldsymbol{w}^*\boldsymbol{h})(\boldsymbol{w}^*\boldsymbol{h})^*}{N_o\boldsymbol{w}^*\boldsymbol{w}} \tag{6.33}$$

目标是找到 $\boldsymbol{w}$ 来最大化后处理 SNR：

$$\boldsymbol{w}=\arg\max_{\boldsymbol{w}\in\mathbb{C}^{N_r}}\frac{(\boldsymbol{w}^*\boldsymbol{h})(\boldsymbol{w}^*\boldsymbol{h})^*}{N_o\boldsymbol{w}^*\boldsymbol{w}} \tag{6.34}$$

为了解决这个问题，$\boldsymbol{w}^*\boldsymbol{h}$ 只是两个矢量之间的内积。从柯西-施瓦茨不等式中可以得出结论

$$|\boldsymbol{w}^*\boldsymbol{h}|^2\leqslant\|\boldsymbol{w}\|^2\|\boldsymbol{h}\|^2 \tag{6.35}$$

如果 $\boldsymbol{w}=c\boldsymbol{h}$ 且 c 是一个任意的非零复数，则等式成立。所以，

$$\frac{(\boldsymbol{w}^*\boldsymbol{h})(\boldsymbol{w}^*\boldsymbol{h})^*}{N_o\boldsymbol{w}^*\boldsymbol{w}}\leqslant\frac{(c^*\boldsymbol{h}^*\boldsymbol{h})(c\boldsymbol{h}^*\boldsymbol{h})^*}{N_o|c|^2\boldsymbol{h}^*\boldsymbol{h}} \tag{6.36}$$

$$=\frac{1}{N_o}\boldsymbol{h}^*\boldsymbol{h} \tag{6.37}$$

$$=\frac{1}{N_o}\|\boldsymbol{h}\|^2 \tag{6.38}$$

这表明 c 的选择是无关紧要的，所以不失一般性，它可以设置为 $c=1$。这也为组合后的 SNR 提供了一个方便的表达式，可用于后续的性能分析。直观的解释是 $\boldsymbol{w}$ 是一个空间匹配滤波器，与矢量 $\boldsymbol{h}$ 匹配。

然后，与匹配滤波器产生的后合并 SNR 是

$$\mathrm{SNR}_{|\boldsymbol{h}}^{\mathrm{MRC}}=\frac{\|\boldsymbol{h}\|^2}{N_o} \tag{6.39}$$

$$=\frac{G\|\boldsymbol{h}_s\|^2}{N_o} \tag{6.40}$$

由于$\|\boldsymbol{h}\|^2 \geqslant \max_i |h_i|^2$，MRC 优于天线选择。

假设 IID 瑞利衰落信道，例 6.4～例 6.6 考虑了在最佳组合后的平均 SNR 和符号错误概率。

例 6.4 考虑一个具有 N_r 的接收天线的 SIMO 系统，假设信道系数 h_i 为 IID $\mathcal{N}_{\mathbb{C}}(0, G)$。计算 $\mathrm{SNR}_{|\boldsymbol{h}}^{\mathrm{MRC}}$ 的 CDF 和 PDF。

解： 因为 h_i 是 $\mathcal{N}_{\mathbb{C}}(0, G)$，所以 $\sum_{i=1}^{N_r} |h_i|^2$ 是 $2N_r$ 与 IID $\mathcal{N}(0, G/2)$ 随机变量的和。这是一个缩放的(由于 1/2)卡方分布，表示为 $\chi^2_{2N_r}$，具有 $2N_r$ 的自由度。结果，$\|\boldsymbol{h}\|^2/N_o$ 也是缩放的卡方分布，或者等同于具有 $\Gamma(N_r, G/N_o)$ 的伽马分布。CDF 的一种形式是

$$\mathbb{P}\left(\frac{\|\boldsymbol{h}\|^2}{N_o} \leqslant x\right) = 1 - \sum_{m=0}^{N_r-1} \frac{1}{m!}\left(x\frac{N_o}{G}\right) \mathrm{e}^{-x\frac{N_o}{G}} \tag{6.41}$$

而 PDF 是

$$\frac{\mathrm{d}}{\mathrm{d}x}\mathbb{P}\left(\frac{\|\boldsymbol{h}\|^2}{N_o} \leqslant x\right) = \frac{1}{N_r!}\left(\frac{N_o}{G}\right)^{N_r} \mathrm{e}^{-x\frac{N_o}{G}} x^{N_r-1} \tag{6.42}$$

◀

例 6.5 对于与例 6.4 相同的设置，确定平均后组合 SNR。

解：

$$\mathbb{E}\left[\frac{\|\boldsymbol{h}\|^2}{N_o}\right] = \int_{x=0}^{\infty} \frac{1}{N_r!}\left(\frac{N_o}{G}\right)^{N_r} \mathrm{e}^{-x\frac{N_o}{G}} x^{N_r} \mathrm{d}x \tag{6.43}$$

$$= \frac{G}{N_o} N_r \tag{6.44}$$

在这种情况下，SNR 随着 N_r 线性增加，与天线选择不同。这里有效 SNR 的增加也被称为最大阵列增益。◀

例 6.6 对于与例 6.4 相同的设置，假设 $G=E_x$，计算符号错误概率的 Chernoff 界。

解：

$$P_e \leqslant (M-1)\,\mathbb{E}\left[Q\left(\sqrt{\frac{E_x}{2N_o} d_{\min}^2 \|\boldsymbol{h}\|^2}\right)\right] \tag{6.45}$$

$$\leqslant \frac{(M-1)}{2}\mathbb{E}\left[\mathrm{e}^{-\frac{E_x}{4N_o}\|\boldsymbol{h}\|^2}\right] \tag{6.46}$$

$$= \frac{(M-1)}{2}\int_0^{\infty} \mathrm{e}^{-\frac{E_x}{4N_o} d_{\min}^2 x} \frac{1}{N_r!} \mathrm{e}^{-x} x^{N_r-1} \mathrm{d}x \tag{6.47}$$

$$= \frac{(M-1)}{2} \frac{1}{\left(\frac{E_x}{4N_o} d_{\min}^2 + 1\right)^{N_r}} \tag{6.48}$$

$$\approx \frac{(M-1)}{2} \frac{1}{\left(\frac{E_x}{4N_o} d_{\min}^2\right)^{N_r}} \tag{6.49}$$

◀

例 6.6 中的性能分析表明，MRC 也实现了 N_r 的分集增益。对于 QPSK 调制的不同 N_r 值，图 6.11 提供了符号误差确切概率的比较。文献[310]及其中的参考文献提供了错误概率的确切表达式。比较图 6.9 和图 6.11，可以看出，在高 SNR 下，与天线选择相比 MRC 有大约 2dB 的增益。这是从最佳组合中获得的额外好处。

可以通过 MRC 的镜头查看天线选择。基本上，天线选择选择的组合权重来自这个

集合

$$S_{sel}=\left\{\begin{bmatrix}1\\0\\\vdots\\0\end{bmatrix},\begin{bmatrix}0\\1\\\vdots\\0\end{bmatrix},\cdots\begin{bmatrix}0\\0\\\vdots\\1\end{bmatrix}\right\} \tag{6.50}$$

这个集合小于$\mathbb{C}^{N_r}$。因此，预期 MRC 应该比天线选择有更好的性能，因为天线选择被包括在 MRC 使用的波束形成矢量的可能集合中。

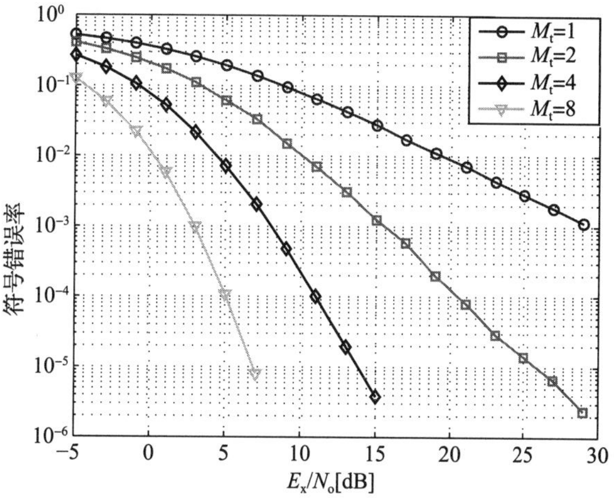

图 6.11　在瑞利衰落信道中用于 QPSK 调制的 MRC 和不同的 N_r 值的性能

MRC 可以扩展到频率选择性信道。在单载波系统中，将采用更复杂的波束形成。例如，矢量波束形成器可能会被组合均衡器和组合器[90,351,241]所取代。基本上，每个接收天线都将被过滤，并将结果合并。这种均衡解的权重可以用第 5 章中的最小二乘法推导出来，6.4.7 节中描述了 MIMO 系统的变化。通过在每个子载波上分别执行组合，MRC 可以在 OFDM 系统中直接应用。

除 MRC 外还有其他种类的波束形成。例如，可以选择波束形成权重以最小化接收机处的均方误差。这将允许波束形成处理空间相关噪声，例如，如果还存在干扰，则产生空间相关噪声。这种波束形成技术使得存在相关噪声或干扰的情况下有更好的性能。

与 MRC 相关的波束形成技术是等增益组合(EGC)[10,53,165]。对于 EGC，波束形成矢量被约束为 $\boldsymbol{w}^{\mathrm{T}}=[\mathrm{e}^{\mathrm{j}\theta_1}, \mathrm{e}^{\mathrm{j}\theta_2}, \cdots, \mathrm{e}^{\mathrm{j}\theta_{N_r}}]^{\mathrm{T}}$。与 MRC 不同，在 EGC 中，只允许接收信号的相移。设 $\phi_i=\text{phase}(h_i)$，式(6.34)中对约束波束形成矢量空间求解的类似优化给出解 $\boldsymbol{w}^{\mathrm{T}}=\mathrm{e}^{\mathrm{j}\theta}[\mathrm{e}^{\mathrm{j}\phi_1}, \mathrm{e}^{\mathrm{j}\phi_2}, \cdots, \mathrm{e}^{\mathrm{j}\phi_{N_r}}]^{\mathrm{T}}$。任意相位 θ 通常选择为 0 或 $-\theta_1$(与第一个天线分支同相)。EGC 匹配信道的相位，以便它们在接收机中相干地相加。SNR 的结果是 $\frac{E_x}{N_0}\left(\sum_i |h_i|^2\right)$。它可以表明(尽管计算并不简单[14])，EGC 实现了 N_r 的分集增益。在高信噪比情况下，在瑞利衰落信道中，EGC 通常比 MRC 性能差 1dB 左右，比天线选择好 1dB。

6.3　MISO 系统的发射分集

可以使用多个发射天线将可能不同的信号发送到传播环境。多个发射天线与多个接收天线不同，信号通过信道在空中合并。这种微妙的差异导致系统设计中的实质性算法的改变。本节讨论在 MISO 系统中，在发射机用和没用信道状态信息的情况下利用发射天线的方法。如果设计得当，发射分集技术可以在瑞利衰落信道中实现分集增益，类似于 SIMO 系统中的接收分集。

6.3.1　MISO 平衰落信道模型

MISO 系统中的接收信号模型取决于传输策略，例如空时编码或发射波束形成。尽管如此，MISO 平坦化情况的信道可以类似于 SIMO 情况，除非是由 $\boldsymbol{h}*$ 给出的 $1\times N_t$ 矢量。使用共轭转置是因为本书中的所有矢量都是列矢量，为了方便起见，使用共轭转置而不是转置。通过转置，在式(6.2.1)中 SIMO 平坦衰落的所有信道模型也可适用于 MISO 情况。

假设天线共位(在由几个波长分开的区域中)，每个天线看到相同的大尺度分量，并且只有小尺度系数不同。然后，像在 SIMO 情况下那样，信道可以被分解为 $\boldsymbol{h}=\sqrt{G_{\mathrm{MIMO}}}\boldsymbol{h}_{\mathrm{s}}$，其中在这种情况下 $G_{\mathrm{MIMO}}=\frac{E_{\mathrm{x}}}{P_{\mathrm{r,lin}}(d)N_{\mathrm{t}}}=\frac{G}{N_{\mathrm{t}}}$。额外因子 N_{t} 来自发送信号的比例因子 $\sqrt{E_{\mathrm{x}}/N_{\mathrm{t}}}$，并在稍后清除。所有大尺度模型的 $P_{\mathrm{r,lin}}(d)$ 都可以在 MISO 情况下使用，而无须更改。多天线随机信道模型的 $\boldsymbol{h}_{\mathrm{s}}$ 类似于 SIMO 情况。但术语有所不同。具有空间相关性的瑞利模型，其中 $\boldsymbol{h}_{\mathrm{s}}$ 具有多变量高斯分布 $\mathcal{N}_{\mathbb{C}}(0, \boldsymbol{R}_{\mathrm{tx}})$，其中 $\boldsymbol{R}_{\mathrm{tx}}=\mathbb{E}[\boldsymbol{h}_{\mathrm{s}}\boldsymbol{h}_{\mathrm{s}}^{*}]$是发射空间相关矩阵。在群集信道模型中，$\theta_{c,r}$成为第 r 个射线到达第 c 个集群的到达角(而不是出射角)。现在我们解释 MISO 信道中不同通信策略的表现。

6.3.2　为什么空间重复不起作用

使用多个发射天线的方法是从所有天线发送相同的信号。本节解释了这种“直观”方法的错误，因为它在衰落信道中出现故障。

假设从每个发送信号发送相同的符号 $s[n]$。对于所有发送的信号，脉冲整形是相同的。假设完美的同步和匹配滤波后，接收到的信号是

$$y[n]=h_1 s[n]+h_2 s[n]+\cdots+h_{N_{\mathrm{t}}} s[n]+v[n] \tag{6.51}$$

提取公因式，

$$y[n]=s[n](h_1+h_2+\cdots+h_{N_{\mathrm{t}}})+v[n] \tag{6.52}$$

在这一点上，它是正数，因为这里的有效渠道是总和 $\sum_{i=1}^{N_{\mathrm{r}}} h_i$。不幸的是，信道系数是复数，加法存在不一致。

为了进一步扩展，我们考虑 IID 瑞利衰落信道，其中 h_i 是 IID $\mathcal{N}_{\mathbb{C}}(0, G_{\mathrm{MIMO}})$。由于高斯随机变量之和是高斯函数，因此$(h_1+h_2+\cdots+h_{N_{\mathrm{t}}})$是高斯均值

$$\mathbb{E}[(h_1+h_2+\cdots+h_{N_{\mathrm{t}}})]=0 \tag{6.53}$$

和方差

$$\mathbb{E}[(h_1+h_2+\cdots+h_{N_{\mathrm{t}}})^2]=\mathbb{E}[|h_1|^2]+\mathbb{E}[|h_2|^2]+\cdots+\mathbb{E}[|h_{N_{\mathrm{t}}}|^2] \tag{6.54}$$

$$=N_{\mathrm{t}}G_{\mathrm{MIMO}} \tag{6.55}$$

$$=\frac{1}{N_{\mathrm{t}}}GN_{\mathrm{t}} \tag{6.56}$$

$$=G \tag{6.57}$$

因此，此和信道$(h_1+h_2+\cdots+h_{N_{\mathrm{t}}})$是 $\mathcal{N}_{\mathbb{C}}(0, G)$。这意味着(6.51)等价于(即有效信道的分布相同)

$$y[n]=hs[n]+v[n] \tag{6.58}$$

这只是一般的 SISO 衰落信道。因此，如果一个符号被多个发射天线重复，则不存在分集。这一点在图 6.5 中得到了说明，其中显示了由空间重复产生的有效的后处理 SNR 并不比个体信道好。

空间重复不能在信道中一致地结合，这促进了其他传输技术的发展。在接下来的小节中，我们介绍两种方法。一种主要的方法是发射波束形成，其目标是调整在每个天线上发送的信号的相位，使得到的信号更连贯地组合。另一种方法是空时编码，其中传输信号以这样的方式编码，即编码符号经历信道系数的许多不同组合。如果设计得当，两种方法都会导致 N_{t} 在瑞利衰落信道中的分集。

6.3.3 发射波束形成

利用信道状态信息是避免 6.3.2 节中陷阱的一种手段。在发射机上利用信道状态信息的一种方法是通过发射波束形成，如图 6.12 所示。在这种情况下，相同的符号从每个发射天线发送，但是通过允许取决于信道状态的复权重 f_j 来缩放。f_j 的作用是改变发射信号的相位和幅度以更好地匹配信道以至于有良好的相干组合的空中信号。

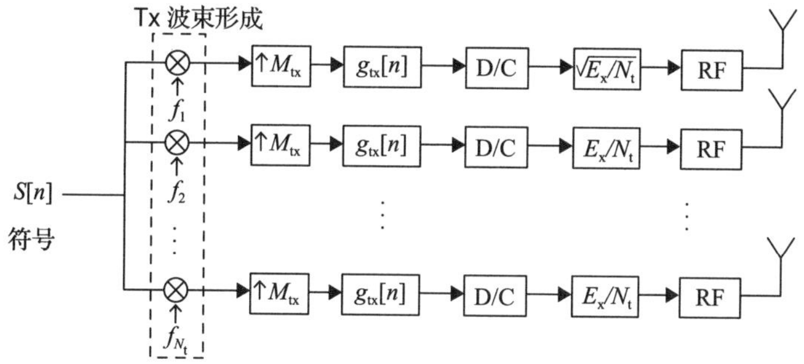

图 6.12 发射波束形成的结构。权重 f_j 可以基于信道状态来确定。乘以权重后，输出信号 $f_j s[n]$通过一般的脉冲整形、离散到连续转换和 RF 操作

将波束形成权重矢量定义为 $\boldsymbol{f}^{\mathrm{T}}=[f_1, f_2, \cdots, f_{N_t}]^{\mathrm{T}}$。接收到的符号在匹配滤波和同步之后是

$$y[n]=\boldsymbol{h}^*\boldsymbol{f}s[n]+v[n] \tag{6.59}$$

有效的接收信道 $\boldsymbol{h}^*\boldsymbol{f}$ 只是 $\boldsymbol{h}$ 和 $\boldsymbol{f}$ 之间的内积。为了维持发射功率约束，$\boldsymbol{f}$ 被缩放，使得 $\sum_{m=1}^{N_t}|f_j|^2\mathbb{E}[|s[n]|^2]=N_t$，这通过满足 $\|\boldsymbol{f}\|^2=N_t$ 的波束形成矢量来实现。N_t 是我们假设每个天线分支由 E_x/N_t 缩放的结果。与接收波束形成的情况不同，发送波束形成矢量的选择不会影响噪声方差。

与 MRC 的情况一样，选择波束形成器 $\boldsymbol{f}$ 以最大化接收的 SNR。目标是最大化 $|\boldsymbol{h}^*\boldsymbol{f}|^2/N_o$，服从 $\|\boldsymbol{f}\|^2=N_t$。最终的波束形成器被称为最大比传输(MRT)方案。使用与 6.2.3 节中相同的参数，优化器的形式为 $\boldsymbol{f}=\alpha\boldsymbol{h}$。为了满足最大功率的功率约束，观察下式

$$\boldsymbol{f}^*\boldsymbol{f}=|\alpha|^2\boldsymbol{h}^*\boldsymbol{h} \tag{6.60}$$

$$=N_t \tag{6.61}$$

因此，缩放因子 α 必须满足 $|\alpha|^2=N_t\|\boldsymbol{h}\|^2$。简单的解决方案是取 $\alpha=\sqrt{N_t}/\|\boldsymbol{h}\|$。通过这种方式，发射波束形成器 $\boldsymbol{f}=\sqrt{N_t}\boldsymbol{h}/\|\boldsymbol{h}\|$ 充当信道的空间匹配滤波器。

给定 MRT 的接收 SNR 是

$$\mathrm{SNR}_{\boldsymbol{h}}^{\mathrm{MRT}}=\frac{|\boldsymbol{h}^*\boldsymbol{f}|^2}{N_o} \tag{6.62}$$

$$=\frac{N_t|\boldsymbol{h}^*\boldsymbol{h}|^2}{\|\boldsymbol{h}\|^2N_o} \tag{6.63}$$

$$=\|\boldsymbol{h}\|^2\frac{N_t}{N_o} \tag{6.64}$$

$$=\|\boldsymbol{h}_s\|^2\frac{G_{\mathrm{MIMO}}N_t}{N_o} \tag{6.65}$$

$$=\|\boldsymbol{h}_s\|^2\frac{G}{N_o} \tag{6.66}$$

比较式(6.40)和式(6.64)表明，对于 MRT 和 MRC，SNR 都是相同的！因此，例 6.4～例 6.6 的性能分析也适用于 MRT 的情况。尤其是，我们可以得出结论，MRT 在 IID 瑞利衰落信道中提供了 N_t 的分集阶数。

对于波束形成权重的其他限制也可能是存在的。例如，迫使每个权重具有 $\exp(j\theta_k)/\sqrt{N_t}$ 的形式，这将产生与 EGC 等价的东西，导致在相等增益上的传输解[205,237]。这种方法很有吸引力，因为它允许每个发射天线发送一个固定比例的功率 E_x/N_t，而不是去设计全功率 E_x。使用数字控制移相器也可以实现模拟相移。从集合 $\mathcal{S}_{sel}$ 选择权重矢量(按 $\sqrt{E_x}$ 标定)导致发射天线选择[283,146,228,288]。当开关操作以模拟方式进行时，发射天线的选择似乎是最有趣的，在许多可能的发射天线中共享一个 RF 链[167]。

基于信道状态的发射波束形成的主要缺点是要求在发射机处 $\boldsymbol{h}$(完全)是已知的。这导致开发策略仅利用从接收机发送回发射机的量化信道状态获得的 $\boldsymbol{h}$ 信息。

6.3.4 有限反馈波束形成

有限制的反馈描述了无线通信系统中的一种方法，其中发射机通过从接收机返回到发射机的低速(或有限)反馈信道被告知信道状态[211,207]。

反馈信道广泛用于无线通信系统，以支持许多其他系统功能，包括功率控制和分组确认。由于反馈信道消耗系统资源，其容量受设计的限制。这意味着它们必须传递尽可能少的信息来完成指定的任务。

有限反馈波束形成[208,235,207]的思想是接收器从可能的波束形成矢量的码本中选择最佳可能的发送波束形成矢量。事实证明，这种方法比直接量化信道更有效，因为它会进一步减少反馈。

定义 $\mathcal{F}=\{\boldsymbol{f}_1, \boldsymbol{f}_2, \cdots, \boldsymbol{f}_{N_{LF}}\}$ 为码本的波束形成矢量。每个 $\boldsymbol{f}_j$ 是一个 $N_t\times 1$ 矢量。所有矢量满足 $\|\boldsymbol{f}_j\|^2=N_t$ 以维持功率约束。码本中总共有 N_{LF} 个矢量。一般地，N_{LF} 被选择为 2 的幂。在 MISO 发射波束形成的情况下，选择良好的发射波束形成矢量的合理方法是找到使接收 SNR 最大化的矢量索引：

$$j^* = \underset{j\in\{1,2,\cdots,N_{LF}\}}{\arg\max} \frac{1}{N_o}\|\boldsymbol{h}^* \boldsymbol{f}_j\|^2 \tag{6.67}$$

$$= \underset{j\in\{1,2,\cdots,N_{LF}\}}{\arg\max} \|\boldsymbol{h}^* \boldsymbol{f}_j\|^2 \tag{6.68}$$

本质上最好的波束形成矢量是 $\boldsymbol{f}_{j^*}$，它与信道 $\boldsymbol{h}$ 有最强的内积。接收机通过有限反馈信道发送索引 j^* 到发射机。

有限反馈波束形成的性能取决于码本 $\mathcal{F}$ 的具体选择。通常，码本提前设计并且在标准中指定。最常见的设计标准是找到一个码本，使得最小内积最大化，使得波束形成矢量在某种意义上相距很远。这导致了一个格拉斯曼码本(利用这个波束形成问题和格拉斯曼流形中的线条包装之间的连接[208,235])。其他码本的设计可以满足其他目标，例如，使码本更容易搜索或降低其存储所需的精度[358,284,150,195]。为了提供具体示例，请注意 3GPP LTE 版本 8 针对 $N_{LE}=4$ 的两个天线使用以下波束形成码本：

$$\mathcal{F}=\left\{\begin{bmatrix}1\\1\end{bmatrix},\begin{bmatrix}1\\-1\end{bmatrix},\begin{bmatrix}1\\j\end{bmatrix},\begin{bmatrix}1\\-j\end{bmatrix}\right\} \tag{6.69}$$

在衰落信道中分析有限反馈波束形成的性能是困难的，因为它需要 $\|\boldsymbol{h}*\boldsymbol{f}_{j^*}\|$ 的分布，但是这取决于码本。已经表明，在瑞利衰落信道中，如果 $N_{LE}>N_t$[208,定理4]，可以对格拉斯曼码本实现 N_t 的分集阶数。对于有限反馈波束形成在其他信道设置中更详细分析也是可用的[199,209,278,203,155,150]。

6.3.5 基于互易的波束形成

有限反馈波束形成的替代方案是在传播环境中使用互易性。在 MISO 系统的情况下，这涉及从在 SIMO 系统中观察的信道导出发射波束形成矢量。为了解释，假设具有用于发送和接收的 N 个天线的用户 A 与具有用于发送和接收的一个天线的用户进行通信。将 SIMO 信道表示为 $\boldsymbol{h}_{B\to A}$，将 MISO 信道表示为 $\boldsymbol{h}_{A\to B}^*$。互易原理是从 A 到 B 的传播信道与从 B 到 A 的传播信道是相同的。这意味着路径增益、相位和延迟是相同的。使用我们的符号，这意味着 $\boldsymbol{h}_{A\to B}=\boldsymbol{h}_{B\to A}^{C}$。使用互易原理，用户 A 可以基于从用户 B 发送的训练数据来测量 $\boldsymbol{h}_{B\to A}$，并且可以使用该信息来设计发送波束形成器 $\boldsymbol{f}=\boldsymbol{h}_{B\to A}^{C}/\|\boldsymbol{h}_{B\to A}\|$。当然，这要求信道在从 B 到 A 再到 B 的传输总时间内保持不变，称为往返时间。通过互易性，从 A 到 B 的信道状态信息将会从 B 到 A 的信道测量中免费获得。

利用互易性的无线系统通常使用时分双工系统，其中用于从 A 到 B 以及从 B 到 A 的传输的 f_C 是相同的。如果频率相近，则可以使用不同的载波[199]，但是这个仍然是一个正在进行的研究课题。

基于互易性的波束形成的主要优点是：(a)不需要信道或波束形成矢量的量化，并且(b)由于估计来自 N_t 个发射天线的信道比估计来自一个天线信道多花费大约 N_t 倍的训练，所以减少了训练开销。主要缺点是需要校准阶段，因为发送和接收路径之间的模拟前端存在差异，尤其是功率放大器输出阻抗和本地噪声放大器输入阻抗之间的差异[57]。

有两种校准方法：自我校准[201,202]和空中校准，参见文献[305]。通过自我校准，额外的收发机用于执行校准[201,202]。额外的收发机用于确定在特定校准传输阶段针对每个天线连续地发送和接收路径之间的差异。在空中方法中，接收的信道被反馈回发射机，以便发射机可以确定基带[305]中所需的校准参数。请注意，与有限反馈波束形成所需的通道精度相比，执行校准时所需的通道精度非常高，但校准发生的频率较低(大约为秒，分钟或更长)。

6.3.6 Alamouti 码

当特别设计传输信号时，可以从多个发射天线获得信道状态信息的分集。这种结构通常称为空时编码[325,326]。Alamouti 码[8]可能是最优雅的并且在商业上成功应用的时空码，它出现在 WCDMA 标准[153]中。

Alamouti 码是用两个发射天线设计的空时码。为了简化说明，我们关注 $n=0$ 和 $n=1$ 时刻。在时刻 $n=0$，发射天线 1 发送 $s[0]$，发射天线 2 发送 $s[1]$。相应的接收信号是

$$y[0]=(h_1 s[0]+h_2 s[1])+v[0] \tag{6.70}$$

在时刻 $n=1$ 时，发送天线 1 发送$(-s^*[1])$，并且发送天线 2 发送 $s^*[0]$。相应的接收信号是

$$y[1]=(-h_1 s^*[1]+h_2 s^*[0])+v[1] \tag{6.71}$$

考虑式(6.71)的共轭，有非共轭符号的方程

$$y^*[1]=(-h_1^* s[1]+h_2^* s[0])+v^*[1] \tag{6.72}$$

将式(6.70)和式(6.72)组合成输入-输出关系的矢量

$$\underbrace{\begin{bmatrix} y[0] \\ y^*[1] \end{bmatrix}}_{\boldsymbol{y}}=\underbrace{\begin{bmatrix} h_1 & h_2 \\ h_2^* & -h_1^* \end{bmatrix}}_{\boldsymbol{H}}\underbrace{\begin{bmatrix} s[0] \\ s[1] \end{bmatrix}}_{\boldsymbol{s}}+\underbrace{\begin{bmatrix} v[0] \\ v^*[1] \end{bmatrix}}_{\boldsymbol{v}} \tag{6.73}$$

或者矩阵形式

$$\boldsymbol{y}=\boldsymbol{Hs}+\boldsymbol{v} \tag{6.74}$$

等式两边同时左乘 $\boldsymbol{H}^*$

$$\boldsymbol{H}^* \boldsymbol{y} = \boldsymbol{H}^* \boldsymbol{H}\boldsymbol{s} + \boldsymbol{H}^* \boldsymbol{v} \tag{6.75}$$

矩阵 $\boldsymbol{H}$ 有一种特殊的结构，观察如下

$$\boldsymbol{H}^* \boldsymbol{H} = \begin{bmatrix} h_1^* & h_2 \\ h_2^* & -h_1 \end{bmatrix} \begin{bmatrix} h_1 & h_2 \\ h_2^* & -h_1^* \end{bmatrix} \tag{6.76}$$

$$= \begin{bmatrix} |h_1|^2 + |h_2|^2 & h_1^* h_2 - h_1^* h_2 \\ h_2^* h_1 - h_1 h_2^* & |h_1|^2 + |h_2|^2 \end{bmatrix} \tag{6.77}$$

$$= \begin{bmatrix} |h_1|^2 + |h_2|^2 & 0 \\ 0 & |h_1|^2 + |h_2|^2 \end{bmatrix} \tag{6.78}$$

$\boldsymbol{H}$ 的列是正交的！

由于 $\boldsymbol{H}$ 的结构，滤波后的噪声项 $\boldsymbol{H}^* \boldsymbol{v}$ 也具有特殊的结构。其中的矢量是复高斯的（因为高斯的线性组合是高斯）。均值为 $\mathbb{E}[\boldsymbol{H}^* \boldsymbol{v}] = \boldsymbol{0}$，协方差为

$$\mathbb{E}[\boldsymbol{H}^* \boldsymbol{v}\boldsymbol{v}^* \boldsymbol{H}] = \boldsymbol{H}^* \mathbb{E}[\boldsymbol{v}\boldsymbol{v}^*]\boldsymbol{H} \tag{6.79}$$

$$= N_o \boldsymbol{H}^* \boldsymbol{H} \tag{6.80}$$

$$= N_o(|h_1|^2 + |h_2|^2)\boldsymbol{I} \tag{6.81}$$

因此，$\boldsymbol{H}^* \boldsymbol{v}$ 的矢量是具有 $\mathcal{N}_{\mathrm{C}}(0, N_o|h_1|^2 + |h_2|^2)$ 的 IID。鉴于 $\boldsymbol{H}$ 的结构，式(6.75)简化为

$$\boldsymbol{H}^* \boldsymbol{y} = (|h_1|^2 + |h_2|^2)\boldsymbol{s} + \boldsymbol{H}^* \boldsymbol{v} \tag{6.82}$$

因为噪声项是独立的，所以式(6.82)的译码可以在每个单元上独立进行（该属性称为单码元译码）而不降低性能。这些符号可以通过解决 ML 检测问题来找到：

$$\hat{s}_1 = \arg\min_{s \in \mathcal{C}} \left\| [h_1^* \quad h_2]\boldsymbol{y} - (|h_1|^2 + |h_2|^2)s \right\|^2 \tag{6.83}$$

$$\hat{s}_2 = \arg\min_{s \in \mathcal{C}} \left\| [h_2^* \quad -h_1]\boldsymbol{y} - (|h_1|^2 + |h_2|^2)s \right\|^2 \tag{6.84}$$

为了分析 Alamouti 发射分集技术的性能，考虑从式(6.82)和式(6.81)推导出的后处理 SNR：

$$\mathrm{SNR}_{\boldsymbol{h}}^{\mathrm{Ala}} = \frac{(|h_1|^2 + |h_2|^2)^2}{N_o|h_1|^2 + |h_2|^2} \tag{6.85}$$

$$= \frac{1}{N_o}(|h_1|^2 + |h_2|^2) \tag{6.86}$$

$$= \frac{G_{\mathrm{MINO}}}{N_o}\|\boldsymbol{h}_s\|^2 \tag{6.87}$$

$$= \frac{G}{N_o N_t}\|h_s\|^2 \tag{6.88}$$

这个 SNR 与式(6.64)中分母中因数 $N_t = 2$ 的 MRT 后处理 SNR 相同。因为 $10\log_{10} 2 \approx 3$dB，Alamouti 码的性能比 MRT 的性能差 3dB。这种惩罚是由于没有在发射机中使用信道状态信息，可认为是一种公平的交换。图 6.5 提供了 Alamouti 码和 MRT 之间性能差异的说明。

平均 SNR 和 Alamouti 码的符号错误概率的界限可以用 6.2.3 节中的推导来说明。它在瑞利衰落信道中实现 2 阶分集阶数。其他衰落信道中的性能特征也被广泛地应用[346,59,245]。

Alamouti 码实现完全分集（当 $N_t = 2$ 且 $N_r = 1$ 时为 2），在两个时间周期内发送两个符号（在时空用语中称为全速率属性），并且具有单符号译码能力，也即是说，在式(6.83)和式(6.84))中可以分开执行对每个符号的检测，而不会折损有最优性能。将 Alamouti 码广义化为更大数量的天线，例如正交设计[327]或准正交设计[163]，会牺牲一个或多个这样的属性。

6.3.7 空时编码

Alamouti 码是所谓的空时码[326]的特例。空时码是一种通常旨在从多个发射天线获得分集优势的码。本节解释了使用成对误差概率的 IID 瑞利衰落信道中的一些空时码的一般概念及其性能分析。

码本是一个星座的概括。在星座中，B 比特的序列被映射到星座 $\mathcal{C}$ 中的 $M=2^B$ 个复数符号中的一个。在一般空时码中，码本代替星座，码字代替符号。在空时码中，每个码字可以可视化为 $N_t \times N_{code}$ 矩阵，其中 N_{code} 是码使用的时间符号周期的数量。让我们将这个码本表示为 $\mathcal{S}$，并将码本的第 k 个条目表示为 $\boldsymbol{S}_k$。我们假设码字的归一化是 $\mathbb{E}[\operatorname{tr}(\boldsymbol{S}_k^* \boldsymbol{S}_k)] = N_t N_{code}$。

例 6.7 确定使用 BPSK 符号时 Alamouti 码的码本。

解： Alamouti 码字的一般形式是

$$\boldsymbol{S} = \begin{bmatrix} s_1 & -s_2^* \\ s_2 & s_1^* \end{bmatrix} \tag{6.89}$$

其中，s_1 和 s_2 是星座点。如果 s_1 和 s_2 来自一个 BPSK 星座，那么总共有 4 种可能的码字。枚举 s_1 和 s_2 的每一种可能值，将推导出

$$\mathcal{S} = \left\{ \begin{bmatrix} 1 & -1 \\ 1 & 1 \end{bmatrix}, \begin{bmatrix} 1 & 1 \\ -1 & 1 \end{bmatrix}, \begin{bmatrix} -1 & -1 \\ 1 & -1 \end{bmatrix}, \begin{bmatrix} -1 & 1 \\ -1 & -1 \end{bmatrix} \right\} \tag{6.90}$$

◀

假设码字 $\boldsymbol{S} = [\boldsymbol{s}[0], \boldsymbol{s}[1], \cdots, \boldsymbol{s}[N_{code}-1]]$ 在一个 MISO 平衰落信道上传输，接收信号为

$$y[n] = \boldsymbol{h}^* \boldsymbol{s}[n] + v[n] \quad n = 0,1,\cdots,N_{code}-1 \tag{6.91}$$

将相邻的观测值收集成一列，这个公式可以简写成矩阵形式

$$\boldsymbol{Y} = \boldsymbol{h}^* \boldsymbol{S} + \boldsymbol{V} \tag{6.92}$$

其中，$\boldsymbol{Y}$ 和 $\boldsymbol{V}$ 是 $1 \times N_{code}$ 的矩阵。我们使用这个方法的原因是以后扩展到 MIMO 信道的推导中，直接用 $\boldsymbol{H}$ 代替 $\boldsymbol{h}*$，其中 $\boldsymbol{Y}$ 和 $\boldsymbol{V}$ 是 $N_r \times N_{code}$ 的矩阵。

使用 $\operatorname{vec}(\boldsymbol{Y})$ 运算符堆叠所有的列，得到一个替代的矢量形式。通过将一个矩阵的列堆叠在彼此之上，vec 运算符生成了一个矢量。vec 经常与 Kronecker 积⊗一起出现。一个 $N \times M$ 的矩阵 $\boldsymbol{A}$ 和一个 $P \times Q$ 的矩阵 $\boldsymbol{B}$ 的 Kronecker 积表示为

$$\boldsymbol{A} \otimes \boldsymbol{B} = \begin{bmatrix} a_{11}\boldsymbol{B} & \cdots & a_{1M}\boldsymbol{B} \\ \vdots & \ddots & \vdots \\ a_{N1}\boldsymbol{B} & \cdots & a_{NM}\boldsymbol{B} \end{bmatrix} \tag{6.93}$$

一个有用的事实为

$$\operatorname{vec}(\boldsymbol{ABC}) = (\boldsymbol{C}^T \otimes \boldsymbol{A}) \operatorname{vec}(\boldsymbol{B}) \tag{6.94}$$

使用这些定义重写式(6.92)

$$\boldsymbol{y} = (\boldsymbol{I}_{N_t} \otimes \boldsymbol{h}^*) \boldsymbol{s} + \boldsymbol{v} \tag{6.95}$$

其中 $\boldsymbol{y} = \operatorname{vec}(\boldsymbol{Y})$，$\boldsymbol{s} = \operatorname{vec}(\boldsymbol{S})$。

除了第 3 章的多元高斯分布和式(6.95)中的矢量方程，空时编码的最大似然检测器使用与第 4 章的标量译码器相似的方式推导得出。一个空分复用的相关推导在 6.4.3 节中证明，它可以直接应用到式(6.95)中。空时编码实例的详细推导作为一个问题被提出。由此产生的检测器为

$$\hat{\boldsymbol{S}} = \arg\min_{\boldsymbol{Q} \in \mathcal{S}} \| \boldsymbol{y} - (\boldsymbol{I} \otimes \boldsymbol{h}^*) \operatorname{vec}(\boldsymbol{Q}) \|^2 \tag{6.96}$$

使用式(6.92)，可以简写为

$$\hat{\boldsymbol{S}} = \arg\min_{\boldsymbol{Q}\in\mathcal{S}} \|\boldsymbol{Y} - \boldsymbol{h}^* \boldsymbol{Q}\|_F^2 \tag{6.97}$$

最优检测器搜索所有可能的传输码字来寻到一个最可能传输的码字。当编码有结构性时，例如在 Alamouti 码中发现的正交结构或者格状结构[326]，对 N_{code} 个项目蛮力搜索的复杂性可以降低。

空时编码的性能不仅仅取决于信道，其在波束形成情况下传输后期处理过的信噪比，还取决于码本的空间结构。给定一个 $\boldsymbol{h}$，使用与第 4 章成对错误概率相同的参数，码字错误的条件概率 $\mathbb{P}(E_x/N_o\,|\,\boldsymbol{h})$ 可以得到上界。文献[326，134]给出了详细的推导过程。在这种情况下，取 $G=E_x$，成对错误概率为

$$\mathbb{P}(\boldsymbol{Q}_k \to \boldsymbol{Q}_\ell\,|\,\boldsymbol{h}) = Q\left(\sqrt{\frac{1}{2N_o}\|\boldsymbol{h}^*(\boldsymbol{Q}_k - \boldsymbol{Q}_\ell)\|_F^2}\right) \tag{6.98}$$

寻找最坏的错误事件并插入到联合界中，得到

$$\mathbb{P}(E_x/N_o\,|\,\boldsymbol{h}) \leqslant (N_{\text{code}} - 1) Q\left(\sqrt{\frac{1}{2N_o}\min_{\boldsymbol{Q}_k\neq\boldsymbol{Q}_\ell\in\mathcal{S}}\|\boldsymbol{h}^*(\boldsymbol{Q}_k - \boldsymbol{Q}_\ell)\|_F^2}\right) \tag{6.99}$$

在第 4 章研究的 SISO 情况下，上界只取决于星座的最小距离。例 6.6 所示的波束形成也是如此。然而在式(6.99)中，信道和码字是耦合在一起的。这是空时编码和其他分集技术的一个主要区别。因此，其性能尤其取决于码本的结构和设计。

平均错误概率可以用来为好的码本在衰落信道中设计标准。我们考虑 IID 瑞利衰落信道的具体情况，其中 $G_{\text{MIMO}}=E_X/N_t$，忽略大尺度衰落的贡献。得到式(6.98)的期望值并写出 Chernoff 上界

$$\mathbb{E}_{\boldsymbol{h}}[\mathbb{P}(\boldsymbol{Q}_k \to \boldsymbol{Q}_\ell\,|\,\boldsymbol{h})] \leqslant \frac{(N_{\text{code}} - 1)}{2}\mathbb{E}_{\boldsymbol{h}}\left[\mathrm{e}^{-\frac{1}{4N_o}\|\boldsymbol{h}^*(\boldsymbol{Q}_k - \boldsymbol{Q}_\ell)\|_F^2}\right] \tag{6.100}$$

$$= \frac{(N_{\text{code}} - 1)}{2}\mathbb{E}_{\boldsymbol{h}}\left[\mathrm{e}^{-\frac{1}{4N_o}\boldsymbol{h}^*(\boldsymbol{Q}_k - \boldsymbol{Q}_\ell)(\boldsymbol{Q}_k - \boldsymbol{Q}_\ell)^*\boldsymbol{h}}\right] \tag{6.101}$$

令 $\boldsymbol{R}_{k,\ell}=(\boldsymbol{Q}_k-\boldsymbol{Q}_\ell)(\boldsymbol{Q}_k-\boldsymbol{Q}_\ell)^*$，这是误差协方差矩阵。使用多元高斯分布矩量母函数的定义(与特征函数有关，详见文献[332])，并代入 G_{MIMO}，公式可以表示为

$$\mathbb{E}_{\boldsymbol{h}}[\mathbb{P}(\boldsymbol{Q}_k \to \boldsymbol{Q}_\ell\,|\,\boldsymbol{h})] \leqslant \frac{(N_{\text{code}} - 1)}{2}\frac{1}{\left|\boldsymbol{I} + \frac{E_x}{4N_tN_o}\boldsymbol{R}_{k,\ell}\right|} \tag{6.102}$$

$$= \frac{(N_{\text{code}} - 1)}{2}\frac{1}{\prod_{m=1}^{\text{rank}(\boldsymbol{R}_{k,\ell})}\left(1 + \frac{E_x}{4N_tN_o}\lambda_m(\boldsymbol{R}_{k,\ell})\right)} \tag{6.103}$$

其中第二步利用了这样的事实：正定矩阵的行列式是其特征值的乘积，$\boldsymbol{I}+\boldsymbol{R}$ 形式的正定矩阵的特征值是 $1+\lambda_m(\boldsymbol{R})$。最坏情况的误差被用来对平均错误概率进行上界限定，表示为

$$\mathbb{E}_{\boldsymbol{h}}[\mathbb{P}(E_x/N_o\,|\,\boldsymbol{h})] \leqslant \frac{(N_{\text{code}} - 1)}{2}\max_{k,\ell,k\neq\ell}\frac{N_{\text{code}} - 1}{\prod_{m=1}^{\text{rank}(\boldsymbol{R}_{k,\ell})}\left(1 + \frac{E_x}{4N_tN_o}\lambda_m(\boldsymbol{R}_{k,\ell})\right)} \tag{6.104}$$

$$\approx \frac{(N_{\text{code}} - 1)}{2}\max_{k,\ell,k\neq\ell}\frac{N_{\text{code}} - 1}{\left(\frac{E_x}{4N_tN_o}\right)^{\text{rank}(\boldsymbol{R}_{k,\ell})}\prod_{m=1}^{\text{rank}(\boldsymbol{R}_{k,\ell})}\lambda_m(\boldsymbol{R}_{k,\ell})} \tag{6.105}$$

本质上，我们能够从式(6.105)得出的就是，空时编码的分集特性取决于最坏的误差协方差秩($\boldsymbol{R}_{k,\ell}$)。一个对于所有可能的错误对具有满秩误差协方差的空时编码被称作满秩空时编码。其编码增益与 $\prod_{m=1}^{\text{rank}(\boldsymbol{R}_{k,\ell})}\lambda_m(\boldsymbol{R}_{k,\ell})$ 有关。对于两个具有相同分集特性的码，最小秩的

码字具有较大编码增益的那个码通常有更好的性能。

例 6.8 使用成对错误概率(PEP)的方法，确定 Alamouti 空时编码的分集特性。

解： 使用 PEP 评估分集特性需要计算误差协方差矩阵。一般来说这是具有挑战性的，但是对于特殊的码，例如 Alamouti 码，这个任务可以完成。鉴于 Alamouti 码的结构，使用式(6.89)，码字差异有如下形式

$$\boldsymbol{Q}_k-\boldsymbol{Q}_\ell=\frac{1}{\sqrt{2}}\begin{bmatrix} s_1^{(k)}-s_1^{(\ell)} & -(s_2^{(k)}-s_2^{(\ell)})^* \\ s_2^{(k)}-s_2^{(\ell)} & (s_1^{(k)}-s_1^{(\ell)})^* \end{bmatrix} \tag{6.106}$$

还有与式(6.78)类似的推导

$$\boldsymbol{R}_{k,\ell}=\frac{1}{2}(\boldsymbol{Q}_k-\boldsymbol{Q}_\ell)(\boldsymbol{Q}_k-\boldsymbol{Q}_\ell)^* \tag{6.107}$$

$$=\frac{1}{2}(|s_1^{(k)}-s_1^{(\ell)}|^2+|s_2^{(k)}-s_2^{(\ell)}|^2)\boldsymbol{I} \tag{6.108}$$

因为 $\mathrm{rank}(\boldsymbol{I})=2$，只要至少有一个错误的区别，误差协方差矩阵就始终是满秩的，Alamouti 码就能实现分集为 2。

◀

空时编码的设计一直是一个热点。这个问题很重要，因为码的性能取决于误差协方差矩阵的不同性能。在文献[326]中提出了编码设计的等级和标准，并得到了空时格形码。延迟分集[357]（见图 6.4)是文献[326]的一个特例。延迟分集的一种被称作循环延迟分集[83,133]的变化形式用在 IEEE 802.11n 中。

6.4 MIMO 收发机技术

MIMO 通信充分利用了多个发射天线和接收天线。MIMO 是 SIMO 和 MISO 系统的一般化。它还引用了空分复用的通信方式，其目的是同时发送许多符号，这就利用了 MIMO 信道常见的较高容量特性。在本节中，我们介绍空分复用的概念。我们将解释如何将最大似然符号检测与均衡推广到 MIMO 平衰落信道，并提供一些关于 IID 瑞利衰落信道的性能分析。利用发射机信道的知识，我们展示如何将发射波束形成推广到 MIMO 情境，这种情境下被称作传输预编码，并展示关于有限反馈的扩展内容。我们开发 MIMO 平衰落信道估计器，因为检测、均衡和预编码都需要对信道的估计。最后，我们对 MIMO 频率选择性信道提供一些关于时域均衡和信道估计的扩展内容。

6.4.1 空分复用

空分复用是一种从每个传输天线发送独立符号的通信技术。6.1.3 节给出了空分复用的描述，强调了对两个发送天线的应用。现在我们解释扩展到 N_t 个发送天线的情况，并描述其如何与不同接收算法一起运行。

空分复用的图例见图 6.13。考虑一个如之前章节所提的符号串 $s[n]$。空分复用像一个 1∶N_t 的串并转换器一样工作。空分复用器的输出是符号串，表示为 $s_j[n]=s[N_t n+(j-1)]$，$j=1,\cdots,N_t$。这些符号是脉冲形的并按比例收缩来产生信号

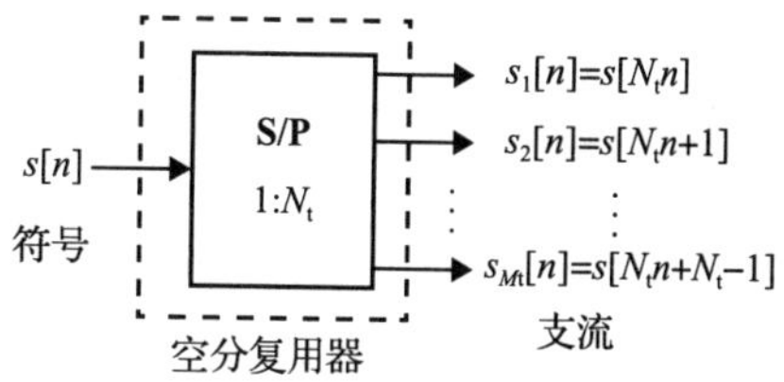

图 6.13 在发射机中进行空分复用的操作。空分复用是获取符号并产生子符号或者支流的必要串并转换操作。脉冲形的输出符号转换成连续时间的，并向上转换

$$x_j(t)=\sqrt{\frac{E_x}{N_t}}\sum_{n=-\infty}^{\infty}s_j[n]g_{tx}(t-nT) \tag{6.109}$$

这与第 4 章式(4.3)中的 $x(t)$是类似的。唯一的区别就是振幅扩展。为了保持总传输功率

不变，符号必须按 $\sqrt{E_x/N_t}$ 而不是 $\sqrt{E_x}$ 来扩展。这样，$\sum_{j=1}^{N_t}\mathbb{E}[|x_j(t)|^2]=E_x$。

令 $h_{i,j}$ 表示第 j 个发送天线和第 i 个接收天线之间的复基带等效平衰落信道。假设这个信道中包括大尺度衰落和小尺度衰落，而且衰落比是 E_x/N_t。假设完全同步和采样，收到的基带信号为

$$y_i[n]=(h_{i,1}s_1[n]+h_{i,2}s_2[n]+\cdots+h_{i,N_t}s_{N_t}[n])+v_i[n] \tag{6.110}$$

其中，$v_i[n]$ 是平常的 AWGN，并且有 $\mathcal{N}_{\mathbb{C}}(0,\ N_o)$。将所有收集到的观察数据叠加起来，得到一个矢量

$$\underbrace{\begin{bmatrix} y_1[n] \\ y_2[n] \\ \vdots \\ y_{N_r}[n] \end{bmatrix}}_{\boldsymbol{y}[n]} = \underbrace{\begin{bmatrix} h_{1,1} & h_{1,2} & \cdots & h_{1,N_t} \\ h_{2,1} & h_{2,2} & \cdots & h_{2,N_t} \\ \vdots & \ddots & \ddots & \vdots \\ h_{N_r,1} & h_{N_r,2} & \cdots & h_{N_r,N_t} \end{bmatrix}}_{\boldsymbol{H}} \underbrace{\begin{bmatrix} s_1[n] \\ s_2[n] \\ \vdots \\ s_{N_t}[n] \end{bmatrix}}_{\boldsymbol{s}[n]} + \underbrace{\begin{bmatrix} v_1[n] \\ v_2[n] \\ \vdots \\ v_{N_r}[n] \end{bmatrix}}_{\boldsymbol{v}[n]} \tag{6.111}$$

推导出经典的 MIMO 方程

$$\boldsymbol{y}[n]=\boldsymbol{Hs}[n]+\boldsymbol{v}[n] \tag{6.112}$$

图 6.14 展示了一个 MIMO 通信系统的简化系统框图。

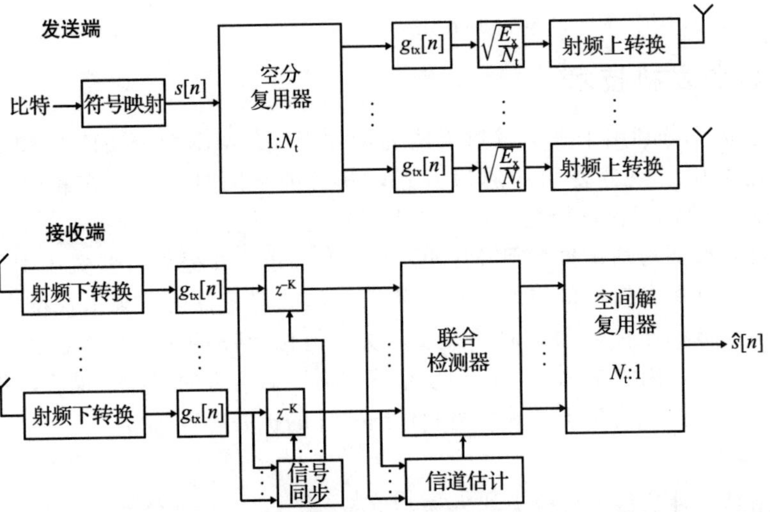

图 6.14　一个完整的空分复用系统的框图，包括发射机和接收机。比特被映射到符号，然后在发射机上被叠加到矢量中。每个矢量分量分别在每个发射天线上传输。在接收机上，每个天线的输出可以单独同步，然后是联合均衡器和检测器被用来生成传输的符号矢量的估计。增采样和降采样没有在图中明显展示

接收机的任务是从观测数据 $\boldsymbol{y}[n]$ 中检测符号矢量 $\boldsymbol{s}[n]$。这可以根据下一节中描述的不同标准来执行。

6.4.2　MIMO 平衰落信道模型

一个 MIMO 平衰落信道由 $N_r\times N_t$ 的矩阵 $\boldsymbol{H}$ 来表示。每一列 $[\boldsymbol{H}]_{:,j}$ 对应由第 j 个发送天线进行传送的 SIMO 信道。每一行 $[\boldsymbol{H}]_{i,:}$ 对应发送到第 i 个接收天线的 MISO 信道。因此，MIMO 信道模型同 SIMO 模型和 MISO 模型有一些相同点。

注意到 $\boldsymbol{H}$ 的大小是 $N_r\times N_t$。不过常见的是将一个 MIMO 系统设为有 N_t 个发送天线和 N_r 个接收天线的 $N_t\times N_r$ 系统。例如，一个 2×3 系统有 2 个发送天线和 3 个接收天线。

假设天线是同位的(在一个由几个波长分开的区域)，每个发送和接收天线之间的路径损耗可以假定为相同的因子 $P_{r,lin}(d)$。因此，所有大尺度的路径损耗模型都适用于 MIMO 情境，没有任何改变。还有一些进一步的概括，例如 LOS MIMO、分布式天线或云无线接入网络，它们中的天线可能在不同的地理位置，而且可能需要一个更通用的模型。

然后信道可能被分解为 SIMO 和 MISO，成为一个大尺度和小尺度部分组合起来的产品，如 $\boldsymbol{H}=\sqrt{G_{MIMO}}\boldsymbol{H}_s$。就像在 MISO 中一样，$G_{MIMO}=\frac{E_x}{P_{r,lin}(d)N_t}$，用 $P_{r,lin}(d)$ 捕捉大尺度路径损耗的影响。小尺度衰减矩阵 $\boldsymbol{H}_s$ 捕获了信道中所有的空间选择效应。

MIMO 通信系统有许多随机模型，将 $\boldsymbol{H}_s$ 视为一个随机变量或将 $\boldsymbol{H}_s$ 构造为一个随机变量的函数。我们经常用 $\boldsymbol{h}_s=\text{vec}(\boldsymbol{H}_s)$ 来描述 $\boldsymbol{H}_s$ 的分布，利用现有的多元分布(适用于矢量而不是矩阵)。

为分析 MIMO 通信系统，使用最广泛的模型是 IID 瑞利衰落信道。在这种情况下，$[\boldsymbol{H}_s]_{i,j}$ 是 $\mathcal{N}_{\mathbb{C}}(0,1)$ 并且是 IID。也就是说，$\boldsymbol{h}$s 有一个多元高斯分布 $\mathcal{N}_{\mathbb{C}}(\boldsymbol{0},\boldsymbol{I}_{N_rN_t})$。IID 瑞利模型通常是由“丰富的散射假设”证明[115]。主要的争论点是在环境中有许多散射，这通过中心极限定理导致了高斯性，并且天线之间的距离足够远，这证明了不相关的(从而独立于高斯信道)假设。在本章，我们使用 IID 瑞利衰落信道进行分析。

IID 瑞利衰落信道最常见的泛化是为了合并空间相关性，即所谓的 Kronecker 信道模型或可分相关模型。令 $\boldsymbol{R}_{tx}$ 表示发送空间相关矩阵，$\boldsymbol{R}_{rx}$ 表示接收空间相关矩阵，$\boldsymbol{H}_w$ 表示一个 IID 瑞利衰落矩阵。Kronecker 模型为

$$\boldsymbol{H}_s=\boldsymbol{R}_{rx}^{1/2}\boldsymbol{H}_w\boldsymbol{R}_{tx}^{1/2} \tag{6.113}$$

发送相关矩阵捕获发送天线周围的散射效应，接收相关矩阵捕获接收天线周围的散射效应。这被称作 Kronecker 信道模型，因为 $\boldsymbol{h}_s$ 按照 $\mathcal{N}_{\mathbb{C}}(\boldsymbol{0},\boldsymbol{R}_{tx}^{T}\otimes\boldsymbol{R}_{rx})$ 分布，这就使矢量信道 $\boldsymbol{E}[\boldsymbol{h}_s\boldsymbol{h}_s^*]$ 的空间相关矩阵成为一种 Kronecker 结构。进一步的泛化是可能的，其中的相关性并不局限于拥有 Kronecker 结构[295,350]。

集群信道模型可用于单独生成发送和接收协方差矩阵，例如使用如文献[298]或文献[113]中发现的封闭形式表达。或者，可以随机生成集群参数，$\boldsymbol{H}_s$ 可以仿真成式(6.12)的一个泛化

$$\boldsymbol{H}_s=\frac{1}{\sqrt{RC}}\sum_{c=0}^{C-1}\sum_{r=0}^{R-1}\alpha_{c,r}\boldsymbol{a}_{rx}(\theta_{c,r})\boldsymbol{a}_{tx}^{*}(\phi_{c,r}) \tag{6.114}$$

还有其他推广，包括在发送和接收方非对称数目的集群。这个射线和类型的信道模型的一个变体可以用于 3GPP 空间信道模型。基于空间相关矩阵的精确计算方法在 IEEE 802.11n 标准中使用[96]。

6.4.3　空分复用的检测与均衡

在本节中，我们将讨论最大似然和零强制(ZF)检测器，并分析它们在 IID 瑞利衰落信道中的性能。

空分复用最大似然检测器　假设所有符号 $s_j[n]$ 来自同一星座 $\mathcal{C}$。正如本章结尾探讨的问题，推广到多个星座(虽然实际操作中不常见)是有可能的。由结果 $\boldsymbol{s}[n]$ 形成的星座被称为矢量星座。它包含了所有可能符号的矢量，并表示为 $\mathcal{S}$。本质上，$\mathcal{S}=\mathcal{C}\times\mathcal{C}\cdots\times\mathcal{C}$。$\mathcal{S}$ 的基数为

$$|\mathcal{S}|=|\mathcal{C}|^{N_t} \tag{6.115}$$

因此，矢量星座的大小呈 N_t 指数增长，形成了非常大的星座！

例 6.9 说明 $N_t=2$ 和 BPSK 调制的矢量星座

解： BPSK 的 $\mathcal{C}=\{-1, 1\}$。形成所有的符号组合：

$$\mathcal{S}=\left\{\begin{bmatrix}1\\1\end{bmatrix},\begin{bmatrix}1\\-1\end{bmatrix},\begin{bmatrix}-1\\1\end{bmatrix},\begin{bmatrix}-1\\-1\end{bmatrix}\right\} \tag{6.116}$$

◀

最大似然检测的问题是确定最佳$\hat{s}[n]\in\mathcal{S}$，它能最大化 $\boldsymbol{y}[n]$的可能性，在给定一个候选矢量符号 $\bar{\boldsymbol{s}}[n]$和 $\boldsymbol{H}$ 的情况下。推导过程类似于第 4 章。首先注意到 $\boldsymbol{v}[n]$是多元高斯，其分布为 $\mathcal{N}_{\mathrm{C}}(0, N_{\mathrm{o}}\boldsymbol{I})$。因此，似然函数为(利用式(3.300))

$$f_{\boldsymbol{y}|\boldsymbol{H},\boldsymbol{s}}(\boldsymbol{y}[n]\,|\,s[n]=\bar{\boldsymbol{s}},\boldsymbol{H})=\frac{1}{\pi^{N_r}N_{\mathrm{o}}{}^{N_r}}\mathrm{e}^{-\frac{1}{N_{\mathrm{o}}}(\boldsymbol{y}[n]-\boldsymbol{H}\bar{\boldsymbol{s}})*(\boldsymbol{y}[n]-\boldsymbol{H}\bar{\boldsymbol{s}})} \tag{6.117}$$

最大似然检测器解决

$$\hat{s}[n]=\arg\max_{\bar{\boldsymbol{s}}\in\mathcal{S}} f_{\boldsymbol{y}|\boldsymbol{H},\boldsymbol{s}}(\boldsymbol{y}[n]\,|\,s[n]=\bar{\boldsymbol{s}},\boldsymbol{H}) \tag{6.118}$$

$$=\arg\max_{\bar{\boldsymbol{s}}\in\mathcal{S}}\frac{1}{\pi^{N_r}N_{\mathrm{o}}{}^{N_r}}\mathrm{e}^{-\frac{1}{N_{\mathrm{o}}}(\boldsymbol{y}[n]-\boldsymbol{H}\bar{\boldsymbol{s}})^*(\boldsymbol{y}[n]-\boldsymbol{H}\bar{\boldsymbol{s}})} \tag{6.119}$$

因为$\dfrac{1}{\pi^{N_r}N_{\mathrm{o}}{}^{N_r}}$不影响最大化，并且指数函数是单调递增的

$$\hat{s}[n]=\arg\max_{\bar{\boldsymbol{s}}\in\mathcal{S}}-\frac{1}{N_{\mathrm{o}}}(\boldsymbol{y}[n]-\boldsymbol{H}\bar{\boldsymbol{s}})^*(\boldsymbol{y}[n]-\boldsymbol{H}\bar{\boldsymbol{s}}) \tag{6.120}$$

$$=\arg\min_{\bar{\boldsymbol{s}}\in\mathcal{S}}(\boldsymbol{y}[n]-\boldsymbol{H}\bar{\boldsymbol{s}})^*(\boldsymbol{y}[n]-\boldsymbol{H}\bar{\boldsymbol{s}}) \tag{6.121}$$

将式(6.121)中的内积重新编写为一个规范，主要结果如下：

$$\hat{\boldsymbol{s}}[n]=\arg\min_{\bar{\boldsymbol{s}}\in\mathcal{S}}\|\boldsymbol{y}[n]-\boldsymbol{H}\bar{\boldsymbol{s}}\|^2 \tag{6.122}$$

基于式(6.122)，空分复用的 ML 译码器在所有可能的矢量符号$|\mathcal{C}|^{N_t}$上进行强力搜索。每一步都包含矩阵乘法、矢量差和矢量模的运算。如果信道在许多符号周期间保持不变，复杂性可能有所降低。那么，通过对所有的 $\boldsymbol{s}\in\mathcal{S}$ 预计算 $\boldsymbol{Hs}$ 并使用这个星座来避免式(6.122)中的积，一个失真的矢量星座可以在整个区块之前计算得出。缺点是需要增加存储。有几种低复杂度的算法接近式(6.122)的解，包括球译码器[140,347,24]。

空分复用的性能可以用类似于 6.3.7 节中空时编码的成对错误概率来评估。首先，我们考虑 AWGN 的情况。对于这种性能分析，我们只考虑小尺度衰落并令 $G=E_{\mathrm{x}}/N_t$。令 $\boldsymbol{s}^{(k)}\in\mathcal{S}$表示发送的码字，令 $\boldsymbol{s}^{(\ell)}$表示译码的码字。假设使用 ML 译码器，在 AWGN 信道中的成对错误概率为

$$P(\boldsymbol{s}^{(k)}\rightarrow\boldsymbol{s}^{(\ell)}\,|\,\boldsymbol{H})=Q\left(\sqrt{\frac{E_{\mathrm{x}}}{2N_{\mathrm{o}}N_t}\frac{\|\boldsymbol{Hs}^{(k)}-\boldsymbol{Hs}^{(\ell)}\|^2}{2}}\right) \tag{6.123}$$

矢量符号的错误概率是有界的

$$P(E_{\mathrm{x}}/N_{\mathrm{o}}\,|\,\boldsymbol{H})\leqslant(|\mathcal{S}|-1)\max_{k,\ell,k\neq\ell}Q\left(\sqrt{\frac{E_{\mathrm{x}}}{2N_{\mathrm{o}}N_t}\|\boldsymbol{Hs}^{(k)}-\boldsymbol{Hs}^{(\ell)}\|^2}\right) \tag{6.124}$$

$$\leqslant(|\mathcal{S}|-1)Q\left(\sqrt{\frac{E_{\mathrm{x}}}{2N_{\mathrm{o}}N_t}\min_{k,\ell,k\neq\ell}\|\boldsymbol{Hs}^{(k)}-\boldsymbol{Hs}^{(\ell)}\|^2}\right) \tag{6.125}$$

空分复用的性能取决于失真矢量星座的最小距离，由 $\min_{k,\ell,k\neq\ell}\|\boldsymbol{Hs}^{(k)}-\boldsymbol{Hs}^{(\ell)}\|^2$ 得到。在一个 SISO 系统中，最小距离仅仅是星座的一个函数；在 MIMO 中，它也是信道的一个函数。信道使矢量星座失真并改变了距离属性。具有依赖于信道实现的性能使性能分析更具挑战性，因为它不再简单地是一个处理后 SNR 的函数。

为了看信道如何影响性能，令 $\boldsymbol{e}^{(k,\ell)}=\boldsymbol{s}^{(k)}-\boldsymbol{s}^{(\ell)}$。然后误差变成

$$\|\boldsymbol{H}\boldsymbol{s}^{(k)}-\boldsymbol{H}\boldsymbol{s}^{(\ell)}\|^2=\|\boldsymbol{H}\boldsymbol{e}^{(k,\ell)}\|^2 \tag{6.126}$$

如果信道 $\boldsymbol{H}$ 是低阶的，那么可能其中一个误差矢量位于 $\boldsymbol{H}$ 的零空间，这将使$\|\boldsymbol{H}\boldsymbol{e}^{(k,\ell)}\|^2=0$。这使得上限等于$(|\mathcal{S}|-1)0.5$。或者，假设信道是一个单位矩阵，满足 $\boldsymbol{H}^*\boldsymbol{H}=c\boldsymbol{I}$。然后，由于不变性，它满足$\|\boldsymbol{H}\boldsymbol{e}^{(k,\ell)}\|^2=|c|^2\|\boldsymbol{e}^{(k,\ell)}\|^2$，并保证了良好的性能，只要误差矢量是非零的。在这种情况下，信道以相同的数量旋转了所有的错误矢量，保留了它们的距离特性。

现在我们利用 IID 瑞利衰落信道的最大似然接收器计算了空分复用的误差概率的上界。为了解决这个问题，使用类似式(6.100)的计算方法。将错误项重写为

$$\|\boldsymbol{H}\boldsymbol{e}^{(k,\ell)}\|^2=\|\mathrm{vec}(\boldsymbol{H}\boldsymbol{e}^{(k,\ell)})\|^2 \tag{6.127}$$

最后一步的依据是对于一个矢量 $\boldsymbol{x}$，$\mathrm{vec}(\boldsymbol{x})=\boldsymbol{x}$。使用式(6.94)中的定义，

$$\|\boldsymbol{H}\boldsymbol{e}^{(k,\ell)}\|^2=\|(\boldsymbol{e}^{(k,\ell)T}\otimes\boldsymbol{I}_{N_\mathrm{r}})\mathrm{vec}(\boldsymbol{H})\|^2 \tag{6.128}$$

定义 $\boldsymbol{h}=\mathrm{vec}(\boldsymbol{H})$，扩大内积并使用 Kronecker 积的分配律，

$$\|\boldsymbol{H}\boldsymbol{e}^{(k,\ell)}\|^2=\boldsymbol{h}^*(\boldsymbol{e}^{(k,\ell)c}\boldsymbol{e}^{(k,\ell)T}\otimes\boldsymbol{I}_{N_\mathrm{r}})\boldsymbol{h} \tag{6.129}$$

将空分复用的误差协方差矩阵定义为 $\boldsymbol{R}_{k,\ell}=\boldsymbol{e}^{(k,\ell)c}\boldsymbol{e}^{(k,\ell)T}$。接下来是与式(6.100)～式(6.102)同样的步骤：

$$\mathbb{E}_{\boldsymbol{H}}[P(\boldsymbol{s}^{(k)}\rightarrow\boldsymbol{s}^{(\ell)}\,|\,\boldsymbol{H})]\leqslant\frac{1}{2}\frac{1}{\left|\boldsymbol{I}+\dfrac{E_\mathrm{x}}{4N_\mathrm{o}N_\mathrm{t}}\boldsymbol{R}_{k,\ell}\otimes\boldsymbol{I}_{N_\mathrm{r}}\right|} \tag{6.130}$$

$$=\frac{1}{2}\frac{1}{\left(1+\dfrac{E_\mathrm{x}}{4N_\mathrm{o}N_\mathrm{t}}\|\boldsymbol{e}^{(k,\ell)}\|^2\right)^{N_\mathrm{r}}} \tag{6.131}$$

最后一步遵循两个事实。首先，$\boldsymbol{R}_{k,\ell}$的秩为 1 并且它唯一的非零特征值为$\|\boldsymbol{e}^{(k,\ell)}\|^2$。第二，$\boldsymbol{A}\otimes\boldsymbol{B}$ 的特征值是$\lambda_k(\boldsymbol{A})\lambda_m(\boldsymbol{B})$。最后，$\|\boldsymbol{e}^{(k,\ell)}\|^2$ 的最小值是星座 $\mathcal{C}$ 的组成部分之间的最小距离 $d_{\min}$。

从式(6.131)得到的主要直觉是，有最大似然接收机的空分复用可以获得最大为 N_r 的分集增益。不存在从多个发送天线获得的分集。原因是每个发送天线发送的信息都是有效独立的，因为组成符号 $s[n]$都是 IID。由于空间中没有冗余，误差协方差矩阵 $\boldsymbol{R}_{k,\ell}$的秩是 1。可能得到由空时编码和空分复用组合成的码字，分集高达 $N_\mathrm{t}N_\mathrm{r}$[149,214,31]。

有最大似然接收机的空分复用通常是性能比较的基准接收机。在瑞利衰落信道中，它达到阶为 N_r 的分集，这是可以通过低复杂度接收机(没有来自发射机的信道状态信息或者更复杂类型的空时编码)实现的最大值。最大似然接收机的主要缺点是其要求对所有传输的符号矢量进行蛮力搜索。这导致了对其他低复杂度的接收技术的研究，如迫零接收机。

空分复用的迫零检测器　迫零检测器是空分复用系统最简单但最有效的接收机之一。考虑式(6.112)中的系统。现在假设 $\boldsymbol{H}$ 是全秩的并且 $N_\mathrm{r}\geqslant N_\mathrm{t}$。从第 3 章可得，最小二乘估计是

$$\hat{\boldsymbol{s}}[n]=(\boldsymbol{H}^*\boldsymbol{H})^{-1}\boldsymbol{H}^*\boldsymbol{y}[n] \tag{6.132}$$

其中$(\boldsymbol{H}^*\boldsymbol{H})^{-1}\boldsymbol{H}^*$ 简单来说就是由 $\boldsymbol{H}^\dagger$ 给出的 $\boldsymbol{H}$ 的伪倒数。

在存在噪声的情况下，均衡的接收信号为

$$\boldsymbol{H}^\dagger\boldsymbol{y}[n]=\boldsymbol{s}[n]+\boldsymbol{H}^\dagger\boldsymbol{v}[n] \tag{6.133}$$

迫零接收机分别检测每个符号流，忽视噪声现在是空间相关的这一事实。令 $\boldsymbol{z}=\boldsymbol{H}^\dagger\boldsymbol{y}[n]$。迫零检测器然后分别为每一个条目对 $j=1, 2\cdots$，N_t 计算

$$\hat{s}_j[n]=\arg\min_{c\in\mathcal{C}}|\boldsymbol{z}_j[n]-c|^2 \tag{6.134}$$

就搜索复杂度而言，迫零检测器在$|\mathcal{C}|$星座符号上搜索计算N_t，对每一个条目进行一个标量级运算。相反，最大似然检测器在$|\mathcal{C}|^{N_t}$矢量符号上进行搜索，必须对长度为N_r的每个条目计算差值和范数。与最大似然解相比，迫零检测器的复杂性大大降低。

通过流符号的错误概率，可以分析迫零检测器的性能。当有一个或多个流符号错误时，就会出现一个矢量符号错误。第j个符号流的后处理SNR可以由此计算

$$\boldsymbol{z}_j[n]=\boldsymbol{s}_j[n]+[\boldsymbol{H}^{\dagger}\boldsymbol{v}[n]]_j \tag{6.135}$$

噪声是协方差矩阵为$N_o\boldsymbol{H}^{\dagger}\boldsymbol{H}^{\dagger *}$的零均值复高斯。使用伪逆的定义

$$\boldsymbol{H}^{\dagger}\boldsymbol{H}^{\dagger *}=(\boldsymbol{H}^*\boldsymbol{H})^{-1}\boldsymbol{H}^*\boldsymbol{H}(\boldsymbol{H}^*\boldsymbol{H})^{-1} \tag{6.136}$$

$$=(\boldsymbol{H}^*\boldsymbol{H})^{-1} \tag{6.137}$$

因此$[\boldsymbol{H}^{\dagger}\boldsymbol{v}[n]]_j$的方差是$[(\boldsymbol{H}^*\boldsymbol{H})^{-1}]_{j,j}$，后处理SNR为

$$\mathrm{SNR}_j^{\mathrm{ZF}}=\frac{1}{N_o[(\boldsymbol{H}^*\boldsymbol{H})^{-1}]_{j,j}} \tag{6.138}$$

这表明迫零接收机的性能取决于信道的“可逆性”。如果信道条件不好，那么逆就会“爆炸”，造成一个非常小的后处理SNR。

例6.10 考虑一个2×2的MIMO系统，信道矩阵如下所示

$$\boldsymbol{H}_1=\begin{bmatrix}\mathrm{e}^{\mathrm{j}\pi/3} & \mathrm{e}^{\mathrm{j}\pi/2}\\ \mathrm{e}^{\mathrm{j}\pi/7} & \mathrm{e}^{-\mathrm{j}\pi/4}\end{bmatrix} \tag{6.139}$$

$$\boldsymbol{H}_2=\begin{bmatrix}\mathrm{e}^{\mathrm{j}\pi/6} & 0.5\mathrm{e}^{\mathrm{j}\pi}\\ \mathrm{e}^{\mathrm{j}\pi/5} & 0.1\mathrm{e}^{\mathrm{j}\pi/8}\end{bmatrix} \tag{6.140}$$

首先，计算两个信道的迫零均衡器，然后计算每个信道的后处理SNR，假设$1/N_o=10\mathrm{dB}$.

解：迫零均衡器只是信道矩阵的伪逆，与给定的2×2矩阵的正常逆相同。对第1个信道矩阵

$$\boldsymbol{H}_1^{-1}=\frac{1}{\mathrm{e}^{\mathrm{j}\pi/3}\mathrm{e}^{-\mathrm{j}\pi/4}-\mathrm{e}^{\mathrm{j}\pi/7}\mathrm{e}^{\mathrm{j}\pi/2}}\begin{bmatrix}\mathrm{e}^{-\mathrm{j}\pi/4} & -\mathrm{e}^{\mathrm{j}\pi/2}\\ -\mathrm{e}^{\mathrm{j}\pi/7} & \mathrm{e}^{\mathrm{j}\pi/3}\end{bmatrix} \tag{6.141}$$

$$=\frac{1}{\mathrm{e}^{\mathrm{j}\pi/12}-\mathrm{e}^{\mathrm{j}9\pi/14}}\begin{bmatrix}\mathrm{e}^{-\mathrm{j}\pi/4} & -\mathrm{e}^{\mathrm{j}\pi/2}\\ -\mathrm{e}^{\mathrm{j}\pi/7} & \mathrm{e}^{\mathrm{j}\pi/3}\end{bmatrix} \tag{6.142}$$

同样，

$$\boldsymbol{H}_2^{-1}=\frac{1}{0.1\mathrm{e}^{\mathrm{j}7\pi/24}+0.5\mathrm{e}^{\mathrm{j}\pi/5}}\begin{bmatrix}0.1\mathrm{e}^{\mathrm{j}\pi/8} & 0.5\\ -\mathrm{e}^{\mathrm{j}\pi/5} & \mathrm{e}^{\mathrm{j}\pi/6}\end{bmatrix} \tag{6.143}$$

第j个流的后处理SNR由式(6.138)给出。插入$N_t=2$和$1/N_o=10\mathrm{dB}$，对$\boldsymbol{H}_1$，

$$\mathrm{SNR}^{\mathrm{ZF}}(\boldsymbol{H}_1)=\begin{bmatrix}11.8591\\ 11.8591\end{bmatrix}=\begin{bmatrix}10.74\mathrm{dB}\\ 10.74\mathrm{dB}\end{bmatrix} \tag{6.144}$$

$$\mathrm{SNR}^{\mathrm{ZF}}(\boldsymbol{H}_2)=\begin{bmatrix}13.6878\\ 1.7794\end{bmatrix}=\begin{bmatrix}11.36\mathrm{dB}\\ 2.50\mathrm{dB}\end{bmatrix} \tag{6.145}$$

◀

AWGN信道中的错误概率通过将式(6.138)中的后处理SNR插入4.4.5节中的表达式得出。分析平均错误概率更复杂。对瑞利衰落信道，式(6.138)是一个(缩放的)卡方随机变量，自由度为$2(N_r-N_t+1)$[132]。这个结果可以表明$\mathrm{SNR}_j^{\mathrm{ZF}}$是一个与有$N_r-N_t+1$个天线但由$G_{\mathrm{MIMO}}$代替$G$的SIMO系统的等效分布。因此，分集增益为$N_r-N_t+1$。如果$N_r=N_t$，那么信道的所有维度都用在逆中，没有“过多的”分集增益。有趣的是，如果还有一个多余的天线$N_r=N_t+1$，那么迫零将达到二阶分集。一个额外天线的分集被所有的符号流分享来提高性能。因为分集效应提供了维度回报，一个有几个多余天线的迫零接

收机能表现得很接近最大似然接收机，尽管它的复杂性要低得多。

空分复用的性能分析结果表明不论是最大似然还是迫零，都能从多余的发送天线中获益。ML 检测中，分集增益仅仅取决于 N_r。在迫零接收机中，如果选的 N_t 较大且 $N_t > N_r$ 不可行，分集增益会减小。来自多个发送天线的额外增益可以用传输预编码获得。

6.4.4 线性预编码

在 MIMO 空分复用系统的发射机用线性传输预编码来研究信道状态信息是有可能的。线性预编码器是一个将 N_s 个流映射到 N_t 个发送天线的矩阵。大多数线性预编码的应用集中在 $N_s < N_t$ 的情况，并且使用信道状态信息来设计预编码器。$N_s = 1$ 的特殊情况对应于通过波束形成发送一条流。

图 6.15 给出了一个具有线性预编码的空分复用系统。令 $\boldsymbol{F}$ 表示 $N_t \times N_s$ 的预编码矩阵。预编码矩阵应用于 $N_s \times 1$ 的符号矢量 $\boldsymbol{s}[n]$。有不同的方法来标准化预编码器 $\boldsymbol{F}$。在这一节，我们考虑的情况为 $\operatorname{tr}(\boldsymbol{F}\boldsymbol{F}^*) = N_t$，来匹配我们之前的假设，其中每个天线分支的缩放比例是 E_x/N_t。在这一假设下，MIMO 接收信号方程为

$$\boldsymbol{y}[n] = \boldsymbol{H}\boldsymbol{F}\boldsymbol{s}[n] + \boldsymbol{v}[n] \tag{6.146}$$

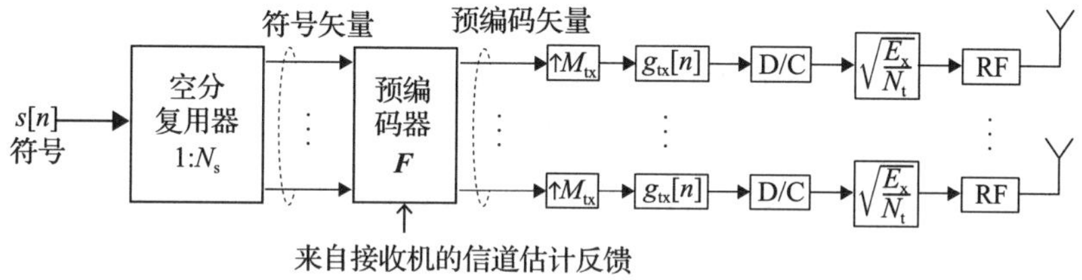

图 6.15　线性预编码发射机的空分复用。空分复用器产生一个维度为 $N_s \times 1$ 的符号矢量。预编码运算将这个符号矢量乘以预编码矩阵 $\boldsymbol{F}$，通常由信道状态决定，来生成预编码输出。这个输出是脉冲形状，转换为连续时间，向上转换

如果不同的权重分配给不同的信号，预编码器的其他标准化也可能实现[71,370]。也可能有其他的额外约束，例如，每个天线的权重约束[71]。

线性预编码的一种特殊情况通常称为特征波束形成。为了了解这个构造，一些关于矩阵奇异值分解(SVD)的背景知识是有用的。任何非方的 $N \times M$ 矩阵 $\boldsymbol{A}$ 都可以分解为

$$\boldsymbol{A} = \boldsymbol{U}_{\text{full}}\boldsymbol{\Sigma}\boldsymbol{V}_{\text{full}}^* \tag{6.147}$$

矩阵 $\boldsymbol{U}_{\text{full}}$ 是 $N \times N$ 单位矩阵，$\boldsymbol{V}_{\text{full}}$ 是 $M \times M$ 单位矩阵，$\boldsymbol{\Sigma}$ 是一个 $N \times M$ 矩阵，在主对角线拥有有序的(从最大到最小)非负项 $\{\sigma_k\}$(称为奇异值)，其他地方全为 0。$\boldsymbol{U}_{\text{full}}$ 的列称为 $\boldsymbol{A}$ 的左奇异矢量，$\boldsymbol{V}_{\text{full}}$ 的列称为 $\boldsymbol{A}$ 的右奇异矢量。$\boldsymbol{A}$ 的平方奇异值是 $\boldsymbol{A}\boldsymbol{A}^*$ 和 $\boldsymbol{A}^*\boldsymbol{A}$ 的特征值。

假设 $\boldsymbol{H}$ 的 SVD 为 $\boldsymbol{U}\boldsymbol{\Sigma}\boldsymbol{V}^*$。令 $\boldsymbol{F} = [\boldsymbol{V}]_{:,1:N_s}$。代入式(6.146)

$$\boldsymbol{y}[n] = \boldsymbol{U}\boldsymbol{\Sigma}\boldsymbol{V}^*[\boldsymbol{V}]_{:,1:N_s}\boldsymbol{s}[n] + \boldsymbol{v}[n] \tag{6.148}$$

将接收信号矢量乘 $\boldsymbol{U}^*$ 得到

$$\boldsymbol{U}^*\boldsymbol{y}[n] = \boldsymbol{U}^*\boldsymbol{U}\boldsymbol{\Sigma}\boldsymbol{V}^*[\boldsymbol{V}]_{:,1:N_s}\boldsymbol{s}[n] + \boldsymbol{U}^*\boldsymbol{v}[n] \tag{6.149}$$

$$= \boldsymbol{\Sigma}\boldsymbol{V}^*[\boldsymbol{V}]_{:,1:N_s}\boldsymbol{s}[n] + \boldsymbol{U}^*\boldsymbol{v}[n] \tag{6.150}$$

$$= [\boldsymbol{\Sigma}]_{:,1:N_s}\boldsymbol{s}[n] + \boldsymbol{U}^*\boldsymbol{v}[n] \tag{6.151}$$

其中得到式(6.150)是因为 $\boldsymbol{U}$ 是单位矩阵，得到式(6.151)是因为 $\boldsymbol{V}$ 是单位矩阵，因此 $\boldsymbol{V}^*[\boldsymbol{V}]_{:,1:N_s} = [\boldsymbol{I}]_{:,1:N_s}$。而且因为 $\boldsymbol{U}$ 是单位矩阵，$\boldsymbol{U}^*\boldsymbol{v}[n]$ 保留了 $\mathcal{N}_{\mathbb{C}}(0, N_o\boldsymbol{I})$，因为 $\mathbb{E}[\boldsymbol{U}^*\boldsymbol{v}[n]\boldsymbol{v}^*[n]\boldsymbol{U}] = N_o\boldsymbol{I}$。与迫零情况不同，噪声仍然是 IID。定义 $\boldsymbol{z}[n] = \boldsymbol{U}^*\boldsymbol{y}[n]$ 并用 $\boldsymbol{v}[n]$ 代替 $\boldsymbol{U}^*\boldsymbol{v}[n]$，因为它们有相同的分布，得到等价接收信号

$$\boldsymbol{z}[n]=[\boldsymbol{\Sigma}]_{:,1:N_s}\boldsymbol{s}[n]+\boldsymbol{v}[n] \tag{6.152}$$

因为所有的符号都是解耦的，很容易译码第 i 个流

$$z_j[n]=\sigma_j s_j[n]+v_j[n] \tag{6.153}$$

不像迫零情况，由于在这种情况下噪声仍然是 IID，所以独立地执行流检测是没有损失的。因此，最优检测器的性能被大大简化了

本节所述的线性预编码有很好的解释。有效地选择的预编码器，使用选择的波束形成矢量 $\boldsymbol{f}_j=[\boldsymbol{F}]_{:,j}$，每个符号都沿着信道中它自己的特征模式(奇异矢量)来激活该模式。线性预编码可以有效地将符号沿着它最喜欢的"方向"耦合到 MIMO 信道中。

第 j 个流的性能取决于后处理 SNR

$$\mathrm{SNR}=\frac{1}{N_o}\sigma_j^2 \tag{6.154}$$

这只取决于信道的奇异值。如果 $N_t=N_s$，线性预编码提供了类似于迫零译码器的性能。然而，预编码可以通过调整每个流的速率和功率来优化性能。当 $N_s<N_t$ 时，预编码的好处就显现出来了。例如，考虑一个只有两个重要的奇异值的 4×4 信道 $\boldsymbol{H}$。通过选择 $N_s=2$，发射机可以发送两种最佳特征模式的信息，并且可以避免在两个坏的地方浪费。当信道发生变化时动态选择 N_s，这被称为等级适应或多模式预编码[206,148,179]。

在其分集性能方面也实现了预编码的优点。如果 $N_s\leqslant N_t$ 并且 $N_s\leqslant N_r$，在瑞利衰落信道中预编码可以达到的分集阶为 $(N_r-N_s+1)(N_t-N_s+1)$[210]。

在这种情况下，分集是通过多余的发送天线和接收天线获得的。如果采用多模式预编码，分集可以达到 N_tN_r，这是用单流波束形成得到的。总的来说，预编码使用了信道来提供更好的性能，使用了多余的发送天线和接收天线，并且在接收端允许最优的低复杂度译码。

在发射机中需要信道状态信息是本节描述的线性预编码的一个主要限制。解决这个问题的方法是使用有限的反馈预编码，其中发送预编码器是从接收机和发射机已知的可能的预编码器的码本中选择的。

6.4.5　有限反馈扩展

有限反馈预编码是有限反馈波束形成的一种概括。它提供了一种框架，这种框架能从接收机和发射机中提供信道状态信息(以码字的形式)。有限反馈预编码可以在 IEEE 802.11n 和 3GPP LTE 和其他无线系统中发现。

图 6.16 给出了有限反馈的空分复用系统。令 $\mathcal{F}=\{\boldsymbol{F}_1, \boldsymbol{F}_2, \cdots, \boldsymbol{F}_{N_{LF}}\}$ 表示预编码矩阵的码本。每一项 $\boldsymbol{F}_k$ 是一个 $N_t\times N_s$ 的预编码矩阵，它满足适当的预编码设计约束(在我们的情况中要满足的约束条件是列是单位范数且是正交的)。

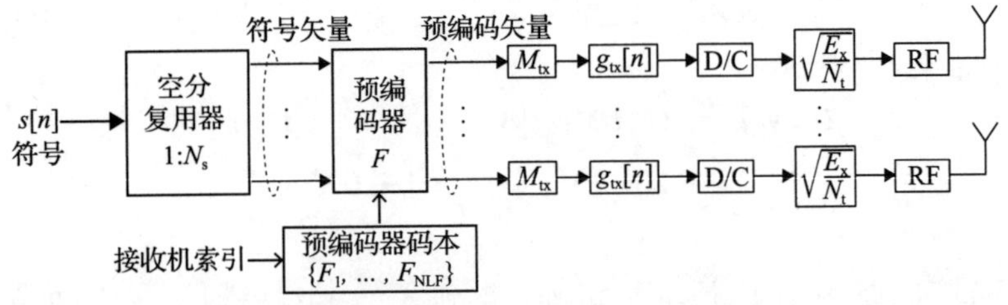

图 6.16　具有有限反馈线性预编码的发射机空分复用。空分复用器产生一个维度为 $N_s\times 1$ 的符号矢量。预编码运算将这个符号矢量乘以预编码矩阵 $\boldsymbol{F}$，它来自于预编码矢量的码本。一个从接收机发送的索引决定了在码本中选择哪个预编码器

从码本中选择最优的码字取决于所选的接收机设计。有不同的标准，在不同的假设下每个标准都是合理的[210]。例如，如果使用了迫零接收机，一种方法是将最小后处理 SNR 最大化，给定复合信道 $\boldsymbol{HF}_k$ 为

$$k^* = \underset{k=1,2,\cdots,N_{\mathrm{LF}}}{\arg\max} \min_{m=1,2,\cdots,N_s} \frac{E_x}{N_t N_o\left[(\boldsymbol{F}_k^* \boldsymbol{H}^* \boldsymbol{HF}_k)^{-1}\right]_{m,m}} \tag{6.155}$$

$$= \underset{k=1,2,\cdots,N_{\mathrm{LF}}}{\arg\min} \max_{m=1,2,\cdots,N_s} \left[(\boldsymbol{F}_k^* \boldsymbol{H}^* \boldsymbol{HF}_k)^{-1}\right]_{m,m} \tag{6.156}$$

另一种方法，由式(6.154)得到，是最大化 $\boldsymbol{HF}_k$ 的最小奇异值。

在码本足够大的情况下，使用有限反馈预编码获得的分集与使用完美的信道状态信息获得的分集相同。有一个很好的设计，只要选择 $N_{\mathrm{LF}} \geqslant N_t$ 就满足要求了[210]。

天线子集选择是有限反馈预编码的一种特殊情况[146,228,207]。利用天线子集的选择，从单位矩阵的列子集中选取预编码矩阵。最大的码本大小为 $\begin{bmatrix} N_t \\ N_s \end{bmatrix}$。天线子集选择也可以看作是对 MISO 天线选择的泛化。

例 6.11 说明从天线子集选择中导出的有限反馈码本，假设 $N_s=2$ 和 $N_t=3$。

解：这个码本中共有 $\begin{bmatrix} 3 \\ 2 \end{bmatrix}=3$ 个条目。码本为

$$\mathcal{F}=\left\{\sqrt{\frac{3}{2}}\begin{bmatrix}1 & 0\\0 & 1\\0 & 0\end{bmatrix},\sqrt{\frac{3}{2}}\begin{bmatrix}1 & 0\\0 & 0\\0 & 1\end{bmatrix},\sqrt{\frac{3}{2}}\begin{bmatrix}0 & 0\\1 & 1\\0 & 0\end{bmatrix}\right\} \tag{6.157}$$

选择的缩放因子确保了 $\operatorname{tr}(\boldsymbol{F}_k^* \boldsymbol{F}_k)=N_t$。◀

对于 $\mathcal{F}$，有许多不同可能的码本设计。经典的设计也许是格拉斯曼预编码[210]，其中码字对应着格拉斯曼多面体的点。3GPP LTE 标准使用了一个嵌套的码本设计，它允许发射机选择的 N_s 比接收机所指示的小[127,7.2.2节]。IEEE 802.11n 有三个反馈选项：第一，接收机直接反馈量化信道系数(完整的信道状态信息反馈)；第二，接收机首先计算波束形成反馈矩阵，然后发送非压缩的版本(非压缩波束形成矩阵的反馈)；第三，使用吉文斯旋转的压缩版本(压缩波束形成矩阵的反馈)[158,20.3.12.2节]。

例 6.12 在本例中，我们比较不同 MIMO 配置的性能和具有两个发射天线和两个接收天线的性能。为了使比较公平，在每个策略里使速率(矢量星座的大小)固定。假定一个 IID 瑞利信道，我们计算符号错误率的平均概率。我们考虑 4 种可能的情况：

- 最大比例和一个 16-QAM 星座组合的 SIMO(只使用一个发射天线)。
- 具有发射和接收天线选择(选择带有最佳信道的发射和接收天线)和一个 16-QAM 星座的 MIMO。天线选择是有限反馈预编码的特例。
- 具有一个迫零接收机和 4-QAM 星座的空分复用。
- 具有一个最大似然接收机和 4-QAM 星座的空分复用。

根据图 6.17 中的性能图，回答以下问题。

- 为什么 MIMO 信道的天线选择优于 SIMO 信道的最佳组合？

  解：在 1×2 的 SIMO 信道中，只有二阶的分集。相反，因为在一个 2×2 的 MIMO 信道中有两个发送天线和两个接收天线，天线选择提供了 4 种分集增益，可以通过 6.2.2 节中类似的参数看到天线选择。因此，在高 SNR 下，性能曲线交叉，并且具有较高分集的系统具有较好的性能。
- SNR 为多少时，天线选择技术优于有迫零接收机的空分复用？

解： 天线选择的发送分集和接收分集的分集增益都是 4，而有迫零接收机的空分复用只有 1 个分集增益。从图 6.17 中得出，天线选择的性能优于考虑到所有 SNR 值的迫零情况。

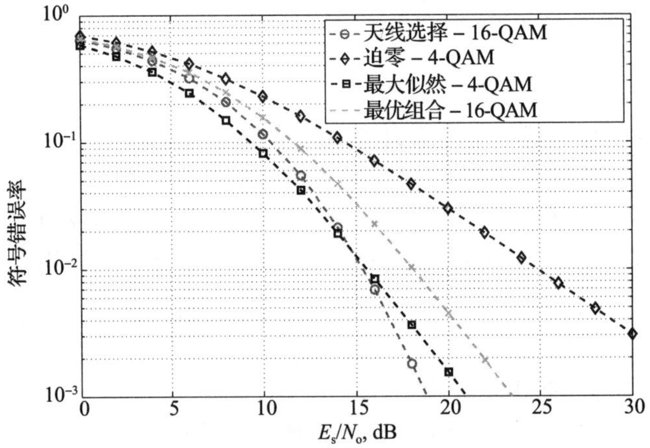

图 6.17　不同 2×2 MIMO 技术的符号误差概率比较

- SNR 为多少时，天线选择技术优于有 ML 接收机的空分复用？

  解： 图 6.17 显示当 SNR(大约)大于 14.5dB 时，天线选择技术优于有 ML 接收的空分复用。当 SNR 小于 14.5dB 时，有 ML 接收的空分复用优于天线选择。
- 迫零和最大似然接收机之间的性能差异是什么？

  解： 就所有的 SNR 值的符号错误率而言，由于较高的分集增益，最大似然接收机优于迫零接收机。ML 和 ZF 之间的差异随 SNR 增加而增加。
- 迫零和最大似然接收机之间的复杂度差异是什么？

  解： 首先，在符号块上进行一些计算。迫零需要对矩阵的逆进行计算。最大似然不需要最初的计算，但是更高效的实现要使用一个修改的星座 $\{\boldsymbol{Hs} \mid \boldsymbol{s} \in \mathcal{S}\}$。复杂度实质上是一个矩阵的逆与 16 矩阵相乘。

  第二，在迫零中，4-QAM 的两个独立检测需要一个矩阵乘(需要 4 个乘法和 2 个加法)和 8 个标量最小距离计算。在最大似然检测中，联合符号检测需要 16 个矢量最小距离计算，相当于 32 个标量最小距离计算。最大似然检测的复杂度最小是迫零的两倍，不包括第一组计算。◀

6.4.6　MIMO 系统中的信道估计

迄今为止所描述的所有 SIMO、MISO 和 MIMO 方法都需要接收机的信道知识。本节提供了对 5.1.4 节中描述的信道估计器的一些泛化来估计 MIMO 信道。通过合适的 N_t 和 N_r 选择，这些方法可用于估计 SIMO 和 MISO 信道。

令 $\{\boldsymbol{t}[n]\}_{n=0}^{N_{tr}-1}$ 表示一个训练符号的矢量。我们取训练符号矢量并建立一个训练矩阵来简化概述：

$$\boldsymbol{T} = [\boldsymbol{t}[0] \quad \boldsymbol{t}[1] \quad \cdots \quad \boldsymbol{t}[N_{tr}-1]] \tag{6.158}$$

信道估计最简单的方法是轮流训练每个天线。假设 N_{tr} 能被 N_t 整除，令 $\{t[n]\}_{n=0}^{N_{tr}/N_t-1}$ 表示一个标量训练序列。在每个天线上依次发送这个序列，得到

$$\boldsymbol{T} = \begin{bmatrix} t[0] & \cdots & t[N_{tr}-1] & 0 & \cdots & 0 & \cdots \\ 0 & \cdots & 0 & t[0] & \cdots & t[N_{tr}-1] & \cdots \\ \vdots & \cdots & \vdots & 0 & \cdots & 0 & \cdots \end{bmatrix} \tag{6.159}$$

在训练序列的传输过程中考虑在发射天线 j 和接收天线 i 传输的接收信号：

$$\boldsymbol{y}_i[n+(i-1)N_{tr}] = h_{i,j}t[n] + \boldsymbol{v}_i[n+(i-1)N_{tr}] \tag{6.160}$$

其中 $n=0$，1，…，N_{tr}/N_t-1。叠加成一个矢量

$$\boldsymbol{y}_{i,j} = h_{i,j}\boldsymbol{t} + \boldsymbol{v}_{i,j} \tag{6.161}$$

最小二乘解为

$$\hat{h}_{i,j} = (\boldsymbol{t}^*\boldsymbol{t})^{-1}\boldsymbol{t}^*\boldsymbol{y}_{m,k} \tag{6.162}$$

当训练信号从发射天线 j 发送时，接收天线 i 接收的信号用于估计 $h_{i,j}$。经过所有的发射天线之后，接收机可以对整个信道矩阵 $\boldsymbol{H}$ 进行估计。

这个简单方法的问题是它需要发射天线断断续续供电。这可能会给模拟前端带来挑战。当天线功率受到限制时(当没有使用所有的发射天线时，并不是所有的能量都被传送)，它也会导致性能降低。一种解决方法是使用更一般的训练结构。假设一个一般的 $\boldsymbol{T}$ 与列 $\boldsymbol{t}[n]$ 一起使用。那么

$$\boldsymbol{y}[n] = \boldsymbol{Ht}[n] + \boldsymbol{v}[n] \tag{6.163}$$

现在，对 $n=0$，1，…，$N_{tr}-1$ 将连续的矢量收集在一起

$$\boldsymbol{Y} = \boldsymbol{HT} + \boldsymbol{V} \tag{6.164}$$

$\boldsymbol{H}$ 的最小二乘解为

$$\hat{\boldsymbol{H}} = \boldsymbol{YT}^*(\boldsymbol{TT}^*)^{-1} \tag{6.165}$$

在例 6.13 和例 6.14 中提供了关于这个推导的进一步详细信息。

训练序列的一个好的设计是使每个天线都发送正交序列。如果这样，那么 $\boldsymbol{TT}^* = N_{tr}\boldsymbol{I}$，最小二乘信道估计简化为

$$\hat{\boldsymbol{H}} = \boldsymbol{YT}^* \tag{6.166}$$

这本质上是一个矩阵相关运算。

例 6.13 考虑一个有 2 个发射天线和 1 个接收天线的 MISO 频率平坦的慢衰落信道。令 $h_{1,1}$ 和 $h_{1,2}$ 为发送天线到接收天线的信道。假设独立符号 $s_1[n]$ 和 $s_2[n]$ 被传输，这个天线上的接收信号为

$$y_1[n] = h_{1,1}s_1[n] + h_{1,2}s_2[n] + v_1[n] \tag{6.167}$$

其中 $v_1[n]$ 是接收天线的噪声。

提出并求解最小二乘信道估计问题，以估计 MISO 信道的信道系数，假设我们同时在 MISO 信道上发送了两个训练序列 $\{t_1[n]\}_{n=0}^{N_{tr}-1}$ 和 $\{t_2[n]\}_{n=0}^{N_{tr}-1}$。平方误差的表达式以及得到的矩阵和矢量定义要具体，为下一个例子中的 MIMO 案例提供一个比较点。

解： 在没有噪声的情况下，矩阵形式的输入-输出关系为

$$\underbrace{[y_1[0] \ \cdots \ y_1[N_{tr}-1]]}_{\boldsymbol{y}_1^T} = \underbrace{[h_{1,1} \ \ h_{1,2}]}_{\boldsymbol{h}_1^T} \underbrace{\begin{bmatrix} t_1[0] & t_1[1] & \cdots & t_1[N_{tr}-1] \\ t_2[0] & t_2[1] & \cdots & t_2[N_{tr}-1] \end{bmatrix}}_{\boldsymbol{T}} \tag{6.168}$$

我们用行矢量来表示与式(6.164)的推导相一致。假矢量 $\boldsymbol{a}^{T} = [a_1, a_2]$ 的观测和已知数据之间的平方误差为

$$J(\boldsymbol{a}) = \sum_{n=0}^{N_{tr}-1} |y_1[n] - a_1t_1[n] - a_2t_2[n]|^2 \tag{6.169}$$

$$= \|\boldsymbol{y}_1 - \boldsymbol{T}^T\boldsymbol{a}\|^2 \tag{6.170}$$

最小二乘信道估计是下式的解

$$\hat{\boldsymbol{h}}_1 = \arg\min_{\boldsymbol{a}\in\mathbb{C}^{2\times1}} \|\boldsymbol{y}_1 - \boldsymbol{T}^{\mathrm{T}}\boldsymbol{a}\|^2 \tag{6.171}$$

假设 $\boldsymbol{T}$ 是满秩的，最小二乘 MISO 信道估计为

$$\hat{\boldsymbol{h}}_1^{T} = \boldsymbol{y}_1^{\mathrm{T}}\boldsymbol{T}^{*}(\boldsymbol{T}\boldsymbol{T}^{*})^{-1} \tag{6.172}$$

我们已经以式(6.165)的形式写出了最终的解。◀

例 6.14 考虑例 6.13 中的系统，其中接收机配置了一个额外的天线以形成 MIMO 2×2 系统。从发射天线到第 2 接收天线的信道表示为 $h_{2,1}$ 和 $h_{2,2}$。第 2 接收天线接收到的信号为

$$y_2[n] = h_{2,1}s_1[n] + h_{2,2}s_2[n] + v_2[n] \tag{6.173}$$

其中 $v_2[n]$ 是第 2 接收天线的噪声。提出并求解最小二乘信道估计量，使用相同的两个训练序列 $\{t_1[n]\}_{n=0}^{N_{\mathrm{tr}}-1}$ 和 $\{t_2[n]\}_{n=0}^{N_{\mathrm{tr}}-1}$，选择满秩的 $\boldsymbol{T}$。

解： 我们用 $\boldsymbol{y}_1$ 的相同样式来定义 $\boldsymbol{y}_2$，用 $\boldsymbol{h}_1$ 的相同样式来定义 $\boldsymbol{h}_2$。在没有噪声的情况下，矩阵形式的输入-输出关系为

$$\underbrace{\begin{bmatrix} y_1[0] & \cdots & y_1[N_{\mathrm{tr}}-1] \\ y_2[0] & \cdots & y_2[N_{\mathrm{tr}}-1] \end{bmatrix}}_{\boldsymbol{Y}} = \underbrace{\begin{bmatrix} h_{1,1} & h_{2,1} \\ h_{1,2} & h_{2,2} \end{bmatrix}}_{\boldsymbol{H}} \underbrace{\begin{bmatrix} t_1[0] & t_1[1] & \cdots & t_1[N_{\mathrm{tr}}-1] \\ t_2[0] & t_2[1] & \cdots & t_2[N_{\mathrm{tr}}-1] \end{bmatrix}}_{\boldsymbol{T}} \tag{6.174}$$

或等价为

$$\begin{bmatrix} \boldsymbol{y}_1^{\mathrm{T}} \\ \boldsymbol{y}_2^{\mathrm{T}} \end{bmatrix} = \begin{bmatrix} \boldsymbol{h}_1^{\mathrm{T}} \\ \boldsymbol{h}_2^{\mathrm{T}} \end{bmatrix}\boldsymbol{T} \tag{6.175}$$

现在考虑平方误差项，其在矩阵的情况下使用弗罗贝尼乌斯范数 $\|\boldsymbol{A}\|_F^2 = \sum_i \sum_j [\boldsymbol{A}]_{i,j}$ 写成

$$\left\|\begin{bmatrix} \boldsymbol{y}_1^{\mathrm{T}} \\ \boldsymbol{y}_2^{\mathrm{T}} \end{bmatrix} - \begin{bmatrix} \boldsymbol{h}_1^{\mathrm{T}} \\ \boldsymbol{h}_2^{\mathrm{T}} \end{bmatrix}\boldsymbol{T}\right\|_F^2 = \mathrm{tr}\left(\left(\begin{bmatrix} \boldsymbol{y}_1^{\mathrm{T}} \\ \boldsymbol{y}_2^{\mathrm{T}} \end{bmatrix} - \begin{bmatrix} \boldsymbol{h}_1^{\mathrm{T}} \\ \boldsymbol{h}_2^{\mathrm{T}} \end{bmatrix}\boldsymbol{T}\right)^{*}\left(\begin{bmatrix} \boldsymbol{y}_1^{\mathrm{T}} \\ \boldsymbol{y}_2^{\mathrm{T}} \end{bmatrix} - \begin{bmatrix} \boldsymbol{h}_1^{\mathrm{T}} \\ \boldsymbol{h}_2^{\mathrm{T}} \end{bmatrix}\boldsymbol{T}\right)\right) \tag{6.176}$$

$$= \|\boldsymbol{y}_1 - \boldsymbol{T}^{\mathrm{T}}\boldsymbol{h}_1\|^2 + \|\boldsymbol{y}_2 - \boldsymbol{T}^{\mathrm{T}}\boldsymbol{h}_2\|^2 \tag{6.177}$$

因为成本函数是可分离的(第一项的最小值独立于第二项的最小化)，可以分别解答每个信道

$$\hat{\boldsymbol{h}}_i = (\boldsymbol{T}^{c}\boldsymbol{T}^{\mathrm{T}})^{-1}\boldsymbol{T}^{c}\boldsymbol{y}_i,\quad i = 1,2 \tag{6.178}$$

等效于

$$\boldsymbol{h}_i = \arg\min_{\boldsymbol{a}_i\in\mathbb{C}^{2\times1}} \|\boldsymbol{y}_i - \boldsymbol{T}\boldsymbol{a}_i\|^2,\quad i = 1,2 \tag{6.179}$$

假设 $\boldsymbol{T}$ 是满秩的。MIMO 最小二乘信道估计为

$$\hat{\boldsymbol{h}}_i = (\boldsymbol{T}^{c}\boldsymbol{T}^{\mathrm{T}})^{-1}\boldsymbol{T}^{c}\boldsymbol{y}_i,\quad i = 1,2 \tag{6.180}$$

使用式(6.165)矩阵形式写作

$$\hat{\boldsymbol{H}} = \boldsymbol{Y}\boldsymbol{T}^{*}(\boldsymbol{T}\boldsymbol{T}^{*})^{-1} \tag{6.181}$$

◀

一般来说，对于给定的长度为 N_{SISO} 的训练序列能达到的 SISO 信道估计错误，MIMO 系统需要一个长度为 $N_{\mathrm{tr}}N_{\mathrm{SISO}}$ 的矩阵序列来达到相同的估计误差性能。开销只是发射天线数量的函数。对于给定的相干时间，信道在其中的符号数是固定的。随着发射天线数量的增加，需要的培训也相应增长。对于大量的天线，几乎没有时间用来实际发送数据。这在不同的系统参数之间产生了一种平衡，即在使用的发射天线数量、用于训练的时间和接收天线的数量之间存在紧张关系。

6.4.7 从平衰落信道到频率选择性信道

到现在，本节的论述重点关注了 MIMO 在平衰落信道中的通信。MIMO 通信在频率选择性信道中也是可能的。本节回顾 MIMO 频率选择性信道模型，并描述如何在 MIMO

环境中推广均衡化等概念。重点放在空分复用上。目前，采用频率选择性信道 MIMO 通信的商业系统使用 MIMO-OFDM，在 6.5 节中更详细地探讨这一点。

频率选择性信道均衡　令$\{h_{i,j}[\ell]\}_{\ell=0}^{L}$表示在第 j 个发送天线和第 i 个接收天线之间的复基带离散时间等效信道。该信道包括所有的缩放因子。使用空分复用的发射机，其天线 j 发送符号流$\{s_j[n]\}$。离散基带接收的信号(假设已经执行了同步)为

$$y_i[n]=\sum_{\ell=0}^{L}h_{i,1}[\ell]s_1[n-\ell]+h_{i,2}[\ell]s_2[n-\ell]+\cdots+h_{i,N_t}[\ell]s_{N_t}[n-\ell] \tag{6.182}$$

与式(5.87)的 SISO 信道模型相比，在 MIMO 情况下，每个接收天线都观察到来自发射天线的所有信号的线性组合，信号通过各自的天线进行过滤。这种在传输信号之间的自干扰使得在没有实质性修改的情况下，很难直接应用第 5 章的所有算法。

定义多变量脉冲响应$\{\boldsymbol{H}[\ell]\}_{\ell=0}^{L}$，其中$[\boldsymbol{H}[\ell]]_{i,j}=h_{i,j}[\ell]$。然后接收到的信号可以写成矩阵形式

$$\boldsymbol{y}[n]=\sum_{\ell=0}^{L}\boldsymbol{H}[\ell]\boldsymbol{s}[n-\ell]+\boldsymbol{v}[n] \tag{6.183}$$

这是频率选择性衰落信道的标准 MIMO 输入-输出方程。

由于信道是多变量滤波器，线性均衡也应该是多变量滤波器。令$\{\boldsymbol{G}[k]\}_{k=0}^{K}$表示对应于均衡器的 K 阶多变量脉冲响应。最小二乘均衡器会找到一个$\{\boldsymbol{G}[k]\}_{k=0}^{K}$满足

$$\sum_{k=0}^{K}\boldsymbol{G}[k]\boldsymbol{H}[n-k]\approx\delta[n-n_{\mathrm{d}}]\boldsymbol{I} \tag{6.184}$$

使用与 5.2.2 节中块 Toeplitz 矩阵相似的方法，可以找到最小二乘均衡器。令 $\overline{\boldsymbol{H}}_{k,m}$表示由式(5.91)中 $h_{k,m}[n]$构造的$(L+K+1)\times(K+1)$的 Toeplitz 矩阵。此外，令 $\boldsymbol{g}_{k,m}=[g_{k,m}[0],g_{k,m}[1],\cdots,g_{k,m}[K]]^{\mathrm{T}}$。通过求解下式，可以找到恢复第 m 条流的均衡器

$$[\overline{\boldsymbol{H}}_{1,m}\quad \overline{\boldsymbol{H}}_{2,m}\quad \cdots\quad \overline{\boldsymbol{H}}_{N_r,m}]\begin{bmatrix}\boldsymbol{g}_{1,m}\\ \boldsymbol{g}_{2,m}\\ \vdots\\ \boldsymbol{g}_{N_r,m}\end{bmatrix}=\boldsymbol{e}_{n_d} \tag{6.185}$$

其中 $\boldsymbol{e}_{n_d}$ 在式(5.91)中定义。

关于 MIMO 均衡器的一个有趣的事实是，在某些情况下，可以找到一个完美的 FIR 矩阵逆。换句话说，最小二乘法可以有零误差。找完美逆的精确条件在文献[184，367]中描述，包括 K，L，N_r 的条件，以及某些多项式的互质性。直觉是，如果 N_r 足够大，那么在式(6.189)中的块 Toeplitz 矩阵将变成方形甚至是胖的。在这种情况下，假设矩阵是满秩的，一个(如果是方形)或者无限个(如果是胖的)解可以存在。当有多个解时，一般惯例是取最小范数解，它令均衡器系数的范数最小且噪声增强最小。这两个解在例 6.15 中进行了探讨。

例 6.15　考虑一种频率选择的慢衰落 SIMO 系统，该系统的发射机有一个天线，接收机有两个天线。假定从发射天线到每个接收天线的信道是 $L+1$ 拍的频率选择。接收天线接收的信号为

$$y_1[n]=\sum_{\ell=0}^{L}h_1[\ell]s[n-\ell]+v_1[n] \tag{6.186}$$

$$y_2[n]=\sum_{\ell=0}^{L}h_2[\ell]s[n-\ell]+v_2[n] \tag{6.187}$$

注意接收机有相同信号的两个观测值。每个都是通过不同的频率选择性信道进行卷积。接收机应用了一组均衡器$\{g_1[k]\}_{k=0}^{K}$和$\{g_2[k]\}_{k=0}^{K}$

$$\sum_{k=0}^{K} g_1[k]h_1[n-k]+\sum_{k=0}^{K} g_2[k]h_2[n-k]=\delta[n-n_{\mathrm{d}}] \tag{6.188}$$

已知$\{\hat{h}_1[\ell]\}_{\ell=0}^{L}$和$\{\hat{h}_2[\ell]\}_{\ell=0}^{L}$，给出并解决最小二乘均衡器问题。

解：根据式(6.189)，通过解答下式，可以获得均衡器$\boldsymbol{g}_{1,1}$和$\boldsymbol{g}_{2,1}$的系数

$$\underbrace{[\boldsymbol{H}_{1,1} \quad \boldsymbol{H}_{2,1}]}_{\overline{\boldsymbol{H}}} \underbrace{\begin{bmatrix} \boldsymbol{g}_{1,1} \\ \boldsymbol{g}_{2,1} \end{bmatrix}}_{\boldsymbol{g}} = \boldsymbol{e}_{n_{\mathrm{d}}} \tag{6.189}$$

解取决于$\overline{\boldsymbol{H}}$的秩和维度。维度是$(L+K+1)\times(2(K+1))$。如果$K\geqslant L-1$，矩阵是方形或者胖的。在这种情况下矩阵是满秩的，如果这两个信道是互质的，这意味着它们不会在Z变换中共享任何零[184]。如果$K<L-1$，那么解通常是最小二乘均衡器估计

$$\boldsymbol{g}=(\overline{\boldsymbol{H}}^{*}\overline{\boldsymbol{H}})^{-1}\overline{\boldsymbol{H}}^{*}\boldsymbol{e}_{n_{\mathrm{d}}} \tag{6.190}$$

其中$\boldsymbol{g}_{1,1}=[\boldsymbol{g}]_{:,1:K+1}$，$\boldsymbol{g}_{2,1}=[\boldsymbol{g}]_{:,K+2:2K+2}$。可以通过找出令剩余误差$\boldsymbol{e}_{n_{\mathrm{d}}}^{*}(\boldsymbol{I}-\overline{\boldsymbol{H}}(\overline{\boldsymbol{H}}^{*}\overline{\boldsymbol{H}})^{-1}\overline{\boldsymbol{H}}^{*})\boldsymbol{e}_{n_{\mathrm{d}}}$最小的延迟来选择最优延迟。

如果K选的足够大使$K\geqslant L$，那么$\overline{\boldsymbol{H}}$是一个胖的矩阵，有无数个可能的解。从这些解中选择具有最小范数$\|\boldsymbol{g}\|$的解是很常见的，这就是

$$\boldsymbol{g}=\overline{\boldsymbol{H}}^{*}(\overline{\boldsymbol{H}}\,\overline{\boldsymbol{H}}^{*})^{-1}\boldsymbol{e}_{n_{\mathrm{d}}} \tag{6.191}$$

通过寻找n_{d}的值，使$\boldsymbol{e}_{n_{\mathrm{d}}}^{*}(\overline{\boldsymbol{H}}\,\overline{\boldsymbol{H}}^{*})^{-1}\boldsymbol{e}_{n_{\mathrm{d}}}$最小，可以进一步优化延迟。 ◀

频率选择性信道估计 信道估计也可以通过形成一个合适的最小二乘问题来推广到MIMO的情况。假设训练序列$\{t_j[n]\}_{n=0}^{N_{\mathrm{tr}}-1}$由天线$j$发送。我们的重点是通过天线$i$的观测来估算频道集$\{h_{i,j}[\ell]\}_{j=1}^{N_{\mathrm{t}}}$。根据式(5.173)的方法，将所观察到的数据作为未知量的函数写入矩阵形式，令

$$\boldsymbol{T}_j=\begin{bmatrix} t_j[L] & \cdots & t_j[0] \\ t_j[L+1] & \ddots & t_j[1] \\ \vdots & & \vdots \\ t_j[N_{\mathrm{tr}}-1] & \cdots & t_j[N_{\mathrm{tr}}-1-L] \end{bmatrix} \tag{6.192}$$

$$\boldsymbol{y}_i=\begin{bmatrix} y_i[L] \\ y_i[L+1] \\ \vdots \\ y_i[N_{\mathrm{tr}}-1] \end{bmatrix} \tag{6.193}$$

$$\boldsymbol{h}_{i,j}=\begin{bmatrix} h_{i,j}[0] \\ h_{i,j}[1] \\ \vdots \\ h_{i,j}[L] \end{bmatrix} \tag{6.194}$$

$$\boldsymbol{v}_i=\begin{bmatrix} v_i[L] \\ v_i[L+1] \\ \vdots \\ v_i[N_{\mathrm{tr}}-1] \end{bmatrix} \tag{6.195}$$

那么观察结果可以写成

$$\mathbf{y}_i = \underbrace{[\mathbf{T}_1 \quad \mathbf{T}_2 \quad \cdots \quad \mathbf{T}_{N_t}]}_{\overline{\mathbf{T}}} \underbrace{\begin{bmatrix} \mathbf{h}_{i,1} \\ \mathbf{h}_{i,2} \\ \vdots \\ \mathbf{h}_{i,N_t} \end{bmatrix}}_{\mathbf{h}_i} + \mathbf{v}_i \tag{6.196}$$

最小二乘信道估计如下

$$\hat{\mathbf{h}}_i = (\overline{\mathbf{T}}^* \overline{\mathbf{T}})^{-1} \overline{\mathbf{T}}^* \mathbf{y}_i \tag{6.197}$$

与 SISO 情况相比，利用每个发射天线同时发送训练序列的事实，MIMO 情况估计接收天线 k 所看到的所有信道。

例 6.16 考虑一个频率选择的慢衰落的 MISO 系统，该系统的发射机有 2 个天线，接收机有 1 个单一的天线。假定从每个发射天线到接收天线的信道是 $L+1$ 拍的频率选择。接收信号为

$$y_1[n] = \sum_{\ell=0}^{L} h_{1,1}[\ell] s_1[n-\ell] + h_{1,2}[\ell] s_2[n-\ell] + v_1[n] \tag{6.198}$$

发射机使用训练序列 $\{t_1[n]\}_{n=0}^{N_{tr}-1}$ 和 $\{t_2[n]\}_{n=0}^{N_{tr}-1}$。求解最小二乘信道估计。

解： 平方误差可以写成

$$J(\mathbf{h}_{1,1}, \mathbf{h}_{1,2}) = \sum_{n=L}^{N_{tr}-1} \left| y_1[n] - \sum_{\ell=0}^{L} h_{1,1}[\ell] t_1[n-\ell] + h_{1,2}[\ell] t_2[n-\ell] \right|^2 \tag{6.199}$$

$$= \| \mathbf{y}_1 - (\mathbf{T}_1 \mathbf{h}_{1,1} + \mathbf{T}_2 \mathbf{h}_{1,2}) \|^2 \tag{6.200}$$

定义 $\mathbf{h}_1 = [\mathbf{h}_{1,1}^T, \ \mathbf{h}_{1,2}^T]^T$ 和 $\overline{\mathbf{T}} = [\mathbf{T}_1, \ \mathbf{T}_2]$，那么解为

$$\hat{\mathbf{h}}_1 = (\overline{\mathbf{T}}^* \overline{\mathbf{T}})^{-1} \overline{\mathbf{T}}^* \mathbf{y}_1 \tag{6.201}$$

◀

从第 5 章到 MIMO 频率选择性信道，每一个缺陷以及相应的处理算法都可以进行归纳。可以使用适当定义的块矩阵来给出并解决直接均衡器。载频偏移和帧同步在 MIMO 系统中也很重要。我们将对 MIMO 特定同步算法的讨论推迟到 6.5 节的 MIMO 具体案例中。

图 6.18 提供了 MIMO 通信系统的框图。许多功能块的用途与 SISO 通信系统相同，但由于有多个输入和多个输出，因此增加了复杂性。最复杂的函数之一是线性均衡器。估计并应用均衡器都需要大量的计算。在商业系统中另一种广泛成功的选择是使用 OFDM 来实现其简单的均衡特性。下一节将对此进行更详细的讨论。

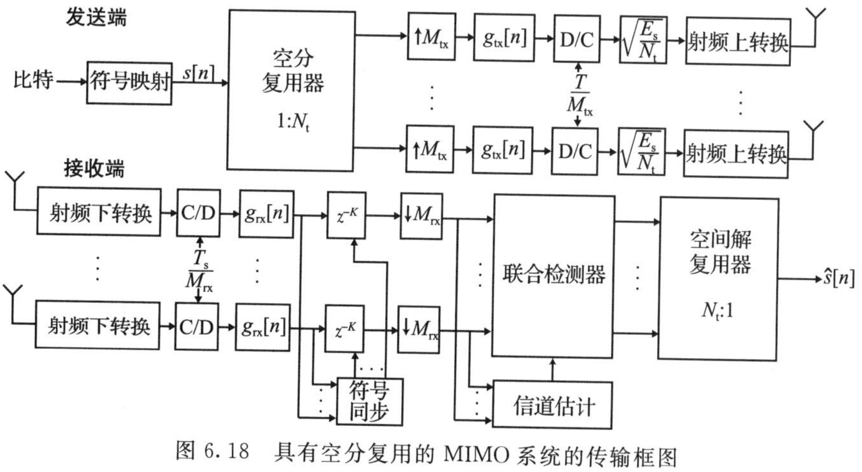

图 6.18 具有空分复用的 MIMO 系统的传输框图

6.5 MIMO-OFDM 收发机技术

MIMO-OFDM 将 MIMO 通信的空分复用和分集特征与使用 OFDM 调制时的均衡性相结合。实际上，MIMO-OFDM 目前是 MIMO 通信的实际方法。它在 IEEE 802.11n[158] 和 IEEE 802.11ac[161] 中使用。一种称为 MIMO-OFDMA（正交频分多址）的变体用于 WiMAX[157]、3GPP LTE[127] 和 3GPP LTE Advanced。本节重点介绍 MIMO-OFDM 在空分复用中的应用。在对系统模型进行回顾之后，对不同接收机函数的操作进行较为详细的说明。在 MIMO-OFDM 中解释均衡和预编码，表明它们遵循窄带 MIMO 阐述。基于频域传输的训练数据，对信道估计的不同方法进行综述。对信道估计进行最小二乘估计，并发现它具有附加结构。最后，介绍了载波频率偏移同步和帧同步对 MIMO-OFDM 的一种 Moose 算法，假设所有的发射天线都有一个偏移量。

6.5.1 系统模型

考虑一个具有空分复用的 MIMO-OFDM 系统，如图 6.19 和图 6.20 所示。符号流（假设起源于频域）表示为 $\mathsf{s}[n]$，$N_t\times 1$ 的矢量符号为 $\mathbf{s}[n]$，以及天线 j 相应的子符号为 $\mathsf{s}_j[n]$。在空分复用之后，每个子符号流被传递到一个 SISO-OFDM 发射机运算中，包括一个 $1:N$ 串并运算，然后是一个 N-IDFT，加上一个长度为 L_c 的循环前缀。令 $\boldsymbol{w}[n]$ 表示循环前缀加法块的 $N_t\times 1$ 时域矢量输出，令 $w_j[n]$ 表示在第 j 个发射天线上发送的采样。

假设完全同步，考虑在第 r 个接收天线接收的信号

$$y_i[n]=\sum_{j=1}^{N_t}\sum_{\ell=0}^{L}h_{i,j}[\ell]w_j[n-\ell]+\mathsf{v}_i[n] \tag{6.202}$$

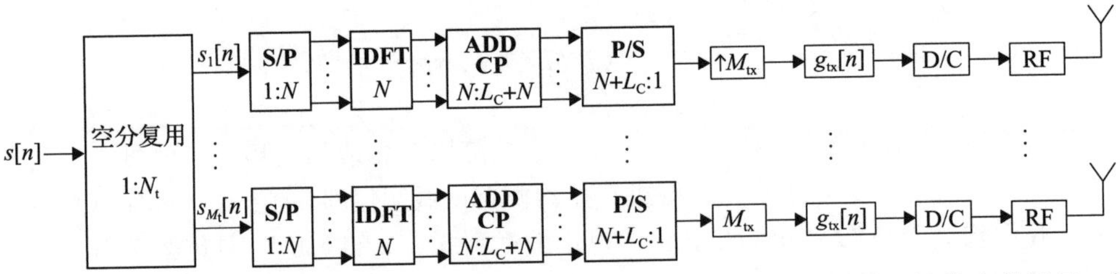

图 6.19 MIMO-OFDM 系统发射机的框图。空分复用在通常的 OFDM 发射机操作之前运行。每个 OFDM 调制器的输出可能是脉冲形状，转换为连续时间，然后向上转换

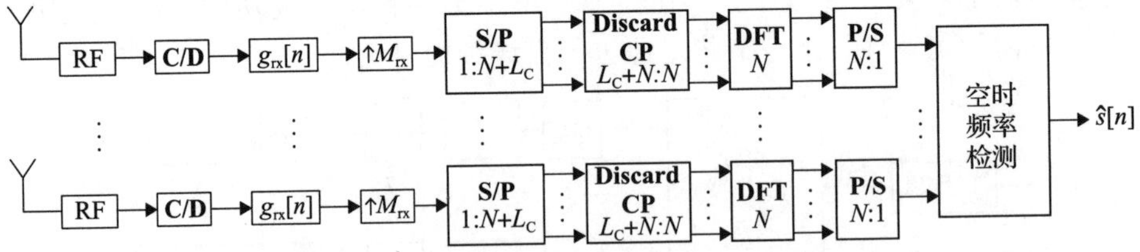

图 6.20 MIMO-OFDM 系统接收机的框图

我们按照式(5.161)～式(5.167)中的步骤进行，利用 DFT 运算的线性关系。令

$$\mathsf{h}_{i,j}[k]=\sum_{\ell=0}^{L}h_{i,j}[\ell]\mathrm{e}^{-\mathrm{j}\frac{2\pi k\ell}{N}} \tag{6.203}$$

表示在第 r 个接收天线和第 m 个发送天线之间的（零填充）信道的 N-DFT。丢弃第一个 L_c 样本，取结果的 N-DFT 得到

$$\mathsf{y}_i[n]=\sum_{j=1}^{N_t}\mathsf{h}_{i,j}[k]\mathsf{s}_m[k]+\mathsf{v}_i[n] \tag{6.204}$$

现在定义矩阵响应$[\boldsymbol{H}[k]]_{i,j}=h_{i,j}[k]$。等效地，$\boldsymbol{H}[k]$通过矩阵信道 N-DFT 与 $\boldsymbol{H}[n]$相关

$$\boldsymbol{H}[k]=\sum_{\ell=0}^{L}\boldsymbol{H}[\ell]\mathrm{e}^{-\mathrm{j}\frac{2\pi k\ell}{N}} \tag{6.205}$$

对 $i=1$，2，…，N_r，将式(6.204)中的观测值叠加，得到规范的 MIMO-OFDM 系统方程

$$\boldsymbol{y}[k]=\boldsymbol{H}[k]\boldsymbol{s}[k]+\boldsymbol{v}[k] \tag{6.206}$$

与 6.4.7 节中没有使用 OFDM 的情况相比，式(6.206)对每个子载波矩阵进行式(6.183)中的多变量卷积。在大多数情况下，这将降低均衡器复杂性并带来更好的性能。与式(5.168)中 SISO-OFDM 的特殊情况相比，在 MIMO 中，每个子载波均衡具有更高的复杂性。此外，在选择平衡器和检测器以及它们的性能方面还需要进行额外的权衡。

式(6.206)中的 MIMO-OFDM 信号模型和式(6.112)中的平衰落 MIMO 信号模型的相似性，是将如此多的研究重点放在平衰落的 MIMO 信道模型的一个主要原因。主要的观察结果是，许多平衰落的结果(均衡、检测和预编码)可以很容易地扩展到 MIMO-OFDM，并在表示方法上有适当的改变。平衰落信号模型的相关性是本章的重点。

6.5.2 均衡和检测

MIMO-OFDM 的均衡选项类似于其平衰落的对应项。最大似然检测器将解出

$$\hat{\boldsymbol{s}}[k]=\arg\min_{\overline{\boldsymbol{s}}\in\mathcal{S}}\|\boldsymbol{y}[k]-\boldsymbol{H}[k]\overline{\boldsymbol{s}}\|^2 \tag{6.207}$$

对 $k=0$，1，…，$N-1$。蛮力搜索的复杂性与在平衰落的情况下是一样的。主要的区别在于，在 MIMO-OFDM 的情况下，候选符号矢量与 $\boldsymbol{H}[k]$相乘，每个子载波的 $\boldsymbol{H}[k]$都是不同的。由于存储的要求较高，这可能使预计算所有可能失真的符号矢量变得更加困难。

迫零检测器也以类似的方式运行。因为 $\boldsymbol{G}[k]=\boldsymbol{H}[k]^{\dagger}$，接收机首先计算

$$\boldsymbol{z}[k]=\boldsymbol{G}[k]\boldsymbol{y}[k] \tag{6.208}$$

然后为每个流应用一个单独的检测器来计算

$$\hat{s}_k[n]=\arg\min_{c\in\mathcal{C}}|\boldsymbol{z}_k[n]-c|^2 \tag{6.209}$$

复杂性可以通过几种不同的方式来减少。首先，不要计算逆而是运算式(6.208)中的乘积，可以通过 QR 分解[131]找到解。第二，可以利用相邻逆元之间的关系来降低计算复杂度，从而为每个子载波找到一个逆[49]。

在 MIMO-OFDM 系统中，这些检测器的性能分析更加复杂，因为它依赖于信道模型。延迟扩展和更一般的功率延迟配置都影响性能[46]。如果每个 $\boldsymbol{H}[n]$都是 IID，IID 为方差相同的零均值高斯项，那么 $\boldsymbol{H}[k]$也是同样的 IID 分布。因此，空分复用的最大似然和迫零检测器实现了 6.4.1 节所预测的分集性能。然而，从理论上讲，分集增益可以达到 $N_tN_r(L+1)$，实现这种分集需要编码和交织[6]或空频码[319]。

6.5.3 预编码

预编码以一种自然的方式对 MIMO-OFDM 进行推广，基于式(6.206)中的关系。令 $\boldsymbol{F}[k]$表示用于信道 $\boldsymbol{H}[k]$的预编码器，现在假设 $\boldsymbol{s}[k]$是 $N_s\times1$ 的。那么对 $k=0$，1，…，$N-1$，预编码的接收信号为

$$\boldsymbol{x}[k]=\boldsymbol{H}[k]\boldsymbol{F}[k]\boldsymbol{s}[k]+\boldsymbol{v}[k] \tag{6.210}$$

该接收机基于联合信道 $\boldsymbol{H}[k]\boldsymbol{F}[k]$进行均衡和检测。

有限反馈的概念可以用来将量化的预编码器从接收机传送回发射机，使用共享的码本，并对每个 $\boldsymbol{H}[k]$进行量化。然而，由于每个子载波都需要自己的预编码器，因此反馈开销会随着 N 而增长。有不同的方法可以避免这种需求。例如，利用信道的

相干带宽，一个预编码器可以用于几个相邻的子载波[229]。或者，每个第 K 预编码器都可以反馈，然后在发射机内插补，以恢复丢失的信息[68,67,251]。另一种方法是量化低维的时间信道矩阵[307]，但这需要不同的量化策略。尽管潜在的开销与预编码有关，它在 IEEE 802.11n、IEEE 802.11ac、WiMAX、3GPP LTE 和 3GPP LTE Advanced 中被广泛运用。

6.5.4 信道估计

在 MIMO-OFDM 系统中，一个关键的接收机操作是信道估计。本节将基于已知插入传输序列的符号来讨论不同的估计信道方法。这些方法要么使用时域接收波形 $\boldsymbol{y}[n]$，要么使用频域接收波形 $\boldsymbol{y}[k]$来估计$\{\boldsymbol{H}[k]\}_{k=0}^{N-1}$或$\{\boldsymbol{H}[\ell]\}_{\ell=0}^{L}$，然后通过 N-DFT 对每个$\{h_{i,j}[\ell]\}_{\ell=0}^{L}$的应用来确定$\{\boldsymbol{H}[k]\}_{k=0}^{N-1}$。在文献[198]中有更多关于 MIMO-OFDM 信道估计的信息

为了简单起见，我们将重点放在将训练数据插入到单个 OFDM 符号中。多个符号可以通过扩充适当的矩阵来加以利用。假设$\{\boldsymbol{t}[n]\}_{n=0}^{N-1}$是已知的训练序列，对 $n=0$，1，…，$N-1$ 有 $\boldsymbol{s}[n]=\boldsymbol{t}[n]$。在这种情况下，$N_{\mathrm{tr}}=N$。循环前缀相加后的时域信号为$\{\boldsymbol{w}[n]\}_{n=0}^{N+L-1}$。将$\{\boldsymbol{w}[n]\}_{n=0}^{N+L-1}$视为已知信息，基于$\{\boldsymbol{y}[n]\}_{n=0}^{N+L-1}$，可以利用 6.4.7 节中的方法在接收机上来估计信道。在 MIMO-OFDM 中，$N+L$ 的块大小是唯一显著的不同。由此产生的 $\boldsymbol{T}_i$ 矩阵(在这种情况下由$\{\boldsymbol{w}[n]\}_{n=0}^{N+L-1}$构造)是 $N\times(L+1)$的，$\boldsymbol{y}_i$ 是 $N\times1$ 的。时域最小二乘信道估计由式(6.197)得到。在这种情况下，最小二乘公式中唯一的另一个显著差异是，估计量的性能取决于由训练序列的 DFT 构造的矩阵。$\{\boldsymbol{t}[n]\}_{n=0}^{N-1}$具有的良好相关性性能不一定转化成在结果$\{\boldsymbol{w}[n]\}_{n=0}^{N+L-1}$中的良好相关性性能。因此，我们对其他特殊设计的序列感兴趣[26,126]。

现在我们考虑直接利用频域的训练序列的算法。接收到的信号是

$$\boldsymbol{y}[k]=\boldsymbol{H}[k]\boldsymbol{t}[k]+\boldsymbol{v}[k] \quad k=0,1,\cdots,N-1 \tag{6.211}$$

仅从 $\boldsymbol{t}[k]$估计 $\boldsymbol{H}[k]$是不可能的，直接估计 $\boldsymbol{H}[k]$需要在多个 OFDM 符号周期进行训练。这里我们只关注一个 OFDM 符号，因此，我们考虑估计$\{\boldsymbol{H}[\ell]\}_{\ell=0}^{L}$的方法。这是出于通常的 $N\gg L$ 的选择，这意味着有 N 个频域信道系数，但只有 $L+1$ 个时域系数。

将式(6.211)写成时域信道的函数需要一些注意事项。首先，我们把 $\boldsymbol{H}[k]$写成矩阵形式的 $\boldsymbol{H}[\ell]$函数

$$\boldsymbol{H}[k]=\sum_{\ell=0}^{L}\boldsymbol{H}[\ell]\mathrm{e}^{-\mathrm{j}\frac{2\pi k\ell}{N}} \tag{6.212}$$

$$=[\boldsymbol{H}[0] \quad \boldsymbol{H}[1] \quad \cdots \quad \boldsymbol{H}[L]]\begin{bmatrix}\boldsymbol{I}_{N_{\mathrm{t}}}\\ \mathrm{e}^{-\mathrm{j}\frac{2\pi k}{N}}\boldsymbol{I}_{N_{\mathrm{t}}}\\ \vdots\\ \mathrm{e}^{-\mathrm{j}\frac{2\pi kL}{N}}\boldsymbol{I}_{N_{\mathrm{t}}}\end{bmatrix} \tag{6.213}$$

现在定义矢量

$$\boldsymbol{e}[k]^{T}=[1 \quad \mathrm{e}^{-\mathrm{j}\frac{2\pi k}{N}} \quad \cdots \quad \mathrm{e}^{-\mathrm{j}\frac{2\pi kL}{N}}] \tag{6.214}$$

使用 Kronecker 积重写信道

$$\boldsymbol{H}[k]=[\boldsymbol{H}[0] \quad \boldsymbol{H}[1] \quad \cdots \quad \boldsymbol{H}[L]](\boldsymbol{e}[k]\otimes\boldsymbol{I}_{N_{\mathrm{t}}}) \tag{6.215}$$

并且计算

$$\operatorname{vec}(\boldsymbol{H}[k])=((\boldsymbol{e}[k]^T\otimes\boldsymbol{I}_{N_t})\otimes\boldsymbol{I}_{N_r})\underbrace{\begin{bmatrix}\operatorname{vec}(\boldsymbol{H}[0])\\\operatorname{vec}(\boldsymbol{H}[1])\\\vdots\\\operatorname{vec}(\boldsymbol{H}[L])\end{bmatrix}}_{\boldsymbol{h}}\tag{6.216}$$

现在我们使用 Kronecker 积的特性来将式(6.211)重写为

$$\boldsymbol{y}[k]=\operatorname{vec}(\boldsymbol{y}[k])\tag{6.217}$$
$$=\operatorname{vec}(\boldsymbol{H}[k]\boldsymbol{t}[k])+\boldsymbol{v}[k]\tag{6.218}$$
$$=(\boldsymbol{t}[k]^T\otimes\boldsymbol{I}_{N_r})\operatorname{vec}(\boldsymbol{H}[k])+\boldsymbol{v}[k]\tag{6.219}$$
$$=(\boldsymbol{t}[k]^T\otimes\boldsymbol{I}_{N_r})((\boldsymbol{e}[k]^T\otimes\boldsymbol{I}_{N_t})\otimes\boldsymbol{I}_{N_r})\boldsymbol{h}+\boldsymbol{v}[k]\tag{6.220}$$
$$=\underbrace{(\boldsymbol{e}[k]^T\otimes\boldsymbol{t}[k]^T\otimes\boldsymbol{I}_{N_r})}_{\overline{\boldsymbol{T}}[k]}\boldsymbol{h}+\boldsymbol{v}[k]\tag{6.221}$$

已知的训练值可以用来建立最小二乘估计量。假设使用了导航子载波。这意味着训练只在子载波 $\mathcal{K}=\{k_1, k_2, \cdots, k_t\}$ 中才知道。在整个 OFDM 符号 $\mathcal{K}=\{0, 1, \cdots, N-1\}$ 上的训练是一个特殊情况。将式(6.221)中的观测结果叠加得到

$$\underbrace{\begin{bmatrix}\boldsymbol{y}[k_1]\\\boldsymbol{y}[k_2]\\\vdots\\\boldsymbol{y}[k_t]\end{bmatrix}}_{\overline{\boldsymbol{y}}}=\underbrace{\begin{bmatrix}\overline{\boldsymbol{T}}[k_1]\\\overline{\boldsymbol{T}}[k_2]\\\vdots\\\overline{\boldsymbol{T}}[k_t]\end{bmatrix}}_{\overline{\boldsymbol{T}}}\boldsymbol{h}+\begin{bmatrix}\boldsymbol{v}[k_1]\\\boldsymbol{v}[k_2]\\\vdots\\\boldsymbol{v}[k_t]\end{bmatrix}\tag{6.222}$$

$\overline{\boldsymbol{T}}$ 的维度为 $|\mathcal{K}|N_r\times N_tN_r(L+1)$。有足够的导航子载波，$|\mathcal{K}|$ 可以大到足以保证 $\overline{\boldsymbol{T}}$ 是方的或高的。假设一个好的训练序列设计使 $\overline{\boldsymbol{T}}$ 是满秩的，然后用通常的方法 $\hat{\boldsymbol{h}}=(\overline{\boldsymbol{T}}^*\overline{\boldsymbol{T}})^{-1}\overline{\boldsymbol{T}}^*\overline{\boldsymbol{y}}$ 来计算最小二乘估计。最后一步是从 $\boldsymbol{h}$ 中改变得到 $\{\boldsymbol{H}[\ell]\}_{\ell=0}^{L}$，然后取 N-DFT 来求 $\{\boldsymbol{H}[k]\}_{k=0}^{N-1}$。尽管最小二乘解的复杂度似乎很高，记住，$(\overline{\boldsymbol{T}}^*\overline{\boldsymbol{T}})^{-1}\overline{\boldsymbol{T}}^*$ 可以预先计算，因此只需要一个矩阵乘法来生成估计。这一推导的最终结论是，第 5 章中最小二乘估计量是强大的，可以应用于 MIMO-OFDM 中各种复杂的设置。

对于 MIMO-OFDM，有许多泛化和扩展的最小二乘信道估计器，从而可获得更好的性能和更低的复杂性。信道估计的一般方法在文献[198]中描述，包括使用多个 OFDM 符号和简化的估计量。要获得良好的性能，需要在每个天线上选择良好的训练序列。文献[198, 26, 126]提出了训练序列的最优性和设计方案。例如，已经发现旋转的 Frank-Zadoff-Chu 序列[119,70]具有良好的性能，因为它们满足一定的最优性标准，并且在时域和频域都是常数模量。

6.5.5 载频同步

同步是 MIMO-OFDM 通信系统的一个重要操作。本节讨论 MIMO-OFDM 载波频率偏移估计，也提供了一些关于帧同步的指导。主要的方法是归纳第 5 章的在传输信号中利用周期性的 Moose 和 Schmidl-Cox 算法。

在 MIMO-OFDM 系统中需要的同步程度取决于发射天线和接收天线(分别)是否都是局部同步的。考虑一个系统，其中每个射频链独立生成一个不完善的 f_c。由第 j 个发射天线所产生的传输信号使用载频 $f_{c,j}^{(\mathrm{tx})}$ 由上转换产生，而第 i 个接收天线的下转换信号使用载频 $f_{c,i}^{(\mathrm{rx})}$ 解调。令频率偏移归一化为 $\epsilon_{i,j}=(f_{c,i}^{(\mathrm{rx})}-f_{c,j}^{(\mathrm{tx})})T$。使用与 5.4.1 节相同的逻辑，带有载频偏移的式(6.202)成为

$$y_i[n]=\sum_{j=1}^{N_t}\mathrm{e}^{\mathrm{j}2\pi\varepsilon_{i,j}n}\sum_{\ell=0}^{L}h_{i,j}[\ell]w_j[n-\ell]+v_i[n] \tag{6.223}$$

例 6.17 在单载波调制平衰落的情况下简化式(6.223)中的接收信号方程，并写成矩阵形式。解释如何校正载频偏移。

解： 简化 $L=0$ 的情况并假设单载波调制

$$y_i[n]=\sum_{j=1}^{N_t}\mathrm{e}^{\mathrm{j}2\pi\varepsilon_{i,j}n}h_{i,j}s_j+v_i[n] \tag{6.224}$$

将这个结果叠加到

$$\boldsymbol{y}[n]=\underbrace{\begin{bmatrix} h_{11}\mathrm{e}^{\mathrm{j}2\pi\varepsilon_{11}n} & h_{12}\mathrm{e}^{\mathrm{j}2\pi\varepsilon_{12}n} & \cdots & h_{1N_t}\mathrm{e}^{\mathrm{j}2\pi\varepsilon_{1N_t}n} \\ h_{21}\mathrm{e}^{\mathrm{j}2\pi\varepsilon_{21}n} & h_{22}\mathrm{e}^{\mathrm{j}2\pi\varepsilon_{22}n} & \cdots & h_{2N_t}\mathrm{e}^{\mathrm{j}2\pi\varepsilon_{2N_t}n} \\ \vdots & \cdots & \cdots & \cdots \\ h_{N_\gamma 1}\mathrm{e}^{\mathrm{j}2\pi\varepsilon_{N_\gamma 1}n} & h_{N_\gamma 2}\mathrm{e}^{\mathrm{j}2\pi\varepsilon_{N_\gamma 2}n} & \cdots & h_{N_\gamma N_t}\mathrm{e}^{\mathrm{j}2\pi\varepsilon_{N_\gamma N_t}n} \end{bmatrix}}_{\boldsymbol{H}[n]}\boldsymbol{s}[n]+\boldsymbol{v}[n] \tag{6.225}$$

如果对信道 $\boldsymbol{H}$ 和所有频率偏移量 $\{\varepsilon_{i,j}\}_{i=1,j=1}^{N_r,N_t}$ 的估计是有效的，然后就可以建立一个有效的时变矩阵 $\boldsymbol{H}[n]$ 用于联合载波频率偏移校正和均衡。应该清楚的是，这种方法对偏移误差更敏感，因为即使小的错误也能产生大的矩阵逆波动。◀

即使偏移量 $\{\varepsilon_{i,j}\}$ 可以估计，它们也不能轻易地通过乘 $\mathrm{e}^{-\mathrm{j}2\pi\varepsilon_{i,j}n}$ 来去除，因为偏移量显示在式(6.223)的总和中。通过观察，每个 $i=1,2,\cdots,N_r$ 的偏移量是不同的，进一步增强了这个问题，使任何联合校正应用于 $\boldsymbol{y}[n]$ 都具有挑战性。如果在接收机使用一个共同的参考并且使用联合均衡和载波频率偏移同步[324]或更复杂的估计方法[181]，那么问题就会得到简化，但由此产生的接收机复杂度仍然很高。因此，在发射机和接收机中都要使用一个共同的参考来产生载波。

如果在每个发射机和接收机中使用一个共同的参考，那么对所有的 i 和 j 有 $\varepsilon_{i,j}=\varepsilon$，并且只有一个偏移量。然后，可以将偏移量从式(6.223)的和中提取出来，因为它不再依赖于 j。因为偏移量不依赖于 i，所以矩阵方程可以写成

$$\boldsymbol{y}[n]=\mathrm{e}^{\mathrm{j}2\pi\varepsilon n}\sum_{\ell=0}^{L}\boldsymbol{H}[\ell]\boldsymbol{w}[n-\ell]+\boldsymbol{v}[n] \tag{6.226}$$

假设偏移量的估计值为 $\hat{\varepsilon}$，修正式(6.226)中的偏移量将产生信号 $\exp(-\mathrm{j}2\pi\hat{\varepsilon}n)\boldsymbol{y}[n]$。剩下的挑战是要开发出好的算法来估计多个发射天线和多个接收天线的偏移量。

Schmidl-Cox 算法最简单的泛化就是从每个天线同时发送相同的训练序列。如果是这样的话，那么 $\boldsymbol{w}[n]=\mathbf{1}w[n]$，其中 $\mathbf{1}$ 是一个 $N_t\times 1$ 的全 1 矢量，式(6.226)中的接收信号简化为

$$\boldsymbol{y}[n]=\mathrm{e}^{\mathrm{j}2\pi\varepsilon n}\sum_{\ell=0}^{L}\underbrace{\boldsymbol{H}[\ell]\mathbf{1}}_{\widetilde{\boldsymbol{h}}[\ell]}w[n-\ell]+\boldsymbol{v}[n] \tag{6.227}$$

所以每个接收信号都有以下形式

$$y_i[n]=\mathrm{e}^{\mathrm{j}2\pi\varepsilon n}\sum_{\ell=0}^{L}\widetilde{h}_i[\ell]w[n-\ell]+v_i[n] \tag{6.228}$$

为简单起见，假设奇数子载波为零，因此

$$w[n+L_c]=w[n+L_c+N/2] \tag{6.229}$$

然后因为 $\overline{y}_i[n]=y_i[n+L_c]$（在没有噪声的情况下），对 $n=0,1,\cdots,N/2-1$ 和 $i=1,2,\cdots,N_r$ 有

$$\overline{y}_i[n+N/2]=\mathrm{e}^{\mathrm{j}2\pi\varepsilon N/2}\overline{y}_i[n] \tag{6.230}$$

一个使用最小二乘的简单估计量为

$$\hat{\varepsilon} = \frac{\sum_{n=0}^{N/2-1}\sum_{i=1}^{N_r}\overline{y}_i^*[n+N/2]\overline{y}_i[n]}{\pi N} \tag{6.231}$$

可以用与第二个训练序列相似的方式来估计整数偏移量。虽然这种方法很简单，但是在所有的天线上发送相同的训练序列意味着在 6.5.4 节中使用的方法不能用于估计信道。

周期训练结构的一个简单的泛化是，将训练数据分别在时间上以正交的方式发送到发射天线上。例如，一个周期 OFDM 符号可以依次从每个发射天线发送。假设训练是依次从每个发射天线 j 发送的，那么

$$\begin{aligned} &y_i[n+(j-1)(N+L_c)] \\ &= e^{j2\pi\varepsilon[n+(j-1)(N+L_c)]}\sum_{\ell=0}^{L}h_{i,j}[\ell]w[n-\ell]+v_i[n+(j-1)(N+L_c)] \end{aligned} \tag{6.232}$$

使用与之前一样的 $\overline{y}_i[n]$ 符号(在没有噪声的情况下)

$$\overline{y}_i[n+N/2+(j-1)(N+L_c)] = e^{j2\pi\varepsilon N/2}\overline{y}_r[n+(j-1)(N+L_c)] \tag{6.233}$$

对 $n=0, 1, \cdots, N/2-1$，$i=1, 2, \cdots, N_r$ 和 $j=1, 2, \cdots, N_t$。同样，最小二乘估计可以表示为

$$\hat{\varepsilon} = \frac{\sum_{n=0}^{N/2-1}\sum_{i=1}^{N_r}\sum_{j=1}^{N_t}\overline{y}_i^*[n+N/2+(j-1)(N+L_c)]\overline{y}_i[n+(j-1)(N+L_c)]}{\pi N} \tag{6.234}$$

与式(6.231)相比，式(6.234)通过额外的平均时间来提高性能。请注意，如果从每个天线发送第二个 OFDM 符号来执行整数偏移，索引将会稍微改变，但是这个想法保持不变。

通过允许每个发射天线同时传输训练序列，可以进一步推广载频偏移置估计器。这确保每个天线在其峰值功率运行(在实际的 MIMO 系统中，每个天线存在功率约束)，但是在结果估计器中增加了更多的复杂性。在文献[215, 365, 323, 65, 225, 126]中提供了信道估计和载频偏移估计的训练序列的联合设计。在文献[318, 342, 47]中进行了对带有载频偏移估计的系统实现的讨论。

虽然我们没有明确地考虑帧同步，但是载频偏移估计的方法也可以用来执行帧同步。在 SISO 情况下，性能可以得到改善，因为在不同的接收天线之间的平均噪声会导致更好的估计。

6.6　小结

- SIMO 通信系统使用单个发射天线和多个接收天线。每个天线的输出有不同的组合方式，包括天线的选择和最大比例的组合。这些方法实现了 IID 瑞利信道的二阶分集。大多数处理 SISO 系统算法的接收机在对 SIMO 没有重大改变的情况下进行扩展。
- MISO 通信系统使用多个发射天线和一个接收天线。利用发射天线比在 SIMO 的情况下要困难得多。为了获得最大的收益，需要空时编码或传输波束形成。空时编码以一种特殊的方式在天线上传播信号，但通常需要更高复杂度的译码。通过有限的反馈，可以有效地实现传输波束形成，其中最好的波束形成矢量是从已知的发射机和接收机的码本中选择的。传输波束形成也可以通过信道互反实现，接收和传输信

道是相互的，因为使用频分双工。

- MIMO 通信系统使用多个发射和接收天线。空分复用是 MIMO 系统中最常见的传输技术。
- 预编码是向 MIMO 环境中传输波束形成的泛化。最优预编码器来自于信道的主要右奇异矢量。预编码器也可以用有限反馈来设计，其来自一个发射机和接收机都已知的预编码码本。天线子集选择是有限反馈的一种特殊情况，它由不同的发射天线子集组成。
- MIMO 系统中信道估计需要在每个发射天线上发送不同的训练序列。当最小二乘法被执行时，每个接收天线的信道可以分别估计。
- 均衡在 MIMO 系统中更具挑战性。时域的线性均衡需要实现一个多变量均衡器，它通常具有很高的复杂性。因此，MIMO-OFDM 很常见。利用 MIMO-OFDM，可以将平衰落 MIMO 系统的均衡和检测策略用于每个子载波。
- 与 SISO 系统相比，载频偏移是 MIMO 系统中一个更重要的问题。锁定发射载波和接收载波简化了问题。同步技术，如 Schmidl-Cox 方法和 Moose 算法，扩展到了 MIMO 设置，并进行了一些修改。

习题

1. 在 IEEE 802.11n 中查找循环延迟分集，并解释它是如何工作的。
2. 考虑一个平坦的瑞利衰落的 MISO 系统，其使用延迟分集($N_t=2$，$N_r=1$)来发送数据$\{s[n]\}_{n=0}^{N-1}$。
   (a) 假设 $s[-1]=0$ 和 $s[N]=0$，形成一个 2×101 的空时码字矩阵 $\boldsymbol{S}$。长度是 101，所以符号 $s[99]$看到两个发射天线。
   (b) 证明此空时编码具有完全分集。
3. 考虑一个平衰落的 SIMO 系统

$$\boldsymbol{y}[n]=\boldsymbol{h}s[n]+\boldsymbol{v}[n] \tag{6.235}$$

   假设 $\boldsymbol{v}[n]$零均值，协方差是 $\boldsymbol{R}_v$。确定接收波束形成的矢量 $\boldsymbol{w}$，使下式最大化

$$\mathrm{SNR}_{|\boldsymbol{h}}=\frac{|\boldsymbol{w}^*\boldsymbol{h}|^2}{\mathbb{E}[|\boldsymbol{w}^*\boldsymbol{v}[n]|]^2} \tag{6.236}$$

   你可以假设 $\boldsymbol{R}_v$ 是可逆的。
4. 考虑平衰落的 SIMO 系统中的 MMSE 接收机波束形成，描述为

$$\boldsymbol{y}[n]=\boldsymbol{h}s[n]+\boldsymbol{v}[n] \tag{6.237}$$

   假设 $\boldsymbol{v}[n]$是零均值，协方差是 $\boldsymbol{R}_v$，$s[n]$是一个零均值的单位方差 IID 序列，$s[n]$和 $\boldsymbol{v}[n]$是独立的。确定接收波束形成矢量 $\boldsymbol{w}$，最小化 MMSE 定义为

$$\mathbb{E}[|\boldsymbol{w}^*\boldsymbol{y}[n]-s[n]|^2] \tag{6.238}$$

   说明在 $\boldsymbol{R}_v=\boldsymbol{I}$ 的情况下如何简化结果，并解释与 MRC 的差异。
5. 考虑一个单路径信道的 SIMO 系统，$\theta=\pi/4$，$\alpha=0.25e^{j\pi/3}$。
   (a) 确定 MRC 波束形成的解。
   (b) 确定$|\boldsymbol{w}^*\boldsymbol{h}_s|^2$ 的表达式。
   (c) 生成$|\boldsymbol{\alpha}(\phi)^*\boldsymbol{h}_s|^2$ 的极坐标。解释你的结果。
6. 三种著名的分集组合方法是最大比组合(MRC)、选择组合(SC)和开关-保持组合(SSC)。比较并对比这些技术。在平衰落信道中，每个方法对符号错误率的影响是什么？也就是说，符号错误概率与 SISO 信道的符号错误率是如何不同的？注意：你可能需要参考更多的文献来解决这个问题。
7. 考虑 Alamouti 设计的具有突破性的空时编码，用于 $N_t=2$ 且有 N_r 个接收天线的 MIMO 系统。推导出 Alamouti 码的成对错误概率并证明分集的阶为 $2N_r$。
8. 推导出具有 N_r 个接收天线的空时编码的成对错误概率表达式。提示：将式(6.92)写成 $N_r\times N_t$ 的矩

阵 $\boldsymbol{H}$ 而不是 $1\times N_t$ 的矩阵 $\boldsymbol{h}^*$，然后使用 Kronecker 积的性能。

9. 考虑 4-QAM 传输。利用蒙特卡罗仿真，将下列传输策略的符号错误概率绘制成达到 10^{-3} 错误率的图。
   - 高斯信道。
   - 瑞利衰落信道。
   - 有 2 个天线进行天线选择(选择最佳信道的天线)的 SIMO 瑞利衰落信道。
   - 与 2 个、3 个和 4 个天线进行最佳组合的 SIMO 瑞利衰落信道。
   - 有 Alamouti 码的 MISO 瑞利衰落信道。

   提示：为了执行这个仿真，只需要仿真离散时间系统。例如，对于高斯信道，可以仿真

$$y[n] = \sqrt{E_x}s[n] + v[n] \tag{6.239}$$

   应该生成大约 $N=100\times1/P_e$ 个符号，其中 P_e 是最小目标误差概率。然后缩放符号，并在每个符号中添加独立生成的噪声关系。执行检测并计算错误。平均误差除以 N 就是你对符号误差概率的估计

   根据你的结果，回答以下问题：

   (a) 在符号错误率 10^{-2} 下，确定每项技术的小尺度衰减幅度。

   (b) 最佳组合比天线选择好在什么地方？

   (c) 天线选择比 Alamouti 码好在什么地方？

   (d) 增加接收天线的数量有什么影响？增加的分集如何使系统受益？

10. 考虑有两个发射天线和两个接收天线的 Alamouti 码。推导出两个接收天线的最佳组合。本质是，写出每个天线上的接收信号的方程。将它们堆在一起并执行空间匹配的过滤器。然后展示如何将观察到的每个天线组合起来以获得更好的性能。解释分集的阶。

11. 推导 $N_t=2$ 的空分复用系统的最大似然译码器，其中使用不同的星座 $\mathcal{C}_1$ 和 $\mathcal{C}_2$。

12. **计算机** 开发一个平衰落的 MIMO 信道模拟器。你的模拟器应该为下列信道模型生成一个维度为 $N_r\times N_t$ 的平衰落矩阵信道：

    (a) IID 瑞利衰落。

    (b) 输入协方差为 $\boldsymbol{R}_{tx}$ 和 $\boldsymbol{R}_{rx}$ 的空间相关的瑞利衰落。

    (c) 一阶 LOS 信道，其中 $\boldsymbol{H}=\alpha\boldsymbol{a}(\theta)\boldsymbol{a}^*(\phi)$，$\alpha$ 是 $\mathcal{N}_{\mathbb{C}}(0, 1)$，$\boldsymbol{a}(\cdot)$是均匀线性阵列响应矢量。

    (d) 式(6.114)中的集群通道模型，输入为 C、R 和式(6.13)中的拉普拉斯算子功率方位谱。

13. **计算机** 利用蒙特卡罗仿真，画出给定分布的 4-QAM SIMO 平衰落信道的符号错误概率图，其中 $N_t=1, 2, 4, 8$，符号错误概率达到 10^{-3}。计算以下值并解释你的结果。相关性的影响是什么？它对更多的天线有什么作用？

    (a) IID 瑞利衰落。

    (b) 使用指数相关模型的空间相关瑞利衰落，其中 $\rho=0.5e^{j\pi/3}$

14. **计算机** 利用蒙特卡罗仿真，画出以下信号策略的 4-QAM SIMO 平衰落信道的符号错误概率图，其中 $N_t=2$，符号错误概率达到 10^{-3}。假设 IID 瑞利衰落。解释你的结果。

    (a) 最大比传输。

    (b) 等增益传输(取 MPT 解的相位)。

    (c) 发射天线选择(选择最好的发射天线，并把你所有的功率放在那里)

    (d) 带有式(6.69)中 LTE 码本的有限反馈传输波束形成。

    (e) Alamouti 码

15. **计算机** 在这个问题中，你将比较不同 MIMO 配置的性能和两个发射天线和两个接收天线的性能。为了使比较公平，我们在每个策略中保持固定的比率(矢量星座的大小)。利用蒙特卡罗仿真，画出在 IID 瑞利衰落信道中以下传输策略的符号错误概率图，其中符号错误概率达到 10^{-3}：
    - 16-QAM 的 Alamouti 码
    - 每个数据流都有迫零接收机的 4-QAM 空分复用
    - 每个数据流都有最大似然接收机的 4-QAM 空分复用

    提示：为了执行这个仿真，你只需要仿真离散时间系统。例如，对于空分复用，你需要仿真

$$\boldsymbol{y}[n] = \boldsymbol{H}\boldsymbol{s}[n] + \boldsymbol{v}[n] \tag{6.240}$$

其中 $\boldsymbol{H}$ 为 IID 瑞利衰落并且路径损耗被忽略。对每个仿真点，你应该生成大约 100 个噪声，对每个噪声生成 100 个信道。这意味着每个 SNR 点有 100×100 个仿真。你可能会得到一个平滑曲线。还有，提醒一下：

- 带迫零接收机的空分复用包括计算 $\boldsymbol{H}^{-1}\boldsymbol{y}[n]$然后分别检测每个子流。注意，你需要计算矢量错误，也就是说，如果在同一时间发送的符号或两个符号不同于所传输的符号，就会计算错误。换句话说，如果$\hat{\boldsymbol{s}}[n]\neq\boldsymbol{s}[n]$，则会有一个错误。
- 带最大似然接收机的空分复用包括计算 $\arg\min_{s\in\mathcal{S}}\left\|\boldsymbol{y}[n]-\sqrt{\frac{E_{\mathrm{x}}}{N_{\mathrm{t}}}}\boldsymbol{Hs}\right\|^2$ 其中 $\mathcal{S}$是所有可能的矢量符号的集合，例如，从天线 1 发送的所有可能的符号和从天线 2 发送的所有可能的符号。本例有 16 个条目。再次计算矢量错误率。

因为我们比较了 16-QAM 传输和 4-QAM 传输的空分复用，利率比较是公平的。

(a) 对于什么样的 SNR 来说，Alamouti 技术更倾向于空分复用？

(b) 迫零和最大似然接收机的性能差异是什么？

(c) 迫零和最大似然接收机的复杂度差异是什么？

参考文献

[1] 3GPP TR 36.814, "Further advancements for E-UTRA physical layer aspects (Release 9)," March 2010. Available at https://mentor.ieee.org/802.11/dcn/03/11-03-0940-04-000n-tgn-channel-models.doc.

[2] 3GPP TR 36.873, "Technical Specification Group radio access network; Study on 3D channel model for LTE (release 12)," September 2014.

[3] T. J. Abatzoglou, J. M. Mendel, and G. A. Harada, "The constrained total least squares technique and its applications to harmonic superresolution," *IEEE Transactions on Signal Processing*, vol. 39, no. 5, pp. 1070–1087, May 1991.

[4] N. Abramson, "Internet access using VSATs," *IEEE Communications Magazine*, vol. 38, no. 7, pp. 60–68, July 2000.

[5] O. Akan, M. Isik, and B. Baykal, "Wireless passive sensor networks," *IEEE Communications Magazine*, vol. 47, no. 8, pp. 92–99, August 2009.

[6] E. Akay, E. Sengul, and E. Ayanoglu, "Bit interleaved coded multiple beamforming," *IEEE Transactions on Communications*, vol. 55, no. 9, pp. 1802–1811, 2007.

[7] I. Akyildiz, W. Su, Y. Sankarasubramaniam, and E. Cayirci, "A survey on sensor networks," *IEEE Communications Magazine*, vol. 40, no. 8, pp. 102–114, August 2002.

[8] S. M. Alamouti, "A simple transmit diversity technique for wireless communications," *IEEE Journal on Selected Areas in Communications*, pp. 1451–1458, October 1998.

[9] K. Ali and H. Hassanein, "Underwater wireless hybrid sensor networks," in *IEEE Symposium on Computers and Communications Proceedings*, July 2008, pp. 1166–1171.

[10] F. Altman and W. Sichak, "A simplified diversity communication system for beyond-the-horizon links," *IRE Transactions on Communications Systems*, vol. 4, no. 1, pp. 50–55, March 1956.

[11] J. G. Andrews, S. Buzzi, W. Choi, S. V. Hanly, A. Lozano, A. C. K. Soong, and J. C. Zhang, "What will 5G be?" *IEEE Journal on Selected Areas in Communications*, vol. 32, no. 6, pp. 1065–1082, June 2014.

[12] J. G. Andrews, A. Ghosh, and R. Muhamed, *Fundamentals of WiMAX: Understanding Broadband Wireless Networking*. Prentice Hall, 2007.

[13] J. G. Andrews, T. Bai, M. Kulkarni, A. Alkhateeb, A. Gupta, and R. W. Heath, Jr., "Modeling and analyzing millimeter wave cellular systems," Submitted to *IEEE Transactions on Communications*, 2016. Available at http://arxiv.org/abs/1605.04283.

[14] A. Annamalai, C. Tellambura, and V. Bhargava, "Equal-gain diversity receiver performance in wireless channels," *IEEE Transactions on Communications*, vol. 48, no. 10, pp. 1732–1745, October 2000.

[15] E. Arikan, "Channel polarization: A method for constructing capacity-achieving codes for symmetric binary-input memoryless channels," *IEEE Transactions on Information Theory*, vol. 55, no. 7, pp. 3051–3073, July 2009.

[16] D. Astély, E. Dahlman, A. Furuskär, Y. Jading, M. Lindström, and S. Parkvall, "LTE: The evolution of mobile broadband—[LTE Part II: 3GPP release 8]," *IEEE Communications Magazine*, vol. 47, no. 4, pp. 44–51, April 2009.

[17] M. E. Austin, "Decision-feedback equalization for digital communication over dispersive channels," MIT Lincoln Labs, Lexington, MA, Technical Report 437, August 1967.

[18] D. Avagnina, F. Dovis, A. Ghiglione, and P. Mulassano, "Wireless networks based on high-altitude platforms for the provision of integrated navigation/communication services," *IEEE Communications Magazine*, vol. 40, no. 2, pp. 119–125, February 2002.

[19] K. E. Baddour and N. C. Beaulieu, "Autoregressive modeling for fading channel simulation," *IEEE Transactions on Wireless Communications*, vol. 4, no. 4, pp. 1650–1662, July 2005.

[20] T. Bai, R. Vaze, and R. Heath, "Analysis of blockage effects on urban cellular networks," *IEEE Transactions on Wireless Communications*, vol. 13, no. 9, pp. 5070–5083, September 2014.

[21] P. Balaban and J. Salz, "Dual diversity combining and equalization in digital cellular mobile radio," *IEEE Transactions on Vehicular Technology*, vol. 40, no. 2, pp. 342–354, May 1991.

[22] ——, "Optimum diversity combining and equalization in digital data transmission with applications to cellular mobile radio. I. Theoretical considerations," *IEEE Transactions on Communications*, vol. 40, no. 5, pp. 885–894, May 1992.

[23] ——, "Optimum diversity combining and equalization in digital data transmission with applications to cellular mobile radio. II. Numerical results," *IEEE Transactions on Communications*, vol. 40, no. 5, pp. 895–907, May 1992.

[24] L. Barbero and J. Thompson, "Fixing the complexity of the sphere decoder for MIMO detection," *IEEE Transactions on Wireless Communications*, vol. 7, no. 6, pp. 2131–2142, June 2008.

[25] A. Barbieri, A. Piemontese, and G. Colavolpe, "On the ARMA approximation for fading channels described by the Clarke model with applications to Kalman-based receivers," *IEEE Transactions on Wireless Communications*, vol. 8, no. 2, pp. 535–540, February 2009.

[26] I. Barhumi, G. Leus, and M. Moonen, "Optimal training design for MIMO OFDM systems in mobile wireless channels," *IEEE Transactions on Signal Processing*, vol. 51, no. 6, pp. 1615–1624, 2003.

[27] R. Barker, "Group synchronization of binary digital systems," in *Communication Theory*, W. Jackson, ed. Butterworth, 1953, pp. 273–287.

[28] J. Barry, E. Lee, and D. Messerschmitt, *Digital Communication*. Springer, 2004.

[29] O. Bejarano, E. W. Knightly, and M. Park, "IEEE 802.11ac: From channelization to multi-user MIMO," *IEEE Communications Magazine*, vol. 51, no. 10, pp. 84–90, October 2013.

[30] C. A. Belfiore and J. H. Park, "Decision feedback equalization," *Proceedings of the IEEE*, vol. 67, no. 8, pp. 1143–1156, August 1979.

[31] J. C. Belfiore, G. Rekaya, and E. Viterbo, "The Golden code: A 2×2 full-rate space-time code with nonvanishing determinants," *IEEE Transactions on Information Theory*, vol. 51, no. 4, pp. 1432–1436, April 2005.

[32] R. Bellman, *Introduction to Matrix Analysis: Second Edition*, Classics in Applied

Mathematics series. Society for Industrial and Applied Mathematics, 1997.

[33] P. Bello, "Characterization of randomly time-variant linear channels," *IEEE Transactions on Communications*, vol. 11, no. 4, pp. 360–393, December 1963.

[34] A. Berg and W. Mikhael, "A survey of techniques for lossless compression of signals," in *Proceedings of the Midwest Symposium on Circuits and Systems*, vol. 2, August 1994, pp. 943–946.

[35] T. Berger and J. Gibson, "Lossy source coding," *IEEE Transactions on Information Theory*, vol. 44, no. 6, pp. 2693–2723, October 1998.

[36] C. Berrou, A. Glavieux, and P. Thitimajshima, "Near Shannon limit error-correcting coding and decoding: Turbo codes," in *Proceedings of the IEEE International Conference on Communications*, Geneva, Switzerland, May 1993, pp. 1064–1070.

[37] R. Bhagavatula, R. W. Heath, Jr., and S. Vishwanath, "Optimizing MIMO antenna placement and array configurations for multimedia delivery in aircraft," in *65th IEEE Vehicular Technology Conference Proceedings*, April 2007, pp. 425–429.

[38] R. Bhagavatula, R. W. Heath, Jr., S. Vishwanath, and A. Forenza, "Sizing up MIMO arrays," *IEEE Vehicular Technology Magazine*, vol. 3, no. 4, pp. 31–38, December 2008.

[39] R. Bhagavatula, C. Oestges, and R. W. Heath, "A new double-directional channel model including antenna patterns, array orientation, and depolarization," *IEEE Transactions on Vehicular Technology*, vol. 59, no. 5, pp. 2219–2231, June 2010.

[40] S. Bhashyam and B. Aazhang, "Multiuser channel estimation and tracking for long-code CDMA systems," *IEEE Transactions on Communications*, vol. 50, no. 7, pp. 1081–1090, July 2002.

[41] S. Biswas, R. Tatchikou, and F. Dion, "Vehicle-to-vehicle wireless communication protocols for enhancing highway traffic safety," *IEEE Communications Magazine*, vol. 44, no. 1, pp. 74–82, January 2006.

[42] E. Björnson, E. G. Larsson, and T. L. Marzetta, "Massive MIMO: Ten myths and one critical question," *IEEE Communications Magazine*, vol. 54, no. 2, pp. 114–123, February 2016.

[43] R. Blahut, *Algebraic Codes for Data Transmission.* Cambridge University Press, 2003.

[44] Bluetooth Special Interest Group, "Specification of the Bluetooth System." Available at http://grouper.ieee.org/groups/802/15/Bluetooth/.

[45] F. Boccardi, R. W. Heath, A. Lozano, T. L. Marzetta, and P. Popovski, "Five disruptive technology directions for 5G," *IEEE Communications Magazine*, vol. 52, no. 2, pp. 74–80, February 2014.

[46] H. Bolcskei, D. Gesbert, and A. Paulraj, "On the capacity of OFDM-based spatial multiplexing systems," *IEEE Transactions on Communications*, vol. 50, no. 2, pp. 225–234, 2002.

[47] H. Bolcskei, "MIMO-OFDM wireless systems: Basics, perspectives, and challenges," *IEEE Wireless Communications*, vol. 13, no. 4, pp. 31–37, August 2006.

[48] P. K. Bondyopadhyay, "The first application of array antenna," in *Proceedings of the IEEE International Conference on Phased Array Systems and Technology*, Dana Point, CA, May 21–25, 2000, pp. 29–32.

[49] M. Borgmann and H. Bolcskei, "Interpolation-based efficient matrix inversion for MIMO-OFDM receivers," in *Conference Record of the Thirty-eighth Asilomar Conference on Signals, Systems and Computers*, vol. 2, 2004, pp. 1941–1947.

[50] R. N. Bracewell, *The Fourier Transform and Its Applications.* McGraw-Hill, 1986.

[51] D. Brandwood, "A complex gradient operator and its application in adaptive array theory," *IEEE Proceedings F Communications, Radar and Signal Processing*, vol. 130, no. 1, pp. 11–16, February 1983.

[52] D. G. Brennan, "On the maximal signal-to-noise ratio realizable from several noisy signals," *Proceedings of the IRE*, vol. 43, 1955.

[53] ——, "Linear diversity combining techniques," *Proceedings of the IRE*, vol. 47, no. 6, pp. 1075–1102, June 1959.

[54] M. Briceno, I. Goldberg, and D. Wagner, "A pedagogical implementation of A5/1." Available at www.scard.org/gsm/a51.html.

[55] J. Brooks, *Telephone: The First Hundred Years.* London: HarperCollins, 1976.

[56] R. J. C. Bultitude and G. K. Bedal, "Propagation characteristics on microcellular urban mobile radio channels at 910 MHz," *IEEE Journal on Selected Areas in Communications*, vol. 7, no. 1, pp. 31–39, January 1989.

[57] N. E. Buris, "Reciprocity calibration of TDD smart antenna systems," in *2010 IEEE Antennas and Propagation Society International Symposium (APSURSI) Proceedings*, July 2010, pp. 1–4.

[58] S. F. Bush, *Smart Grid: Communication-Enabled Intelligence for the Electric Power Grid.* Wiley/IEEE, 2014.

[59] S. Caban and M. Rupp, "Impact of transmit antenna spacing on 2x1 Alamouti radio transmission," *Electronics Letters*, vol. 43, no. 4, pp. 198–199, February 2007.

[60] G. Caire, G. Taricco, and E. Biglieri, "Bit-interleaved coded modulation," *IEEE Transactions on Information Theory*, vol. 44, no. 3, pp. 927–946, May 1998.

[61] J. Camp and E. Knightly, "The IEEE 802.11s extended service set mesh networking standard," *IEEE Communications Magazine*, vol. 46, no. 8, pp. 120–126, August 2008.

[62] A. Cangialosi, J. Monaly, and S. Yang, "Leveraging RFID in hospitals: Patient life cycle and mobility perspectives," *IEEE Communications Magazine*, vol. 45, no. 9, pp. 18–23, September 2007.

[63] R. Chang and R. Gibby, "A theoretical study of performance of an orthogonal multiplexing data transmission scheme," *IEEE Transactions on Communications*, vol. 16, no. 4, pp. 529–540, August 1968.

[64] V. Chawla and D. S. Ha, "An overview of passive RFID," *IEEE Communications Magazine*, vol. 45, no. 9, pp. 11–17, September 2007.

[65] J. Chen, Y.-C. Wu, S. Ma, and T.-S. Ng, "Joint CFO and channel estimation for multiuser MIMO-OFDM systems with optimal training sequences," *IEEE Transactions on Signal Processing*, vol. 56, no. 8, pp. 4008–4019, August 2008.

[66] H.-K. Choi, O. Qadan, D. Sala, J. Limb, and J. Meyers, "Interactive web service via satellite to the home," *IEEE Communications Magazine*, vol. 39, no. 3, pp. 182–190, March 2001.

[67] J. Choi, B. Mondal, and R. W. Heath, Jr., "Interpolation based unitary precoding for spatial multiplexing MIMO-OFDM with limited feedback," *IEEE Transactions on Signal Processing*, vol. 54, no. 12, pp. 4730–4740, December 2006.

[68] J. Choi and R. W. Heath, Jr., "Interpolation based transmit beamforming for MIMO-OFDM with limited feedback," *IEEE Transactions on Signal Processing*,

vol. 53, no. 11, pp. 4125–4135, 2005.

[69] J. Choi, N. Gonzalez-Prelcic, R. Daniels, C. R. Bhat, and R. W. Heath, Jr., "Millimeter-wave vehicular communication to support massive automotive sensing," *IEEE Communications Magazine*, vol. 54, no. 12, pp. 160–167, December 2016.

[70] D. Chu, "Polyphase codes with good periodic correlation properties (corresp.)," *IEEE Transactions on Information Theory*, vol. 18, no. 4, pp. 531–532, July 1972.

[71] S. T. Chung, A. Lozano, and H. Huang, "Approaching eigenmode BLAST channel capacity using V-BLAST with rate and power feedback," in *Vehicular Technology Conference Proceedings*, vol. 2, 2001, pp. 915–919.

[72] L. Cimini, "Analysis and simulation of a digital mobile channel using orthogonal frequency division multiplexing," *IEEE Transactions on Communications*, vol. 33, no. 7, pp. 665–675, July 1985.

[73] J. M. Cioffi, "EE 379A—Digital Communication: Signal Processing," http://web.stanford.edu/group/cioffi/ee379a/contents.html.

[74] A. C. Clarke, "Extra-terrestrial relays: Can rocket stations give world-wide radio coverage?" *Wireless World*, pp. 305–308, October 1945.

[75] F. Classen and H. Meyr, "Frequency synchronization algorithms for OFDM systems suitable for communication over frequency selective fading channels," in *IEEE 44th Vehicular Technology Conference Proceedings*, June 1994, pp. 1655–1659.

[76] M. Colella, J. Martin, and F. Akyildiz, "The HALO network," *IEEE Communications Magazine*, vol. 38, no. 6, pp. 142–148, June 2000.

[77] S. Coleri, M. Ergen, A. Puri, and A. Bahai, "Channel estimation techniques based on pilot arrangement in OFDM systems," *IEEE Transactions on Broadcasting*, vol. 48, no. 3, pp. 223–229, September 2002.

[78] P. Cosman, A. Kwasinski, and V. Chande, *Joint Source-Channel Coding*. Wiley/IEEE, 2016.

[79] C. Cox, *Essentials of UMTS*. Cambridge University Press, 2008.

[80] J. W. Craig, "A new, simple and exact result for calculating the probability of error for two-dimensional signal constellations," in *Conference Record of IEEE Military Communications Conference "Military Communications in a Changing World,"* McLean, VA, November 4–7, 1991, pp. 571–575.

[81] B. Crow, I. Widjaja, L. Kim, and P. Sakai, "IEEE 802.11 wireless local area networks," *IEEE Communications Magazine*, vol. 35, no. 9, pp. 116–126, September 1997.

[82] M. Cudak, A. Ghosh, T. Kovarik, R. Ratasuk, T. A. Thomas, F. W. Vook, and P. Moorut, "Moving towards mmwave-based beyond-4G (B-4G) technology," in *IEEE 77th Vehicular Technology Conference Proceedings*, June 2013, pp. 1–5.

[83] A. Dammann and S. Kaiser, "Standard conformable antenna diversity techniques for OFDM and its application to the DVB-T system," in *IEEE Global Telecommunications Conference Proceedings*, vol. 5, 2001, pp. 3100–3105.

[84] F. Davarian, "Sirius satellite radio: Radio entertainment in the sky," in *IEEE Aerospace Conference Proceedings*, vol. 3, 2002, pp. 3-1031–3-1035.

[85] G. Davidson, M. Isnardi, L. Fielder, M. Goldman, and C. Todd, "ATSC video and audio coding," *Proceedings of the IEEE*, vol. 94, no. 1, pp. 60–76, January 2006.

[86] F. De Castro, M. De Castro, M. Fernandes, and D. Arantes, "8-VSB channel coding

analysis for DTV broadcast," *IEEE Transactions on Consumer Electronics*, vol. 46, no. 3, pp. 539–547, August 2000.

[87] Z. Ding and G. Li, "Single-channel blind equalization for GSM cellular systems," *IEEE Journal on Selected Areas in Communications*, vol. 16, no. 8, pp. 1493–1505, October 1998.

[88] S. DiPierro, R. Akturan, and R. Michalski, "Sirius XM satellite radio system overview and services," in *5th Advanced Satellite Multimedia Systems Conference and the 11th Signal Processing for Space Communications Workshop Proceedings*, September 2010, pp. 506–511.

[89] K. Doppler, M. Rinne, C. Wijting, C. B. Ribeiro, and K. Hugl, "Device-to-device communication as an underlay to LTE-advanced networks," *IEEE Communications Magazine*, vol. 47, no. 12, pp. 42–49, December 2009.

[90] A. Duel-Hallen, "Equalizers for multiple input/multiple output channels and PAM systems with cyclostationary input sequences," *IEEE Journal on Selected Areas in Communications*, vol. 10, no. 3, pp. 630–639, April 1992.

[91] J. Eberspächer, H. Vögel, C. Bettstetter, and C. Hartmann, *GSM—Architecture, Protocols and Services*, Wiley InterScience online books series. Wiley, 2008.

[92] T. Ebihara and K. Mizutani, "Underwater acoustic communication with an orthogonal signal division multiplexing scheme in doubly spread channels," *IEEE Journal of Oceanic Engineering*, vol. 39, no. 1, pp. 47–58, January 2014.

[93] H. Ekstrom, A. Furuskar, J. Karlsson, M. Meyer, S. Parkvall, J. Torsner, and M. Wahlqvist, "Technical solutions for the 3G long-term evolution," *IEEE Communications Magazine*, vol. 44, no. 3, pp. 38–45, March 2006.

[94] R. Emrick, P. Cruz, N. B. Carvalho, S. Gao, R. Quay, and P. Waltereit, "The sky's the limit: Key technology and market trends in satellite communications," *IEEE Microwave Magazine*, vol. 15, no. 2, pp. 65–78, March 2014.

[95] V. Erceg, L. J. Greenstein, S. Y. Tjandra, S. R. Parkoff, A. Gupta, B. Kulic, A. A. Julius, and R. Bianchi, "An empirically based path loss model for wireless channels in suburban environments," *IEEE Journal on Selected Areas in Communications*, vol. 17, no. 7, pp. 1205–1211, July 1999.

[96] V. Erceg, L. Schumacher, P. Kyritsi, A. Molisch, D. S. Baum, A. Y. Gorokhov, C. Oestges, Q. Li, K. Yu, N. Tal, B. Dijkstra, A. Jagannatham, C. Lanzl, V. J. Rhodes, J. Medbo, D. Michelson, M. Webster, E. Jacobsen, D. Cheung, C. Prettie, M. Ho, S. Howard, B. Bjerke, L. Jengx, H. Sampath, S. Catreux, S. Valle, A. Poloni, A. Forenza, and R. W. Heath, "TGn channel models," *IEEE 802.11-03/940r4*, May 2004. Available at https://mentor.ieee.org/802.11/dcn/03/11-03-0940-04-000n-tgn-channel-models.doc.

[97] K. Etemad, *CDMA2000 Evolution: System Concepts and Design Principles*. Wiley, 2004.

[98] ——, "Overview of mobile WiMAX technology and evolution," *IEEE Communications Magazine*, vol. 46, no. 10, pp. 31–40, October 2008.

[99] ETSI, "Modulation," ETSI TS 100 959 V8.4.0; also 5.04.

[100] ——, "GSM Technical Specification. Digital cellular telecommunications system (Phase 2+); Physical layer on the radio path; General description," ETSI GSM 05.01, 1996.

[101] ETSI Security Algorithms Group of Experts (SAGE) Task Force, "General report on the design, specification and evaluation of 3GPP standard confidentiality and

integrity algorithms (3G TR 33.908 version 3.0.0 release 1999)," 3GPP, Technical Report, 1999.

[102] D. Falconer, S. L. Ariyavisitakul, A. Benyamin-Seeyar, and B. Eidson, "Frequency domain equalization for single-carrier broadband wireless systems," *IEEE Communications Magazine*, vol. 40, no. 4, pp. 58–66, April 2002.

[103] E. Falletti, M. Laddomada, M. Mondin, and F. Sellone, "Integrated services from high-altitude platforms: A flexible communication system," *IEEE Communications Magazine*, vol. 44, no. 2, pp. 85–94, February 2006.

[104] G. Faria, J. Henriksson, E. Stare, and P. Talmola, "DVB-H: Digital broadcast services to handheld devices," *Proceedings of the IEEE*, vol. 94, no. 1, pp. 194–209, January 2006.

[105] J. Farserotu and R. Prasad, "A survey of future broadband multimedia satellite systems, issues and trends," *IEEE Communications Magazine*, vol. 38, no. 6, pp. 128–133, June 2000.

[106] K. Feher, "1024-QAM and 256-QAM coded modems for microwave and cable system applications," *IEEE Journal on Selected Areas in Communications*, vol. 5, no. 3, pp. 357–368, April 1987.

[107] M. J. Feuerstein, K. L. Blackard, T. S. Rappaport, S. Y. Seidel, and H. H. Xia, "Path loss, delay spread, and outage models as functions of antenna height for microcellular system design," *IEEE Transactions on Vehicular Technology*, vol. 43, no. 3, pp. 487–498, August 1994.

[108] P. Fire, *A Class of Multiple-Error-Correcting Binary Codes for Non-independent Errors*, SEL: Stanford Electronics Laboratories series. Department of Electrical Engineering, Stanford University, 1959.

[109] M. P. Fitz, "Further results in the fast estimation of a single frequency," *IEEE Transactions on Communications*, vol. 42, no. 234, pp. 862–864, February 1994.

[110] G. Fodor, E. Dahlman, G. Mildh, S. Parkvall, N. Reider, G. Miklós, and Z. Turányi, "Design aspects of network assisted device-to-device communications," *IEEE Communications Magazine*, vol. 50, no. 3, pp. 170–177, March 2012.

[111] A. Forenza and R. W. Heath, Jr., "Benefit of pattern diversity via two-element array of circular patch antennas in indoor clustered MIMO channels," *IEEE Transactions on Communications*, vol. 54, no. 5, pp. 943–954, 2006.

[112] A. Forenza and R. W. Heath, "Optimization methodology for designing 2-CPAs exploiting pattern diversity in clustered MIMO channels," *IEEE Transactions on Communications*, vol. 56, no. 10, pp. 1748–1759, October 2008.

[113] A. Forenza, D. J. Love, and R. W. Heath, "Simplified spatial correlation models for clustered MIMO channels with different array configurations," *IEEE Transactions on Vehicular Technology*, vol. 56, pp. 1924–1934, July 2007.

[114] G. Forney and D. Costello, "Channel coding: The road to channel capacity," *Proceedings of the IEEE*, vol. 95, no. 6, pp. 1150–1177, June 2007.

[115] G. J. Foschini, "Layered space-time architecture for wireless communication in a fading environment when using multiple antennas," *Bell Lab Technical Journal*, vol. 1, no. 2, pp. 41–59, 1996.

[116] R. Frank, "Polyphase codes with good nonperiodic correlation properties," *IEEE Transactions on Information Theory*, vol. 9, no. 1, pp. 43–45, January 1963.

[117] ——, "Comments on 'Polyphase codes with good periodic correlation properties' by Chu, David C.," *IEEE Transactions on Information Theory*, vol. 19, no. 2, pp.

244–244, March 1973.

[118] R. Frank, S. Zadoff, and R. Heimiller, "Phase shift pulse codes with good periodic correlation properties (corresp.)," *IRE Transactions on Information Theory*, vol. 8, no. 6, pp. 381–382, October 1962.

[119] R. L. Frank and S. A. Zadoff, "Phase shift pulse codes with good periodic correlation properties," *IRE Transactions on Information Theory*, vol. IT-8, pp. 381–382, 1962.

[120] A. Furuskar, S. Mazur, F. Muller, and H. Olofsson, "EDGE: Enhanced data rates for GSM and TDMA/136 evolution," *IEEE Personal Communications*, vol. 6, no. 3, pp. 56–66, June 1999.

[121] W. A. Gardner, A. Napolitano, and L. Paura, "Cyclostationarity: Half a century of research," *Signal Processing*, vol. 86, no. 4, pp. 639–697, 2006.

[122] V. K. Garg, *IS-95 CDMA and cdma2000: Cellular/PCS Systems Implementation.* Prentice Hall, 2000.

[123] V. K. Garg and J. E. Wilkes, *Principles and Applications of GSM*, Prentice Hall, 1999.

[124] C. Georghiades, "Maximum likelihood symbol synchronization for the direct-detection optical on-off-keying channel," *IEEE Transactions on Communications*, vol. 35, no. 6, pp. 626–631, June 1987.

[125] D. Gesbert, M. Shafi, D.-shan Shiu, P. Smith, and A. Naguib, "From theory to practice: An overview of MIMO space-time coded wireless systems," *IEEE Journal on Selected Areas in Communications*, vol. 21, no. 3, pp. 281–302, 2003.

[126] M. Ghogho and A. Swami, "Training design for multipath channel and frequency-offset estimation in MIMO systems," *IEEE Transactions on Signal Processing*, vol. 54, no. 10, pp. 3957–3965, October 2006.

[127] A. Ghosh, J. Zhang, J. G. Andrews, and R. Muhamed, *Fundamentals of LTE.* Prentice Hall, 2010.

[128] R. D. Gitlin and S. B. Weinstein, "Fractionally-spaced equalization: An improved digital transversal equalizer," *Bell System Technical Journal*, vol. 60, no. 2, pp. 275–296, February 1981.

[129] M. Golay, "Complementary series," *IRE Transactions on Information Theory*, vol. 7, no. 2, pp. 82–87, April 1961.

[130] A. Goldsmith, S. Jafar, N. Jindal, and S. Vishwanath, "Capacity limits of MIMO channels," *IEEE Journal on Selected Areas in Communications*, vol. 21, no. 5, pp. 684–702, 2003.

[131] G. H. Golub and C. F. V. Loan, *Matrix Computations, Third Edition.* The Johns Hopkins University Press, 1996.

[132] D. Gore, R. Heath, and A. Paulraj, "Statistical antenna selection for spatial multiplexing systems," *IEEE International Conference on Communications Proceedings*, vol. 1, 2002, pp. 450–454.

[133] D. Gore, S. Sandhu, and A. Paulraj, "Delay diversity codes for frequency selective channels," in *IEEE International Conference on Communications Proceedings*, vol. 3, 2002, pp. 1949–1953.

[134] J.-C. Guey, M. P. Fitz, M. R. Bell, and W.-Y. Kuo, "Signal design for transmitter diversity wireless communication systems over Rayleigh fading channels," *IEEE Transactions on Communications*, vol. 47, no. 4, pp. 527–537, April 1999.

[135] T. T. Ha, *Theory and Design of Digital Communication Systems.* Cambridge University Press, 2010.

[136] R. W. Hamming, "Error detecting and error correcting codes," *Bell System Technical Journal*, vol. 29, pp. 147–160, 1950.

[137] S. Hara and R. Prasad, "Overview of multicarrier CDMA," *IEEE Communications Magazine*, vol. 35, no. 12, pp. 126–133, December 1997.

[138] F. J. Harris and M. Rice, "Multirate digital filters for symbol timing synchronization in software defined radios," *IEEE Journal on Selected Areas in Communications*, vol. 19, no. 12, pp. 2346–2357, December 2001.

[139] L. Harte, *CDMA IS-95 for Cellular and PCS.* McGraw-Hill, 1999.

[140] B. Hassibi and H. Vikalo, "On the sphere-decoding algorithm. I. Expected complexity," *IEEE Transactions on Signal Processing*, vol. 53, no. 8, pp. 2806–2818, August 2005.

[141] M. Hata, "Empirical formula for propagation loss in land mobile radio services," *IEEE Transactions on Vehicular Technology*, vol. 29, no. 3, pp. 317–325, August 1980.

[142] A. Hausman, "An analysis of dual diversity receiving systems," *Proceedings of the IRE*, vol. 42, no. 6, pp. 944–947, June 1954.

[143] M. Hayes, *Statistical Digital Signal Processing and Modeling.* Wiley, 1996.

[144] R. Headrick and L. Freitag, "Growth of underwater communication technology in the U.S. Navy," *IEEE Communications Magazine*, vol. 47, no. 1, pp. 80–82, January 2009.

[145] R. W. Heath, N. González-Prelcic, S. Rangan, W. Roh, and A. M. Sayeed, "An overview of signal processing techniques for millimeter wave MIMO systems," *IEEE Journal of Selected Topics in Signal Processing*, vol. 10, no. 3, pp. 436–453, April 2016.

[146] R. Heath, Jr., S. Sandhu, and A. Paulraj, "Antenna selection for spatial multiplexing systems with linear receivers," *IEEE Communications Letters*, vol. 5, no. 4, pp. 142–144, April 2001.

[147] R. W. Heath, Jr., *Digital Wireless Communication: Physical Layer Exploration Lab Using the NI USRP.* National Technology and Science Press, 2012.

[148] R. W. Heath, Jr. and D. Love, "Multimode antenna selection for spatial multiplexing systems with linear receivers," *IEEE Transactions on Signal Processing*, vol. 53, pp. 3042–3056, 2005.

[149] R. W. Heath, Jr. and A. Paulraj, "Linear dispersion codes for MIMO systems based on frame theory," *IEEE Transactions on Signal Processing*, vol. 50, no. 10, pp. 2429–2441, 2002.

[150] R. W. Heath, Jr., T. Wu, and A. C. K. Soong, "Progressive refinement of beamforming vectors for high-resolution limited feedback," *EURASIP Journal on Advances in Signal Processing*, 2009.

[151] H. Hertz, *Electric Waves: Being Researches on the Propagation of Electric Action with Finite Velocity through Space.* Macmillan and Company, 1893.

[152] P. Hoeher, "A statistical discrete-time model for the WSSUS multipath channel," *IEEE Transactions on Vehicular Technology*, vol. 41, no. 4, pp. 461–468, November 1992.

[153] H. Holma and A. Toskala, *WCDMA for UMTS: Radio Access for Third Generation*

Mobile Communications. Wiley, 2000.

[154] M.-H. Hsieh and C.-H. Wei, "Channel estimation for OFDM systems based on comb-type pilot arrangement in frequency selective fading channels," *IEEE Transactions on Consumer Electronics*, vol. 44, no. 1, pp. 217–225, February 1998.

[155] K. Huang, R. W. Heath, Jr., and J. Andrews, "Limited feedback beamforming over temporally-correlated channels," *IEEE Transactions on Signal Processing*, vol. 57, no. 5, pp. 1959–1975, May 2009.

[156] B. L. Hughes, "Differential space-time modulation," *IEEE Transactions on Information Theory*, vol. 46, no. 7, pp. 2567–2578, November 2000.

[157] IEEE, "IEEE Standard for Local and Metropolitan Area Networks. Part 16: Air Interface for Fixed and Mobile Broadband Wireless Access Systems—Amendment 2: Physical and Medium Access Control Layers for Combined Fixed and Mobile Operation in Licensed Bands and Corrigendum 1," pp. 1–822, 2006.

[158] IEEE, "IEEE Standard for Information Technology—Local and Metropolitan Area Networks—Specific Requirements—Part 11: Wireless LAN Medium Access Control (MAC) and Physical Layer (PHY) Specifications Amendment 5: Enhancements for Higher Throughput," *IEEE Std 802.11n-2009*, pp. 1–565, October 2009.

[159] IEEE, "IEEE Standard for Information Technology—Telecommunications and Information Exchange between Systems—Local and Metropolitan Area Networks—Specific Requirements—Part 15.3: Wireless Medium Access Control (MAC) and Physical Layer (PHY) Specifications for High Rate Wireless Personal Area Networks (WPANs). Amendment 2: Millimeter-Wave-Based Alternative Physical Layer Extension," December 2009.

[160] IEEE, "IEEE Standard for Information Technology—Telecommunications and Information Exchange between Systems—Local and Metropolitan Area Networks, Wireless LAN Medium Access Control (MAC) and Physical Layer (PHY) Specifications," March 2012.

[161] IEEE, "IEEE Standard for Information Technology—Telecommunications and Information Exchange between Systems—Local and Metropolitan Area Networks—Specific Requirements—Part 11: Wireless LAN Medium Access Control (MAC) and Physical Layer (PHY) Specifications—Amendment 4: Enhancements for Very High Throughput for Operation in Bands below 6 GHz." *IEEE Std 802.11ac-2013*, pp. 1–425, December 2013.

[162] ISO/IEC/IEEE, "ISO/IEC/IEEE International Standard for Information Technology—Telecommunications and Information Exchange between Systems—Local and Metropolitan Area Networks—Specific Requirements—Part 11: Wireless LAN Medium Access Control (MAC) and Physical Layer (PHY) Specifications, Amendment 3: Enhancements for Very High Throughput in the 60 GHz Band (adoption of IEEE Std 802.11ad-2012)," *ISO/IEC/IEEE 8802-11:2012/Amd.3:2014(E)*, pp. 1–634, March 2014.

[163] H. Jafarkhani, "A quasi-orthogonal space-time block code," *IEEE Transactions on Communications*, vol. 49, no. 1, pp. 1–4, 2001.

[164] A. Jahn, M. Holzbock, J. Muller, R. Kebel, M. de Sanctis, A. Rogoyski, E. Trachtman, O. Franzrahe, M. Werner, and F. Hu, "Evolution of aeronautical communications for personal and multimedia services," *IEEE Communications Magazine*, vol. 41, no. 7, pp. 36–43, July 2003.

[165] W. C. Jakes, ed., *Microwave Mobile Communications, Second Edition*. Wiley/IEEE, 1994.

[166] T. Jiang and Y. Wu, "An overview: Peak-to-average power ratio reduction tech-

niques for OFDM signals," *IEEE Transactions on Broadcasting*, vol. 54, no. 2, pp. 257–268, June 2008.

[167] Y. Jiang and M. K. Varanasi, "The RF-chain limited MIMO system: Part I: Optimum diversity-multiplexing tradeoff," *IEEE Transactions on Wireless Communications*, vol. 8, no. 10, pp. 5238–5247, October 2009. Available at http://dx.doi.org/10.1109/TWC.2009.081385.

[168] J. Joe and S. Toh, "Digital underwater communication using electric current method," in *IEEE OCEANS 2007*, June 2007, pp. 1–4.

[169] C. R. Johnson and W. A. Sethares, *Telecommunications Breakdown: Concepts of Communication Transmitted via Software-Defined Radio.* Pearson, 2003.

[170] E. Jorg, *GSM: Architecture, Protocols and Services, Third Edition.* John Wiley and Sons, 2009.

[171] P. Jung, "Laurent's representation of binary digital continuous phase modulated signals with modulation index 1/2 revisited," *IEEE Transactions on Communications*, vol. 42, no. 234, pp. 221–224, 1994.

[172] T. Kailath, A. H. Sayed, and B. Hassibi, *Linear Estimation.* Pearson, 2000.

[173] G. Kaleh, "Simple coherent receivers for partial response continuous phase modulation," *IEEE Journal on Selected Areas in Communications*, vol. 7, no. 9, pp. 1427–1436, December 1989.

[174] S. Kay, "A fast and accurate single frequency estimator," *IEEE Transactions on Acoustics, Speech, and Signal Processing*, vol. 37, no. 12, pp. 1987–1990, December 1989.

[175] S. M. Kay, *Fundamentals of Statistical Signal Processing, Volume I: Estimation Theory.* Prentice Hall, 1993.

[176] S. Kay, *Fundamentals of Statistical Signal Processing, Volume II: Detection Theory.* Prentice Hall, 1998.

[177] J. B. Kenney, "Dedicated short-range communications (DSRC) standards in the United States," *Proceedings of the IEEE*, vol. 99, no. 7, pp. 1162–1182, July 2011.

[178] J. Kermoal, L. Schumacher, K. Pedersen, P. Mogensen, and F. Frederiksen, "A stochastic MIMO radio channel model with experimental validation," *IEEE Journal on Selected Areas in Communications*, vol. 20, no. 6, pp. 1211–1226, 2002.

[179] N. Khaled, B. Mondal, G. Leus, R. W. Heath, and F. Petre, "Interpolation-based multi-mode precoding for MIMO-OFDM systems with limited feedback," *IEEE Transactions on Wireless Communication*, vol. 6, no. 3, pp. 1003–1013, March 2007.

[180] D. Kidston and T. Kunz, "Challenges and opportunities in managing maritime networks," *IEEE Communications Magazine*, vol. 46, no. 10, pp. 162–168, October 2008.

[181] K. J. Kim, M. O. Pun, and R. A. Iltis, "Joint carrier frequency offset and channel estimation for uplink MIMO-OFDMA systems using parallel Schmidt Rao-Blackwellized particle filters," *IEEE Transactions on Communications*, vol. 58, no. 9, pp. 2697–2708, September 2010.

[182] S. Kotz, N. Balakrishnan, and N. Johnson, *Continuous Multivariate Distributions, Models and Applications*, Continuous Multivariate Distributions series. Wiley, 2004.

[183] P. Krishna and D. Husalc, "RFID infrastructure," *IEEE Communications Magazine*, vol. 45, no. 9, pp. 4–10, September 2007.

[184] S.-Y. Kung, Y. Wu, and X. Zhang, "Bezout space-time precoders and equalizers for MIMO channels," *IEEE Transactions on Signal Processing*, vol. 50, no. 10, pp.

2499–2514, October 2002.

[185] E. G. Larsson, O. Edfors, F. Tufvesson, and T. L. Marzetta, "Massive MIMO for next generation wireless systems," *IEEE Communications Magazine*, vol. 52, no. 2, pp. 186–195, February 2014.

[186] B. P. Lathi, *Linear Signals and Systems, Second Edition.* Oxford University Press, 2004.

[187] P. Laurent, "Exact and approximate construction of digital phase modulations by superposition of amplitude modulated pulses (AMP)," *IEEE Transactions on Communications*, vol. 34, no. 2, pp. 150–160, February 1986.

[188] T. Le-Ngoc, V. Leung, P. Takats, and P. Garland, "Interactive multimedia satellite access communications," *IEEE Communications Magazine*, vol. 41, no. 7, pp. 78–85, July 2003.

[189] D. Lee, G. Saulnier, Z. Ye, and M. Medley, "Antenna diversity for an OFDM system in a fading channel," in *IEEE Military Communications Conference Proceedings*, vol. 2, 1999, pp. 1104–1109.

[190] D. Lee, "JPEG 2000: Retrospective and new developments," *Proceedings of the IEEE*, vol. 93, no. 1, pp. 32–41, January 2005.

[191] W. Lee, *Mobile Cellular Telecommunications Systems.* McGraw-Hill, 1989.

[192] M. Lei, C.-S. Choi, R. Funada, H. Harada, and S. Kato, "Throughput comparison of multi-Gbps WPAN (IEEE 802.15.3c) PHY layer designs under nonlinear 60-GHz power amplifier," in *IEEE 18th International Symposium on Personal, Indoor and Mobile Radio Communications Proceedings*, September 2007, pp. 1–5.

[193] P. Lescuyer, *UMTS: Origins, Architecture and the Standard.* Springer, 2004.

[194] B. Li, Y. Qin, C. P. Low, and C. L. Gwee, "A survey on mobile WiMAX," *IEEE Communications Magazine*, vol. 45, no. 12, pp. 70–75, December 2007.

[195] Q. Li, X. Lin, and J. Zhang, "MIMO precoding in 802.16e WiMAX," *Journal of Communications and Networks*, vol. 9, no. 2, pp. 141–149, June 2007.

[196] Y. Li, L. J. J. Cimini, and N. R. Sollenberger, "Robust channel estimation for OFDM systems with rapid dispersive fading channels," *IEEE Transactions on Communications*, vol. 46, no. 7, pp. 902–915, July 1998.

[197] Y. Li, H. Minn, and R. Rajatheva, "Synchronization, channel estimation, and equalization in MB-OFDM systems," *IEEE Transactions on Wireless Communications*, vol. 7, no. 11, pp. 4341–4352, November 2008.

[198] Y. Li, "Simplified channel estimation for OFDM systems with multiple transmit antennas," *IEEE Transactions on Wireless Communications*, vol. 1, no. 1, pp. 67–75, January 2002.

[199] Y.-C. Liang and F. P. S. Chin, "Downlink channel covariance matrix (DCCM) estimation and its applications in wireless DS-CDMA systems," *IEEE Journal on Selected Areas in Communications*, vol. 19, no. 2, pp. 222–232, February 2001.

[200] S. Lin and D. J. Costello, *Error Control Coding.* Pearson, 2004.

[201] J. Liu, A. Bourdoux, J. Craninckx, P. Wambacq, B. Come, S. Donnay, and A. Barel, "OFDM-MIMO WLAN AP front-end gain and phase mismatch calibration," in *2004 IEEE Radio and Wireless Conference Proceedings*, September 2004, pp. 151–154.

[202] J. Liu, G. Vandersteen, J. Craninckx, M. Libois, M. Wouters, F. Petre, and

A. Barel, "A novel and low-cost analog front-end mismatch calibration scheme for MIMO-OFDM WLANs," in *2006 IEEE Radio and Wireless Symposium Proceedings*, January 2006, pp. 219–222.

[203] L. Liu and H. Jafarkhani, "Novel transmit beamforming schemes for time-selective fading multiantenna systems," *IEEE Transactions on Signal Processing*, vol. 54, no. 12, pp. 4767–4781, December 2006.

[204] W. C. Liu, T. C. Wei, Y. S. Huang, C. D. Chan, and S. J. Jou, "All-digital synchronization for SC/OFDM mode of IEEE 802.15.3c and IEEE 802.11ad," *IEEE Transactions on Circuits and Systems I: Regular Papers*, vol. 62, no. 2, pp. 545–553, February 2015.

[205] D. J. Love and R. W. Heath, Jr., "Equal gain transmission in multiple-input multiple-output wireless systems," *IEEE Transactions on Communications*, vol. 51, no. 7, pp. 1102–1110, July 2003.

[206] D. J. Love and R. W. Heath, Jr., "Multimode precoding for MIMO wireless systems," *IEEE Transactions on Signal Processing*, vol. 53, pp. 3674–3687, 2005.

[207] D. J. Love, R. W. Heath, Jr., V. K. N. Lau, D. Gesbert, B. Rao, and M. Andrews, "An overview of limited feedback in wireless communication systems," *IEEE Journal on Selected Areas in Communications*, vol. 26, no. 8, pp. 1341–1365, October 2008.

[208] D. J. Love, R. W. Heath, Jr., and T. Strohmer, "Grassmannian beamforming for multiple-input multiple-output wireless systems," *IEEE Transactions on Information Theory*, vol. 49, no. 10, pp. 2735–2747, 2003.

[209] D. Love and R. W. Heath, Jr., "Limited feedback diversity techniques for correlated channels," *IEEE Transactions on Vehicular Technology*, vol. 55, no. 2, pp. 718–722, 2006.

[210] D. Love and R. W. Heath, Jr., "Limited feedback unitary precoding for spatial multiplexing systems," *IEEE Transactions on Information Theory*, vol. 51, no. 8, pp. 2967–2976, 2005.

[211] D. Love, R. W. Heath, Jr., W. Santipach, and M. Honig, "What is the value of limited feedback for MIMO channels?" *IEEE Communications Magazine*, vol. 42, no. 10, pp. 54–59, 2004.

[212] M. Luise and R. Reggiannini, "Carrier frequency recovery in all-digital modems for burst-mode transmissions," *IEEE Transactions on Communications*, vol. 43, no. 2/3/4, pp. 1169–1178, February 1995.

[213] X. Ma, G. B. Giannakis, and S. Ohno, "Optimal training for block transmissions over doubly selective wireless fading channels," *IEEE Transactions on Signal Processing*, vol. 51, no. 5, pp. 1351–1366, May 2003.

[214] X. Ma and G. Giannakis, "Full-diversity full-rate complex-field space-time coding," *IEEE Transactions on Signal Processing*, vol. 51, no. 11, pp. 2917–2930, November 2003.

[215] X. Ma, M.-K. Oh, G. Giannakis, and D.-J. Park, "Hopping pilots for estimation of frequency-offset and multiantenna channels in MIMO-OFDM," *IEEE Transactions on Communications*, vol. 53, no. 1, pp. 162–172, January 2005.

[216] V. H. MacDonald, "The cellular concept," *The Bell System Technical Journal*, vol. 58, no. 2, pp. 15–43, January 1979.

[217] D. J. C. MacKay and R. M. Neal, "Near Shannon limit performance of low-density parity-check codes," *Electronics Letters*, vol. 32, pp. 1645–1646, August 1996.

[218] M. D. Macleod, "Fast nearly ML estimation of the parameters of real or complex

single tones or resolved multiple tones," *IEEE Transactions on Signal Processing*, vol. 46, no. 1, pp. 141–148, January 1998.

[219] U. Madhow, *Fundamentals of Digital Communication.* Cambridge University Press, 2008.

[220] J. Magnus and H. Neudecker, *Matrix Differential Calculus with Applications in Statistics and Econometrics*, Wiley Series in Probability and Statistics: Texts and References Section. Wiley, 1999.

[221] A. K. Maini and V. Agrawal, *Satellite Technology: Principles and Applications.* John Wiley and Sons, 2007.

[222] G. Maral and M. Bousquet, *Satellite Communication Systems: Systems, Techniques, and Technology, Fourth Edition.* John Wiley and Sons, 2002.

[223] T. L. Marzetta, "Noncooperative cellular wireless with unlimited numbers of base station antennas," *IEEE Transactions on Wireless Communications*, vol. 9, no. 11, pp. 3590–3600, November 2010.

[224] J. Massey, "Optimum frame synchronization," *IEEE Transactions on Communications*, vol. 20, no. 2, pp. 115–119, April 1972.

[225] H. Minn, N. Al-Dhahir, and Y. Li, "Optimal training signals for MIMO OFDM channel estimation in the presence of frequency offset and phase noise," *IEEE Transactions on Communications*, vol. 54, no. 10, pp. 1754–1759, October 2006.

[226] H. Minn, V. K. Bhargava, and K. B. Letaief, "A robust timing and frequency synchronization for OFDM systems," *IEEE Transactions on Wireless Communications*, vol. 2, no. 4, pp. 822–839, July 2003.

[227] J. Misic, *Wireless Personal Area Networks: Performance, Interconnection, and Security with IEEE 802.15.4.* John Wiley and Sons, 2008.

[228] A. F. Molisch and M. Z. Win, "MIMO systems with antenna selection," *IEEE Microwave Magazine*, vol. 5, no. 1, pp. 46–56, March 2004.

[229] B. Mondal and R. W. Heath, Jr., "Algorithms for quantized precoded MIMO-OFDM systems," in *Conference Record of the Thirty-ninth Asilomar Conference on Signals, Systems and Computers*, 2005, pp. 381–385.

[230] A. Monk, R. Hadani, M. Tsatsanis, and S. Rakib, "OTFS—Orthogonal time frequency space: A novel modulation technique meeting 5G high mobility and massive MIMO challenges." Available at http://arxiv.org/pdf/1608.02993v1.pdf.

[231] P. Moose, "A technique for orthogonal frequency division multiplexing frequency offset correction," *IEEE Transactions on Communications*, vol. 42, no. 10, pp. 2908–2914, 1994.

[232] Y. L. Morgan, "Notes on DSRC & WAVE standards suite: Its architecture, design, and characteristics," *IEEE Communications Surveys Tutorials*, vol. 12, no. 4, pp. 504–518, December 2010.

[233] D. Morton, "Viewing television's history," *Proceedings of the IEEE*, vol. 87, no. 7, pp. 1301–1304, July 1999.

[234] M. Motro, A. Chu, J. Choi, A. Pinjari, C. Bhat, J. Ghosh, and R. Heath, Jr., "Vehicular ad-hoc network (VANET) simulations of overtaking maneuvers on two-lane rural highways," 2016. Submitted to *Transportation Research Part C.*

[235] K. Mukkavilli, A. Sabharwal, E. Erkip, and B. Aazhang, "On beamforming with finite rate feedback in multiple-antenna systems," *IEEE Transactions on Information Theory*, vol. 49, no. 10, pp. 2562–2579, 2003.

[236] B. Muquet, Z. Wang, G. Giannakis, M. de Courville, and P. Duhamel, "Cyclic prefixing or zero padding for wireless multicarrier transmissions?" *IEEE Transactions on Communications*, vol. 50, no. 12, pp. 2136–2148, December 2002.

[237] C. Murthy and B. Rao, "Quantization methods for equal gain transmission with finite rate feedback," *IEEE Transactions on Signal Processing*, vol. 55, no. 1, pp. 233–245, January 2007.

[238] Y. H. Nam, B. L. Ng, K. Sayana, Y. Li, J. Zhang, Y. Kim, and J. Lee, "Full-dimension MIMO (FD-MIMO) for next generation cellular technology," *IEEE Communications Magazine*, vol. 51, no. 6, pp. 172–179, June 2013.

[239] F. Nebeker, *Signal Processing: The Emergence of a Discipline, 1948–1998.* IEEE History Center, 1998.

[240] R. Negi and J. Cioffi, "Pilot tone selection for channel estimation in a mobile OFDM system," in *IEEE Transactions on Consumer Electronics*, vol. 44, no. 3, pp. 1122–1128, 1998.

[241] B. Ng, J.-T. Chen, and A. Paulraj, "Space-time processing for fast fading channels with co-channel interferences," in *IEEE 46th Vehicular Technology Conference Proceedings, 1996. "Mobile Technology for the Human Race,"* vol. 3, April 1996, pp. 1491–1495.

[242] J. C. L. Ng, K. Letaief, and R. Murch, "Antenna diversity combining and finite-tap decision feedback equalization for high-speed data transmission," *IEEE Journal on Selected Areas in Communications*, vol. 16, no. 8, pp. 1367–1375, October 1998.

[243] D. Noble, "The history of land-mobile radio communications," *IEEE Transactions on Vehicular Technology*, pp. 1406–1416, 1962.

[244] L. Nuaymi, *WiMAX: Technology for Broadband Wireless Access.* Wiley, 2007.

[245] C. Oestges, B. Clerckx, M. Guillaud, and M. Debbah, "Dual-polarized wireless communications: From propagation models to system performance evaluation," *IEEE Transactions on Wireless Communications*, vol. 7, no. 10, pp. 4019–4031, October 2008.

[246] T. Okumura, E. Ohmori, and K. Fukuda, "Field strength and its variability in VHF and UHF land mobile service," *Review of the Electrical Communication Laboratory*, vol. 16, no. 9–10, pp. 825–873, September–October 1968.

[247] D. O'Neil, "The rapid deployment digital satellite network," *IEEE Communications Magazine*, vol. 30, no. 1, pp. 30–35, January 1992.

[248] A. V. Oppenheim and R. W. Schafer, *Discrete-Time Signal Processing, Third Edition.* Pearson, 2009.

[249] A. V. Oppenheim, A. S. Willsky, and S. Hamid, *Signals and Systems, Second Edition.* Pearson, 1996.

[250] J. Oppermann and B. S. Vucetic, "Complex spreading sequences with a wide range of correlation properties," *IEEE Transactions on Communications*, vol. 45, no. 3, pp. 365–375, March 1997.

[251] T. Pande, D. J. Love, and J. Krogmeier, "Reduced feedback MIMO-OFDM precoding and antenna selection," *IEEE Transactions on Signal Processing*, vol. 55, no. 5, pp. 2284–2293, May 2007.

[252] A. Papoulis, *Probability, Random Variables, and Stochastic Processes.* McGraw-Hill, 1991.

[253] S. Parkvall, E. Dahlman, A. Furuskar, Y. Jading, M. Olsson, S. Wanstedt, and K. Zangi, "LTE-Advanced—Evolving LTE towards IMT-Advanced," in *IEEE Vehicular Technology Conference Proceedings*, September 2008, pp. 1–5.

[254] R. Parot and F. Harris, "Resolving and correcting gain and phase mismatch in transmitters and receivers for wideband OFDM systems," in *Conference Record of the Thirty-sixth Asilomar Conference on Signals, Systems and Computers*, vol. 2, November 2002, pp. 1005–1009.

[255] A. Paulraj and T. Kailath, "U.S. #5345599: Increasing capacity in wireless broadcast systems using distributed transmission/directional reception (DTDR)," September 1994.

[256] A. Paulraj, D. Gore, R. Nabar, and H. Bolcskei, "An overview of MIMO communications—A key to gigabit wireless," *Proceedings of the IEEE*, vol. 92, no. 2, pp. 198–218, 2004.

[257] E. Perahia, "IEEE 802.11n development: History, process, and technology," *IEEE Communications Magazine*, vol. 46, no. 7, pp. 48–55, July 2008.

[258] E. Perahia, C. Cordeiro, M. Park, and L. L. Yang, "IEEE 802.11ad: Defining the next generation multi-Gbps Wi-Fi," in *2010 7th IEEE Consumer Communications and Networking Conference Proceedings*, January 2010, pp. 1–5.

[259] E. Perahia and M. X. Gong, "Gigabit wireless LANs: An overview of IEEE 802.11ac and 802.11ad," *SIGMOBILE Mobile Computing and Communications Review*, vol. 15, no. 3, pp. 23–33, November 2011.

[260] S. W. Peters and R. W. Heath, Jr., "The future of WiMAX: Multihop relaying with IEEE 802.16j," *IEEE Communications Magazine*, vol. 47, no. 1, pp. 104–111, January 2009.

[261] H. O. Peterson, H. Beverage, and J. Moore, "Diversity telephone receiving system of R.C.A. Communications, Inc." *Proceedings of the Institute of Radio Engineers*, vol. 19, no. 4, pp. 562–584, April 1931.

[262] Z. Pi and F. Khan, "An introduction to millimeter-wave mobile broadband systems," *IEEE Communications Magazine*, vol. 49, no. 6, pp. 101–107, June 2011.

[263] D. Piazza, N. J. Kirsch, A. Forenza, R. W. Heath, and K. R. Dandekar, "Design and evaluation of a reconfigurable antenna array for MIMO systems," *IEEE Transactions on Antennas and Propagation*, vol. 56, no. 3, pp. 869–881, March 2008.

[264] T. Pollet, M. Van Bladel, and M. Moeneclaey, "BER sensitivity of OFDM systems to carrier frequency offset and Wiener phase noise," *IEEE Transactions on Communications*, vol. 43, no. 234, pp. 191–193, February/March/April 1995.

[265] D. Pompili and I. Akyildiz, "Overview of networking protocols for underwater wireless communications," *IEEE Communications Magazine*, vol. 47, no. 1, pp. 97–102, January 2009.

[266] I. Poole, "What exactly is ... HD Radio?" *IEEE Communications Engineering*, vol. 4, no. 5, pp. 46–47, October–November 2006.

[267] B. M. Popovic, "Generalized chirp-like polyphase sequences with optimum correlation properties," *IEEE Transactions on Information Theory*, vol. 38, no. 4, pp. 1406–1409, July 1992.

[268] T. Rappaport, R. W. Heath, Jr., R. C. Daniels, and J. Murdock, *Millimeter Wave Wireless Communications*. Prentice Hall, 2015.

[269] T. S. Rappaport, S. Sun, R. Mayzus, H. Zhao, Y. Azar, K. Wang, G. N. Wong, J. K. Schulz, M. Samimi, and F. Gutierrez, "Millimeter wave mobile communications for 5G cellular: It will work!" *IEEE Access*, vol. 1, pp. 335–349, 2013.

[270] T. S. Rappaport, *Wireless Communications: Principles and Practice, Second Edition*. Prentice Hall, 2002.

[271] B. Razavi, *RF Microelectronics*. Prentice Hall, 1997.

[272] I. S. Reed and G. Solomon, "Polynomial codes over certain finite fields," *Journal of the Society for Industrial and Applied Mathematics*, vol. 8, pp. 300–304, June 1960.

[273] J. H. Reed, *Software Radio: A Modern Approach to Radio Engineering*. Prentice Hall, 2002.

[274] U. Reimers, "Digital video broadcasting," *IEEE Communications Magazine*, vol. 36, no. 6, pp. 104–110, June 1998.

[275] ——, "DVB—the family of international standards for digital video broadcasting," *Proceedings of the IEEE*, vol. 94, no. 1, pp. 173–182, January 2006.

[276] M. Richer, G. Reitmeier, T. Gurley, G. Jones, J. Whitaker, and R. Rast, "The ATSC digital television system," *Proceedings of the IEEE*, vol. 94, no. 1, pp. 37–43, January 2006.

[277] U. Rizvi, G. Janssen, and J. Weber, "Impact of RF circuit imperfections on multicarrier and single-carrier based transmissions at 60 GHz," in *2008 IEEE Radio and Wireless Symposium Proceedings*, January 2008, pp. 691–694.

[278] J. C. Roh and B. D. Rao, "Transmit beamforming in multiple-antenna systems with finite rate feedback: A VQ-based approach," *IEEE Transactions on Information Theory*, vol. 52, no. 3, pp. 1101–1112, March 2006.

[279] P. Roshan, *802.11 Wireless LAN Fundamentals*. Cisco Press, 2004.

[280] S. Ross, *A First Course in Probability, Ninth Edition*. Pearson, 2012.

[281] S. Roy, J. R. Foerster, V. S. Somayazulu, and D. G. Leeper, "Ultrawideband radio design: The promise of high-speed, short-range wireless connectivity," *Proceedings of the IEEE*, vol. 92, no. 2, pp. 295–311, February 2004.

[282] A. J. Rustako, N. Amitay, G. J. Owens, and R. S. Roman, "Radio propagation at microwave frequencies for line-of-sight microcellular mobile and personal communications," *IEEE Transactions on Vehicular Technology*, vol. 40, no. 1, pp. 203–210, February 1991.

[283] A. Rustako, Y.-S. Yeh, and R. R. Murray, "Performance of feedback and switch space diversity 900 MHz FM mobile radio systems with Rayleigh fading," *IEEE Transactions on Communications*, vol. 21, no. 11, pp. 1257–1268, November 1973.

[284] D. Ryan, I. V. L. Clarkson, I. Collings, D. Guo, and M. Honig, "QAM and PSK codebooks for limited feedback MIMO beamforming," *IEEE Transactions on Communications*, vol. 57, no. 4, pp. 1184–1196, April 2009.

[285] A. Saleh and R. Valenzuela, "A statistical model for indoor multipath propagation," *IEEE Journal on Selected Areas in Communications*, vol. 5, no. 2, pp. 128–137, 1987.

[286] H. Sallam, T. Abdel-Nabi, and J. Soumagne, "A GEO satellite system for broadcast audio and multimedia services targeting mobile users in Europe," in *Advanced Satellite Mobile Systems Proceedings*, August 2008, pp. 134–139.

[287] S. Samejima, K. Enomoto, and Y. Watanabe, "Differential PSK system with nonredundant error correction," *IEEE Journal on Selected Areas in Communications*, vol. 1, no. 1, pp. 74–81, January 1983.

[288] S. Sanayei and A. Nosratinia, "Antenna selection in MIMO systems," *IEEE Communications Magazine*, vol. 42, no. 10, pp. 68–73, October 2004.

[289] S. Sandhu and M. Ho, "Analog combining of multiple receive antennas with OFDM," in *IEEE International Conference on Communications*, vol. 5, May 2003, pp. 3428–3432.

[290] A. Santamaria, *Wireless LAN Standards and Applications*. Artech House, 2006.

[291] H. Sari, G. Karam, and I. Jeanclaude, "Transmission techniques for digital terrestrial TV broadcasting," *IEEE Communications Magazine*, vol. 33, no. 2, pp. 100–109, February 1995.

[292] D. V. Sarwate and M. B. Pursley, "Crosscorrelation properties of pseudorandom and related sequences," *Proceedings of the IEEE*, vol. 68, no. 5, pp. 593–619, May 1980.

[293] T. Sato, D. M. Kammen, B. Duan, M. Macuha, Z. Zhou, J. Wu, M. Tariq, and S. A. Asfaw, *Smart Grid Standards: Specifications, Requirements, and Technologies*. Wiley, 2015.

[294] A. H. Sayed, *Adaptive Filters*. Wiley/IEEE, 2008.

[295] A. Sayeed, "Deconstructing multiantenna fading channels," *IEEE Transactions on Signal Processing*, vol. 50, no. 10, pp. 2563–2579, 2002.

[296] T. Schmidl and D. Cox, "Robust frequency and timing synchronization for OFDM," *IEEE Transactions on Communications*, vol. 45, no. 12, pp. 1613–1621, 1997.

[297] B. Schneier, *Applied Cryptography: Protocols, Algorithms, and Source Code in C, Second Edition*. John Wiley and Sons, 1996.

[298] L. Schumacher, K. Pedersen, and P. Mogensen, "From antenna spacings to theoretical capacities—Guidelines for simulating MIMO systems," in *13th IEEE International Symposium on Personal, Indoor and Mobile Radio Communications Proceedings*, vol. 2, pp. 587–592.

[299] S. Sesia, I. Toufik, and M. Baker, eds., *LTE: The UMTS Long Term Evolution*. John Wiley and Sons, 2009.

[300] A. Seyedi and D. Birru, "On the design of a multi-gigabit short-range communication system in the 60GHz band," in *4th IEEE Consumer Communications and Networking Conference Proceedings*, January 2007, pp. 1–6.

[301] C. Sgraja, J. Tao, and C. Xiao, "On discrete-time modeling of time-varying WSSUS fading channels," *IEEE Transactions on Vehicular Technology*, vol. 59, no. 7, pp. 3645–3651, September 2010.

[302] C. E. Shannon, "A mathematical theory of communication," *Bell System Technical Journal*, vol. 27, no. 3, pp. 379–423, 623–656, July, October 1948.

[303] ——, "Communication theory of secrecy systems," *Bell System Technical Journal*, vol. 28, pp. 656–715, 1949.

[304] P. Shelswell, "The COFDM modulation system: The heart of digital audio broadcasting," *Electronics and Communication Engineering Journal*, vol. 7, no. 3, pp. 127–136, June 1995.

[305] J. Shi, Q. Luo, and M. You, "An efficient method for enhancing TDD over the air reciprocity calibration," in *Proceedings of the IEEE Wireless Communications and Networking Conference*, March 2011, pp. 339–344.

[306] K. Shi and E. Serpedin, "Coarse frame and carrier synchronization of OFDM systems: A new metric and comparison," *IEEE Transactions on Wireless Communications*, vol. 3, no. 4, pp. 1271–1284, July 2004.

[307] H. Shirani-Mehr and G. Caire, "Channel state feedback schemes for multiuser MIMO-OFDM downlink," *IEEE Transactions on Communications*, vol. 57, no. 9, pp. 2713–2723, 2009.

[308] T. Siep, I. Gifford, R. Braley, and R. Heile, "Paving the way for personal area network standards: An overview of the IEEE P802.15 working group for wireless

personal area networks," *IEEE Personal Communications*, vol. 7, no. 1, pp. 37–43, February 2000.

[309] M. Simon and J. Smith, "Alternate symbol inversion for improved symbol synchronization in convolutionally coded systems," *IEEE Transactions on Communications*, vol. 28, no. 2, pp. 228–237, February 1980.

[310] M. K. Simon and M.-S. Alouini, *Digital Communication over Fading Channels, Second Edition.* Wiley, 2004.

[311] A. Singer, J. Nelson, and S. Kozat, "Signal processing for underwater acoustic communications," *IEEE Communications Magazine*, vol. 47, no. 1, pp. 90–96, January 2009.

[312] E. N. Skomal, "The range and frequency dependence of VHF-UHF man-made radio noise in and above metropolitan areas," *IEEE Transactions on Vehicular Technology*, vol. 19, no. 2, pp. 213–221, May 1970.

[313] Q. Spencer, M. Rice, B. Jeffs, and M. Jensen, "A statistical model for angle of arrival in indoor multipath propagation," in *IEEE 47th Vehicular Technology Conference Proceedings*, vol. 3, May 1997, pp. 1415–1419.

[314] D. A. Spielman, "Linear-time encodable and decodable error-correcting codes," *IEEE Transactions on Information Theory*, vol. 42, no. 11, pp. 1723–1731, November 1996.

[315] M. Stojanovic and J. Preisig, "Underwater acoustic communication channels: Propagation models and statistical characterization," *IEEE Communications Magazine*, vol. 47, no. 1, pp. 84–89, January 2009.

[316] G. Strang, *Introduction to Linear Algebra.* Wellesley-Cambridge Press, 2003. Available at https://books.google.com/books?id=Gv4pCVyoUVYC.

[317] R. Struble, J. D'Angelo, J. McGannon, and D. Salemi, "AM and FM's digital conversion: How HD Radio™ will spur innovative telematics services for the automotive industry," *IEEE Vehicular Technology Magazine*, vol. 1, no. 1, pp. 18–22, March 2006.

[318] G. Stuber, J. Barry, S. McLaughlin, Y. Li, M. Ingram, and T. Pratt, "Broadband MIMO-OFDM wireless communications," *Proceedings of the IEEE*, vol. 92, no. 2, pp. 271–294, 2004.

[319] W. Su, Z. Safar, and K. Liu, "Full-rate full-diversity space-frequency codes with optimum coding advantage," *IEEE Transactions on Information Theory*, vol. 51, no. 1, pp. 229–249, January 2005.

[320] N. Suehiro, C. Han, T. Imoto, and N. Kuroyanagi, "An information transmission method using Kronecker product," in *Proceedings of the IASTED International Conference on Communication Systems and Networks*, 2002, pp. 206–209.

[321] S. Sun, T. S. Rappaport, R. W. Heath, A. Nix, and S. Rangan, "MIMO for millimeter-wave wireless communications: Beamforming, spatial multiplexing, or both?" *IEEE Communications Magazine*, vol. 52, no. 12, pp. 110–121, December 2014.

[322] S. Sun, T. S. Rappaport, T. A. Thomas, A. Ghosh, H. C. Nguyen, I. Z. Kovács, I. Rodriguez, O. Koymen, and A. Partyka, "Investigation of prediction accuracy, sensitivity, and parameter stability of large-scale propagation path loss models for 5G wireless communications," *IEEE Transactions on Vehicular Technology*, vol. 65, no. 5, pp. 2843–2860, May 2016.

[323] Y. Sun, Z. Xiong, and X. Wang, "EM-based iterative receiver design with carrier-frequency offset estimation for MIMO OFDM systems," *IEEE Transactions on Communications*, vol. 53, no. 4, pp. 581–586, April 2005.

[324] T. Tang and R. W. Heath, Jr., "A space-time receiver with joint synchronization and interference cancellation in asynchronous MIMO-OFDM systems," *IEEE Transactions on Vehicular Technology*, vol. 57, no. 5, pp. 2991–3005, September 2008.

[325] V. Tarokh, A. Naguib, N. Seshadri, and A. R. Calderbank, "Space-time codes for high data rate wireless communication: Performance criteria in the presence of channel estimation errors, mobility, and multiple paths," *IEEE Transactions on Communications*, vol. 47, no. 2, pp. 199–207, February 1999.

[326] V. Tarokh, N. Seshadri, and A. R. Calderbank, "Space-time codes for high data rate wireless communication: Performance criterion and code construction," *IEEE Transactions on Information Theory*, vol. 44, no. 2, pp. 744–765, March 1998.

[327] V. Tarokh, H. Jafarkhani, and A. Calderbank, "Space-time block codes from orthogonal designs," *IEEE Transactions on Information Theory*, vol. 45, no. 5, pp. 1456–1467, July 1999.

[328] I. E. Telatar, "Capacity of multi-antenna Gaussian channels," *European Transactions on Telecommunications*, vol. 10, no. 6, pp. 585–595, 1999.

[329] Y. Toor, P. Muhlethaler, and A. Laouiti, "Vehicle ad hoc networks: Applications and related technical issues," *IEEE Communications Surveys Tutorials*, vol. 10, no. 3, pp. 74–88, October 2008.

[330] S. Tretter, "Estimating the frequency of a noisy sinusoid by linear regression (corresp.)," *IEEE Transactions on Information Theory*, vol. 31, no. 6, pp. 832–835, November 1985.

[331] TurboConcept, "WiMAX IEEE802.16e LDPC decoder." Available at www.turboconcept.com/ip_cores.php?p=tc4200-WiMAX-16e-LDPC-encoder-decoder.

[332] G. L. Turin, "The characteristic function of Hermitian quadratic forms in complex normal random variables," *Biometrika*, vol. 47, no. 1/2, pp. 199–201, June 1960.

[333] W. Tuttlebee and D. Hawkins, "Consumer digital radio: From concept to reality," *Electronics and Communication Engineering Journal*, vol. 10, no. 6, pp. 263–276, December 1998.

[334] G. Ungerboeck, "Channel coding with multilevel/phase signals," *IEEE Transactions on Information Theory*, vol. 28, no. 1, pp. 55–67, January 1982.

[335] ——, "Trellis-coded modulation with redundant signal sets, Part I: Introduction," *IEEE Communications Magazine*, vol. 25, no. 2, pp. 5–11, February 1987.

[336] "Urban transmission loss models for mobile radio in the 900 and 1800 MHz bands," European Cooperation in the Field of Scientific and Technical Research EURO-COST 231, Technical Report 2, September 1991.

[337] V. Va, T. Shimizu, G. Bansal, and R. W. Heath, Jr., "Millimeter wave vehicular communications: A survey," *Foundations and Trends in Networking*, vol. 10, no. 1, 2016.

[338] J. J. van de Beek, O. Edfors, M. Sandell, S. K. Wilson, and P. O. Borjesson, "On channel estimation in OFDM systems," in *IEEE 45th Vehicular Technology Conference Proceedings*, vol. 2, July 1995, pp. 815–819.

[339] H. Van Trees, *Detection, Estimation, and Modulation Theory: Nonlinear Modulation Theory*. Wiley, 2003.

[340] ——, *Detection, Estimation, and Modulation Theory: Detection, Estimation, and Filtering Theory*. Wiley, 2004.

[341] ——, *Detection, Estimation, and Modulation Theory: Optimum Array Processing*. Wiley, 2004.

[342] V. van Zelst and T. C. W. Schenk, "Implementation of a MIMO OFDM-based wireless LAN system," *IEEE Transactions on Signal Processing*, vol. 52, no. 2, pp. 483–494, February 2004.

[343] R. Velidi and C. N. Georghiades, "Frame synchronization for optical multi-pulse pulse position modulation," *IEEE Transactions on Communications*, vol. 43, no. 234, pp. 1838–1843, 1995.

[344] K. Venugopal and R. W. Heath, "Millimeter wave networked wearables in dense indoor environments," *IEEE Access*, vol. 4, pp. 1205–1221, 2016.

[345] S. Verdu, "Fifty years of Shannon theory," *IEEE Transactions on Information Theory*, vol. 44, no. 6, pp. 2057–2078, October 1998.

[346] A. Vielmon, Y. Li, and J. Barry, "Performance of Alamouti transmit diversity over time-varying Rayleigh-fading channels," *IEEE Transactions on Wireless Communications*, vol. 3, no. 5, pp. 1369–1373, September 2004.

[347] H. Vikalo and B. Hassibi, "On the sphere-decoding algorithm. II. Generalizations, second-order statistics, and applications to communications," *IEEE Transactions on Signal Processing*, vol. 53, no. 8, pp. 2819–2834, August 2005.

[348] A. Viterbi, "Error bounds for convolutional codes and an asymptotically optimum decoding algorithm," *IEEE Transactions on Information Theory*, vol. 13, no. 2, pp. 260–269, April 1967.

[349] J. Wallace and M. Jensen, "Modeling the indoor MIMO wireless channel," *IEEE Transactions on Antennas and Propagation*, vol. 50, no. 5, pp. 591–599, 2002.

[350] W. Weichselberger, M. Herdin, H. Ozcelik, and E. Bonek, "A stochastic MIMO channel model with joint correlation of both link ends," *IEEE Transactions on Wireless Communications*, vol. 5, no. 1, pp. 90–100, 2006.

[351] Q. Wen and J. Ritcey, "Spatial diversity equalization for underwater acoustic communications," in *Conference Record of the Twenty-sixth Asilomar Conference on Signals, Systems and Computers*, vol. 2, October 1992, pp. 1132–1136.

[352] S. Wicker, *Error Control Systems for Digital Communication and Storage*. Prentice Hall, 1995. Available at https://books.google.com/books?id=7_hSAAAAMAAJ&q.

[353] C. Williams, M. Beach, D. Neirynck, A. Nix, K. Chen, K. Morris, D. Kitchener, M. Presser, Y. Li, and S. Mclaughlin, "Personal area technologies for internetworked services," *IEEE Communications Magazine*, vol. 42, no. 12, pp. S15–S26, December 2004.

[354] G. Williams, *Linear Algebra with Applications: Alternate Edition*, Jones & Bartlett Learning Series in Mathematics. Jones & Bartlett Learning, 2012. Available at https://books.google.com/books?id=QDIn6WEByGQC.

[355] M. Williamson, "Satellites rock!" *IEEE Review*, vol. 49, no. 11, pp. 34–37, November 2003.

[356] WirelessHD, "WirelessHD specification version 1.1 overview," May 2010. Available at www.wirelesshd.org.

[357] A. Wittneben, "Basestation modulation diversity for digital simulcast," in *41st IEEE Vehicular Technology Conference, "Gateway to the Future Technology in Motion,"* St. Louis, MO, May 19–22, 1991, pp. 848–853.

[358] P. Xia and G. B. Giannakis, "Design and analysis of transmit-beamforming based on limited-rate feedback," *IEEE Transactions on Signal Processing*, vol. 54, no. 5, pp. 1853–1863, May 2006.

[359] X.-G. Xia, "Precoded and vector OFDM robust to channel spectral nulls and with reduced cyclic prefix length in single transmit antenna systems," *IEEE Transactions on Communications*, vol. 49, no. 8, pp. 1363–1374, August 2001.

[360] Y. Xiao, "IEEE 802.11n: Enhancements for higher throughput in wireless LANs," *IEEE Wireless Communications*, vol. 12, no. 6, pp. 82–91, December 2005.

[361] Y. Xiao, X. Shen, B. Sun, and L. Cai, "Security and privacy in RFID and applications in telemedicine," *IEEE Communications Magazine*, vol. 44, no. 4, pp. 64–72, April 2006.

[362] Xilinx, "3GPP LTE DL channel encoder." Available at www.xilinx.com/products/intellectual-property/do-di-chenc-lte.html.

[363] W. Yamada, K. Nishimori, Y. Takatori, and Y. Asai, "Statistical analysis and characterization of Doppler spectrum in large office environment," in *Proceedings of the 2009 International Symposium on Antennas and Propagation*, 2009, pp. 564–567.

[364] S. C. Yang, *3G CDMA2000: Wireless System Engineering*. Artech House, 2004.

[365] Y. Yao and G. Giannakis, "Blind carrier frequency offset estimation in SISO, MIMO, and multiuser OFDM systems," *IEEE Transactions on Communications*, vol. 53, no. 1, pp. 173–183, January 2005.

[366] W. R. Young, "Advanced mobile phone service: Introduction, background, and objectives," *The Bell System Technical Journal*, vol. 58, no. 1, pp. 1–14, January 1979.

[367] X. Zhang and S.-Y. Kung, "Capacity bound analysis for FIR Bézout equalizers in ISI MIMO channels," *IEEE Transactions on Signal Processing*, vol. 53, no. 6, pp. 2193–2204, June 2005.

[368] Y. R. Zheng and C. Xiao, "Simulation models with correct statistical properties for Rayleigh fading channels," *IEEE Transactions on Communications*, vol. 51, no. 6, pp. 920–928, June 2003.

[369] S. Zhou, B. Muquet, and G. B. Giannakis, "Subspace-based (semi-) blind channel estimation for block precoded space-time OFDM," *IEEE Transactions on Signal Processing*, vol. 50, no. 5, pp. 1215–1228, May 2002.

[370] H. Zhuang, L. Dai, S. Zhou, and Y. Yao, "Low complexity per-antenna rate and power control approach for closed-loop V-BLAST," *IEEE Transactions on Communications*, vol. 51, no. 11, pp. 1783–1787, November 2003.

术 语 表

A

Absolute bandwidth(绝对带宽)
Ad hoc wireless networks(自组织网络)
Adaptive signal processing, least squares solutions in(自适应信号处理中的最小二乘法)
ADC (analog-to-digital converter)(模数转换器)
Additive noise(加性噪声) Adjacent channel interference(邻道干扰)
Advanced Mobile Phone System(AMPS)(先进移动电话系统)
Advanced Television Systems Committee (ATSC) digital standard(先进电信委员会(ATSC)数字标准)
AFE (analog front end)(模拟前端)
AGC (automatic gain control)(自动增益控制)
Alamouti code(Alamouti 码)
Algebra in linear estimation(线性估计中的代数)
Amplitude modulation (AM)(幅度调制)
Amplitude-shift keying(幅移键控)
AMPS (Advanced Mobile Phone System)(先进移动电话系统)
Analog communication(模拟通信)
Analog front end (AFE)(模拟前端)
Analog-to-digital converter (ADC)(模数转换器)
Analysis equation(分析方程式)
Antenna gain(天线增益)
Antenna(天线)
Application-specic integrated circuits(ASIC)(专用集成电路(ASIC))
ASK (Amplitude-shift keying)(幅移键控)
Astra satellite(卫星(地球同步卫星))
Asymmetric cipher(非对称密码)
Asymptotic means(渐近均值)
Atlantic Undersea Test and Evaluation Center (AUTEC) range-control station(大西洋海底试验和评估中心范围控制站)
ATSC (Advanced Television Systems Committee) digital standard(ATSC(先进电信系统委员会)数字标准)
Autocorrelation(自相关)
Autocovariance in root raised cosine noise(平方根升余弦噪声的自协方差)
Automatic gain control (AGC)(自动增益控制(AGC))
Average transmitted power in constellation(星座图中的平均发射功率)
AWGN (additive white Gaussian noise) distribution and channels(AWGN(加性白色高斯噪声)分布与信道)

B

Bandlimited continuous-time signal processing(连续时间带限信号处理)
Bandwidth(带宽)
Bartlett's method(巴特利特方法)
Base stations in cellular communication networks (蜂窝通信网中的基站)
Baseband equivalent channels(等效基带信道)
Baseband modulation(基带调制)
Baseband signal(基带信号)
Beamforming(波束形成)
Bell Doppler spectrum(贝尔多普勒频谱)
Bessel function for frequency selectivity(频率选择性中的贝塞尔函数)
Binary phase-shift keying(二进制相移键控)
Bit error(比特错误)
Bit rate in complex pulse-amplitude modulation(复脉幅调制中的比特率)
Bit-to-symbol mapping(比特到符号映射)
Blackman-Tukey method(Blackman-Turkey 方法)
Blind offset estimators(盲偏移估计器)
Block cipher(分组密码)
Block code in channel coding(信道编码中的分组码)
Bluetooth standard(蓝牙标准)
Bose (Bose, Jagadish)
Bound(界)
BPSK. 参见 Binary phase-shift keying (BPSK)
Broadcast radio(无线电广播)
Broadcast television(广播电视)
Burst error correction(突发错误纠正)
Burst in frequency-flat fading(平衰落中的突发)

C

Convolutional coding(卷积编码)
Cooley(Cooley, J. W.)
Correlation(相关)
COST-231 model(COST-231 模型)
Covariance(协方差)
Covariance matrices(协方差矩阵)
Craig's formula in fading channel models(衰落信道中的 Craig 公式)
CRC (cyclic redundancy check)(CRC(循环冗余校验))
Cross-correlation(互相关)
Cross-covariance in LMMSE estimation(线性最小均方估计中的互协方差)
Cross-talk in MIMO(多入多出中的串扰)
CTFS (continuous-time Fourier series)(CTFS (连续时间傅里叶级数))
CTFT (continuous-time Fourier transform)(CTFT (连续时间傅里叶变换))
Cumulative distribution function (CDF)(累积分布函数(CDF))
Cyclic delay diversity(循环延迟分集)
Cyclic prefix(循环前缀)
Cyclic redundancy check (CRC)(循环冗余校验(CRC))

D

D/C (discrete-to-continuous) converter(D/C(离散到连续)转换器)
DAB (digital audio broadcasting) standard(DAB (数字音频广播)标准)
DAC (digital-to-analog converter)(DAC(数模转换器))
Data communication in satellite systems(卫星系统中的数据通信)
de Moura(de Moura, Roberto)
Decimation in multirate signal processing(多速率信号处理中的降采样)
Decision stage in demodulation(解调中的判决阶段)
Decoders and decoding(译码器与译码)
Decomposition, polyphase(多相分解)
Decryption(解密)
Delay diversity(延迟分集)
Delay spread in frequency-selective fading(频率选择性衰落中的延迟扩展)
Delay(延迟)
Demodulation(解调)
Demodulator(解调器)
Detection(检测)
DFT. 参见 Discrete Fourier transform (DFT)
Diffraction in wireless propagation(无线传播中的衍射)
Digital audio broadcasting (DAB) standard(数字音频广播(DAB)标准)
Digital communication overview(数字通信概述)
Digital modulation and demodulation(数字调制与解调)
Digital signal processing (DSP)(数字信号处理(DSP))
Digital-to-analog converter (DAC)(数模转换器(DAC))
Digital video broadcasting (DVB) standards(数字视频广播(DVB)标准)
Dirac delta functio(狄拉克δ函数)
Direct least squares equalizer(直接最小二乘均衡器)
Disasters, ad hoc networks for(用于救灾的自组织网络)
Discrete Fourier transform (DFT)(离散傅里叶变换(DFT))
Discrete sources, coding and decoding(离散信源,编码与译码)
Discrete-time equivalent channel(离散时间等效信道)
Discrete-time Fourier transform (DTFT)(离散时间傅里叶变换(DTFT))
Discrete-time harmonic process(离散时间谐波过程)
Discrete-time model(离散时间模型)
Discrete-time processing(离散时间处理)
Discrete-time random process(离散时间随机过程)
Discrete-time signal(离散时间信号)
Discrete-time Wiener process(离散时间维纳过程)
Discrete-to-continuous (D/C) converter(离散到连续(D/C)转换器)
Distance factor(距离因子)
Distortion from frequency-flat fading(源自频率平坦衰落的失真)
Diversity(分集)
Diversity gain(分集增益)
Doppler shift(多普勒频移)
Doppler spectrum(多普勒频谱)
Doubly selective channel(双重选择性信道)
Downconversion for passband signals(频带信号的下变频)
Downsampling(降采样)
DSP (digital signal processing)(DSP (数字信号处理))
DTFT. 参见 Discrete-time Fourier transform (DTFT)
DVB (digital video broadcasting) standard(DVB (数字视频广播)标准)

Frequency domain(频域)
Frequency-flat channel(频率平坦信道)
Frequency modulation (FM)(调频(FM))
Frequency-selective channel(频率选择性信道)
Frequency-selective diversity in MISO(MISO 中的频率选择性分集)
Frequency-selective fading(频率选择性衰落)
Frequency selectivity(频率选择性)
Frequency-shift keying (FSK)(频移键控(FSK))
Fresnel zones(菲涅耳区)
Friis free-space model(Friis 自由空间模型)
Frobenius norm in channel estimation(信道估计中的弗罗贝尼乌斯范数)
FSE (fractionally spaced equalizer)(FSE (分数间隔均衡器))
FSK (frequency-shift keying)(FSK(频移键控))
Full rank fat matrices(满秩胖矩阵)

G

Gain(增益)
Gain imbalance, linear equalization with OFDM (OFDM 中线性均衡的增益失衡)
Galaxy satellite(Galaxy 卫星)
Gaussian distributions, multivariate(多变量高斯分布)
Gaussian noise(高斯噪声)
Gaussian Q-function(高斯 Q 函数)
Gaussian random components in shadow fading(阴影衰落中的高斯随机分量)
Gaussian random process(高斯随机过程)
Gaussian random variable(高斯随机变量)
Geo-stationary Earth orbit (GEO) satellite(地球同步轨道(GEO)卫星)
Global System for Mobile Communications(GSM)(移动通信全球系统(GSM))
Golay complementary sequences(Golay 互补序列)
Grassmannian codebook(格拉斯曼码本)
Gray coding(格雷码)
GSM (Global System for Mobile Communications) (GSM (移动通信全球系统))
Guard intervals in linear equalization(线性均衡的保护间隔)

H

Half-power bandwidth(半功率带宽)
Hamming block codes(Hamming 分组码)
HAP (high-altitude platform) station(HAP(高海拔平台)站点)
Harmonic random process(谐波随机过程)
Hata model(Hata 模型)
HD Radio method(HD 广播方法)
HDMI (High-Definition Multimedia Interface) (HDMI (高清晰度多媒体接口))
HDTV(高清电视)
Heliotrope(Heliotrope)
Hermitian transpose of matrices(矩阵的厄尔米特转置)
Hertz(Hertz, Heinrich)
High-altitude platform (HAP) station(高海拔平台(HAP)站点)
High-Definition Multimedia Interface (HDMI)(高清晰度多媒体接口(HDMI))
Hilbert space(希尔伯特空间)
Horizontal antenna polarization(水平天线极化)
Huffman codes(霍夫曼码)

I

Identity matrices(单位阵)
IDFT (inverse discrete Fourier transform)(IDFT (反离散傅里叶变换))
IEEE 802.11 working group(IEEE 802.11 工作组)
IEEE 802.11a standard(IEEE 802.11a 标准)
IEEE 802.15.4 standard(IEEE 802.15.4 标准)
IFFT (inverse fast Fourier transform)(反快速傅里叶变换)
Impairment(损伤)
Independent identically distributed (IID) process (独立同分布(IID)过程)
Independent identically distributed (IID) Rayleigh fading(瑞利平衰落信道模型)
Industrial, Scientic, and Medical (ISM) band(工业、科学与医疗(ISM)波段)
Inphase notation for passband signals(频带信号的同相表示)
Input-output relationship(输入-输出关系)
INSAT satellite(INSAT 卫星)
Intellectual property(知识产权)
Interference(干扰)
Interleaving in convolutional coding(卷积编码中的交织)
Intersymbol interference (ISI)(符号间干扰)
Inverse discrete Fourier transform (IDFT)(反离散傅里叶变换(IDFT))
Inverse fast Fourier transform (IFFT)(反快速傅里

N

O

P

T

（全接入通信系统））
Tail biting（咬尾）
TDF 1 satellite（TDF 1 卫星）
Telegraph（电报）
Telephone system（电话系统）
Television（电视）
Temporal dispersion（时间弥散）
Thermal noise（热噪声）
Third generation (3G) cellular standard（第三代（3G）蜂窝通信标准）
3GPP (3rd Generation Partnership Project)（3GPP（第三代合作伙伴计划））
Throughput in wireless propagation（无线传播的流量）
TIA-EIA-95 standard（TIA-EIA-95 标准）
Time domain（时域）
Time-domain response for complex baseband equivalent channels（复基带等效信道的时域响应）
Time-invariance assumption in LTI systems（LTI 系统的时不变假设）
Time-selective fading（时间选择性衰落）
Time selectivity（时间选择性）
Timing recovery in symbol synchronization（符号同步中的定时恢复）
Toeplitz matrices（Toeplitz 矩阵）
Total Access Communication System (TACS)（全接入通信系统（TACS））
Total power in frequency-selective channel models（频率选择性信道模型的总功率）
Tracking loops in time-selective fading（时间选择性衰落中的跟踪回路）
Training sequence（训练序列）
Transceiver techniques for MIMO systems（MIMO 系统的收发机技术）
Transmit beamforming（发射波束形成）
Transmit diversity for MISO systems（MISO 系统的发射分集）
Transmit pulse shaping（发射脉冲成形）
Transmitters（发射机）
Transpose of matrices（矩阵转置）
Trellis-coded modulation（网格编码调制）
Turkey（Tukey，John）
Turbo code（Turbo 码）
Two-slope path-loss model（双斜率路径损耗模型）

U

U-NII (Unlicensed National Information Infrastructure) radio band（U-NII（未经授权的美国国家信息基础设施）无线频段）
UMTS (Universal Mobile Telecommunications System)（UMTS（通用移动通信系统））
Uncorrelated channels in SIMO（SIMO 中的不相关信道）
Uncorrelated random process（不相关随机过程）
Underwater communication（水下通信）
Union bound（联合界）
Universal Mobile Telecommunications System (UMTS)（通用移动通信系统（UMTS））
Upconversion for passband signals（频带信号上变频）
Upper bounds in space-time coding（空时编码上界）
Upsampling（升采样）

V

V-BLAST technique（V-BLAST 技术）
VANET (vehicular ad hoc network)（VANET（车辆自组织网））
Variance（方差）
Vector symbol error（矢量符号错误）
Vectors in linear algebra（线性代数中的矢量）
Vehicular ad hoc network (VANET)（车辆自组织网（VANET））
Vertical antenna polarization（垂直天线极化）
Very small aperture terminal (VSAT) network（甚小孔径终端（VSAT）网络）
Visible Light Communication (VLC)（可见光通信（VLC））
Viterbi algorithm（Viterbi 算法）
Voronoi region（Voronoi 区域）
VSAT (very small aperture terminal) network（VSAT（甚小孔径终端）网络）

W

Wavelength in Friis free-space model（Friis 自由空间模型中的波长）
WCDMA (Wideband Code Division Multiple Access) standard（WCDMA（宽带码分多址）标准）
Welch's method（Welch 方法）
White noise（白噪声）
Whitening filter（白化滤波器）
Wide-sense stationary uncorrelated scattering（WSSUS）model（广义平稳不相关散射（WSSUS）模型）
Wide-sense stationary (WSS) random process（广义平稳（WSS）随机过程）
Wideband Code Division Multiple Access (WCDMA) standard（宽带码分多址（WCDMA）标准）
Wiener（Wiener，Norbert）

X

Y

Z